SCHULER

Handbuch der Umformtechnik

Springer

Berlin
Heidelberg
New York
Barcelona
Budapest
Hongkong
London
Mailand
Paris
Santa Clara
Singapur
Tokio

SCHULER

HANDBUCH DER UMFORMTECHNIK

Springer

SCHULER GmbH
Bahnhofstraße 41
73033 Göppingen

Die Deutsche Bibliothek – CIP-Einheitsaufnahme
Handbuch der Umformtechnik / Schuler GmbH. – Berlin ; London ; New York ; Barcelona ; Budapest ; Hongkong ; London ; Mailand ; Paris ; Santa Clara ; Singapur ; Tokio: Springer, 1996
ISBN 3-540-61099-5
NE: Schuler GmbH <Göppingen>

ISBN 3-540-61099-5 Springer-Verlag Berlin Heidelberg New York

Herstellung: PRODUserv Springer Produktions-Gesellschaft, Berlin
Einbandgestaltung: Lewis & Leins GmbH, Berlin
Layout und Satz: Lewis & Leins GmbH, Berlin
Druck und Bindung: Stürtz AG, Würzburg

SPIN 10532790 62/3020-5 4 3 2 1 0 Gedruckt auf säurefreiem Papier

Vorwort

Das Handbuch der Umformtechnik knüpft an eine lange Tradition im Hause SCHULER an, die wissenschaftlichen Grundlagen der Umformtechnik in kompakter und verständlicher Form aufzubereiten und der Lehre und Praxis zugänglich zu machen.

Bereits 1930 wurde das erste „Schuler-Handbuch für die spanlose Formgebung" veröffentlicht. Letztmals 1966 als vierte überarbeitete Neuauflage in mehrere Sprachen übersetzt, fand es viele Freunde auf der ganzen Welt.

In den vergangenen 30 Jahren haben zahlreiche Innovationen die Umformtechnik stark verändert. Neue Umformverfahren und erweiterte Möglichkeiten in der Produktgestaltung kamen hinzu. Das vorliegende Handbuch der Umformtechnik berücksichtigt in einer vollständigen Neukonzeption diese technologischen Veränderungen. Es ist Lehrbuch und Nachschlagewerk zugleich und gibt in den ersten Kapiteln einen Überblick über die Grundlagen der Umformtechnik und des Pressenbaus. Das Buch vertieft anschließend die bedeutenden Bereiche Blechumformung, Schneiden, Innenhochdruckumformung und Massivumformung. Ergänzende Berechnungsbeispiele geben Auskunft über den Kenntnisstand in der Umformpraxis. Bei der Darstellung technischer Zusammenhänge wurde auf eine anschauliche grafische Gestaltung geachtet. Alle Abbildungen wurden unter Verwendung einheitlicher, funktionsorientierter Farbcodes hergestellt, um dem Leser das Verständnis der Zusammenhänge zu erleichtern.

Es ist zu wünschen, daß dieses Handbuch nicht nur Fachwissen vermittelt, sondern auch dazu anregt, den Dialog zwischen Fertigungstechnik, Anlagenbau sowie Lehre und Forschung zu vertiefen.

Zahlreiche Mitarbeiterinnen und Mitarbeiter der Unternehmensgruppe SCHULER haben mit großem Engagement ihr Fachwissen in dieses Handbuch eingebracht, das in enger Zusammenarbeit mit Herrn Prof. Dr.-Ing. H. Hoffmann und Herrn Dipl.-Ing. M. Kasparbauer, utg – Lehrstuhl für Umformtechnik und Gießereiwesen, Technische Universität München, entstand. Gemeinsam mit dem SCHULER Team haben sie die praktische und wissenschaftliche Kompetenz des Werkes sichergestellt. Allen Beteiligten gilt unser herzlicher Dank.

Göppingen, im August 1996

Schuler GmbH
Geschäftsführung

Autorenverzeichnis

Adam, K., Dipl.-Ing. (FH), SMG Süddeutsche Maschinenbau GmbH & Co
Bareis, A., Dipl.-Ing. (FH), Schuler Pressen GmbH & Co
Birzer, F., Prof. Dipl.-Ing., Feintool AG
Blasig, N., Dipl.-Ing. (FH), Schleicher Automation GmbH & Co
Brandstetter, R., Dipl.-Ing. (FH), Schuler Pressen GmbH & Co
Breuer, W., Dipl.-Ing., Schuler Pressen GmbH & Co
Frontzek, H., Dr.-Ing., Schuler GmbH
Hoffmann, H., Prof. Dr.-Ing., Lehrstuhl für Umformtechnik und Gießereiwesen, Technische Universität München
Jarosch, B., Dipl.-Ing. (FH), Schuler Pressen GmbH & Co
Käsmacher, H., SMG Engineering für Industrieanlagen GmbH
Kasparbauer, M., Dipl.-Ing., Lehrstuhl für Umformtechnik und Gießereiwesen, Technische Universität München
Kellenbenz, R., Dipl.-Ing. (FH), Schuler Pressen GmbH & Co
Kiefer, A., Dipl.-Ing. (BA), GMG Automation GmbH & Co
Klein, P., Gräbener Pressensysteme GmbH & Co. KG
Klemm, P., Dr.-Ing., Schuler Pressen GmbH & Co
Knauß, V., Dipl.-Ing. (FH), Schuler Werkzeuge GmbH & Co
Kohler, H., Dipl.-Ing., Schuler Guß GmbH & Co
Körner, E., Dr.-Ing., Schuler Pressen GmbH & Co
Kutscher, H.-W., Dipl.-Ing. (FH), Gräbener Pressensysteme GmbH & Co. KG
Leitloff, F.-U., Dr.-Ing., Schäfer Hydroforming GmbH & Co
Merkle, D., Schuler Pressen GmbH & Co
Osen, W., Dr.- Ing., SMG Süddeutsche Maschinenbau GmbH & Co
Pfeifle, P., Dipl.-Ing. (FH), Schuler Pressen GmbH & Co
Reitmeier, C., Dipl.-Ing., Schäfer Hydroforming GmbH & Co
Remppis, M., Ing. grad., Schuler Pressen GmbH & Co
Rosenauer, K., Dipl.-Ing. (FH), Schuler Werkzeuge GmbH & Co

SCHÄFER, A.W., Schäfer Hydroforming GmbH & Co
SCHMID, W., Dipl.-Ing. (FH), Schuler Werkzeuge GmbH & Co
SCHMITT, K. P., Schuler Pressen GmbH & Co
SCHNEIDER, F., Dipl.-Ing. (FH), Schuler Pressen GmbH & Co
SIMON, H., Dr.-Ing., Schuler Werkzeuge GmbH & Co
STEINMETZ, M., Dipl.-Wirt.-Ing., SMG Engineering für Industrieanlagen GmbH
STROMMER, K., Dipl.-Ing. (FH), Schuler Pressen GmbH & Co
VOGEL, N., Dipl.-Ing., Schleicher Automation GmbH & Co
WEGENER, K., Dr.-Ing., Schuler Pressen GmbH & Co

Inhaltsverzeichnis

Verzeichnis der Formelzeichen

α	Rippenwinkel,	°
	Freiwinkel beim Biegen und Schneiden,	°
	Matrizenöffnungswinkel,	°
	Eckenwinkel beim Schneiden	°
α_1	erforderlicher Biegewinkel	°
α_2	gewünschter Biegewinkel	°
β	Ziehverhältnis,	
	Eckenwinkel beim Biegen	°
β_{ges}	Gesamtziehverhältnis	
β_{max}	maximales Ziehverhältnis	
ε	Dehnung	
ε_A	bezogene Querschnittsänderung	%
η	Wirkungsgrad	
η_A	Ausnutzungsgrad des Blechs	
η_F	Formänderungswirkungsgrad	
μ	Reibzahl	
$\dot{V}$	Volumenstrom	1/s
σ	Spannung	N/mm^2
σ_m	mittlere Spannung	N/mm^2
σ_{max}	größte Spannung	N/mm^2
σ_{md}	mittlere Druckspannung	N/mm^2
σ_{min}	kleinste Spannung	N/mm^2
σ_N	Kontaktnormalspannung	N/mm^2
σ_r	radiale Spannung	N/mm^2
σ_t	tangentiale Spannung	N/mm^2

σ_v	Vergleichsspannung	N/mm^2
σ_z	kritische Knickspannung	N/mm^2
σ_1	größte Hauptspannung	N/mm^2
σ_2	mittelgroße Hauptspannung	N/mm^2
σ_3	kleinste Hauptspannung	N/mm^2
τ_R	Reibschubspannung	N/mm^2
φ	Umformgrad, logarithmische Formänderung	
$\dot{\varphi}$	Formänderungsgeschwindigkeit	
φ_g	Hauptformänderung	
$\varphi_1, \varphi_2, \varphi_3$	Formänderung in Hauptrichtungen	
A	Fläche	mm^2
a	Schneidplattenmaß, Randbreite, Schenkellänge beim Biegen, Schlitzbreite	mm mm
A_0	Ausgangsfläche, Querschnittsfläche des Rohteils	mm^2
a_1	Schneidstempelmaß	mm
A_1	Querschnittsfläche des Rohteils, Endfläche	mm^2
A_5, A_{80}	Bruchdehnung	%
A_G	Auswerferfläche	mm^2
a_R	Reihenabstand beim Lochen	mm
A_s	Schnittfläche	mm^2
A_{St}	Stempelquerschnitt	mm^2
A_Z	Zuschnittsfläche	mm^2
b	Stegbreite, Schenkellänge beim Biegen	mm
B	Durchbiegung	mm
b_A	schalenförmige Abrißbreite	mm
b_E	Breite des Kanteneinzugs	mm
b_S	Streifenbreite	mm
c	Werkstoffkoeffizient	
D	Platinendurchmesser, Rohteildurchmesser, Plattendurchmesser, Dorndurchmesser	mm mm
d	Innendurchmesser, Bohrungsdurchmesser	mm
d'	Matrizeninnendurchmesser	mm
d_0	Durchmesser des Rohteils, Ausgangsdurchmesser	mm
d_1	Bodendurchmesser, Stempeldurchmesser, Enddurchmesser	mm mm

d_2	oberer Becherdurchmesser, Außendurchmesser	mm
d_3	äußerer Flanschdurchmesser	mm
e	Exzentrizität des Kraftangriffs	mm
E	Elastizitätsmodul, zulässiger Einriß beim Feinschneiden	N/mm^2 mm
F	Kraft	kN
f_1, f_2, f_3	Korrekturfaktoren beim Feinschneiden	
F_A	Ausstoßkraft	kN
F_B	Blechhalterkraft	kN
F_b	Biegekraft	kN
F_G	Gegenkraft	kN
F_{Ga}	Auswerferkraft	kN
F_{Ges}	Gesamtkraft der Anlage	kN
F_N, F_{N0}	Nennpreßkraft, Normalkraft	kN
F_R	radiale Zugkraft	kN
F_{Ra}	Abstreiferkraft	kN
F_{Re}	Reaktionskraft	kN
F_S	Schneidkraft für Stempel mit plangeschliffener Arbeitsfläche; Scherkraft	kN
F_{St}	Stößelkraft	kN
F_t	tangentiale Druckkraft	kN
F_U	Umformkraft	kN
g	Erdbeschleunigung	m/s^2
h	Umformweg, Bodendicke, Schmierspalt	mm µm
H	Plattendicke	mm
h_0	Ausgangshöhe eines Stauchkörpers, Höhe des Rohteils	mm mm
h_1	Endhöhe eines Stauchkörpers	mm
h_1'	Zwischenhöhe	mm
h_2	Napfhöhe	mm
h_E	Höhe des Kanteneinzugs	mm
h_G	Grathöhe	mm
h_R, H_R	Ringzackenhöhe	mm
h_{S1}	Glattschnittanteil bei Abriß	%

h_{S2}	minimaler Glattschnittanteil bei schalenförmigem Abriß	%
i	Seitenschneiderabfallbreite	mm
k	Korrekturfaktor	
$k_{2\alpha}$	Korrekturbeiwert (Winkel)	
k_f	Fließspannung oder Formänderungsfestigkeit	N/mm^2
k_{f0}	Fließspannung am Anfang des Umformvorgangs	N/mm^2
k_{f1}	Fließspannung am Ende des Umformvorgangs	N/mm^2
k_{fm}	mittlere Fließspannung	N/mm^2
k_h	Korrekturbeiwert (Höhe)	
k_R	Rückfederungsfaktor	
k_S	Schneidwiderstand, Scherwiderstand	N/mm^2
k_w	Formänderungswiderstand	N/mm^2
k_{wm}	mittlerer Formänderungswiderstand	N/mm^2
l	Rippenlänge, Gesenkmaß beim Biegen, Bohrungslänge	mm mm
L	Versteifungslänge zusammengesetzt aus l_1, l_2, ... l_n, Streifenlänge, Schaftlänge, Dornlänge	mm
l_a	Randlänge	mm
l_e	Steglänge	mm
l_R	Ringzackenlänge	mm
l_S	Länge der Schnittlinie	mm
m	Masse, Modul eines Zahnrads	kg
M_x	Drehmoment um die x-Achse	kNm
M_y	Drehmoment um die y-Achse	kNm
P	Leistung	W, kW
p	Druck	N/mm^2
p_B	spezifischer Blechhalterdruck	N/mm^2
p_G	mittlere Druckspannung auf den Gegenstempel	N/mm^2
p_i	Innendruck	N/mm^2
p_j	Druckspannung an der Matrizenwand	N/mm^2
p_m	mittlerer Druck	N/mm^2
p_{St}	mittlere Druckspannung auf den Stempel	N/mm^2

q_G	spezifische Gegenkraft	N/mm^2
r	Lochungsradius	mm
R	Eckenradius	mm
r_a	äußerer Radius einer Innenkontur	mm
R_a	äußerer Radius einer Außenkontur	mm
R_{eL}, $R_{p0,2}$	Streckgrenze	N/mm^2
r_i	innerer Biegeradius, innerer Radius einer Innenkontur	mm mm
R_i	innerer Radius einer Außenkontur	mm
r_{i1}	Innenradius Werkzeug	mm
r_{i2}	Innenradius Werkstück	mm
R_m	Zugfestigkeit des Werkstoffs	N/mm^2
R_t	Rauhtiefe	µm
R_w	Walzenradius	mm
s	Blechdicke, Wanddicke, Schnittelldicke	mm
s_R	x_s- und y_s-Koordinaten der Kraft-Wirkungslinie	mm
t	Teilung	mm
t_w	Walzenteilung	mm
u	Schneidspalt	mm
U	Drehzahl, Hubzahl, Umfang	1/min mm
v	Ausgleichswert beim Biegen	mm
V	Vorschub, Volumen	mm mm^3
V_0	Ausgangsvolumen, Gesamtvolumen	mm^3
V_1	Zwischenvolumen	mm^3
V_1'	Zwischenvolumen	mm^3
V_2	Zwischenvolumen	mm^3
V_d	beim Umformen verdrängtes Volumen	mm^3
W	Arbeit	Nm, kNm J, kJ
w	Gesenkweite, Werkzeugweite, Wasserspalt	mm
W_b	Biegearbeit	Nm
W_d	Zieharbeit auf doppeltwirkenden Pressen	Nm

W_e	Zieharbeit auf einfachwirkenden Pressen	Nm, kNm
w_{id}	bezogene Formänderungsarbeit	Nmm/mm^3
W_N	Nennarbeitsvermögen bei Dauerhub	Nm, kNm
W_S	Schneidarbeit, Scherarbeit	Nm, kNm
x	Korrekturfaktor für die Kraftbestimmung	
x_s	Lage der Kraft-Wirkungslinie in x-Richtung	mm
y_s	Lage der Kraft-Wirkungslinie in y-Richtung	mm
z	Zähnezahl eines Zahnrads, Anzahl der Werkstücke	
z_{wmax}	maximaler Walzenzustellwert	mm

1 Einleitung

Die Technik hat die Zeitläufe der Geschichte viel stärker beeinflußt, als dies in den Geschichtsbüchern zutage tritt. Noch im 19. Jahrhundert waren Handwerk und Technik gleichbedeutend. Erst mit der einsetzenden Mechanisierung – durch den Einsatz von Maschinen – wurde die Technik zum selbständigen Begriff.

Heute ist die Technik fester Bestandteil unseres Lebens und Basis unseres Wohlstands. Die Umformtechnik spielt dabei eine zentrale Rolle. Neben der Erzeugung von Halbzeugen durch Walzen, Drahtziehen und Strangpressen nimmt die Fertigung von Einzelwerkstücken in der Blech- und Massivumformung eine herausragende Stellung ein. Die Einsatzbereiche für die Umformtechnik gehen vom Fahrzeug-, Anlagen- und Behälterbau bis hin zur Bau-, Hausgeräte- und Verpackungsindustrie.

Die Werkzeugmaschine, die ein oder mehrere Werkzeuge zur Bearbeitung von Metall präzise führt und antreibt, wird zum Kennzeichen der wirtschaftlichen Metallverarbeitung. Während die in der Umformtechnik typischen Arbeitsgänge zunächst auf der handbedienten Werkzeugmaschine noch in vielen Einzeloperationen durchgeführt wurden, kommen heute automatische Fertigungszellen und verkettete Einzelmaschinen bis hin zur kompakten Fertigungsanlage mit integrierten Zuführ-, Transport-, Kontroll- und Fertigteilstapelsystemen zum Einsatz. Damit wurden die produktionstechnischen Voraussetzungen geschaffen, die Vorteile umgeformter Werkstücke, wie günstiger Faserverlauf, optimale Festigkeitseigenschaften sowie geringer Werkstoff- und Energieeinsatz, mit einer großen Ausbringung bei hoher Maßhaltigkeit und Oberflächengüte zu verbinden.

SCHULER hat als namhafter deutscher Hersteller von Werkzeugmaschinen diese Entwicklung wesentlich mitgestaltet – seit über 150 Jahren: von der handbedienten Blechschere bis zur vollautomatischen Großteil-Transferpresse für komplette Fahrzeugseitenteile.

Durch Jahrtausende hindurch war die handwerkliche Formgebung zu einer noch heute bewundernswerten Fertigkeit gereift und hat aus Gold, Silber, Bronze, Kupfer und Messing zeitlose Meisterwerke geschaffen. Erst um 1800 drang das auf Walzwerken erzeugte Eisenblech in die Werkstätten ein und erforderte neue Verarbeitungstechniken: Der weit härtere und sprödere Werkstoff konnte gegenüber den Nichteisenmetallen mit Hilfe von Maschinen wirtschaftlich bearbeitet werden.

1839 gründete der Schlossermeister *Louis Schuler* einen kleinen Handwerksbetrieb, in dem neben der Schmiede und Schlosserei vor allem die Klempnerei handwerkliche Aufträge abwickelte. Mit schwäbischer Gründlichkeit befaßte er sich mit dem preiswerteren Eisenblech. Dabei erkannte er, daß der erhöhte Aufwand an körperlicher Kraft und Arbeitszeit – und damit die Herstellkosten des fertigen Erzeugnisses – viel zu hoch waren, um das günstige Preisniveau des Eisenblechs zu nutzen. Schritt für Schritt ersetzte *Louis Schuler* deshalb die Handarbeit durch mechanische Arbeitsvorrichtungen. Mit Blechscheren, Biege- und Abkantmaschinen, die seinerzeit eine viel beachtete Neuentwicklung darstellten, leitete er die Mechanisierung ein.

Angeregt durch die Londoner Weltausstellung von 1851, konzentrierte sich *Louis Schuler* ganz auf Blechbearbeitungsmaschinen. Das Fertigungsprogramm wurde ständig erweitert. Es kamen Blechrichtmaschinen, Drück- und Planierbänke, Exzenterpressen, Spindelpressen, Revolver-, Kurbel- und Ziehpressen mit mechanischem und hydraulischem Antrieb, Nutenstanzen sowie Schneid- und Umformwerkzeuge hinzu. Schon 1859 wurden die ersten Blechbearbeitungsmaschinen ins Ausland geliefert.

Ende der siebziger Jahre des vorigen Jahrhunderts erhielt *Schuler* das erste Patent für „Neuerungen an Lochwerkzeugen, Scheren und dergleichen". 1895 ließ *Schuler* „Hydraulische Ziehpressen mit zwei ineinandergefügten Kolben" patentieren und wurde auf der Fachausstellung des „Vereins Deutscher Blecharbeiter" im gleichen Jahr in Leipzig mit dem ersten Preis ausgezeichnet. Mit den Erweiterungen des Produktionsprogramms haben sich auch die Beschäftigtenzahl und die Fabrikanlagen kontinuierlich vergrößert *(Abb. 1.1)*. Die Schulersche Werkzeugmaschinenfabrik gehörte zu jenen Unternehmen, die den Differenzie-

Abb. 1.1 L. Schuler, Werkzeugmaschinen-Fabrik und Gießerei, Göppingen, um 1900

rungsprozeß des Werkzeugmaschinenbaus frühzeitig mit vollzogen haben. Als Anbieter von Maschinen und Anlagen für die industrielle Fabrikation – insbesondere die Serienproduktion – konnte die Gesellschaft schnell zu einem der großen Betriebe ihrer Branche aufsteigen.

Die steigenden Exporte und eine konsequente Diversifizierung im Bereich der Umformtechnik führten zu einer frühzeitigen internationalen Ausrichtung und zum Aufbau der SCHULER Gruppe.

Die Internationalisierung der SCHULER Gruppe begann Anfang der sechziger Jahre mit der Gründung von Tochtergesellschaften im Ausland. Heute verfügt SCHULER neben sieben Fertigungsstätten in Deutschland über fünf weitere Produktionsstandorte in Frankreich, den USA, Brasilien und China. Neben einem weltweiten Vertretungsnetz hat SCHULER auch eigene Stützpunkte in Spanien, Indien und Korea eingerichtet.

Ein internationaler Fertigungsverbund der Standorte – koordiniert im Göppinger Stammhaus – ermöglicht eine flexible Reaktion auf Veränderungen in den Zielmärkten. Die Produktion in Übersee führt nicht nur zu Kostensenkungen, sondern schafft auch strategische Vorteile durch Erhöhung des „local content“ und eine verbesserte Positionierung im Markt.

Die nord- und südamerikanischen Märkte werden durch eigene Standorte bearbeitet. Schuler Inc. in Ohio koordiniert den NAFTA-Raum. Der Mercosul – der gemeinsame Markt in Südamerika – wird von Brasilien aus betreut. Der erreichte Qualitätsstandard des brasilianischen SCHULER Werks ermöglicht die Belieferung auch der anspruchvollsten Märkte.

Im Wachstumsmarkt China betreibt die SCHULER Gruppe mit chinesischen Partnern zwei Gemeinschaftsunternehmen zur Herstellung mechanischer Karosseriepressen und hydraulischer Pressen.

Heute, an der Schwelle zum 21. Jahrhundert, mit einer zunehmenden Globalisierung der Märkte und sich schnell verändernden Organisations- und Produktionsstrukturen, bleiben die Mitarbeiter von SCHULER die erfolgsbestimmende Größe. Ihre Technologieorientierung setzt Innovationen frei und sichert die weitere Unternehmensentwicklung.

Im vorliegenden Handbuch der Umformtechnik spiegeln sich die fachliche Kompetenz, der Ideenreichtum und die Kreativität der Mitarbeiter der SCHULER Gruppe wider. Im Handbuch wird der zukunftsweisende Stand der Pressen- und Umformanlagen sowie der zugehörigen Fertigungsverfahren dargestellt. Besonderes Augenmerk wird hierbei auf die Entwicklung der Regelungs- und Automatisierungstechnik gelegt. Die klassischen Bereiche Konstruktion, Mechanik, Dynamik und Fluidmechanik werden maßgebend durch neuere Gebiete wie CAD, CAM, CIM, Mechatronik, Simulation sowie rechnergestützte Meß- und Prozeßleittechnik ergänzt. Neben dem Ziel einer hohen Produktqualität, verbunden mit niedrigen Investitions- und Betriebskosten, spielen die Fragen nach Zuverlässigkeit, Anlagenverfügbarkeit, Unfallsicherheit, Prozeßbilanzierung, Ressourcenschonung und Umweltbelastung eine zentrale Rolle.

Mit dem Handbuch steht ein Nachschlagewerk zur Verfügung, das entsprechend der Bedeutung der Umformtechnik für fast alle Industriezweige die wichtigsten Fertigungstechnologien als System aus Verfahren, Anlage und Produkt behandelt.

2 Grundlagen der Umformtechnik

2.1 Verfahren der Umform- und Schneidtechnik

2.1.1 Übersicht

Nach DIN 8580 sind die Fertigungsverfahren in die sechs Hauptgruppen Urformen, Umformen, Trennen, Fügen, Stoffeigenschaftändern und Beschichten eingeteilt *(Abb. 2.1.1)*.

Urformen ist erstmaliges Schaffen einer Form aus dem schmelzflüssigen, gasförmigen oder formlos festen Zustand. Beim Trennen wird der Stoffzusammenhang örtlich aufgehoben. Fügen ist Vereinigen von Einzelwerkstücken zu Baugruppen sowie Füllen und Durchtränken von Werkstücken. Beschichten ist Aufbringen dünner Schichten auf Werkstücke, wie z.B. Galvanisieren, Lackieren und Folienbeschichten. Das bewußte Ändern der Stoffeigenschaften des Werkstücks dient der Erzie-

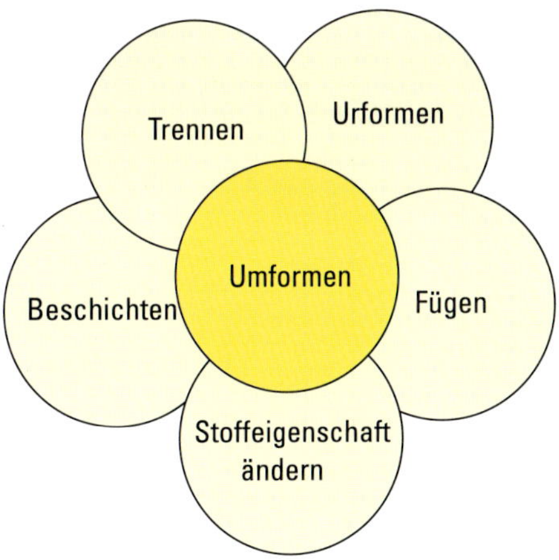

Abb. 2.1.1
Übersicht der Fertigungsverfahren

lung gewünschter Gebrauchseigenschaften. Hierunter fallen die Wärmebehandlungsverfahren, wie das Härten oder das Rekristallisationsglühen.

Umformen – als zentrale Technologie in diesem Handbuch – ist nach DIN 8580 das Fertigen durch bildsames bzw. plastisches Ändern der Form eines festen Körpers unter Beibehaltung seiner Masse und seines Stoffzusammenhangs. Umformen ist im Gegensatz zum Verformen das Ändern einer Form unter Beherrschung der Geometrie. Die Umformverfahren gehören zu den spanlosen Fertigungsverfahren.

Das Fachgebiet „Umformtechnik" umfaßt in der Praxis neben der Hauptgruppe des Umformens auch Teilbereiche aus anderen Hauptgruppen. Die bedeutendsten sind das *Zerteilen* und das *Fügen durch Umformen (Abb. 2.1.2)*. Auch Kombinationen mit anderen Fertigungsverfahren, wie z.B. der Laserbearbeitung oder dem Gießen, werden eingesetzt.

2.1.2 Umformen

Die Einteilung der Umformverfahren erfolgt gemäß DIN 8582 nach der Hauptbeanspruchung *(Abb. 2.1.3)*:

- Druckumformen,
- Zugdruckumformen,
- Zugumformen,
- Biegeumformen,
- Schubumformen.

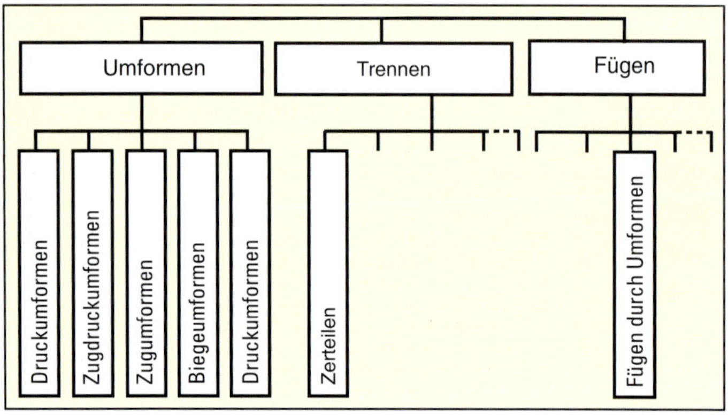

Abb. 2.1.2 Fertigungsverfahren der „Umformtechnik"

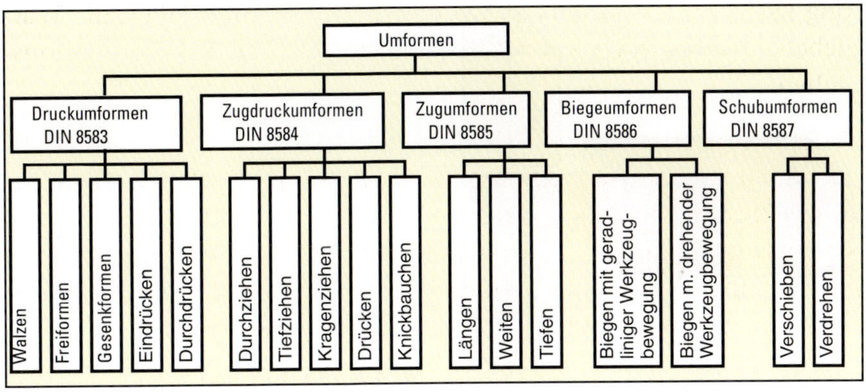

▲ **Abb. 2.1.3** Einteilung der Fertigungsverfahren des Umformens nach DIN 8582

In der DIN werden nach den Kriterien der Relativbewegung zwischen Werkzeug und Werkstück, der Werkzeuggeometrie und der Werkstückgeometrie 17 Verfahrensgruppen unterschieden *(Abb. 2.1.3)*.

Druckumformen
Durch *Walzen* werden gegossene Brammen, Bolzen und Stränge zu Halbzeugen weiterverarbeitet. Um die benötigten Walzkräfte niedrig zu halten, erfolgt die Umformung zunächst im Temperaturbereich der Warmumformung. Der Werkstoff ist bei diesen Temperaturen in einem teigig zähen, gut umformbaren Zustand, der hohe Umformgrade ohne bleibende Materialverfestigung zuläßt. Dabei kann Flachmaterial erzeugt werden, wie es etwa für die Blechherstellung benötigt wird; es können aber auch Rohre, Drähte oder Profile warm gewalzt werden. Unterschreitet das Walzgut einen bestimmten Mindestquerschnitt und werden höhere Anforderungen an Formgenauigkeit und Oberflächengüte gestellt, erfolgt die Verarbeitung bei Raumtemperatur im Kaltwalzverfahren. Neben Halbzeugen werden auch Verzahnungen und Gewinde an Einzelwerkstücken gewalzt.

Freiformen ist Druckumformen mit nicht oder nur teilweise die Form des Werkstücks enthaltenden, gegeneinander bewegten Werkzeugen. Die Werkstückform entsteht dabei durch eine freie oder festgelegte Relativbewegung zwischen Werkzeug und Werkstück, wie etwa beim Freiformschmieden *(Abb. 2.1.4)*.

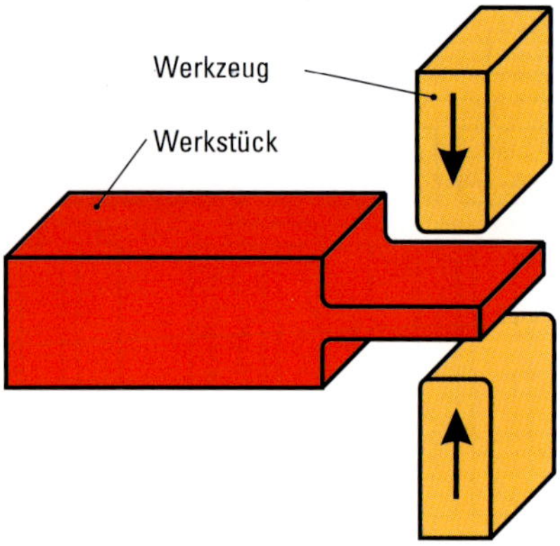

Abb. 2.1.4 Freiformen

Gesenkformen ist Druckumformen mit gegeneinander bewegten Formwerkzeugen (Gesenken), d.h. das Werkzeug umschließt ganz oder zu einem wesentlichen Teil das Werkstück und gestaltet dessen Form *(Abb. 2.1.5)*.

Eindrücken ist Druckumformen mit einem Werkzeug, das örtlich in ein Werkstück eindringt. Ein wichtiges Anwendungsgebiet des Eindrückens ist das Münzprägen *(Abb. 2.1.6)*.

Durchdrücken ist Druckumformen eines Werkstücks durch teilweises oder vollständiges Hindurchdrücken des Werkstoffs durch eine formgebende Werkzeugöffnung unter Verminderung des Querschnitts oder des Durchmessers. Zum Durchdrücken gehören das *Verjüngen, das Strangpressen und das Fließpressen* (vgl. Abschn. 6.1).

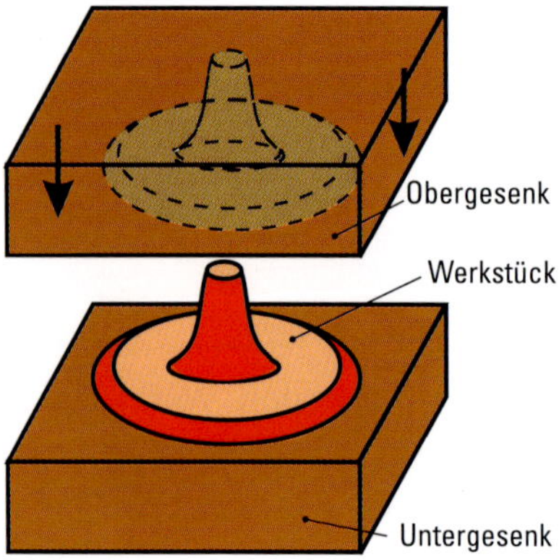

Abb. 2.1.5 Gesenkformen

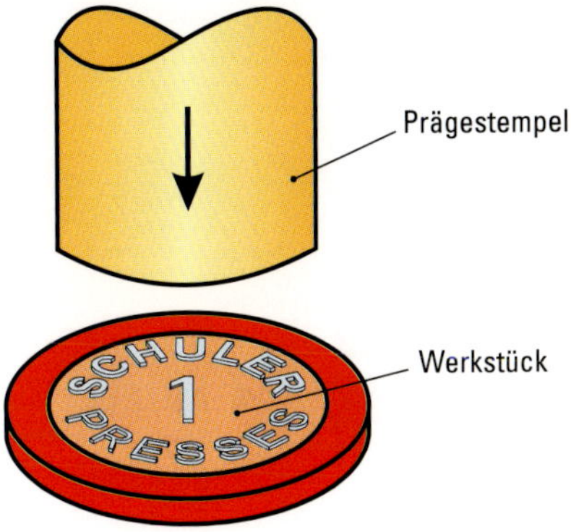

Abb. 2.1.6 Eindrücken (Münzprägen)

Beim *Verjüngen* von Vollkörpern bzw. beim Reduzieren wird ein Vollkörper teilweise verjüngt, ohne daß der nicht umgeformte Werkstückbereich gestaucht oder geknickt wird (*Abb. 2.1.7* und vgl. Abschn. 6.5.4). Verjüngen von Hohlkörpern bzw. Einhalsen durch Verjüngen ist die teilweise Reduzierung des Durchmessers eines Hohlkörpers, also eines Napfs, einer Hülse oder eines Rohrs, wobei je nach Wanddicke des Hohlkörpers ein Aufnehmer erforderlich sein kann.

Strangpressen ist Durchdrücken eines von einem Aufnehmer umschlossenen Blocks, vornehmlich zum Erzeugen von Strängen (Stäben) mit vollem oder hohlem Querschnitt.

Fließpressen ist Durchdrücken eines zwischen Werkzeugteilen aufgenommenen Werkstücks, z.B. eines Stab- oder Blechausschnitts (vgl. Abschn. 6.5.1 bis 6.5.3 und 6.5.7). Im Gegensatz zum Verjüngen sind beim Fließpressen größere Formänderungen möglich.

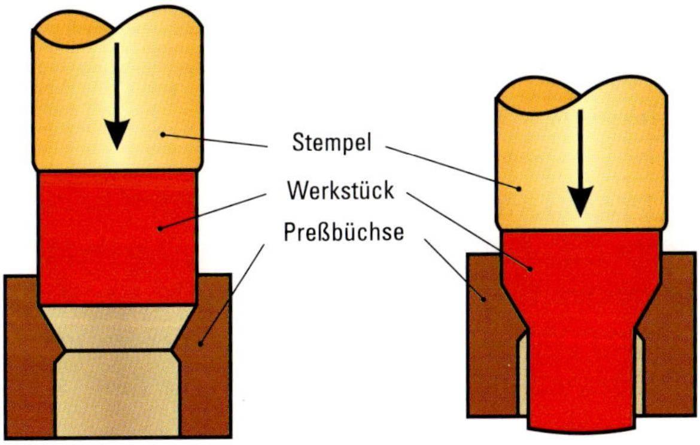

Abb. 2.1.7 Verjüngen von Vollkörpern

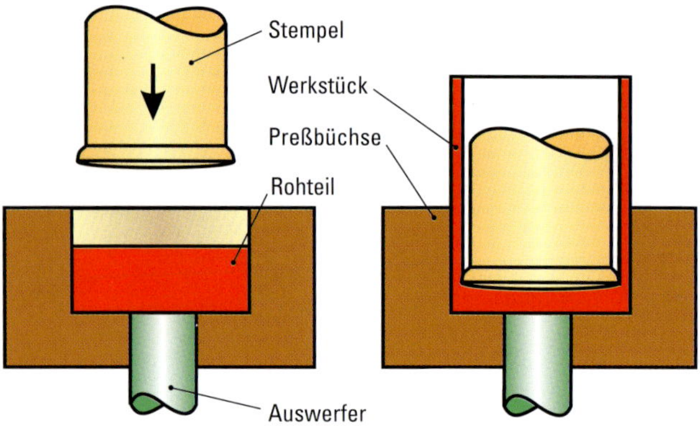

Abb. 2.1.8
Napf-Rückwärts-Fließpressen

Strangpressen dient der Herstellung von Halbzeugen wie Profile – Fließpressen zur Fertigung von Einzelwerkstücken wie Zahnräder. Beim Strangpressen und Fließpressen wird entweder mit starren Werkzeugen oder mit Wirkmedien umgeformt. Ferner wird entsprechend der Richtung des Werkstoffflusses relativ zur Stempelbewegung – also vorwärts, rückwärts oder quer – sowie der Herstellung von Vollkörpern bzw. Hohlkörpern unterschieden *(vgl. Abb. 6.1.1)*. Aus der Kombination dieser Unterscheidungsmerkmale ergeben sich nach DIN 8583/6 insgesamt 17 Verfahren des Strang- und Fließpressens. Beispiel eines Herstellungsverfahrens für Näpfe, Hülsen oder Becher ist das Napf-Rückwärts-Fließpressen *(Abb. 2.1.8)*.

Zugdruckumformen

Durchziehen ist Zugdruckumformen durch Ziehen eines Werkstücks durch eine in Ziehrichtung verengte Werkzeugöffnung. Das bedeutendste Verfahren des Durchziehens ist das *Gleitziehen*. Hierbei wird das Werkstück durch ein geschlossenes, in Ziehrichtung feststehendes Ziehwerkzeug (Ziehstein, Matrize) gezogen. Damit können sowohl Vollkörper als auch Hohlkörper erzeugt werden. Neben der Herstellung von Halbzeugen, wie Drähte und Rohre, können auch Einzelwerkstücke gefertigt werden. Hierbei werden tiefgezogene oder fließgepreßte Hohlkörper durch Abstreckziehen in der Wanddicke reduziert, um insbesondere für Druckbehälter bei unveränderter Bodenwandstärke den Werkstoffeinsatz zu minimieren (*Abb. 2.1.9* und vgl. Abschn. 6.5.5).

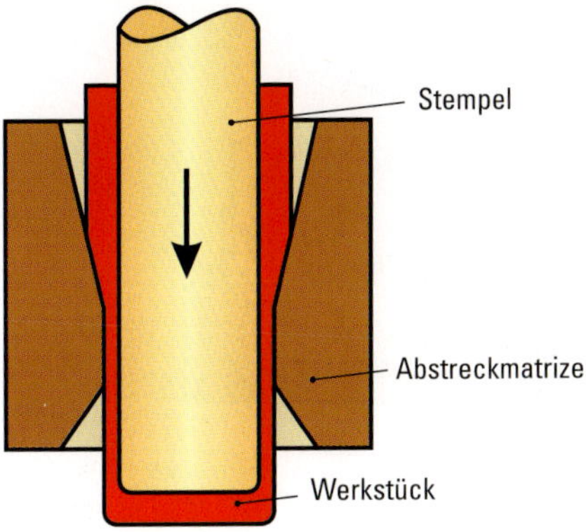

Abb. 2.1.9 Abstreckgleitziehen eines Napfs

Tiefziehen ist Zugdruckumformen eines Blechzuschnitts zu einem Hohlkörper oder eines Hohlkörpers zu einem Hohlkörper mit kleinerem Umfang ohne beabsichtigte Veränderung der Blechdicke (vgl. Abschnitt 4.2.1). Beim *Tiefziehen im Erstzug* entsteht aus dem Zuschnitt das Ziehteil in einem einzigen Arbeitshub der Presse *(Abb. 2.1.10).*

Bei größeren Formänderungen erfolgt der Umformprozeß *im Weiterzug,* meist auf mehrere Ziehstufen verteilt. Dies kann durch einen Teleskopstempel in gleicher Richtung *(Abb. 2.1.11)* oder durch *Stülpziehen* erfolgen, wobei der zweite Stempel in entgegengesetzter Richtung zur Stempelwirkrichtung des vorangegangenen Tiefziehvorgangs wirkt *(Abb. 2.1.12).*

Die größte Bedeutung hat das Tiefziehen mit starrem Werkzeug *(Abb. 2.1.10).* Dieses besteht aus einem Stempel, einer Matrize und einem Blechhalter, der die Faltenbildung beim Einziehen des Blechs

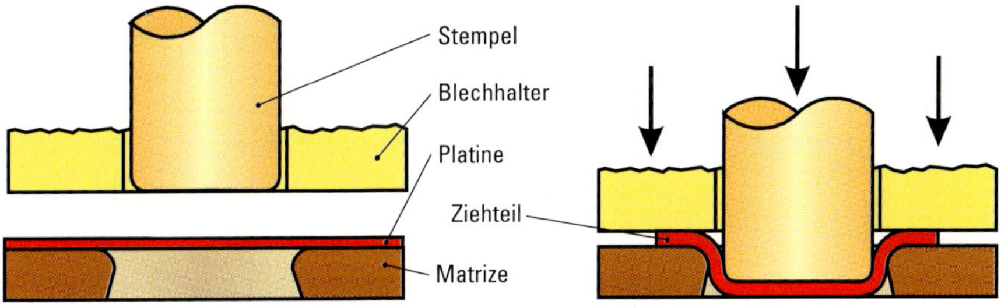

Abb. 2.1.10 Tiefziehen im Erstzug mit Blechhalter

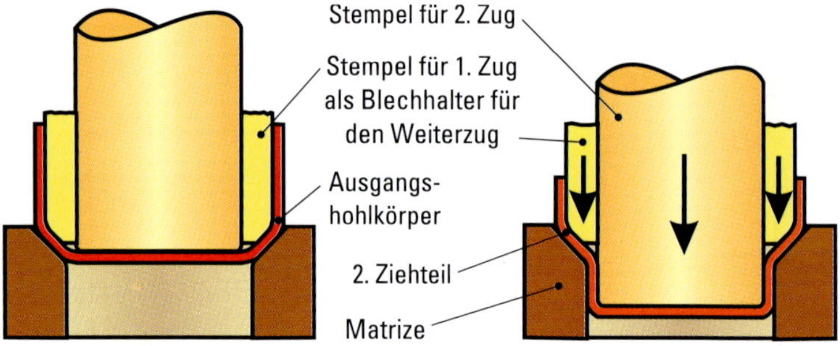

▲ **Abb. 2.1.11** Tiefziehen im Weiterzug mit Teleskopstempel

verhindert. In Sonderfällen können Stempel oder Matrize auch nachgiebig sein.

Daneben gibt es das Tiefziehen mit Wirkmedium und das Tiefziehen mit Wirkenergie. Tiefziehen mit Wirkmedium ist das Hineinziehen eines Zuschnitts oder eines Hohlkörpers in eine starre Matrize oder das Anlegen derartiger Werkstücke an einen starren Stempel durch Wirkung eines Mediums. Als Wirkmedium kommen formlos feste Stoffe (Sand, Stahlkugeln), Flüssigkeiten (Öl, Wasser) und Gase zum Einsatz. Hierbei wird die Umformarbeit wie bei den starren Werkzeugen von einer Presse aufgebracht. Den größten Anwendungsbereich hat das *hydromechanische Ziehen*, beispielsweise zur Herstellung von Werkstükken aus Edelstahl (*Abb. 2.1.13*, vgl. Abschn. 4.2.4 und 4.2.5).

Kragenziehen ist Zugdruckumformen mit Stempel und Matrize zum Aufstellen von geschlossenen Rändern (Borden, Kragen) an ausge-

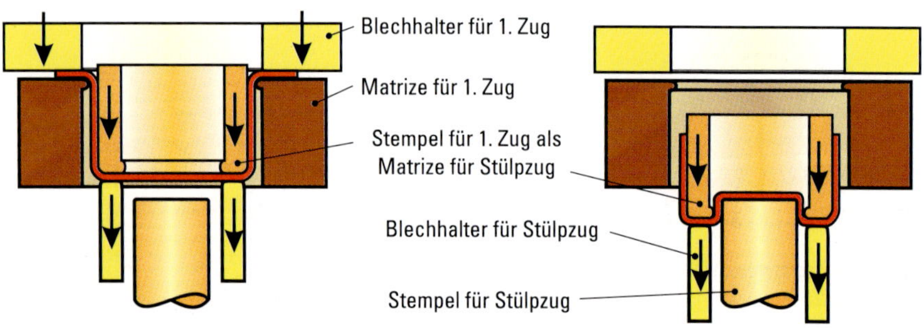

▲ **Abb. 2.1.12** Stülpziehen

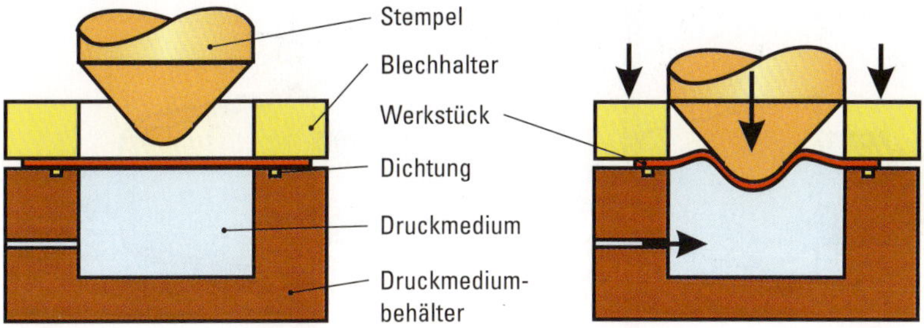

Abb. 2.1.13 Hydromechanisches Tiefziehen

schnittenen Öffnungen *(Abb. 2.1.14)*. Diese Öffnungen können sich sowohl in ebenen als auch in gewölbten Flächen befinden. Kragen werden häufig mit Innengewinde versehen, um Blechteile zu verbinden.

Drücken ist Zugdruckumformen eines Blechzuschnitts zu einem Hohlkörper oder Verändern des Umfangs eines Hohlkörpers, wobei ein Werkzeugteil (Drückform, Drückfutter) die Form des Werkstücks enthält und mit diesem umläuft, während das Gegenwerkzeug (Drückwalze, Drückstab) nur örtlich angreift *(Abb. 2.1.15)*. Eine Veränderung der Blechdicke ist im Gegensatz zum Drückwalzen nicht beabsichtigt.

Knickbauchen ist Zugdruckumformen zum örtlichen Erweitern oder Verengen eines meist rohrförmigen Hohlkörpers durch Druckkräfte in Längsrichtung, die zu einem Ausknicken des Werkstücks nach außen, innen oder in Querrichtung führen *(Abb. 2.1.16)*.

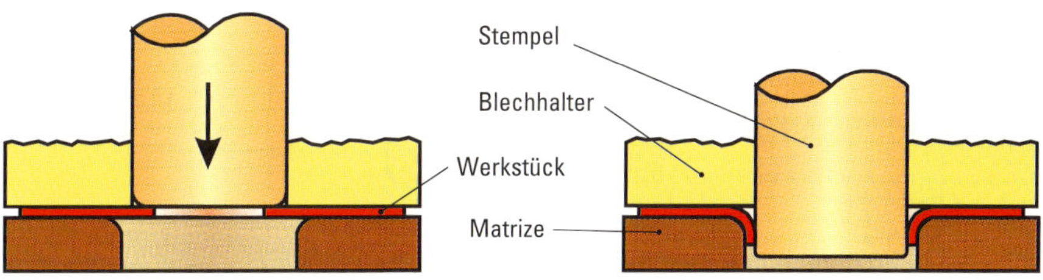

Abb. 2.1.14 Kragenziehen mit Blechhalter an einem ebenen Blech

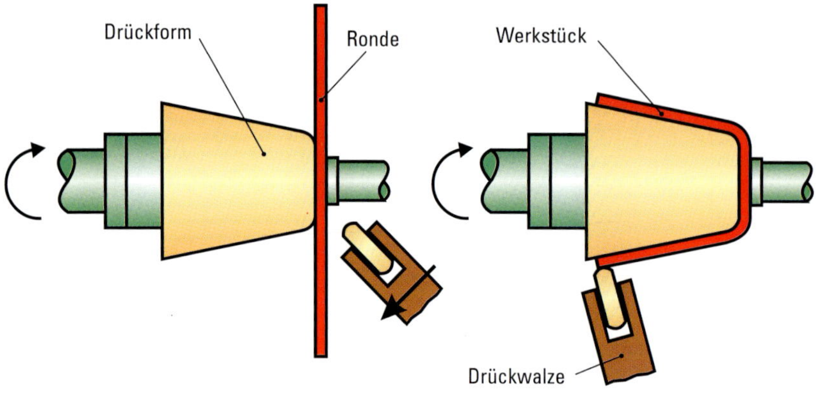

Abb. 2.1.15 Drücken eines Hohlkörpers

Zugumformen

Längen ist Zugumformen eines Werkstücks durch eine von außen aufgebrachte, in der Werkstücklängsachse wirkende Zugkraft. Strecken ist Längen zum Vergrößern der Werkstückabmessungen in Kraftrichtung, z.B. zum Angleichen an ein vorgeschriebenes Maß. Auch der Zugversuch ist ein reines Streckverfahren. Streckrichten ist dagegen Längen zum Beseitigen von Verbiegungen an Stäben und Rohren sowie von Beulen an Blechen.

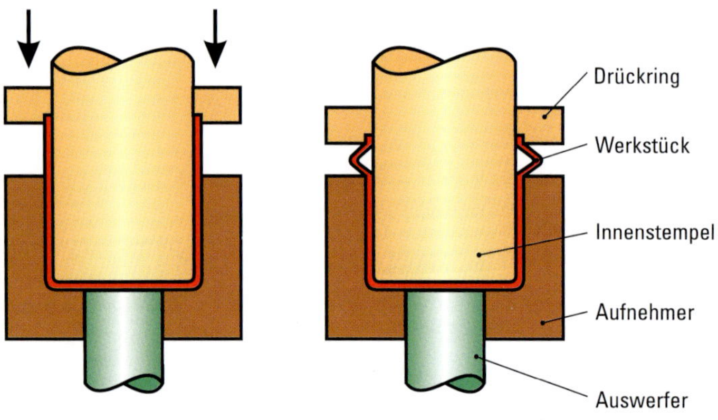

Abb. 2.1.16 Knickbauchen nach außen

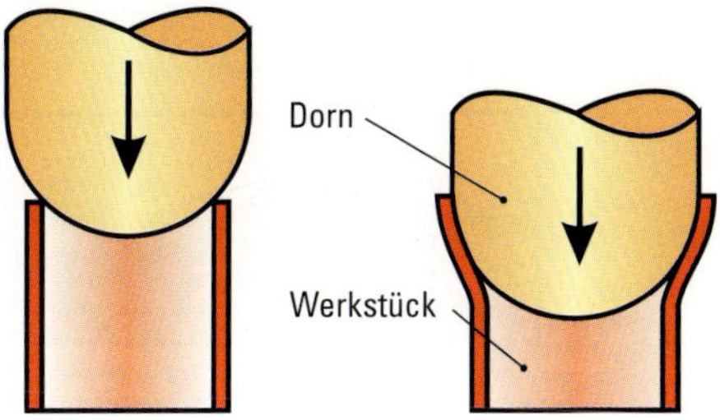

Abb. 2.1.17 Weiten mit Dorn

Weiten ist Zugumformen zum Vergrößern des Umfangs eines Hohlkörpers. Wie beim Tiefziehen kommen auch hier starre *(Abb. 2.1.17)* und nachgiebige Werkzeuge sowie Wirkmedien und Wirkenergien zum Einsatz.

Tiefen ist Zugumformen zum Erzeugen von Vertiefungen an einem ebenen oder gewölbten Werkstück aus Blech, wobei eine Oberflächenvergrößerung – im Unterschied zum Tiefziehen – durch Verringern der Blechdicke erreicht wird.

Die größte Bedeutung nimmt das Tiefen mit starrem Werkzeug ein. Hierzu gehören das *Streckziehen* und das *Hohlprägen*. Streckziehen ist Tiefen eines Zuschnitts mit einem starren Stempel, wobei das Werkstück am Rand fest eingespannt ist *(Abb. 2.1.18)*. Hohlprägen ist Tiefen mit einem Stempel in ein Gegenwerkzeug, wobei die Vertiefung gegenüber der Abmessung des Werkstücks klein ist *(Abb. 2.1.19)*.

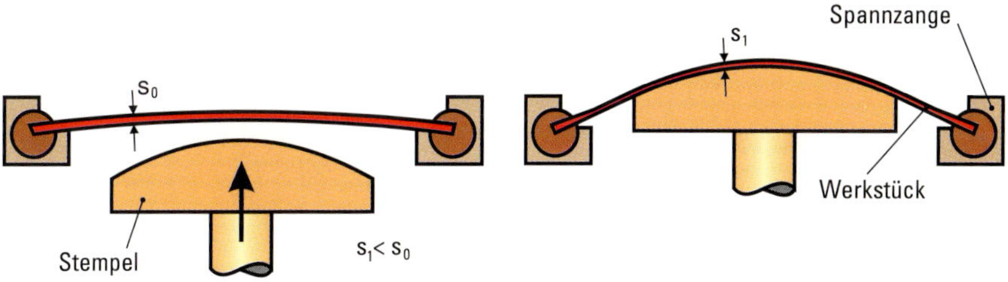

Abb. 2.1.18 Streckziehen

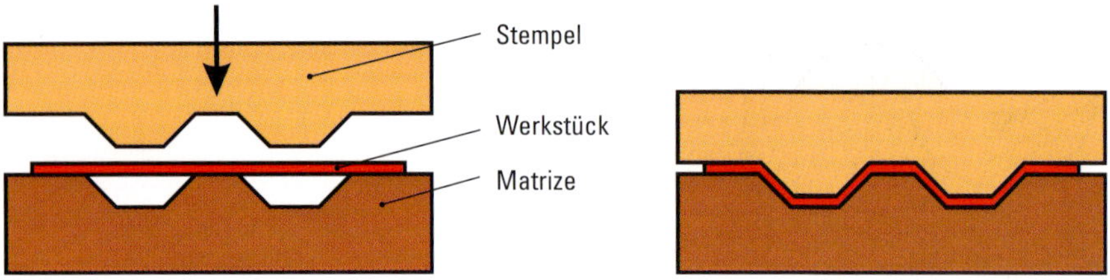

▲ **Abb. 2.1.19** Hohlprägen

Biegeumformen
Biegen mit geradliniger Werkzeugbewegung ist Biegeumformen, bei dem die Werkzeugteile eine geradlinige Bewegung ausführen (vgl. Abschnitt 4.8.1). Der wichtigste Vertreter dieser Untergruppe ist das *Gesenkbiegen,* bei dem die Teileform durch die Werkzeuggeometrie und die Rückfederung eingestellt wird *(Abb. 2.1.20)*. Gesenkbiegen kann in einem Arbeitsgang mit dem Gesenkdrücken kombiniert werden. Gesenkdrücken ist Nachdrücken (Nachprägen, Nachschlagen) der Werkstücke zum Abbau von Spannungen, um z.B. die Rückfederung zu vermindern.

Biegen mit drehender Werkzeugbewegung ist Biegeumformen, bei dem die Werkzeugteile eine drehende Bewegung ausführen. Zu dieser Untergruppe gehören das *Walzbiegen, Schwenkbiegen* und *Rundbiegen*. Beim Walzbiegen wird das Biegemoment durch Walzen aufgebracht. Durch das Verfahren *Walzrunden* können zylindrische oder kegelförmige Werkstücke hergestellt werden *(Abb. 2.1.21)*. Zum Walzbiegen gehört auch das *Walzrichten* zur Beseitigung unerwünschter Verformungen in

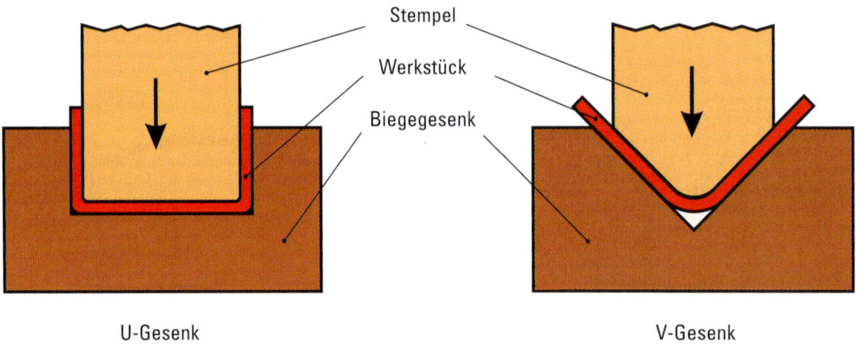

▲ **Abb. 2.1.20** Biegen im Gesenk

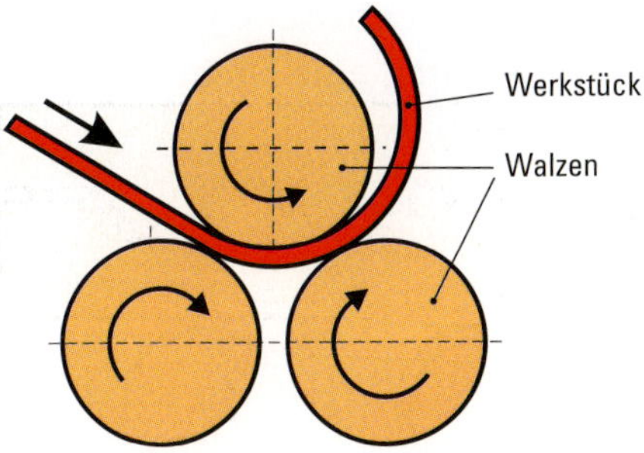

Abb. 2.1.21 Walzrunden

Blechen, Drähten, Stäben oder Rohren (*Abb. 2.1.22* und vgl. Abschnitt 4.8.3), das Wellbiegen und das *Walzprofilieren* (*Abb. 2.1.23* und vgl. Abschn. 4.8.2).

Schwenkbiegen ist Biegen mit einer Wange, die das Teil um die Biegekante herum biegt *(Abb. 2.1.24)*. *Rundbiegen* ist stetiges, in Schenkelrichtung fortschreitendes Biegen von Band, Profil, Stab, Draht oder Rohr *(Abb. 2.1.25)*. Rundbiegen von mehr als 360°, beispielsweise zur Herstellung von Federn, wird als Wickeln bezeichnet.

Schubumformen

Verschieben (Durchsetzen) ist Schubumformen, wobei in der Umformzone benachbarte Querschnittsflächen des Werkstücks in Kraftrichtung durch eine geradlinige Werkzeugbewegung parallel zueinander verlagert werden *(Abb. 2.1.26)*. Durchsetzen entlang einer in sich geschlossenen Werkzeugkante dient z. B. zur Herstellung von Schweißbuckeln und Zentrieransätzen in Blechteilen.

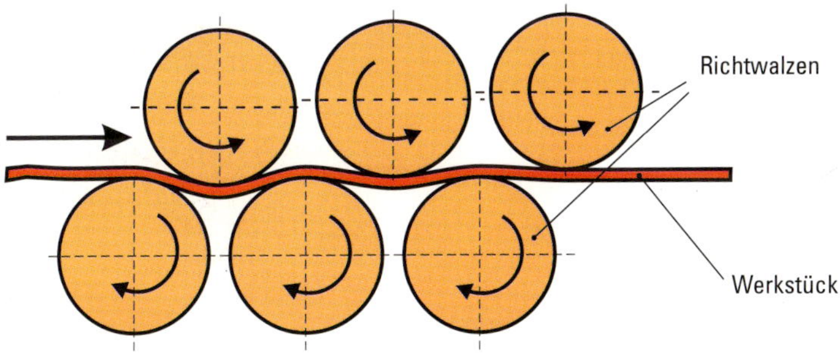

Abb. 2.1.22 Walzrichten

Verdrehen ist Schubumformen, wobei benachbarte Querschnittsflächen des Werkstücks in der Umformzone durch eine Drehbewegung gegeneinander verlagert werden *(Abb. 2.1.27)*.

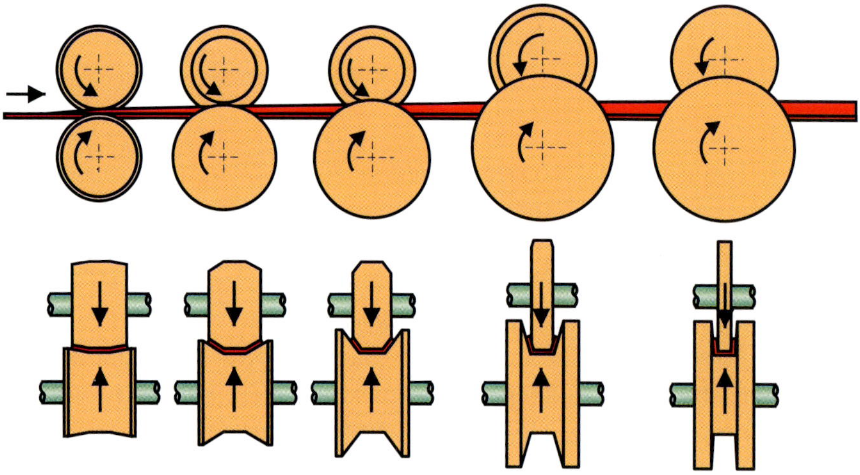

▲ **Abb. 2.1.23** Walzprofilieren

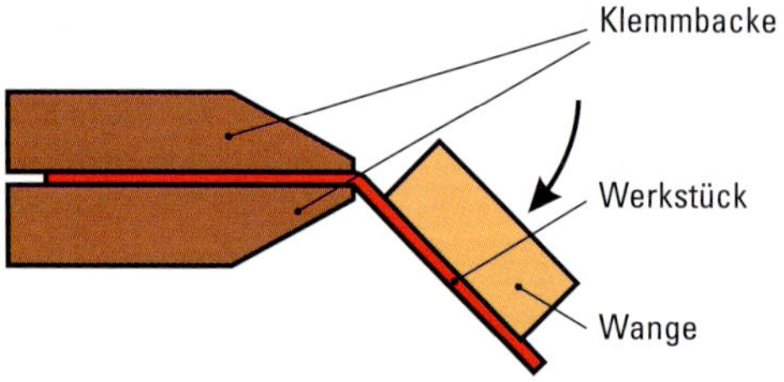

◀ **Abb. 2.1.24** Schwenkbiegen

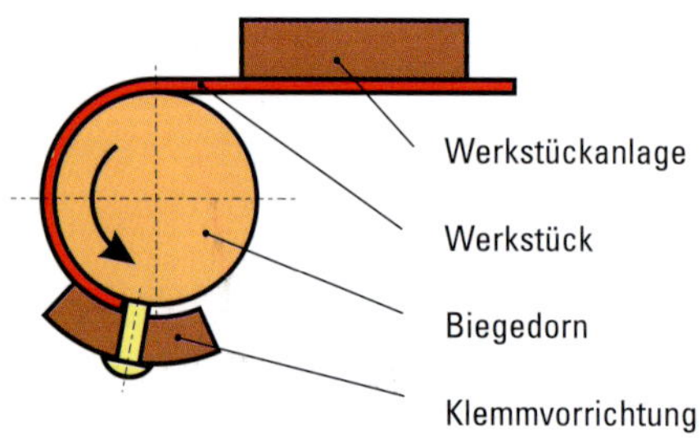

◀ **Abb. 2.1.25** Rundbiegen

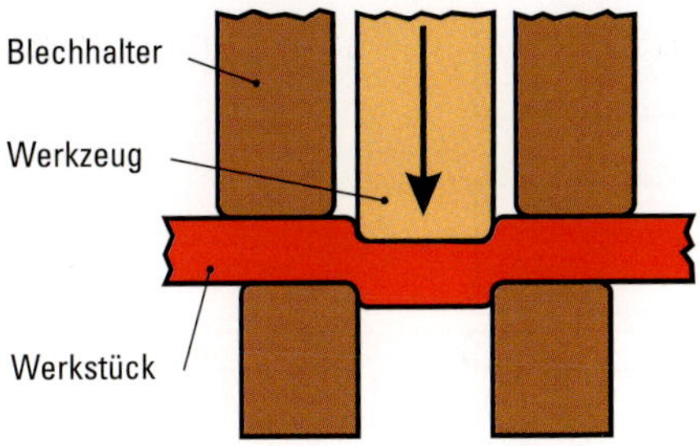

Abb. 2.1.26 Verschieben

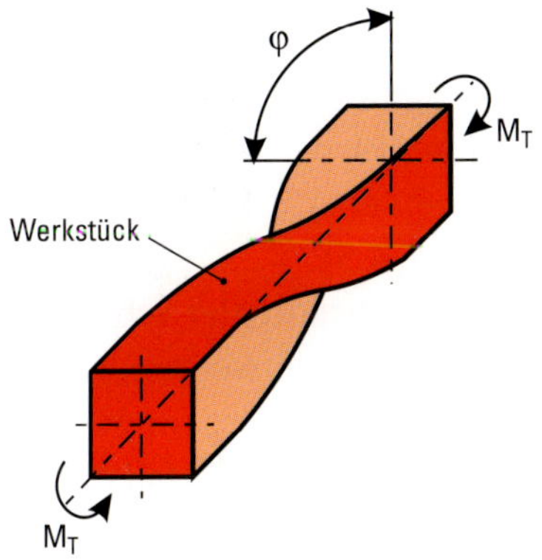

Abb. 2.1.27 Verdrehen

2.1.3 Zerteilen

Zerteilen ist die erste Gruppe der Hauptgruppe Trennen, wird aber infolge sich ergänzender Fertigungstechnologien i. allg. dem Fachgebiet der „Umformtechnik" zugeordnet *(vgl. Abb. 2.1.2)*. Definitionsgemäß versteht man unter Zerteilen das mechanische Trennen von Werkstücken, ohne daß Späne entstehen (spanlos). Die Gruppe Zerteilen umfaßt nach DIN 8588 die Untergruppen Scherschneiden, Keilschneiden, Reißen und Brechen *(Abb. 2.1.28)*. Hiervon hat das Scherschneiden in der industriellen Fertigung die größte Bedeutung.

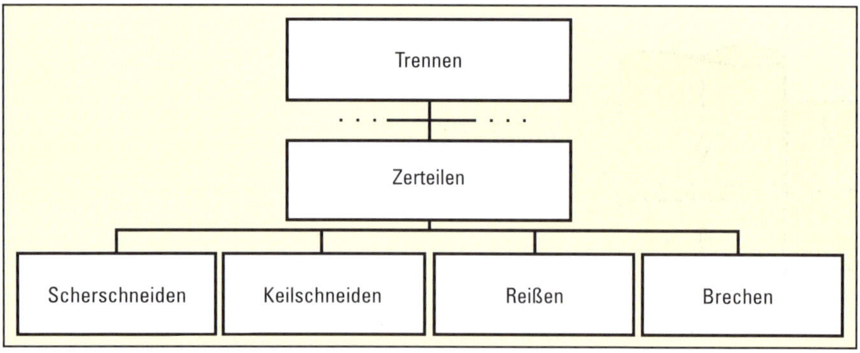

▲ **Abb. 2.1.28** Trennverfahren, die der Umformtechnik zugeordnet werden

Scherschneiden – in der Praxis kürzer als Schneiden bezeichnet – ist Zerteilen von Werkstücken zwischen zwei Schneiden, die sich aneinander vorbeibewegen (*Abb. 2.1.29* und vgl. Abschn. 4.5).

Beim einhubigen Schneiden erfolgt der Schnitt entlang der Schnittlinie in einem einzigen Hub, wie etwa bei einem Komplettschneidwerkzeug. Knabberschneiden (Nibbeln) ist dagegen mehrhubiges fortschreitendes Schneiden mit einem Schneidstempel, wobei kleine Abfallstücke entlang der Schnittlinie abgetrennt werden.

Feinschneiden ist einhubiges Schneiden mit Ringzackenblechhalter und Gegenhalter zur Erzeugung von glatten anrißfreien Schnittflächen, die häufig als Funktionsflächen dienen (*Abb. 2.1.30* und vgl. Abschn. 4.7).

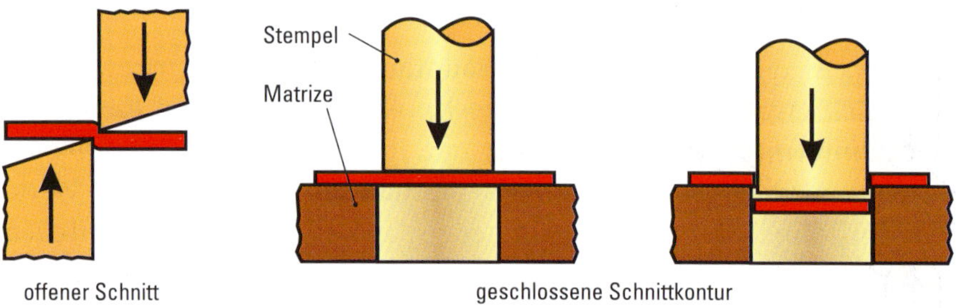

▲ **Abb. 2.1.29** Scherschneiden

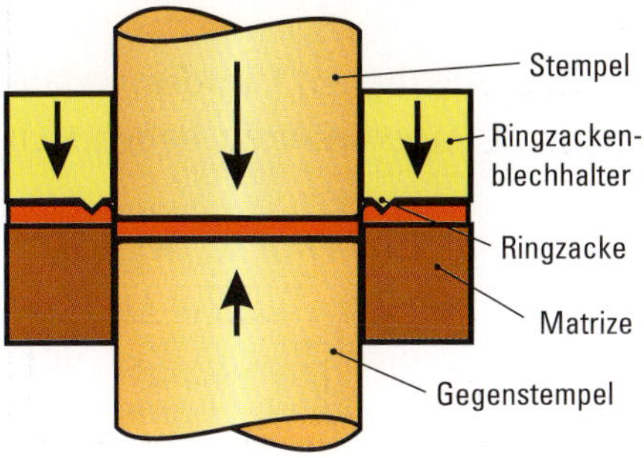

Abb. 2.1.30 Feinschneiden

Messerschneiden ist *Keilschneiden* von Werkstücken mit einer meist keilförmigen Schneide. Das Werkstück wird zwischen der Messerschneide und einer Auflage zerteilt. Beim *Beißschneiden* wird das Werkstück zwischen zwei keilförmigen Schneiden, die sich aufeinander zubewegen, zerteilt. Dieses Schneidverfahren kommt in Beißzangen oder Bolzenschneidern zum Einsatz *(Abb. 2.1.31)*.

Beim *Reißen* und beim *Brechen* wird das Werkstück durch eine Zugbeanspruchung bzw. eine Biege- oder Drehbeanspruchung über seine Bruchfestigkeit hinaus beansprucht.

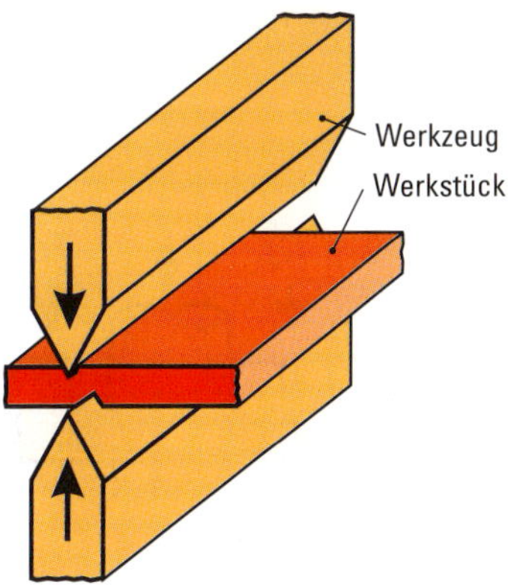

Abb. 2.1.31 Beißschneiden

2.1.4 Verfahrenskombinationen in der Fertigung

Verfahrenskombinationen zwischen unterschiedlichen Umformverfahren oder zwischen Umform-, Schneid- und Fügeverfahren haben sich seit langer Zeit bewährt.

Beispielsweise nehmen das *Streckziehen und Tiefziehen* in der Blechverarbeitung eine bedeutende Stellung ein (vgl. Abschn. 4.2.1). Beim Streckziehen wird der Blechwerkstoff unter dem Blechhalter über Bremswülste und Sickenstäbe oder über eine entsprechend hohe Blechhalterkraft am Hineingleiten in die Matrize gehindert *(Abb. 2.1.32)*. Infolgedessen wird das Blech unter dem eintauchenden Stempel mehrachsig auf Zug beansprucht und dabei die Blechdicke vermindert.

Dagegen handelt es sich beim Tiefziehen um ein Verfahren der Zugdruckumformung, bei dem das Blech unter tangentialen Druckspannungen und radialen Zugspannungen ohne beabsichtigte Veränderung der Blechdicke umgeformt wird *(vgl. Abb. 4.2.1)*.

Beim Ziehen z. B. komplizierter Karosseriebauteile eines Pkws überlagern sich Streckzieh- und Tiefziehanteile. Das Werkzeug besteht aus Stempel, Matrize und Blechhalter *(Abb. 2.1.32)*. Der Blechhalter dient beim Streckziehen zum Bremsen des Blechs – beim Tiefziehen zur Vermeidung der Faltenbildung.

Modernste Pressentechnik ermöglicht heute das definierte Verändern der Blechhalterkraft. Für jeden Bereich des Blechhalters kann der Kraftverlauf separat über den Umformweg verändert werden. Die Platine wird in das Werkzeug eingelegt und vom Blechhalter geklemmt. Der Umformprozeß beginnt z.B. beim Eintauchen des Stempels mit einem

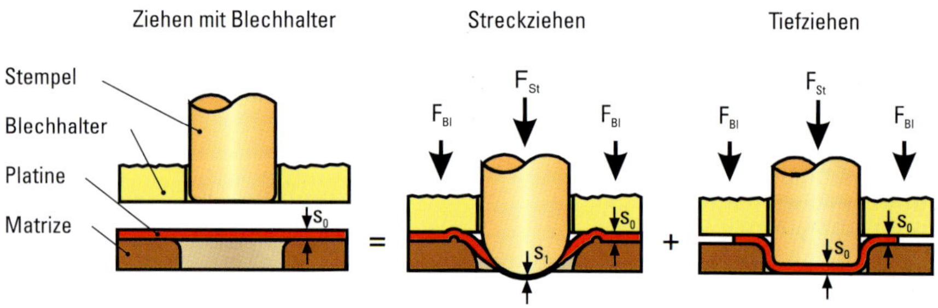

▲ **Abb. 2.1.32** Überlagerung von Streckziehen und Tiefziehen in der Blechumformung

Streckziehvorgang, bei dem die Wanddicke des gestreckten Blechs abnimmt. Anschließend bildet sich der Ziehteilboden aus.

Der Tiefziehvorgang beginnt, wenn die benötigte Blechhalterkraft so weit vermindert wird, daß der Blechwerkstoff faltenfrei über die Matrizenrundung nachlaufen kann. Am Ende des Ziehvorgangs wird die Blechhalterkraft häufig nochmals erhöht, um durch ein erneutes Streckziehen eine wiederholgenaue Endgeometrie zu erhalten.

Neben dem Ziehen werden die Blechteile im Preßwerk auch zusätzlich durch Biege-, Druck- und Schubumformen bearbeitet. Kennzeichnend für das *Biegen* ist, daß dem Werkstück Krümmungen aufgezwungen werden, die mit Winkeländerungen und Schwenkungen, jedoch ohne Blechdickenänderungen verbunden sind. Die aus der Elastizität des Werkstoffs resultierende Rückfederung wird durch Überbiegen kompensiert (vgl. Abschn. 4.8.1). Eine weitere Möglichkeit zur Erzielung formgenauer Werkstücke ist die Überlagerung von Druckspannungen durch integriertes *Ausprägen oder Nachprägen* des Werkstücks im Bereich des unteren Umkehrpunkts der Stößelbewegung.

Das *Umformen* wird fast immer mit dem *Schneiden* kombiniert. So wird z. B. die Platine für ein Blechteil vor dem Umformen aus dem Blechband geschnitten. Nach dem Umformen erfolgt das Beschneiden der Ränder, das Lochen oder das Ausschneiden der Werkstücke (vgl. Abschn. 4.1.1).

Ist weder das Schneiden noch das Umformen am Blechteil dominierend, dann wird diese Verfahrenskombination als *Stanzen* bezeichnet. Wenn größere Stückzahlen gefertigt werden sollen, kommen hierbei für die Mehrzahl der kleineren und mittelgroßen Stanzteile Folgeverbundwerkzeuge zum Einsatz, wie beispielsweise beim Feinschneiden (vgl. Abschn. 4.7.3). Aber auch in der Massivumformung werden vielfach unterschiedliche Verfahren in einem Werkzeugsatz kombiniert (vgl. Abschn. 6.1).

Die Forderung nach einer weiteren Kostenreduzierung bei der Teilefertigung hat inzwischen zusätzliche Fertigungsverfahren in den umformtechnischen Prozeß integriert. So vereinigt das Stanzpaketieren neben dem klassischen Schneiden und Umformen auch das *Fügen* zur Herstellung fertiger Stator- und Rotorpakete in der Elektromotorenindustrie *(Abb. 2.1.33, vgl. Abb. 4.6.22 und 4.6.23)*. Bleche können auch durch Umformen, das sogenannte *Bördeln*, zusammengefügt werden *(Abb. 2.1.34)*.

Aber auch *spanende, beschichtende und stoffeigenschaftändernde Technologien* werden zukünftig das Einsatzgebiet der Umformtechnik wesentlich erweitern, um durch eine Fertigbearbeitung der Werkstücke in wenigen Stationen – möglichst in einer Anlage – die Transport- und Logistikkosten zu reduzieren.

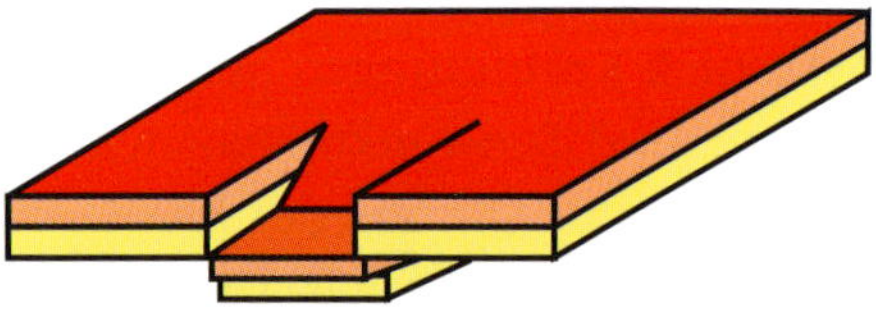

Abb. 2.1.33
Fügen durch Trennen und Umformen

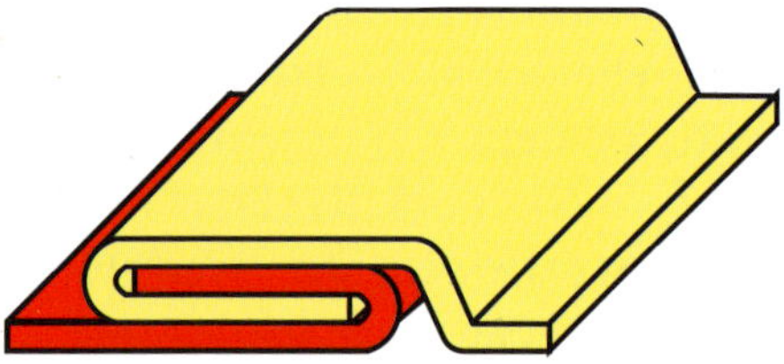

Abb. 2.1.34
Fügen durch Bördeln

2 Grundlagen der Umformtechnik

2.2 Grundbegriffe

2.2.1 Fließbedingung und Fließkurve

Metallische Werkstoffe lassen sich durch die Einwirkung von äußeren Kräften umformen, ohne daß der Stoffzusammenhang verlorengeht. Diese Eigenschaft wird als das Formänderungsvermögen der Metalle bezeichnet. Die Formänderung bzw. das Fließen tritt ein, wenn sich die Atomreihen innerhalb der einzelnen Kristalle beim Überschreiten einer bestimmten Grenzspannung gegeneinander verschieben und der Zusammenhang zwischen den Atomreihen auf dem nächstfolgenden Gitterplatz stattfindet. Die Verschiebungen erfolgen in kristallographisch bevorzugten Gleitebenen und Gleitrichtungen und werden z. B. durch Versetzungen (Gitterbaufehler) erst möglich. Andere Fließmechanismen, wie z. B. die Zwillingsbildung, bei der eine bleibende Verformung durch ein Umklappen des Gitters von einer Lage in die andere erfolgt, spielen in der Umformtechnik eine untergeordnete Rolle.

Das Fließen des Werkstoffs setzt ein, wenn die größte Hauptspannungsdifferenz ($\sigma_{max} - \sigma_{min}$) die Formänderungsfestigkeit k_f, auch als Fließspannung bezeichnet, erreicht bzw. wenn bei reiner Schubbeanspruchung die auftretende Schubspannung gleich der halben Formänderungsfestigkeit wird:

$$k_f = \sigma_{max} - \sigma_{min}$$

Durch die Vernachlässigung der Hauptspannung σ_2 stellt dieser mathematische Ausdruck eine Näherungslösung der Schubspannungshypothese mit der größten Hauptspannung σ_1 und der kleinsten Hauptspannung σ_3 dar:

$$k_f = \sigma_1 - \sigma_3$$

Die Formänderungsfestigkeit ist vom Werkstoff, der Temperatur, der Formänderung φ und der Formänderungsgeschwindigkeit $\dot{\varphi}$ abhängig. Unterhalb der Rekristallisationstemperatur steigt die Formänderungsfestigkeit in der Regel mit zunehmender Formänderung an, während die Temperatur und die Formänderungsgeschwindigkeit nur von geringem Einfluß sind. Ausnahmen stellen Umformverfahren wie das Walzen und Schmieden dar, bei denen mit sehr großen Formänderungsgeschwindigkeiten gearbeitet wird. Oberhalb der Rekristallisationstemperatur wird die Formänderungsfestigkeit vorwiegend durch die Temperatur und die Formänderungsgeschwindigkeit beeinflußt, während eine vorangegangene Formänderung nur von geringem Einfluß ist. Die Formänderungsfestigkeit fällt im allgemeinen mit zunehmender Temperatur und abnehmender Formänderungsgeschwindigkeit.

Dementsprechend unterscheidet DIN 8582 Umformen mit bleibender Festigkeitsänderung und Umformen ohne wesentliche Festigkeitsänderung – früher als Kalt- und Warmformgebung bezeichnet. Im Temperaturbereich dazwischen tritt Umformen mit vorübergehender Festigkeitsänderung auf. In diesem Fall ist die Formänderungsgeschwindigkeit höher als die Erholungs- oder Rekristallisationsgeschwindigkeit. Erst nach dem Umformvorgang setzt die Kristallerholung ein. Es gelten die Gesetzmäßigkeiten des Umformens mit bleibender Festigkeitsänderung.

Weiterhin teilt DIN 8582 die Verfahren in Umformen ohne Anwärmen (Kaltumformen) und Umformen nach Anwärmen (Warmumformen). Durch diese Begriffe wird lediglich festgelegt, ob Anwärmeinrichtungen erforderlich sind. Im Gegensatz zu ihrer früheren Bedeutung stehen sie daher in keinem physikalischen Zusammenhang mit dem Werkstoff. Die Formänderungsfestigkeit der einzelnen Werkstoffe wird in Abhängigkeit von der Formänderung und der Formänderungsgeschwindigkeit in den verschiedenen Temperaturbereichen experimentell ermittelt und in Fließkurven dargestellt *(Abb. 2.2.2 und 6.3.1)*. Sie dienen u.a. der Berechnung der möglichen Formänderung, Kraft, Energie und Leistung.

2.2.2 Formänderung und Werkstofffluß

Die tatsächlich auftretende Formänderung φ, auch Umformgrad oder natürliche, absolute bzw. logarithmische Formänderung genannt, errechnet sich aus:

$$\varphi_1 = \int_{h_0}^{h_1} \frac{dh}{h} = \ln \frac{h_1}{h_0}$$

mit φ_1 als der Formänderung in einer Hauptrichtung sowie φ_2 und φ_3 in den anderen zwei Hauptrichtungen. Die Gleichung gibt z.B. beim Stauchen eines Körpers der Höhe h die Formänderung an *(Abb. 2.2.1)*. φ errechnet sich dabei aus der auf das Ausgangsmaß bezogenen Dehnung oder Stauchung ε bzw. der relativen Formänderung

$$\varepsilon_1 = \frac{h_1 - h_0}{h_0} = \frac{\Delta h}{h_0},$$

wenn mit h_0 die Ausgangs- und mit h_1 die Endhöhe des Stauchkörpers bezeichnet wird:

$$\varphi_1 = \ln \frac{h_1}{h_0} = \ln(1 + \varepsilon_1)$$

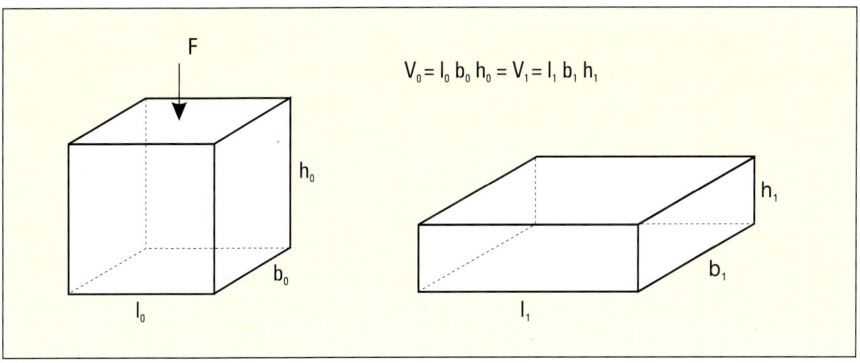

Abb. 2.2.1 Maßänderungen beim verlustfreien Stauchen eines Würfels

Die Summe aller Formänderungswerte ist nach dem Gesetz der Volumenkonstanz, bei dem sich das Volumen durch den Umformprozeß nicht verändert *(Abb. 2.2.1)*, immer gleich null:

$$\varphi_1 + \varphi_2 + \varphi_3 = 0$$

Die größte Formänderung, die gleich der Summe der zwei anderen Formänderungen ist, wird als die Hauptformänderung φ_g bezeichnet, z.B.:

$$\varphi_1 = -(\varphi_2 + \varphi_3) = \varphi_g$$

Die Hauptformänderung muß bekannt sein, da sie die Grundlage für jede Berechnung, beispielsweise für die Umformkraft, bildet. Sie ist leicht zu ermitteln, da sie gegenüber den beiden anderen ein entgegengesetztes Vorzeichen besitzt. Beim Beispiel Stauchen eines kubischen Körpers resultiert aus der Zunahme der Breite ($b_1 > b_0$) und der Länge ($l_1 > l_0$) ein positives Vorzeichen, während die Abnahme der Höhe ($h_1 < h_0$) ein negatives Vorzeichen ergibt *(Abb. 2.2.1)*. Damit ist die absolut größte Formänderung die Höhenformänderung φ_1.

Ebenso wie die Summe der Formänderungen, muß auch die der Formänderungsgeschwindigkeiten $\dot{\varphi}$ immer gleich null sein:

$$\dot{\varphi} +_1 + \dot{\varphi}_2 + \dot{\varphi}_3 = 0$$

Das Fließgesetz gilt näherungsweise:

$$\varphi_1 : \varphi_2 : \varphi_3 = (\sigma_1 - \sigma_m) : (\sigma_2 - \sigma_m) : (\sigma_3 - \sigma_m),$$

mit σ_m als mittlerer Spannung:

$$\sigma_m = \frac{\sigma_1 + \sigma_2 + \sigma_3}{3}$$

Der Materialfluß in Richtung der Spannung, die zwischen der größten Spannung σ_{max} und der kleinsten Spannung σ_{min} liegt, wird also klein sein und bei ebenem Werkstofffluß zu null werden.

2.2.3 Kraft und Arbeit

Für die Berechnung der für die Umformung notwendigen Kräfte ist die Unterscheidung zwischen Verfahren mit mittelbarer und unmittelbarer Kraftwirkung zweckmäßig. Unter unmittelbarer Kraftwirkung wird verstanden, daß der Werkstoff direkt unter der Einwirkung einer äußeren Kraft zum Fließen gebracht wird. Dazu sind gegeneinander bewegte Preßflächen notwendig, wie z.B. beim Stauchen und Walzen. Bei der mittelbaren Kraftwirkung greift die äußere Kraft in einiger Entfernung von der eigentlichen Formgebungszone an. Sie bewirkt, daß der Werkstoff durch eine Düse, einen Spalt oder dergleichen gezogen oder gedrückt wird. Es entstehen zusätzliche Spannungen, die zum Fließen des Werkstoffs führen. Beispiele sind das Tiefziehen und das Drahtziehen.

Bei unmittelbarer Kraftwirkung berechnet sich die Kraft F aus:

$$F = A \cdot k_w$$

Darin steht A für die gedrückte Fläche und k_w für den Formänderungswiderstand. Letzterer ergibt sich aus der Formänderungsfestigkeit k_f unter Berücksichtigung der auftretenden Verluste, meist durch Reibung. Die Verluste werden im Formänderungswirkungsgrad η_F zusammengefaßt:

$$\eta_F = \frac{k_f}{k_w}$$

Die Kraft bei den Formgebungsverfahren mit mittelbarer Kraftwirkung errechnet sich aus:

$$F = A \cdot k_{wm} \cdot \varphi_g = A \cdot \frac{k_{fm}}{\eta_F} \cdot \varphi_g = A \cdot \frac{w_{id}}{\eta_F}$$

Dabei ist A der Querschnitt, über den die Kraft in die Formgebungszone übertragen wird, k_{wm} der mittlere Formänderungswiderstand bzw. k_{fm} die mittlere Formänderungsfestigkeit, die sich aus dem integralen Mittel der Formänderungsfestigkeit zwischen Ein- und Auslauf der Formgebungszone ergibt. Vereinfacht kann statt des Integralmittelwerts das arithmetische Mittel verwendet werden. φ_g ist die Hauptformänderung. Die bezogene Formänderungsarbeit w_{id} ist die Arbeit, die notwendig ist, um ein Volumenelement von 1 mm³ um einen bestimmten Betrag umzuformen:

$$w_{id} = \int_0^{\varphi_g} k_f \cdot d\varphi \cong k_{fm} \cdot \varphi_g$$

Aus vorhandenen Fließkurven läßt sich die bezogene Formänderungsarbeit durch grafische Integration gewinnen und genau wie die Formänderungsfestigkeit in Abhängigkeit von der Formänderung φ_g angeben. *Abbildung 2.2.2* zeigt die Fließ- und bezogenen Arbeitskurven verschiedener Werkstoffe.

Falls die Fließkurve für einen Werkstoff nicht gegeben ist, kann sie experimentell ermittelt werden. Hierfür kommt beispielsweise ein Zug-, Druck- oder hydraulischer Tiefungsversuch in Frage. Sind die bezogene Formänderungsarbeit w_{id} und das gesamte Volumen V bzw. das verdrängte Volumen V_d bekannt, so läßt sich die Formänderungsarbeit W berechnen:

$$W = V \cdot \frac{w_{id}}{\eta_F} \cong V \cdot \varphi_g \cdot \frac{k_{fm}}{\eta_F} = V_d \cdot \frac{k_{fm}}{\eta_F}$$

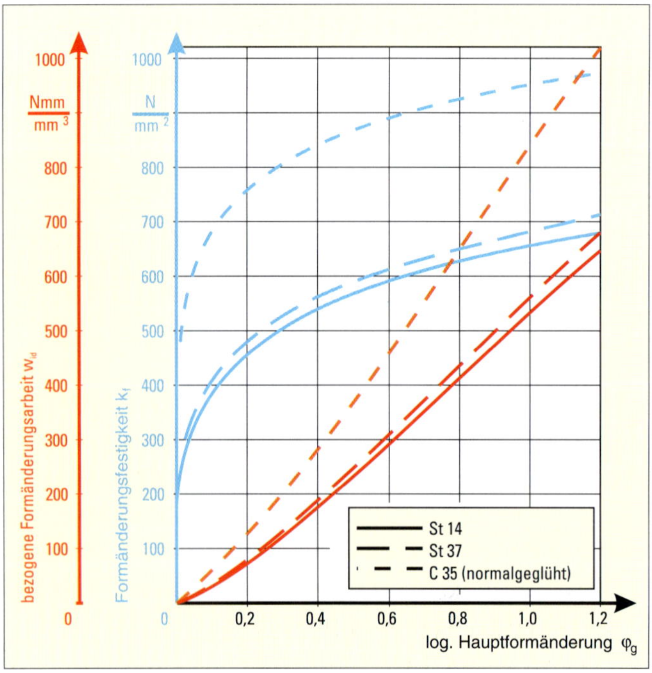

Abb. 2.2.2 Fließkurven und Kurven für die bezogene Formänderungsarbeit verschiedener Werkstoffe

2.2.4 Formänderungsvermögen

Zur Kennzeichnung des Formänderungsvermögens dürfen nur solche Versagensfälle herangezogen werden, bei denen der Werkstoff durch Schiebungs- oder Trennungsbruch versagt, wenn weitere Gleitungen ohne Werkstoffversagen nicht mehr möglich sind. Falls also ein Werkstoff vor Erreichen eines Kraftmaximums durch Trennungsbruch in der Einschnürzone bricht, gibt dieses Verhalten einen Anhaltspunkt für das Formänderungsvermögen, z.B. beim Zugversuch. Die Versagensfälle jedoch, bei denen das Stabilitätskriterium zwischen äußeren und inneren Kräften maßgebend für die erreichbare Formänderung ist, können nicht zur Bestimmung des Formänderungsvermögens herangezogen werden. Dazu gehört beispielsweise die Gleichmaßdehnung eines Werkstoffs mit ausgeprägter Einschnürung. Das Formänderungsvermögen verschiedener Werkstoffe ist unter sonst gleichen Bedingungen unterschiedlich. So werden manche Werkstoffe als spröde und andere als zäh oder duktil bezeichnet. Diese Bezeichnungen liegen den im Zugversuch gewonnenen Verformungswerten, wie Brucheinschnürung und Bruchdehnung, zugrunde.

Das Formänderungsvermögen eines Werkstoffs ist jedoch kein fester Wert, sondern vom mittleren Druck p_m abhängig, unter dem die Umformung erfolgt:

$$p_m = \frac{p_1 + p_2 + p_3}{3}$$

Daher ist es möglich, daß das gewünschte Werkstück nicht hergestellt werden kann, weil der Werkstoff für die Umformung mit dem ausgewählten Verfahren infolge des niedrigen mittleren Drucks ein zu geringes Formänderungsvermögen besitzt. Dagegen kann das Werkstück bei einem anderen Verfahren mit größerem mittleren Druck problemlos umformbar sein. Wenn der mittlere Druck hoch genug ist, kann selbst Marmor umgeformt werden.

2.2.5 Maßeinheiten

Seit Inkrafttreten des Gesetzes über die Einheiten im Meßwesen dürfen nur noch Größen des gesetzlich vorgeschriebenen internationalen Einheitensystems (SI-Einheiten) verwendet werden.

Tabelle 2.2.1 zeigt eine Gegenüberstellung der Einheiten des alten technischen Maßsystems und der SI-Einheiten. Die aufgeführten Größen lassen sich durch den Faktor 9,81 auf das internationale Maßsystem übertragen. Für Überschlagsrechnungen ist es im allgemeinen ausreichend, wenn der Faktor 10 verwendet wird, z. B.:

$$1 \text{ kp} \approx 10 \text{ N}$$

Tabelle 2.2.1: Umrechnung technischer Maße in SI-Einheiten

Einheitensysteme	**Technisch (m kp s)**	**SI (MKS)**
Zeit: t	1 s	1 s
Länge: l	1 m	1 m
Geschwindigkeit: v	1 m/s	1 m/s
Drehzahl/Hubzahl: n	1/min	1/min
Beschleunigung: a	1 m/s^2	1 m/s^2
Masse: G	9,81 kg = 1 kp s^2/m	1 kg 1 t = 1000 kg
Dichte: ρ	9,81 kg/m^3 = 1 kp s^2/m^4	1 kg/m^3
Kraft: F	9,81 kg m/s^2 = 1 kp1MP = 1000 kp	1 N (Newton) = 1 kg m/s^2 1 kN = 1000 N
Druck: p	9,81 N/m^2 = 1 kp/m^2 0,0981 bar = 1 at 1,333 mbar = 1 Torr	1 N/m^2 = 1 Pa (Pascal) = 1 kg/m s^2 105 N/m^2 = 1 bar
Spannung: σ	9,81 N/mm^2 = 1 kp/mm^2	1 N/mm^2
Drehmoment: M	9,81 N m = 1 kp m	1 N m 1 kN m = 1000 N m
Massenträgheitsmoment: J	9,81 kg m^2 = 1 kp m s^2	1 kgm^2
Leistung: P	9,81 W = 1 kp m/s 0,7355 kW = 1 PS	1 N m/s = 1 W (Watt) 1kW = 1000 W
Arbeit: W	9,81 J = 1 kp m	1 J (Joule) = 1 N m = 1 W s 1kJ = 1000 J
Wärmemenge: Q	4,19 kJ = 1 kcal	1 kJ
Schalldruckpegel: L	1 dB(A)	1 dB(A)

Literatur

DIN 8580: Begriffe der Fertigungsverfahren, Beuth Verlag, Berlin.
DIN 8582: Fertigungsverfahren Umformen, Einordnung, Unterteilung, Beuth Verlag, Berlin.
DIN 8583: Fertigungsverfahren, Druckumformen, Teil 1 - 6, Beuth Verlag, Berlin.
DIN 8584: Fertigungsverfahren, Zugdruckumformen, Teil 1 - 6, Beuth Verlag, Berlin.
DIN 8585: Fertigungsverfahren, Zugumformen, Teil 1 - 4, Beuth Verlag, Berlin.
DIN 8586: Fertigungsverfahren, Biegeumformen, Beuth Verlag, Berlin.
DIN 8587: Fertigungsverfahren, Schubumformen, Beuth Verlag, Berlin.
DIN 8588: Begriffe der Fertigungsverfahren, Zerteilen, Beuth Verlag, Berlin.
Lange, K: Umformtechnik, Band 1: Grundlagen, Springer-Verlag, Heidelberg (1984).

3 Grundlagen des Pressenbaus

3.1 Pressenarten und Pressenaufbau

Pressen haben die Aufgabe, eine oder auch mehrere Kräfte und Bewegungen auf das Werkzeug zu übertragen, um das Werkstück umzuformen oder zu schneiden. Die Gestaltung von Pressen erfordert eine besondere Kenntnis des anzuwendenden Fertigungsverfahrens. Die Presse wird je nach Einsatzgebiet auf ein bestimmtes Verfahren abgestimmt oder überwiegend universell eingesetzt.

Bei einer *spezialisierten Anlage* spielt unter dem Gesichtspunkt der Wirtschaftlichkeit die Ausbringung die wichtigste Rolle – wenn zugleich die geforderte Teilequalität eingehalten wird. Werkstoffbedingte Einflüsse, wie die maximale Tiefziehgeschwindigkeit, oder werkstückbezogene Einflüsse, wie die Transporteignung der Teile, sowie Vorgaben zur ergonomischen Bedienung und Arbeitssicherheit müssen dabei berücksichtigt werden.

Eine *Universalanlage* sollte dagegen hinsichtlich des Einsatzes unterschiedlicher Werkzeuge flexibel sein, um ein möglichst großes Teilespektrum abdecken zu können.

Für alle Pressen ist eine möglichst hohe Verfügbarkeit ausschlaggebend, d. h. unproduktive Zeiten, wie z. B. beim Werkzeugwechsel, bei der Instandhaltung, der Wartung oder der Werkzeugeinarbeitung, müssen auf ein Minimum reduziert werden. Weiterhin wird von allen Pressen gefordert, daß sie eine hohe Lebensdauer der Werkzeuge ermöglichen. Deshalb ist beispielsweise eine exakte Führung des Stößels wichtig.

Nach den angewendeten Fertigungsverfahren unterteilt man in

- Pressen zur Blechumformung (vgl. Abschn. 4.4),
- Pressen zum Schneiden (vgl. Abschn. 4.6 und 4.7.4),

- Pressen zur Massivumformung, wie Schmiede-, Kaltfließ- und Prägepressen (vgl. Abschn. 6.8),
- Anlagen zur Innenhochdruckumformung (vgl. Abschn. 5.6),
- Drück-, Streck- und Prägebänke.

Daneben sind Scheren, meist in getrennten Anlagen, für die Herstellung von Blechplatinen üblich (vgl. Abschn. 4.6.1 und 4.6.2).

3.1.1 Pressenkörper

Das Pressengestell dient der Aufnahme von Kräften, der exakten Führung des Stößels und der Anbringung von Antriebs- und Anbauteilen. Die konstruktive Auslegung des Gestells ist abhängig von

- der Preßkraft – sie bestimmt die Steifigkeit –,
- den Werkzeugabmessungen mit Einfluß auf die Größe des Werkzeugraums,
- der Zugänglichkeit des Arbeitsraums mit Auswirkungen auf die Gestellform,
- der Führungsgenauigkeit des Stößels – sie beeinflußt sowohl die Form als auch die Steifigkeit des Gestells.

Für Pressen mit kleineren Preßkräften bis zu einer Nennpreßkraft von 2 500 kN kommt häufig die *Einständerbauweise* zum Einsatz *(vgl. Abb. 4.6.14)*. Sie zeichnet sich besonders durch die gute Zugänglichkeit des Werkzeugeinbauraums aus. Nachteilig ist jedoch die unsymmetrische Auffederung des Gestells mit Auswirkungen auf die Teilegenauigkeit und die Werkzeuglebensdauer, besonders beim Schneiden. Die geneigten oder liegenden Bauarten dienen dem schnelleren Auswerfen des Werkstücks durch die Schwerkraft nach der Umformung, beispielsweise in der Massivumformung *(vgl. Abb. 6.8.20)*. In der Regel werden auf Einständerpressen Einzelwerkzeuge eingesetzt.

Pressen ab einer Nennpreßkraft von 4 000 kN werden ausschließlich in Portalbauweise ausgeführt – sie werden als *Zweiständerpressen* bezeichnet *(Abb. 3.1.1)*. Der Pressentisch mit der Tischplatte, die beiden Seitenständer und das Kopfstück bilden das Gestell dieser Pressenform. Der Einsatzbereich der Zweiständerpressen reicht mit Folge-, Folgeverbund- oder Stufenwerkzeugen für kleinere Teile bis zu Einzelwerkzeugen unterschiedlicher Teilegröße (vgl. Abschn. 4.1.1). Während der Werkstücktransport beim Folgewerkzeug durch den Blechstreifen selbst erfolgt, ist beim Einsatz von Einzelwerkzeugen meist ein zusätzliches Greiferschienensystem in der Presse integriert. Der Fertigungsprozeß läßt sich besonders wirtschaftlich gestalten, wenn die Einzelwerkzeuge bzw. Stufenwerkzeuge in einer Presse zusammengefaßt sind. Automatisiert durch ein Transfersystem, werden diese Anlagen als *Transferpressen* bezeichnet.

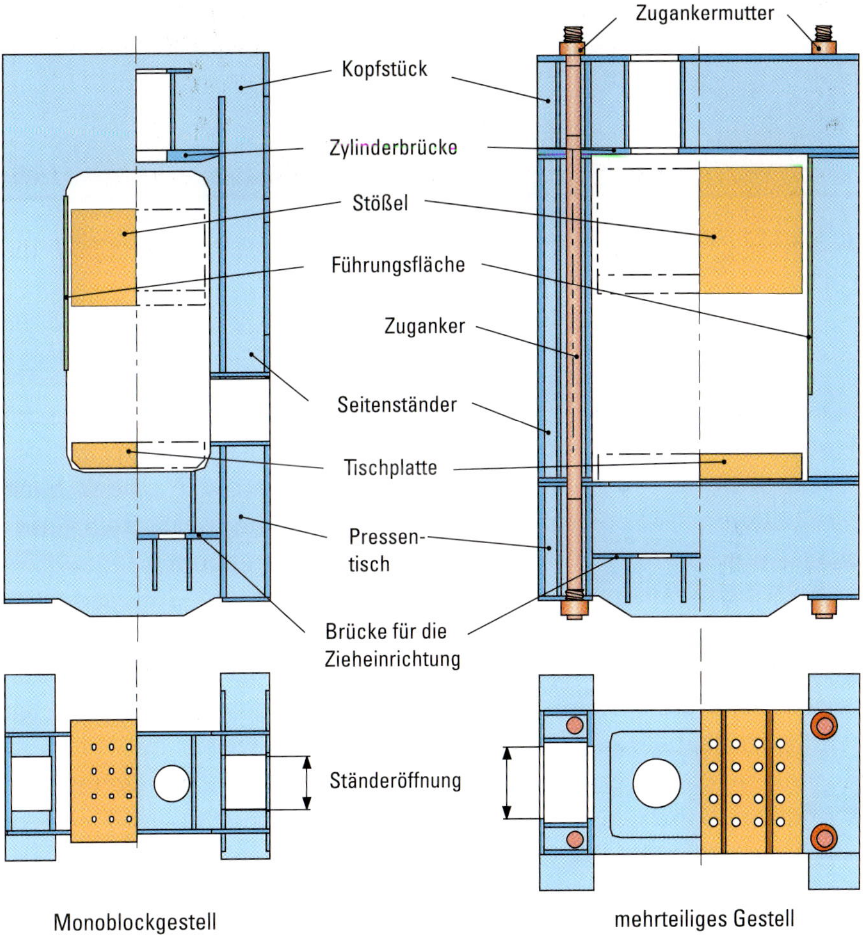

Abb. 3.1.1 Aufbau eines Zweiständer-Pressengestells einer hydraulischen Presse

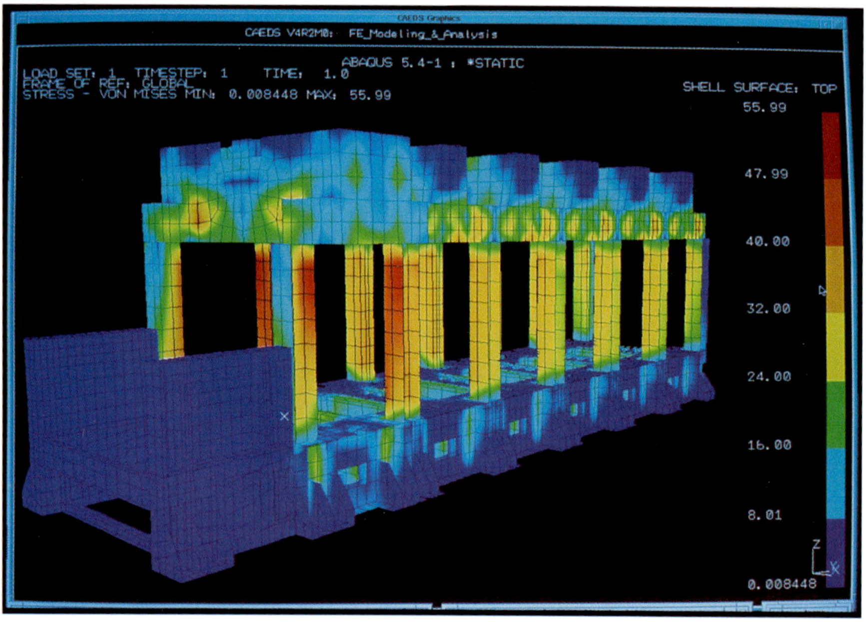

Abb. 3.1.2 FEM-Optimierung des Pressengestells: Spannungsverteilung bei außermittiger Belastung

Ursprünglich wurden Pressenkörper aus Grauguß gegossen, bis die Fortschritte in der Schweißtechnik es möglich machten, auch dicke Bleche sicher miteinander zu verbinden. Heute hat man eine so hohe Flexibilität in der Konstruktion erreicht, daß geschweißte Pressen genau ihren Anforderungen entsprechend gebaut werden können.

Auch Verbundkonstruktionen mit eingeschweißten Gußteilen sind möglich. Bei kleineren Zweiständerpressen wird ausschließlich der geschweißte *Monoblockkörper,* bei größeren die *mehrteilige Gestellbauweise* angewendet, um aus Gründen der Bearbeitung und des Transports die Größe der Bauteile zu begrenzen. Die Einzelteile werden mit Hilfe von Zugankern, die in der Regel über die gesamte Pressenhöhe reichen, verschraubt und mit einer errechneten Kraft vorgespannt *(Abb. 3.1.1).* Eine *sorgfältige Auslegung* des Gestells ist notwendig, da es durch Antriebs- und Anbauteile belastet wird und zugleich den Pressenstößel genau führen muß. Die Belastungs- und die elastische Verformungsgrenze des Gestells dürfen nicht überschritten werden. Aus diesen Gründen werden die Pressenkörper mit Hilfe der *Finiten-Elemente-Methode (FEM)* optimiert. Dabei werden die Spannungen auch bei außermittiger Belastung berechnet und dargestellt *(Abb. 3.1.2)*. Durch eine entsprechende Werkstoffverteilung und Ausbildung der Übergangsradien zwischen Tisch und Ständer bzw. Ständer und Kopfstück werden die zulässigen Maximalspannungen auch bei Nennkraft nicht überschritten. Ein weiterer Vorteil FEM-berechneter Bauteile ist die Einsparung von Material, das für die Festigkeit nicht benötigt wird. Auf dem *Pressentisch* liegt die Tischplatte (Aufspannplatte) auf, mit der die untere Werkzeughälfte zentriert und verspannt wird *(Abb. 3.1.1* und vgl. Abschn. 3.4). Die Aufspannplatten von Pressentisch und Stößel sind aufgeschraubt, damit die Platten leicht ausgebaut werden können, z.B. zum Ändern des T-Nutenbildes, zum Nachrüsten von hydraulischen Spanneinrichtungen oder zum Anpassen der Öffnungen an neue Anforderungen beim Presseneinsatz.

3.1.2 Stößelantrieb

Der Pressenkörper nimmt alle in der Presse wirkenden Kräfte auf und führt den Stößel mit dem Oberwerkzeug. Der Stößel, von einem im *Kopfstück* wirkenden Antrieb in vertikaler Richtung bewegt, überträgt die Umform- bzw. Schneidkraft auf das Werkzeug. Neben diesen sogenannten *Oberantriebspressen* gibt es auch Pressen, deren Antrieb sich im Pressentisch befindet. Diese Unterantriebspressen werden über-

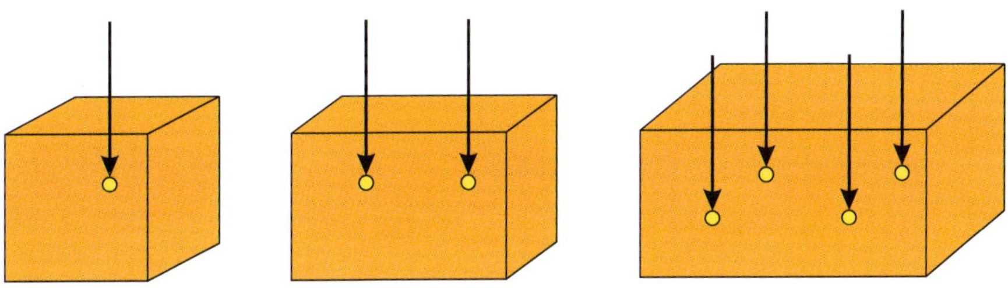

Abb. 3.1.3 Pleuelkräfte am Stößel bei Ein-, Zwei- und Vierpunktpressen

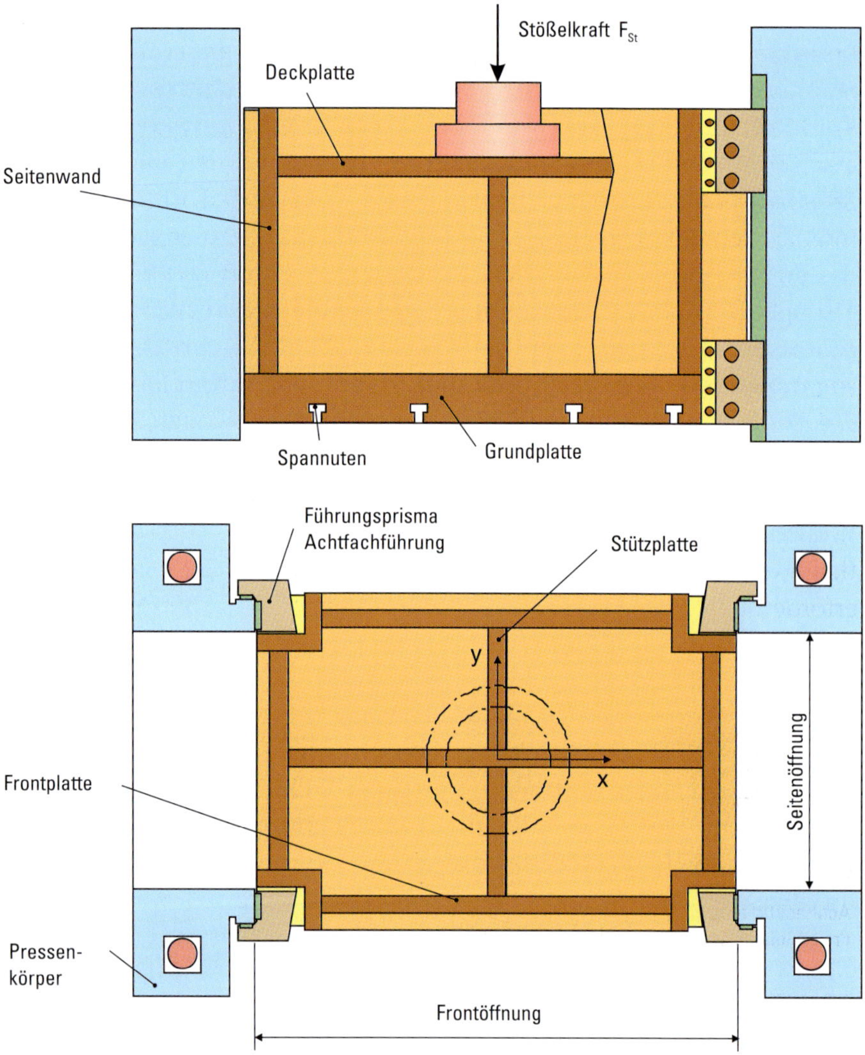

Abb. 3.1.4 Aufbau des Stößels einer hydraulischen Presse

wiegend in der Massivumformung als Münzprägepressen eingesetzt *(vgl. Abb. 3.2.5)*. Nach der Art des Pressenantriebs unterscheidet man grundsätzlich *weggebundene, kraftgebundene und arbeitsgebundene Pressen*. Arbeitsgebundene Pressen sind Spindelpressen und Schmiedehämmer. Weggebundene und kraftgebundene Pressen werden meist als *mechanische* bzw. *hydraulische Pressen* bezeichnet.

Die Übertragung der Kraft auf den Stößel erfolgt bei mechanischen Pressen durch Pleuel *(Abb. 3.1.9)*, bei hydraulischen Pressen über die Kolbenstangen der Hydraulikzylinder *(Abb. 3.1.10)*. Je nach Anzahl der Kraftübertragungselemente wird zwischen einer *Ein-, Zwei- oder Vierpunktanordnung im Stößel* unterschieden *(Abb. 3.1.3)*. Wenn eine außermittige Belastung vom Werkzeug auf den Stößel übertragen wird, kann dem Kippmoment durch eine Mehrpunktpresse besser entgegengewirkt werden.

Der meist kastenförmige geschweißte Stößel wird im Pressenkörper geführt *(Abb. 3.1.4)*. Bei außermittiger Belastung übernehmen auch die *Führungen* einen Teil der Stützkräfte. *Abbildung 3.1.5* zeigt häufig angewendete Führungsarten. Eine Mehrpunktpresse in Verbindung mit einer stabilen Stößelführung bietet die besten Voraussetzungen, durch eine geringe Stößelkippung eine hohe Teilequalität und Werkzeugstandmenge zu erzielen. Für große Pressen mit zwei oder vier Pleuelantrieben sind die Führungen durch große Führungswege und relativ große vertikale Gestelldehnungen bestimmt. Nachstellmöglichkeiten sind dabei erforderlich. Das Führungsspiel sollte 0,1 mm nicht überschreiten.

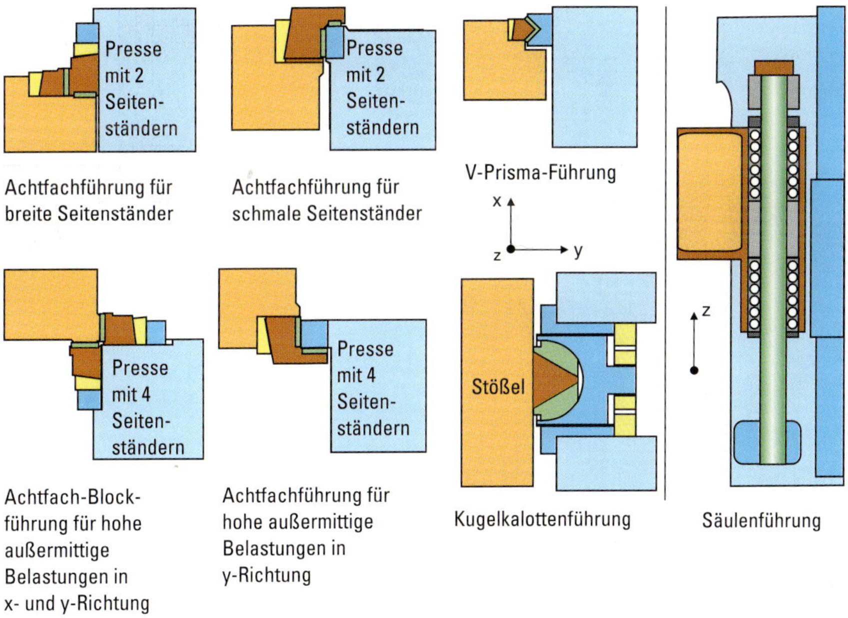

Abb. 3.1.5 Verschiedene Führungsarten

Normale Tiefziehpressen werden mit einfach einstell- und wechselbaren 45°-Bronzeführungen ausgerüstet. Bei Schneid- und Transferpressen sind Achtfachführungen sowie wechselbare Bronzeleisten am Stößel Stand der Technik. Eine zuverlässige Zentralschmierung ist für eine gute Führung unerläßlich. An Stelle von Bronzeführungsleisten werden auch Kunststoffführungsleisten verwendet.

Universalpressen werden heute vielfach mit Achtfach-Rollenführungen ausgeführt *(Abb. 3.1.6)*. Dieses Führungssystem ist durch Einzelanstellung der wälzgelagerten Laufrollen spielfrei vorgespannt. Die Lagerrollen sind auf Lebensdauer geschmiert und abgedichtet. Die Rollen laufen fett- und ölfrei auf gehärteten Führungsleisten am Ständer.

Unterantriebs-Kniehebelpressen mit ihren langen Pressenrahmen erfordern eine spezielle Führung, um das Einschnüren sowie das Kippen auszugleichen und hohe Kantenbelastungen zu verhindern *(vgl. Abb. 3.2.5)*. Kardanische Kugelkalottenlager gleichen Schrägstellungen aus und sorgen für gleichmäßige Traganteile der Führung *(Abb. 3.1.5)*.

Abb. 3.1.6 Rollenführung

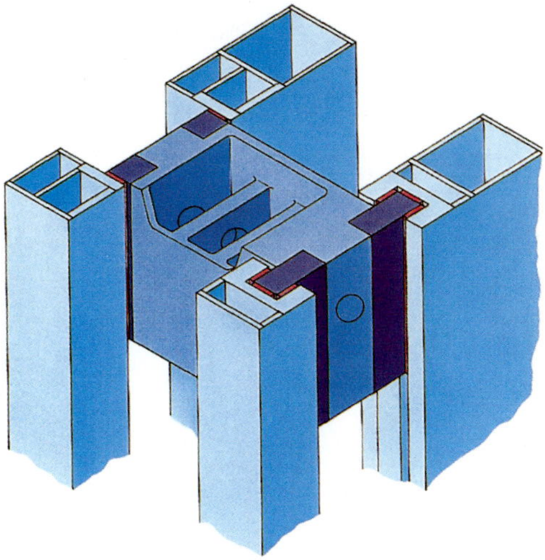

Abb. 3.1.7
Achtfachführung in Kreuzform

Diese Führungsbaueinheiten können in allen Positionen verwendet werden: innen, außen, sechsfach, achtfach und in Kombinationen.

Das Führungsverhältnis bei Großpressen mit einer Bauhöhenbeschränkung, d. h. das Verhältnis der Führungs- zur Stößellänge, kann sich bis auf 1 : 3 verringern. Außermittige Preßkräfte können dabei von den Führungen nur noch teilweise aufgenommen werden. In der Warmumformung muß die Wärmeausdehnung des Stößels bei der Auswahl der Führung berücksichtigt werden. Hier kommen Führungssysteme zum Einsatz, die eine Ausdehnung des Stößels in eine Richtung zulassen, ohne ihn zu verspannen *(Abb. 3.1.7)*.

Zum Auswerfen der in den Oberwerkzeugen haftenden Teile kann der Stößel mit pneumatischen, hydraulischen oder mechanischen Stößelauswerfern versehen werden *(vgl. Abb. 3.2.12)*.

3.1.3 Antrieb von Tiefziehpressen

Zur Blechumformung werden einfach- und doppeltwirkende Pressen eingesetzt. Bei der *doppeltwirkenden Presse* ist neben dem Ziehstößel ein separater Blechhalterstößel vorgesehen *(Abb. 3.1.8, vgl. Abb. 4.2.2)*. Beide Stößel werden von oben betätigt.

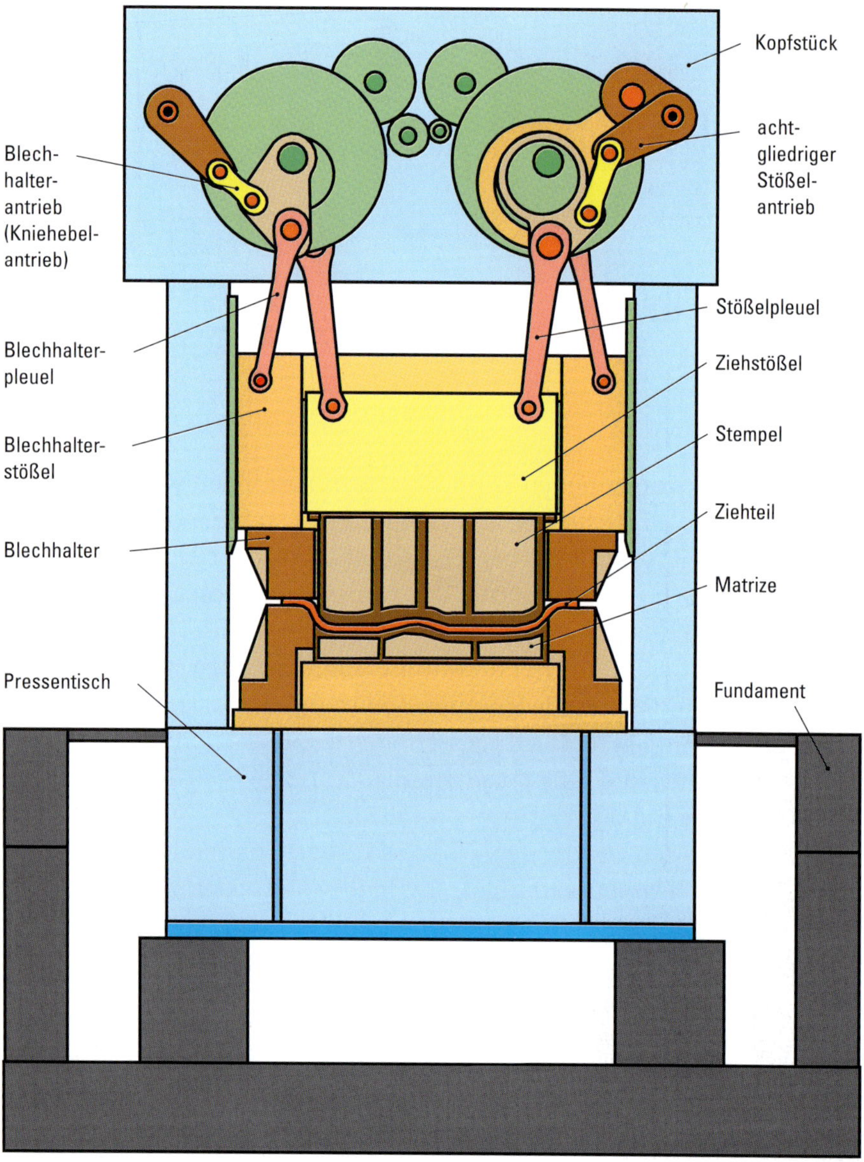

Abb. 3.1.8 Doppeltwirkende mechanische Presse

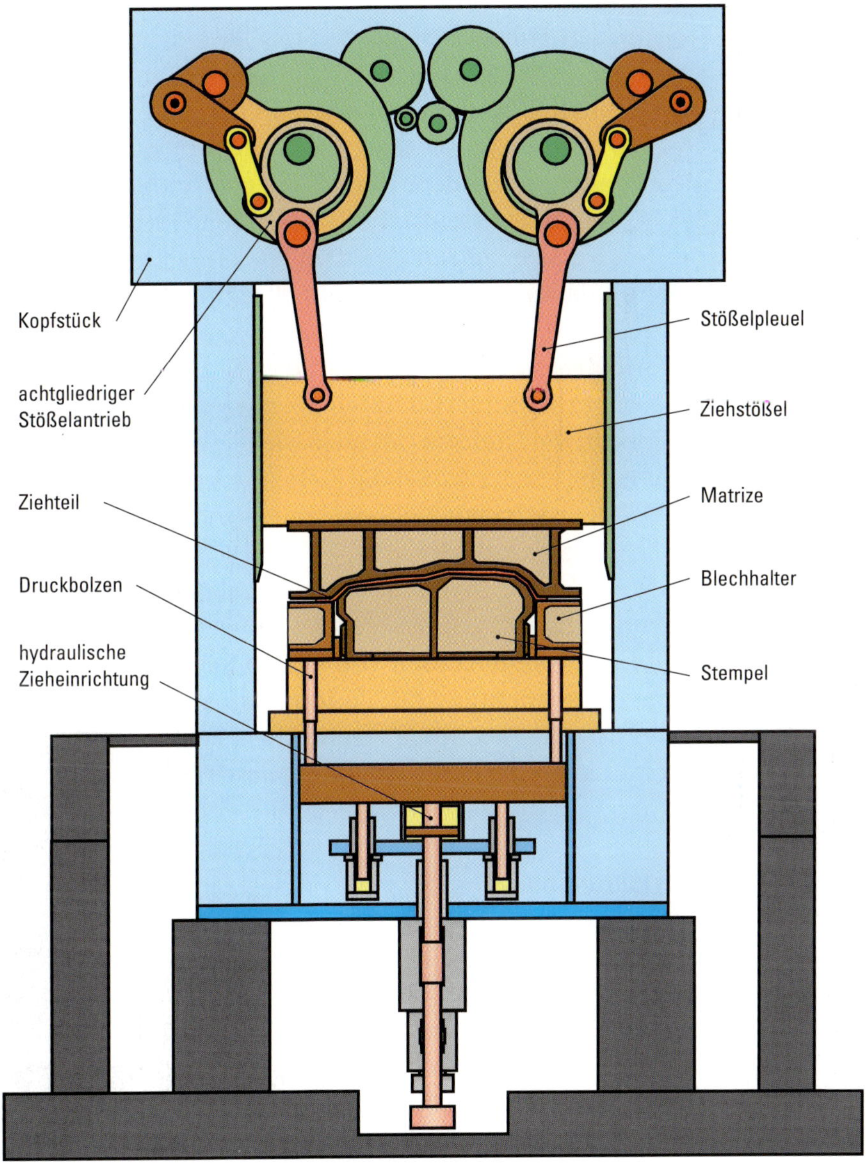

Abb. 3.1.9 Einfachwirkende mechanische Presse mit Zieheinrichtung

Nach der Umformung muß das Teil in der Regel für die nächsten Schneid- und Umformoperationen gewendet werden, was eine platz- und kostenintensive Wendevorrichtung nach der doppeltwirkenden Presse erfordert. Der fertigungstechnische Vorteil der umgekehrten Teilelage mit dem Ziehteilboden nach oben ist einmal das einfache Auswerfen der Teile in den Folgestufen durch Stößelkissen – andernfalls muß mit einer Zieheinrichtung oder mit Stickstoffedern im Werkzeug gearbeitet werden. Ferner wird die Zentrierung in den Folgestufen verbessert, da die Teile vom Unterwerkzeug in der gesamten Innenform gehalten werden können. Außerdem werden die empfindlichen Oberflächen der Bleche, beispielsweise die von Pkw-Außenhautteilen, beim Transport in der Presse und beim Zentrieren im Werkzeug nicht so leicht beschädigt. Weiterhin lassen sich die Schneidmesser in den Folgeoperationen niedriger aufbauen, wenn das Teil zuvor gewendet wurde.

Bei der *einfachwirkenden Tiefziehpresse* wird dagegen die Blechhalterkraft durch eine Zieheinrichtung von unten übertragen (*Abb. 3.1.9* und *vgl. Abb. 4.2.3*). Sowohl die Umform- als auch die Blechhalterkraft wird vom Stößel aufgebracht, da der Stößel die Zieheinrichtung nach unten verdrängt. Das Teil liegt nach dem Ziehen – ohne Wenden – in der optimalen Lage für die Folgeoperationen.

In Verbindung mit einem hydraulischen Stößelantrieb kann das Ziehkissen auch zum *aktiven Gegenziehen* eingesetzt werden (*Abb. 3.1.10* und *vgl. Abb. 4.2.4*). Es ist energetisch von Vorteil, daß der Stößel das Blech hält und die Zieheinrichtung die Umformkraft aufbringt.

Um eine möglichst hohe Flexibilität zu erreichen, können auch doppeltwirkende Pressen mit einer Zieheinrichtung ausgeführt werden.

3.1.4 Zieheinrichtungen

Zieheinrichtungen dienen der Blechhaltung beim Tiefziehen in mechanischen und hydraulischen Pressen (vgl. Abschn. 2.1.4). Sie verhindern damit die Faltenbildung und heben durch die gleichzeitige Auswerferfunktion die Teile beim Stößelrücklauf auf Transportniveau. Moderne Zieheinrichtungen werden entweder hydraulisch oder pneumatisch betätigt. Wesentlicher Unterschied ist die größere Kraftdichte der hydraulischen Zieheinrichtung. Ihre Ziehkissenkraft wird beim Niedergang des Stößels von beispielsweise vier Hydraulikzylindern über die

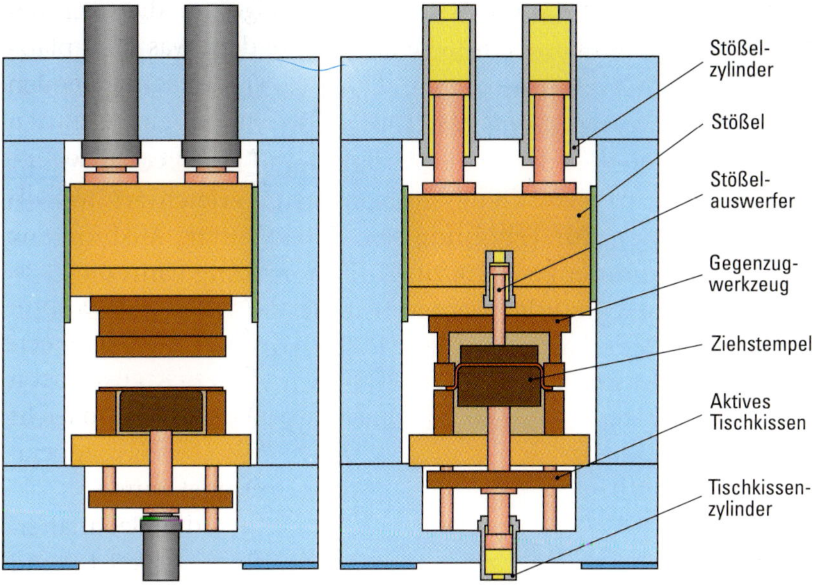

Abb. 3.1.10 Einfachwirkende hydraulische Presse mit aktivem Ziehkissen für den Gegenzug

Hubbrücke und Drucksäulen in die Eckbereiche des Blechhalters am Werkzeug eingeleitet *(Abb. 3.1.11* und *vgl. Abb. 4.4.39)*. Erreicht der Stößel den unteren Umkehrpunkt, so wird die Zieheinrichtung entweder ungesteuert, d. h. gemeinsam mit dem Stößelrücklauf, oder gesteuert, d. h. nach vorgegebener Stillstandszeit durch den in der Mitte der Hubbrücke wirkenden Hubzylinder, in die obere Stellung zurückgefahren. Eine Endlagendämpfung über Proportionaltechnik sichert das schwingungsfreie Einfahren des Ziehkissens in die obere Endlage.

Vorteilhaft ist, daß die Ziehkissenkraft während des Ziehvorgangs weg- und zeitabhängig gesteuert werden kann. So läßt sich die Blechhalterkraft nicht nur insgesamt reduzieren und erhöhen, die Drücke der vier Zylinder können aufgrund der kurzen Druckansprechzeit auch unabhängig voneinander in einem Bereich von 25 bis 100% des Nenndrucks verändert werden. Damit ist die Blechhalterpressung über dem gesamten Tiefziehvorgang in jedem der vier Eckbereiche des Werkzeugs individuell steuerbar. Die Blechhalterfeinsteuerung fährt hierbei ein vorgegebenes Kraftprofil ab *(Abb. 3.1.12)*.

Dem Werkzeugbauer und dem Maschineneinrichter stehen damit geeignete Instrumente zur Optimierung des Ziehvorgangs und zur Reduzierung der Werkzeuganlaufzeiten zur Verfügung. So kann z. B. ein Streckziehvorgang durch kurzzeitiges Erhöhen der Blechhalterkraft eingeleitet oder der Werkstofffluß durch Druckverringerung in Teilbereichen des Werkzeugs entsprechend erleichtert werden (vgl. Abschn. 2.1.4). Zur Erhöhung von Teilequalität, Ausbringung und Werkzeugstandmenge sowie zur Lärmminderung kann die Zieheinrichtung vorbeschleunigt werden. Hierbei setzt sich das Ziehkissen bereits vor dem Auftreffen des Stößels auf das Blech in Bewegung. Dadurch ist die Relativgeschwindigkeit zwischen Stößel und Blechhalter sehr viel geringer als bei ungesteuerten Ziehkissen.

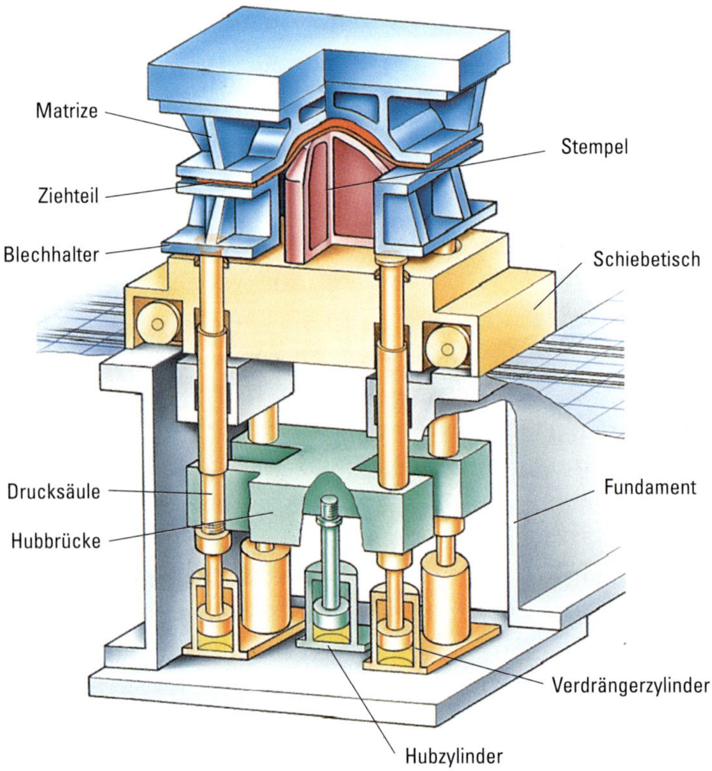

Abb. 3.1.11 Aufbau einer hydraulischen Zieheinrichtung

Durch das weichere Aufsetzen des Blechhalters kann die Hubzahl der Presse bei konstanter Teilequalität gesteigert werden, während der Schallpegel um bis zu 8 dB(A) sinkt.

Ein wesentliches Merkmal der hydraulischen Zieheinrichtung mit Verdrängerzylindern ist, daß die Blechhalterkraft, im Gegensatz zur pneumatischen Zieheinrichtung, nicht sofort beim Aufsetzen des Stößels voll ansteht. Sie wird erst mit Beginn der Kolbenbewegung durch Verdrängen der Ölsäule in den Zylindern aufgebaut. Damit können die für die vorgespannte pneumatische Zieheinrichtung so typischen Schwingungen beim Auftreffen des Stößels, wie in *Abb. 3.1.13* dargestellt, vermieden werden. Die negativen Auswirkungen auf Erschütterungs- und Geräuschabstrahlung sowie den Ziehprozeß bleiben aus. Dies ist insbesondere bei der Fertigung großer Blechteile mit hohen Hubzahlen von wesentlicher Bedeutung. Während sich eine Beeinflus-

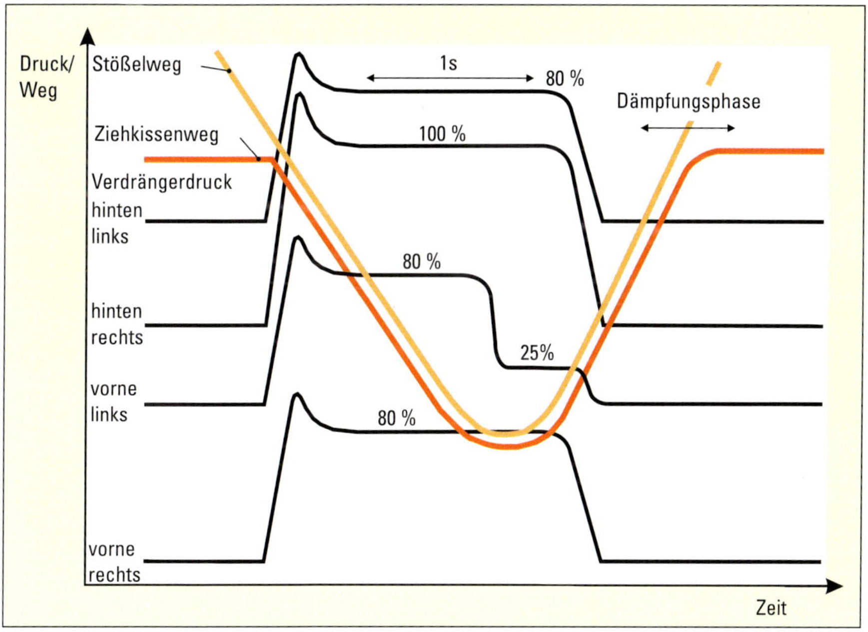

Abb. 3.1.12 Verlauf der Blechhalterkräfte einer hydraulischen Zieheinrichtung bei konstantem Verdrängungsdruck von 100 % hinten rechts, 80 % hinten links und vorne rechts sowie Druckumschaltung von 80 % auf 25 % vorne links

sung des Ziehvorgangs durch überlagerte Schwingungen bei einer Stößelauftreffgeschwindigkeit von beispielsweise 40% und einem relativ großen Vorlaufweg der pneumatischen Zieheinrichtung noch weitgehend vermeiden läßt *(Abb. 3.1.13, oben)*, ist eine konstante Blechhalterkraft bei hohen Auftreffgeschwindigkeiten *(Abb. 3.1.13, unten)* nur bedingt erreichbar. Bedeutend günstiger liegen die Verhältnisse bei der hydraulischen Zieheinrichtung mit Verdrängerzylindern *(Abb. 3.1.11)*. Da der Druckaufbau erst mit Beginn der Kolbenbewegung erfolgt, kommt es auch bei höchster Auftreffgeschwindigkeit nur zu einer einmaligen, relativ geringen Überhöhung der Blechhalterkraft, die schnell abgebaut wird *(Abb. 3.1.12)*. Somit reicht im allgemeinen ein Vorlaufweg des Blechhalters im Werkzeug von etwa 30 mm aus, um den gesamten Ziehprozeß mit konstanter Blechhalterkraft zu fahren.

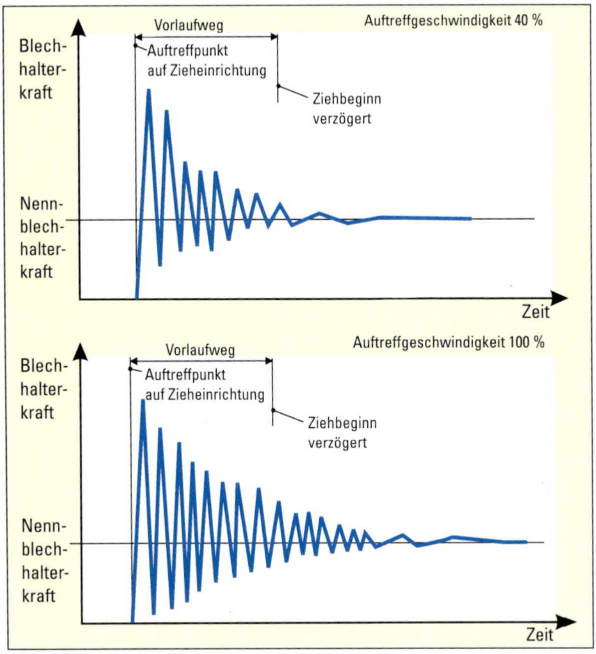

Abb. 3.1.13 Verlauf der Blechhalterkräfte einer pneumatischen Zieheinrichtung in Abhängigkeit von der Auftreffgeschwindigkeit

3.2 Mechanische Pressen

3.2.1 Ermittlung der Kenndaten

In den nachfolgenden Abschnitten werden allgemeine Gesetzmäßigkeiten, die die Begriffe *Kraft, Arbeit und Leistung* verbinden, anhand von Beispielen mechanischer Pressen hergeleitet.

Wenn an einem Kranseil ein Gewicht von 75 kg hängt, so wirkt auf das Seil eine Gewichtskraft von etwa 750 N Kraft (F = Masse m · Erdbeschleunigung g). Solange das Gewicht nicht angehoben wird, wird keine Arbeit geleistet, da die Arbeit W [Nm] das Produkt aus Kraft F [N] und Weg h [m] ist:

$$W = F \cdot h$$

Wenn dieses Gewicht um 1 m gehoben wird, beträgt die Arbeit:

$$W = 750\,N \cdot 1\,m = 750\,Nm$$

Diese Arbeit kann dem Gewicht wieder entnommen werden, wenn es um 1 m fällt. Wie groß jedoch die dabei auftretende Kraft ist, hängt vom Weg ab, auf dem die Arbeit entnommen wird:

$$F = W / h$$

Während also beim Anheben des Gewichts auf dem Weg von 1 m gleichmäßig eine Kraft von 750 N wirkt, wird die gleiche Kraft wirksam sein, wenn man beim Ablassen des Gewichts auf dem Weg von 1 m gleichmäßig die ganze Arbeit entnimmt. Anders dagegen ist es, wenn das Gewicht zunächst frei fällt und dann auf den letzten 50 cm = 0,5 m die gesamte Arbeit von 750 Nm gleichmäßig entnommen wird. Die Kraft beträgt:

$$F = 750\,\text{Nm} / 0{,}5\,\text{m} = 1500\,\text{N}$$

Dadurch, daß das ganze Arbeitsvermögen nur auf der Hälfte des gesamten Wegs entnommen wurde, hat sich die Kraft auf das Doppelte erhöht. Wenn man die gesamte Arbeit nur auf 1/10 des Wegs (also 0,1 m) entnimmt, so steigt die Kraft auf das Zehnfache an:

$$F = 750\,\text{Nm} / 0{,}1\,\text{m} = 7500\,\text{N}$$

In *Abb. 3.2.1* ist für diese drei Fälle jeweils die Kraft über dem zugehörigen Weg aufgezeigt – es entstehen drei Rechtecke, deren Flächeninhalt gleich dem *Produkt aus Kraft F · Weg h* ist und der *Arbeit W* entspricht. Wenn durch die Ecken der Rechtecke eine Kurve gelegt wird, kann die Größe der Kraft unter der Voraussetzung, daß die vorhandene Arbeit von 750 Nm auf einem bestimmten Weg gleichmäßig entnommen wird, direkt abgelesen werden. Bei z.B. 0,2 m Umformweg wird dann eine Kraft von 3750 N abgelesen *(Abb. 3.2.1)*.

Zusammenfassend läßt sich allgemeingültig feststellen:

- Kraft und Arbeit sind zwei Begriffe, die über eine dritte Größe – den Weg – miteinander in Beziehung stehen.
- Wenn eine Kraft auf einem bestimmten Weg wirksam ist, erhält man daraus die Arbeit. Sie entspricht im Kraft-Weg-Diagramm der Rechteckfläche unter der Kraftkurve.
- Wenn eine bestimmte Arbeit entnommen wird, so ist die Länge des Wegs, auf der die Arbeit geleistet wird, für die Größe der auftretenden Kraft maßgebend.

Diese an einem Gewicht dargestellten Verhältnisse gelten allgemein im Pressenbau. Sie werden in gleicher Weise beim *Schmiedehammer* angewendet. Der Hammer hat ein bestimmtes Gewicht und wird um einen bestimmten Betrag angehoben. Dadurch ist sein Arbeitsvermögen bestimmt. Wenn er jetzt die in ihm gespeicherte Arbeit, d.h. seine Energie

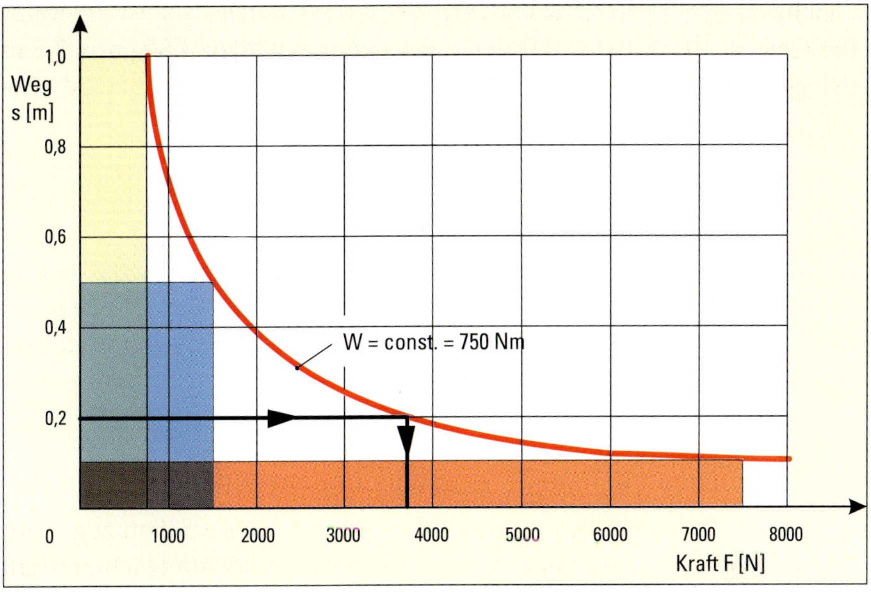

Abb. 3.2.1 Kraft-Weg-Diagramm bei einer gleichmäßigen Entnahme der Arbeit als Kraft über dem Weg

beim Auftreffen auf das Werkzeug, wieder abgibt, hängt die Größe der auftretenden Kraft von dem Weg ab, auf dem die Umformung durchgeführt wird. Sie kann sehr groß werden, wenn der Umformweg sehr klein ist, und kann dann zur Beschädigung des Werkzeugs und der Presse führen. Andererseits kann bei großen Umformwegen das Arbeitsvermögen nicht ausreichend sein, so daß mehrmals geschlagen werden muß.

Diese am Hammer beschriebenen Gesetzmäßigkeiten gelten in gleicher Weise für mechanische Pressen. Statt eines angehobenen Gewichts ist die Arbeit in der rotierenden Schwungmasse des Schwungrads gespeichert *(Abb. 3.2.8)*. Während jedoch die im Hammer gespeicherte Arbeit ganz aufgebraucht werden muß, soll die in der Schwungmasse der Presse gespeicherte Energie nur zu einem Teil abgegeben werden, damit der Antriebsmotor nicht überlastet wird. Im Dauerbetrieb rechnet man mit etwa 15 bis 20% als größtem, noch zulässigem Drehzahlabfall – er sagt jedoch nichts über die auftretenden Kräfte und über die Beanspruchung der Presse aus.

An einem Beispiel sollen diese Verhältnisse näher erläutert werden *(Abb. 3.2.2)*. Es wird angenommen, daß die Presse folgende Kenngrößen aufweist:

- Nennpreßkraft: $F_{N0} = 1\,000$ kN = $1\,000\,000$ N bei 30° vor dem unteren Totpunkt (UT)
- Arbeitsvermögen bei Dauerhub: $W_N = 5\,600$ Nm
- Dauerhubzahl: n = 55/min

Unter der Annahme von 20 % Drehzahlabfall bei Dauerhub ist das nutzbare Arbeitsvermögen 36 % der gesamten, im Schwungrad vorhandenen Energie. Das im Schwungrad insgesamt gespeicherte Arbeitsvermögen beträgt also im angeführten Beispiel:

$$W = W_N / 0{,}36 = 5\,600\,\text{Nm} / 0{,}36 \approx 15\,600\,\text{Nm}$$

Die Angabe einer *Nennlast* F_{N0} bei einer mechanischen Presse besagt, daß dieser Wert der Festigkeitsrechnung des Gestells und der im Kraftfluß befindlichen bewegten Elemente wie Antriebswelle, Pleuel und Stößel zugrunde gelegt wurde und als größte zulässige Kraft anzusehen

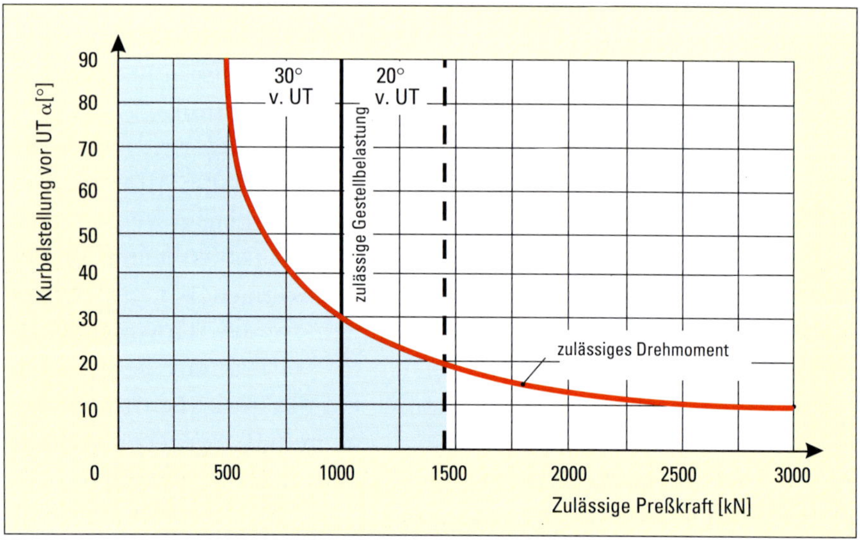

Abb. 3.2.2 Zulässige Preßkraft einer Exzenterpresse in Abhängigkeit vom Kurbelwinkel

ist. Dabei kann diese Grenze wegen der zulässigen Beanspruchung oder der Federungseigenschaften festgelegt worden sein. Meistens wird die Beanspruchung des Gestells aus Gründen einer möglichst großen Steifigkeit niedrig gehalten. Die Angabe 30° vor dem unteren Totpunkt bedeutet, daß von dort bis zum unteren Totpunkt auch die beweglichen Kraftübertragungselemente, wie z. B. Kurbelwelle oder Kupplung, für das sich aus der Nennpreßkraft ergebende Drehmoment ausgelegt worden sind. Zwischen 90° und 30° vor dem unteren Totpunkt sind, um eine Überlastung der beweglichen Kraftübertragungselemente zu vermeiden, nur kleinere Kräfte zugelassen. Die Pressenkennlinie in *Abb. 3.2.2* zeigt, daß diese Presse von 30° vor UT bis UT mit der Nennlast von 1000 kN belastet werden darf, während z. B. bei 90° vor UT nur $F_{N0}/2 = 500$ kN zulässig sind.

Wenn auf der Presse, deren Kenngrößen oben angegeben sind, ein Arbeitsgang durchgeführt wird, bei dem eine konstante Kraft von F = 1000 kN auf einem Weg von h = 5,6 mm auftritt, so beträgt die Umformarbeit:

$$W = F \cdot h = 1\,000\,000\,\mathrm{N} \cdot 0{,}0056\,\mathrm{m} = 5\,600\,\mathrm{Nm}$$

Die Presse ist sowohl kraft- als auch arbeitsmäßig voll ausgelastet. Wenn die gleiche Kraft nur auf einem Weg von h = 3 mm = 0,003 m wirkt, so beträgt die geleistete Arbeit:

$$W = 1\,000\,000\,\mathrm{N} \cdot 0{,}003\,\mathrm{m} = 3\,000\,\mathrm{Nm}$$

Die Presse ist kraftmäßig voll ausgelastet, während die zur Verfügung stehende Arbeit nicht voll in Anspruch genommen wird.

Wesentlich ungünstiger liegen die Verhältnisse, wenn dem Schwungrad die zulässige Arbeit von 5600 Nm auf einem Weg von h = 3 mm entnommen wird. Dann erhält man für die am Stößel wirksame Kraft:

$$F = W_N / h = 5\,600\,\mathrm{Nm} / 0{,}003\,\mathrm{m} \approx 1\,867\,000\,\mathrm{N} = 1\,867\,\mathrm{kN}$$

Da die zulässige Kraft jedoch nur 1000 kN beträgt, ist die Presse stark überlastet. Obwohl der Drehzahlabfall in den üblichen Grenzen liegt und keine Überlastung erkennen läßt, besteht die Gefahr der Beschädigung der Kraftübertragungselemente. Derartige Überlastungen treten vielfach dort auf, wo Umformoperationen mit großen Kräften bei kleinen Umformwegen durchgeführt werden, wie z.B. beim Schneiden oder Prägen. Kritisch ist, wenn derartige Überlastungen nicht bemerkt werden – die Pressen müssen deshalb durch *Überlastsicherungen* geschützt werden (vgl. Abschn. 3.2.8).

Eine andere Art der Überlastung besteht darin, daß dem Schwungrad eine zu große Energie entnommen wird. Diese Überlastung kann bei kleinem Umformweg auch zu große Kräfte zur Folge haben. Wird jedoch die Arbeit auf einem großen Umformweg entnommen, ist diese Überlastung ungefährlicher. Wenn etwa die oben angeführte Presse bei einem Arbeitsweg von h = 100 mm stehen bleibt, so wird die gesamte Arbeit von W = 15 600 Nm verbraucht. Unter der Annahme, daß keine Kraftspitze aufgetreten ist, beträgt die mittlere Stößelkraft lediglich

$$F = W / h = 15\,600\,\mathrm{Nm} / 0{,}1\,\mathrm{m} = 156\,000\,\mathrm{N} = 156\,\mathrm{kN}$$

Die Presse ist also kraftmäßig keinesfalls überlastet, obwohl das Schwungrad stehengeblieben ist. Lediglich der Antriebsmotor kann unter dem zu großen Drehzahlabfall leiden. In diesem Fall müßte eine Presse mit größerem Arbeitsvermögen verwendet werden, während die zulässige Stößelkraft mit 1000 kN bei weitem ausreichend ist. Derartige Überlastungen treten häufiger auf, wenn die Formgebung auf einem langen Umformweg durchgeführt wird, wie z.B. beim Tiefziehen, Abstrecken oder Fließpressen.

3.2.2 Antriebsarten

Exzenter- oder Kurbelantrieb

Exzenter- oder Kurbelantriebe waren über lange Zeit die einzigen Antriebssysteme mechanischer Pressen. Den sinusförmigen Bewegungsablauf einer Exzenterpresse zeigt *Abb. 3.2.3*. Ihre relativ hohe Auftreffgeschwindigkeit beim Schließen des Werkzeugs und die degressive Stößelgeschwindigkeit während des Umformvorgangs sind Nachteile, die einen Einsatz dieser Pressen zum Tiefziehen mit hohen Taktzahlen oft ausschließen.

Bei Pressen bis zu einer Nennpreßkraft von 5000 kN, wie Universal- oder Schneidpressen, ist der Exzenter- bzw. Kurbelantrieb jedoch nach

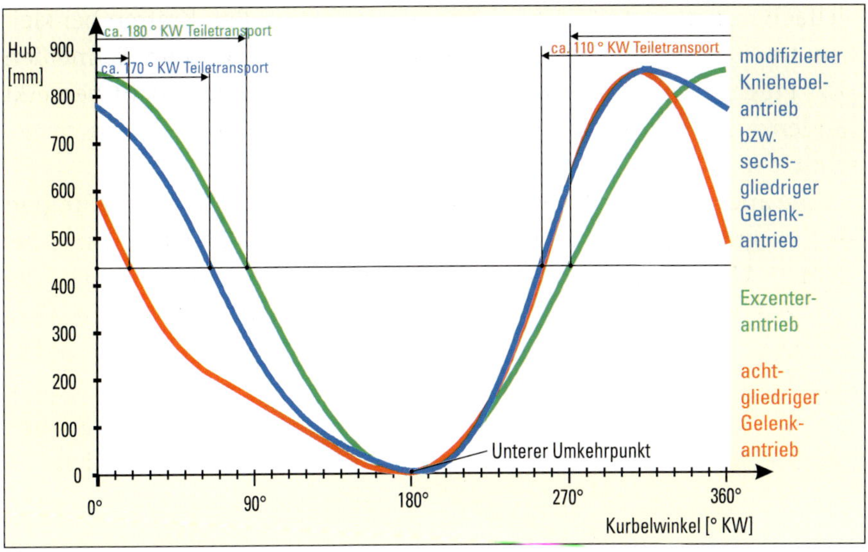

Abb. 3.2.3 Weg-Zeit-Diagramm: Vergleich des Bewegungsablaufs von Exzenter-, Kniehebel- und Gelenkantriebspressen

wie vor die wirtschaftlichste Antriebsart. Das gilt besonders beim Einsatz von Mechanisierungssystemen, bei denen der Exzenterantrieb einen guten Kompromiß zwischen Bearbeitungs- und Teiletransportzeit darstellt. Auch bei Saugerbrücken-Transferpressen neuester Bauart erfüllen Exzenterantriebe in den Folgestationen die Forderung nach einer Systemvereinfachung. Hubgrößen bis 1300 mm werden dabei mit Exzenterrädern eines Durchmessers von 3000 mm erreicht. Die Exzenterräder werden aus Sphäroguß mit höchsten Qualitätsmaßstäben hergestellt (vgl. Abschn. 3.7).

Gelenkantrieb

Die Forderung nach verbesserter Wirtschaftlichkeit führt direkt zu größeren Hubzahlen. Bei Kurbel- oder Exzenterantrieben ist damit eine Steigerung der Arbeitsgeschwindigkeit verbunden. Bei Tiefziehvorgängen sind jedoch aus technologischen Gründen Geschwindigkeitsgrenzen von 0,4 bis 0,5 m/s im Arbeitsbereich zu beachten. Mit dem Gelenkantrieb wurde erstmals bei mechanischen Pressen eine Bewegungscharakteristik verwirklicht, bei der die Ziehgeschwindigkeit im Vergleich zu Exzenterantrieben auf die Hälfte bis ein Drittel reduziert wird

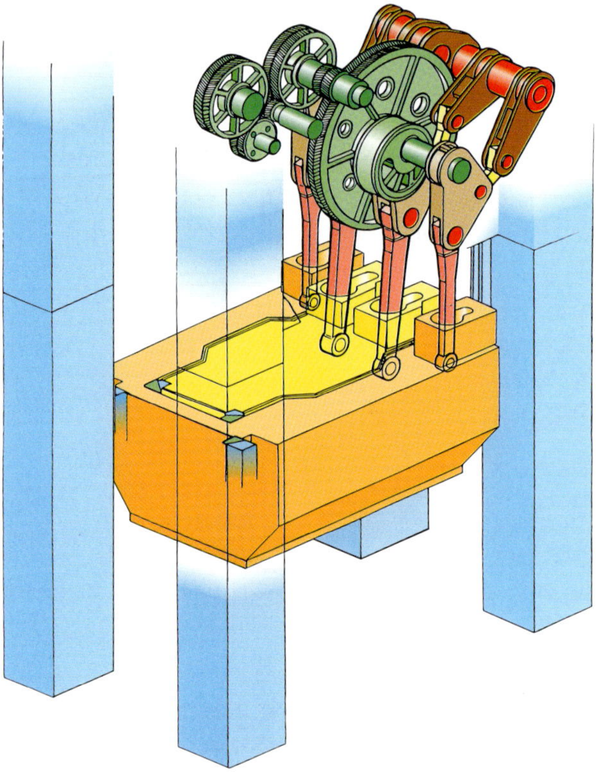

Abb. 3.2.4 Stößel- (achtgliedriger Gelenkantrieb) und Blechhalterstößelantrieb (Kniehebelantrieb) einer doppeltwirkenden Tiefziehpresse

(Abb. 3.2.3). Der Stößel einer doppeltwirkenden Tiefziehpresse wird beispielsweise von einem entsprechenden Gelenkantrieb betätigt *(Abb. 3.2.4* und *vgl. Abb. 3.1.8*).

Die Bewegungscharakteristik bringt ideale Voraussetzungen für den Tiefziehprozeß. Der Stößel setzt weich auf das Blech auf, ermöglicht bereits zu Ziehbeginn große Preßkräfte und formt das Teil mit einer geringen, annähernd konstanten Geschwindigkeit um. Weiterhin sind die Übergänge zwischen den Bewegungsphasen fließend. Da sich die Antriebsglieder im Arbeitsbereich annähernd in der Strecklage bewegen, sind das Kupplungsmoment, die Getriebebelastung sowie die abzubremsenden und die zu beschleunigenden Getriebemassen um 20 bis 30% geringer als bei einer Exzenterpresse. Besonders bei einfachwirkenden Maschinen wird eine lange Lebensdauer der Werkzeuge, der Zieheinrichtung und der Presse durch die Verringerung des Auftreffstoßes erreicht.

Für die Produktion ergeben sich wichtige Vorteile: bei gleicher Nennpreßkraft und gleichem Nennkraftweg kann eine Gelenkpresse im Arbeitsbereich wesentlich früher belastet werden, da der Kraft-Weg-Verlauf im Umformbereich steiler und damit günstiger verläuft als bei einer Exzenterpresse *(Abb. 3.2.2)*. Ohne die Auftreffgeschwindigkeit zu erhöhen, lassen sich Taktzahlen und Ausstoß wesentlich steigern. Aufgrund der verbesserten Ziehbedingungen wird eine höhere Teilequalität erreicht; selbst weniger hochwertiges Blech läßt sich fehlerfrei verarbeiten. Außerdem werden sowohl Werkzeug und Ziehkissen als auch Kupplung und Bremse geschont. Ferner werden die Geräuschemissionen durch die niedrigere Auftreffgeschwindigkeit des Stößels und die Pfeilverzahnung der Antriebsräder reduziert.

Bei Großteil-Transferpressen wird die Verwendung sechs- oder achtgliedriger Gelenkantriebe im wesentlichen von den Bedingungen optimaler Umformung, der Teiletransportbewegung und der Gesamtstruktur mehrteiliger Großpressen bestimmt. Demzufolge wird bei Transferpressen mit Greiferschienen-Transfer für den Stößelantrieb häufig ein sechsgliedriger Gelenkantrieb verwendet, da er von der Pressengeometrie und dem Bauaufwand her den besten Kompromiß darstellt (vgl. Abschn. 4.4.7). Bei Saugerbrücken-Transferpressen werden entweder nur achtgliedrige Gelenkantriebe oder Gelenk- und Exzenterantriebe kombiniert eingesetzt, um die werkzeugabhängigen Transferabläufe zu optimieren (vgl. Abschn. 4.4.8). Die Gelenkteile sind aus Sphäroguß, die Gelenkbolzen aus Stahl mit harten Laufflächen und die Lagerbuchsen aus hochbelastbaren Buntmetallegierungen. Ein zuverlässiges Schmier- und Ölführungssystem gewährleistet einen sicheren Betrieb dieser hochbeanspruchten Lager (vgl. Abschn. 3.2.11).

Kniehebelantrieb

Dieses Prinzip wird vor allem für Prägearbeiten eingesetzt. Ein Exzenter- oder Kurbelantrieb bewegt hierbei ein sogenanntes Kniegelenk. *Abbildung 3.2.5* zeigt das Prinzip bei einer Presse mit Unterantrieb. Festgelenk und Tischplatte sind eine kompakte Einheit. Das untere Gelenk bewegt den Pressenrahmen. Dieser funktioniert als Stößel und bewegt das an ihm befestigte Oberwerkzeug auf und ab. Durch den optimalen

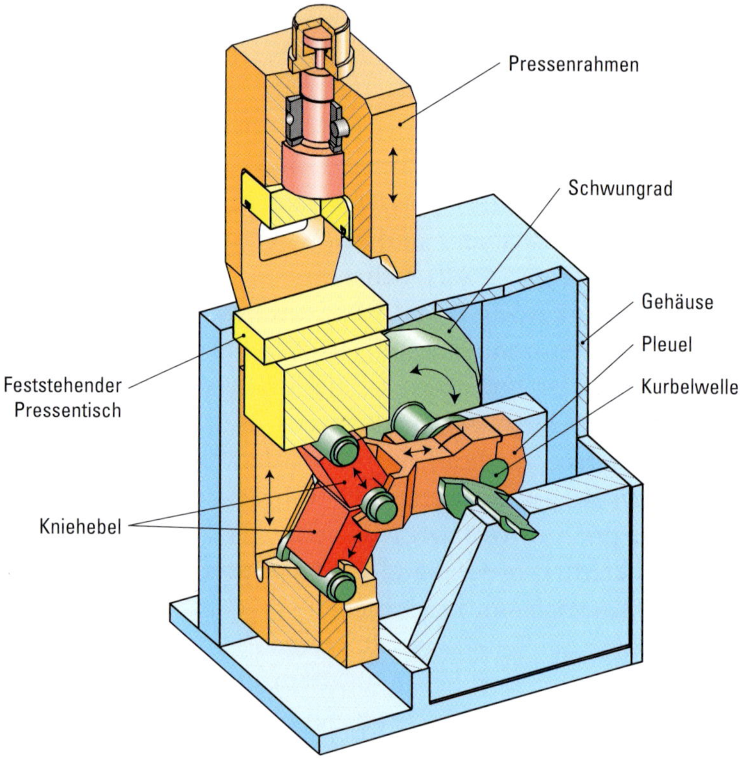

Abb. 3.2.5 Kniehebelpresse mit Unterantrieb

Kraftfluß und die günstigen Gestaltungsmöglichkeiten der kraftübertragenden Elemente ergibt sich eine sehr steife Konstruktion mit sehr geringen Federungswerten. Der Kniehebel bewirkt eine erhebliche Kraftsteigerung von Pleuelkraft zu Preßkraft, d.h. bei gleichem Antriebsmoment kann gegenüber Exzenterpressen eine um ca. drei- bis viermal höhere Preßkraft erreicht werden. Des weiteren ist die Stößelgeschwindigkeit im Bereich von 30 bis 40° vor UT erheblich langsamer *(vgl. Abb. 6.8.3)*. Beide Konstruktionsmerkmale sind insbesondere bei Prägearbeiten *(vgl. Abb. 6.8.21)* oder in horizontalen Massivumformanlagen *(vgl. Abb. 6.8.7)* von Vorteil.

Durch Einfügen eines weiteren Gelenkpunkts oder weiterer Gelenke kann die Bewegungscharakteristik und damit der Geschwindigkeitsverlauf des Stößels modifiziert werden. Kniehebel- und modifizierter Kniehebelantrieb kommen als Ober- *(vgl. Abb. 4.4.10)* und Unterantrieb zur Anwendung. Insbesondere in der Massivumformung ist der modifizierte Oberantrieb weit verbreitet. *Abbildung 3.2.6* zeigt das Prinzip einer entsprechenden Presse. Der Festpunkt des modifizierten Kniegelenks ist im Kopfstück gelagert. Während der obere Gelenkpunkt um diesen Festpunkt schwenkt, beschreibt der untere Gelenkpunkt eine kurvenförmige Bahn. Hieraus resultiert eine Veränderung des Bewegungsverlaufs des Stößels im Vergleich zum weitgehend symmetrischen Verlauf beim Exzenterantrieb *(Abb. 3.2.3)*. Dieser Bewegungsverlauf kann durch die veränderte Anordnung der Gelenkpunkte (oder evtl. Einfügung eines weiteren Gelenks) geändert werden.

In der Regel wird eine Geschwindigkeitsreduktion des Stößels im Arbeitsbereich angestrebt (z. B. Reduzierung der Auftreff- und Preßgeschwindigkeit des Stößels). In der Massivumformung ist außerdem der drei- bis viermal größere Arbeitsweg gegenüber Exzenterpressen vorteilhaft, der mit diesem Prinzip bei gleichem Antriebsmoment erreicht werden kann (vgl. *Gelenkantrieb*).

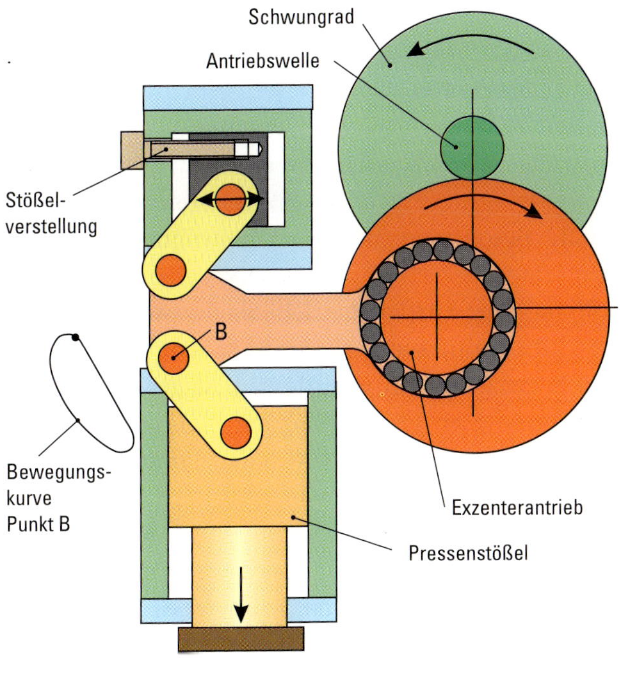

Abb. 3.2.6
Modifizierter Kniehebelantrieb

Einen Sonderfall stellt der Blechhalterantrieb bei doppeltwirkenden Tiefziehpressen dar *(Abb. 3.2.4* und *vgl. Abb. 3.1.8).* Der erforderliche Stillstand des Blechhalters während der Tiefziehphase wird bei diesen Maschinen durch die Überlagerung eines doppelten Kniehebelsystems erreicht, das über Schwingwellen mit dem Exzenter- oder Gelenkantrieb des Stößels gekoppelt ist. Der Bewegungsstillstand des Blechhalters beträgt dabei zwischen 90 und 130° Kurbelwinkel mit einer Restbewegung von maximal 0,5 mm, die aber den Tiefziehprozeß aufgrund der als Speichersystem wirkenden Blechhalterüberlastsicherung und der überlagerten Gesamtfederung der Presse von einigen Millimetern nicht beeinflußt. Der Stößelantrieb, der Blechhalterantrieb und das Rädergetriebe sind im Kopfstück integriert.

3.2.3 Antriebsmotor und Schwungrad

Bei größeren Pressen werden vorwiegend Gleichstrommotoren als Hauptantrieb verwendet, hauptsächlich um einen großen Hubzahlbereich zu ermöglichen. Alternativ sind frequenzgeregelte Drehstrommotoren im Einsatz – insbesondere bei Forderungen nach hoher Schutzart. Die durch Kräfte, Arbeitswege und Geschwindigkeiten bestimmte Arbeitsleistung einer Presse einschließlich der Verlustenergie wird vom Hauptmotor aufgebracht. Die periodisch auftretenden Lastspitzen werden mit dem Schwungrad als Energiespeicher abgedeckt. Der sehr elastische Gleichstromantrieb kann in jedem Arbeitszyklus einen Drehzahlabfall des Schwungrads von bis zu 20 % hinnehmen und die verbrauchte Energie durch Beschleunigen des Schwungrads bis zum nächsten Hub wieder ersetzen.

Die Nutzenergie soll auch im Einrichtbetrieb der Presse bei verminderter Hubzahl, z.B. 5 Hübe/min, zur Verfügung stehen. Dabei ist ein Drehzahlabfall von 50 % zulässig. Ein wichtiges Auslegungskriterium bei der Energiebilanz ist eine geringe Hochlaufzeit. Beim Hochfahren einer Großpresse von der minimalen zur maximalen Produktionshubzahl wird auch unter Last 1 min kaum überschritten.

Die Schwungradauslegung bezieht sich durch die geforderte Nutzenergie und einen zulässigen Drehzahlabfall von 20 % in der Regel auf den energetisch ungünstigsten Betriebszustand der Presse im unteren Hubzahlbereich. Dabei ist eine hohe Drehzahl des Schwungrads von

Vorteil, die allerdings durch die zulässige Drehzahl von Kupplung, Bremse und Schwungrad begrenzt wird.

Bei Saugerbrücken-Transferpressen kommen Schwungräder bis zu einem Durchmesser von 2500 mm mit 25 t Gewicht zum Einsatz. Die Lagerung solcher Schwungräder durch Wälzlager und die Schmierung der Lager sind mit einem hohem Aufwand verbunden, da eine große Schmiermenge und eine ständige Temperaturüberwachung erforderlich ist (vgl. Abschn. 3.2.11). Das Schwungrad wird mit Flachriemen oder Hochleistungs-Bandkeilriemen vom Hauptmotor angetrieben. Beim Abschalten des Hauptantriebs wird das Schwungrad durch die Gegenstrombremsen des Motors und durch zusätzliche pneumatische Schwungradbremsen in maximal 30 s zum Stillstand gebracht.

Für normale Karosseriepressen und Greiferschienen-Transferpressen werden vereinzelt noch mechanische Schleichgangantriebe mit 1 Hub/min gefordert. Der Antrieb erfolgt dabei durch einen Drehstrommotor auf ein Schneckengetriebe, das über den Bremsflansch der Hauptbremse die Antriebswelle antreibt. Die übertragbaren Momente erreichen in der Regel nicht das Nennantriebsmoment. Durch eine pneumatische oder hydraulische Zusatzbeaufschlagung in der Bremse lassen sich jedoch Nennkraftwege bis zu 10 mm erzielen, die für den Einrichtbetrieb in den meisten Fällen ausreichen.

3.2.4 Kupplung und Bremse

Ein Kennzeichen mechanischer Pressen ist die *Kupplung* zur Momentenübertragung von Motor und Schwungrad auf die Getriebewelle sowie nach dem Auskuppeln die *Bremse* zum Abbremsen von Stößel, Oberwerkzeug und Getriebe. Besonders der Einzelhubbetrieb von Pressen bedeutet, daß die translatorisch und rotatorisch bewegten Massen nach jedem Hub in einer sehr kurzen Zeit von 200 bis 300 ms für Großpressen und 100 bis 150 ms bei Universalpressen zum Stillstand gebracht werden müssen. Umgekehrt sind die Massen beim Einschalten der Kupplung von null auf Betriebsgeschwindigkeit zu beschleunigen.

Aus Sicherheitsgründen wird die Bremswirkung durch mechanische Federkraft erzeugt. Das Kupplungsmoment errechnet sich aus der Nennpreßkraft und dem geforderten Arbeitsweg von meist 13 bis 25 mm vor dem unteren Umkehrpunkt.

Seit Jahrzehnten werden pneumatische Einscheibenkupplungen und -bremsen mit möglichst geringen rotierenden Eigenmassen erfolgreich eingesetzt *(Abb. 3.2.7)*. Die pneumatischen Steuerungen mit Sicherheitsventilen und Dämpfungseinrichtungen sind kostengünstig und erfüllen in der Regel alle Anforderungen. Kurze Schalt- und Bremszeiten sind realisierbar. Ein Problem bei pneumatischen Systemen ist die begrenzte Schalthäufigkeit bei Einzelhubpressen und die Umweltbelastung durch den Verschleiß an Kupplung und Bremse. In letzter Zeit werden deshalb immer häufiger aktive hydraulische Systeme eingesetzt, die mit Hilfe von Kühlsystemen eine weit höhere Schaltbelastung pro Zeiteinheit erlauben und praktisch keinem Verschleiß unterworfen sind. Bei Einzelhubpressen werden aus Steuerungsgründen und zur Vermeidung von Über- bzw. Unterschneidungen von Kupplung und Bremse vorwiegend getrennte Einheiten verwendet, wobei Schaltzahlen bis zu 20/min realisiert werden. Bei großen Transferpressen werden Kupplungs-Brems-Kombinationen mit Sinterlamellenpaketen mit bis zu zwanzig Reibflächen und Übertragungsmomenten bis 500000 Nm verwendet.

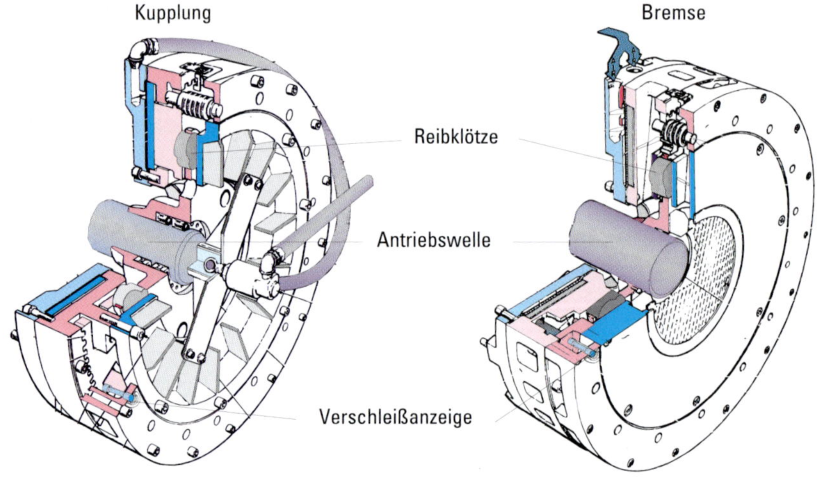

Abb. 3.2.7 Einscheibenkupplung und -bremse einer Großpresse

Der Kompaktantrieb kleinerer mechanischer Pressen, bestehend aus Schwungrad, Kupplung, Bremse und Planetengetriebe in einer kompletten Einheit, erzielt mit einem extrem niedrigen Massenträgheitsmoment einen besonders hohen Wirkungsgrad und kleine Bremswinkel bei hoher Lebensdauer und geringen Wartungskosten *(Abb. 3.2.8)*. Der Elektromotor treibt die Exzenterwelle über ein Schwungrad, eine wahlweise hydraulisch oder pneumatisch betätigte Kupplungs-Brems-Kombination und ein Hochleistungs-Planetengetriebe an *(vgl. Abb. 4.4.4)*. Damit entfällt das bei Universalpressen sonst übliche Vorgelege. Der Kompaktantrieb mit hydraulischer Kupplungs-Brems-Kombination ist besonders umweltfreundlich, da er keinen Abrieb aufweist und eine große Laufruhe besitzt.

3.2.5 Längs- und Querwellenantrieb

Der Aufbau einer mechanischen Presse wird wesentlich durch die Anordnung der Antriebswellen und der Achsen sowie durch die Zahl der Druckpunkte der Pleuel am Stößel bestimmt *(vgl. Abb. 3.1.3)*. Dabei

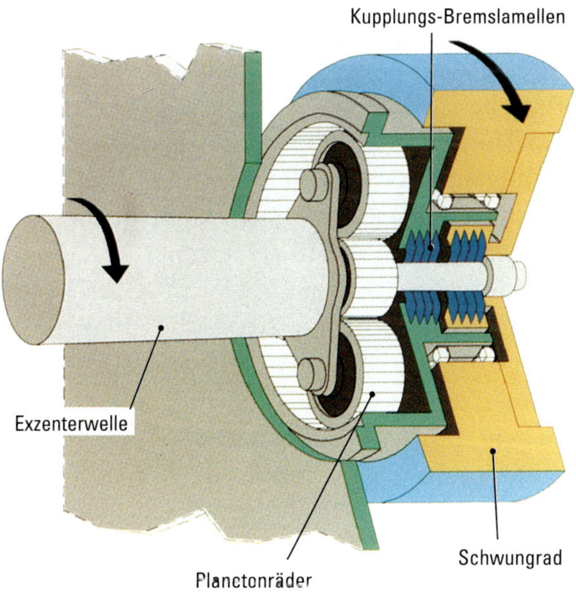

Abb. 3.2.8 Kompaktantrieb einer Universalpresse

werden die Pressenbezeichnungen Längs- oder Querwellenantrieb nach der Anordnung der Antriebswellen in bezug auf die Bedienseite festgelegt.

Der Längswellenantrieb wird hauptsächlich bei einfachwirkenden Ein- und Zweipunktpressen mit Exzenterantrieb angewendet *(vgl. Abb. 4.4.4 und 4.6.29)*. Das sind vorwiegend Schneidpressen und Universalpressen im unteren Kraftspektrum bis 8000 kN. Dieser klassische Antrieb wird aber auch bei schmalen und langen Transferpressen eingesetzt. Dabei sind zwei bis sechs Druckpunkte bzw. Pleuel in Längsrichtung angeordnet, die von einer durchgehenden Antriebswelle angetrieben werden. Die Transferpressen werden mit Nennpreßkräften von 1000 bis 35000 kN gebaut. Sie haben bis zu vier Ständerpaare und drei Stößel (vgl. Abschn. 4.4.6). Die Pleuel sind im Bereich der Ständer und Zuganker angeordnet, um die Biegebeanspruchung des Kopfstücks gering zu halten. Dadurch sind die Arbeitsstationen im Stößel nach oben frei für Auswerferfunktionen. Aus Fertigungs- und Montagegründen werden bei den größeren Transferpressen die Längswellenantriebe auch durch Querwellenantriebe ersetzt.

Eine spezielle Bauart bilden die Kniehebelpressen mit Einpunktantrieb, die einen Kraftbereich von 1500 bis 16000 kN umfassen.

Größere Tischtiefen, größere Hübe und Gelenksysteme begünstigen die Bauart der *Querwellenpressen* in Ein-, Zwei- und Vierpunktausführung mit Preßkräften von 1600 kN bis 20000 kN. Doppeltwirkende Tiefziehpressen sind nur in dieser Bauform möglich *(Abb. 3.2.4)*.

Die Großteilpressen mit Greiferschienen-Transfer im Größenbereich von 18000 kN bis 45000 kN basieren ebenfalls auf einem Querwellenantrieb (vgl. Abschn. 4.4.7). Durch die Verteilung der Preßkräfte auf vier Pleuel pro Stößel sind umfangreiche Getriebeeinheiten notwendig, die in mehrwandigen Kopfstücken Platz finden. Die Zwischen- und Verteilungsgetriebe werden dadurch vereinfacht und verbessert.

Die neueste Entwicklung auf dem Gebiet der Großteilpressen ist die Saugerbrücken-Transferpresse, auf der unter anderem Pkw-Seitenteile in Werkzeugen mit Abmessungen von 5000 x 2600 mm gefertigt werden (vgl. Abschn. 4.4.8). Bei einer fünfstufigen Ausführung werden fünf Querwellen-Antriebseinheiten ähnlich einer Pressenlinie zu einem Maschinenverbund zusammengestellt und alle sechs Antriebswellen durch Kupplungen miteinander verbunden *(Abb. 3.2.9)*. Die komplette Presse wird damit zu einer Längswellenkonstruktion mit den Vorteilen der Querwellenbauweise.

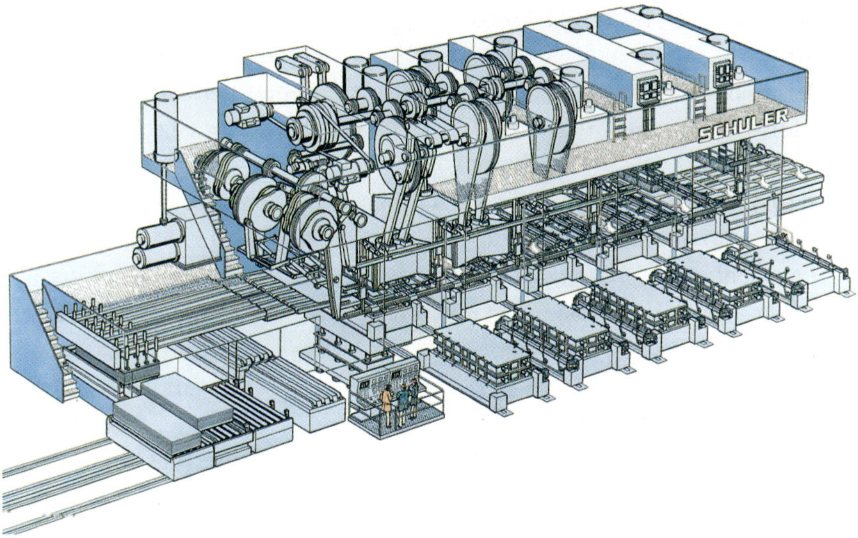

Abb. 3.2.9 Antrieb einer Transferpresse mit Saugerbrücken-Transfer

3.2.6 Rädergetriebe

Im Gegensatz zu kleinen Schneidpressen, deren Dauerhubzahl der Schwungraddrehzahl entspricht, werden für größere Umformwege Pressen mit ein- oder zweistufigen Rädervorgelege eingesetzt. Bei Großpressen werden Pleuel und Gelenke in der Regel durch ein zweistufiges Getriebe angetrieben. Je nach der erforderlichen Kraftverteilung auf zwei, vier oder bei Transferpressen auf bis zu zwölf Pleuel, stellen die Getriebeeinheiten mit Rädern und Gelenken den Kernbereich moderner Pressen dar.

Exzenterräder bis 3000 mm Durchmesser und Vorgelegeräder bis 1600 mm Durchmesser werden aus Sphäroguß hoher Festigkeit hergestellt (vgl. Abschn. 3.7). Die Verzahnungen der Wellen und Ritzel sind gehärtet. Pfeilverzahnungen garantieren eine optimale Kraftübertragung und einen geräuscharmen Lauf des Getriebes *(Abb. 3.2.4)*. Räder und Hülsenantriebe sind auf montagefreundlichen Steckachsen mit Gleitlagerbuchsen gelagert. Am Anfang der Getriebekette liegt immer die Antriebswelle mit Antriebsritzel, Kupplung und Bremse. Im Drehzahlbereich von 300 bis 500 U/min kommen im Gegensatz zum übrigen Getriebe Wälzlager zum Einsatz.

3.2.7 Baueinheit Kopfstück

Pleuel, Gelenke, Getriebe und Hauptantrieb bestimmen im wesentlichen den Inhalt und die Baugröße der Kopfstücke mechanischer Pressen. Bis zu 150 t wiegt das Schweißteil und ebensoviel die montierten Getriebeteile eines Kopfstücks bei Großpressen. Für die Fertigung und den Transport solcher Baugruppen sind damit die Grenzen erreicht.

Die Geometriegrenzen von Großteilen liegen bei etwa 6000 x 3600 x 12000 mm. Breite, Höhe und Gewicht hängen hauptsächlich von den Möglichkeiten des Straßentransports auf Tiefladern ab – meist mit Sondergenehmigungen. Wasserstraßen sind für den Transport so großer Teile weniger problematisch.

Das Spannungsarmglühen großer Schweißteile mit Teilelängen von 12 m stößt ebenso an Grenzen wie die Bearbeitung auf Bohrwerken. Die gesamte Transportlogistik von Großpressen beeinflußt die Konstruktion wesentlich und muß daher bereits im Planungsstadium berücksichtigt werden.

3.2.8 Stößel und Blechhalter

Vom Pressenantrieb werden die rotatorischen Bewegungen über die Pleuel auf die translatorischen des Stößels und Blechhalters mit entsprechendem Geschwindigkeits- und Kraftverlauf übertragen. Wichtigste Funktionseinheit, besonders bei Großpressen, sind die Druckpunkte mit Stößelverstellung und Überlastsicherung.

Stößelverstellung
Bei Einzelpressen werden vorwiegend Spindeldruckpunkte mit einer Stößelverstellung bis 600 mm eingesetzt, um den Werkzeugeinbauraum den verschiedenen Werkzeughöhen anpassen zu können *(Abb. 3.2.10)*. Bei Universal- und Transferpressen reichen Stößelverstellwege von 150 mm aus. Dafür sind Topfdruckpunkte mit niedriger Bauhöhe zweckmäßig. Mit Bremsmotoren und Schneckengetrieben werden Verstellgeschwindigkeiten von 60 mm/min realisiert. Bei Mehrstufenpressen für die Massivumformung werden aus Steifigkeitsgründen vielfach Keilverstelleinrichtungen im Werkzeuggestell (vgl. Abschn. 6.7.1) oder in der Stößelspannplatte eingesetzt – eine Stößelverstellung entfällt.

Überlastsicherung

Die Nennpreßkraft der Presse wird durch die hydraulische Überlastsicherung im Stößel begrenzt und abgesichert. Bei Überschreiten der Nennpreßkraft wird ein im Druckpunkt integriertes Hydraulikpolster in kürzester Zeit entlastet und damit ein Überlastweg freigegeben.

Bei Blechhaltern doppeltwirkender mechanischer Pressen ist die Funktion der Überlastsicherung mit einer Anpaßfunktion für die Blechhalterkraft verbunden. Die Überlastauslösung wird erst aktiv, nachdem die Nachgiebigkeit der vier Blechhalterdruckpunkte einen Weg von ca. 3 mm überschritten hat. Dies geschieht mit Hilfe einer lufthydraulischen Druckwaage. Durch Veränderung der Luftdruckeinstellung kann die Blechhalterkraft den Erfordernissen der Werkzeuge an den vier Druckpunkten in einem Bereich von 40 bis 100 % angepaßt werden.

Stößelgewichtsausgleich

Durch den Stößelgewichtsausgleich wird das Gewicht aller bewegten Teile wie Gelenke, Pleuel, Stößel und Werkzeugoberteil mit Luftzylindern ausgeglichen *(Abb. 3.2.11)*. Der Antrieb wird damit weitgehend von Gewichtskräften freigehalten, die Verstelleinrichtungen werden entlastet, und die Sicherheit gegen gewichtsbedingtes Herunterfahren des

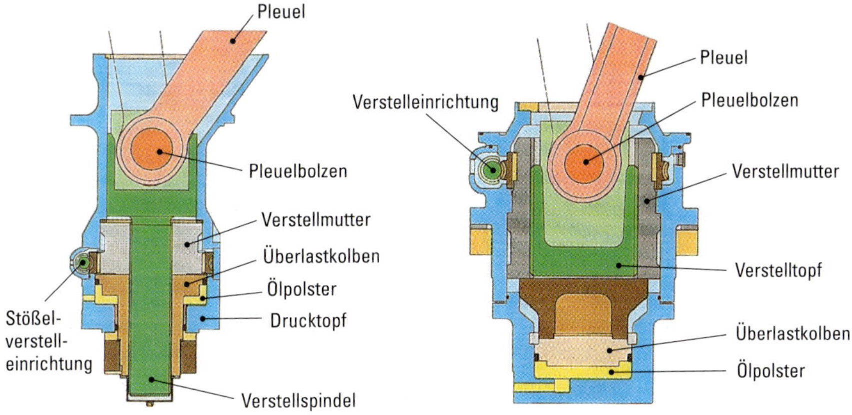

Abb. 3.2.10 Spindel- (links) und Topfdruckpunkt (rechts)

Stößels wird erhöht. Der pneumatische Gewichtsausgleich garantiert einen ruhigen, erschütterungsfreien Lauf, eine gleichmäßige Motorbelastung sowie kurze Bremswege.

Für Ausgleichsgewichte bis 200 t ergeben sich bei 10 bar Nenndruck Zylindergrößen bis 900 mm Durchmesser. Große Stößelhübe bis 1300 mm und zulässige Druckanstiege bis 25% haben beachtliche Druckluftbehälter für den Gewichtsausgleich zur Folge. Die Anordnung der Zylinder und Behälter ist pressenabhängig und hat sicherheitsrelevante Bedeutung. Bei nach oben offenen Ausgleichssystemen kommen häufig doppelte Kolbenstangen zur Absicherung der Bruchgefahr zum Einsatz *(Abb. 3.2.11)*. Ist das System dagegen im Kopfstück integriert, so bedarf es dieser Sicherheitsausführung nicht.

Bei jedem Werkzeugwechsel muß der Gewichtsausgleich automatisch den neuen Werkzeuggewichten angepaßt werden. Einzelpressen haben dafür spezielle Wiege- und Steuerungsfunktionen. Programmgesteuerte Automatiken für Transferpressen stellen beim Werkzeugwechsel den vorbestimmten Sollwert für den Druck automatisch ein, um die Rüstzeiten zu verkürzen.

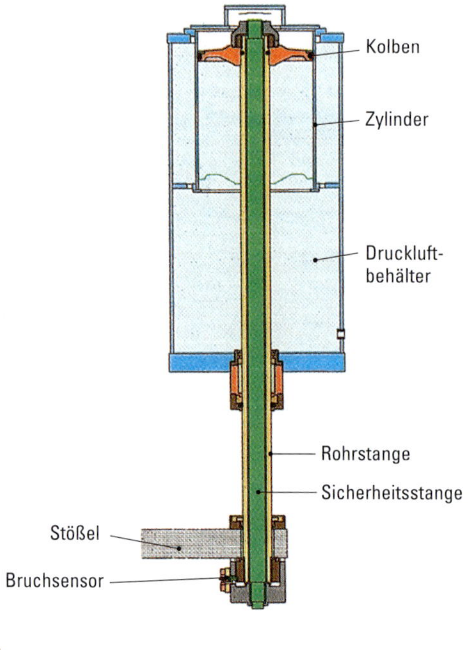

Abb. 3.2.11
Stößelgewichtsausgleich mit doppelter Kolbenstange

Stößelkissen

Manche Ziehpressenanwender bevorzugen Stößelkissen als Auswerferfunktion für die Oberwerkzeuge. In diesen Fällen kommen pneumatische Balgzylinder zum Einsatz, welche die geforderten Auswerferkräfte einleiten *(Abb. 3.2.12)*. Die Auswerferwege betragen dabei 100 bis 200 mm. Es wird mit Druckanstiegen bis 30 % gearbeitet. Die Balgzylinder wirken auf eine Auswerferplatte, welche die Druckstifte des Kissens und die Druckstifte des Werkzeugs beaufschlagt.

Beim Hochlauf des Stößels wird die Auswerferplatte mit den Stiften bis zum unteren Anschlag gedrückt. Dämpfungselemente vermindern die Geräuschwirkung des harten Aufschlags.

Hubverstellung

Der Hub kleinerer mechanischer Pressen kann mit Hilfe zweier ineinander gelagerter Exzenter den Anforderungen des umzuformenden Teils *stufenlos* motorisch angepaßt werden *(Abb. 3.2.13)*. Er wird z. B. so eingestellt, daß die nötige Teilehöhe beim Tiefziehen erreicht wird und das Teil dem Werkzeug nach dem Tiefziehvorgang problemlos entnommen werden kann.

Das Lösen der elastischen Spannsatzverbindung zwischen Exzenterwelle und Exzenterbüchse erfolgt hydraulisch. Dabei wird die Büchse

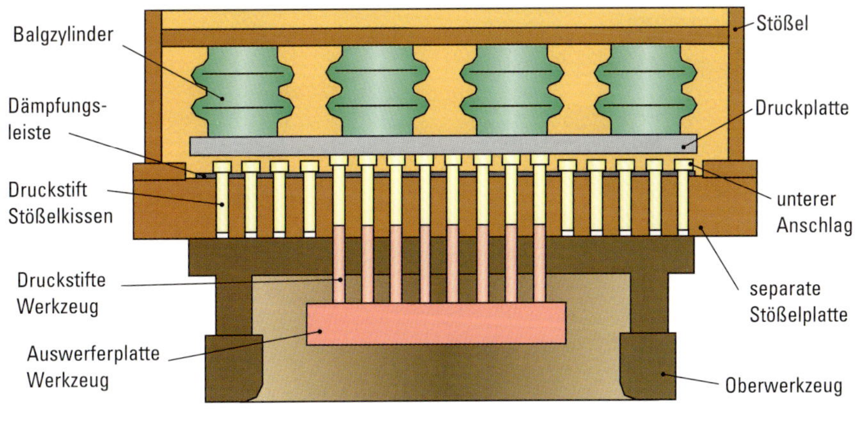

Abb. 3.2.12 Stoßelkissen mit Balgzylindern

gegen den Spannsatz aufgeweitet, so daß sie auf einem Ölkissen gleitend beliebig verdreht werden kann. Spezialdichtungen verhindern das Austreten von Öl. Die Lage der Exzenter zueinander wird werkzeugspezifisch vom Steuerpult aus so lange verändert, bis die Summenexzentrizität den gewünschten Hub erreicht. Die kraftschlüssige Verbindung zwischen den Exzenterschalen wird durch Druckentlastung und Abführung des Öls über Drainagenuten hergestellt. Für jedes Werkzeug läßt sich der gewünschte Hub im Werkzeugdatensatz abspeichern, bei Bedarf wieder abrufen und automatisch einstellen.

3.2.9 Pneumatik

Die wesentlichen Pneumatikfunktionen bei mechanischen Pressen sind Kupplung, Bremse, Schwungradbremse, Gewichtsausgleich, Stößelkissen und Tischkissen. Bei Transferpressen kommen die Funktionen Luftbeaufschlagung der Transferkurven sowie der Saugertransport hinzu. Für große Luftmengen sind Druckluftbehälter mit Kontrollsicherheits- und Entwässerungssystemen notwendig. Der Druckluftbereich liegt normalerweise bei maximal 6 bar. In zunehmendem Maße kommen aber auch Hochdrucknetze oder Kompressoren mit maximal 16 bar zum Einsatz.

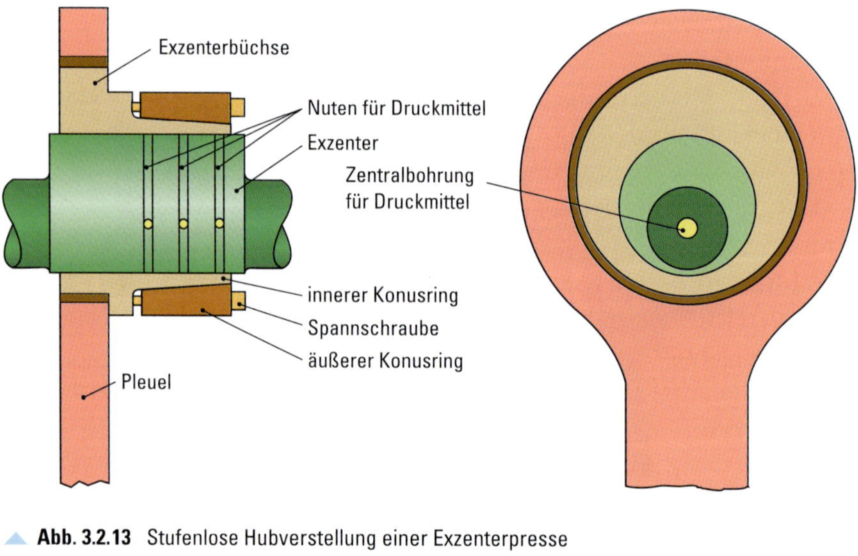

Abb. 3.2.13 Stufenlose Hubverstellung einer Exzenterpresse

Die Gerätetechnik wird durch Normen und Vorschriften bestimmt. Für die Installation werden vorwiegend verzinkte Gasrohrleitungen von 1 bis 6" verwendet. Kleinere Leitungen werden mit Stahlrohren und Schneidring- oder Bördelverschraubungen ausgeführt. Der Installationsbereich einer großen Transferpresse mit einem Bauvolumen von ca. 40 x 10 x 15 m kann bis zu 40 t Druckluftbehälter, Rohre und Geräte beinhalten.

3.2.10 Hydraulik

Der Hydraulikanteil im mechanischen Pressenbau ist vergleichsweise gering. Standardmäßig beschränkt er sich auf die hydraulische Überlastsicherung, das Anheben der Schiebetische und auf hydraulische Werkzeugspanner. Alle Funktionen werden in der Regel von einer zentralen Hydraulikeinheit versorgt. Speziell bei Transferpressen kommen weitere Aufgaben dazu, wie die Kupplungsbetätigung zwischen Pressen- und Transferantrieb und das umfangreiche System der Schrottklappen. Außerdem werden verschiedene Spann- und Verriegelungsvorrichtungen hydraulisch versorgt.

Die wichtigste Funktion bei mechanischen Pressen, das Kuppeln und Bremsen des Stößelantriebs, wird in zunehmendem Maße hydraulisch ausgeführt. Die Hydraulik erlaubt bei Einzelpressen höhere Schaltzahlen und verursacht geringere Umweltbelastung durch Lärm- und Luftverschmutzung.

Versorgt werden Kupplung und Bremse von einer Zentralhydraulik mit Rückkühleinrichtung. Eine zweikanalige Sicherheitssteuerung mit geregelter Dämpfung sowie Druckfilterung mit 10 μm ist erforderlich.

Das immer häufiger angewendete Tiefziehen mit einfachwirkenden Pressen stellt besonders bei Großpressen hohe Anforderungen an die Blechhalterfunktion und damit an die Zieheinrichtungen im Tisch (vgl. Abschn. 3.1.4). Regelbare Mehrpunkt-Tischkissen sind nur noch mit einer aufwendigen Servohydraulik möglich.

Separate Versorgungsaggregate mit Pumpenleistungen von etwa 150 kW und Ölströme von ca. 1 000 l/min für die Zieheinrichtung werden dafür eingesetzt. Die Steuerung erfolgt mit Proportionalventilen in DIN- und ISO-gerechter Ausführung im Druckbereich bis 300 bar.

3.2.11 Schmierung

Die komplexen Schmieranlagen zur Versorgung der Schmierstellen in mechanischen Pressen werden durch den Einsatz von Verteilerblöcken strukturiert und damit stark vereinfacht *(vgl. Abb. 3.3.4)*. Dabei kommen überwiegend Progressivverteiler in Parallelschaltung zum Einsatz. Die Zuteilung der erforderlichen Schmierstoffmenge erfolgt über Mengenregler, -begrenzer, -teiler und ähnliche Elemente. Der Ölfluß wird an den Verteilerblöcken überwacht. Damit optimale Betriebsbedingungen vorliegen, regelt eine Steuerung die Temperatur des Schmierstoffs durch Heizung bzw. Kühlung in einer relativ schmalen Bandbreite.

Die wichtigsten Elemente der Versorgungsaggregate wie Pumpen und Filter sind bei komplexen Umformanlagen aufgrund der geforderten Betriebssicherheit doppelt vorhanden. Fällt eine Pumpe aus, so muß die Produktion nicht unterbrochen werden, da auf das zweite System umgeschaltet wird. Die Wartung bzw. der Austausch des defekten Systems führt nicht zu einem Produktionsausfall – die Verfügbarkeit der Anlage wird dadurch erhöht. Die Qualität des Öls wird durch zusätzliche Filterung im Nebenstrom gesichert, was die Standzeit des Öls verlängert.

Bei kleineren Pressen und speziell bei Unterantriebs-Kniehebelpressen werden Umlaufschmierungen mit Mehrkreis-Zahnradpumpen eingesetzt. Bis zu 20 Hauptschmierstellen werden direkt von den Zahnradstufen kontinuierlich mit konstanten Ölmengen versorgt. Besonders bei den kurzen Schwenkbewegungen in den Druckstücken und Gelenken steht ein gleichbleibender Förderstrom bei unterschiedlichen Widerständen der einzelnen Verbraucher und Zuleitungen an.

3.3 Hydraulische Pressen

3.3.1 Antrieb

Die Arbeitsweise hydraulischer Pressen beruht auf den physikalischen Gesetzen, daß sich ein *hydrostatischer Druck* in einem Rohrleitungssystem gleichmäßig fortpflanzt und daß ein Druck p [N/m^2], der auf eine Fläche A [m^2] wirkt, die Kraft F [N] erzeugt:

$$F = p \cdot A$$

Die *am Stößel wirkende Kraft* ist vom Umform- oder Schneidprozeß abhängig. Daher ist der auf die Kolbenfläche wirkende Druck p ebenfalls eine Funktion des Arbeitsvorgangs. Seine Messung gibt direkt Aufschluß über die am Stößel wirkende Kraft. Die größte Kraft läßt sich durch Begrenzung des maximalen Drucks mit Hilfe eines Sicherheitsventils an jeder Stelle des Stößelwegs festlegen.

Die *Antriebsleistung P* [W] einer hydraulischen Presse ist vom Volumenstrom $\dot{V}$ [m^3/s] und damit von der Stößelgeschwindigkeit, vom hydraulischen Druck p sowie der Preßkraft und den mechanischen und elektrischen Verlusten η_{ges} abhängig:

$$P = \frac{\dot{V} \cdot p}{\eta_{ges}}$$

Da bei hydraulischen im Gegensatz zu mechanischen Pressen im allgemeinen kein Energiespeicher vorhanden ist, muß die gesamte Leistung im Augenblick des Umformens aufgebracht werden. Daher sind bei hydraulischen Pressen wesentlich größere Antriebsleistungen zu installieren (vgl. Abschn. 4.4.1).

Mechanische Pressen arbeiten im Durchlauf, die Ausbringungsleistung wird nach der Drehzahl des Antriebs ermittelt. Bei hydraulischen Pressen wird dagegen zum Schließen und Öffnen die Durchflußrichtung des Hydraulikmediums umgekehrt.

Die *Zykluszeit* setzt sich aus vielen variablen Komponenten zusammen, wobei jedes Werkzeug seine optimalen Presseneinstellwerte hat. Der Gesamthub, der Ziehweg, die Umform- und die Blechhalterkraft werden dem Werkzeug entsprechend optimiert. Jeder dieser Einstellwerte wirkt sich auf die Taktzeit und damit auf die Ausbringung der Presse aus. Grundlage für die Berechnung der Ausbringungsleistung ist das auf die Zeitkonstanten der Presse abgestimmte Weg-Zeit-Diagramm *(Abb. 3.3.1)*.

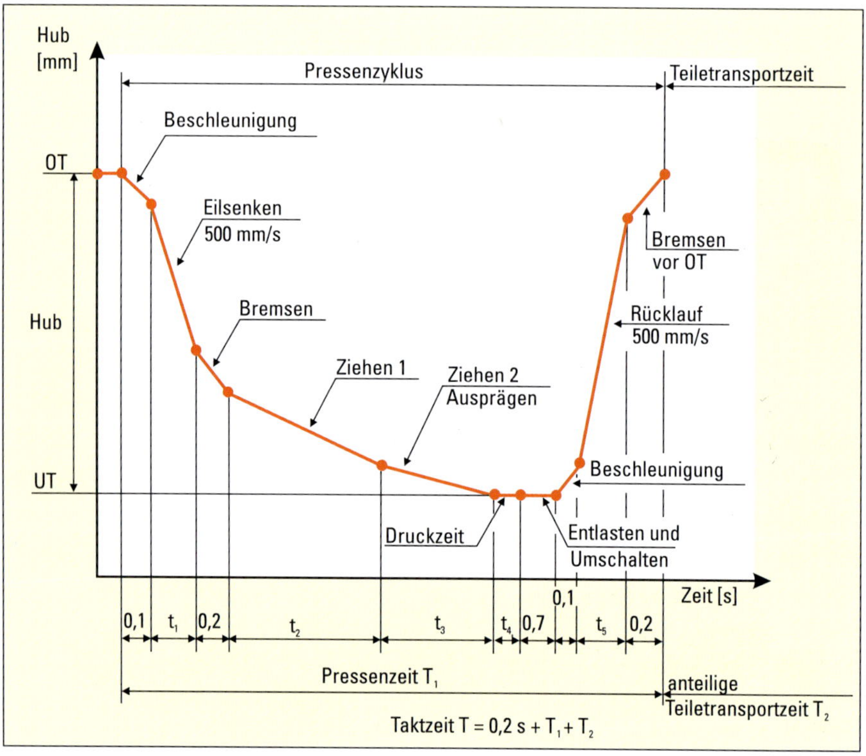

Abb. 3.3.1 Weg-Zeit-Diagramm einer hydraulischen Presse

Aufbau des Antriebs

Im Kopfstück befestigte *Stößelzylinder* wirken mit ihrer Kolbenkraft linear auf den Stößel *(Abb. 3.3.2* und *vgl. Abb. 3.1.10)*. Die Wirkflächen aller Kolben ergeben nach Multiplikation mit dem hydraulischen Druck die Pressennennkraft. Der Bewegungsablauf im Pressenzyklus wird vom Stößelzylinder mit der Stößelsteuerung durchgeführt. Die Anzahl der wirkenden Hydraulikzylinder hat keinen Einfluß auf die Pressenfunktion. Nach der statischen Berechnung wird festgelegt, ob der Stößel in ein, zwei oder mehr Punkten angetrieben wird *(vgl. Abb. 3.1.3)*.

Aufgabe der Hydraulik

Mit der Hydraulik wird elektrische in hydraulische Energie umgesetzt, die wiederum mit Hilfe der einzelnen Hydraulikzylinder innerhalb der Presse in mechanische Arbeit gewandelt wird. Die Druckflüssigkeit in den Hydraulikzylindern erfüllt Funktionen mit den folgenden Auswirkungen auf die Kinetik und Kinematik des Stößels:

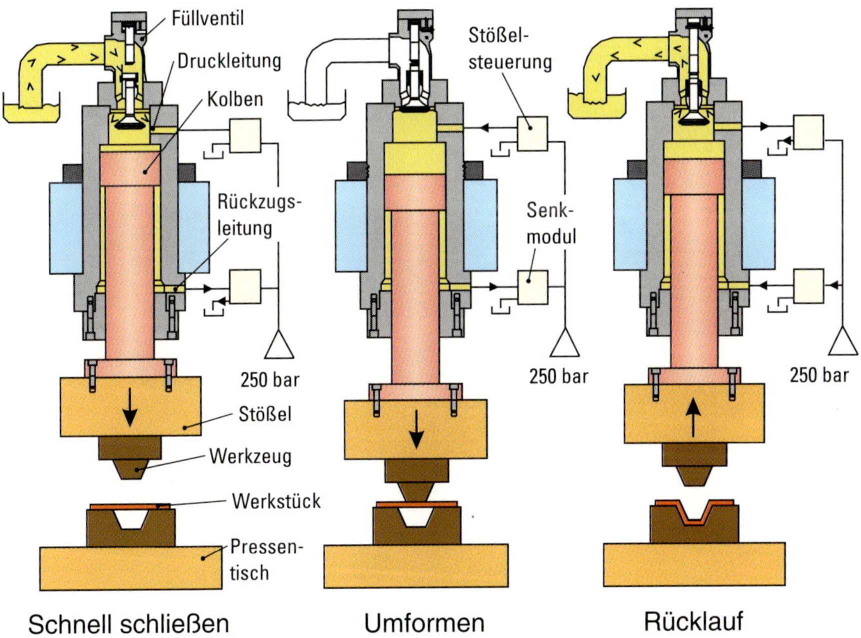

Abb. 3.3.2 Funktionsprinzip eines Hydraulikzylinders für den Stößelantrieb einer hydraulischen Presse

- Kräfte werden durch die Wirkung der Druckflüssigkeit erzeugt.
- Wege werden durch die Zufuhr von Druckflüssigkeit zurückgelegt.
- Geschwindigkeiten werden durch die Menge der zugeführten Druckflüssigkeit beeinflußt.
- Vor- und Rücklaufbewegungen werden mit der Durchflußrichtung gesteuert.

Aufbau der Pressenhydraulik

Das Hydrauliksystem ist in mehrere Funktionsgruppen unterteilt *(Abb. 3.3.3)*. Im *Ölbehälter* wird die Hydraulikflüssigkeit gelagert. Alle Saugleitungen zu den Pumpen oder zu den Zylindern werden aus diesem Reservoir mit Flüssigkeit versorgt. Der Flüssigkeitsbehälter wird am Kopfstück eingehängt, damit die Zylinderfüllung beim Schnellschließen sichergestellt ist. Der *hydraulische Antrieb,* bestehend aus Pumpen

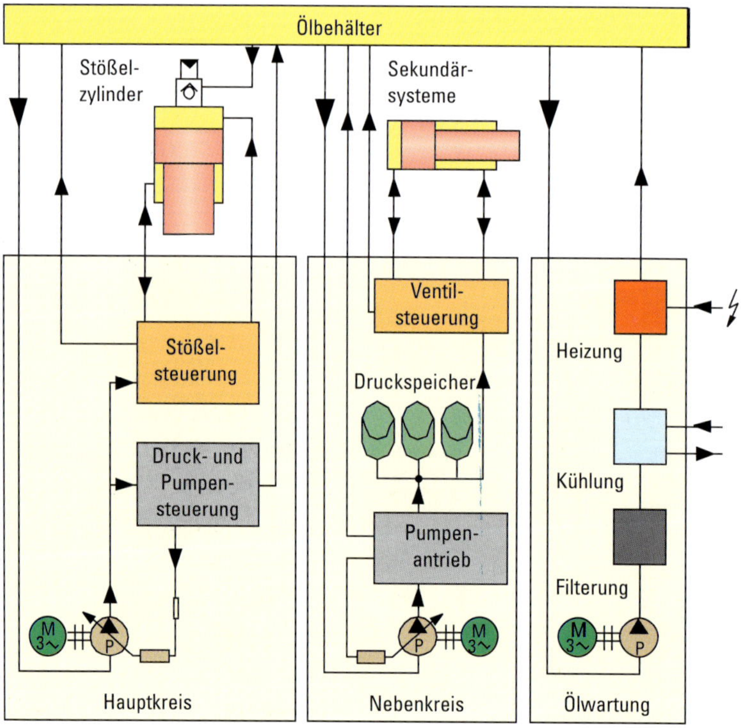

Abb. 3.3.3 Aufbau der Pressenhydraulik

und Motoren, ist mit Kupplung und Verbindungsflansch eine Baueinheit. Die Pumpen hängen als Tauchpumpen im Ölbehälter oder stehen auf Standaggregaten im Pressenfundament. Die Motoren treiben die Pumpen über eine elastische Kupplung an. Saugleitungen versorgen die Pumpen, und Druckleitungen führen die Druckflüssigkeit zur Ventilsteuerung. Die *Ventilsteuerung* leitet die Druckflüssigkeit zu den Verbrauchern. Je nach Funktion werden die Hydraulikzylinder vor oder zurück gesteuert, aktiv oder passiv in der Presse bewegt. Die rückfließende Flüssigkeit wird wieder in den Ölbehälter geleitet. Die *Verbraucher*, Zylinder oder Ölmotoren, bewegen den Stößel, die Kissen oder verstellen Spindeln. Sie erzeugen Kräfte, heben Lasten und spannen Werkzeuge. Die *Wartungsanlage* arbeitet im Bypass zum Hauptstrom. Die Flüssigkeit wird über Filter und Kühler in einem separaten Kreislauf umgewälzt sowie gereinigt und gekühlt, um die Produktionsbereitschaft der Presse aufrechtzuerhalten.

Druckspeicherantrieb

Fördert die Pumpe in einen Druckspeicher, so kann die vom Netz entnommene Leistung harmonisiert werden. Der Druckspeicher kann kurzfristig große Mengen Drucköl abgeben, wobei die Pumpe das Drucköl bis zur nächsten Entnahme nachgefüllt haben muß. Folgen lange Ruhezeiten einer kurzfristigen Entnahme, so kann eine kleine Pumpe den Speicher füllen, z.B. beim Be- und Entladen des Werkzeugs nach dem Stößelrücklauf. Folgt einer großen Entnahme ein weiterer Bedarf, so muß eine große Förderleistung vorgesehen werden, beispielsweise beim Ziehen und nachfolgendem Öffnen der Presse. Im zweiten Beispiel ist ein Druckspeicherantrieb nicht geeignet, da neben dem Speichersystem eine große Pumpe benötigt wird. Bei Ziehpressen werden kurze Zyklus- und Transportzeiten angestrebt, so daß ein Druckspeicherantrieb oft nicht wirtschaftlich eingesetzt werden kann. Tabelle 3.3.1 zeigt weitere Unterschiede zwischen Pumpen- und Druckspeicherantrieb auf.

3.3.2 Hydrauliköl

Die Pressenhydraulik wird mit Standardhydrauliköl HLP nach DIN 51524 Teil 2 betrieben. An das Hydrauliköl werden hohe Anforderungen gestellt:

Tabelle 3.3.1: Vergleich hydraulischer Antriebssysteme

Pumpenantrieb	**Druckspeicherantrieb**
Die installierte Pumpenkapazität bestimmt mit der Motorleistung die erreichbaren Geschwindigkeiten.	Die Geschwindigkeiten werden von den Ventilquerschnitten und dem Druckgefälle bestimmt.
Die bedarfsorientierte Druckölförderung belastet das elektrische Netz mit Spitzenwerten.	Die kontinuierliche Druckölförderung belastet gleichmäßig das Netz.
Das Arbeitsvermögen ist unbegrenzt, da die Preßkraft über den gesamten Hub zur Verfügung steht.	Das Arbeitsvermögen ist auf das vorhandene Nutzvolumen des Speichers begrenzt.
Der Systemdruck entspricht direkt dem Kraftbedarf des Werkzeugs.	Der Pumpendruck entspricht dem Speicherladedruck. Bei geringem Kraftbedarf wird die Überschußenergie in Wärme umgesetzt.
Die Preßkraft ist einfach durch Druckbegrenzungsventile zu limitieren.	Ein Druckspeicher ist im Druck nicht regelbar. Er arbeitet immer mit vollem Druck.

- Schmier- und Verschleißschutz,
- gute Viskositätskonstanz im Temperaturbereich zwischen 20 und 60° C,
- Beständigkeit gegen thermische Belastung,
- geringe Kompressibilität,
- geringe Schaumbildung,
- geringe Luftaufnahme,
- guter Rostschutz,
- gute Filtriereigenschaften,
- niedrige Kosten.

Alle Hydraulikaggregate sind auf die Verwendung dieser Hydrauliköle ausgelegt. Die Kennlinien, Lebensdauerangaben, Druckbereiche und die Auswahl der Dichtungen sind auf das Öl abgestimmt. Unter variablem Druck ändert sich aufgrund der *Kompressibilität des Hydrauliköls* das Volumen der Hydraulikflüssigkeit. Bei Druckanstieg wird die Flüssigkeitssäule zusammengedrückt. Diese Eigenschaft beeinflußt die Steuerungs- und Regelvorgänge in der Presse – je höher der Druck, um so länger die Ansprechzeit. Bei der Taktzahlberechnung oder Antriebsbestimmung muß die Kompressibilität berücksichtigt werden, da sich diese besonders bei kurzen Umformwegen, wie beim Schneiden oder Prägen, auswirkt. Für Mineralöl kann mit einem Kompressibilitätsfaktor von 0,7 bis 0,8 % pro 100 bar Öldruck gerechnet werden. Diese Eigenschaft der Hydraulikflüssigkeiten wirkt sich auch bei der Druckentlastung der Preßzylinder aus. Wird der unter Druck stehende Raum zu schnell geöffnet, so kommt es zu Entlastungsschlägen, welche die Anlage beschädigen können. Schwer entflammbare Druckflüssigkeiten sollten nur eingesetzt werden, wenn die Vorschriften es unbedingt erfordern und der Gerätehersteller eine Genehmigung erteilt hat. Sie erfordern spezielle Dichtungen, teilweise niedrigere Betriebsdrücke und besondere Maßnahmen bei der Inbetriebnahme.

Zwischen dem Pumpenantrieb und dem Zylinder als Verbraucher steuern Ventile die Funktionen. Es wirken Wege-, Druck- und Sperrventile zusammen mit Proportional- und Servoventilen. Je nach Aufgabe und Lage, im Haupt- oder Nebenstrom, wirken unterschiedlich dimensionierte Ventile. Die Ausführung aller Funktionen erfordert eine große Zahl von Verbindungen, die in einer Blockbauweise zusammengefaßt sind *(Abb. 3.3.4)*. Die *Blockhydrauliken* haben sich durchgesetzt, da

- die externen Anschlüsse nur noch von der Pumpe und zum Zylinder geführt werden müssen,
- die Ventile auf der Oberfläche montiert werden und leicht austauschbar sind,

Abb. 3.3.4 Blockhydraulik

- zwangsläufig eine Normung einsetzt: die Ventilblöcke müssen nicht für jede Presse neu konstruiert werden,
- alle Ventile zu einer Funktionsgruppe auf einem Block vereinigt sind,
- Einbauventile sinnvoll mit platzsparenden und kostengünstigen Aufbauventilen kombiniert werden,
- Funktions- und Prüfanschlüsse eingebohrt werden – die Fehlersuche wird vereinfacht.

3.3.3 Stößelparallelität

Eine wichtige Rolle spielt die Aufnahme außermittiger Belastungen durch das Pressengestell. Außermittige Kräfte treten während des Umformprozesses auf, wenn der Stößel von der resultierenden Werkzeugkraft nicht in der Mitte belastet wird und dadurch kippt *(Abb. 3.3.5)*. Die Standardpresse kann ein maximales außermittiges Belastungsmoment von

$$M_x = 0{,}075\,\mathrm{m} \cdot F_{N0}\,[\mathrm{kNm}]$$

$$M_y = \frac{M_x}{2}\,[\mathrm{kNm}]$$

über die Stößelführungen aufnehmen. Es ergibt sich daraus eine maximale Stößelkippung von 0,8 mm/m. Werden höhere zulässige Momente vereinbart, so muß die Presse steifer ausgelegt werden. Die Stößelführungen werden stabiler, das Pressengestell steifer und der Stößel höher.

Ist die zulässige Stößelkippung mit einer Steifigkeitserhöhung der Presse ökonomisch nicht in den erforderlichen Grenzen zu erreichen, so können hydraulische Parallelitätssteuerungen mit einer elektronischen Regelungstechnik eingesetzt werden *(Abb. 3.3.5)*, beispielsweise bei hydraulischen Transferpressen *(vgl. Abb. 4.4.14)*. Die *Parallelregelung* wirkt im Werkzeugeinbauraum der Stößelkippung entgegen. Die Wegmeßsysteme kontrollieren die Lage des Stößels und aktivieren das Parallelregelsystem *(Abb. 3.3.5)*. Die an den Ecken der Stößelplatte wirkenden Parallelregelzylinder werden beim Umformen gegen einen mittleren Druck verdrängt. Erkennt die elektronische Parallelitätskontrolle eine Lageabweichung, so wird der Druck auf der voreilenden Seite durch Servoventile erhöht, während er auf der Gegenseite in gleichem Maße

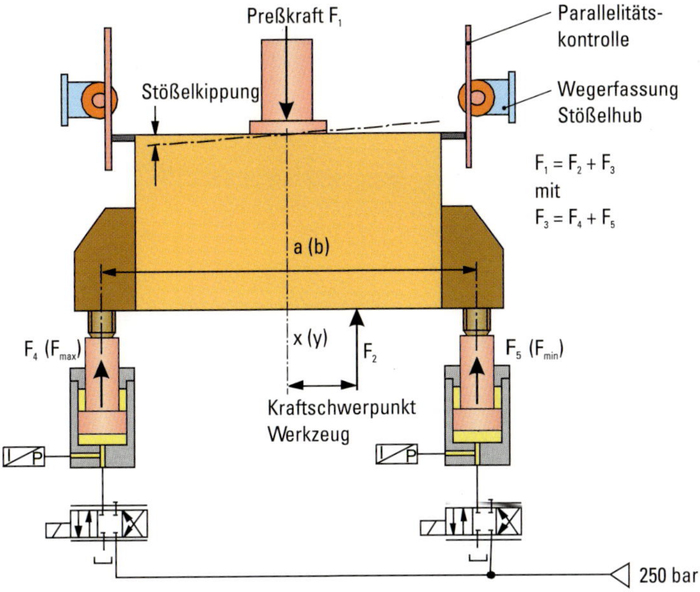

Abb. 3.3.5 Stößel-Parallelregelsystem

reduziert wird. Die Summe der Parallelregelkräfte bleibt konstant, die Stößelkippung wird wieder ausgeglichen. Je nach Umformgeschwindigkeit wird eine Stößelparallelität von 0,05 bis 0,2 mm/m erreicht. Eine Zentralverstellung paßt das System über Spindeln am Stößel auf unterschiedliche Werkzeughöhen an.

Die *Vollhub-Parallelregelung* arbeitet mit Parallelregelzylindern, deren Kolben fest mit dem Stößel verbunden sind *(Abb. 3.3.6)*. Sie wirken über dem gesamten Stößelhub – Einstellspindeln zur Abstimmung des Wirkbereichs sind nicht erforderlich. Zwei flächengleiche, weit außerhalb der Pressenmitte angeordnete Zylinder stehen unter einem mittleren Druck. Die Zug- und Druckkräfte gleichen sich über die diagonalen Rohrverbindungen aus. Gegenüber dem Stößel verhält sich das System kraftneutral. Wirkt eine außermittige Belastung vom Werkzeug auf den Stößel, so baut sich ein Kippmoment auf, die Stößelwegerfassung erkennt die Parallelitätsabweichung und steuert das Servoventil an. Das Ventil erhöht den kolbenunterseitigen Druck des Kolbens auf der voreilenden Stößelseite und damit auch auf der gegenüberliegenden Kol-

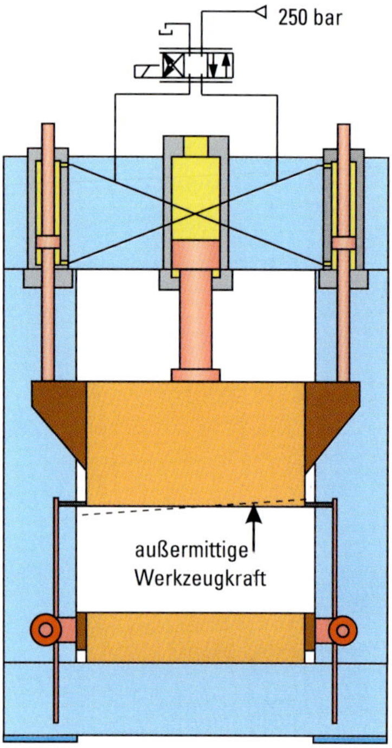

Abb. 3.3.6
Vollhub-Parallelregelung des Stößels

benoberseite. Gleichzeitig wird der Druck in der anderen Verbindungsleitung verringert. Die gegenläufigen Stützmomente auf beiden Seiten wirken dem Kippmoment entgegen. Die maximale Abweichung, gemessen an den Parallelregelzylindern, beträgt beim Ziehen, Biegen und Formen 0,6 bis 0,8 mm.

3.3.4 Hubbegrenzung und Dämpfung

Die vom Stößelweg abhängige Umformtiefe wird bei hydraulischen Pressen durch den Schaltpunkt im unteren Totpunkt bestimmt *(Abb. 3.3.1)*. Je nach Geschwindigkeit wird dieser Schaltpunkt um einige Millimeter überfahren. Die Wiederholgenauigkeit liegt jedoch in engen Grenzen, so daß der Stößel bei den meisten Umformoperationen mit ausreichender Genauigkeit im unteren Totpunkt umgesteuert wird. Wird jedoch eine Toleranz von weniger als 1 mm gefordert, so ist eine mechanische Hubbegrenzung erforderlich. Kombiniert mit einer hydraulischen

Abb. 3.3.7
Hubbegrenzung und Dämpfung

Dämpfung, kann sie den Schnittschlag bei Stanzoperationen stark vermindern *(Abb. 3.3.7)*. Zwei Varianten kommen zum Einsatz. Die Standarddämpfung ist für Materialdicken ab 3 mm und für leichte Stanzarbeiten geeignet, die die Pressenkapazität nur zu ca. 30 % ausnutzen, beispielsweise um in einer Stufenpresse den Rand des Werkstücks zu beschneiden. Für hochfestes Material und Blechdicken unter 3 mm ist eine vorgespannte Dämpfung erforderlich, da nur sie die freiwerdende Energie im Moment des Materialabrisses sofort aufnehmen kann.

3.3.5 Stößelverriegelung

Beim Abschalten der Presse und bei Arbeiten im Werkzeugeinbauraum muß der Stößel durch eine Stößelverriegelung gesichert werden. Gemäß der Vorschrift zur Unfallverhütung UVV 11.064 §12 müssen hydraulische Pressen mit einer Tischtiefe von mehr als 800 mm und einer Hublänge von mehr als 500 mm mit mindestens einer in der obe-

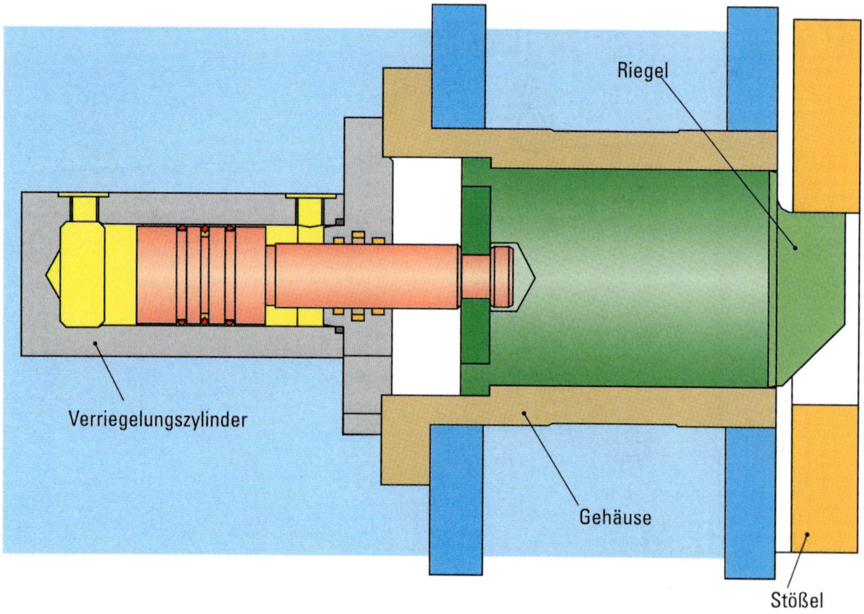

Abb. 3.3.8 Formschlüssige Stößelverriegelung

ren Endlage des Stößels wirkenden Einrichtung ausgerüstet sein, die bei abgeschalteter Steuerung das Absinken des Stößels infolge Eigengewicht verhindert. Die *Verriegelung im oberen Totpunkt* ist eine formschlüssige Verriegelung am oberen Punkt des Nennhubs. Ein im Pressengestell geführter Riegel wird mit einem Hydraulikkolben in eine Aussparung des Stößels geschoben *(Abb. 3.3.8)*. Der Riegel ist für die Aufnahme aller beweglichen Gewichte, einschließlich der des Werkzeugoberteils, ausgelegt.

Die *stufenlose Verriegelung* ist eine kraftschlüssige Stößelsicherung. Eine Haltestange am Stößel wird durch den Klemmkopf am Kopfstück geführt *(Abb 3.3.9)*. Die Fangbacken halten die beweglichen Elemente in jeder Position – auch bei Stromausfall. Diese im Stößelbereich angeordnete Verriegelung ist besonders bei Pressen mit Blechhalter und Innenstößel zu empfehlen. Der Stößel kann in jeder Position gesichert werden, eine eigene Sicherheitseinrichtung für den Blechhalter entfällt.

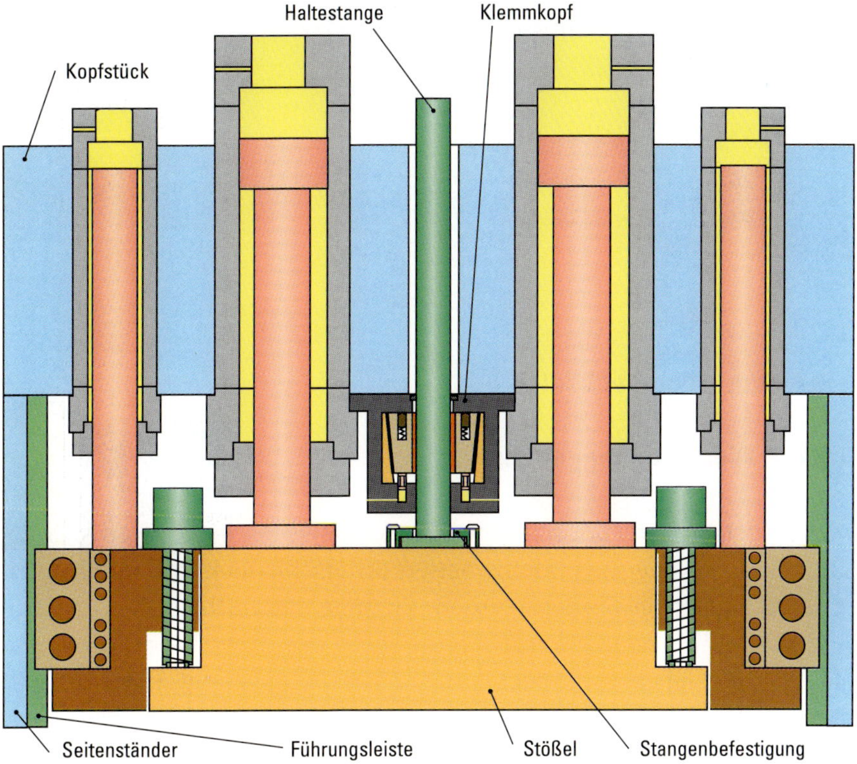

Abb. 3.3.9 Kraftschlüssige Verriegelung für Blechhalter- und Ziehstößel

3.4 Werkzeugwechsel

3.4.1 Werkzeughandhabung

Mit Einrichtungen zum schnellen Werkzeugwechsel verkürzen sich die Rüstzeiten, so daß auch kleine Serien unterschiedlicher Preßteile wirtschaftlich gefertigt werden können. Kleinere und mittelgroße Umform- und Schneidwerkzeuge werden beim Transport im Preßwerk mit einem Hallenkran, Gabelstapler oder Flurförderfahrzeug bewegt. Der Transport größerer Werkzeuge in die Presse und das Ausrichten erfordern zusätzliche Wechselhilfen, da die Werkzeuge nicht direkt auf dem Pressentisch abgesetzt werden können. Für einen reibungslosen Werkzeugwechsel wird vorausgesetzt, daß Ober- und Unterwerkzeug zentriert sind. Ferner müssen sie außerhalb der Presse leicht absetzbar sein. Die Werkzeugwechselhilfe soll den Transport in den Werkzeugeinbauraum erleichtern und beschleunigen, eine einfache Handhabung der Druckstifte für die Zieheinrichtung sowie ein schnelles und sicheres Spannen der Werkzeuge ermöglichen.

Werkzeug-Abstellkonsolen

Für den Transport des Werkzeugs in die Presse ist eine *Werkzeug-Abstellkonsole* eine kostengünstige Wechselhilfe, die bis zu einem Werkzeuggewicht von etwa 6 t verwendbar ist. Bei Werkzeuggewichten bis etwa 2 t werden einhängbare Konsolen eingesetzt, die in Aufnahmehaken am Pressentisch gehängt werden. Für höhere Werkzeuggewichte sind Stützfüße, möglichst mit Rollen am Fuß, unumgänglich. Schwenkkonsolen mit Doppelgelenk lassen sich nach dem Werkzeugwechsel in eine Parkposition schwenken *(Abb. 3.4.1)*. Voraussetzung für ein manuelles Hinein-

Abb. 3.4.1 Ausschwenkbare Werkzeug-Abstellkonsole

schieben der Werkzeuge, was etwa bis 3 t Gewicht durch eine Person möglich ist, sind harte Laufrollen im Pressentisch und den Konsolen.

Werkzeugwechselwagen
Schienengebundene Werkzeugwechselwagen erleichtern den Wechsel von Werkzeugen bis etwa 20 t Gewicht. Besonders wirtschaftlich ist der Einsatz von zwei Werkzeugplattformen nebeneinander, da die Werkzeuge bereits während der Produktion in der Parkposition vorgerüstet werden können. Ist die Presse mit Schutzgittern und automatischen Werkzeugspannern versehen, so ist ein automatischer Werkzeugwechsel möglich. In der Ausgangsstellung ist das Werkzeug entspannt, die Schutzgitter sind geöffnet. Der *Zug-Schub-Antrieb* fährt aus, koppelt automatisch an das Werkzeug an und zieht es aus der Presse *(Abb. 3.4.2)*. Nachdem der Wagen entriegelt, quer verfahren und in der Einschubposition wieder verriegelt wurde, kann das neue Werkzeug in den Einbauraum eingeschoben werden.

Aufwendiger wird diese Wechseltechnik allerdings bei Pressen mit vorgezogenen Seitenständern. Hier reicht ein einfacher Zugantrieb nicht aus, um die Distanz zwischen Wechselwagen und Pressentisch zu überbrücken. Mit Hilfe eines zusätzlichen mechanischen *Überholantriebs* und Konsolen mit Laufrollen an der Presse transportiert der Zug-Schub-Antrieb das Werkzeug bis an die Werkzeuganschläge *(Abb. 3.4.2)*. Die automatische Kopplung zwischen Werkzeug und Antrieb macht das Eingreifen des Einrichters überflüssig.

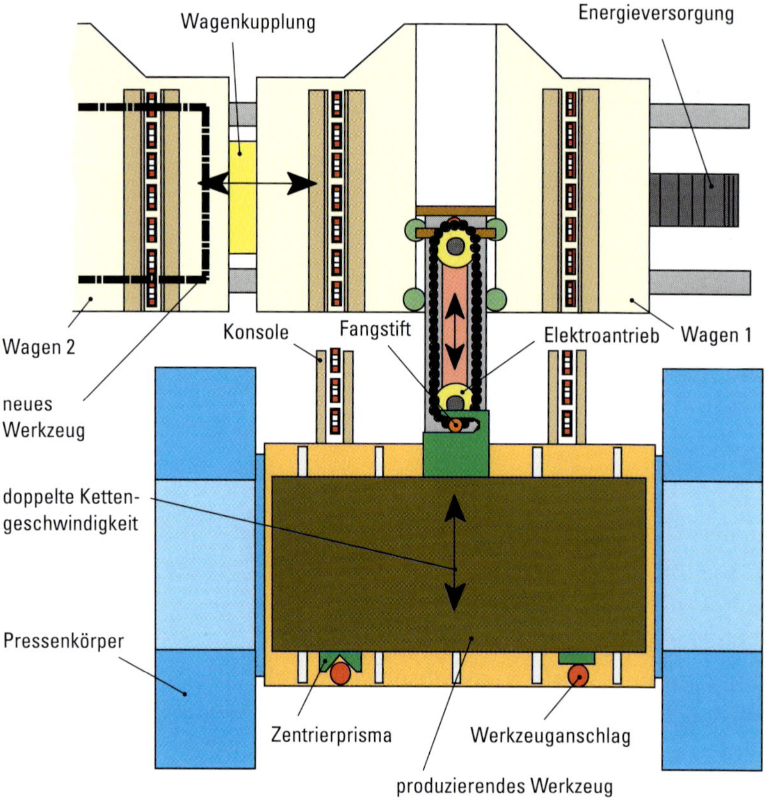

Abb. 3.4.2 Doppelter Werkzeugwechselwagen mit Überholantrieb

Werden Werkzeuge auf Rollenbahnen aufgelegt, so minimieren Profilleisten mit Rollelementen in den T-Nuten der Aufspannplatte die Kraft zum Verschieben des Werkzeugs. Ausgerüstet mit gefederten Kugelrollelementen, bieten sie bei leichten Werkzeugen eine allseitige Bewegungsfreiheit. Schwerere Werkzeuge dagegen sollten auf hydraulisch anhebbaren Rollen transportiert werden, da eine Linienberührung eine höhere Flächenlast zuläßt. Die Rollfläche des Werkzeuggrundkörpers muß gehärtet sein.

Die *Zentrierung* des Werkzeugs auf dem Pressentisch spielt eine entscheidende Rolle beim Werkzeugwechsel. Manuell verschiebbare Werkzeuge können nach einer Mittelnut in der Aufspannplatte oder durch Zentrierhilfen in den T-Nuten bzw. auf der Aufspannplatte ausreichend genau ausgerichtet werden. Werkzeuge bzw. Pressen mit automatischen

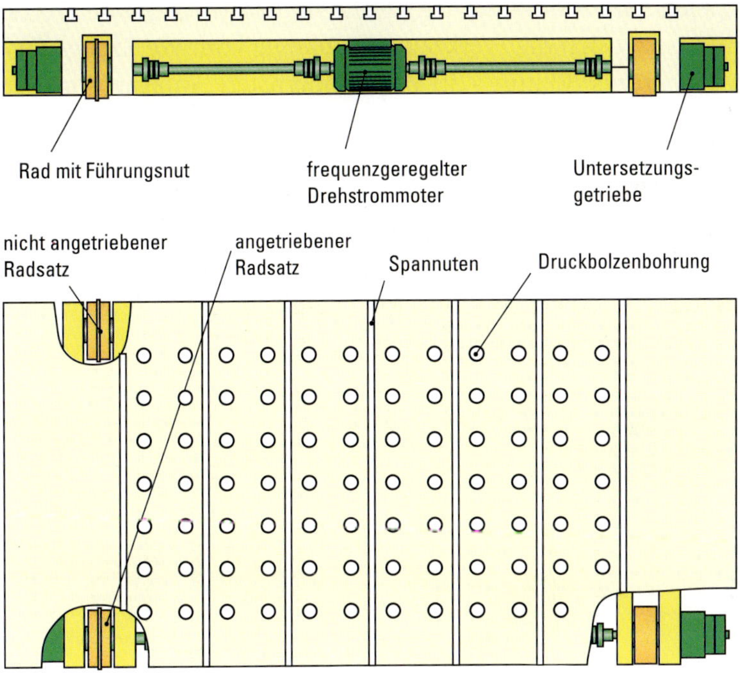

Abb. 3.4.3 Schiebetisch

Transfereinrichtungen dagegen müssen genauer positioniert sein, um ein präzises Ablegen der Teile in jeder Werkzeugstation sicherzustellen *(vgl. Abb. 4.4.34)*.

Schiebetische

Werkzeug-Schnellwechselsysteme für Großpressen bestehen aus fahrbaren Schiebetischen, automatisierten Werkzeug-Spannvorrichtungen, Greiferschienenkupplungen sowie Einrichtungen zur automatischen Einstellung der Weg-, Druck- und Zeitachsen aus dem Datenspeicher. Sie lassen sich den individuellen Fertigungsbedingungen des Umformteils optimal anpassen und werden beim Werkzeugwechsel automatisch aus dem Datenspeicher abgerufen und eingestellt.

Ober- und Unterwerkzeug des Werkzeugsatzes werden auf den Schiebetischen aus der Presse bewegt, und die Schiebetische mit den neuen Werkzeugsätzen fahren ein *(Abb. 3.4.3* und *vgl. Abb. 4.4.38)*. Die Vorbereitung der Werkzeuge für das nächste Preßteil erfolgt außerhalb der

Presse zeitgleich zur Produktion. Durch die Automatisierung des Werkzeugwechsels lassen sich die Werkzeuge, abhängig vom Werkzeugtransportsystem, in 10 bis 30 min – in den modernsten Anlagen sogar in weniger als 10 min – wechseln. Der Ablauf eines Werkzeugwechsels für eine Großteil-Transferpresse wird in Abschn. 4.4.7 beschrieben. Unter den Wechselsystemen mit Schiebetisch haben sich die Systeme mit links-/rechtsseitigen Ausfahrschienen und die Kreuzfahrtische (T-Track) durchgesetzt *(Abb. 3.4.4)*. Erstere benötigen mehr Platz, weisen jedoch die kürzestmögliche Wechselzeit auf, da beide Schiebetische gleichzeitig ein- bzw. ausgefahren werden können.

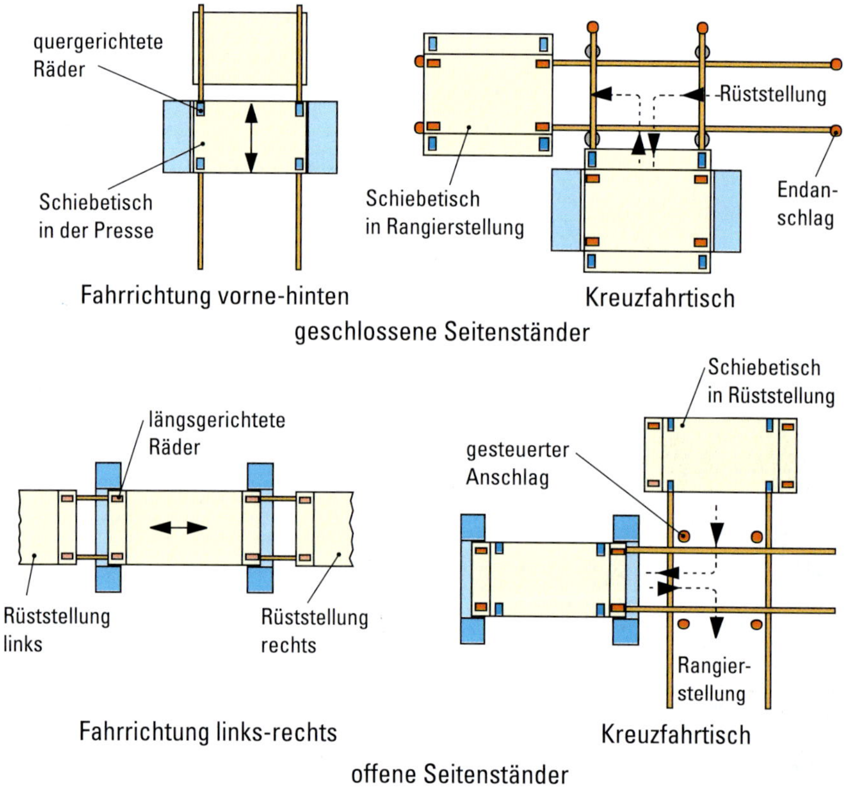

Abb. 3.4.4 Fahrtrichtungen für Schiebetische bei Pressen mit geschlossenen und offenen Seitenständern

Wechseln einzelner Werkzeuge
Ist die Werkzeugstandzeit einer Preßstation geringer als die Losgröße, muß das Werkzeug während der Produktion gewechselt werden. Einzelne Werkzeuge einer Werkzeugfolge werden vorwiegend in der Massivumformung gewechselt *(vgl. Abb. 6.7.1)*. Bei Werkzeuggewichten unter 10 bis 15 kg erfolgt dies normalerweise manuell. Für größere Werkzeuggewichte, bei Wechsel einzelner Werkzeugblöcke oder in der Warmumformung werden Werkzeugwechselarme mit Hubkräften von 50 bis 800 kg verwendet *(Abb. 3.4.5)*. Die Hub-/Senkbewegung erfolgt bei mechanischen Pressen elektromotorisch, für hydraulische Pressen sind Hydraulikhubzylinder vorgesehen. Das Einschwenken oder Einfahren in den Werkzeugraum auf die jeweilige Werkzeugstation kann manuell oder druckknopfgesteuert (in die vorgewählte Werkzeugposition) erfolgen. Alternativ sind vollautomatische Systeme verfügbar.

3.4.2 Werkzeugspannvorrichtungen

Das Spannen der Werkzeuge an die Aufspannplatten von Tisch und Stößel muß möglichst schnell und funktionssicher ablaufen. Grundsätzlich werden Spanneinrichtungen elektrisch oder hydraulisch ausgeführt, teilweise auch kombiniert mit mechanischer Betätigung durch Federkraft, Gewindespindel, Kniehebel, Keilwirkung oder Selbsthem-

Abb. 3.4.5 Werkzeugwechselarm für die Massivumformung

mung – grundsätzlich müssen sie immer sicher sein *(Abb. 3.4.6)*. Für das Ober- und Unterwerkzeug werden oft unterschiedliche Spanner eingesetzt, da die Unterwerkzeuge über den Pressentisch geschoben werden, der Stößel jedoch vertikal auf die Oberwerkzeuge aufsetzt. Eine Klassifizierung der Spannsysteme ist zu komplex, da die Auswahl stark von der erforderlichen Spannkraft, der Werkzeugart, der Pressenart und ihrem Automatisierungsgrad abhängt.

Bei Kleinwerkzeugen halten meist hydraulische Einschubspanner oder Spannleisten die Werkzeuge. Die Leisten werden auf der Aufspannplatte befestigt, die Einschubspanner in die T-Nuten der Aufspannplatte eingeschoben. Der Vorteil der kleinen leichten Vorrichtungen ist, daß sie die nutzbare Tischfläche nur wenig einschränken und leicht handhabbar sind. Reicht die Spannkraft der Einschubspanner beim Anschluß an die Pressenhydraulik mit 250 bar nicht aus, so kann sie mit Hilfe separater Hydraulikaggregate mit bis zu 400 bar auf 50 kN erhöht werden.

T-Nuten-Spanner sichern häufig mittelgroße Werkzeuge *(Abb. 3.4.7)*. Die Spannzylinder werden von der Pressenhydraulik mit 250 bar beaufschlagt und erzeugen eine Spannkraft von bis zu 200 kN. Gelöst werden die Spanner durch Federkraft, nachdem sich der Öldruck abgebaut hat. Die Sicherheit der Vorrichtung gewährleisten der Formschluß in der T-Nut und die überwachten Drucksensoren, die bei einem Druckabfall sofort den Stillstand der Presse bewirken. Für große Werkzeuge mit

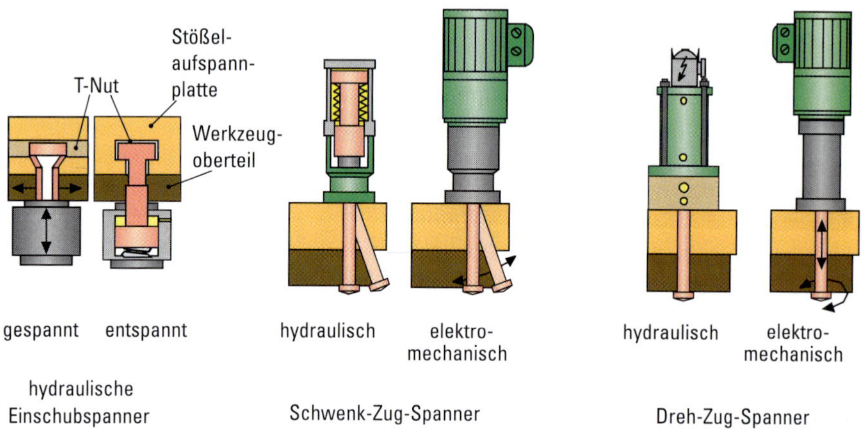

Abb. 3.4.6 Verschiedene Bauarten von Werkzeugspannern

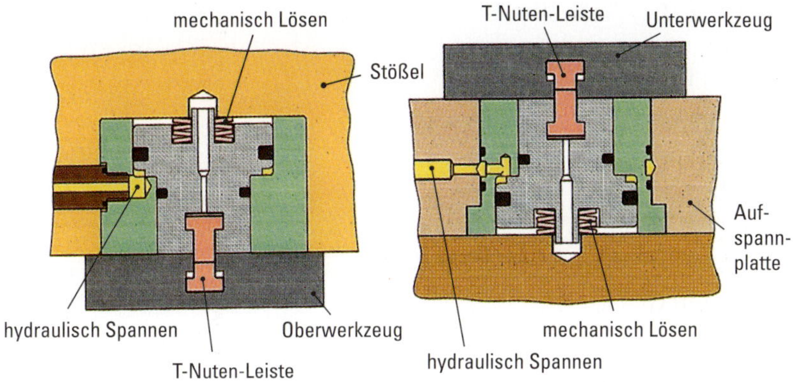

Abb. 3.4.7 T-Nuten-Spanner für Ober- und Unterwerkzeug

unterschiedlichen Werkzeugbreiten wird meist mit Spannern gearbeitet, die sich den Abmessungen mit Hilfe einer Verstellung automatisch anpassen *(Abb. 3.4.8)*. Diese Vorrichtungen mit Verstelleinrichtung sind mit allen Spannerarten – hydraulisch, elektrisch und hydromechanisch – kombinierbar. Sind keine Verstelleinrichtungen vorhanden, so werden die Spanner außerhalb der Aufspannplatten montiert – die Werkzeuge müssen dem Spannerabstand durch Adapterplatten angepaßt werden.

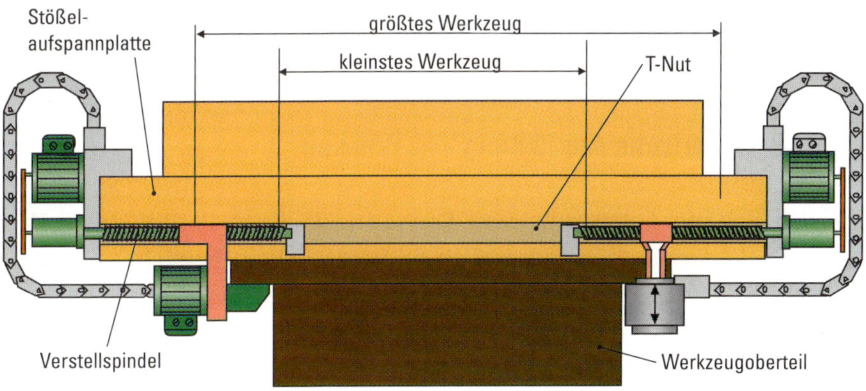

Abb. 3.4.8 Automatischer Werkzeugspanner mit Verstelleinrichtung: elektromechanischer Spanner (links), hydraulischer Spanner (rechts)

3.5 Pressensteuerungen

3.5.1 Aufgaben der Steuerung

Aufgaben der Pressensteuerung sind die Erfassung der Signale und Daten von Bedienelementen sowie Sensoren an der Maschine und deren Umsetzung in Steuerbefehle an die Stellglieder der Maschine. Die Erzeugung der Steuerbefehle erfolgt in Abhängigkeit der gewählten Betriebsart, z. B. „Einrichten", „Automatischer Werkzeugwechsel" und „Automatischer Dauerlauf".

Anzusteuernde und zu überwachende Funktionen sind beispielsweise Sicherheitseinrichtungen, Kupplung bzw. Bremse, Hauptantrieb, Schmierung, Zieheinrichtungen, Werkzeugspanner, Schiebetische, Werkstücktransport und automatischer Werkzeugwechsel. Außerdem übernimmt die Steuerung die Ausführung der Maschinenfunktionen und führt Fehlerdiagnosen durch.

3.5.2 Elektrische Ausrüstung von Pressen

Die elektrische Ausrüstung von Pressen und deren Peripherieeinrichtungen gliedern sich grundsätzlich in die drei Hauptbereiche

- Bedien- und Visualisierungssystem,
- elektrische Steuerung (zentral im Schaltschrank oder dezentral an der Anlage verteilt) sowie
- Sensorik und Aktorik an der Presse.

3.5.3 Bedien- und Visualisierungssystem

Unter Prozeßvisualisierung versteht man ein Hilfsmittel, das Produktionsabläufe an Maschinen und Anlagen dem Menschen in ergonomischer Art und Weise zugänglich macht. Es unterstützt die Bedienung, Beobachtung und Überwachung technischer Anlagen. Die Bedieneinheiten sind an der Anlage verteilt angebracht. Im wesentlichen sind drei Arten von Bedieneinheiten zu unterscheiden:

- freistehende Bedienpulte,
- in der Anlage fest eingebaute Bedientafeln *(Abb. 3.5.1)* und
- bewegliche Hängebedieneinheiten.

Bedienfunktionen können in zentrale und lokale Systeme unterteilt werden: Zentrale Bedienfunktionen beziehen sich auf übergeordnete

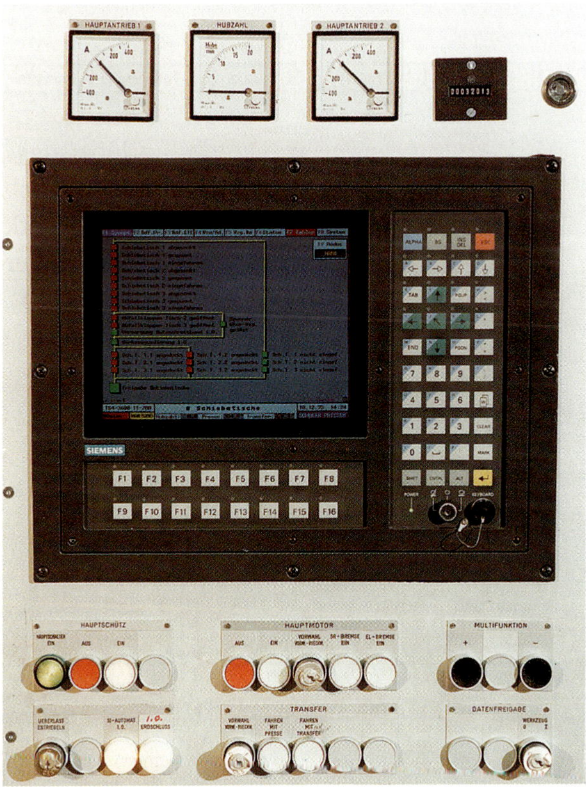

Abb. 3.5.1
Bedientafel

Anlagenfunktionen, während lokale Bedienfunktionen für die manuelle Bedienung von Einzelfunktionen direkt an der Anlage benutzt werden.

Die Bedieneinheiten beinhalten die Eingabe- bzw. Anzeigegeräte für Bedienung und Visualisierung – es können Systeme vom einfachen Taster mit Meldeleuchte bis hin zum Industrierechner mit hochauflösendem Farbbildschirm sein. Hauptaufgabe des Visualisierungssystems ist, den Maschinenbediener beim Anfahren und beim Wiederanfahren der Anlage, z.B. nach einem Werkzeugwechsel oder einer Maschinenstörung, zu unterstützen und ihm die Eingabe der verschiedenen Betriebsparameter zu ermöglichen *(Abb. 3.5.2)*. Darüber hinaus werden vom Visualisierungssystem Werkzeug- und Maschinendaten gespeichert und Protokollierungsfunktionen übernommen. Im Visualisierungssystem eingebettete Funktionen des Informationssystems unterstützen den Anlagenbediener bei der Wartung und Beseitigung von Störungen. Diese Systeme basieren zunehmend auf Multimediatechniken (vgl. Abschn. 4.6.7).

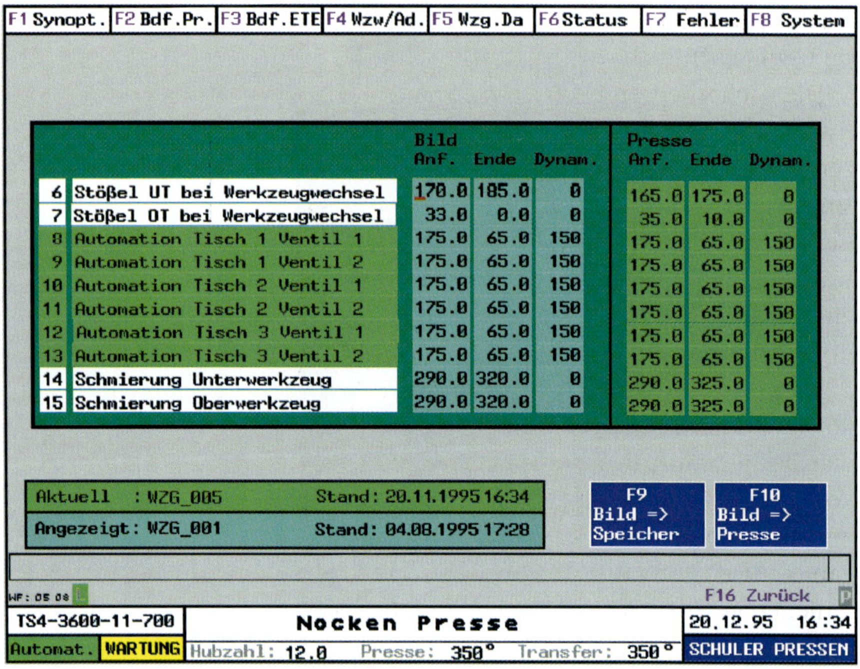

Abb. 3.5.2 Werkzeugdaten-Eingabemaske für Nockenwerte

3.5.4 Gliederung der elektrischen Steuerung

Die elektrische Steuerung gliedert sich in den

- konventionellen Teil,
- die Speicherprogrammierbare Steuerung (SPS),
- Ein- und Ausgabesysteme sowie
- das Kommunikationssystem.

Zum konventionellen Teil gehören die Stromversorgung, die Antriebsregler, die elektrischen und elektronischen Einzelsteuerungsgeräte sowie Niederspannungsschaltgeräte zur Leistungsanpassung, Überwachung und Absicherung der Komponenten im Schaltschrank und an der Maschine. Weiterhin besteht der konventionelle Teil aus der Sicherheitssteuerung für alle sicherheitsrelevanten Funktionen, wie z. B. Not-Aus, die Überwachung von Schutzgittern bzw. Schutzwänden und die Einrückung von Kupplung bzw. Bremse bei mechanischen Pressen.

Außerdem muß das selbständige Starten und Durchlaufen der Presse beim Auftreten eines beliebigen Einzelfehlers sicher verhindert werden. Nach Versagen eines beliebigen Bauteils muß sichergestellt sein, daß keine weitere Schließbewegung der Presse mehr eingeleitet werden kann.

Die Sicherheitssteuerung im konventionellen Steuerungsteil einer hydraulischen Presse überwacht die Ventile, die für das sichere Stillsetzen einer Bewegung, die den Bediener verletzen könnte, verantwortlich sind. Dazu zählen die Ventile des unteren Zylinderraums zum Schließen des Werkzeugs. Die hydraulische Redundanz wird durch zwei überwachte Ventile erreicht. Der Ausfall eines Ventils führt noch nicht zu einer gefährlichen Bewegung. Fällt ein Ventil aus, so setzt die Ventilüberwachung die Presse automatisch still.

Die SPS übernimmt die Steuerung und Überwachung aller nicht vom konventionellen Steuerungsteil abgedeckten Maschinenfunktionen sowie die Steuerung des Werkzeugwechsels, die Fehleranzeige und die Verkopplung mit den anderen Anlagenteilen.

Die Sensoren und Aktoren der Anlage werden über das Ein-/Ausgangssystem an die SPS-Zentraleinheit angeschlossen. Zwei unterschiedliche Techniken kommen hier zum Einsatz: erstens zentrale Ein-/Ausgangsbaugruppen, die in der SPS-Zentraleinheit oder in Erweiterungsgeräten im Schaltschrank eingebaut sind; zweitens zunehmend dezentrale, an der Anlage angebaute Ein-/Ausgangsmodule, die über einen schnellen Feldbus an die SPS-Zentraleinheit angeschlossen sind *(Abb. 3.5.3)*.

Das Kommunikationssystem übernimmt den Datenaustausch der SPS mit den dezentralen Einheiten und dem Visualisierungssystem sowie die Kommunikation mit übergeordneten Systemen.

3.5.5 Funktionale Strukturierung der Steuerung

Die Steuerung ist, je nach Typ der Maschine oder Anlage, in folgende Funktionsgruppen unterteilt:

- Einspeisung,
- Hauptantrieb,
- Sicherheitssteuerung,
- Stößelfunktionen (Verriegelung, Überlastsicherung, Gewichtsausgleich, Werkzeugspanner, Verstellung),
- Zieheinrichtungs- bzw. Blechhalterfunktionen (Druckregelung, Verstellung),
- Schiebetischfunktionen (Fahren, Heben bzw. Senken, Spannen),
- Funktionen der Werkstücktransporteinrichtungen und der Werkzeuge,
- Funktionen für Hydraulik, Pneumatik, Schmierung,
- Sonderfunktionen für den Werkzeugwechsel.

Nockenschaltwerke nehmen eine Sonderstellung in der Steuerung von mechanischen Pressen ein. Diese pressenspezifischen Funktionseinheiten erzeugen, abhängig von der Kurbelwinkelstellung der Presse, Schaltsignale für bestimmte Funktionen. Zwei Arten von Nockenschaltwerken sind zu unterscheiden: elektromechanische Nockenschaltwerke *(Abb. 3.5.4)*, sie werden für sicherheitsrelevante Funktionen benutzt, und elektronische Nockenschaltwerke, deren Verhalten programmierbar ist. Letztere bestehen aus einem Meßsystem für den Kurbelwinkel der Presse und einer elektronischen Auswertebaugruppe.

Im Gegensatz zur mechanischen Presse sind die Ventile für die Schließbewegung und den Rücklauf des Stößels einer hydraulischen Presse getrennt, weshalb kein sicherer Nocken erforderlich ist.

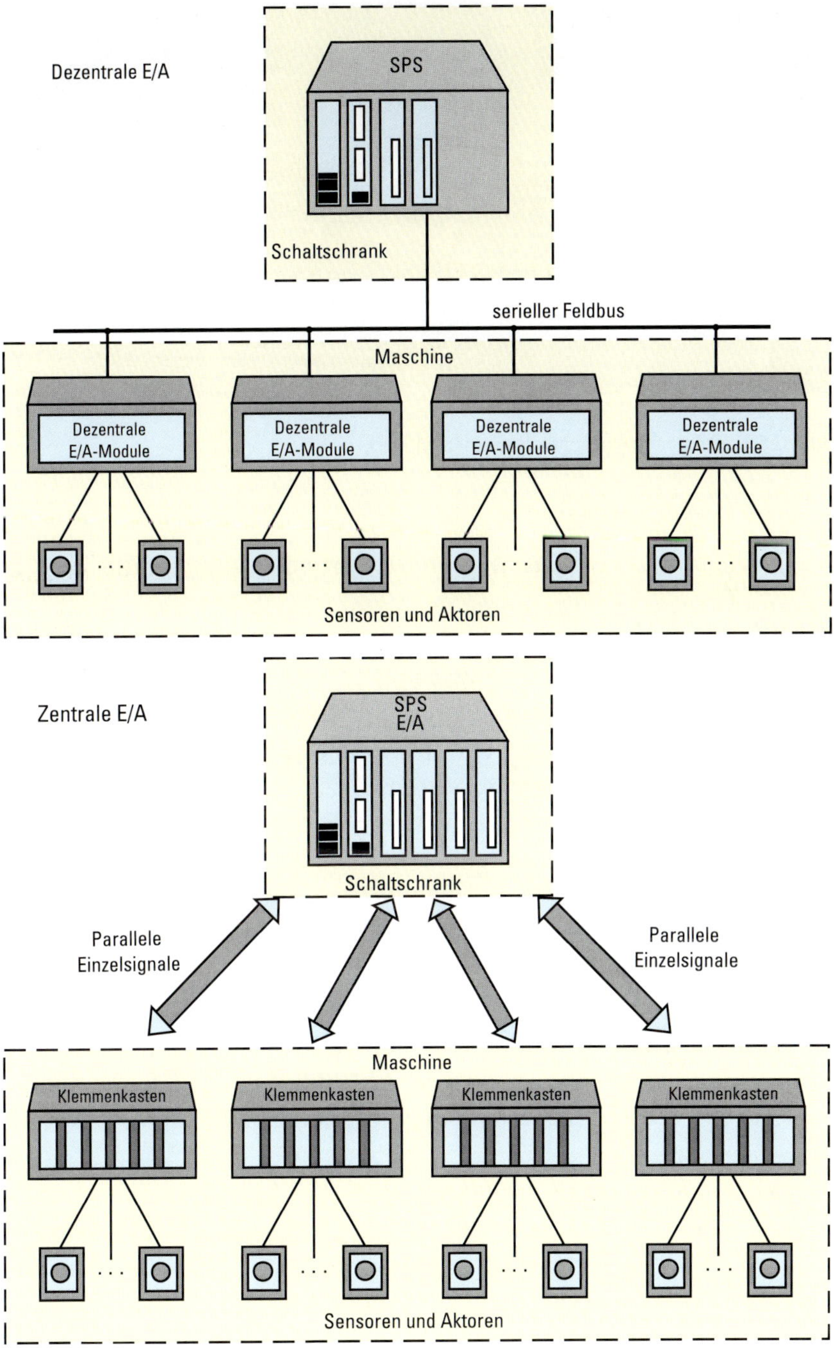

Abb. 3.5.3 SPS mit zentralen und dezentralen Ein-/Ausgangssystemen

Abb. 3.5.4 Elektromechanisches Nockenschaltwerk

3.5.6 Wesentliche elektronische Steuerungskomponenten

Die Sicherheitssteuerung wird in Europa meist noch als kontaktbehaftete Steuerung mit Schützen ausgeführt. Die Sicherheitskreise sind zweikanalig und selbstüberwachend. Im Gegensatz hierzu wird die Sicherheitssteuerung, z.B. an Großpressen in den USA seit Mitte der achtziger Jahre, häufig durch ein System aus zwei sich gegenseitig überwachenden SPS realisiert. Amerikanische SPS-Hersteller bieten seit einiger Zeit entsprechende Lösungen an. Auch in Deutschland werden Pressensicherheitssteuerungen, die auf redundanten SPS-Systemen basieren, zunehmend verwendet.

Bei den SPS kommen marktübliche Systeme zum Einsatz *(Abb. 3.5.5 und 3.5.6)*. Sie werden durch intelligente Spezialbaugruppen wie Nockensteuerwerke, schnelle Positionierbaugruppen, Kommunikationsbaugruppen und Feldbusanschaltungen sowie bei Bedarf durch autarke aufgabenspezifische Steuerungssysteme an die funktionalen Anforderungen von Pressen angepaßt.

Besonders echtzeitkritische Funktionen und komplexe Datenverarbeitungsaufgaben – für die SPS-Systeme nicht geeignet sind – werden von autarken Subsystemen übernommen. Hier sind in erster Linie die Steuerung bzw. Regelung von Zieheinrichtungen und mehrachsigen Werkstücktransporteinrichtungen oder schnelle Vorschubsysteme, die Meßwerterfassung, Meßwertverarbeitung und Meßwertanzeige sowie

Abb. 3.5.5
SPS – europäische Hersteller

die Maschinendaten- bzw. Betriebsdatenerfassung zu nennen. Hydraulische Pressen werden beispielsweise mit schnellen Druckregelsystemen für die Parallelitätsregelung des Stößels ausgerüstet.

Für Hauptantriebe, Transferantriebe und Hilfsantriebe werden digitale Stromrichter und Gleichstrom- oder Drehstrom-Asynchronmotoren eingesetzt *(Abb. 3.5.7)*. Werkstückhandhabungssysteme werden zunehmend mit hochdynamischen digitalen Servoantrieben ausgerüstet. Hierbei wird Steuerungsintelligenz häufig in die Antriebselektronik integriert *(Abb. 3.5.8)*.

3.5.7 Struktur und gerätetechnischer Aufbau

Die Steuerung ist, im Sinne der Systemtechnik, in Funktionsgruppen unterteilt; dies gilt für den Stromlaufplan, den Schaltschrankaufbau und die Strukturierung der SPS-Software. Die Funktionsgruppen entsprechen nicht unbedingt den mechanischen Baueinheiten – teilweise sind gleichartige Funktionen, z.B. alle Not-Aus, alle Schutzgitter und die Schmierung zusammengefaßt.

Strukturierungskriterium ist die logisch-funktionale Zusammengehörigkeit und die Minimierung der Schnittstellen zwischen den einzelnen Funktionsgruppen. Dies erhöht die Transparenz der Elektrodokumentation und verkürzt damit die Dauer der Inbetriebnahme und Störungslokalisierung im späteren Betrieb der Anlage.

Abb. 3.5.6
SPS – amerikanische Hersteller

3.5.8 Strukturierung der SPS-Software

Die SPS-Software ist entsprechend den Funktionsgruppen des Stromlaufplans strukturiert. Abläufe, wie sie besonders bei Werkstückhandhabung und Werkzeugwechsel auftreten, werden mit Methoden der Ablaufprogrammierung programmiert. Wenn kurze Reaktionszeiten erforderlich sind, werden die entsprechenden SPS-Eingangssignale als Interrupt-Eingänge definiert; Interrupts unterbrechen die zyklisch bearbeitete Steuerungssoftware und rufen ein Reaktionsprogramm auf, wodurch eine sehr kurze Reaktionszeit auf externe Ereignisse erreicht wird.

3.5.9 Ausblick

Speicherprogrammierbare Steuerungen sind als Einzwecksysteme der jeweiligen Anwendung optimal angepaßt. Sie sind besonders für die Verarbeitung von logischen Verknüpfungen geeignet. Der Entwicklungstrend, die Systeme vermehrt mit kostenintensiven Fähigkeiten auszustatten, war lange Zeit ungebrochen. Kaum weiterentwickelt haben sich jedoch die Programmiersprachen. Noch immer werden Programme im

Abb. 3.5.7 Schaltschrank mit Komponenten für Pressenhauptantrieb

Kontaktplan und in Anweisungslisten – vergleichbar mit einer Assemblersprache – geschrieben. Mit diesen ursprünglich anwendungsorientierten Programmiersprachen sollen nun Funktionen für Visualisierung, Datenverarbeitung, Datenverwaltung und Kommunikation realisiert werden.

Die Folgen sind hohe Entwicklungs- und Wartungskosten für die Software, undurchsichtige Programme, die auch durch Standardisierung der Programmgestaltung nicht an Klarheit gewinnen, und lange Inbetriebnahmephasen. Für die Integration der oben genannten Funktionen müssen zusätzlich teure Hardwarebaugruppen in die SPS eingebaut werden.

Im Vergleich hierzu bieten Industrierechner, beispielsweise Industrie-PCs, die Vorzüge grafischer Benutzeroberflächen, die Fähigkeit zur Datenverarbeitung und die Möglichkeit objektorientierter Programmierung durch den Einsatz mächtiger Programmierwerkzeuge. Die Grundforderungen an ein zukunftsorientiertes Pressensteuerungssystem, direkt an der Maschine über einen möglichst hohen Funktionsumfang und möglichst viele Informationen verfügen zu können, werden nur durch mehr Intelligenz und höhere Rechnerleistung zu erreichen sein.

Abb. 3.5.8 Komponenten von Servoantrieben

Außerdem verlangt die moderne Automatisierungstechnik nach Steuerungssystemen mit guter Vernetzbarkeit mittels Standardnetzwerken zum Austausch von Steuerungs-, Produktions- und Prozeßdaten sowie die Fähigkeit zu Ferndiagnose und Ferneingriff in die Steuerung über öffentliche Netze. Hier ist die SPS allein überfordert – sie behält jedoch ihre Existenzberechtigung als untergeordnete, schnelle Maschinensteuerung.

Auf der Seite des Industrierechners stehen praktisch alle Komponenten zur Verfügung, die für die Realisierung der oben genannten Funktionen benötigt werden. Der Industrierechner profitiert neben seiner Leistungsfähigkeit von einer offenen Softwarewelt. Außerdem verschieben sich die Leistungsgrenzen bei zum Teil sinkenden Kosten jedes Jahr nach oben. Steuerungsstrukturen mit dezentraler Intelligenz und übergeordnetem Industrierechner, vernetzt über geeignete Feldbussysteme, werden sich deshalb zunehmend durchsetzen. Hinzu kommt der vermehrte Einsatz von dezentralen Ein-/Ausgangsmodulen und Sensor- bzw. Aktor-Bussystemen, um den Installations- und Verdrahtungsaufwand zu reduzieren. Die Programmierformen der Steuerungssoftware werden in Zukunft stärker standardisiert und vereinfacht, beispielsweise durch die Einführung des internationalen Standards IEC 1131.

Weitere Ansätze gibt es auf dem Gebiet der Programmierung mittels Zustandsgraph und der Programmierung, die sich an der Anwendung („Objekt“) und der Sprache des Anwenders orientiert. Hierbei können wiederverwendbare Module beliebiger Komplexität erstellt und in einer anwenderspezifischen Makrobibliothek abgespeichert werden. Die vorgefertigten Objekte der Bibliothek werden parametrisiert und lassen sich sehr unkompliziert zu großen Teilen der Presse oder Anlage zusammenstellen. Lediglich die Schnittstellen für den Datenaustausch müssen noch verbunden werden.

In zunehmendem Maße wird Informationstechnik in die Anlagen einbezogen.

Mit der Verfügbarkeit von weltweit stabilen „Informations-Highways“ werden sich neue Formen der Ferndiagnose und Wartungsunterstützung entwickeln. So können mögliche Störungen und Bedienungsfehler ermittelt, mechanische Fehler durch Videokameras oder Mikrofone aufgespürt und somit eine zeitweise oder permanente On-line-Überwachung realisiert werden.

3.6 Pressensicherheit und Zertifizierung

3.6.1 Unfallverhütung

Pressen besitzen aufgrund ihrer Arbeitsweise und des dafür notwendigen Energieeinsatzes gegenüber vielen anderen Maschinen ein erhöhtes Potential an Gefährdungen des Bedieners mit irreversiblem Ausgang. Dank erheblicher Anstrengungen, nicht zuletzt auch durch die Novellierung der Unfallverhütungsvorschriften für Pressen, der VBG7n5.1 vom 1.4.1987, wurde aber die Zahl schwerer Unfälle an Pressen erheblich reduziert. Neben den Vorschriften über die Sicherheitsanforderungen, die sich auch auf den „Stand der Technik“ beziehen, muß der Hersteller das Sinnvolle erkennen und durchführen. Diese Eigenverantwortlichkeit des Herstellers ist wesentliches Element der europäischen Sicherheitsgesetze. Als Dienstleistung liefert der Pressenhersteller spezielle Sicherheitshinweise in der Betriebsanleitung.

Ziel ist, daß der Bediener die Notwendigkeit der Sicherheitsmaßnahmen erkennt. Hierbei ist zu berücksichtigen, daß der Mensch in Überraschungssituationen unberechenbar reagieren kann. Das Unfallrisiko zu verdeutlichen, ist der erste und wichtigste Schritt im Sicherheitstraining des Maschinenpersonals. Solange der Bediener oder Instandhalter von Sicherheitsmaßnahmen nicht überzeugt ist, ist er bereit, diese zu umgehen. Eine Übersicherung durch den Hersteller führt ebenfalls zwangläufig dazu, daß die Hemmschwelle sinkt, die Sicherheitseinrichtungen zu umgehen. Alle Gründe für Nachlässigkeiten bei der Berücksichtigung der Sicherungsmaßnahmen verlieren schlagartig ihre Bedeutung, wenn es zum Unfall kommt.

3.6.2 Gesetzgebung

Neben Gesetzen und Verordnungen, die die Beschaffenheitsanforderungen an technische Produkte festlegen – wie die Druckbehälterordnung und das Gerätesicherheitsgesetz – sind Gesetze erlassen worden, die Fälle regeln, bei denen Personen durch technische Einrichtungen zu Schaden gekommen sind. Hält sich der Maschinenhersteller an den in den sogenannten Beschaffenheitsanforderungen festgelegten Stand der Technik, kann er davon ausgehen, daß er nicht zur Haftung herangezogen wird. Ein trotzdem eintretender Unfall gilt als „vorschriftsmäßiger Unfall", die Berufsunfallversicherungen regeln dann den geldlichen Teil des Schadens.

In Europa werden diese Beschaffenheitsanforderungen durch die EG-Maschinenrichtlinie, die Niederspannungsrichtlinie, die EMV-Richtlinie (Elektromagnetische Verträglichkeit) und die Richtlinie über einfache Druckbehälter festgelegt. Auch die Produkthaftung ist in Europa durch die EG-Richtlinie zur Harmonisierung des Produkthaftungsrechts einheitlich geregelt.

Bei besonders gefährlichen Maschinen werden staatliche Stellen oder in staatlichem Auftrag handelnde Stellen damit beauftragt, diese Einrichtungen zu prüfen und zu zertifizieren, sofern die technischen Beschaffenheitsanforderungen richtig umgesetzt wurden. Wegen der unterschiedlichen Vorstellungen über die Methoden zur Erreichung von Sicherheit sowie über das zu erreichende Sicherheitsmaß in den einzelnen Staaten wird der Handel mit technischen Produkten erheblich behindert. Weltweit anbietende Maschinenhersteller sehen sich damit konfrontiert, die Vielzahl verschiedener Sicherheitsanforderungen und Normen für jedes einzelne Betreiberland zu studieren, sich in die Sicherheitsphilosophie hineinzudenken und lokal zugelassene Produkte einzusetzen.

3.6.3 Europäische Sicherheitsvorschriften

Seit dem 1.1.1995 gelten im EWR (Europäischer Wirtschaftsraum) neue Sicherheitsgesetze, die im folgenden kurz skizziert werden *(Abb. 3.6.1)*. Die Gesetzgebung der EG besteht aus Verordnungen und Richtlinien. Die EG-Verordnung gilt unmittelbar in jedem Mitgliedsstaat, während

EG-Recht der Technik:

Ziele:
- Vereinheitlichung des Sicherheitsstandards in Europa
- Keine Sicherheitseinbußen in einem Mitgliedsstaat
- Freier Verkehr von Maschinen

EG-Verordnungen ↔ **EG-Richtlinien**

unmittelbare Gültigkeit

89/392/EWG (Maschinenrichtlinie)
87/404/EWG (einf. Druckbehälter)
89/655/EWG (Arbeitsmittel)

Nationale Gesetze

Gerätesicherheitsgesetz (9. GSGV)
Produkthaftungsgesetz

Normen

harmonisierte Normen

Normungsauftrag von der Kommission
Veröffentlichung im Amtsblatt der EG

nicht harmonisierte Normen

sonstige EN-Normen
nationale Normen

Nationale Listen der zur Umsetzung der 89/392/EWG hilfreichen und wichtigen Normen

→ **Typ-A-Norm**

Allgemeine Leitsätze

EN292 (Allgemeine Gestaltungsleitsätze)

→ **Typ-B-Norm (horizontale Norm)**

Festlegungen über Sicherheitseinrichtungen, Festlegungen, die bei verschiedenen Maschinen von Bedeutung sind
EN294 (Sicherheitsabstände gegen Erreichen)
EN574 (Zweihandbedieneinrichtungen)
EN953 (Trennende Schutzeinrichtungen)

→ **Typ-C-Norm (vertikale Norm)**

Festlegungen zu einer bestimmten Maschinengattung
EN692 (Mechanische Pressen)
EN693 (Hydraulische Pressen)

▲ **Abb. 3.6.1** Schema der europäischen Sicherheitsgesetzgebung: EG-Maschinenrichtlinie 89/392/EWG (EGMR) CE-Zeichen sich Richtlinien an die Nationalregierungen wenden und von diesen innerhalb angemessener Frist mit oder ohne Zusätze in nationales Recht umgewandelt werden müssen. Für die Beschaffenheitsanforderungen technischer Produkte wurde eine Reihe von Richtlinien erlassen. Für den Werkzeugmaschinenbau sind besonders die in Tabelle 3.6.1 zusammen mit dem Ende der Übergangsfrist aufgelisteten Richtlinien wichtig.

Die EG-Maschinenrichtlinie (EGMR) 89/392/EWG, die die wesentlichen Sicherheits- und Gesundheitsanforderungen an Maschinen regelt und damit die für Maschinenhersteller wichtigste Richtlinie ist, wurde durch die 9. Verordnung zum Gerätesicherheitsgesetz in nationales deutsches Recht umgesetzt. Das seit 15.11.1989 gültige Produkthaftungsgesetz entstand aus der EG-Richtlinie zur Harmonisierung des Produkthaftungsrechts. Beide, EG-Richtlinien wie auch EG-Verordnungen, stützen sich auf harmonisierte Normen. Es handelt sich dabei um EN-Normen, die im Auftrag der Kommission erstellt und nach der Harmonisierung im Amtsblatt der EG veröffentlicht werden. Mit diesen Normen wird dem Maschinenhersteller ein Hilfsmittel an die Hand gegeben, die Richtlinien zu erfüllen. Er kann, muß jedoch die Normen nicht einhalten. Dabei kann sich der Hersteller auf die sogenannte Vermutungswirkung berufen: Er darf davon ausgehen, daß die Anforderungen der Richtlinie durch die Anwendung der harmonisierten Normen erfüllt werden.

In den Normen werden konkrete Lösungsvorschläge zur Erreichung des vorgeschriebenen Sicherheitsstandards gemacht; beispielsweise ist festgelegt, daß Schutzgitter an Pressen eine Schließkraft von 150 N nicht überschreiten dürfen. Andernfalls besteht Quetschgefahr, die aber auch

Tabelle 3.6.1: Europäische Richtlinien

Richtlinie	Inhalt	uneingeschränkt gültig ab
89/392	EGMR	1.1.95
93/68	Änderung der EGMR (Kennzeichnung)	1.1.95
93/44	Änderung der EGMR (Sicherheitsbauteile)	1.1.97
91/368	Änderung der EGMR	1.1.95
87/404	Einfache Druckbehälter bis 30 bar	1.1.93
89/336	Elektromagnetische Verträglichkeit	1.1.96
73/23	Niederspannungsrichtlinie	1.1.97
86/188	Maschinenlärm	1.1.90
89/655	Arbeitsmittelrichtlinie	1.1.97, (*noch kein nationales Gesetz)*

z. B. durch eine Schaltleiste abgewendet werden kann. Bei Nichterfüllung einer harmonisierten Norm kann der Hersteller die Sicherheits- und Gesundheitsanforderungen auch anderweitig erfüllen. Nichterfüllung der EGMR dagegen führt zur Bestrafung des Herstellers und zur Entfernung des Produkts vom europäischen Markt, was mit der Stillegung der gefährlichen Anlage einhergeht.

Die EN-Normen gliedern sich in drei Klassen, die von ihrer Funktion und Aufgabenstellung her verschieden sind. Allgemeine Leitsätze und Sicherheitsziele werden in sogenannten A-Normen untergebracht. B-Normen stellen Anforderungen an bestimmte Einrichtungen zusammen, beispielsweise Sicherheitseinrichtungen, die für verschiedene Maschinentypen Verwendung finden. Die C-Normen definieren Maschinengattungen und Anforderungen an diese. Sie legen fest, wie die Risiken zu bewerten und abzusichern sind, die an einer bestimmten Maschinengattung auftreten. Weil dies in der Allgemeinheit, in der Maschinen zu Maschinengattungen zusammengefaßt sind, nicht immer gelingt – schließlich gehören zu mechanischen Pressen die Nutenstanze genauso wie die Großteil-Transferpresse – kann es durchaus zweckmäßig sein, von den Normen abzuweichen, jedoch ohne die EGMR zu verletzen.

Als sichtbarer Ausdruck für die Erfüllung der Sicherheits- und Gesundheitsanforderungen stellt der Maschinenhersteller dem Betreiber die Konformitätserklärung *(Abb. 3.6.2)* nach Anhang II A aus und bringt das CE-Zeichen an der Maschine an. Ohne Konformitätserklärung bzw. CE-Zeichen geht im EWR seit dem 1.1.1995 keine Anlage mehr in Betrieb.

Die EGMR unterscheidet zwischen selbständigen und zum Einbau in eine Gesamtanlage bestimmten Maschinen. Eine Anlage aus mehreren Komponenten gilt als eine Maschine, die nur ein CE-Zeichen und nur eine Konformitätserklärung hat. Für alle nicht selbständigen Anlagenteile stellt der Unterlieferant eine Herstellererklärung nach Anhang II B aus. Die unselbständige Maschine ist unter Umständen gar nicht allein absicherbar. Ein einzelner Platinenlader ohne die Presse z. B. ermöglicht freien Zugang zu gefährlichen Bewegungen und kann nicht der EGMR entsprechen. Der Verantwortliche für die Gesamtanlage, der die Konformität erklärt, sollte deshalb darauf achten, daß der Hersteller der Komponente

- mit der Herstellererklärung angibt, daß er soweit möglich die EGMR erfüllt,
- die geforderte Dokumentation nach Anhang V, Punkt 3, angelegt hat und aufbewahrt,
- die angewendeten Sicherheitsnormen angibt und
- in der Betriebsanleitung auf die Sicherheitsvorschriften für den Hersteller der Anlage hinweist, in die seine Komponente zu integrieren ist.

Alle Beteiligten gehen davon aus, daß nur die vorgeschriebene Mindestaussage nach Anhang II B, die Maschine könne nicht in Betrieb genommen werden, bis festgestellt wurde, daß die Gesamtanlage der EGMR entspricht, nicht ausreicht. Häufig und speziell bei großen Pressenanlagen stammt ein Teil der Anlage vom Betreiber und Käufer der Presse selbst. Da die EGMR die Standsicherheit und den sicheren Zugang zu allen Eingriffspunkten verlangt, übernimmt der Hersteller der Anlage mit der Konformitätserklärung die Verantwortung auch über die speziell für die Presse ausgeführten Baulichkeiten, z.B. die Fundamentierung. Wer bei einer solchen Anlage der Hersteller oder Bauleiter im Sinne der EGMR ist, muß vertraglich festgelegt werden. Er läßt sich von dem jeweils anderen Vertragspartner die Erfüllung der Sicherheits- und Gesundheitsanforderungen bei dessen Lieferumfang bestätigen.

3.6.4 CE-Kennzeichnung

Das Flußdiagramm in *Abb. 3.6.3* zeigt, was der Hersteller tun muß, um das CE-Zeichen an seiner Maschine anzubringen. Hierbei sind grundlegend zwei Fälle zu unterscheiden. Pressen für Handeinlegearbeiten gehören seit dem 1.1.1995 zu den gefährlichen Maschinen nach Anhang IV der EGMR. Hier muß eine C-Norm, die EN692 für mechanische und EN693 für hydraulische Pressen, vorhanden sein und ohne Einschränkung nach dieser gebaut werden. Ist das nicht der Fall oder existiert diese C-Norm noch nicht, muß der Hersteller diese Maschine einer Baumusterprüfung nach Anhang VI durch eine notifizierte Stelle unterziehen. Erst aufgrund der EG-Baumusterprüfbescheinigung darf der Hersteller die Konformitätserklärung ausstellen und das CE-Zeichen anbringen. Falls nach der Typ C-Norm gebaut wurde, sind je nach Wahl

EG-Konformitätserklärung
im Sinne der EG-Maschinenrichtlinie 89/392/EWG, Anhang II A

Angewandte EG-Richtlinien :

[x] Maschinen 89/392/EWG i.d.F. 91/368/EWG
[o] Elektromagnetische Verträglichkeit 89/336/EWG i.d.F. 93/31/EWG
[x] Niederspannung 73/23/EWG
[o] ....

Hiermit erklären wir, daß die nachfolgend bezeichnete Maschine/Anlage

SCHULER L400-1,5, 1996, 93/10.3022...
(Fabrikat, Typenbezeichnung, Baujahr, Auftragsnummer)

aufgrund ihrer Konzipierung und Bauart sowie in der von uns in Verkehr gebrachten Ausführung den einschlägigen grundlegenden Sicherheits- und Gesundheitsanforderungen der EG-Richtlinie entspricht. Bei einer nicht mit uns abgestimmten Änderung der Maschine/Anlage verliert diese Erklärung ihre Gültigkeit.

Angewandte harmonisierte Normen :

[x] DIN EN 292
[x] DIN EN 294
[x] E DIN EN 692
[x] E DIN EN 953
[x] E DIN EN 954
[x] E DIN EN 983
[x] E DIN EN 1088
[x] E DIN EN 1037
[x] E DIN EN 50099
[x] DIN EN 60204 T1

Angewandte nationale Normen und technische Spezifikationen :

[x] VBG7n5.1...
[o] ....

Eine technische Dokumentation ist vollständig vorhanden.

Die zur Maschine gehörende Betriebsanleitung liegt vor in der :

[x] Landessprache des Herstellers (Originalfassung)
[x] Amtssprache des Anwenderlandes

Ort, Datum

rechtsverbindliche Hersteller-Unterschrift

Angaben zum Unterzeichner

Abb. 3.6.2 Muster einer Konformitätserklärung

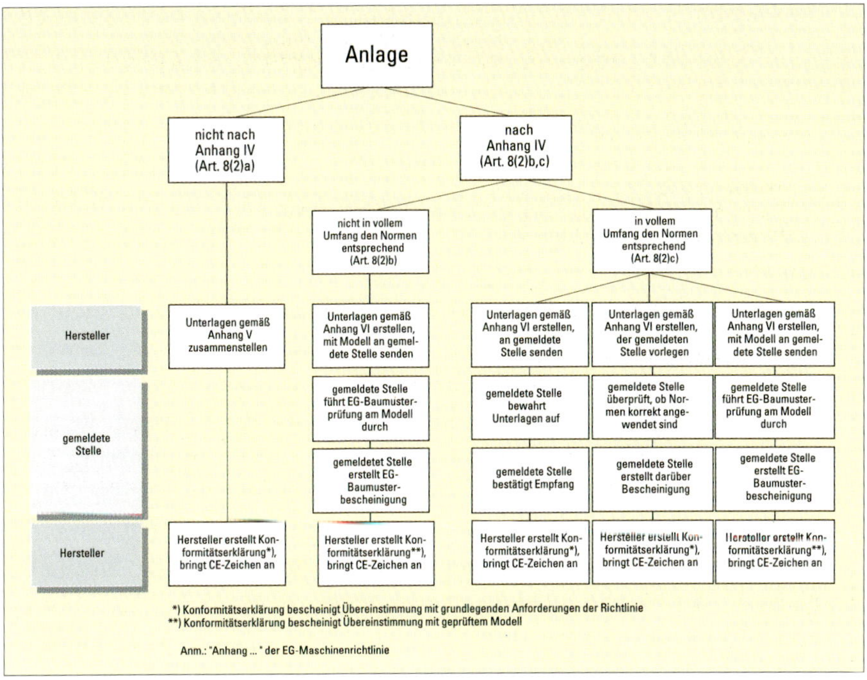

Abb. 3.6.3 Ablauf für die Konformitätserklärung und das CE-Zeichen

des Herstellers weitere drei Verfahren möglich. Entweder er schickt die technische Dokumentation an die Prüfstelle, die nur den Eingang bestätigt, oder er läßt die technische Dokumentation prüfen, oder er unterzieht die Maschine der EG-Baumusterprüfung.

Handbeschickung oder Handentnahme liegt nur bei Maschinen vor, bei denen verfahrensbedingt nach jedem Hub direkt mit den Händen zwischen die Werkzeughälften gegriffen werden muß.

Auch Maschinen, bei denen während des Einrichtens Teile von Hand eingelegt werden, sind demnach keine Anhang-IV-Maschinen. Bei Maschinen, die nicht für Handbeschickung oder Handentnahme gedacht sind, schreibt der Hersteller in eigener Verantwortung die Konformitätserklärung aus und bringt das CE-Zeichen an. Daraus folgt, daß eine für den ausschließlichen Automatikbetrieb gedachte Presse nicht für Handeinlegearbeiten benutzt werden darf. Dies schließt die Betriebsanleitung deshalb aus – weitestgehend soll dann eine Produktion im Handbetrieb steuerungstechnisch verhindert werden.

Die Herstellerselbstbescheinigung ist jedoch auch an bestimmte Voraussetzungen geknüpft. Der Hersteller muß neben der Einhaltung der wesentlichen Sicherheits- und Gesundheitsanforderungen der EGMR vor Ausstellung der Konformitätserklärung eine Dokumentation anlegen und zehn Jahre aufbewahren, in der er schriftlich nachweist, daß er diesen Anforderungen Rechnung getragen hat. Der für den Betreiber bestimmte Teil davon ist die Betriebsanleitung, die die notwendige Information für den Betreiber beinhaltet. Kern der Dokumentation ist die Gefahrenanalyse mit Risikobewertung (Tabelle 3.6.2). Hier sucht der Hersteller systematisch die Maschine nach Gefahrstellen ab, bewertet das Risiko und ergreift zu dessen Minimierung entsprechende Maßnahmen, die in der Dokumentation beschrieben werden müssen. Resultat ist eine Liste der Lösungen zur Erfüllung der Punkte aus Anhang I der EGMR. Daneben enthält die Dokumentation zum Nachweis der Sicherheit erforderliche Pläne – Stromlaufplan, Hydraulik- und Pneumatikschemas sowie Funktionsbeschreibungen –, Berechnungen, Versuchsergebnisse, Zertifikate und Herstellererklärungen von Zulieferern, sofern sie zum Nachweis der Sicherheit nötig sind. Diese Dokumentation muß nicht körperlich vorhanden sein. Sie besteht aus einem Inhaltsverzeichnis, das auf die verschiedenen Bestandteile über eine Identifikationsnummer verweist.

Bei der Gefahrenanalyse ist die Sicherheit der Maschine in allen Lebensphasen von der Montage über die Inbetriebnahme, die Verwendung, Reparatur bis zur Verschrottung zu betrachten. Bediener, Einrich-

Tabelle 3.6.2: Auszug aus einer Gefahrenanalyse mit Risikobewertung

	A	B	C	D	E	F	G	H	I	J	K		M	N	O	P	U
1	Gefährdungssituation, Gefährdungsort	Gefährdungsart	Nummer der Gefahr nach EN414	Teilereignis	Dauerlauf	Einrichten	Wartung	Instandsetzung	Schweregrad	Gesamthäufigkeitskategorie	Ausweichbar	Schutzkategorie	Schutzeinrichtung / Bemerkung	Doc. Nr.	89/392, Anhang I	Angewendete Normen EN692	sonstige
2	Wirkbereich, Werkzeugeinbauraum	Quetschen, Scheren	1.1, 1.2	Hineingreifen von vorn und sonstige Gefahren des Wirkbereichs während des Betriebs	x				3	3	0	4	Schutzschirm 1. Absicherung Kategorie 4, Schließer, Öffner. Frühzeitig öffnende tS, Beachtung Sicherheitsabstand von 320 mm passend zur Anhaltezeit von 0,2 s nach EN999. Zusammen mit schwenkbarem Zangenkasten hintergreifsicher nach EN294 (s. Zeichnung)	1, 2	1.1.2a,f, 1.3.7, 1.3.8, 1.4.2.2B, 1.4.1, 1.6.1	5.3.3, 5.3.5, 5.3.6, 5.3.10, 5.3.12, 5.3.15, 5.5.6, 5.5.7, 5.5.8	EN294, EN999, EN954, EN953, EN1088

ter und Instandhalter sind gleichermaßen zu schützen. Die Sicherheit muß je nach Risiko auch gewährleistet sein, wenn Fehler an der Maschine auftreten. Da z.B. der Ausfall eines Bremsventils und damit das Durchlaufen des Stößels zu schwersten Verletzungen führen könnte, sind hier dynamisch überwachte Pressensicherheitsventile einzusetzen, sofern nicht gleichwertige Sicherheit durch eine Zuhaltung von Schutzeinrichtungen erreicht wird. Diese Ventile sind redundant (Doppelventile) und bei jeder Anforderung der Funktion selbstüberwachend. Das bedeutet, daß trotz des Fehlers die Funktion „Bremsen“ ausgeführt und gleichzeitig gemeldet wird, ob beide Ventile korrekt gearbeitet haben oder nicht. Die Meldung der Positivfunktion „alles in Ordnung“, d.h. dynamisch überwacht, dient dazu, den Meldebaustein selbst zu überwachen (vgl. Abschn. 3.5).

Bei der Betrachtung der Gefährdungen muß der Hersteller auch „vorhersehbar ungewöhnliche Situationen“ einbeziehen, z.B. eingangs genannte Überraschungssituationen. Die Betriebsanleitung muß daher eine Aussage über die bestimmungsgemäße sowie die vorhersehbare sachwidrige Verwendung – z.B. Betrieb der Presse, während sich Personen zur Beobachtung hinter geschlossenen Schutzeinrichtungen aufhalten – machen und letztere verbieten. Hinweise über die sachwidrige Verwendung sind oft nur durch Beobachtung des Bedienungs-, Einrichtungs- und Instandhaltungspersonals zu gewinnen. Die Ergebnisse der Gefahrenanalyse finden ihren Niederschlag in Schutzeinrichtungen, Restgefahrenhinweisen auf der Maschine sowie in der Betriebsanleitung – sie werden damit an den Betreiber transferiert.

3.6.5 Maßnahmen des Betreibers

Beim Einkauf von Maschinen sollte der Betreiber vertraglich festlegen, wer der Hersteller im Sinne der EGMR ist und wie betreiberseitige Beistellungen zu handhaben sind. Beim Kauf von Maschinen aus dem außereuropäischen Ausland – auch von gebrauchten –, sollte er vertraglich festlegen, daß die 89/EWG/392 in der aktuellen Fassung erfüllt wird. Diese Festlegung ist für europäische Hersteller überflüssig, da sie das Gesetz ohnehin beachten müssen.

Sofern der Betreiber sich nicht selbst um den Umbau von Pressen bemüht, muß er nur deren Betriebsanleitung und die zum Betrieb von

Pressen einschlägigen Unfallverhütungsvorschriften kennen. Wichtig sind in Deutschland in diesem Zusammenhang z. B.:

- VBG 7n5.1 für Exzenter- und verwandte Pressen,
- VBG 7n5.2 für hydraulische Pressen,
- VBG 7n5.3 für Spindelpressen,
- VBG 5 für kraftbetriebene Arbeitsmittel.

Die Richtlinie 89/655/EWG über die Zur-Verfügung-Stellung von Arbeitsmitteln verpflichtet den Betreiber ab dem 1.1.1997, alle Maschinen auf einen definierten Mindeststandard nachzurüsten. Es ist anzunehmen, daß diejenigen Betreiber ab 1997 verschont bleiben, die ihre Maschinen auf die Unfallverhütungsvorschriften, die bis zum 31.12.1993 gültig waren, umgerüstet haben. Allerdings ist die 89/655/EWG im Juni 1996 noch kein nationales deutsches Recht.

Will der Betreiber seine Maschinen selbst umbauen, übernimmt er für seine Handlungen die volle Verantwortung. Er muß folglich alle einschlägigen Richtlinien, Vorschriften und Normen kennen. Der Umbau einer Anhang-IV-Maschine, d. h. einer Presse für Handbeschickung oder Handentnahme verlangt die Benachrichtigung der Prüfstelle, die die EG-Baumusterprüfung vorgenommen hat. Der Umbau einer Automatikmaschine auf Handbeschickung oder Handentnahme verlangt eine EG-Baumusterprüfung, sofern nicht vollständig nach der C-Norm gebaut wurde. Wenn zwar die EGMR nicht für Gebrauchtmaschinen gilt, also Maschinen, die vor dem 31.12.1994 im EWR in Verkehr gebracht wurden und folglich das CE-Zeichen nicht tragen, macht sie doch einige Aussagen, die in diesem Zusammenhang wichtig sind. Gebrauchtmaschinen aus dem außereuropäischen Ausland müssen grundsätzlich das CE-Zeichen tragen und von einer Konformitätserklärung begleitet sein. Der Umbau von Gebrauchtmaschinen muß im Hinblick auf die Sicherheits- und Gesundheitsanforderungen des Anhangs I der EGMR erfolgen. Bei wesentlichen Veränderungen, Funktionsänderungen oder Leistungssteigerungen muß aber die gesamte Maschine oder Anlage einer Konformitätsüberprüfung durch den Bauleiter unterzogen werden und erhält danach das CE-Zeichen.

3.6.6 Sicherheitsvorschriften in den USA

Stellvertretend für viele andere Sicherheitsregelungen sei ein kurzer Blick auf die der USA geworfen. Hier gelten neben dem ANSI-Standard (American National Standards Institute) B11.1-1971 die Regelungen der OSHA (Occupational Safety and Health Administration).

ANSI normt auf nationaler Ebene unter anderem Sicherheitseinrichtungen, die Anwendungen der Standards sind aber freiwillig. Nicht freiwillig, sondern vom Gesetzgeber vorgeschrieben, ist die Beachtung der OSHA-Vorschriften.

Danach wird für alle Maschinen eine Lock-Out-Procedure nach §1910.147 verlangt. Dabei muß für jede Energieart und jede Energiequelle beschrieben werden, wie sie in einen gefahrlosen Zustand versetzt werden kann. Dies hat in vier Schritten zu erfolgen: Ausschalten der Energiequelle, Abbau von Restenergien, Prüfen des energiefreien Zustands, Sichern des energiefreien Zustands gegen ungewolltes Wiederingangsetzen. Das schrittweise Vorgehen zur Trennung der Energiequellen ist von der EN1037 für die europäischen Normen übernommen worden. Die Hauptschalter müssen zumindest im energiefreien Zustand abschließbar sein. Die OSHA vertritt die Philosophie, daß jeder Mitarbeiter nur von ihm benutzbare Vorhängeschlösser mit sich führt, mit denen er das Wiederingangsetzen für andere blockiert. Nur er selbst kann die Blockierung wieder lösen.

Wie auch der ANSI-Standard, schreibt die OSHA dem Hersteller die Zusammenstellung von Hinweisen zum sicheren Bedienen und Warten der Maschine vor. Die Anlagen müssen nach OSHA mit einem Lock-Out-Schild entsprechend *Abb. 3.6.4* ausgeliefert werden, auf dem für jede Energiequelle die Einrichtungen gekennzeichnet sind, mit denen sich diese in den oben aufgeführten vier Schritten in den gefahrlosen Zustand überführen läßt. Die Warnpiktogramme erscheinen ebenfalls auf der Maschine an der entsprechenden Stelle. Die OSHA legt besonderen Wert auf die Schulung der Bediener, Einrichter und Instandhalter, vor allem auch, um sie, wie eingangs ausgeführt, über Unfallmöglichkeiten, sicherheitsbewußtes Arbeiten, Sinn und Zweck der Schutzmaßnahmen aufzuklären. Der Arbeitgeber soll zur Betriebsübergabe sowie jährlich einmal schulen und sich dies mit Unterschrift bestätigen lassen. Die Anwendung der OSHA-Regeln ist lokal verschieden, da sich die OSHA in der Ausprägung der Sicherheitsmaßnahmen an bestehende

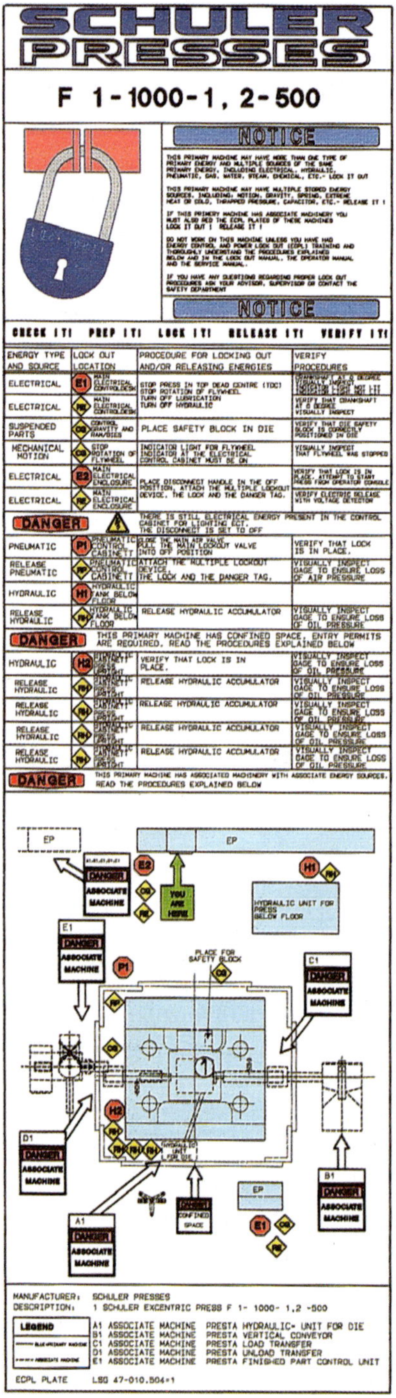

Abb. 3.6.4
Lock-Out-Schild nach US-amerikanischen Vorschriften

Regelungen in Unternehmen anlehnt. In den USA hat auch zunächst der Eigentümer der Anlage die Beweislast und damit eigenes Interesse an der Anlagensicherheit. Deswegen erscheint es zweckmäßig, zusammen mit dem Sicherheitsbeauftragten der Betreiberfirma die Sicherheitstechnik abzustimmen.

Wegen der kaum kalkulierbaren Schadenersatzforderungen gewinnen Sicherheitstechnik und eine gute Dokumentation an Bedeutung.

Die Beschaffenheitsanforderungen an mechanische Pressen sind in §1910.217, die an Schmiedemaschinen in §1910.218 festgelegt. Die Einhaltung der Sicherheitsanforderungen, die in hohem Maße die Betreiber der Anlage in die Pflicht nehmen, sollen „Compliance Safety and Health-Officers" des „Department of Labor" zu jeder Zeit überwachen dürfen.

3.7 Gießen von Bauteilen für Pressen

Der prozentuale Gewichtsanteil von Gußteilen bei Pressen ist sehr unterschiedlich. Bei Einzelpressen, wie z. B. Münzprägepressen (vgl. Abschn. 6.8.7) oder Nutautomaten (vgl. Abschn. 4.6.4), sind bis zu 80 % des gesamten Pressengewichts aus Grauguß – hauptsächlich GGG. Dabei handelt es sich in erster Linie um große Bauteile wie Pressenständer, Pressenrahmen und Pressenkörper *(vgl. Abb. 3.1.1)*. Bei größeren Pressen mit Einzelteilgewichten von über 20 t dominiert heute die Schweißausführung. Lunkerfreiheit, gute Zerspanbarkeit, Öldichtheit und die Einhaltung der mechanischen Werte laut Zeichnungsvorschrift sind die qualitativen Kriterien der Gußteile. Damit entsprechen sie den Anforderungen des allgemeinen Maschinenbaus. Wegen der Gußstückgröße und den geringen Stückzahlen werden diese Teile überwiegend nach der handgeformten Methode hergestellt, also ohne maschinelle Hilfe.

Weit mehr gefordert ist die Gießereiindustrie bei Bauteilen für den Antrieb mechanischer Pressen, insbesondere von Transferpressen. So stellen beispielsweise Exzenterräder, Kurvenräder, Vorgelegeräder, Pleuel und Kupplungsteile aufgrund besonderer Qualitätsanforderungen eine Herausforderung für den Gußerzeuger dar (vgl. Abschn. 3.2.6). Das Herzstück dieser Antriebe sind die Exzenterräder mit Stückgewichten zwischen 5 und 25 t *(Abb. 3.7.1)*. Bei diesen Bauteilen hat der Sphäroguß in der Qualität GGG-70 den früher üblichen Stahlguß abgelöst. Dazu waren umfangreiche Versuche und eine ständige Weiterentwicklung in metallurgischer und gießtechnischer Hinsicht notwendig. Größte Sorgfalt in der Produktion ist eine Voraussetzung. Nach dem aktuellen Stand der Gießtechnik sind die folgenden hohen Anforderungskriterien mit GGG-70 darstellbar:

Abb. 3.7.1 Exzenterrad einer Großteil-Transferpresse

- hohe Verschleißfestigkeit, d.h. das Gefüge muß auch bei Wandstärken bis 200 mm noch rein perlitisch sein,
- garantierte Härte von 240 bis 300 HB in allen Wandstärken – auch im Zahngrund –,
- Dehnung über 2 %, um Brüche zu vermeiden und die Überlastbarkeit zu erhöhen.

Im Gußstand, also ohne Umwandlungsglühung, erreicht man diese mechanischen Vorgaben mit einer gezielten Legierungstechnik. Das Anlegen von Kühlelementen aus Eisen, Stahl und Siliziumkarbid, gekühlt oder ungekühlt, dient ebenfalls der Härtesteigerung. Der Gießer kann jedoch nur ganz gezielt legieren und kühlen, da die Dehnung mit zunehmender Härte sinkt. Zwangsläufig sind Gußteile wie Exzenterräder infolge dieser metallurgisch-technologischen Eingriffe und ihrer geometrischen Form mit hohen Gußeigenspannungen belastet – Spannungsarmglühen bei 560 bis 580 °C ist deshalb unumgänglich.

In der Gießerei müssen die erprobten Qualitätsparameter wegen der Gefahr von Rissen oder Werkstückbrüchen eingehalten werden. Die starke Neigung zur Lunkerbildung erschwert die Herstellung von Bauteilen aus GGG-70 zusätzlich. Der Gefahr von Porositäten begegnet man deshalb durch Speisung und gerichtete Erstarrung. Alle Bauteile, natürlich auch Großteile für Pressenantriebe, unterliegen strengsten Qualitätskontrollen, wie Ultraschall-, Röntgen-, Riß- und Härteprüfung sowie der Prüfung der mechanischen Werte an einem angegossenen Probestab.

Literatur

Anselmann, N. (Hrsg): Europäisches Recht der Technik, Beuth Verlag, Berlin, Wien, Zürich (1993).

ANSI B11.1-1971: Safety requirements for the construction, care, and use of mechanical power presses, American National Standards Institute Inc., New York (1971).

Becker, U., Ostermann, H.-J.: Wegweiser Maschinenrichtlinie, Bundesanzeiger-Verlag, Köln (1995).

Bodenschatz, W., Fichna, G., Voth, D.: Produkthaftung, Maschinenbau-Verlag, Frankfurt/Main, 4. Aufl. (1990).

DIN EN 692 (Entwurf): Mechanische Pressen - Sicherheit, Beuth Verlag, Berlin (1992).

DIN EN 693 (Entwurf): Hydraulische Pressen - Sicherheit, Beuth Verlag, Berlin (1992).

DIN EN 1037 (Entwurf): Sicherheit von Maschinen, Trennung von der Energiezufuhr und Energieabbau, Vermeidung von unerwartetem Anlauf, Beuth-Verlag, Berlin (1993).

Hoffmann, H., Schneider, F.: Schwingen verhindert-Hydraulische Zieheinrichtung für die Fertigung mit hoher Qualität in einfachwirkenden Pressen, Maschinenmarkt 95 (1989) 51/52.

Hoffmann, H.: Vergleichende Untersuchung von Zieheinrichtungen, Bänder Bleche Rohre (1991) 12 u. (1992) 1.

Kürzinger, F.-X.: Kraftneutrale Parallelregelung über gesamten Hub, Bänder Bleche Rohre (1995) 9.

Office of the Federal Register: Code of Federal Regulations 29 CFR, Part 1910 (OSHA Regulations). U.S. Government Printing Office, Washington D.C.(1992).

Schmidt, K.: Die neue Druckbehälterverordnung, WEKA Fachverlag, Augsburg (1995).

Schwebel, R.: Geringe Parallelitätsabweichungen - Anwendungsspektrum hydraulischer Pressen, Industriebedarf (1994) 9.

Süddeutsche Metall-Berufsgenossenschaft: Unfallverhütungsvorschriften, Carl Heymanns Verlag KG, Luxemburg (1994).

TÜV Hannover-Sachsen-Anhalt: Kurzinformation EG-Maschinen-Richtlinie, Eigenverlag (1995).

4 Blechumformung und Schneiden

4.1 Grundlagen des Werkzeugbaus

4.1.1 Klassifizierung von Werkzeugen

In der Umformtechnik ist die Werkstückgeometrie ganz oder teilweise durch die Werkzeuggeometrie festgelegt. Dadurch sind im Gegensatz zur Zerspanungstechnik wesentlich größere Werkzeuge und damit auch höhere Kräfte für die Formgebung erforderlich. Infolge der komplexen Teileform werden die Werkstücke häufig nicht in einem Arbeitsschritt hergestellt. Je nach Teilegeometrie erfolgt die Fertigung in mehreren Bearbeitungsschritten durch ein oder mehrere Fertigungsverfahren, wie Umformen und Schneiden, wobei eine Arbeitsstufe auch mehrere Verfahren einschließen kann (vgl. Abschn. 2.1.4).

In der Konstruktionsphase werden die notwendigen Herstellungsverfahren sowie die Reihenfolge und Anzahl der Fertigungsschritte in einem Methoden- oder Stadienplan festgelegt *(Abb. 4.1.1)*. Dabei werden die zur Verfügung stehenden Maschinen, die geplanten Stückzahlen und die sonstigen betrieblichen Rahmenbedingungen berücksichtigt.

Ziel ist, die *Anzahl der erforderlichen Werkzeuge* bei hoher Betriebszuverlässigkeit zu minimieren. Die Teile werden in enger Zusammenarbeit zwischen Bauteildesign- und Produktionsabteilung bereits im Entwurf wesentlich vereinfacht, um mehrere Umform- bzw. Schneidoperationen in einer Fertigungsstation zusammenlegen zu können. Je mehr Operationen allerdings in einem Werkzeug integriert werden, um so komplizierter ist der Werkzeugaufbau. Die Folgen sind höhere Kosten, eine geringere Arbeitsgeschwindigkeit und eine größere Störanfälligkeit.

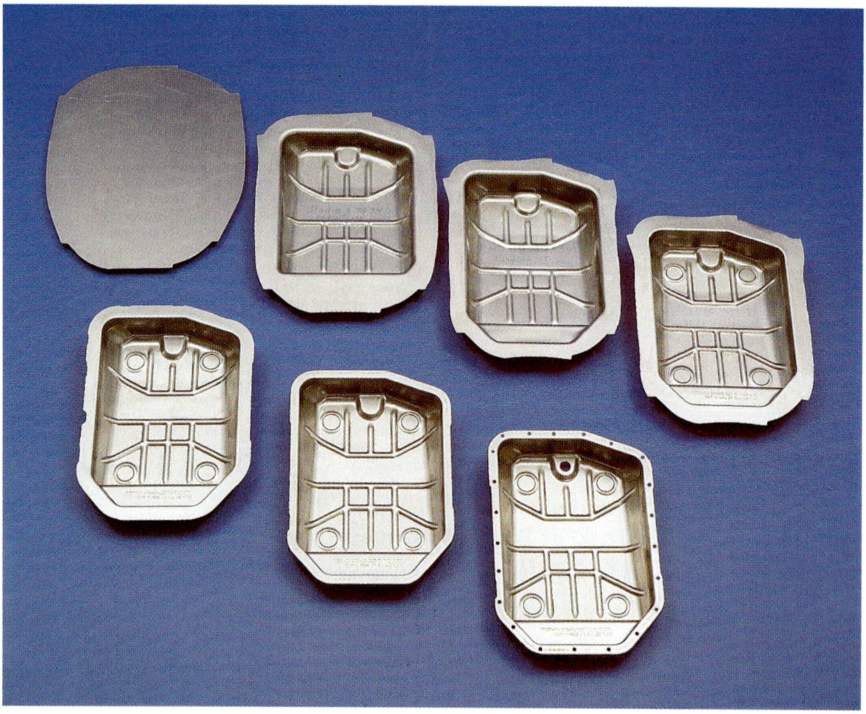

▲ **Abb. 4.1.1** Fertigungsschritte bei der Herstellung einer Ölwanne

Werkzeugarten

Die Werkzeugart und der damit eng verbundene *Transport der Teile von Werkzeug zu Werkzeug* richtet sich nach dem Umformverfahren, der Teilegröße und der zu fertigenden Stückzahl.

Zur Herstellung großflächiger Blechteile werden fast ausschließlich *Einzelwerkzeuge* verwendet. Typische Werkstücke sind z.B. im Automobilbau, der Hausgeräteindustrie und der Radiatorenfertigung zu finden. Geeignete Transfereinrichtungen, z.B. Vakuumsaugsysteme, gestatten bei ausreichend großem Presseneinbauraum den Einsatz von Doppelwerkzeugen. Hierbei werden in einem Arbeitsgang beispielsweise die linke und rechte Pkw-Tür nebeneinander gefertigt *(vgl. Abb. 4.4.34)*.

Großflächige Einzelwerkzeuge werden in Großpressen eingesetzt. Der Teiletransport von Werkzeug zu Werkzeug läuft dabei mechanisiert ab. In Pressenlinien mit hintereinander angeordneten Einzelpressen werden dazu Feeder oder Roboter verwendet *(vgl. Abb. 4.4.20 bis 4.4.22)*, während in Großteil-Transferpressen Transportsysteme mit Greiferschienen *(vgl. Abb. 4.4.29)* oder Saugerbrücken *(vgl. Abb. 4.4.34)* die Teile transportieren.

Stufenwerkzeugsätze werden bei hohen Stückzahlen zur Herstellung kleiner bis mittelgroßer Teile eingesetzt *(Abb. 4.1.2)*. Sie bestehen aus mehreren Einzelwerkzeugen, die auf einer gemeinsamen Grundplatte montiert sind. Das Blech wird, meist in Form von Platinen, einzeln zugeführt und auch einzeln von Werkzeug zu Werkzeug transportiert. Ist dieser Teiletransport durch einen Transfer automatisiert, so wird die Stufenpresse als Transferpresse bezeichnet. Die größten Stufenwerkzeuge kommen – neben den Einzelwerkzeugen – in Großteil-Transferpressen zum Einsatz *(vgl. Abb. 4.4.32)*.

In *Folgewerkzeugen*, auch *Folgeschneidwerkzeuge* genannt, werden Blechteile in mehreren Stufen geschnitten – es finden im wesentlichen keine Umformoperationen statt. Das Blech wird vom Coil oder in Form von Blechstreifen zugeführt. Durch eine gezielte Anordnung der Zu-

▲ **Abb. 4.1.2** Stufenwerkzeugsatz zur Fertigung eines Pkw-Automatikgetriebeteils schnitte innerhalb der zur Verfügung stehenden Blechbreite wird eine optimale Materialausnutzung gewährleistet *(vgl. Abb. 4.5.2 bis 4.5.5)*. Das Werkstück bleibt bis zum letzten Arbeitsgang mit dem Streifengitter verbunden. Die Teile werden transportiert, indem der gesamte Blechstreifen nach dem Schnitt in der Größe des Werkzeugmittenabstands, auch als Schrittweite bezeichnet, in Transportrichtung weitergeschoben wird. Seitenschneider, sehr genau positionierende Vorschubeinrichtungen oder Sucherstifte garantieren die vorschubabhängige Teilegenauigkeit. In der letzten Bearbeitungsstufe wird das fertige bzw. das in der Folge letzte fertige Teil vom Streifengitter getrennt. Ein Anwendungsgebiet für Folgeschneidwerkzeuge ist beispielsweise die Herstellung von Rotor- und Statorblechen für Elektromotoren *(vgl. Abb. 4.6.11 und 4.6.20)*.

In *Folgeverbundwerkzeugen* werden kleinere Blechformteile in mehreren Arbeitsfolgen gefertigt. Im Gegensatz zu Folgewerkzeugen werden neben Schneid- auch Umformoperationen eingesetzt – das Werkstück verbleibt ebenfalls bis zum letzten Arbeitsgang im Streifengitter *(Abb. 4.1.3* und *vgl. Abb. 4.7.2)*. Aufgrund der Teilehöhe muß der Blechstreifen meist mit Hebeleisten oder ähnlichen Einrichtungen angehoben

▲ **Abb. 4.1.3** Im Folgeverbund hergestellter Streifen eines Pkw-Verstärkungsteils

werden, um den Streifen mechanisiert transportieren zu können. Blechformteile, die sich ihrer Geometrie wegen nicht innerhalb eines Streifengitters fertigen lassen, werden alternativ auf Stufensätzen gefertigt.

Neben den bisher erwähnten Werkzeugen gibt es eine Reihe von *Sonderwerkzeugen* für spezielle Einzelfunktionen. Diese Werkzeuge werden in der Regel separat betrieben. Besondere Anwendungsfälle ermöglichen jedoch auch die Integration der Sonderwerkzeuge in eine Operationsfolge. So werden beispielsweise in *Bördelwerkzeugen* mehrere Blechteile durch Biegen bestimmter Blechabschnitte formschlüssig zusammengefügt *(Abb. 4.1.4* und *vgl. Abb. 2.1.34)*. Dabei können auch Verstärkungsteile, Klebstoff oder weitere Werkstücke zugeführt werden.

Andere Sonderwerkzeuge plazieren spezielle Verbindungselemente direkt in der Presse. *Sortier- und Positionierelemente* beispielsweise bringen Stanzmuttern synchron zum Pressentakt in die richtige Lage, um sie mit Stanzköpfen in das Blechteil einzufügen *(Abb. 4.1.5)*. Sofern es die Platzverhältnisse erlauben, können auch Umform- oder Schneidoperationen im gleichen Werkzeug durchgeführt werden. Weitere Beispiele sind integrierte Durchsetz-, Kragenzieh-, Präge-, Feinschneid-, Taumelschneid- und Einschweißoperationen *(vgl. Abb. 4.7.14 und 4.7.15)*.

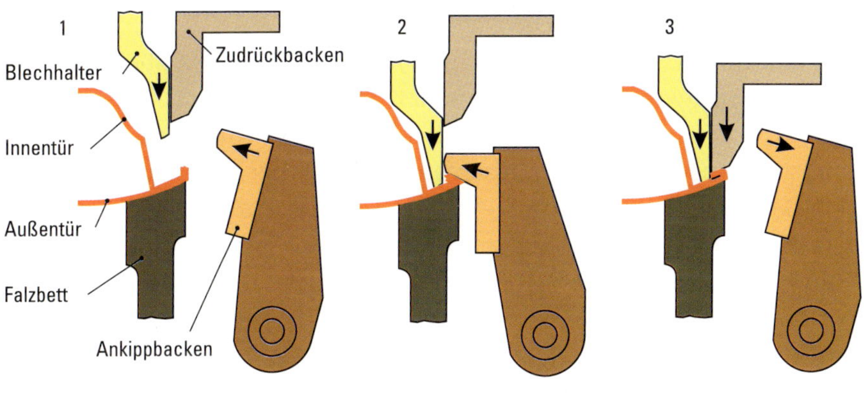

▲ **Abb. 4.1.4** Bördelwerkzeug

Abb. 4.1.5 Blechteil mit integrierter Stanzmutter

4.1.2 Werkzeugentwicklung

Traditionell ist das Geschäftsfeld des Werkzeugbaus durch die Automobilindustrie geprägt. Die folgenden Betrachtungen zur Werkzeugentwicklung sind deshalb aus dem Karosseriewerkzeugbau abgeleitet. Wesentliche Aussagen sind jedoch von grundsätzlicher Bedeutung, so daß sie auf alle Branchen übertragbar sind, die sich mit der Herstellung von Blechumform- und Schneidwerkzeugen befassen.

Zeitzyklus einer Pkw-Großserienkarosserie

Wurden noch bis Ende der achtziger Jahre Pkw-Modelle über sechs bis acht Jahre hinweg nahezu unverändert oder leicht modellgepflegt produziert, so stabilisieren sich heute Zykluszeiten von nur fünf Jahren und weniger *(Abb. 4.1.6)*. Einhergehend mit einer geänderten Modellpolitik hat sich die Aufgabenstellung für die Werkzeuglieferanten grundlegend geändert. Komplettaufträge größeren Umfangs sowie Simultaneous-Engineering (SE)-Aufträge werden zunehmend vergeben, bei denen der Werkzeughersteller oftmals schon in die Entwicklungsphase der Blechteile sowie in die Planungsphase des Fertigungsprozesses eingebunden ist. Hiermit ist ein erweitertes Leistungsspektrum verbunden, das weit vor der eigentlichen Werkzeugentwicklung einsetzt.

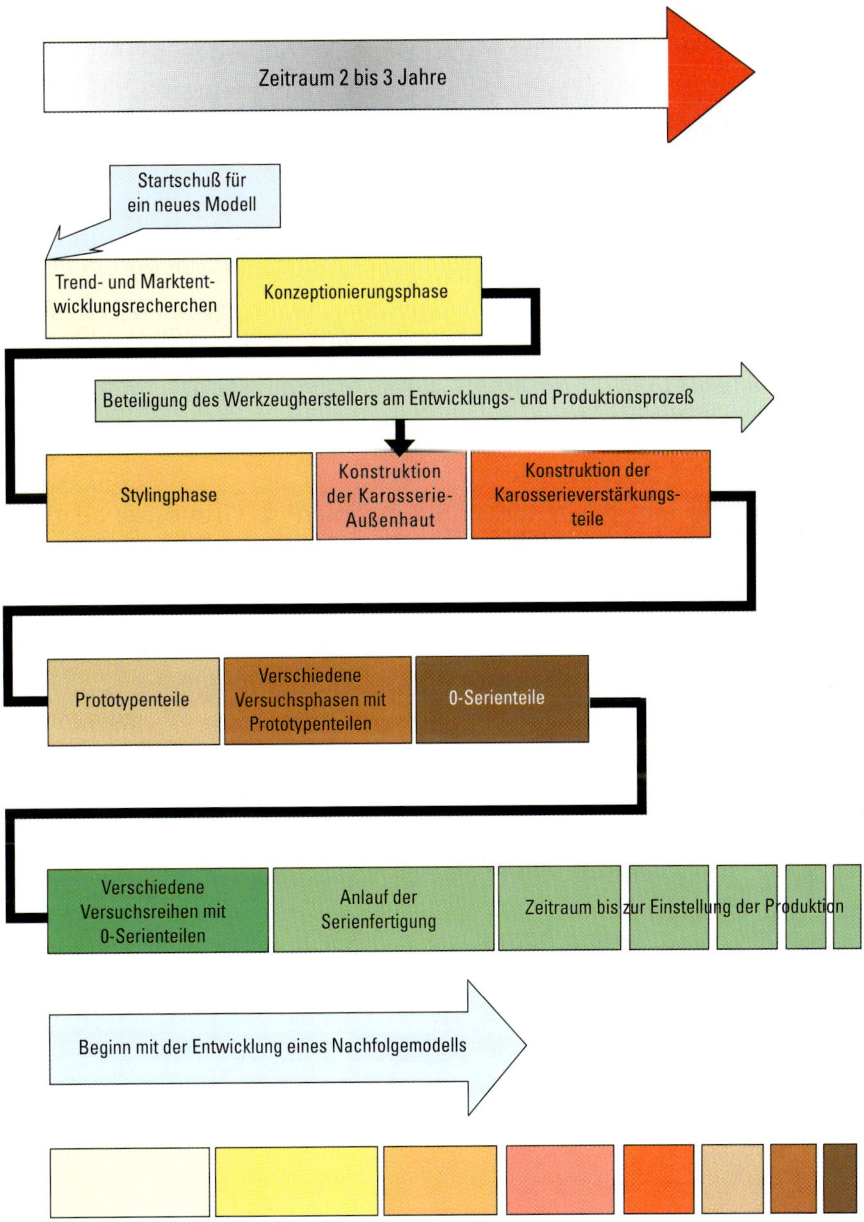

Abb. 4.1.6 Zeitzyklus einer Pkw-Großserienkarosserie

Der zeitliche Ablauf eines SE-Projekts
Im Rahmen des Herstellungsprozesses einer Pkw-Karosserie wird der produktiven Werkzeugherstellungszeit nur noch eine minimale Zeitspanne eingeräumt. Bei Großwerkzeugen wird von ca. 10 Monaten ausgegangen, wobei Konstruktion und Home-Tryout eingeschlossen sind. Bei komplexen SE-Projekten, die in 1,5 bis 2 Jahren abgeschlossen sein sollten, müssen neben parallel zu erledigenden Aufgaben bereits im Vorfeld sowie nach Auslieferung der Werkzeuge weitere Leistungen erbracht werden. Diese kurzen Zeitspannen erfordern exakte Planungen, entsprechendes Know-how, bereitstehende Kapazitäten und den Einsatz modernster Technologien und Kommunikationsmittel. Der Ablaufplan zeigt die einzelnen Aktivitäten während der Herstellung von Werkzeugen für die Produktion von Blechformteilen *(Abb. 4.1.7)*. Die Phasen sind bei Großwerkzeugen weitgehend ähnlich, somit kann dieser Ablaufplan als allgemeingültig betrachtet werden.

Datensatz und Teilezeichnung
Der Datensatz und die Teilezeichnung dienen als Grundlage aller folgenden Arbeitsschritte. Sie beschreiben alle Details des zu fertigenden

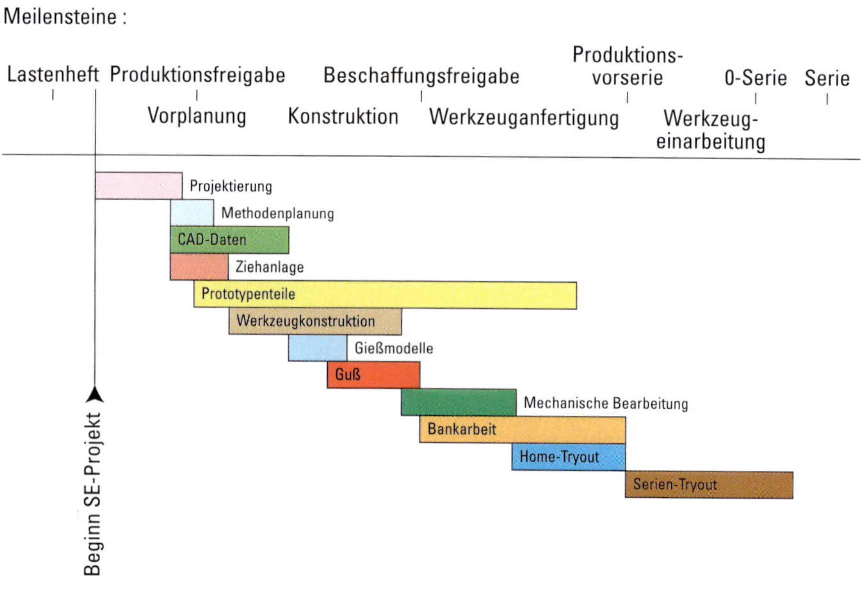

Abb. 4.1.7 Zeitlicher Ablauf eines SE-Projekts

Blechformteils. In der Teilezeichnung sind Angaben zu Teilebezeichnung, Teilenummer, Blechdicke, Blechqualität, Toleranzen des fertigen Blechformteils, usw. enthalten *(vgl. Abb. 4.7.17)*.

Zur Vermeidung von physikalischen Modellen (Urmodellen) beschreiben die CAD-Daten die Teilgeometrie vollständig durch Draht-, Flächen- oder Volumenmodelle. Als gemeinsame Basis aller Projektbeteiligten müssen die Flächendaten frühzeitig von hoher Qualität, also vollständig verrundet und geschlossen, verfügbar sein.

Methodenplan und Ziehanlage

Die Methode, das bedeutet die Operationsfolge im Herstellungsprozeß des Blechteils, wird ausgehend vom Datensatz des Fertigteils entwickelt *(Abb. 4.1.1)*. Bereits zu diesem Zeitpunkt müssen diverse Randbedingungen berücksichtigt werden. So sind wichtige Kriterien der Blechwerkstoff, die zum Einsatz kommende Presse, der Teiletransport in der Presse, die Abfallführung, die Hinterschneidungen sowie die Schiebereinsätze und deren Anordnung.

Die Entwicklung der Ziehanlage, d.h. die Gestalt und Lage der Blechhalterfläche zum Ziehteil in der ersten Umformstufe – gegebenenfalls auch der zweiten Stufe – am Bildschirm festzulegen, erfordert viel Erfahrung vom Methodenplaner *(Abb. 4.1.8)*. Zur Absicherung und zum Erkennen von umformtechnischen Problemzonen wird deshalb regelmäßig ein physikalisches Ziehanlagenmodell gefräst. An diesem Modell werden die Umformbedingungen des Ziehteils diskutiert und eventuell Modifikationen eingebracht, die abschließend in den Datensatz zurückgeführt werden *(Abb. 4.1.9)*.

Teilweise wird diese Vorgehensweise bereits durch intelligente Simulationsmethoden ersetzt, mit denen die Problemzonen des Blechformteils interaktiv am Bildschirm analysiert werden können.

Werkzeugkonstruktion

Nach Freigabe der Methode und Ziehanlage sowie der Festlegung der Presse kann mit der Werkzeugkonstruktion begonnen werden. In der Regel sind hierbei auch die Normen und Bauvorschriften des Auftraggebers zu berücksichtigen, um eine einheitliche Werkzeuggestaltung zu gewährleisten und insbesondere dem Problem der Norm-, Ersatz- und Verschleißteillagerung beim Kunden Rechnung zu tragen. Viele Werkzeuge müssen so konstruiert werden, daß sie in verschiedenen Pressen-

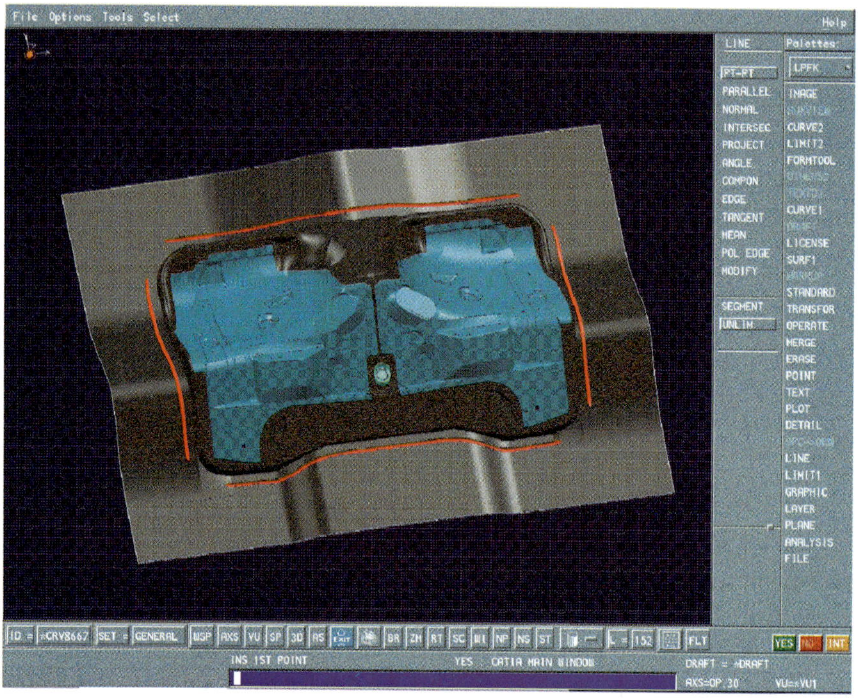

▲ **Abb. 4.1.8** CAD-Datensatz einer Ziehanlage

typen verwendet werden können. So werden Werkzeuge häufig sowohl in einer Produktionspresse als auch in zwei unterschiedlichen Ersatzpressen eingesetzt. In diesem Zusammenhang muß bei der Konstruktion die Lage von Werkzeugspannelementen, Druckbolzen und Abfallschächten in den unterschiedlichen Pressen mit berücksichtigt werden. Ferner ist zu beachten, daß Ziehwerkzeuge in einer Presse einfachwirkend, in einer anderen Presse doppeltwirkend eingesetzt werden können (vgl. Abschn. 3.1.3 und *Abb. 4.1.16)*.

Besonders wichtig bei der Gestaltung und Dimensionierung der Werkzeuge ist die Berücksichtigung der Freigängigkeitskurven von Greifer- und Sauger-Transferelementen (vgl. Abschn. 4.1.6). Sie beschreiben die Relativbewegungen zwischen den Elementen des Pressentransportsystems und den Werkzeugelementen während eines vollständigen Hubzyklus der Presse. Die Hubbewegung des Pressenstößels, die Öffnungs- und Schließbewegungen der Greiferschienen und die Längsbewegung des gesamten Transfers überlagern sich. Die Werkzeuge sind so

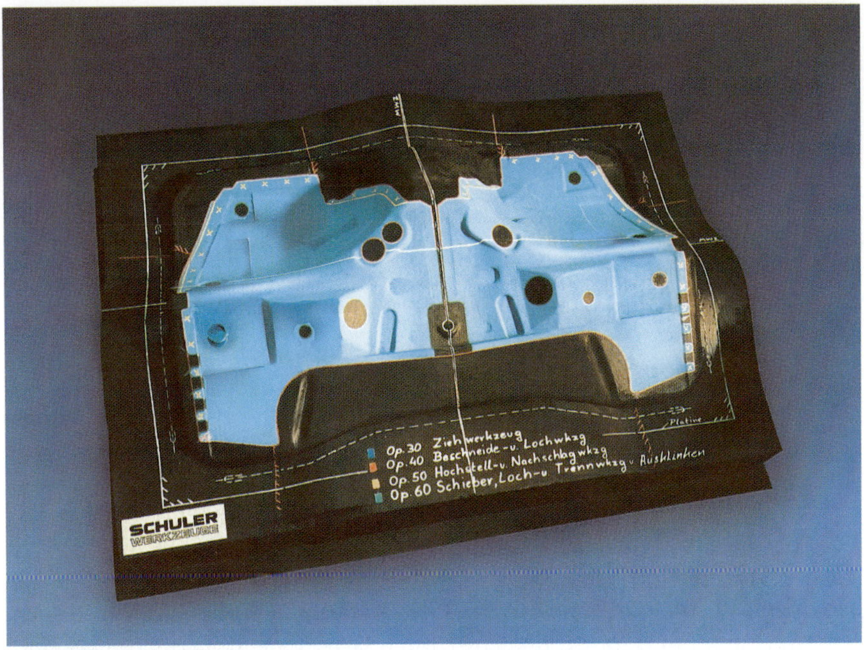

▲ **Abb. 4.1.9** Physikalisches Ziehanlagenmodell

auszuführen, daß Kollisionen ausgeschlossen sind und ein Mindestsicherheitsabstand von etwa 20 mm zwischen allen dynamisch bewegten Elementen eingehalten wird.

Führungselemente von Werkzeugober- und -unterteil müssen die auftretenden Schubkräfte aufnehmen und sind den berechneten und zu erwartenden Kräften und Funktionen entsprechend zu dimensionieren. Groß ausgelegte Führungen ergeben nahezu keinen Versatz und ein konstantes, gleichbleibendes Druckbild der eingearbeiteten Werkzeuge (vgl. Abschn. 4.1.5). Des weiteren reduzieren sie die Kippung von Werkzeug und Pressenstößel *(Abb. 4.1.10)*. Damit wird insgesamt eine gleichbleibende hohe Qualität der Blechteile erzielt.

Um bereits in der Konstruktion weitgehend Fehler und Störquellen in der späteren Produktion auszuschließen, hat sich die „Fehler-Möglichkeiten-und-Einflußanalyse“ (FMEA) während der Konstruktionsphase unter Mitwirkung aller Prozeßbeteiligten bewährt. Großen Einfluß auf die Produktionssicherheit hat die Gestaltung der Blechteile und

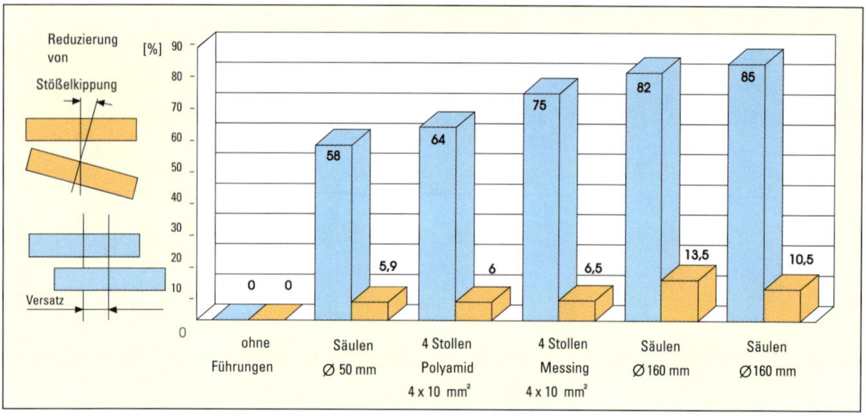

▲ **Abb. 4.1.10** Einfluß des Führungssystems auf die Reduzierung von Stößelkippung und Versatz

deren Anordnung und Positionierung in den Werkzeugen. Für die Umformtechnik günstig konstruierte Blechteile führen zu einfachen, produktionssicheren und preisgünstigen Werkzeugen. Schwierige Blechteile ergeben dagegen aufwendige, komplizierte, kostenintensive und weniger prozeßsichere Werkzeuge. Durch Lageveränderung der Bleche in den Werkzeugen können die Nachteile der ungünstigen Blechteilgeometrie teilweise kompensiert werden. Beispielsweise kann zum Abkanten und Schneiden das Blechteil so geschwenkt werden, daß die Arbeitsrichtung der Presse der Richtung der Abkantung bzw. der Schneidstempelbewegung entspricht *(Abb. 4.1.11)*. Oft ist dann jedoch die Anzahl der Werkzeuge zu erhöhen, wodurch die Herstellungskosten steigen.

Zur Einhaltung der terminlichen Abwicklung werden zunächst die umformenden Werkzeuge konstruiert, damit die Gießmodelle und der fertige Guß frühestmöglich zur Verfügung stehen. Aus den bearbeiteten und erprobten Formwerkzeugen lassen sich Blechformteile herstellen, die durch Laserbeschnitt zu verbaubaren Vorserienteilen werden *(Abb. 4.1.7)*.

Der Einsatz von CAD-Systemen zur Werkzeugkonstruktion kommt zunehmend zur Anwendung *(Abb. 4.1.12)* – auch wenn die herkömmliche Brettkonstruktion heute vielfach noch wirtschaftlicher ist. Ursache hierfür sind die noch nicht ausgereiften Konstruktionssysteme, fehlende Datenbanken und zu kleine Bildschirme, die eine Gesamtansicht nur im Verhältnis von 1 : 5 bis 1 : 10 zulassen. Bei Betrachtung der

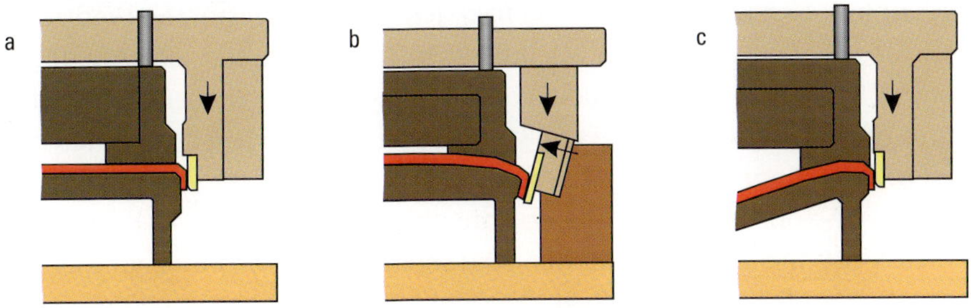

Abb. 4.1.11 Verbesserung der Teillage durch Schwenken beim Abkanten:
- **a** einfacher Werkzeugaufbau für einfache Blechteilgeometrie;
- **b** komplizierter kostenintensiver Werkzeugaufbau mit Schieber für schwierige Blechteilgeometrie;
- **c** einfacher Werkzeugaufbau durch geeignete Schwenkung des Blechteils in eine günstige Arbeitslage

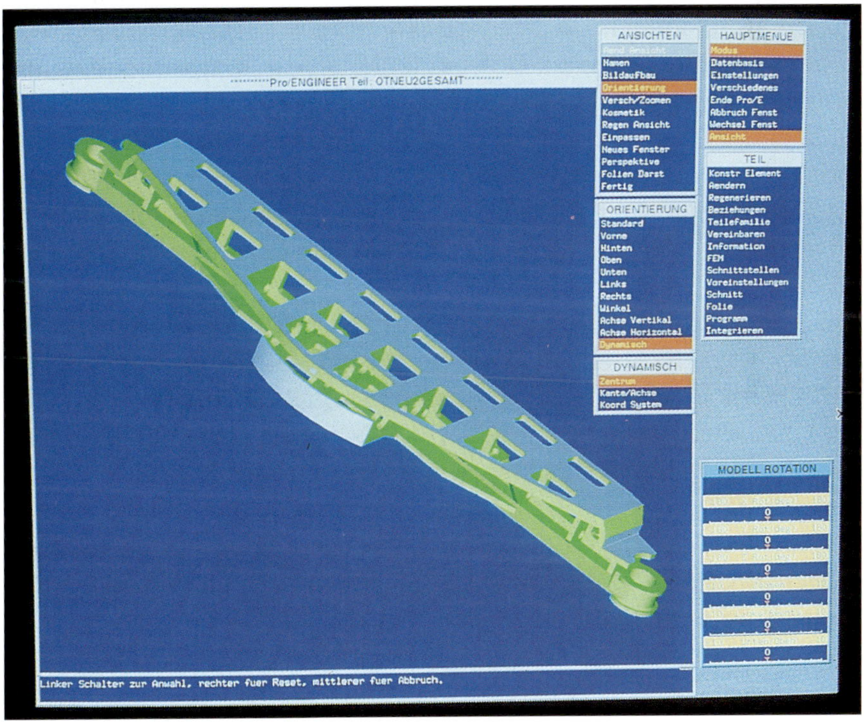

Abb. 4.1.12 CAD-Konstruktion eines Platinenschwenkschnitts

gesamten Herstellungskosten liefern jedoch CAD-gestützte Werkzeugkonstruktionen u.a. Gießmodelldaten in hoher Qualität als „Abfallprodukt“. Schwund- und Aufmaße können rechnergestützt ermittelt werden und bieten für NC-gefräste Gießmodelle eine wirtschaftliche Alternative in bezug auf eine NC-Bearbeitung des Gusses. Ein weiterer Vorteil der CAD-Konstruktion – sofern sie volumenorientiert durchgeführt wird – ist die Möglichkeit der ständigen Kollisionsprüfung, was zur deutlichen Fehlervermeidung beiträgt. Darüber hinaus stehen auch Bohrpläne, Backenaufbaupläne und Einzelteilzeichnungen zur Verfügung. Die durchgängige Anwendung von CAD/CAM-Systemen im Werkzeugbau mit konsequenter Ausnutzung der für die Prozeßkette geeigneten Vorteile wird sich mittelfristig aus Gründen der Wirtschaftlichkeit durchsetzen.

Mechanische Bearbeitung

Die heutigen technischen Möglichkeiten der NC-Bearbeitung erfordern vom Werkzeugkonstrukteur mehr denn je fertigungsgerechte Konstruktionen. Insbesondere der Einsatz von fünfachsigen Fräsmaschinen gestattet mit der Möglichkeit der kompletten Gußbearbeitung in einer Aufspannung aufwendigere Gußkonstruktionen. Wo aufgrund eingeschränkter Bedingungen in der Vergangenheit mit Aufsätzen und deshalb mit zusätzlichen Trennstellen, mit erweiterten Bearbeitungs- und Montagetätigkeiten gearbeitet wurde, können heute z.B. räumlich angeordnete Schieber- und Führungseinheiten angegossen werden *(Abb. 4.1.17)*.

Bei der Bearbeitung von Freiformflächen wird zunehmend das Hochgeschwindigkeitsfräsen (HSC – High Speed Cutting) eingesetzt, wobei wirtschaftliche Schnittgeschwindigkeiten von 2000 m/min realisierbar sind und selbst stark strukturierte Oberflächen für Innenteile noch mit mittleren Vorschubgeschwindigkeiten von ca. 5 m/min bearbeitet werden können. Zum Einsatz kommen Cermets bzw. PVD-beschichtete Hartmetalle, mit denen sich Oberflächenqualitäten von $R_t = 10$ µm erreichen lassen, die die nachgeschaltete manuelle Schleifbearbeitung auf ein Minimum reduzieren.

Montage und Tryout

Genauere Bearbeitungsverfahren, verbunden mit den oben geschilderten Vorteilen einer CAD-gestützten Werkzeugkonstruktion, vereinfachen den Montageaufwand teilweise erheblich. Die durchgängige Datenanwendung gestattet weiterhin eine theoretische und zielsichere Beschnitt- und Umrißermittlung, ohne daß auf aufwendige Hilfsmittel zurückgegriffen werden muß. Das Fachwissen des qualifizierten Werkzeugmachers ist dennoch unabdingbar. Insbesondere in der Einarbeitungs- oder Tryoutphase, wenn es darum geht, aus den gefrästen Werkzeugen nach dem ersten Einspannen in die Presse ein versagensfreies Ziehteil herzustellen, zeigt sich, ob alle theoretischen Vorarbeiten zutreffend waren (vgl. Abschn. 4.1.5). Vorgeschaltete Prototypwerkzeuge oder Simulationsverfahren geben zwar wesentliche Hilfestellungen, es kommen jedoch zusätzliche Faktoren hinzu, die das endgültige Ziehergebnis der Produktionswerkzeuge mitbestimmen. Besonders effizient wirkt sich hierbei das Fräsen von Form und Führung in einer Aufspannung, das Fräsen der Freiformflächen im HSC-Verfahren und der Tryout auf führungsgenauen Einarbeitungspressen mit regelbaren hydraulischen Ziehkissen aus *(Abb. 4.1.19 und 4.1.20)*.

Prozeßabsicherung

Zur Absicherung der teilabhängigen Methode und Ziehanlage werden vielfach Versuchswerkzeuge hergestellt *(Abb. 4.1.13)*. Damit kann das Umformverhalten des Blechwerkstoffs, insbesondere bei komplizierten

▲ **Abb. 4.1.13** Prototypenziehwerkzeug aus Aluminiumlegierung zur Herstellung eines Pkw-Kombi-Dachs

und versagensanfälligen Teilegeometrien, im Vorfeld der Werkzeugkonstruktion untersucht werden. Das Verfahren, ausschließlich zu diesem Zweck hergestellte Versuchswerkzeuge zu verwenden, verliert jedoch zunehmend an Bedeutung, da heute rechnergestützte Simulationsverfahren zum Einsatz kommen.

Prototypwerkzeuge

Die Anfertigung von Versuchs- bzw. Prototypwerkzeugen ist dennoch sinnvoll, wenn damit weitere Ziele verfolgt werden. Zu einem sehr frühen Zeitpunkt der Prozeßkette erhält man Blechteile, mit denen u.a. Fahrzeuge für Montage- und Crashversuche aufgebaut werden können. In Sonderfällen werden damit Produktionsvorserien (PVS) abgedeckt *(Abb. 4.1.7)*. Ein weiterer Aspekt, der die Herstellung von Prototypwerkzeugen rechtfertigt, ist gegeben, wenn diese Werkzeuge seriennah ausgeführt werden. Auf diese Weise lassen sich Erkenntnisse hinsichtlich der Umformbarkeit und Genauigkeit des Blechteils ermitteln, die zu einer zielorientierten und kostengünstigen Werkzeuganfertigung beitragen.

Hierbei sind u. a. zu berücksichtigen:

- der Werkzeugwerkstoff,
- die Komplexität des Blechteils,
- der Blechwerkstoff,
- die Ausführung der Ziehanlage,
- die geometrischen Einflußgrößen, wie Schwindmaße, Überbombierungen, Vorspannungen,
- die prozeßabhängigen Einflußgrößen, wie Schmierung, Blechhalterkräfte, Arbeitsrichtungen, Ziehstäbe,
- die Platinengröße,
- sonstige Faktoren und Parameter, die das Ziehergebnis beeinflussen.

Art und Ausführung der Prototypwerkzeuge werden von verschiedenen Faktoren beeinflußt. Die Auswahl des Prototypwerkzeugwerkstoffs wird von der Blechqualität, der Blechdicke und der zu produzierenden Stückzahl entscheidend geprägt. Als Prototypwerkzeugwerkstoffe kommen heute Kunststoffe, Aluminiumlegierungen *(Abb. 4.1.13)*, unterschiedliche Gußqualitäten sowie gewalzte Stahlgüten zum Einsatz. Eine Übersicht der Auswahl- und Anwendungskriterien gibt Tabelle 4.1.1.

Tabelle 4.1.1: Einteilung der Prototypwerkzeuge

Werkzeugart	Kunststoff		Aluminiumlegierungen		Eisenlegierungen	
	ohne Zusätze	***legiert oder faserverstärkt***	***Zamak***	***Cerrotru***	***Guß GS/GG***	***Stahl Plattenbauweise***
Herstellungs-verfahren	kompletter Aufbau aus Kunststoff, schichtweise gegossen oder mit Hinterfütterung als Frontguß	ausgegossenes Stahlgerüst als Grundaufbau für Kunststoffplatten (Stempel), Matrizenform abgegossen	Modellerstellung für Stempel und Matrize (evtl. Blechhalter), Abgießen der Modelle, Nachbearbeitung der Funktionsflächen	genaue Modellerstellung, Abgießen des Stempels, Einlegen der Blechdicke, Matrize abgießen, (keine Nachbearbeitung)	Modellerstellung für Stempel und Matrize (evtl. Blechhalter), Abgießen der Modelle, Nachbearbeitung der Funktionsflächen, Einbau von Führungselementen	Aufbau des Werkzeugs aus Platten und Backen, verschraubt und verstiftet, Nachbearbeitung der Funktionsflächen, Einbau von Führungselementen
Reparatur und Änderungs-möglichkeit	Form nachfräsbar oder neuer Frontguß	Stempelform nachfräsbar, Einsätze werden fugenlos eingeklebt, Matrize abgegossen	schweißbar, Einsätze nachfräsbar	vorhandenes Werkzeug einschmelzen und neu abgießen	Aufschweißen, verschraubbare Einsätze, Nachbearbeitung durch Fräsen	Aufschweißen, neue Backen oder Einsätze
Teilespektrum	Außenhautteile aus Stahl und Aluminium	Außenhautteile und Verstärkungsteile aus Stahl und Aluminium	Außenhautteile und Verstärkungsteile	Außenhautteile und leicht verformbare Teile	Verstärkungs- und Fahrwerkteile mit komplizierter Form	Verstärkungs- und Fahrwerkteile mit flacher Form
Blechdicke	Stahlblech bis 2 mm, Aluminium bis 4 mm	bis 2,5 mm	bis 1,5 mm	bis 1,2 mm	bis 3 mm	bis 3 mm
Stückzahl	bei max. Blechdicke sehr geringe Stückzahlen, sonst klein- oder vorserientauglich	bei Außenhautteilen bis zu 1 000 Stück	leicht verformbare Teile bis 100 Stück, komplizierte Teile bis 50 Stück	leicht verformbare Teile bis 50 Stück, komplizierte Teile bis 20 Stück	je nach Beanspruchung und eingesetztem Blechwerkstoff, evtl. serientauglich	
Fertigungszeit	2 bis 3 Wochen	4 bis 6 Wochen	3 bis 4 Wochen	2 bis 3 Wochen	7 bis 10 Wochen	5 bis 7 Wochen

Simulationsverfahren
Die rechnergestützten Simulationsverfahren, d.h. die Analyse des Umformprozesses ohne physikalische Werkzeuge, wird zunehmend die Versuchswerkzeuge ersetzen. Begünstigt wird diese Entwicklung durch die rasante Hardwareentwicklung, durch die immer größere Datenmengen in immer kürzerer Zeit bewältigt werden können, sowie durch die Entwicklung zuverlässiger und leicht bedienbarer Berechnungsprogramme.

Zur Überprüfung der durch die Methodenplanung und Ziehanlage festgelegten Geometriedaten sowie der Prozeßparameter bieten sich CAE-Lösungen an, die auf mathematischen und plastomechanischen Beziehungen oder auf experimentell gewonnenen Daten basieren. Hierzu gehören analytische und numerische Simulationsverfahren. Die numerischen Verfahren – und hier insbesondere die Finite Elemente Methode (FEM) – liefern heute die genauesten Ergebnisse. Nahezu interaktiv können Ziehteile hinsichtlich der wichtigsten Versagenskriterien am Bildschirm analysiert werden. Ergebnisse sind die Spannungsverläufe (Reißer) *(Abb. 4.1.14)*, die Neigung zur Faltenbildung *(Abb. 4.1.15)* und die aktuelle Blechdickenverteilung. Die Arbeitsschritte und Vorbedingungen für eine Simulationsberechnung lassen sich wie folgt darstellen:

- Aufbereitung der CAD-Daten für den Stempel, die Matrize und den Blechhalter – also der gesamten Geometrie der Ziehanlage in Arbeitsrichtung *(Abb. 4.1.8)*,
- Festlegung des Platinenzuschnitts (vgl. Abschn. 4.2.1 und 4.5),
- Eingabe der Prozeßparameter wie Blechwerkstoff, Walzrichtung, Blechhalterkraft, Reibungsbedingungen,
- Definition bzw. Aufbau des FE-Netzes (teilweise automatisch) und
- Starten der Berechnung.

Durch Variation der Prozeßparameter läßt sich die Simulationsrechnung so oft wiederholen, bis ein versagensfreies Ziehteil vorliegt. Der Vorteil dieses Verfahrens liegt u.a. darin, daß gezielt notwendige Bauteiländerungen bereits vor dem Bau der Werkzeuge vorgenommen werden können. Gezielte Maßnahmen für einen gesteuerten Materialfluß, etwa durch die Platinengestaltung oder durch Ziehstäbe, lassen sich ebenso simulieren wie Überbiegungswerte aufgrund des Rückfederungsverhaltens (vgl. Abschn. 4.8.1).

Methodenplaner und Werkzeugkonstrukteur erhalten somit zu einem frühen Zeitpunkt in der Prozeßkette der Werkzeugentwicklung zuverlässige Informationen, die wesentlich zur Entwicklung prozeßsicherer Werkzeuge beitragen.

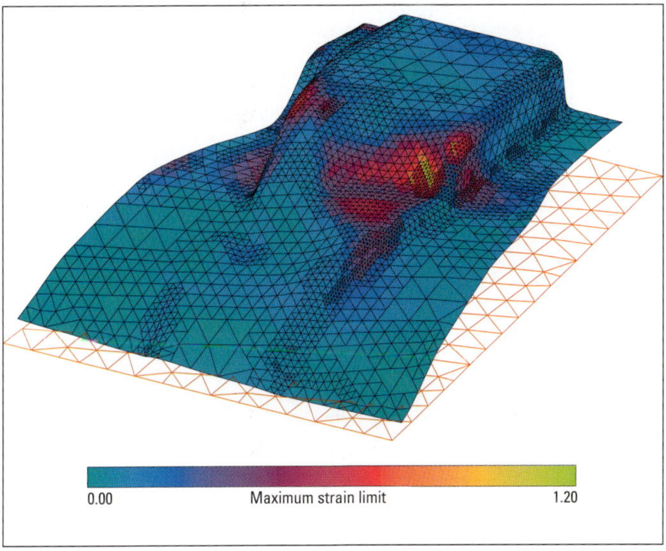

Abb. 4.1.14 Darstellung des Spannungsverlaufs durch FEM-Berechnung

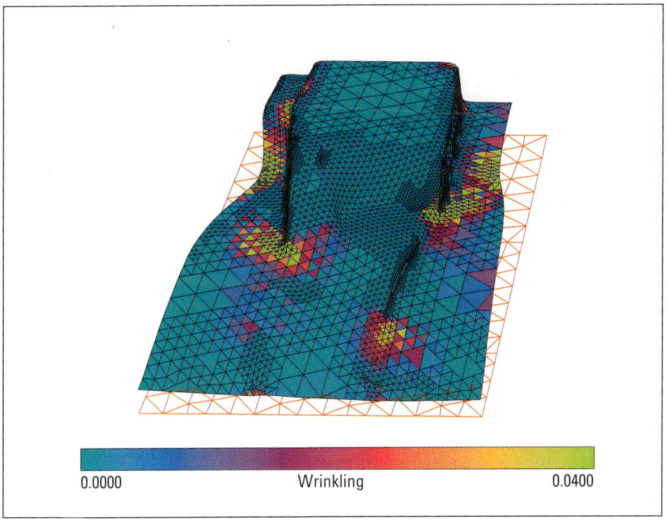

Abb. 4.1.15 Darstellung der möglichen Faltenbildung durch FEM-Berechnung

4.1.3 Werkzeugwerkstoffe

Die Verarbeitung höherfester Bleche, die in der Umformtechnik verbreitet eingesetzt werden, erfordert höhere Umformkräfte. Die Folgen sind eine stärkere Belastung der Werkzeuge und höherer Werkzeugverschleiß.

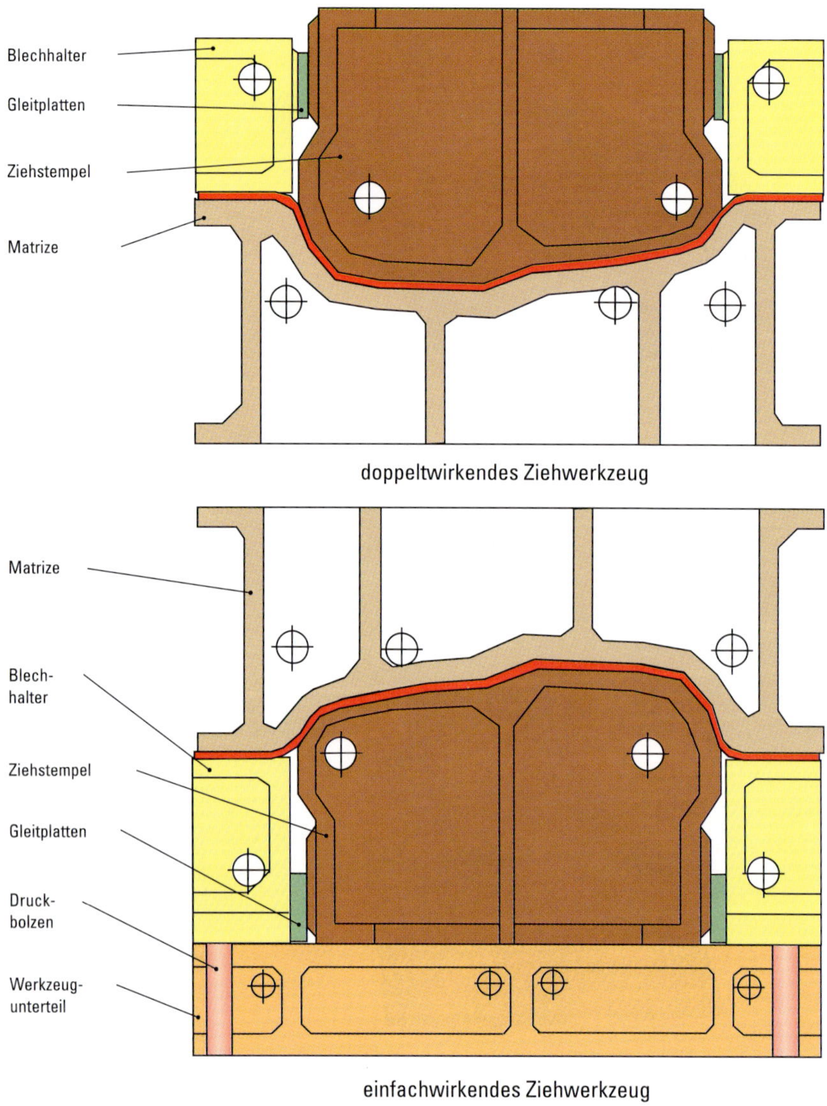

▲ **Abb. 4.1.16** Prinzipieller Aufbau verschiedener Ziehwerkzeuge

Um den Anforderungen an hohe Standmengen bei ausreichender Teilequalität gerecht zu werden, müssen im Werkzeugbau besondere Werkstoffe – meist in gehärtetem oder beschichtetem Zustand – eingesetzt werden. Den prinzipiellen Aufbau verschiedener Werkzeugarten und ihre wichtigsten Werkzeugelemente zeigen *Abb. 4.1.16 und 4.1.17.*

Tabelle 4.1.2 ordnet den Werkzeugelementen der Zieh-, Schneid-, Abkant- und Bördelwerkzeuge die verwendeten Werkstoffe zu. Tabelle 4.1.3 faßt unterschiedliche Randschichthärteverfahren und Beschichtungsverfahren für Werkzeuge zusammen. Beschichtungen, z.B. durch Hartverchromen, können die Gleiteigenschaften beim Tiefziehen verbessern, wodurch sich die Schmierstoffmenge stark reduzieren läßt.

4.1.4 Werkzeugguß

Bei der Herstellung von Produktionswerkzeugen der Blechumformung stellt das Gießen ein Fertigungsverfahren dar, das den hohen Anforderungen des Werkzeugbaus in der Regel am nächsten kommt. Im Gegensatz zu Gußstücken für den allgemeinen Maschinenbau ist bei Gußteilen für den Werkzeugbau normalerweise eine mehrfache Verwendung der Modelle nicht möglich, da kein Werkzeug dem anderen gleicht. Deshalb wird beim Gießen von Werkzeugen ein „verlorenes Modell" aus Styropor (Polysterol, Hartschaum) verwendet *(Abb. 4.1.18).*

Der Guß erfolgt im Vollformverfahren: Das Styropormodell bleibt in der aus Quarzsand mit Harz ausgehärteten Form, das einströmende Gießmaterial vergast bzw. verschmilzt den Modellkörper. Mit dem Vollformverfahren hat die Gießereiindustrie eine Fertigungsmethode entwickelt, die dem Werkzeugbau ein großes Maß an konstruktiven, technischen, ökonomischen und logistischen Verbesserungen bietet. Für den Konstrukteur besteht die Möglichkeit der genauen Maß- und Funktionskontrolle, da das Vollformmodell mit der Gestalt des herzustellenden Gußstücks identisch ist. Die Produktentwicklung wird erleichtert, denn das Modell kann problemlos durch Ausschneiden oder Kleben geändert werden. Weiterhin entfallen die Kosten für Kernkasten, Kernerzeugung, Kerntransport, Kerneinlegen sowie Lagerung der Modelleinrichtung.

Gegenüber anderen Modellbaumaterialien, wie Holz, Metall oder Kunststoff, ist der Konstrukteur weitgehend frei von gießtechnischen

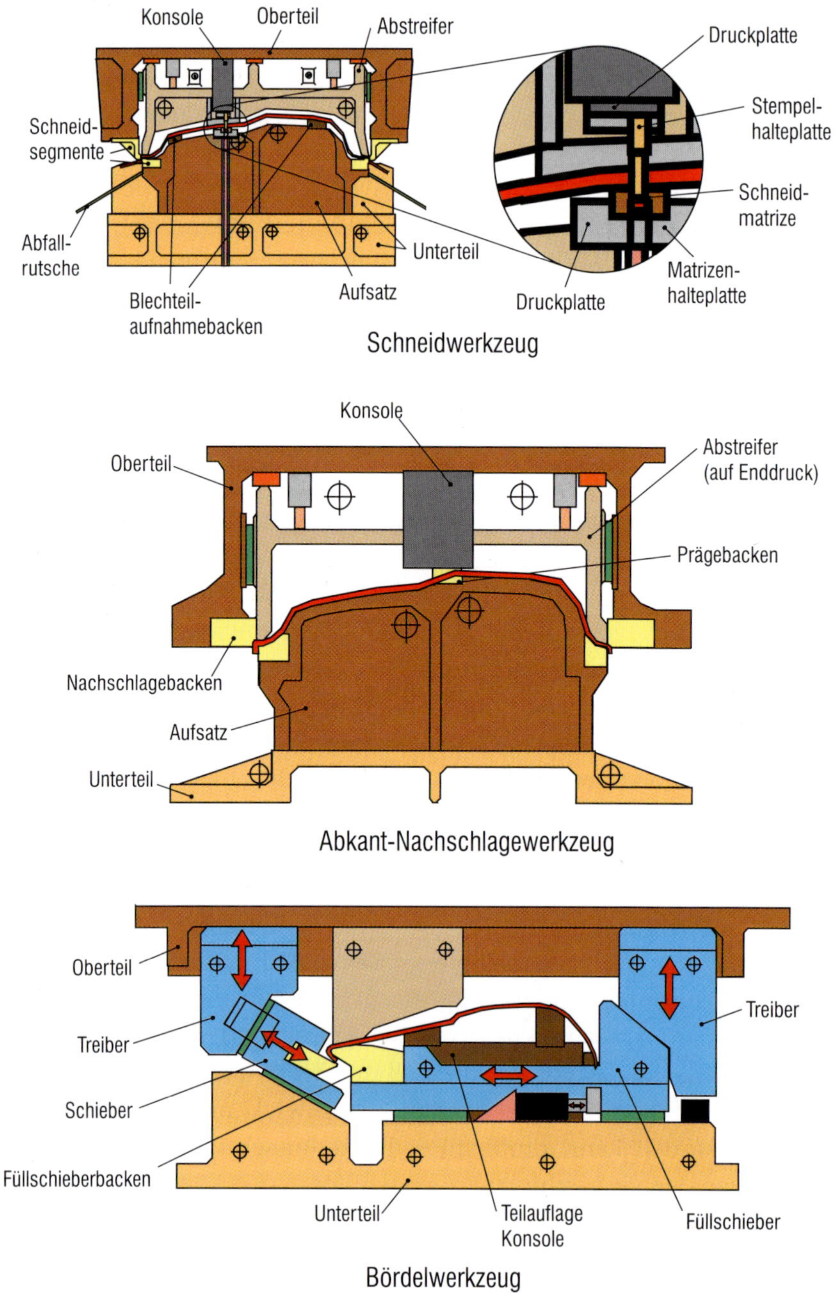

▲ **Abb. 4.1.17** Prinzipieller Aufbau verschiedener Schneid-, Abkant- und Bördelwerkzeuge

Tabelle 4.1.2: Werkzeugwerkstoffe und Einsatzbereiche

Werkstoff-Nr.	***1.0046***	***1.0555***	***1.7140***	***1.2067***	***1.2769***	***1.2601***	***1.2363***
Bezeichnung (DIN 16006)	GS-45	GS-62	GS-47 Cr Mn 6	G-100 Cr 6	G-45 Cr Ni Mo 42	G-X 165 Cr Mo V 12	G-X 100 Cr Mo V 51
R_m [N/mm²]	450	620	vergütet, entspannt 820-930	850	vergütet auf 1000-1030	800-900	800-900
Wärme-behandlung	schweißbar, nicht härtbar	Härten bedingt möglich	schweißbar, randschichthärtbar	härtbar	randschichthärtbar, plasmanitriert	härtbar	härtbar
Härte nach Wärme-behandlung	–	max. HRC 56 + 2 3 mm tief	HRC 56 +2	HCR 60 + 2	Arbeitshärte HRC 50+/–2	HRC 60+/–2	HRC 60+/–2
Verwendung	dünnwandige Blechhalter, Ober- und Unterteile für Kleinwerkzeuge	Blechhalter, hochbeanspruchte Unterteile	Formstempel, Schneidsegmente, Schneidmatrizen	Formstempel, Matrizeneinsätze, Formbacken, Gegenhalter	Formstempel, Matrizeneinsätze, Formbacken, Blechhalter und Aufnahmen mit Enddruck	Schneidleisten, Schneidstempel, Prägestempel, Ziehstempel, Ziehmatrizen, Formstempel	Schneidleisten, Schneidstempel, Prägestempel, Ziehstempel, Ziehmatrizen, Formstempel

Werkstoff-Nr.	***1.2379***	***0.6025***	***0.6025 Cr Mo***	***0.7050***	***0.7060***	***0.7070***	***0.7070 L***
Bezeichnung	G-X 155 Cr V Mo 12 1	GG-25	GG-25 Cr Mo	GGG-50	GGG-60	GGG-70	GGG-70 L
Ausgangshärte HB	max. 250	160-230	200-230	170-220	190-240	220-270	220-270
R_m [N/mm²]	860	250-350	250	500	600	700	700
Wärme-behandlung	härtbar, TIC-TIN-Beschichten	bedingt schweißbar, Plasmanitrieren	Randschichthärten, Plasmanitrieren	Randschichthärten, vergütbar	bedingt schweißbar, Randschichthärten, Plasmanitrieren	bedingt schweißbar, Randschichthärten, Plasmanitrieren	Randschichthärten, Plasmanitrieren
Härte nach Wärme-behandlung	HRC 60 + 2	ca. 1200-1400 HV2	ca. 53 HRC	ca. 54 HRC	ca. 56 HRC	ca. 56 HRC	ca. 56 HRC
Verwendung	Falzbacken, Abkantbacken, Prägestempel für Bleche bis 2,9 mm, Schneidmesser, Schneidmatrizen, Schneidstempel	Standardwerkstoff für gegossene Werkzeugteile, Blechhalteraufsätze, Unter- und Oberteile, Aufbauteile, Treiber, Schieber	Blechhalter, Ziehstempel, Ziehmatrizen	Anstelle von GG 25 und GS 45 bei dünnwandigen Werkstoffen, besonders bei Druckbeanspruchung, z.B. Gegenhalter und Abstreifer	Blechhalter, Ziehstempel Ziehmatrizen, Konsolen	Blechhalter, Matrizen	Blechhalter für Teile mit Ziehtiefen > 120 mm von Außenhautteilen auf Transferpressen

Tabelle 4.1.3: Verfahren zur Randschichthärtung und Beschichtung von Werkzeugen

	RANDSCHICHTHÄRTEVERFAHREN			**BESCHICHTUNGSVERFAHREN**					
	elektrisch	**physikalisch**		**CVD-Verfahren**		**Hart-**	**PVD-Verfahren**		
	Induktionshärten	***Flammhärten***	***Plasmanitrieren***	***Ti C***	***Ti C - Ti N***	***verchromen***	***Ti N***	***Cr N***	***Ti C N***
Verfahren	Härtetemperatur durch hochfrequente induzierte Wirbelströme	Härtetemperatur durch Acetylen-Sauerstoffflamme	Einlagerung von Stickstoff durch elektrische Entladung im Vakuum	Kombination aus Härte- und Beschichtungsverfahren: Härten des Grundwerkstoffs auf ca. 60–62 HRC, Beschichten > 1 000 °C, Austenitisieren, Anlassen		Aufbringen der Chromschicht im Vakuum, Diffusion oder elektrisches Abscheiden bei ca. 100 °C	Erwärmen auf Beschichtungstemperatur unter 500 °C, Beschichten im Vakuum, Abkühlen im Vakuum, verzugfreies Verfahren		
verwendbare Werkstück-werkstoffe	unlegierte und legierte Stähle 0,2 - 0,6 % C z.B. Ck 45, 50 Cr Mo 4	unlegierte und legierte Stähle 0,2 - 0,6 % C z.B. Ck 45, 50 Cr Mo 4	alle Eisenwerkstoffe z.B. 1. 2379, 1.2842, 1.2601, 1.0062, 0.6025, 1.7131	ledeburtische Chromstähle, Hartmetalle vorzugsweise 1.2379		Gußeisen, Stahl, Nichteisenmetalle	Kalt-und Warmarbeitsstähle, HSS, Hartmetalle, rostfreie Stähle z.B. 1. 2379, 1. 2601, 1. 2369, 1. 2378		
Werkstück-anforderung	metallisch blanke Oberfläche	metallisch blanke Oberfläche	fertig bearbeitet, metallisch blanke Oberfläche	metallisch blanke und polierte Oberfläche, Rauhigkeit $R_z < 3$ µm, nicht funktionelle Flächen (Paßflächen) mit Aufmaß, Angabe des Toleranzfelds in der Zeichnung		metallisch blanke Oberfläche, keine Werkstoff-, Bearbeitungs- oder Oberflächenfehler, i. d. R. vorgelagertes Randschichthärten	elektrisch leitend, unmagnetischer Zustand, keine Lunker bei gelöteten Teilen, metallisch blanke Oberfläche, Rauhigkeit $R_z = 2 - 4$ µm, keine Grate, keine zusammengebauten Teile		
Schichteigen-schaften	53 - 59 HRC, Härtetiefe 1,5 - 3 mm, verschleißfeste Oberfläche, zäher Werkstückkern, nachfolgendes Finish	verschleißfeste Oberfläche, zäher Werkstückkern, Gefahr der Verzunderung, nachfolgendes Finish	ca. 1 200-1 400 HV2, Verbesserung der Gleiteigenschaften, Erhöhung der Festigkeit, Rauhigkeitszunahme $\Delta R_a = 0{,}1 - 0{,}3$ µm	ca. 4 000 HV, max. Einsatztemp. ca. 300 °C, spröde, Schichtdicke bis ca. 9 µm, grau-metallfarben	ca. 3 000 HV, max. Einsatztemp. ca. 450 °C Schichtdicke bis ca. 9 µm, goldfarben	600 - 1 100 HV0,1, rostfreie Oberfläche, erhöhte Abriebfestigkeit, gute Reibwerte, max. Schichtdicke 100 µm	ca. 2 400 HV, max. Einsatztemp. ca. 500 °C, chemische Beständigkeit, Schichtdicke bis 3 µm, goldfarben	ca. 2 000 HV, max. Einsatztemp. ca. 600 °C, gute chemische Beständigkeit, Schichtdicke 50 - 70 µm, silberfarben	ca. 3 000 HV, max. Einsatztemp. ca. 400 °C, Schichtdicke bis 3 µm, braun-violett
Teilespektrum	gegossene Schneidmesser, Führungsleisten, partielle Ziehstempel und Matrizen	Hochheberbolzen, Führungselemente, gegossene Schneidmesser, partielle Ziehstempel und Matrizen	alle verschleißenden Werkzeugaktivteile sowie Führungselemente	*Aktivteile von Umform- und Ziehwerkzeugen* vorwiegend für dickere unbeschichtete Stahlbleche	vorwiegend für aluplattierte und verzinkte Bleche	Ziehstempel, -matrizen, Blechhalter	*Aktivteile von Schneid- und Trennwerkzeugen sowie Zerspanungswerkzeugen* vorwiegend unlegierte Tiefziehbleche	Nichteisenmetalle und Cr Ni-Stähle	vorwiegend für niedrig- und hochlegierte Stähle z.B. VA-Bleche

Abb. 4.1.18 Styropormodell eines Werkzeugs

Restriktionen. Da das Modell in der Form bleibt, müssen Hinterschneidungen, Konizität, Aushebeschrägen und Formteilungen nicht berücksichtigt werden.

Als Gußwerkstoff für Serienwerkzeuge eignen sich alle Eisenwerkstoffe. Die bei der Modellvergasung verbleibenden Rückstände beeinträchtigen die Oberflächenqualität der Werkzeuge nur in geringem Maß. Um jedoch an der Funktionsfläche des Werkzeugs die beste Oberflächenqualität zu erhalten, wird diese Fläche im Formkasten nach unten gelegt. Die Handhabung des Modells in der Fertigung ist problemlos – bei einem spezifischen Gewicht von 20 kg/m^3 können auch große Styropormodelle noch ohne Hebezug transportiert werden. Gegenüber konventionellen Fertigungsmethoden wie Schweißen weist die Gießtechnik folgende Vorteile auf:

- Herstellbarkeit komplizierter Bauteile mit geringen Fertigungstoleranzen,
- besserer Kraftfluß im Gußstück durch Rundungen und sanfte Übergänge,

- besseres Dämpfungsverhalten von Gußeisen gegenüber einer Stahlplattenkonstruktion – dadurch ruhige und schwingungsarme Bauteile mit hoher Belastbarkeit sowie einem niedrigeren Geräuschpegel des Fertigungssystems aus Presse und Werkzeug,
- geringere Verzugsneigung des Gußeisens, das eine hohe Arbeitsgenauigkeit des Fertigungssystems gewährleistet,
- gute Verschleiß- und Gleiteigenschaften,
- härtbare Werkzeugwerkstoffe – dadurch können viele Funktionen direkt vom Gußteil ohne zusätzliche Anbauteile wahrgenommen werden –,
- öldichte Wannen, usw.,
- keine Ecken und Spalte in den Nahtstellen, die zur Aufnahme von Feuchtigkeit und zu Korrosion führen,
- gute Zerspanbarkeit, wodurch 20 bis 50% des Bearbeitungsaufwands eingespart werden können,
- in der Regel ist kein Spannungsarmglühen notwendig.

■ 4.1.5 Einarbeitungsanlagen

Tryoutpressen

Anlagen zur Werkzeugeinarbeitung nehmen einen bedeutenden Platz in modernen Preßwerken ein. Auf einer Tryoutpresse werden die Werkzeuge vor Produktionsbeginn erprobt. Dadurch wird die Dauer der Werkzeugeinarbeitung auf den Produktionsanlagen auf ein Minimum reduziert. Die Pressenlaufzeiten aller Teile beschränken sich folglich auf Rüst- und Fertigungszeit – die Rentabilität der Produktionsanlagen steigt.

Bei der Herstellung von Werkzeugen für die Blechumformung wird, ausgehend von den CAD-Konstruktionsdaten des zu fertigenden Teils, die Werkzeuggeometrie in Stempel und Matrize gefräst. Beide Werkzeugteile werden üblicherweise aus Formgußteilen hergestellt (vgl. Abschn. 4.1.4). Bei der Werkzeugeinarbeitung auf einer Tryoutpresse zeigt sich zum ersten Mal, wo die Geometrie nachgearbeitet werden muß. Werkzeugfunktionen und Tragbild werden geprüft. Dabei wird untersucht, ob sich der Materialfluß im Blechteil wie theoretisch ermittelt verhält und keine Falten, Risse oder Einfallstellen am Teil vorhanden sind. Es treten insbesondere in den Eckenbereichen der Blechhalterflächen aufgrund der tangentialen Druckspannungen hohe Materialverdickungen auf, die zu unerwünschten höheren Flächenpressungen führen und das Ziehergebnis verschlechtern können. Abhilfe schafft das Abtragen bzw. Herausarbeiten dieser Blechhalterbereiche.

In einer Tryoutpresse verändert sich die Werkzeuggeometrie durch den zyklischen Wechsel zwischen Umformen eines Teils und Nachschleifen von Stempel, Matrize bzw. Blechhalter an den kritischen Stellen aufgrund der noch nicht ausreichenden Blechteilequalität. Ziel ist, auf der Tryoutpresse das Werkzeug soweit zu optimieren, daß der zusätzliche Aufwand für den Serienanlauf auf der Produktionspresse minimiert wird. Erst bei Erreichen der gewünschten Teilequalität auf dieser Anlage, d.h. bei der Produktion der ersten Gutteile, ist die Erprobung abgeschlossen, und die Fertigung auf den Produktionspressen kann anlaufen.

Wird die Zieheinrichtung einer einfachwirkenden Presse bzw. der Blechhalter einer doppeltwirkenden Presse mit einer Mehrpunktregelung ausgerüstet, so können die Einarbeitungskosten stark reduziert werden (vgl. Abschn. 3.1.4 und 3.2.8) – die Produktionspresse, auf der das Werkzeug später laufen soll, und die Tryoutpresse sollten allerdings möglichst die gleiche Regelungseinrichtung enthalten. An Stelle des Herausarbeitens der Werkzeugbereiche oder des Einsetzens von Bremssicken *(vgl. Abb. 4.2.6 und 4.2.7)* wird das gewünschte Ziehergebnis einfach durch die individuelle Druckeinstellung erreicht. Eine zusätzliche Einrichtung, die den Druck über dem Ziehweg steuert *(vgl. Abb. 3.1.12)*, trägt wesentlich dazu bei, die Fertigungskosten beim Tryout zu reduzieren und höchste Teilequalität in der Produktionspresse zu erzielen.

Beim Tryout spielen die Umformparameter, insbesondere die an der verwendeten Presse einstellbaren, eine entscheidende Rolle. Hydraulische bzw. mechanische Tryoutpressen erproben die Werkzeuge unter möglichst produktionsnahen Bedingungen. Um eine schnellere und zuverlässigere Einarbeitung zu erreichen, ist eine weitgehende Übereinstimmung der Pressenkennwerte, wie z.B. Steifigkeit und Durchbiegung von Tisch und Stößel, zwischen Tryoutpresse und den Stationen der Produktionsanlage vorteilhaft. Je näher die Kennwerte der Tryoutpresse an die der Produktionspresse herankommen, desto kürzer wird die Einarbeitungszeit auf der Produktionspresse – die Fertigung von Gutteilen kann früher einsetzen. Beispielsweise wird die optimale Erprobung der Werkzeuge für mechanische Großteil-Transferpressen durch mechanische Tryoutpressen erzielt, die annähernd identische Kennwerte aufweisen. Insbesondere bedeutet das für die erste Ziehstufe, daß die Tryoutpresse als Einzelpresse neben dem gleichen Aufbau eine entsprechende Zieheinrichtung besitzt *(Abb. 4.1.19, links)*. Eine oder mehrere mechanische Einzelpressen ohne Zieheinrichtung fahren dagegen die Werkzeuge für die weiteren Stufen einer Transferpresse ein *(Abb. 4.1.19, rechts)*.

Eine kostengünstigere Lösung stellen hydraulische Tryoutpressen dar *(Abb. 4.1.20)*. Allerdings kann ihre Bewegungscharakteristik, insbesondere die Arbeitsgeschwindigkeit, nur bedingt einer mechanischen Presse angepaßt werden *(vgl. Abb. 3.2.3* mit *Abb. 3.3.1)*; dafür ist das Arbeitsvermögen hydraulischer Pressen von der Hubzahl unabhängig. Ihre Flexibilität ermöglicht einen beliebigen Bewegungsablauf des Werkzeugs, gleichgültig ob die Paßkanten vorsichtig getestet oder Vorserien abgepreßt werden sollen. Zusätzlich kann eine Tuschiereinrichtung für Stößel und Blechhalter die Werkzeugkonturen mit einer fein steuerbaren Geschwindigkeit anfahren. Der Werkzeugeinbauraum, die Hübe und die Kräfte aller Tryoutpressen sind so ausgelegt, daß die gesamte

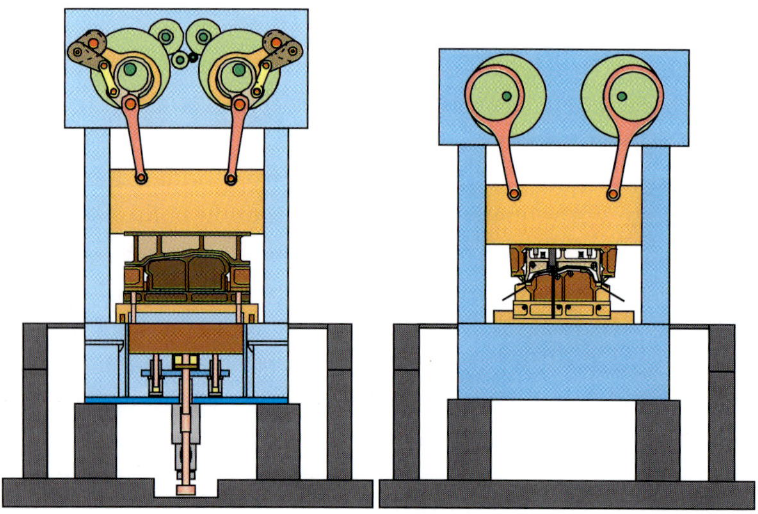

Abb. 4.1.19 Mechanische Tryoutpresse für das Einarbeiten von Werkzeugen: mit Zieheinrichtung für die erste Umformstufe *(links)* und ohne Zieheinrichtung für die Folgestufen *(rechts)*

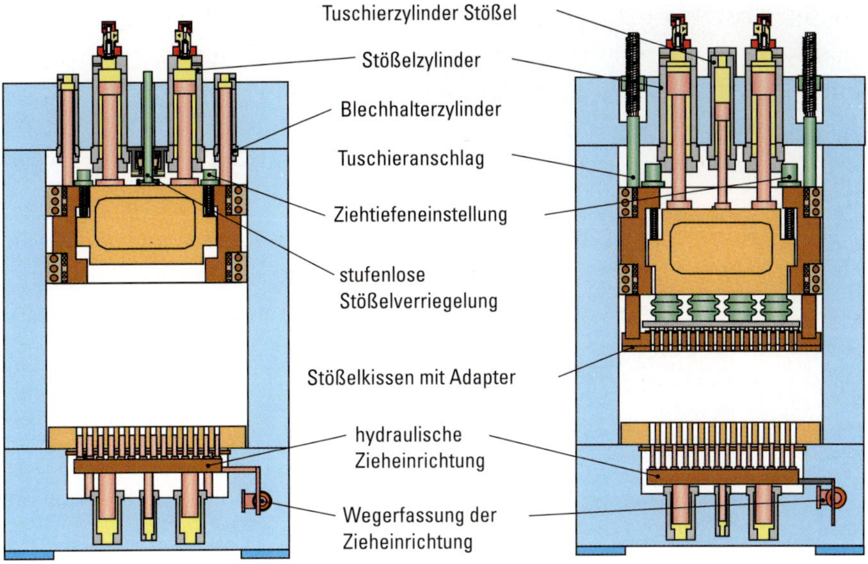

▲ **Abb. 4.1.20** Aufbau einer hydraulischen Tryoutpresse

Palette größerer Blechumformwerkzeuge eingebaut werden kann. Kraft und Geschwindigkeit sind mindestens im Verhältnis 1 : 10 vorwählbar, damit das schrittweise Einfahren der Werkzeuge möglich ist. Bei den Anpaßarbeiten müssen in der Regel Stempel und Matrize gleichzeitig bearbeitet werden.

Zur Arbeitserleichterung und Zeitreduzierung können hydraulische Tryoutpressen mit einer schwenkbaren Stößelplatte ausgerüstet werden *(Abb. 4.1.21)*. Zunächst fährt der Fahrtisch mit dem Unterwerkzeug aus der Presse. Beim Schwenken wird das Oberwerkzeug um 180° gedreht und zentriert auf einem ausfahrbaren Aufnahmewagen abgelegt. Hierzu werden Stößel, Aufspannplatte und Oberwerkzeug auf eine definierte Höhe abgesenkt und in der Wendevorrichtung verriegelt. Schnellspanner lösen die Stößelplatte vom Stößel, der Stößel fährt in die obere Endlage. Nach dem Wenden von Stößelplatte und Oberwerkzeug setzt der Stößel die Stößelplatte mit dem Oberwerkzeug in den Zentrierungen des Aufnahmewagens ab und fährt wieder in die obere Endlage. Der Aufnahmewagen fährt nach hinten aus der Presse heraus, das Werkzeug ist allseitig zugänglich. Es läßt sich bequem und zeitsparend bear-

Abb. 4.1.21
Wenden des Stößels bei einer hydraulischen Tryoutpresse

beiten. Nach dem Rückschwenken muß das Werkzeug nicht erneut positioniert werden, da es mit der Aufspannplatte zentriert auf dem Aufnahmewagen lag.

Zur elektrischen Ausrüstung einer Tryoutpresse gehört die Sensorik zur Messung der Einstellparameter für jedes Werkzeug. Meßeinrichtungen und Systeme zur Meßdatenerfassung ermöglichen statistische Auswertungen. Die optimalen Einstellparameter werden von der Steuerung protokolliert und stehen dann für die Produktionspresse zur Verfügung. Um fertigungsnahe Bedingungen auf hydraulischen Tryoutpressen zu erreichen, werden elastische Verformungen bzw. Parallelitätsabweichungen des Stößels, die am Werkzeug und der Produktionsanlage erfaßt wurden, regelungstechnisch berücksichtigt.

Während der Einarbeitung müssen die Werkzeuge häufig ein- und ausgebaut werden. Ein Schiebetisch macht diese Arbeit schneller und sicherer *(vgl. Abb. 3.4.3)*. In einem Tryoutcenter beispielsweise sind mehrere Tryoutpressen als Pressenlinie mit Kreuzfahrschiebetischen miteinander verbunden *(Abb. 4.1.22* und *vgl. Abb. 3.4.4)*. Diese Anordnung er-

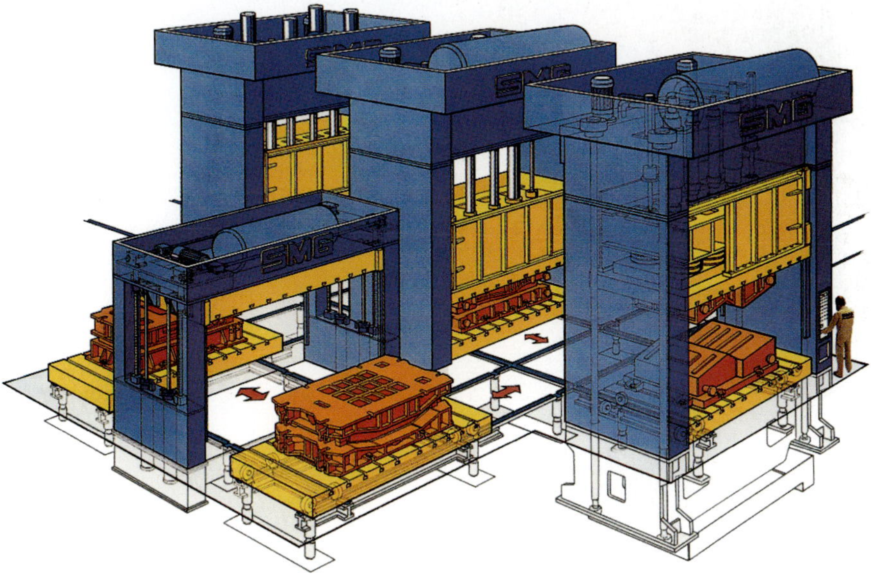

▲ **Abb. 4.1.22** Tryoutcenter: mit Kreuzfahrschiebetischen verbundene Tryoutpressen

möglicht die durchgängige Erprobung von Folgeoperationen – Werkzeugsätze werden schneller und damit wirtschaftlicher eingearbeitet.

Tryoutpressen und vor allem Tryoutcenter sind auch dazu geeignet, Teile in Kleinserien zu produzieren oder beim Ausfall einer Großpresse die Fertigung in geringerem Umfang weiterzuführen. Je nach Aufgabenstellung können beispielsweise diese Universalpressen sowohl in der Produktion als auch für Erprobungsarbeiten eingesetzt werden.

Parallelhubvorrichtungen
Für Reparaturen, Nach- und Anpaßarbeiten muß das Werkzeugoberteil vom Werkzeugunterteil abgehoben werden. Aus ergonomischen Gründen (Überkopfarbeit) und Zeitgründen (Arbeiten gleichzeitig an Ober- und Unterteil) werden die Ober- und Unterteile getrennt abgelegt. Werkzeuge, die manuell nicht handhabbar sind, können mit Hilfe einer hydraulischen Parallelhubvorrichtung bewegt werden. Die Einrichtung garantiert einen schnellen Zugriff bei Reparaturen und der Instandhaltung von Werkzeugen. Die in *Abb. 4.1.23* gezeigte Anlage hebt das

Abb. 4.1.23
Parallelhubvorrichtung

Oberwerkzeug parallel zum Unterwerkzeug an und legt es nach einer Drehung um 180° neben dem Unterwerkzeug ab. Die Einrichtung stellt bei hoher Wiederholgenauigkeit ein verkantungsfreies Zusammenfahren der Werkzeughälften sicher.

4.1.6 Transfersimulatoren

Transfersimulatoren dienen zur Anpassung und Voreinstellung des teileabhängigen Zubehörs des Greiferschienen- bzw. Saugerbrücken-Transfers von Großteil-Transferpressen *(vgl. Abb. 4.4.29 und 4.4.34)*. Im Simulator wird das Unterwerkzeug und das teileabhängige Transportzubehör installiert, das vor der Produktion in den fest installierten Transferteil der Presse eingekuppelt wird *(Abb. 4.1.24)*.

Die Bewegungen von Transfer, Blechteil und Werkzeug müssen so aufeinander abgestimmt sein, daß es in kritischen Phasen nicht zu einer Überschneidung und damit Kollision zwischen Transfer, Teil und Werkzeug kommt. Dabei werden Greifer- und Saugerpositionen, Transportwege, Transporthöhen, Teilelagen und Durchlaufrichtungen in einem Programm festgelegt. Dieses Programm wird in die Produktionsanlage überspielt. Die Kollisionsbetrachtung von Teil und Werkzeug, die bereits bei der CAD-Konstruktion durchgeführt wurde, wird im Transfersimulator überprüft. Hauptaufgabe des Simulators ist jedoch die Anpassung des teileabhängigen Zubehörs an das Blechteil. Es wird erprobt, ob

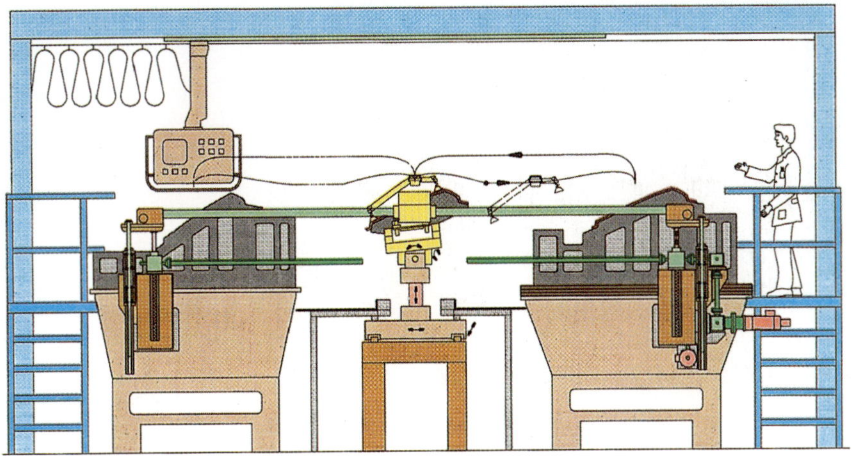

▲ **Abb. 4.1.24** Transfersimulator für eine Großteil-Transferpresse mit Saugerbrücken-Transfer

das Teil exakt und sicher auf der Zwischenablage bzw. im Werkzeug abgelegt wird. Außerdem werden Energieversorgung und Kontrollsysteme der Transferschienen auf ihre Funktion geprüft. Moderne Systeme können auch den Wechsel der teilespezifischen Formschablonen der Zwischenablagen simulieren.

4.2 Tiefziehen und Streckziehen

4.2.1 Verfahren

Beim Tiefziehen wird mit Werkzeugen (starr und nachgiebig), Wirkmedien (z. B. Sand, Stahlkugeln, Flüssigkeit) oder Wirkenergie (z. B. ein Magnetfeld) umgeformt. Im folgenden Teil sollen die Gesetzmäßigkeiten des Streck- und Tiefziehens mit starren Werkzeugen im Erst- und Weiterzug *(vgl. Abb. 2.1.10 bis 2.1.12)* sowie in Abschn. 4.2.4 und 4.2.5 die des Tiefziehens mit Wirkmedien *(vgl. Abb. 2.1.13)* behandelt werden.

Im Unterschied zum Tiefziehen kann das Blech beim *Streckziehen* aufgrund der Klemmung mit Zangen oder einem Blechhalter nicht nachfließen. Die Umformung erfolgt unter Abnahme der Blechdicke. Reines Streckziehen gehört zu den Zugumformverfahren *(vgl. Abb. 2.1.18)*. Es werden meist großflächige Werkstücke, wie z. B. Beplankungsteile im Flugzeug- oder Fahrzeugbau, auf speziellen Anlagen hergestellt. Das ist besonders dann der Fall, wenn es sich um kleine Stückzahlen oder um großflächige Teile handelt, beispielsweise um Tragflächenelemente von Flugzeugen. Die Vorteile dieses Verfahrens sind im Verhältnis zur Größe der herzustellenden Teile geringe Werkzeug- und Maschinenkosten.

Tiefziehen gehört nach DIN 8582 zu den Zugdruckumformverfahren. Das Verfahren mit dem größten Anwendungsbereich ist das *Tiefziehen mit starrem Werkzeug,* bestehend aus Ziehstempel, Blechhalter und Matrize *(vgl. Abb. 2.1.10)*. Dabei wird der Blechzuschnitt im allgemeinen über den Ziehstempel in die Matrize gezogen, wobei der Blechhalter eine Faltenbildung im Flansch verhindert. Bei reinem Tiefziehen bleibt die Blechdicke unverändert – eine Oberflächenvergrößerung wie beim Streckziehen tritt nicht auf.

Durch Veränderung des Blechhalterdrucks kann beim Ziehen der Materialfluß gezielt gesteuert werden, und zwar zwischen dem reinen Streckziehen, bei dem kein Blech aus dem Flanschbereich in den Ziehspalt nachfließen kann, und dem Tiefziehen, bei dem faltenfrei mit ungehindertem Werkstofffluß gezogen wird *(vgl. Abb. 2.1.32)*.

Beim Tiefziehen im Erstzug wird aus dem ebenen Zuschnitt ein Hohlkörper hergestellt, der dann u.a. durch Ziehen im Weiterzug, durch Stülpen, Abstrecken und Fließpressen weiterverarbeitet werden kann. Bei allen Tiefziehverfahren wird die Umformkraft über den Ziehstempel in den Ziehteilboden und von dort über die Zarge in den Umformbereich zwischen Ziehmatrize und Blechhalter übertragen.

Im Werkstück treten radiale Zugkräfte F_R und tangentiale Druckkräfte F_T auf *(Abb. 4.2.1)*. Der Werkstoff wird in Umfangsrichtung des Flansches gestaucht und in radialer Richtung gedehnt. Mit zunehmender Ziehtiefe nehmen Umformgrad und Formänderungsfestigkeit zu. Im Radiusbereich des Ziehstempels wird das Blech am stärksten gestreckt. An dieser Stelle versagt es normalerweise (Bodenreißer).

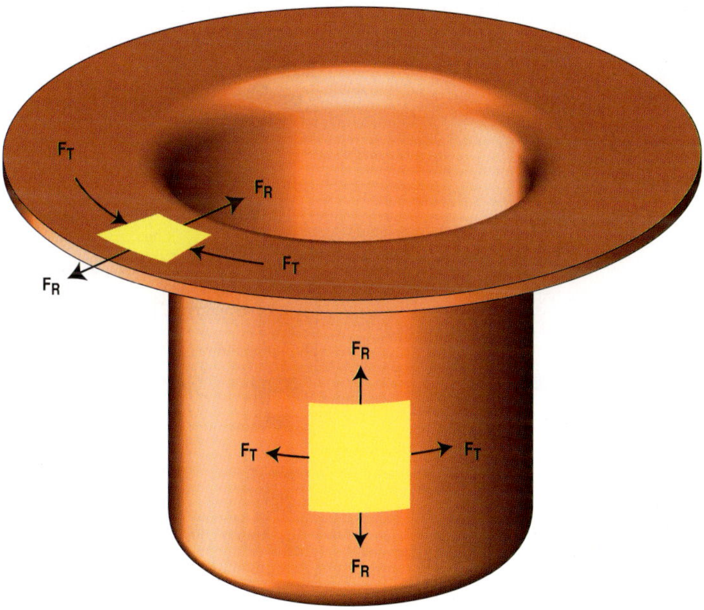

▲ **Abb. 4.2.1** Umformkräfte beim Tiefziehen eines Napfes mit Blechhalter

Beim Ziehen mit Blechhalter muß die Presse auch die Blechhalterkraft auf das Werkzeug übertragen. Sie wirkt entweder von oben über einen Blechhalterstößel oder von unten über eine Zieheinrichtung. Es gibt grundsätzlich drei Varianten, die Blechhalterkraft aufzubringen.

Beim *doppeltwirkenden Ziehen* besitzt die Presse zwei oben angeordnete Stößel: den Ziehstößel mit dem Ziehstempel und den Blechhalterstößel mit dem Blechhalter *(Abb. 4.2.2* und *vgl. Abb. 3.1.8)*. Der Blechhalterstößel überträgt die Blechhalterkaft über den Blechhalter auf das Blech und die Ziehmatrize. Die Matrize und der Auswerfer sitzen im Werk-

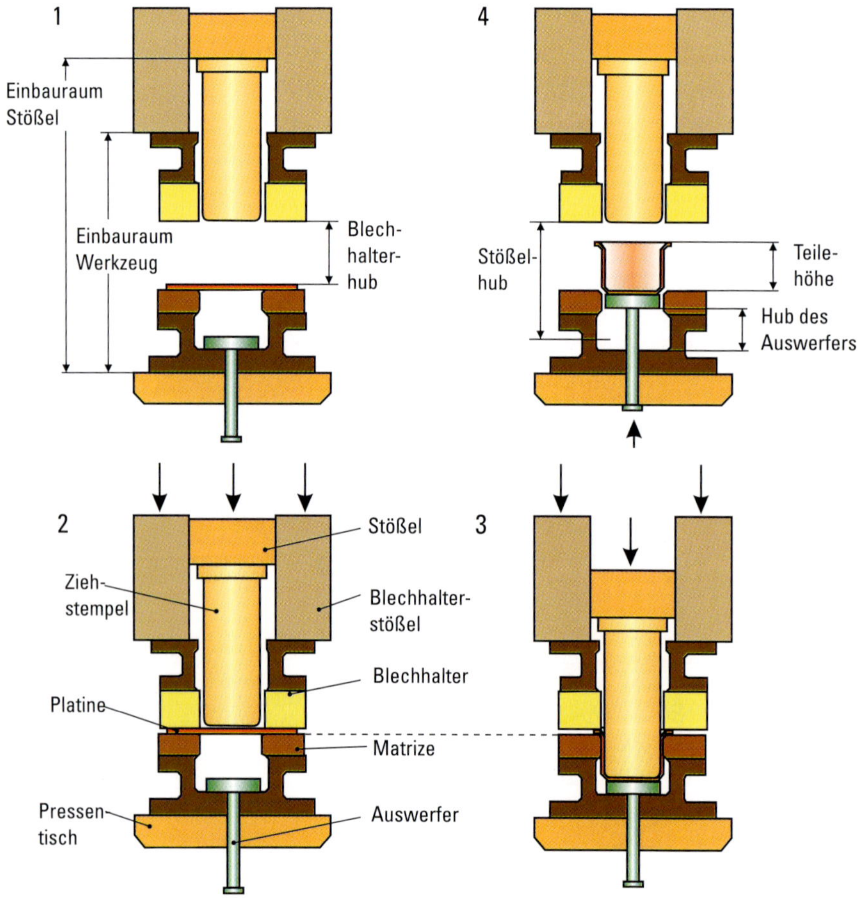

Abb. 4.2.2 Von oben doppeltwirkendes Ziehwerkzeug

zeugunterteil auf dem Pressentisch. Beim Umformen spannt der Blechhalter die Platine gegen die Ziehmatrize, der Stempel taucht von oben in das Unterwerkzeug und formt das Teil, indem das Blech faltenfrei aus dem Blechhalterbereich nachfließt. Der Umformprozeß erfolgt also in diesem Fall mit statischer Blechhaltung und beweglichem Stempel. Beim doppeltwirkenden Ziehen muß der Ziehstößel nur die Umformkraft aufbringen.

Ein Nachteil beim doppeltwirkenden Ziehen ist, daß die Teile für die Weiterverarbeitung in den nachfolgenden Umform- und Schneidwerkzeugen meist von einer kosten- und platzintensiven Wendevorrichtung um etwa 180° gedreht werden müssen (vgl. Abschn. 3.1.3). Bei Karosserie-Außenhautteilen besteht dabei ferner die Gefahr, daß die Außenfläche des Teils durch das Wenden beschädigt wird.

Das *einfachwirkende Ziehen mit Zieheinrichtung* funktioniert umgekehrt: Die Krafteinleitung erfolgt vom Stößel über die Matrize und den Blechhalter des Werkzeugs auf die Zieheinrichtung im Tisch *(Abb. 4.2.3* und *vgl. Abb. 3.1.9).* Der Ziehstempel und der Blechhalter des Ziehwerkzeugs stehen auf einer gemeinsamen Grundplatte auf dem Pressentisch. Druckbolzen, die durch den Pressentisch und die Grundplatte ragen, übertragen die Blechhalterkraft von der Zieheinrichtung auf den Blechhalter. Die Ziehmatrize und der Auswerfer werden am Pressenstößel befestigt. Zu Beginn des Umformprozesses wird die Platine zwischen Ziehmatrize und Blechhalter kraftschlüssig geklemmt. Der Stößel der Presse schiebt – gegen die nach oben wirkende Kraft der Zieheinrichtung – den Blechhalter über die Ziehmatrize nach unten. Durch die Abwärtsbewegung wird das Teil über dem festen Ziehstempel geformt. Der Pressenstößel muß sowohl die Umform- als auch die Blechhalterkraft aufbringen.

Für einfachwirkende Werkzeuge spricht, daß das Teil nach dem Umformprozeß nicht gewendet werden muß. Außerdem führt heute der Einsatz von gesteuerten hydraulischen Zieheinrichtungen, auch bei großen Ziehtiefen bis 250 mm, zu vergleichbaren Werkstückqualitäten wie auf doppeltwirkenden Pressen (vgl. Abschn. 3.1.4).

Eine energie- und kostengünstige Möglichkeit des Blechumformens ist das *Gegenziehen oder das Stülpziehen (Abb. 4.2.4* und *vgl. Abb. 3.1.10).* Hierzu wird ebenfalls eine einfachwirkende Presse mit Zieheinrichtung verwendet, meist eine hydraulische. Das Oberwerkzeug ist am Stößel angebracht. Das Unterwerkzeug mit dem Blechhalter ist auf dem Pressentisch fixiert. Der Stempel steht, durch eine Öffnung in der Tischplattenmitte geführt, auf dem Tischkissen.

Beim Umformen wird die Blechhalterkraft über den Stößel von oben und die Ziehstempelkraft über das aktive Ziehkissen von unten aufgebracht. Der Stempel formt das Teil bei seiner Aufwärtsbewegung, während der Blechhalter auf der Matrize ruht.

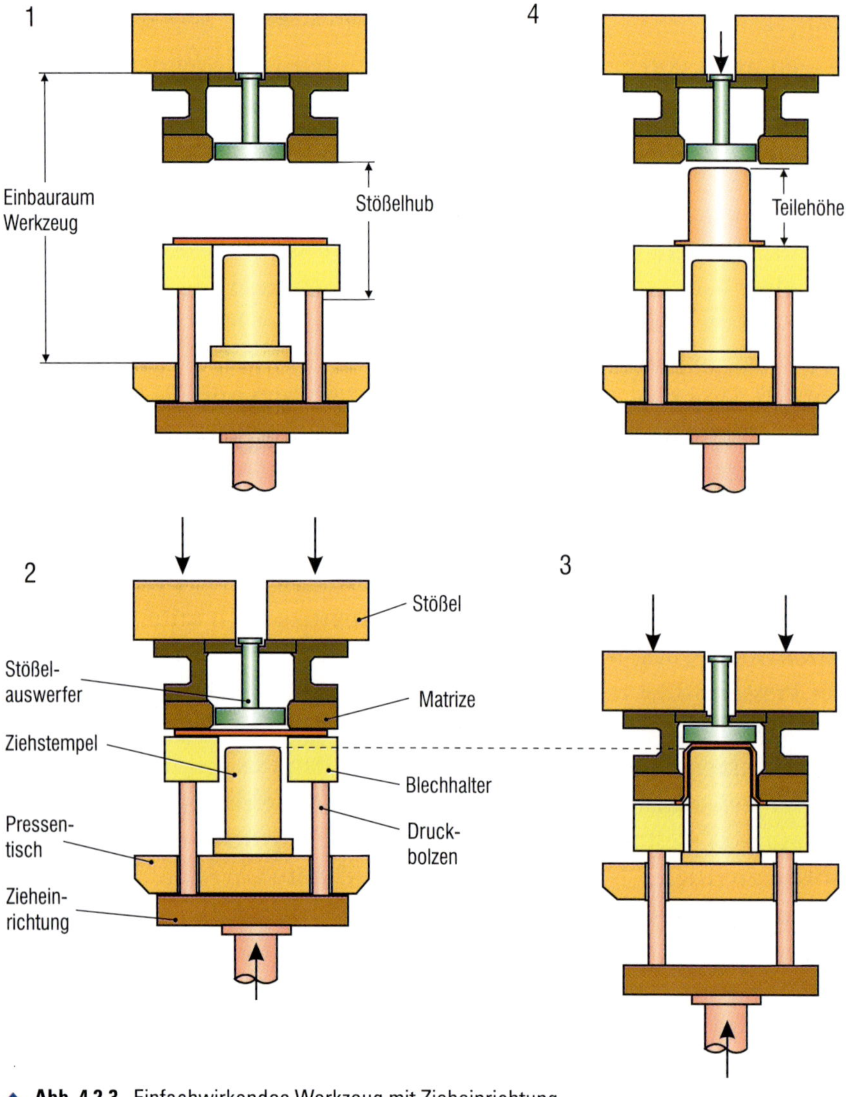

▲ **Abb. 4.2.3** Einfachwirkendes Werkzeug mit Zieheinrichtung

Das aktive Gegenziehen verbindet die Vorteile der stationären Blechhalterung und des geringeren Kraftaufwands bei doppeltwirkenden Werkzeugen mit dem Vorteil des einfachwirkenden Werkzeugs, bei dem das Teil nicht gewendet werden muß. Allerdings ist eine Anpassung der Werkzeuge speziell für dieses Verfahren unumgänglich, da die Kräfte gegenüber dem sonst üblichen einfachwirkenden Tiefziehen mit Ziehkissen in umgekehrter Richtung wirken. Sie können also nicht in normalen einfachwirkenden Pressen eingesetzt werden.

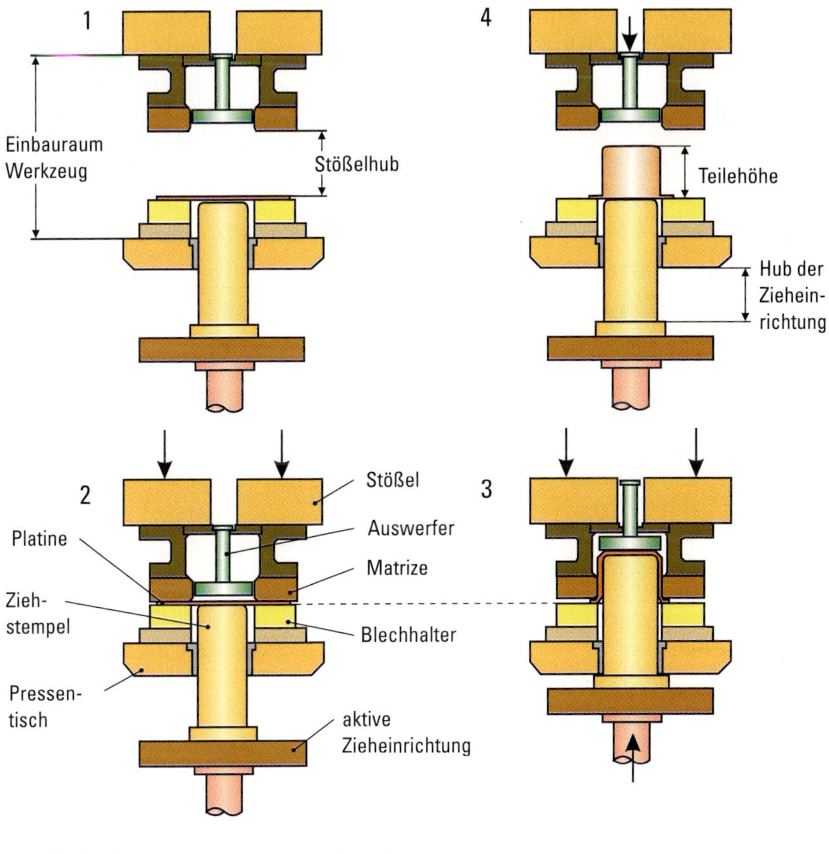

Abb. 4.2.4 Gegenzugwerkzeug/Stülpziehwerkzeug

Ermittlung des Platinenzuschnitts

Vor Ziehbeginn müssen entsprechend der gewünschten Teilegeometrie und Werkzeugauslegung die Größe und Form der Ausgangsplatine bestimmt werden. An einem einfachen rotationssymmetrischen Körper soll dies dargestellt werden. Bei der Ermittlung des Zuschnittsdurchmessers unterteilt man den ganzen Rotationskörper entsprechend Tabelle 4.2.1 zunächst in einzelne Rotationskörper und bestimmt deren Oberflächen. Die Gesamtoberfläche, als Summe der Einzeloberflächen, erlaubt die Berechnung des Zuschnitts- oder Platinendurchmessers D, der in Tabelle 4.2.1 für häufig verwendete Ziehteilformen, ausgehend vom gewünschten Innendurchmesser d, zusammengestellt ist. Da der Werkstoff beim Ziehen etwas gestreckt wird, bleibt am oberen Rand der Ziehteile meist Material übrig, das aber nicht genau berechnet werden kann. Bei hohen Teilen kann dies infolge der Inhomogenität des Blechs (Anisotropie) zu einer Zipfelbildung führen. Die Ziehteile müssen deshalb generell im Anschluß an das Tiefziehen am Rand beschnitten werden. Die Zuschnittsermittlung für eckige bzw. unregelmäßige Teile erfolgt in der Praxis oft empirisch, da sie nicht mit einfachen Formeln möglich ist. Ausgehend von Erfahrungswerten, wird die Platinengröße im Versuch ermittelt, indem zunächst die vorgesehene Form auf eine genügend große Blechtafel aufgezeichnet und nach dem Ziehen entsprechend dem tatsächlichen Materialbedarf und -fluß angepaßt wird. Neuerdings werden zunehmend Rechnerprogramme zur Zuschnittsermittlung eingesetzt (vgl. Abschn. 4.1.2).

Tabelle 4.2.1: Formeln für den Zuschnittsdurchmesser D

	Gefäßform *(im Schnitt)* rotationssymmetr. Gefäße	Zuschnittsdurchmesser D =
1	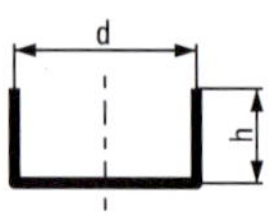	$\sqrt{d^2 + 4 \cdot d \cdot h}$ *
2	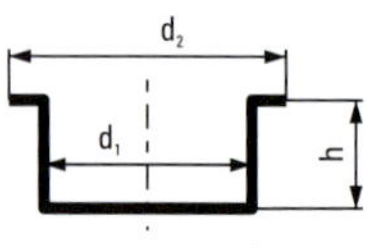	$\sqrt{d_2^2 + 4 \cdot d_1 \cdot h}$ *

* *Gefäße mit kleinen (Boden-) Radien r < 10 mm*

Gefäßform *(im Schnitt)* rotationssymmetr. Gefäße	Zuschnittsdurchmesser D =
3 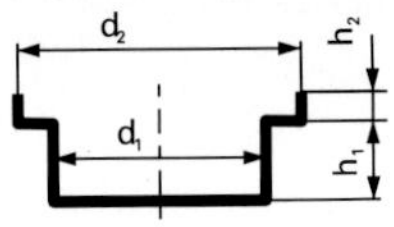	$\sqrt{d_2^2 + 4 \cdot (d_1 \cdot h_1 + d_2 \cdot h_2)}$ *
4 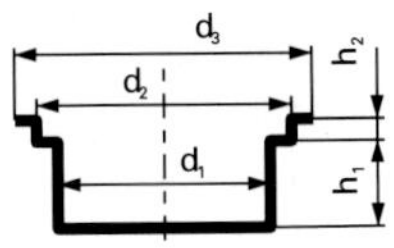	$\sqrt{d_3^2 + 4 \cdot (d_1 \cdot h_1 + d_2 \cdot h_2)}$ *
5 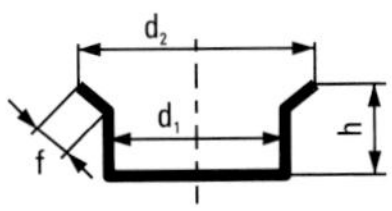	$\sqrt{d_1^2 + 4 \cdot d_1 \cdot h + 2 \cdot f \cdot (d_1 + d_2)}$ *
6 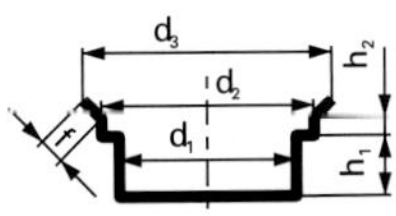	$\sqrt{d_2^2 + 4 \cdot (d_1 \cdot h_1 + d_2 \cdot h_2) + 2 \cdot f \cdot (d_2 + d_3)}$ *
7 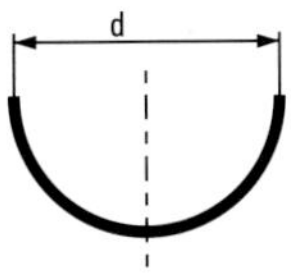	$\sqrt{2 \cdot d^2} = 1{,}414 \cdot d$
8 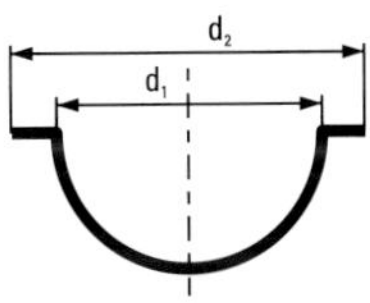	$\sqrt{d_1^2 + d_2^2}$
9 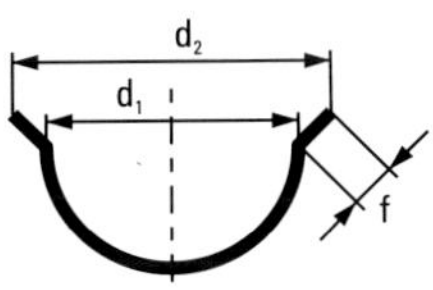	$1{,}414 \cdot \sqrt{d_1^2 + f \cdot (d_1 + d_2)}$
10 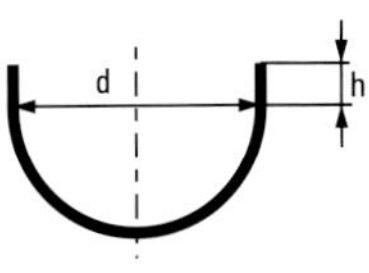	$1{,}414 \cdot \sqrt{d^2 + 2 \cdot d \cdot h}$

* *Gefäße mit kleinen (Boden-) Radien r < 10 mm*

	Gefäßform *(im Schnitt)* rotationssymmetr. Gefäße	Zuschnittsdurchmesser D =
11	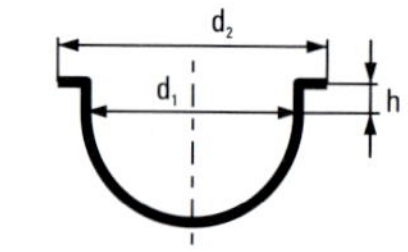	$\sqrt{d_1^2 + d_2^2 + 4 \cdot d_1 \cdot h}$
12	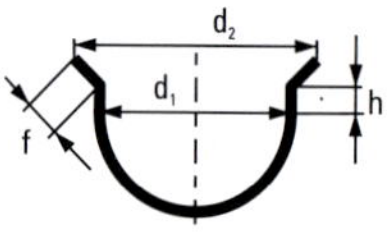	$1{,}414 \cdot \sqrt{d_1^2 + 2 \cdot d_1 \cdot h + f \cdot (d_1 + d_2)}$
13	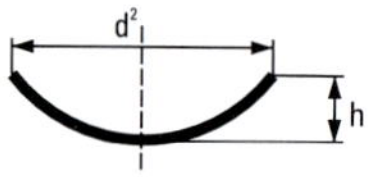	$\sqrt{d^2 + 4 \cdot h^2}$
14	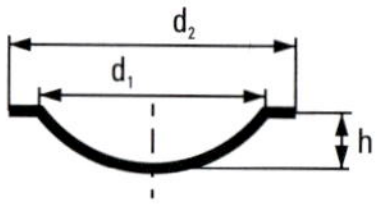	$\sqrt{d_2^2 + 4 \cdot h^2}$
15	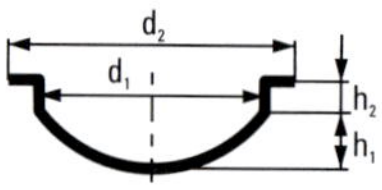	$\sqrt{d_2^2 + 4 \cdot (h_1^2 + d_1 \cdot h_2)}$
16	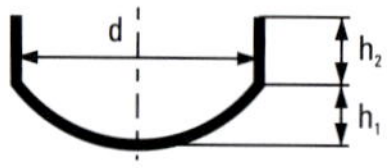	$\sqrt{d^2 + 4 \cdot (h_1^2 + d \cdot h_2)}$
17	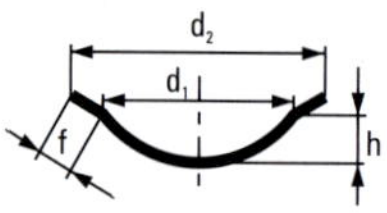	$\sqrt{d_1^2 + 4 \cdot h^2 + 2 \cdot f \cdot (d_1 + d_2)}$
18	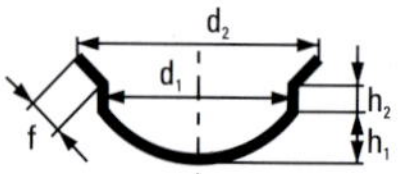	$\sqrt{d_1^2 + 4 \cdot [h_1^2 + d_1 \cdot h_2 + 0{,}5 \cdot f \cdot (d_1 + d_2)]}$
19	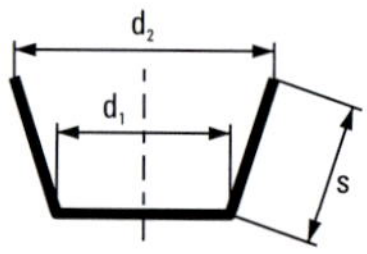	$\sqrt{d_1^2 + 2 \cdot s \cdot (d_1 + d_2)}$ *

* *Gefäße mit kleinen (Boden-) Radien r < 10 mm*

	Gefäßform *(im Schnitt)* rotationssymmetr. Gefäße	Zuschnittsdurchmesser D =
20	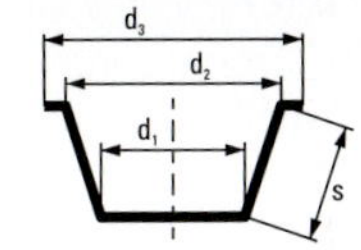	$\sqrt{d_1^2 + 2 \cdot s \cdot (d_1 + d_2) + d_3^2 - d_2^2}$ *
21	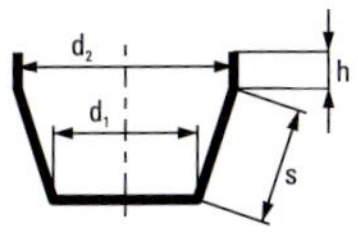	$\sqrt{d_1^2 + 2 \cdot [s \cdot (d_1 + d_2) + 2 \cdot d_2 \cdot h]}$ *
22	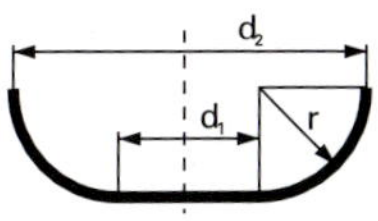	$\sqrt{d_1^2 + 6{,}28 \cdot r \cdot d_1 + 8 \cdot r^2}$ oder $\sqrt{d_2^2 + 2{,}28 \cdot r \cdot d_2 - 0{,}56 \cdot r^2}$
23	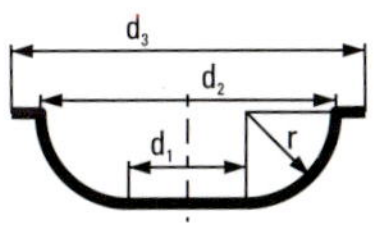	$\sqrt{d_1^2 + 6{,}28 \cdot r \cdot d_1 + 8 \cdot r^2 + d_3^2 - d_2^2}$ oder $\sqrt{d_3^2 + 2{,}28 \cdot r \cdot d_2 - 0{,}56 \cdot r^2}$
24	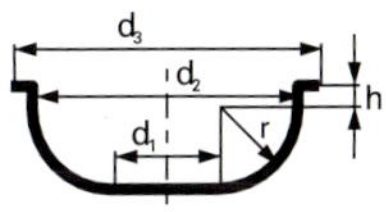	$\sqrt{d_1^2 + 6{,}28 \cdot r \cdot d_1 + 8 \cdot r^2 + 4 \cdot d_2 \cdot h + d_3^2 - d_2^2}$ oder $\sqrt{d_3^2 + 4 \cdot d_2 \cdot (0{,}57 \cdot r + h) - 0{,}56 \cdot r^2}$
25	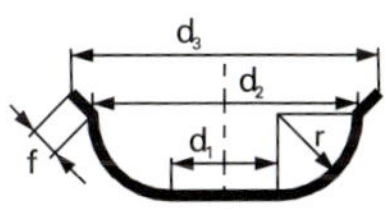	$\sqrt{d_1^2 + 6{,}28 \cdot r \cdot d_1 + 8 \cdot r^2 + 2 \cdot f \cdot (d_2 + d_3)}$ oder $\sqrt{d_2^2 + 2{,}28 \cdot r \cdot d_2 + 2 \cdot f \cdot (d_2 + d_3) - 0{,}56 \cdot r^2}$
26	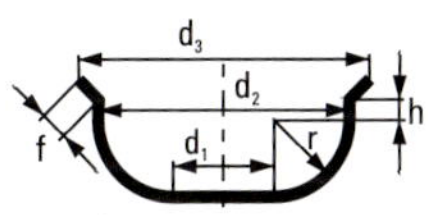	$\sqrt{d_1^2 + 6{,}28 \cdot r \cdot d_1 + 8 \cdot r^2 + 4 \cdot d_2 \cdot h + 2 \cdot f \cdot (d_2 + d_3)}$ oder $\sqrt{d_2^2 + 4 \cdot d_2 \cdot (0{,}57 \cdot r + h + 0{,}5 \cdot f) + 2 \cdot d_3 \cdot f - 0{,}56 \cdot r^2}$
27	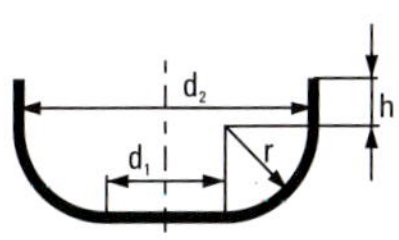	$\sqrt{d_1^2 + 4\,(1{,}57 \cdot r \cdot d_1 + 2 \cdot r^2 + d_2 \cdot h)}$ oder $\sqrt{d_2^2 + 4 \cdot d_2 \cdot (0{,}57 \cdot r + h) - 0{,}56 \cdot r^2}$

* *Gefäße mit kleinen (Boden-) Radien r < 10 mm*

Beispiel:
Es soll ein Becher mit konischer Zarge und Flansch gefertigt werden. Der Bodendurchmesser beträgt 60 mm, der obere Becherdurchmesser 100 mm, der äußere Flanschdurchmesser 120 mm und das Zargenmaß 75 mm. Der erforderliche Durchmesser des Blechzuschnitts wird nach Formel 20 aus Tabelle 4.2.1 berechnet:

$$d_1 = 60\,\text{mm},\ d_2 = 100\,\text{mm},\ d_3 = 120\,\text{mm},\ s = 75\,\text{mm}$$

$$D = \sqrt{d_1^2 + 2 \cdot s \cdot (d_1 + d_2) + d_3^2 - d_2^2} = \sqrt{60^2 + 2 \cdot 75 \cdot (60 + 100) + 120^2 - 100^2}$$

$$D = \sqrt{32\,000} = 178{,}9\,\text{mm}$$

Zum Tiefziehen des Bechers ist also eine Ronde mit 179 mm Durchmesser erforderlich.

Ziehverhältnis

Das Ziehverhältnis β ist hauptsächlich bei zylindrischen Ziehteilen ein wichtiger Zahlenwert zur Ermittlung der Anzahl der erforderlichen Ziehstufen. Das Ziehverhältnis ist das Verhältnis der Durchmesser der Ausgangsform zur Form nach dem Umformen. Für den Erstzug bzw. bei einem Zug ergibt sich für das Ziehverhältnis β [–] folgende Beziehung:

$$\beta = \frac{\text{Platinen} - \varnothing\ D}{\text{Stempel} - \varnothing\ d},$$

$$\beta = \frac{D}{d} \quad \text{bei einem Zug,}$$

$$\beta_1 = \frac{D}{d_1} \quad \text{für den Erstzug,}$$

$$\beta_2 = \frac{d_1}{d_2} \quad \text{bzw.} \quad \beta_3 = \frac{d_2}{d_3},$$

usw. für weitere Züge, wobei d_1 der Ziehstempeldurchmesser beim ersten Zug ist, d_2 der des zweiten, usw. Das gesamte Ziehverhältnis β_{ges} berechnet sich als Verhältnis von Platinendurchmesser zu Gefäß-Enddurchmesser:

$$\beta_{ges} = \frac{\text{Ausgangs-}\varnothing\ D}{\text{End-}\varnothing\ d}$$

Das maximale Ziehverhältnis ist vom Blechwerkstoff abhängig. Als grober Überschlagswert für den Erstzug kann mit einem maximal zulässigen Ziehverhältnis von $\beta = 2$ gerechnet werden. Für $\beta > 2$ sind meist mehrere Züge erforderlich, wobei darauf zu achten ist, daß β im Weiterzug aufgrund der Kaltverfestigung nur noch den Wert 1,3 erreichen darf. Wird das Teil vor dem Weiterzug geglüht, kann ein β von 1,7 angenommen werden.

Bei mehreren Zügen ergibt sich das gesamte Ziehverhältnis als Produkt der einzelnen Verhältnisse:

$$\beta_{ges} = \beta_1 \cdot \beta_2 \cdot \ldots \cdot \beta_n$$

Beispiel:

Aus einem 1 mm dicken Blech der Werkstoffnummer 1.0338 (St 14) soll ein zylindrisches Hohlteil mit einem Durchmesser von 45 mm und einer Zargenhöhe von 90 mm gezogen werden. Zuerst wird der Ausgangs-Rondendurchmesser D nach Formel 1 aus Tabelle 4.2.1 berechnet:

$$D = \sqrt{d^2 + 4 \cdot d \cdot h} = \sqrt{45^2 + 4 \cdot 45 \cdot 90} = \sqrt{18\,225} = 135 \text{ mm}$$

Damit läßt sich das Gesamtziehverhältnis β_{ges} ermitteln:

$$\beta_{ges} = \frac{D}{d} = \frac{135}{45} = 3$$

Da β_{ges} größer als das zulässige Grenzziehverhältnis von 2 ist, sind mehrere Ziehoperationen erforderlich, wobei β_1 höchstens 2, alle folgenden β höchstens 1,3 betragen dürfen.

$$\beta_{ges} = \beta_1 \cdot \beta_2 \cdot \ldots \cdot \beta_n = 3$$

$$3 = \beta_1 \cdot \beta_2 \cdot \ldots \cdot \beta_n < 2 \cdot 1{,}3 \cdot 1{,}3$$

Das erforderliche Ziehverhältnis kann mit drei Zügen erreicht werden. Die zulässigen maximalen Ziehverhältnisse sollten infolge einer sicheren Fertigung nicht voll ausgenutzt werden. Es wird $\beta_{ges} = 1{,}95 \cdot 1{,}25 \cdot 1{,}25 = 3$ gewählt. Damit ergibt sich ein Stempeldurchmesser von:

➔

$$d_1 = \frac{D}{\beta_1} = \frac{135\ \text{mm}}{1{,}95} = 69{,}2\ \text{mm} \Rightarrow d_1 = 69\ \text{mm}$$

$$d_2 = \frac{d_1}{\beta_2} = \frac{69\ \text{mm}}{1{,}25} = 55{,}2\ \text{mm} \Rightarrow d_2 = 55\ \text{mm}$$

$$d_3 = 45\ \text{mm (vorgegeben) mit } \beta_3 = \frac{55\ \text{mm}}{45\ \text{mm}} = 1{,}22$$

Das maximale Ziehverhältnis β_{max} ist jedoch von weiteren Faktoren abhängig (vgl. Abschn. 4.2.3):

$$\beta_{max} = f\,(D,\ d,\ \mu,\ r-\text{Wert},\ s\ldots)$$

Ist die Reibung zwischen Ziehteil und Stempel gering, so tritt Versagen am Ziehteilboden auf. Ist die Reibung zwischen Ziehteil und Stempel groß, so wird der Ziehteilboden mit zunehmender Zargenreibung entlastet, der Versagensbereich verschiebt sich in die Zarge. Damit ein sicherer Umformprozeß gewährleistet ist, wird deshalb in der Praxis ein geringeres als das maximal mögliche Grenzziehverhältnis gewählt.

Umformkraft

Für das Ziehen runder zylindrischer Teile im Anschlag kann die Umformkraft F_U [N] im Kraftmaximum nach folgender Gleichung berechnet werden:

$$F_U = \pi \cdot (d_1 + s) \cdot s \cdot R_m \cdot 1{,}2 \cdot \frac{\beta - 1}{\beta_{max} - 1}\ [\text{N}]$$

Darin bedeuten:

d_1 = Stempeldurchmesser [mm]
s = Blechdicke [mm]
R_m = Zugfestigkeit des Werkstoffs [N/mm²]
β = tatsächliches Ziehverhältnis [–]
β_{max} = maximales Ziehverhältnis [–]

Beispiel:
Werkstoff: 1.0338 (St 14) mit Zugfestigkeit R_m = 350 N/mm²
Blechdicke: s = 0,8 mm
Stempel-Ø: d = 240 mm
Ziehverhältnis: β = 1,75 (D = 420 mm)
max. zulässiges Ziehverhältnis: β_{1max} = 2,0
Die Umformkraft errechnet sich zu:

$$F_U = \pi \cdot (240 + 0{,}8)\ \text{mm} \cdot 0{,}8\ \text{mm} \cdot 350\ \text{N/mm}^2 \cdot 1{,}2 \cdot \frac{1{,}75-1}{2-1} = 190637\ \text{N} = 191\ \text{kN}$$

Die berechnete Umformkraft ist gleich der Ziehstößelkraft bei doppeltwirkenden Ziehpressen. Bei einfachwirkenden Pressen erhöht sich die Ziehstößelkraft dagegen um den Betrag der Blechhalterkraft, da sie der Bewegung des Ziehstößels während des gesamten Ziehwegs entgegenwirkt *(Abb. 4.2.3)*. Sind zur Herstellung eines Ziehteils mehrere Operationen notwendig, so ist für die Festlegung der Umformkraft der größte Stempeldurchmesser maßgebend. Teilweise lassen sich die Kräfte beim Ziehen elliptischer, quadratischer, rechteckiger und ähnlicher Ziehteile mit nicht zu kleinem Eckenradius ebenfalls nach den Gesetzmäßigkeiten des zylindrischen Tiefziehens behandeln:

$$d = 1{,}13 \cdot \sqrt{A_{St}}\ [\text{mm}] \text{ und } D = 1{,}13 \cdot \sqrt{A_Z}\ [\text{mm}],$$

wobei A_{St} [mm²] der Stempelquerschnitt und A_Z [mm²] die Fläche des Zuschnitts ist.

Umformkraft für Bleche mit Sicken
Sicken werden aus der Blechdicke heraus gezogen *(vgl. Abb. 2.1.19)*, d.h. es kommt zu einer Oberflächenvergrößerung des Teils, ohne daß sich die Außenabmessungen verändern. Deshalb muß bereits bei vorher stattfindenden Ziehprozessen beachtet werden, daß genügend „Dehnungsreserven" vorhanden sind, da das Blech sonst reißen würde.
Die Umformkraft für Sicken bzw. Profile wird errechnet nach:

$$F_U = l \cdot s \cdot p\ [\text{N}],$$

aus der Rippenlänge l [mm], der Blechdicke s [mm] und dem Druck p. Der Druck p im Versteifungsbereich in N/mm² kann zeichnerisch aus dem Kräfteparallelogramm oder rechnerisch für eine Seite des Profils, ausgehend von der Zugfestigkeit R_m [N/mm²], errechnet werden *(Abb. 4.2.5)*:

$$p = R_m \cdot \cos\alpha \ \left[N/mm^2\right]$$

Für eine Profilwand mit $\alpha = 0°$ gilt demnach $p = R_m$ bzw. $p = 2 \cdot R_m \cdot \cos\alpha$ für das symmetrische Profil. Die Umformkraft ist also nur von der Neigung der Seiten und der Werkstoffestigkeit abhängig. Die gesamte Umformkraft zur Herstellung der Sicken eines Blechteils setzt sich aus der Summe der erforderlichen Einzelkräfte zusammen:

$$F_U = s \cdot \left(l_1 \cdot p_1 + l_2 \cdot p_2 + \ldots + l_n \cdot p_n\right) \ [N]$$

Beispiel:
Ein 1 mm dickes Blech der Werkstoffnummer 1.0333 (USt 13) soll mit fünf symmetrischen Rippen der Länge l = 200 mm versteift werden *(Abb. 4.2.5)*. Die Rippenhöhe h beträgt 3 mm, die obere Rippenbreite b = 6 mm, der Winkel $\alpha = 20°$ und die Zugfestigkeit $R_m = 370$ N/mm².

Die erforderliche Umformkraft berechnet sich zu:

$$F_U = l \cdot s \cdot p_{ges} = 200\ mm \cdot 1\ mm \cdot 5 \cdot \left(2 \cdot 370\ N/mm^2 \cdot \cos 20°\right)$$

$$\Rightarrow F_U = 695{,}4\ kN$$

Breite b und Höhe h der Rippen gehen nicht in die Rechnung ein, nur die Länge l des Profils und der Winkel α der Rippen. Zum Vergleich: Bei einem Winkel von 0° erhöht sich die Umformkraft auf den Maximalwert von 740 kN, bei Vergrößerung des Winkels ist die erforderliche Kraft kleiner, beispielsweise 523,3 kN bei 45°.

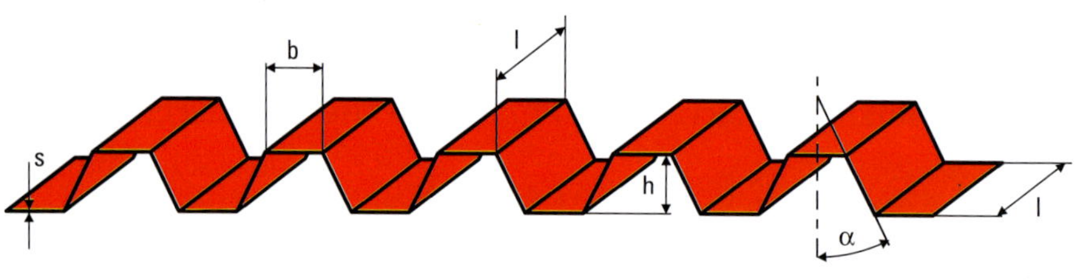

Abb. 4.2.5 Profil mit Sicken: s (Blechdicke), l (Rippenlänge), α (Rippenwinkel)

Blechhalterkraft
Die Größe der Blechhalterkraft ist nicht ausschließlich zur Vermeidung von Falten, sondern auch wegen ihres Einflusses auf die Oberflächendehnung außerordentlich wichtig. Bei zunehmender Blechhalterkraft wird die Bremswirkung auf den zwischen Matrize und Blechhalter liegenden Werkstoff verstärkt, so daß dessen Oberflächendehnung ansteigt.

Die beim Tiefziehen erforderliche Blechhalterkraft F_B [N] errechnet sich aus D [mm], d' [mm] (Matrizeninnendurchmesser), r (Ziehkantenradius) [mm] und p (spezifischer Blechhalterdruck) [N/mm^2]:

$$F_B = \frac{\pi}{4} \cdot \left[D^2 - (d' + 2 \cdot r)^2 \right] \cdot p \ \ [N]$$

Da der Ziehkantenradius und der Ziehspalt im Verhältnis zum Stempeldurchmesser d [mm] meist vernachlässigbar sind, gilt näherungsweise:

$$F_B \approx \frac{\pi}{4} \cdot \left(D^2 - d^2 \right) \cdot p \ \ [N]$$

Die Höhe des spezifischen Blechhalterdrucks p ist vom Werkstoff und Stempeldurchmesser sowie von der Blechdicke abhängig. Überschlägig kann jedoch mit folgenden Werten gerechnet werden:

- *Stahl:* $p = 2{,}5$ N/mm^2
- *Kupferlegierung:* $p = 2{,}0 \ldots 2{,}4$ N/mm^2
- *Aluminiumlegierung:* $p = 1{,}2 \ldots 1{,}5$ N/mm^2

Beispiel:
Ein Blech der Werkstoffnummer 1.0338 (St 14) mit $R_m = 350$ N/mm^2 Zugfestigkeit wird mit einem Stempel des Durchmessers d = 240 mm und einem Ziehverhältnis von $\beta = 1{,}75$ (Zuschnittsdurchmesser D = 420 mm) umgeformt.

Damit errechnet sich die Blechhalterkraft zu:

$$F_B = \frac{\pi}{4} \cdot \left(D^2 - d^2 \right) \cdot p = \frac{\pi}{4} \cdot \left[(420\ \text{mm})^2 - (240\ \text{mm})^2 \right] \cdot 2{,}5\ \text{N/mm}^2 = 63\,303\ \text{N} = 63\ \text{kN}$$

Ziehwulste
Bei sehr flachen, durchgesetzten Teilen, bei denen die Ziehkraft relativ niedrig wird, ist oft eine sehr hohe Blechhalterkraft erforderlich, damit die Reibung zwischen Blechhalter und Matrize das Blech so bremst, daß

es sich durch die erhöhte Ziehspannung ohne Falten an die Konturen des Stempels anlegt und gleichzeitig aus Festigkeitsgründen gestreckt wird. Um mit niedrigeren Blechhalterkräften auszukommen, werden dazu Ziehwulste im Werkzeug angeordnet. Man baut in die Matrize nach *Abb. 4.2.6* oder in den Blechhalter nach *Abb. 4.2.7* Wulste ein, während in den gegenüberliegenden Werkzeugteilen eine entsprechende Aussparung vorgesehen wird. Das Blech wird beim Aufsetzen des Blechhalters zunächst über den Wulst gepreßt und muß während des Ziehvorgangs über den Wulst gleiten. Die hierfür erforderliche Kraft addiert sich zur Ziehkraft. Außerdem fließt der Werkstoff besonders bei unrunden Werkstücken mit Hilfe der Bremswulste gleichmäßiger. Sie haben die Aufgabe, die Längsspannung eines Ziehteils auf den ganzen Umfang zu verteilen. Daher sind sie an den Stellen angeordnet, die während des Ziehprozesses geringer beansprucht werden, beispielsweise beim Ziehen rechteckiger Teile an den Längsseiten. Falls ein Wulst nicht für die notwendige Bremswirkung ausreicht, werden mehrere Wulste hintereinander angeordnet.

Beim einfachwirkenden Ziehen mit Zieheinrichtung besteht die Möglichkeit, die erforderliche Blechhalterkraft über den Umformweg oder in verschiedenen Blechhalterbereichen den Anforderungen des Ziehprozesses gezielt anzupassen (vgl. Abschn. 3.1.4). Bei doppeltwirkenden mechanischen Pressen kann ebenfalls die Blechhalterkraft durch Veränderung des Drucks in den Druckpunkten des Blechhalterstößels variiert werden (vgl. Abschn. 3.2.8).

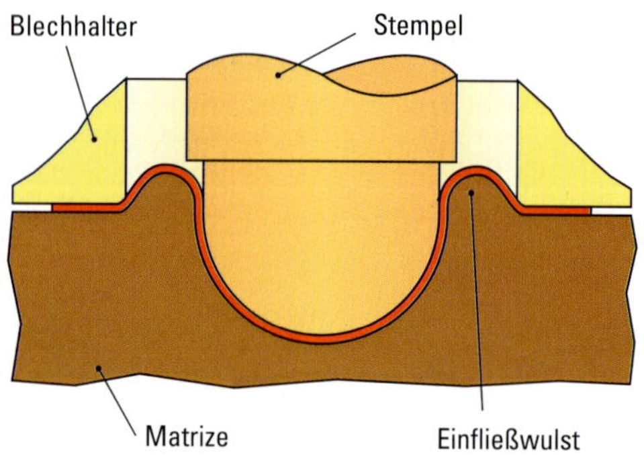

Abb. 4.2.6
Einfließwulst in der Matrize

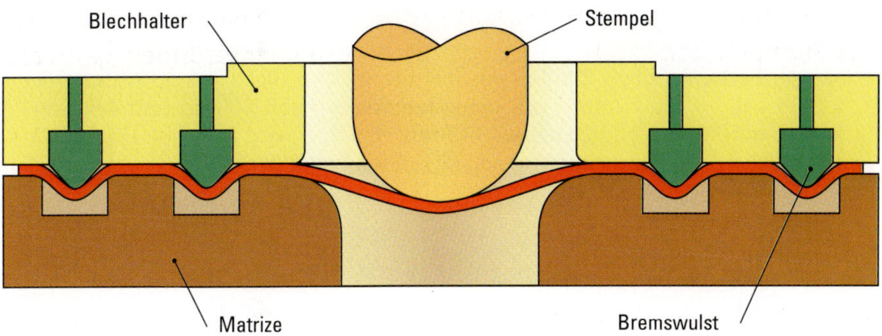

▲ **Abb. 4.2.7** Bremswulst im Blechhalter

Zieharbeit

Die für das Ziehen auf doppeltwirkenden Pressen erforderliche Zieharbeit W_d [Nm] ist das Produkt aus der Umformkraft F_U [N], dem Ziehweg h [m] und einem Korrekturfaktor x [–]:

$$W_d = x \cdot F_U \cdot h \ [\text{Nm}]$$

Der Korrekturfaktor, der vom Werkstoff und dem Ziehverhältnis $\beta = D/d$ abhängig ist, berücksichtigt den tatsächlichen Kraftverlauf beim Ziehen; er liegt zwischen 0,5 und 0,8. Der größere Wert gilt für weiche Werkstoffe, die mit dem Grenzziehverhältnis β_{max} gezogen werden können, und für Werkstücke mit bleibendem Flansch, die nur zum Teil, also nicht vollständig durchgezogen werden. Der untere Wert gilt für ein kleines Ziehverhältnis, also geringe Ziehtiefen, bzw. für härteres Blech. Beim Ziehen üblicher Werkstoffe kann mit $x \approx 0{,}65$ bis 0,75 gerechnet werden.

Als ausreichend genaue Überschlagsformel für die Zieharbeit einer doppeltwirkenden Presse gilt:

$$W_d = \frac{2}{3} \cdot F_U \cdot h \ [\text{Nm}]$$

Bei einer einfachwirkenden Presse mit Zieheinrichtung erhöht sich die Stößelkraft um die Blechhalterkraft F_B [N]:

$$W_e = \left(x \cdot F_U + F_B\right) \cdot h \ [\text{Nm}]$$

Beispiel:
Für ein becherförmiges Ziehteil aus 0,8 mm dickem Blech (Werkstoffnummer 1.0338 – R_m = 350 N/mm²) mit dem Durchmesser von 60 mm und der Höhe von 40 mm (Rondendurchmesser 115 mm, β = 1,9) wird folgende Umformarbeit für das Ziehen auf einer doppeltwirkenden Presse benötigt:

$$W_d = \frac{2}{3} \cdot F_U \cdot h = \frac{2}{3} \cdot \pi \cdot (d_1 + s) \cdot s \cdot R_m \cdot 1{,}2 \cdot \frac{\beta - 1}{\beta_{max} - 1} \cdot h$$

$$W_d = \frac{2}{3} \cdot \pi \cdot (60\ \text{mm} + 0{,}8\ \text{mm}) \cdot 0{,}8\ \text{mm} \cdot 350\ \text{N/mm}^2 \cdot 1{,}2 \cdot \frac{1{,}9 - 1}{2{,}0 - 1} \cdot 40\ \text{mm}$$

$$W_d = \frac{2}{3} \cdot 18\,385{,}9\ \text{N} \cdot 0{,}04\ \text{m} = 490{,}3\ \text{Nm} = 490{,}3\ \text{J}$$

Das *Tiefziehen ohne Blechhalter* wird nur angewendet, wenn das herzustellende Teil nicht zur Faltenbildung neigt, also bei dickem Blech oder geringer Umformung (kleinem Ziehverhältnis β), wie z.B. beim Randhochstellen.

Ziehfehler
Um Ausschußteile beim Tiefziehen nach Möglichkeit zu vermeiden, ist es notwendig, die anfallenden Ziehteile genauestens zu untersuchen, die Ursache auftretender Fehler festzustellen und Maßnahmen zu ihrer Verhütung zu treffen. Einige der häufigsten Fehler sind in Tabelle 4.2.2 angeführt.

4.2.2 Werkstoffe in der Blechumformung

Unlegierte und legierte Stähle sowie Kupferlegierungen, Kupferbleche und Leichtmetalle zählen zu den häufig verwendeten Blechwerkstoffen in der Umformtechnik. Bei den legierten Stählen unterscheidet man phosphorlegierte Stähle, Stahlsorten mit zusätzlicher Verfestigung nach einer Wärmeeinwirkung (Bake-hardening-Stähle), ferritische Chromstähle, austenitische Chrom-Nickel-Stähle und kaltgewalzte Feinbleche mit höherer Streckgrenze zum Kaltumformen (mikrolegierte Stähle). Tabelle 4.2.3 führt verbreitete Werkstoffe mit folgenden Angaben auf:

Tabelle 4.2.2: Tiefziehfehler

Fehler	mögliche Fehlerursache	Fehlerverhütung, Abhilfe
Ziehriefen	Werkzeugverschleiß	Ziehstempel / Matrize erneuern Schmierung verbessern
Reißer am Boden des gezogenen Teils	Ziehverhältnis β zu groß gewählt / Ziehspalt zu eng / Rundungen an Ziehstempel bzw. Matrize zu klein / Blechhalterkraft zu groß / Ziehgeschwindigkeit zu hoch	Verwendung eines Blechs mit größerer Tiefziehfähigkeit oder mehrstufiges Ziehen / Ziehspalt erweitern / Blechdicke überprüfen / Radien am Werkzeug vergrößern / Blechhalterkraft verringern / Umformgeschwindigkeit herabsetzen
senkrechte Reißer am oberen Rand	zu wenig Werkstoff an der betreffenden Stelle / Ziehspalt zu weit oder Ziehkantenrundung zu groß	Erneuerung der Matrize
am rechteckigen Fertigteil stehen die Ecken höher als die Seitenwände	zu viel Material an den Ecken	Zuschnitt ändern / Blech an den entsprechenden Stellen aussparen / Rand hinterher beschneiden
senkrechte Falten im oberen Bereich der Zarge (Gefäßwand), auch in Verbindung mit senkrechten Rissen	Blechhalterkraft zu gering / Ziehspalte zu groß / Rundungen an der Matrize zu groß	Blechhalterkraft erhöhen / Erneuerung der Matrize
Faltenbildung am Flansch	Blechhalterdruck zu niedrig	Blechhalterdruck erhöhen
weitere unspezifische Fehler / fehlerhafte oder unregelmäßig geformte Ziehteile	falsche Zuschnittform / unsymmetrische Blechaufnahme / ungeeignetes Blech / falscher Schmierstoff	Blechzuschnitt korrigieren / Werkzeug und Anschläge überprüfen / Verwendung geeigneter Bleche und Schmierstoffe

- Werkstoffnummer,
- Zugfestigkeit R_m [N/mm²],
- untere Streckgrenze R_{eL} [N/mm²] für Bleche mit einer ausgeprägten Streckgrenze oder 0,2 %-Dehngrenze $R_{p0,2}$ [N/mm²] bei nicht ausgeprägter Streckgrenze,
- Bruchdehnung A [%]: entweder bezogen auf eine Ausgangslänge der Zugproben L_0 von 80 mm (A_{80}) oder auf $L_0 = 5 \cdot d_0$ (A_5), mit dem Ausgangsdurchmesser der Zugprobe d_0,
- Anwendungsgebiet.

Tabelle 4.2.3: Übersicht verbreiteter Blechwerkstoffe

Unlegierte Stähle

	Werkstoff-nummer	R_m [N/mm²]	$R_{p0,2}$ oder R_{eL} [N/mm²]	A_{80} [%]	Anwendungsgebiete, Beispiele
St 12	1.0330	270...410	max. 280	28	Fahrzeugbau
USt 13	1.0333	270...370	max. 250	32	Fahrzeugbau
St 14	1.0338	270...350	max. 225	38	Fahrzeugbau

Phosphorlegierte Stähle

	Werkstoff-nummer	R_m [N/mm²]	$R_{p0,2}$ oder R_{eL} [N/mm²]	A_{80} [%]	Anwendungsgebiete, Beispiele
ZStE 220 P	1.0397	340...420	220...280	30	Fahrzeugbau
ZStE 260 P	1.0417	380...460	260...320	28	Karosseriebau: Türen, Hauben, Dächer
ZStE 300 P	1.0448	420...500	300...360	26	Fahrzeugbau

Bake-hardening-Stähle

	Werkstoff-nummer	R_m [N/mm²]	$R_{p0,2}$ oder R_{eL} [N/mm²]	A_{80} [%]	Anwendungsgebiete, Beispiele
ZStE 180 BH	1.0395	300...380	180...240	32	Fahrzeugbau
ZStE 220 BH	1.0396	320...400	220...280	30	Fahrzeugbau
ZStE 260 BH	1.0400	360...440	260...320	28	Fahrzeugbau
ZStE 300 BH	1.0444	400...480	300...360	26	Fahrzeugbau

Ferritische Chromstähle

	Werkstoff-nummer	R_m [N/mm²]	$R_{p0,2}$ oder R_{eL} [N/mm²]	A_{80} [%]	Anwendungsgebiete, Beispiele
X 6 Cr 17	1.4016	450...600	250...270	20	Fahrzeugbau: Stoßstangen, Radkappen Nahrungsmittelindustrie, Haushaltsgeräte: Tiefziehteile mit höherer Korrosionsbeständigkeit: Spültischauskleidungen, Bestecke
X 6 CrMo 17 1	1.4113	480...630	260...280	20	Radkappen, Stoßstangen, Fensterrahmen im Fahrzeugbau, Kühlerverkleidungen
X 6 CrTi 12	1.4512	390...560	200...220	20	Fahrzeugbau: Schalldämpfer, Teile der Abgasanlagen
X 6 CrNb 17	1.4511	450...600	250...260	20	Molkerei-, Brauerei-, Nahrungsmittelindustrie, Seifenindustrie und Färbereien: Teile (Behälter), die geschweißt werden und schwachen Säuren ausgesetzt sind

Austenitische CrNi-Stähle

	Werkstoff-nummer	R_m [N/mm^2]	$R_{p0,2}$ oder R_{eL} [N/mm^2]	A_{80} [%]	Anwendungsgebiete, Beispiele
X 5 CrNi 18 10	1.4301	500...700	min. 195	$s < 3$ mm A_{80}: längs: 35; quer:40 / $3 < s < 75$ mm A_5: 40	Haushaltsgegenstände, Nahrungsmittelindustrie: verschleißfeste, tiefziehbare, schweißbare Apparate, Geräte, Behälter
X 5 CrNi 18 12	1.4303	490...690	min. 185	$s < 3$ mm A_{80}: längs: 35; quer:40 / $3 < s < 75$ mm A_5: 40	Chemische Industrie, Papier-, Textilindustrie: Kaltfließpreßteile, Schrauben, Muttern

Mikrolegierte Stähle

	Werkstoff-nummer	R_m [N/mm^2]	$R_{p0,2}$ oder R_{eL} [N/mm^2]	A_{80} [%]	Anwendungsgebiete, Beispiele
ZStE 260	1.0480	350...450	260...340	24	Fahrzeugbau: Karosserieteile
ZStE 300	1.0489	380...480	300...380	22	Fahrzeugbau
ZStE 340	1.0548	410...530	340...440	20	Fahrzeugbau
ZStE 380	1.0550	460...600	380...500	18	Fahrzeugbau
ZStE 420	1.0556	480...620	420...540	16	Fahrzeugbau

Kupfer und Kupferlegierungen

	Werkstoff-nummer	R_m [N/mm^2]	$R_{p0,2}$ oder R_{eL} [N/mm^2]	A_{80} [%]	Anwendungsgebiete, Beispiele
SF-Cu F 22	2.0090.10	220...260	max. 140	42	Halbzeug, sehr gut schweiß- und hartlötbar
CuZn 28 F 27	2.0261.10	270...350	max. 160	50	Tiefziehteile aller Art, Instrumente und Hülsen aller Art
CuZn 33 F 28	2.0280.10	280...360	max. 170	50	Drahtgeflecht, Kühlerbänder, Rohrniete
CuZn 36 F 30	2.0335.10	300...370	max. 180	48	Metall- und Holzschrauben, Druckwalzen, Kühlerbänder, Reißverschlüsse, Blattfedern, Hohlwaren, Kugelschreiberminen
CuZn 37 Pb 0,5 F 29	2.0332.10	290...370	max. 200	50	Tiefziehteile
CuZn 40 F 34	2.0360.10	min. 340	max. 240	43	gut warm- und kaltumformbar: Warmpreßteile, geeignet zum Biegen, Nieten, Stauchen, Bördeln

Fortsetzung Tabelle 4.2.3

Aluminium und Aluminiumlegierungen

	Werkstoff-nummer	R_m [N/mm²]	$R_{p0,2}$ oder R_{eL} [N/mm²]	A_{80} [%]	Anwendungsgebiete, Beispiele
Al 99,5 W7	3.0255.10	65...95	max. 55	40	Apparatebau, Elektroanlagenbau, Elektrobau, Hochfrequenztechnik: Antennen,Koaxialkabel, Abschirmungen; Al-Folien in Kondensatoren, als Verpackungsmaterial, zur Wärmedämmung; Haushaltsgeschirr
AlRMg 1 W 10	3.3319.10	100...140	35...60	23	Architektur, Fahrzeugbau, Metallwaren: Bleche, Bänder, Profile, Stangen, Drähte, Rohre, Schmiedestücke, sehr gut kaltverformbar, schweißbar, sehr seewasserbeständig
Al 99,9 Mg 1 W 10	3.3318.10	100...140	35...60	23	dito
Al 99,85 Mg 1 W 10	3.3317.10	100...140	35...60	23	dito
AlMg 2,5 G 25	3.3523.29	250...290	min. 180	7	Fahrzeugkarosserie, Dosenaufreißdeckel
AlMg 3 W 19	3.3535.10	190...230	min. 80	20	Nahrungsmittelindustrie, Apparatebau, Fahrzeug- und Schiffbau, Architektur: Halbzeuge, Bedachung, Verpackung, Schrauben, Niete
AlMn 1 F 12	3.0515.24	120...160	min. 90	7	Apparatebau, Kältetechnik, Wärmetauscher, Bedachungen, Verkleidungen
AlCuMg 1 W	3.1325.10	max. 215	max. 140	13	Berg-, Fahrzeug-, Flugzeug-, Maschinenbau: Bleche, Profile, Stangen, Rohre, Schmiedestücke, Schrauben, Niete
AlMg 2 Mn 0,8 F 22	3.3527.24	220...260	max. 165	9	Fahrzeug-, Schiff-, Apparatebau: Teile beanspruchbar bei höheren Temperaturen
AlMgSi 0,8 F 28	3.2316.71	min. 275	min. 200	12	Maschinenbau, Fahrzeugbau
AlMgSi 1 W	3.2315.10	max. 150	max. 85	18	Architektur, Berg-, Fahrzeug-Schiff-, Maschinenbau, Nahrungsmittel- und Textilindustrie: Halbzeuge aller Art, Schrauben

Titan und Titanlegierungen

	Werkstoff-nummer	R_m [N/mm²]	$R_{p0,2}$ oder R_{eL} [N/mm²]	A_{80} [%]	Anwendungsgebiete, Beispiele
Ti 99,8	3.7025.10	290...410	min. 180	30	Chemischer Apparatebau, Galvanotechnik, Luft- und Raumfahrzeugbau, Chirurgie und Orthopädie: Prothesen, Knochennägel, -schrauben, Schienen
Ti 99,7	3.7035.10	390...540	min. 250	22	dito
TiAl 6 V 4 F 89	3.7165.10	min. 890	min. 820	6	Maschinenbau, Luft- und Raumfahrzeugbau, Elektrotechnik, Optik, Feinmechanik, Medizintechnik, Armaturen
TiAl 5 Sn 2 F 79	3.7115.10	min. 790	min. 760	6	Maschinenbau, Luft- und Raumfahrzeugbau, Armaturen

4.2.3 Reibung, Verschleiß und Schmierung in der Blechumformung

Reibung, Verschleiß und Schmierung als charakterisierende Sachgebiete der Tribologie haben bei verfahrenstechnischen Fragestellungen in der Umformtechnik eine große Bedeutung. Die betriebliche Praxis hat gezeigt, daß über den gezielten Einsatz geeigneter Werkzeugwerkstoffe in Verbindung mit verfahrensoptimierten Schmierstoffen der Verschleiß an Umform- und Schneidwerkzeugen deutlich reduziert werden kann.

Reibung

Eine Schlüsselfunktion in der Blechumformung hat die Reibung. Reibung entsteht durch innere Formänderung des Umformwerkstoffs und durch von außen einwirkende Belastungen. Sie erzeugt mit ihren zahlreichen Zustandsausprägungen komplexe Verschleißmechanismen in den Kontaktflächen zwischen Werkzeug und Werkstück. Beim Umformen und Scherschneiden dominieren Gleitreibungszustände unter Schmierung. Zur Beschreibung der Reibungsverhältnisse wird in der Regel die Reibzahl μ [–] gewählt, als Quotient aus Reibkraft/Normalkraft nach der Form:

$$\mu = F_R / F_N \quad [-] \quad \text{bzw.}$$

Reibschubspannung/Kontaktnormalspannung

$$\mu = \tau_R / \sigma_N \quad [-]$$

Bei niedrigen Gleitgeschwindigkeiten liegen Grenzreibungsbedingungen vor, d.h. die Reibpartner sind im wesentlichen nur durch Reaktions- oder Adsorptionsschichten – sogenannte Grenzschichten – molekularer Größenordnung getrennt, wobei in submikroskopischen Bereichen auch Festkörperreibung möglich ist. Die Reibpartner gleiten dabei auf Schmierfilmen in molekularer Größenordnung bzw. auf diesen Grenzschichten. Bei Mangelschmierung können die Grenzschichten lokal aufreißen, und es bilden sich Schweißverbindungen. Reibzahlen im Bereich $\mu = 0{,}10$ bis $0{,}15$ kennzeichnen das Grenzreibungsgebiet.

Bei Erhöhung der Gleitgeschwindigkeit werden größere Flächenanteile durch eine hydrodynamische Flüssigkeitsschmierung getragen. Die Schmierfilmdicke nimmt dabei zu, der Schmierspalt h [mm] bleibt aber noch kleiner als die Summe der Rauhtiefen R_t [µm] beider Reibpartner:

$$h < R_{t\,\mathrm{Werkzeug}} + R_{t\,\mathrm{Werkstück}}$$

Die Reibkräfte F_R [N] fallen stark ab und nähern sich asymptotisch einem Grenzwert, dem Übergang zur reinen hydrodynamischen Reibung.

Im Mischreibungsgebiet ist der Einfluß von Gleitgeschwindigkeit, Normalspannung und Schmierstoffviskosität am größten. Hier übernimmt die Topographiepaarung Werkzeug/Werkstück die Aufgabe, Schmierstoff aufzunehmen und möglichst lange während des Gleitvorgangs zu halten. Im Mischreibungsgebiet laufen in der Regel alle Umformvorgänge bei Reibzahlen von $\mu = 0{,}05$ bis $0{,}10$ ab. Bei weiterer Erhöhung der Gleitgeschwindigkeit gelangt man zur vollständigen hydrodynamischen Flüssigkeitsreibung, bei der der Schmierspalt h größer als die Summe der Rauhtiefen R_t beider Reibpartner wird; ein Vorgang, der aus der Sicht der Umformpraxis jedoch nicht erreichbar ist:

$$h > R_{t\,\mathrm{Werkzeug}} + R_{t\,\mathrm{Werkstück}}$$

In den Reibprozessen der Blechumformung werden hohe lokale plastische Formänderungen erzielt, d.h. mit der Veränderung der Werkstückoberfläche geht eine Wandlung der Topographie einher. Je nach Spannungszustand, Festigkeit des Blechwerkstoffs, Korngröße und -ausrichtung erfolgt eine Oberflächenwandlung, die das Schmierstoffaufnahmevolumen erheblich verändern kann. Diese Mechanismen werden in Reibgesetzen nur unzureichend berücksichtigt, ebenso wie der Einfluß von Reibtemperatur und Druck auf die Schmierstoffviskosität beim Gleitvorgang.

Die Reibzahl kann weder als Stoffgröße noch als Konstante für eine Paarung Werkzeug/Werkstück betrachtet werden. Wird dennoch die Reibzahl in der Darstellung gewählt, muß die Abhängigkeit von ihren Einflußgrößen deutlich gemacht werden. Im Umformprozeß sind dies vor allem:

- die Werkstoffpaarung der miteinander in Kontakt tretenden metallischen Oberflächen,
- die Werkzeuggeometrie,
- die temperaturabhängigen Eigenschaften des Schmierstoffs sowie dessen Volumen und der Schmierort,
- die reale Kontaktnormalspannung, die eine Funktion des Flächentraganteils beider Oberflächen ist,
- die Gleitgeschwindigkeit und der Reibweg der aufeinander abgleitenden Oberflächen und
- die Oberflächeneigenschaften der Werkstückwerkstoffe sowie deren Änderung im Prozeß.

Verschleiß

Die Beurteilung des Verschleißverhaltens von Werkzeugen wird in der Regel durch das überlagerte Auftreten mehrerer Verschleißmechanismen erschwert. Zur Beschreibung der Schadensformen lassen sich die Verschleißmechanismen in fünf Grundvorgänge einteilen *(Abb. 4.2.8)*:

Deformation

Unter äußerer Belastung findet eine mikrogeometrische Anpassung von gepaarten Oberflächen statt, ausgelöst durch Fließvorgänge an sich berührenden Rauhigkeitsgipfeln.

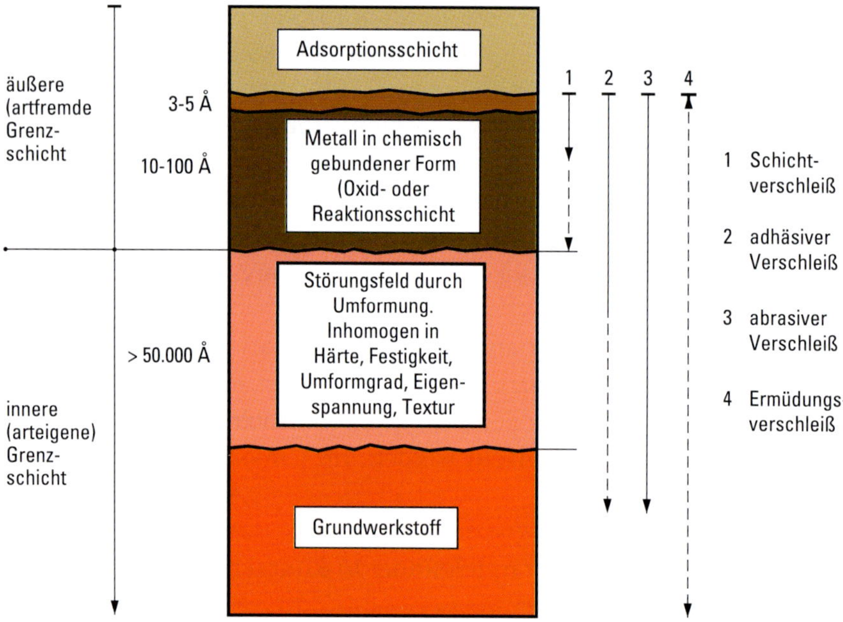

Abb. 4.2.8 Tiefenwirkung der Verschleißmechanismen an metallischen Oberflächen

Schichtverschleiß

Während der Beanspruchung kommt es zu chemischen Reaktionen zwischen Werkzeug und Werkstück, die durch Reibungswärme, Schmierstoff und Umgebungsmedium die äußere artfremde Grenzschicht aufbauen. Die Scherfestigkeit der äußeren Grenzschichten ist geringer als die von Metallen, so daß sie unter Reibschubbeanspruchung abgetragen werden. Dementsprechend sind die sich einstellenden Reibwerte zwischen gepaarten Metalloberflächen mit Reaktionsschichten niedriger als im Falle metallischer Annäherung. Hierdurch gelingt es, die Funktionsfähigkeit der Kontaktflächen auch bei kurzzeitiger Überbeanspruchung durch Schichtverschleiß aufrechtzuerhalten.

Adhäsion

Adhäsionen – auch Kaltverschweißungen genannt – entstehen durch atomare Haftkräfte zwischen Reibpartnern. Die Entstehung der Adhäsionskräfte setzt voraus:

- Fließvorgänge in den sich berührenden Rauhigkeitsgipfeln,

- durch Umformung bedingte Oberflächenvergrößerungen, die adhäsionshemmende Grenzschichten entfernen und blanke Metalloberflächen in Kontakt bringen,
- ähnliche Werkstoffstrukturen der Reibpartner.

Die Neigung, Kaltverschweißungen zu bilden, sinkt, je verschiedenartiger die Metalle und Legierungen sind. Zwischen metallischen und nichtmetallischen Werkstoffen entsprechender Härte ist sie am geringsten.

Abrasion

Unter abrasivem Verschleiß werden alle Trennvorgänge im Bereich der inneren Grenzschicht eines Reibpartners bezeichnet, bei denen durch einen Zerspanungsprozeß Werkstoff in submikroskopischer Teilchengröße ausgelöst wird. Eine wichtige Kenngröße zur Beurteilung des abrasiven Verschleißes ist der Härteunterschied der gepaarten Oberflächen. Der Verschleißwiderstand eines Werkzeugs steigt mit zunehmender Oberflächenhärte an. Durch die Relativbewegung der gepaarten Oberflächen wird aber ein Teil der eingeleiteten Energie in Wärme umgesetzt. Bei den meisten Werkstoffen sinkt die Stoffhärte mit der Temperaturzunahme, und der Verschleißwiderstand nimmt ab. Abrasiver Verschleiß stellt eine meist unvermeidbare Langzeitverschleißwirkung an Werkzeugen dar.

Oberflächenermüdung

Als Ermüdungsverschleiß wird die Trennung von mikro- und makroskopischen Stoffteilchen verstanden, die durch Ermüdungsrisse, Rißfortschritt und Restbruch infolge mechanischer, thermischer oder chemischer Beanspruchungsbedingungen an kraftgebundenen Oberflächen ausgelöst werden. In der Regel spielt die Oberflächenermüdung an Umformwerkzeugen eine untergeordnete Rolle. Dennoch tritt an Schneidwerkzeugen Ermüdung häufig auf, da einer schwellenden Normalspannung auf der Stirnfläche zusätzlich eine wechselnde Reibschubspannung an der Mantelfläche überlagert wird.

Schmierung

Schmierstoffe werden bei ihrer Verwendung unterschiedlichen Temperatur- und Druckbelastungen ausgesetzt. Wichtige Größen für die richtige Auswahl des jeweils geeigneten Schmierstoffs sind Viskosität, Dichte und Kompressionsmodul, wobei die Viskosität die größte Abhängigkeit von den beiden Parametern Druck und Temperatur aufweist. Besonders an Kontaktstellen mit hohen Flächenpressungen muß neben dem Temperatur- auch der Druckeinfluß berücksichtigt werden. Schmierstoffe lassen sich in die Gruppen

- mit Wasser mischbar,
- nicht mit Wasser mischbar,
- Festschmierstoffe sowie
- Folien und Lacke

aufteilen.

Flüssige Schmierstoffe werden überwiegend auf Mineralölbasis verwendet. Hierbei handelt es sich um ein Gemisch, das über keine konstante Zusammensetzung verfügt, da die paraffinischen, aromatischen und naphtenischen Anteile je nach Herkunft des Öls variieren. Hierzu gehören ebenso tierische, pflanzliche und synthetische Öle. Die pastösen Schmierstoffe stellen stabilisierte Gemische aus Mineral- oder Syntheseölen, Fetten, Wachsen sowie Seifen dar. Als feste Schmierstoffe schließlich werden pulver- oder nadelförmige Hartwachse und Hartseifen eingesetzt. Die Eigenschaften der Schmierstoffe können durch Zusätze verändert und dem jeweiligen Anwendungsfall angepaßt werden. Zusätze dienen der Verbesserung des Lasttragvermögens, der Haftfestigkeit, des Viskositäts-Temperatur-Druck-Verhaltens und der Verhinderung von Korrosion. Die Zusätze bilden entweder physikalische Adsorptionsschichten oder chemische Reaktionsschichten aus.

Durch sogenannte Friction Modifiers (zu ihnen gehören z.B. tierische und pflanzliche Fette, fette Seifen, u.ä.) haftet der Schmierstoff an der Metalloberfläche, ohne mit ihr eine chemische Reaktion einzugehen. Solche physikalisch wirkenden Zusätze sind allerdings temperaturabhängig. Der Abfall der Ko- und Adhäsionskräfte bei steigender Temperatur führt zu einer Erhöhung des Reibwerts. Ihre Wirkungsweise reicht von einer lockeren physikalischen Adsorption bis zu einer stabilen chemischen Bindung (Bildung von Metallseifen). Für Höchstbeanspruchungen werden reaktionsschichtbildende Additive (Anti-Wear-Additives) eingesetzt, die eine verschleißmindernde Schutzschicht ausbilden. Eine Untergruppe stellen hierbei die Extreme Pressure Additives (EP) dar, die bei höheren Temperaturen Reaktionsschichten ausbilden. Durch Kombination ausgewählter Zusätze können so Schmierstoffe für den jeweiligen Anwendungsfall optimiert werden.

Aus den Ausführungen ergeben sich für den Schmierstoff zusammenfassend dargestellt folgende Bedingungen:

- Bildung eines zusammenhängenden, druck- und temperaturbeständigen Schmierfilms, der die Oberfläche von Werkstück und Werkzeug trennt,
- hohe Haft- und Scherfestigkeit sowie gute Benetzungsfähigkeit,
- keine ungewollten physikalischen oder chemischen Reaktionen an den Oberflächen der Reibpartner,
- leichte und restlose Entfernung des Schmierstoffs vom Fertigteil,
- keine gesundheits- und umweltgefährdende Substanzen.

4.2.4 Hydromechanisches Tiefziehen

Beim hydromechanischen Tiefziehen wird ein Druckmedium, meist eine Öl-Wasser-Emulsion, zur Unterstützung des Umformprozesses eingesetzt *(vgl. Abb. 2.1.13)*. Das hydromechanische Tiefziehen wird in doppeltwirkenden hydraulischen Pressen angewandt. Beim hydromechanischen Stülpzug wird zusätzlich ein Tischkissen betrieben.

Werkzeugaufbau
Das Werkzeugunterteil, der sogenannte Druckmediumbehälter oder Wasserkasten, ist als Druckkammer ausgebildet und dient zur Aufnahme der teilespezifischen Matrize *(Abb. 4.2.9)*. Der Wasserkasten ist mit der pressenseitigen Druckregeleinrichtung verbunden. Zur Befestigung der Matrize auf dem Wasserkasten wird ein Klemm- bzw. Schrumpfring eingesetzt. Dieser Ring ist mit Nuten versehen, die austretende Leckflüssigkeit durch den Überlauf abführen. Die Matrize erhält am Ziehradiusauslauf eine umlaufende Nut zur Aufnahme der Dichtschnur aus Polyurethan. Diese wird beim Einlegen in die Dichtnut an beiden Stoßkanten unter ca. 45° überlappt. Bei rotationssymmetrischen Hohlkörpern kann auf den Einsatz dieser Dichtung verzichtet werden, wenn die entsprechende Gestaltung der Matrize beachtet wird.

Das Werkzeugoberteil besteht aus Blechhalter und Ziehstempel. Der Blechhalter ist üblicherweise ein Gußteil, auf dem der teilespezifische

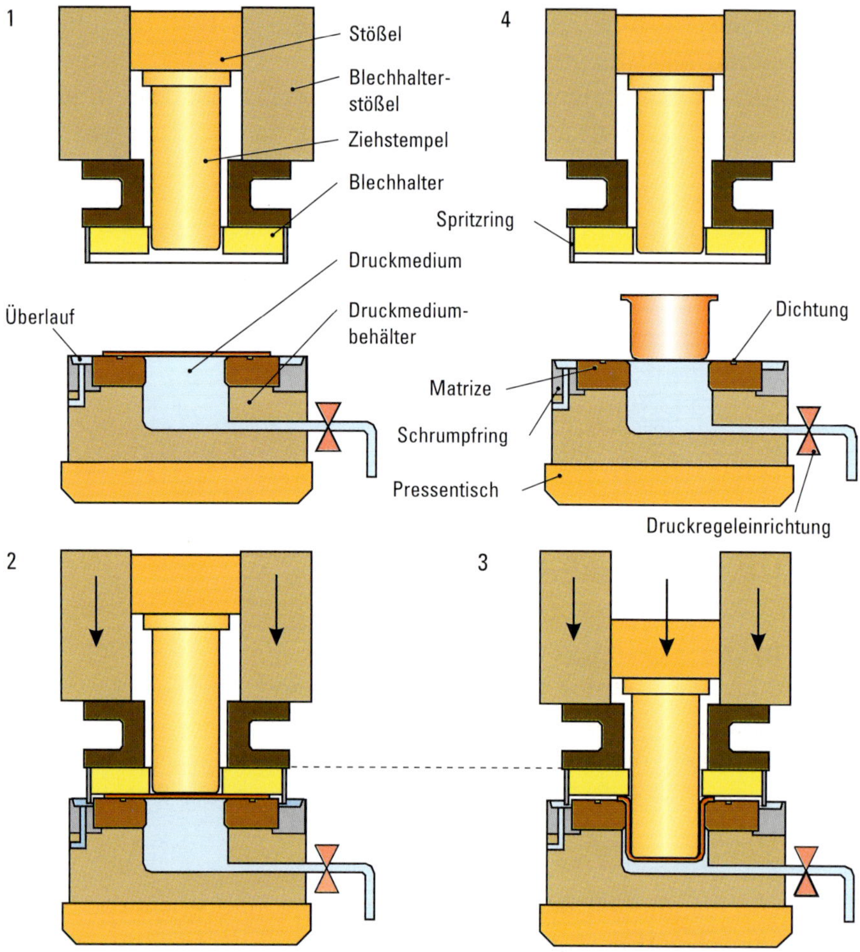

▲ **Abb. 4.2.9** Aufbau und Funktion eines hydromechanischen Tiefziehwerkzeugs

Blechhalter befestigt ist. Dieser erhält einen umlaufenden Spritzring, um Leckflüssigkeit gezielt abfangen zu können. Dieser Werkzeugkörper dient auch zur Überbrückung eines pressenseitig größeren Blechhalterdurchbruchs. Im Innenbereich des Blechhalters befindet sich der Ziehstempel. Dieser ist meist mit einer Stempelverlängerung versehen. Die Stempelverlängerung wird im Blechhalter geführt. In Produktionswerkzeugen ist eine werkzeuginterne mechanische Ziehtiefenbegrenzung vorzusehen.

Funktionsablauf

In Grundstellung ist die Presse geöffnet und der Wasserkasten gefüllt *(Abb. 4.2.9)*. Nach dem Einlegen der Platine schließt die Presse, und der Blechhalter spannt die Platine ein. Der pressenseitig eingestellte Blechhalterdruck dichtet den Druckraum ab, und der eigentliche Umformprozeß wird eingeleitet. Durch das Eindringen des Ziehstempels in den Wasserkasten baut sich der Mediumdruck auf. Während des Umformvorgangs wird das Blech an den Ziehstempel angepreßt. Über das mit der Druckkammer verbundene Regelsystem, in Verbindung mit der jeweiligen Ziehtiefe, erfolgt die Steuerung des Mediumdrucks während der Umformphase.

Nach Erreichen der mechanisch begrenzten Ziehtiefe wird die Druckkammer entlastet, und die Presse fährt in ihre geöffnete Grundstellung zurück.

Besondere Merkmale des Hydro-Mec-Umformvorgangs

Der im Wasserkasten während des Umformvorgangs durch das Eindringen des Ziehstempels entstehende Reaktionsdruck wirkt nach allen Seiten und preßt das zu verformende Blech gegen den Stempel *(Abb. 4.2.10)*. Die Haftreibung zwischen Stempel und Blech wird hierdurch entscheidend vergrößert, was die Ziehkräfte gegenüber dem konventionellen Tiefziehen stark erhöht. Gleichzeitig bewirkt der Flüssigkeitsdruck in dem zwischen Matrize und Stempel freiliegenden Teil der Platine eine nach oben gerichtete Wölbung (Stülpung) des Werkstoffs. Dabei werden Momente frei, die radiale Zugspannungen und tangentiale Druckspannung erzeugen.

Das hydromechanische Tiefziehen ermöglicht ein wesentlich größeres Ziehverhältnis als der klassische Ziehvorgang. Während das Grenzziehverhältnis bei konventioneller Technologie bei $\beta_{max} \approx 2{,}0$ liegt, werden beim hydromechanischen Tiefziehen Grenzziehverhältnisse von etwa 2,7 erzielt. Durch Wegfall von Zieh- und Zwischenglühoperationen ist eine sehr wirtschaftliche Umformung möglich. Die Werkzeugkosten können durch die Verminderung der Arbeitsoperationen ebenfalls gesenkt werden. Bemerkenswert ist außerdem die Qualität der umgeformten Ziehteiloberflächen, da das Blech nicht über eine starre Ziehkante, sondern über einen Flüssigkeitswulst gezogen wird. Kosten für Nacharbeiten wie Polieren oder Schleifen werden erheblich reduziert oder entfallen häufig ganz.

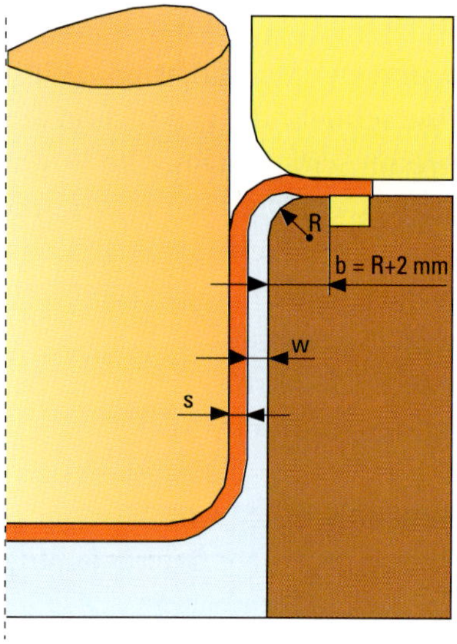

s: Blechdicke, w: Wasserspalt, R: Ziehradius
b: Stegbreite (mindestens 7 mm)

Abb. 4.2.10
Ausbildung des Ziehspalts beim hydromechanischen Tiefziehen

Durch das Anpressen des umzuformenden Blechs an den Stempel und die daraus resultierende geringe Auffederung ist eine maßgenaue Teilefertigung möglich. Dies ist insbesondere bei der Reflektorenfertigung wichtig, da nicht nur Maßtoleranzen, sondern auch optische Qualitäten geprüft werden. Die Blechdicke hydromechanisch tiefgezogener Teile bleibt in engen Grenzen konstant. Dies gilt vor allem für die geringe Reduzierung der Blechdicke an den Bodenradien, wodurch in zahlreichen Fällen dünnere Bleche für die Werkstücke verwendet werden können.

Die Preßkraft muß beim hydromechanischen Ziehen durch den Reaktionsdruck im Wasserkasten höher als beim Umformen mit starren Werkzeugen sein. Die Stößelkraft F_{ST} [kN] ist die Summe aus der konventionellen Umformkraft F_U [kN] und der Reaktionskraft F_{Re} [kN], die durch den Mediumdruck der Stempelfläche entgegenwirkt *(Abb. 4.2.11)*.

Abhängig vom verarbeiteten Blechwerkstoff treten im Wasserkasten folgende Drücke auf:

- Aluminium: 50 – 200 bar
- Stahl: 200 – 600 bar
- Edelstahl: 300 – 1 000 bar

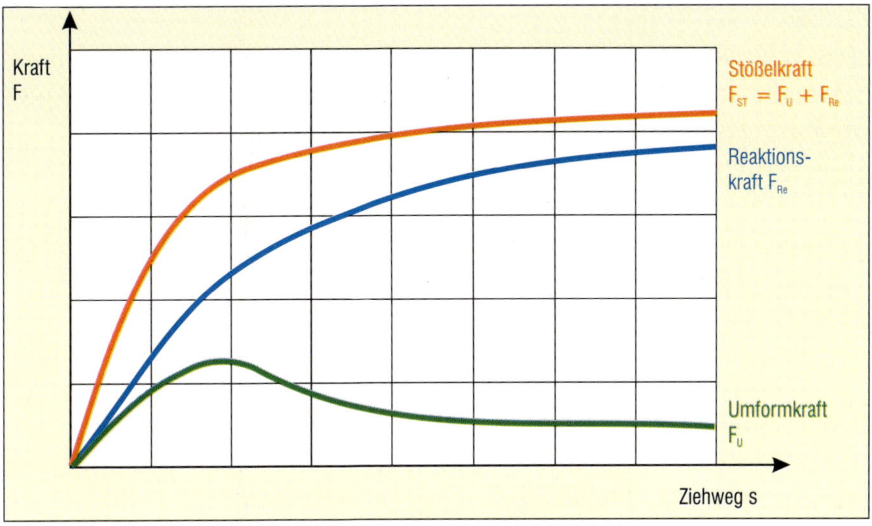

▲ **Abb. 4.2.11** Kraftverlauf beim hydromechanischen Tiefziehen

4.2.5 Aktives hydromechanisches Ziehen

Großflächige Bauteile für die Automobilindustrie, wie Motorhauben, Dächer oder Türen, verfügen je nach Formgebung in der Bauteilmitte nur über eine sehr geringe Beulsteifigkeit. Ursache dafür ist der geringe Umformgrad in diesem Bereich. Durch die geringe Umformung wird keine ausreichende Materialverfestigung erreicht, und die Außenhaut gibt bereits durch die Aufbringung eines geringen Drucks nach und kann einbeulen. Die geringe Bauteilstabilität wirkt sich u.a. negativ auf das Crashverhalten und die Hagelschlagfestigkeit von Fahrzeugen aus. Darüber hinaus kann es zu unerwünschten Schwingungen bei bestimmten Fahrgeschwindigkeiten kommen.

Mit zum Teil erheblichem Aufwand werden deshalb höherfeste Bleche bzw. Verstärkungselemente und Sicken eingebracht, die zusätzliche Kosten bei der Herstellung verursachen und das Bauteilgewicht erhöhen. Das „Aktive hydromechanische Ziehen" (Aktives Hydro-Mec) ist ein Umformverfahren, mit dem die genannten Probleme bewältigt und die Werkzeugkosten reduziert werden können.

Teilespektrum

Das Teilespektrum für das Aktive Hydro-Mec-Verfahren umfaßt praktisch alle großflächigen, vor allem flachen Außenhautteile eines Automobils, wie Frontklappe, Heckklappe, Dach, Türen und Kotflügel.

Je geringer der Umformgrad in der ersten Operation der Herstellung eines Außenhautteils (konventionell: Tiefziehen der Formplatine), desto geeigneter ist die Anwendung des Aktiven Hydro-Mec-Verfahrens.

Wirkprinzip

Das Aktive Hydro-Mec-Verfahren ist ein Umformen mit Wirkmedium (Öl-Wasser-Emulsion), bei dem eine großflächige Platine zwischen der Matrize und dem Blechhalter – als Wasserkasten ausgebildet – umlaufend, flüssigkeitsdicht eingespannt wird *(Abb. 4.2.12/2)*. In dieser Phase hat der Werkzeugstempel gegenüber der eingespannten Platine einen definierten teilespezifischen Rückstand. Sobald die Blechhalterkraft aufgebaut ist, wird aktiv Emulsion durch einen Druckübersetzer in den Wasserkasten eingebracht und ein definierter Druck (je nach Teil zwischen 20 und 30 bar) aufgebaut. Die Platine wird hierbei gesteuert aufgeblasen und über die gesamte spätere Bauteilfläche vorgestreckt, bis sie sich in der Flächenmitte an den Stempel anlegt. Durch diese steuerbare Streckung des Blechs tritt eine Kaltverfestigung ein, die zu einer erheblichen Verbesserung der Beulsteifigkeit des Formteils führt.

Nach dem Vorstreckprozeß wird das Gesamtsystem – Blechhalter, Platine und Matrize – nach oben gegen den stehenden Stempel gedrückt. Dieser Vorgang entspricht dem Prinzip des Gegenzugs *(Abb. 4.2.4)*, bei dem Emulsion verdrängt wird. Der Druck kann dabei konstant gehalten bzw. progressiv oder degressiv geregelt werden. Nach Abschluß des Ziehvorgangs wird erneut der Emulsionsdruck (bis max. 600 bar) aktiv aufgebaut, um die Platine optimal an die Kontur des Stempels anzulegen und auszuformen.

Presse

Die für das Aktive Hydro-Mec-Verfahren entwickelte Presse ist eine doppeltwirkende hydraulische Presse in Zweiständerbauweise mit Hydro-Mec-Druckübersetzung und Werkzeugschnellwechselsystem. *Abbildung 4.2.13* zeigt eine schematische Darstellung der Presse.

Die Stößelkraft von max. 50 000 kN wird von unten durch acht im Pressentisch befindliche Plungerzylinder aufgebracht. Sechs Blechhal-

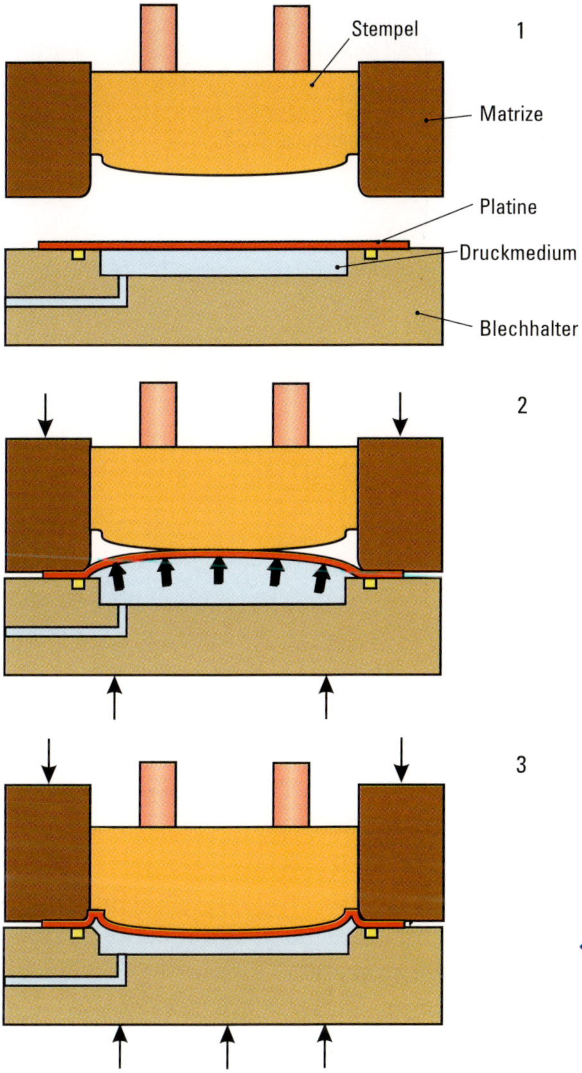

Abb. 4.2.12
Aufbau des Werkzeugs und Fertigungsprozeß beim Aktiven hydromechanischen Ziehen

terzylinder im Kopfstück bringen während des Vorstreckprozesses eine Blechhalterkraft von max. 16 000 kN auf. Sechs motorisch verstellbare Hubbegrenzungen bilden den teilespezifisch einstellbaren Anschlag für die Ziehtiefe.

Die Hydro-Mec-Einrichtung besteht im wesentlichen aus einem Druckübersetzer (Übersetzungsverhältnis Emulsion : Öl = 2 : 1; max.

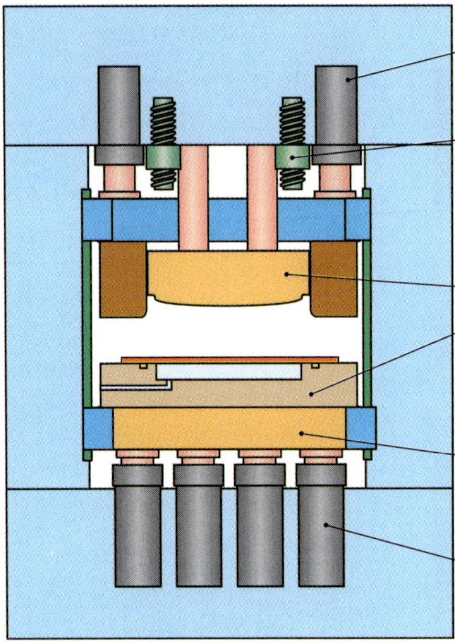

Abb. 4.2.13 Aktive Hydro-Mec-Presse

Emulsionsdruck 600 bar, max. Volumenstrom 20 l/s) und einem Emulsionsbehälter. Für den Antrieb des Druckübersetzers wird ein 200-kW-Motor und eine Pumpe des Hauptantriebs der Presse genutzt.

Das Werkzeugschnellwechselsystem, bestehend aus Schnellspannelementen und Werkzeugausfahrsystem, ermöglicht minimale Rüstzeiten. Mit den hydraulischen Schnellspannelementen werden Blechhalterbasisplatte, Matrize und Stempel gespannt. Mittels des Ausfahrsystems wird die Basisplatte zusammen mit dem Werkzeug aus der Presse gefahren. Das Werkzeug – bestehend aus Blechhalter, Matrize und Stempel – wird von der Basisplatte abgehoben und durch ein anderes ersetzt. In der Basisplatte befinden sich die Hydro-Mec-Anschlüsse, die mittels Dockingsystem in der Presse automatisch beim Einfahren gekoppelt werden.

Vorteile des Aktiven Hydro-Mec-Verfahrens

Das Aktive Hydro-Mec-Verfahren zeichnet sich durch einige Besonderheiten gegenüber der konventionellen Produktion aus. Qualitätsvorteile sind die verbesserte Bauteilstabilität und die Beulsteifigkeit, die durch den beschriebenen Vorstreckprozeß erzielt wird. Gleichzeitig wird eine optimale Oberflächenqualität an der Außenhaut erreicht, da analog zum konventionellen hydromechanischen Ziehen das Blech nicht an Stempel oder Matrize reibt, sondern durch die Emulsion an den Stempel gepreßt wird. Durch die geringere Blechdicke bzw. den Wegfall von Verstärkungselementen läßt sich das Gewicht der Baugruppen reduzieren. Für die Fertigung ist von Vorteil, daß mit einem Werkzeugsatz unterschiedliche Werkstoffe (Stahl, Aluminium, höherfeste Stähle) und beliebige Blechdicken eingesetzt werden können.

Des weiteren liegen beim Aktiven Hydro-Mec-Verfahren die Kosten niedriger als bei der konventionellen Produktion, insbesondere können die Werkzeugkosten um bis zu 50% reduziert werden, da nur eine konturgefräste Werkzeughälfte erforderlich ist. Ferner ist die Standzeit der Werkzeuge erheblich höher, da sich das hydromechanische Ziehen durch einen geringen Werkzeugverschleiß auszeichnet. In Abhängigkeit von Teilekontur und Werkzeugkonstruktion kann häufig eine Bearbeitungsstation eingespart werden.

4.3 Bandanlagen

Die Zuführung des Blechs spielt eine wichtige Rolle bei der Betrachtung der Wirtschaftlichkeit von Umform- und Schneidanlagen. Bei der Fertigung von kleineren Blechteilen wird das aufgewickelte Blechband (Coil) von einer Bandzuführanlage direkt der Presse zugeführt.

Die Bandanlage hat die Aufgabe, das auf dem Haspel aufgesteckte und zentrierte Coil abzuwickeln, es mit Hilfe der Richtmaschine aus der gekrümmten in die ebene Form zu bringen und per Walzenvorschub der verarbeitenden Anlage genau definiert zuzuführen *(vgl. Abb. 4.6.4)*.

Die bestimmenden Komponenten einer Bandanlage in konventioneller Ausführung sind Haspel, Richtmaschine, Ausgleichsschlaufe und Walzenvorschub *(Abb. 4.3.1)*. Die Richtmaschine zieht das Blechband vom Coil gegen die gebremste Haspel ab und bringt das gekrümmte Blech in eine ebene Form (vgl. Abschn. 4.8.3). Über entsprechend groß dimensionierte Rollenkörbe – um ein erneutes Verbiegen zu vermeiden – wird das Material von der Richtmaschine kontinuierlich in die Ausgleichsschlaufe gefördert. Der elektronisch gesteuerte Walzenvorschub zieht das Band taktweise aus der Schlaufe und führt es positioniert der Presse zu. Die maximale Vorschubleistung einer Hochleistungsanlage für kleine und mittelgroße Teile *(vgl. Abb. 4.4.4)* und einer Platinenschneidpresse (vgl. Abschn. 4.4.5, 4.4.7, 4.4.8) kann *Abb. 4.3.2* entnommen werden. Es wird die Hubzahl der Presse in Abhängigkeit von der Vorschublänge und des für den Vorschub zur Verfügung stehenden Kurbelwinkels der Presse bzw. des Werkzeugs angegeben.

Bandzuführanlagen in Kurzbauform können auf die Grube für die Ausgleichsschlaufe verzichten *(Abb. 4.3.3)*. Sie bestehen aus Haspel und Vorschubrichtmaschine. Die Haspel wickelt das Band gegen die Verar-

▲ **Abb. 4.3.1** Bandanlage zur direkten Zuführung des Blechbands an eine Presse

beitungsrichtung nach unten ab, so daß sich eine waagrecht liegende Ausgleichsschlaufe bildet. Aus dieser zieht die Vorschubrichtmaschine taktweise das Band, bringt es in die ebene Form und schiebt es positioniert in die Presse.

Ob die konventionelle Bandzuführanlage oder die Kurzbauform zum Einsatz kommt, wird durch das zu verarbeitende Material bestimmt. Oberflächenempfindliche und dünne Blechbänder können besonders gut konventionell verarbeitet werden. Sollen jedoch vorwiegend dickere Bänder der Presse zugeführt werden und ist das Material für einen unterbrochenen Richtvorgang geeignet, wird bevorzugt die Kurzbauform eingesetzt.

Beim Arbeiten mit Folge- und Folgeverbundwerkzeugen kann zur Vorschubkorrektur die Vorschubrichtmaschine während des Eintauchens der Sucherstifte zwischengelüftet werden *(vgl. Abb. 4.7.26)*. Dies gilt ebenso für den Walzenvorschub. Die Lüftzeit liegt beim Walzenvorschub bei 0,03 s und bei der Vorschubrichtmaschine bei 0,05 s.

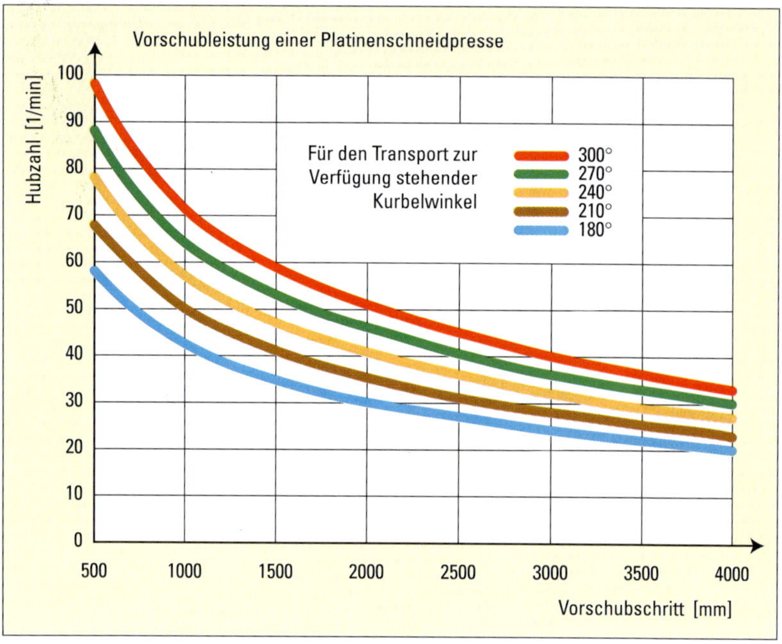

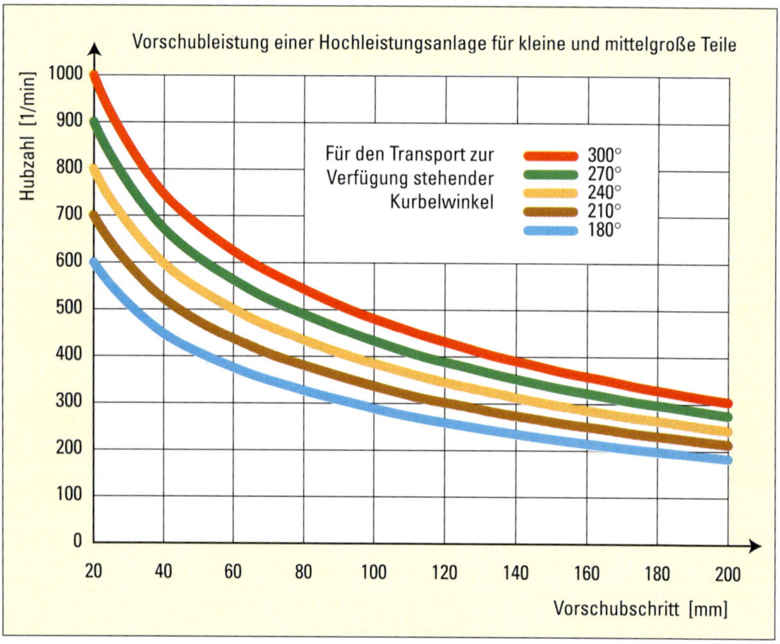

▲ **Abb. 4.3.2** Vorschubleistungsdiagramme einer Platinenschneidpresse sowie einer Hochleistungsanlage für kleine und mittelgroße Teile

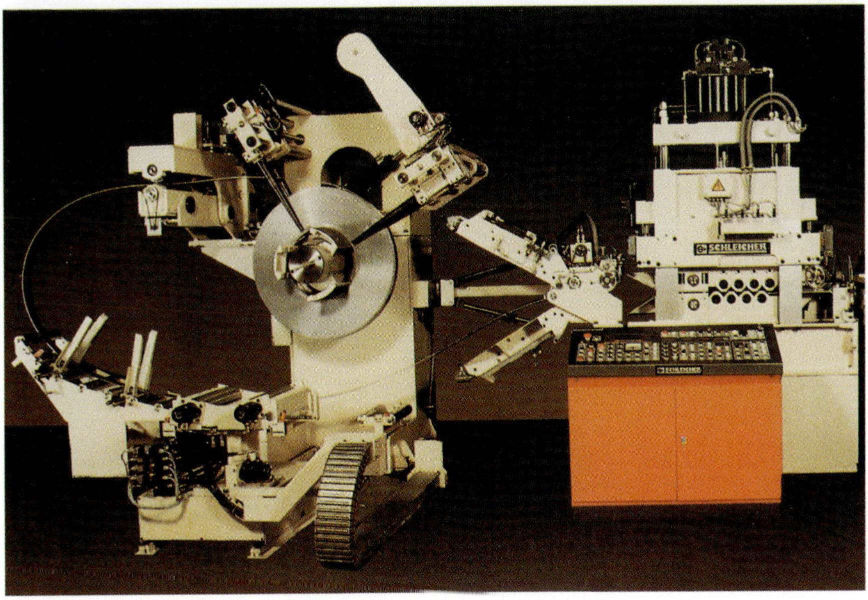

▲ **Abb. 4.3.3** Bandanlage in Kurzbauform

4.4 Umformanlagen

4.4.1 Universalpressen

Universalpressen zeichnen sich durch hohe Flexibilität aus – sie eignen sich sowohl zum Schneiden als auch zum Umformen *(Abb. 4.4.1)*. Kombiniert mit Einzel-, Folgeschneid-, Verbund- und Transferwerkzeugen bietet sich ein weites Spektrum von Anwendungsmöglichkeiten für die Fertigung kleiner bis mittelgroßer Teile (vgl. Abschn. 4.1.1). Um die Zahl der umgeformten Werkstücke zu erhöhen und den Fertigungsprozeß damit wirtschaftlicher zu gestalten, werden Universalpressen mit Bandanlagen *(vgl. Abb. 4.3.1)*, Schrottentsorgungs- und Fertigteilstapeleinheiten *(Abb. 4.4.41)* versehen. Zur wirtschaftlichen Fertigung trägt auch ein vollautomatischer Werkzeugwechsel bei (vgl. Abschn. 3.4).

Vergleich: mechanisch und hydraulisch angetriebene Universalpressen
Universalpressen werden gewöhnlich entweder mechanisch oder hydraulisch angetrieben. Bei mechanischen Universalpressen wird die Bewegung der Exzenterwelle über das Pleuel auf den Stößel übertragen. Die sinusförmige Hubkurve ist also durch die Geometrie der Exzenter- oder Kurbelwelle vorgegeben *(vgl. Abb. 3.2.3)*.

Für eine mechanische und eine hydraulische Universalpresse mit einem Umformweg von ca. 100 mm zeigt *Abb. 4.4.2* die Weg-Zeit-Verläufe, die Zeit für einen Arbeitsgang (Zykluszeit) und die Zeit, die für die Handhabung des Teils zur Verfügung steht (Transportzeit). Bei einer Transportzeit von 2,4 s beträgt die Zykluszeit der mechanischen Presse 3,6 s, das entspricht einer Hubzahl von ca. 17 Hüben/min.

Abb. 4.4.1
Hydraulische Universalpresse (Nennpreßkraft 5000 kN)

Bei hydraulischen Universalpressen wird die Stößelgeschwindigkeit dem Arbeitsprozeß angepaßt *(Abb. 4.4.3)*. Im Vergleich zu mechanischen Pressen kann die Auftreffgeschwindigkeit des Stößels auf das Werkstück drastisch reduziert werden. Das erwünschte sanfte Aufsetzen des Werkzeugoberteils führt zu einer geringeren Materialbeanspruchung, hat jedoch einen Zeitverlust zur Folge. Da hydraulische Pressen in der unteren Totpunktstellung (UT-Stellung) stoßfrei entlastet und die Hydraulik umgesteuert werden muß, verlängert sich die Werkstückberührzeit *(vgl. Abb. 3.3.1)*. Bei einer Transportzeit von 2,7 s ergibt sich im Vergleich zur mechanischen Presse aus den oben genannten Gründen eine um 1,4 s längere Zykluszeit für die hydraulische Presse – das entspricht für dieses Beispiel einer Hubzahl von 12 Hüben/min. Der Unterschied der Ausbringung zwischen der hydraulischen und mechanischen Presse kann je nach Fertigungsverfahren kleiner, aber auch größer sein.

Die Leistungsentnahme beider Pressenarten vom Stromnetz unterscheidet sich ebenfalls *(Abb. 4.4.2)*. Die Stößelgeschwindigkeit hydrau-

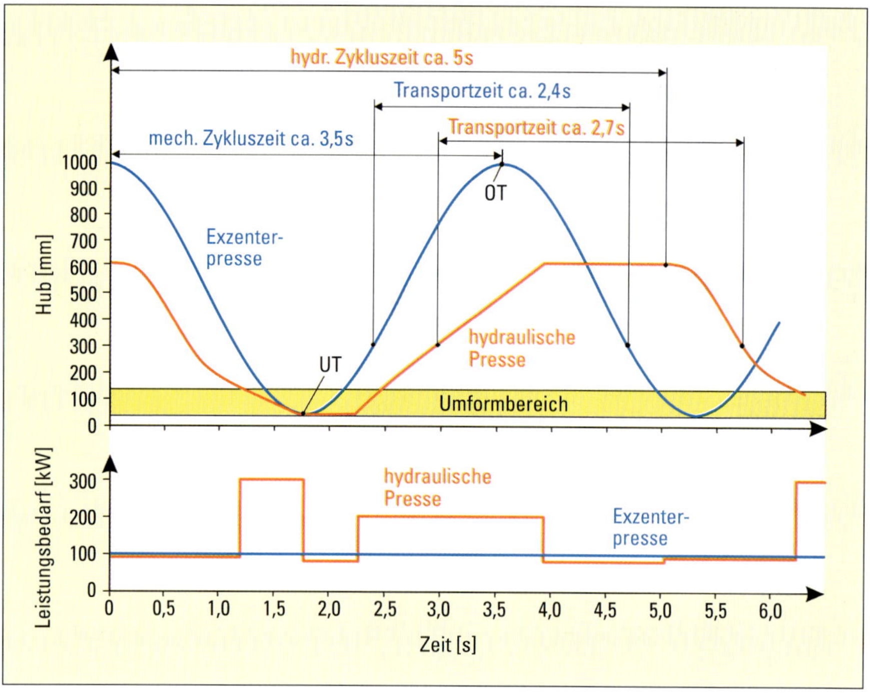

▲ **Abb. 4.4.2** Hubkurve mechanischer und hydraulischer Pressen mit Zyklus- und Transportzeit

lischer Pressen wird abhängig von der Motorleistung geregelt. Im Gegensatz dazu wird bei mechanischen Pressen die Energie dem Schwungrad unter Drehzahlabfall entnommen. Wird für einen Arbeitsgang eine große Energiemenge benötigt, beispielsweise bei großen Ziehtiefen, so darf dieser Drehzahlabfall maximal 20 % der Leerlaufdrehzahl betragen. Die Leistung des Antriebsmotors wird dem Netz konstant entnommen. Sie ist so bemessen, daß der Motor den Drehzahlabfall durch die Leistungsaufnahme zwischen den Arbeitsvorgängen wieder aufholen kann. Vergleicht man den Energiebedarf beider Pressenarten, so fällt auf, daß der Leistungsbedarf pro Stunde bei der mechanischen Presse trotz höherer Ausbringung um etwa 30 % unter dem der hydraulischen Presse liegen kann. Dieser Nachteil kann jedoch durch Änderung der Umformtechnologie, z.B. durch das Gegenzugverfahren *(vgl. Abb. 3.1.10)*, kompensiert werden.

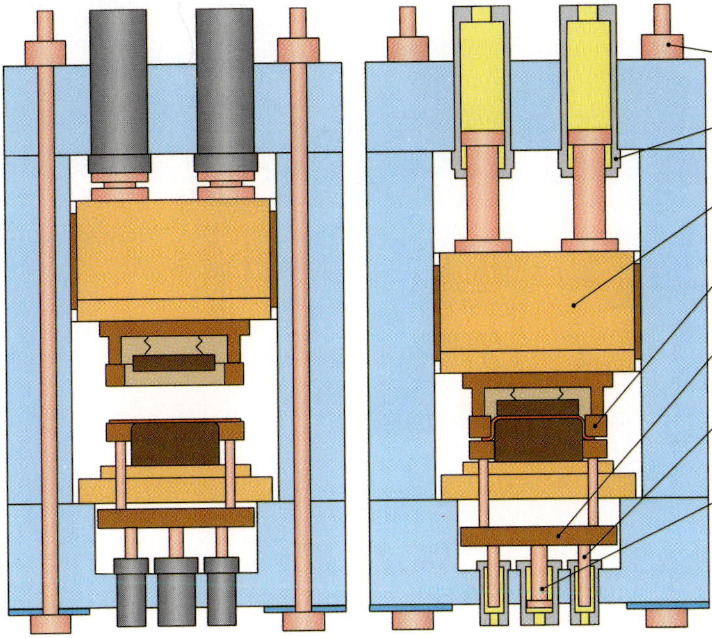

▲ **Abb. 4.4.3** Aufbau einer hydraulischen Universalpresse

Hochleistungs-Transferpressen

Mit der Hochleistungs-Transferpresse wurde eine mechanische Universalpresse besonders großer Ausbringung für Teile mit hoher Präzision entwickelt *(Abb. 4.4.4)*. Die Anlage wird beispielsweise zur Produktion von Kugel- und Nadellagerhülsen eingesetzt. Je nach Pressengröße – die Nennpreßkräfte der Standardpressen reichen von 1 250 bis 4 000 kN – können mit einem speziellen Greiferschienen-Transfer bis zu 300 Hübe/min gefahren werden. Die geforderte Teilequalität und Ausbringung stellen hohe Anforderungen an die Auslegung der Presse, insbesondere an Gestell, Antrieb und Stößelführung.

Im Antriebsbereich wird die hohe Präzision durch eine wälzgelagerte Exzenterwelle erzielt, die von einem Kompaktantrieb mit Planetengetriebe angetrieben wird. Die Wälzlagerung läßt nur ein minimales Spiel im Kraftfluß der Presse zu. Ein weiterer Vorteil der wälzgelagerten Exzenterwelle besteht darin, daß keine zusätzlichen Lösevorrichtungen erforderlich sind, falls die Presse durch eventuelle Fehlbedienung fest-

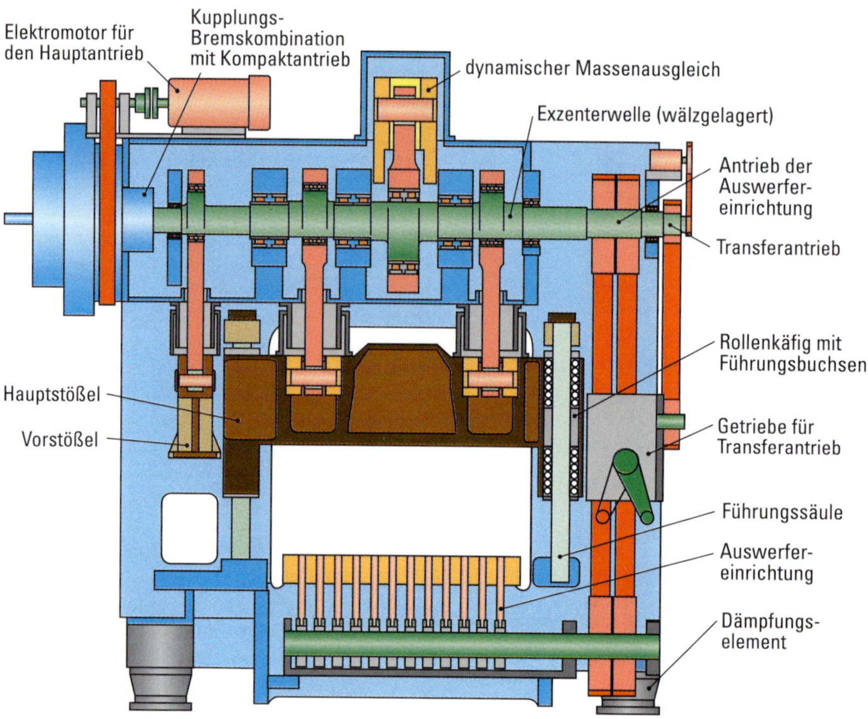

▲ **Abb. 4.4.4** Aufbau einer Hochleistungs-Transferpresse

sitzt. Die Exzenterwelle treibt sowohl den Hauptstößel als auch den Transfer, die Zieheinrichtung und einen Nebenstößel an. Letzterer ist ebenfalls rollengeführt und schneidet die Platinen aus dem Bandmaterial. Zur besseren Materialausnutzung wird ein Zick-Zack-Vorschub eingesetzt *(vgl. Abb. 4.5.7 und 4.5.8)*. Die Exzenterwelle treibt den Vorstößel phasenverschoben an, um eine Auswirkung des Schnittschlags auf die vom Hauptstößel durchgeführten Ziehoperationen zu verhindern. Ein in der Mitte der Antriebswelle exzentrisch gelagerter Massenausgleich stellt die Laufruhe der Hochleistungs-Transferpresse sicher. Aus diesem Grund kann eine einfache Pressenaufstellung über Dämpfungselemente realisiert werden.

Die präzise Stößelführung besteht aus vier gehärteten Führungssäulen mit Rollenkäfigen und Führungsbüchsen in der Umformebene und an der Stößeloberseite. Dieses System sichert eine maximale statische und dynamische Steifigkeit in horizontaler Richtung und verbessert damit die Werkzeuglebensdauer *(vgl. Abb. 3.1.5)*. Der steife Pressenkörper ist einteilig als Schweißkonstruktion ausgeführt. Dadurch bleibt die Schrägstellung des Stößels auch bei außermittiger Belastung gering – ein Vorteil, der besonders beim Prägen zum Tragen kommt.

Hybridpressen

Mechanisch-hydraulische Pressen, auch Hybridpressen genannt, stellen eine neue Entwicklung in der Pressentechnik dar *(Abb. 4.4.5)*. Sie verknüpfen die Vorteile der mechanischen und hydraulischen Pressen. Durch den Hybridantrieb kann das Oberwerkzeug sanft auf das Werkstück aufsetzen, und die Kraft läßt sich während des Umformprozesses beliebig steuern. Gegenüber hydraulischen Pressen hat die Hybridpresse wegen des mechanischen Basisantriebs eine höhere Ausbringung. Hybridpressen sind sowohl für Tiefzieh- als auch für anspruchsvolle Stanz-, Schneid- und Prägearbeiten ausgelegt und verbinden große Flexibilität und Verfügbarkeit mit hoher Ausbringung.

Der Oberstößel wird wie bei mechanischen Universalpressen vom Elektromotor über Kompaktantrieb, Exzenterwelle und Pleuel mit hub-

▲ **Abb. 4.4.5** Hybridpresse (Nennpreßkraft 3150 kN)

verstellbaren Exzenterbüchsen angetrieben *(Abb. 4.4.6)*. Der hydraulische Unterstößel dient zur Veränderung der Bewegungscharakteristik und zur Kippwinkelkompensation. Die Auftreffgeschwindigkeit auf das Werkstück kann durch das Einfahren des Unterstößels in den Oberstößel um bis zu 200 mm/s vermindert werden *(Abb. 4.4.7)*. Durchläuft der Oberstößel die UT-Stellung, so läßt sich der Unterstößel, z. B. zum Ausprägen des Teils, wieder ausfahren. Dabei bleibt der Unterstößel mit dem Oberwerkzeug in UT-Stellung stehen, während sich der Oberstößel bereits wieder aufwärts bewegt.

Um den Versatz zwischen Werkzeugober- und -unterteil, insbesondere bei der Fertigung mit führungslosen Werkzeugen, auszugleichen, wurde eine *automatische Zentriereinrichtung* entwickelt. Derartige Einrichtungen werden z.B. in der Besteckindustrie eingesetzt. Die Tischplattenposition wird über Wegmeßsysteme erfaßt und durch Vergleich mit der Werkstückgeometrie korrigiert. Dazu dienen sechs horizontal angeordnete Hydraulikzylinder, die die auf Kugeln gelagerte Tischaufspannplatte im Bereich von wenigen hundertstel Millimetern bis zu 1,5 mm in der Horizontalebene verschieben und verdrehen können

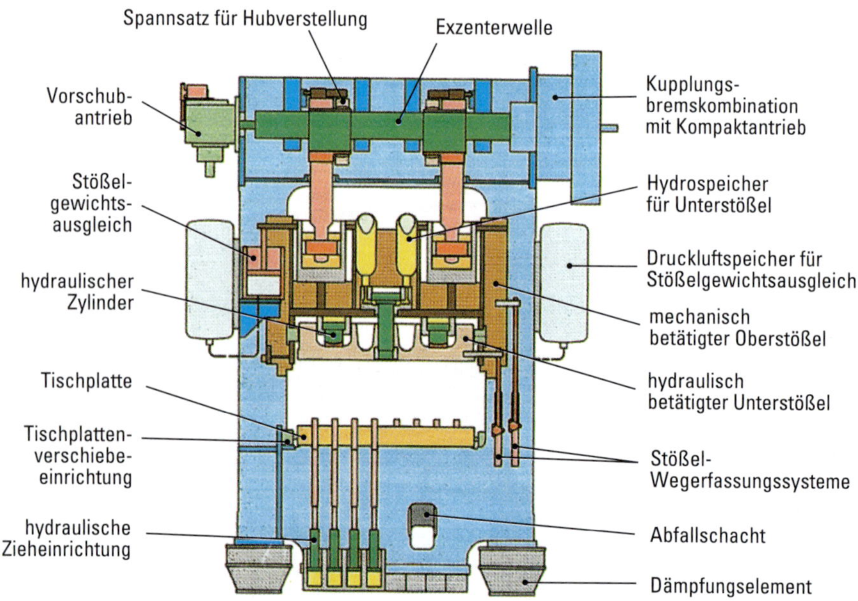

▲ **Abb. 4.4.6** Aufbau einer Hybridpresse

(Abb. 4.4.8). Nach erfolgter Korrektur wird die Tischplatte durch die Entspannung der Lösehydraulik exakt in ihrer neuen Lage gespannt.

Universalpresse mit modifiziertem Oberantrieb
Werden in einer Operationsfolge sehr unterschiedliche Arbeitsgänge wie Ziehen, Schneiden, Biegen, Prägen oder Abstrecken ausgeführt, können die idealen Arbeitsbedingungen für den jeweiligen Umformprozeß bei konventionellen Pressenantrieben selten erreicht werden.

Für diese bei universeller Operationsfolge sehr unterschiedlichen Anforderungen an die optimale Umformgeschwindigkeit bietet der modifizierte Kniehebelantrieb bei mechanischen Pressen erhebliche Vorteile *(Abb. 4.4.9)*. Diese spezielle Anlenkung von Pressenantrieb und Stößel bewirkt einen veränderten Bewegungs- und Geschwindigkeitsverlauf des Stößels *(Abb. 4.4.10)*. Im Arbeitsbereich wird eine reduzierte Geschwindigkeit über einen relativ großen Stößelweg erzielt; die Leerwege für Vor- und Rücklauf werden dagegen mit erhöhter Geschwindigkeit (im Vergleich zum Exzenter- und Kniehebelantrieb) durchfahren *(vgl. Abb. 3.2.3)*.

Durch das Antriebssystem findet eine Kraftübersetzung vom Antrieb auf den Stößel statt, wodurch mit relativ kleinem Antriebsmoment hohe Preßkräfte und Nennkraftwege erreicht werden. Das Getriebe mit Kupplung und Bremse kann sehr kompakt und kostengünstig gefertigt werden.

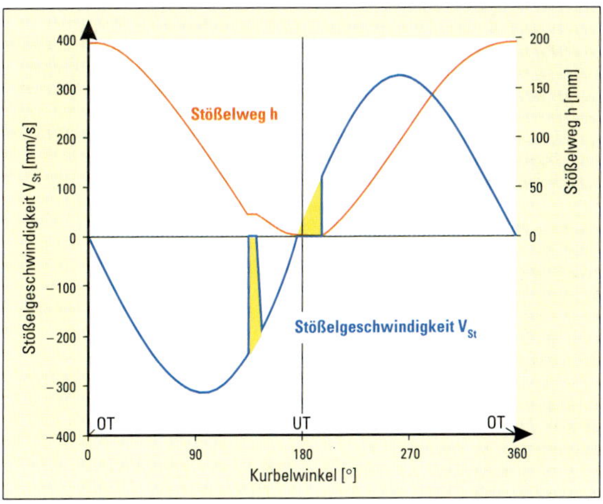

Abb. 4.4.7
Hubkurve einer Hybridpresse

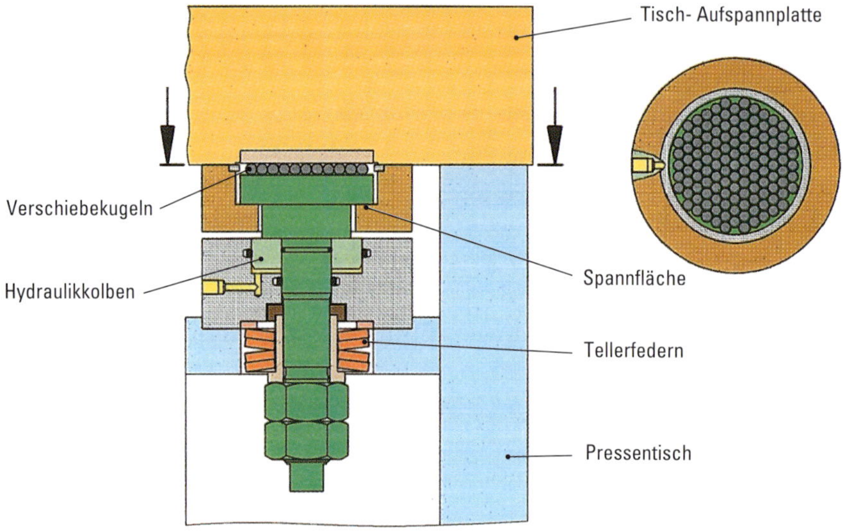

▲ **Abb. 4.4.8** Löse- und Spanneinheit für bewegliche Tischplatte

◀ **Abb. 4.4.9**
Universalpresse mit modifiziertem Oberantrieb (Nennpreßkraft 8000 kN)

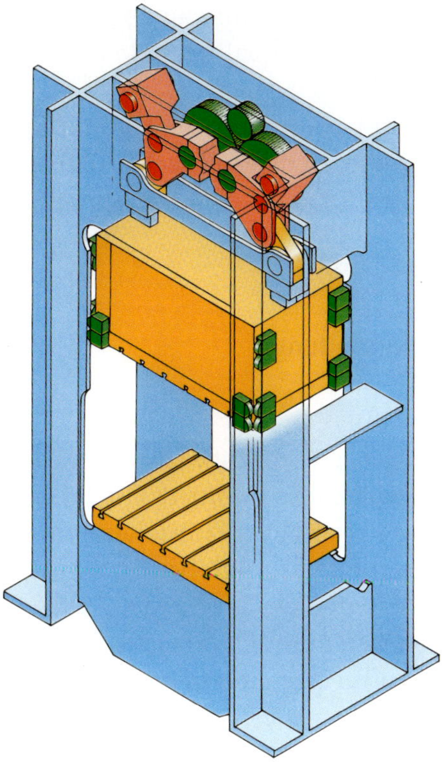

Abb. 4.4.10
Aufbau des modifizierten Oberantriebs

Die beiden Gelenke sitzen an den Stößelaußenseiten, wodurch außermittig auftretende Kräfte gut kompensiert werden können. Die direkte Krafteinleitung in den Ständerbereich des Kopfstücks reduziert die Durchbiegung und Federung und trägt damit wesentlich zur hohen Steifigkeit des Systems bei. Die durch die Pleuelkraft auftretenden Querkräfte werden über eine Traverse abgefangen, so daß sie nicht auf die Stößelführungen wirken. Hierdurch wird eine sehr genaue Stößelführung auch unter Last möglich.

Die reduzierte Umformgeschwindigkeit erlaubt höhere Hubzahlen bei Zieh- und Abstreckvorgängen, schont die Werkzeuge und verringert die Geräuschentwicklung. Ferner bringt die Systemsteifigkeit Vorteile beim Prägen durch ein exaktes, planparalleles Ausformen. Durch Verminderung von dynamischen Auffederungseffekten und Schnittschlag sowie durch die verringerte Auftreffgeschwindigkeit ergeben sich beim

Schneiden höhere Standzeiten. Durch diese Optimierung der Arbeits- und Umformbedingungen wird eine hohe Teilequalität und Werkzeugstandmenge bei gesteigerten Hubzahlen erzielt.

Das Teilespektrum der Anlagen reicht von Verdampferplatten, Lagerelementen, Scharnieren, Beschlägen und weiteren Zulieferprodukten für die Automobilindustrie bis zu Teilen für Kühlschränke, Schloßteile und Kupplungsscheiben.

4.4.2 Produktionsanlage für die Herstellung von Flachheizkörperplatten

Das kombinierte Umformen und Prägen großflächiger Blechteile, wie sie die Platten für Flachradiatoren darstellen, erfordert ein Pressensystem mit sehr hoher Systemsteifigkeit bei großem Einbauraum für die Werkzeuge. Bei der Vielfalt der Heizkörperkonstruktionen ist eine universell einsetzbare Werkzeugtechnik erforderlich.

Hohe Produktionsleistungen lassen sich nur mit vollautomatisierten Produktionsanlagen erzielen, die in kurzer Zeit auf ein neues Teil umgerüstet werden können. Für diese Aufgabenstellung wurden spezielle Pressensysteme zur Herstellung von Flachheizkörperplatten mit Nennpreßkräften zwischen 4000 und 10000 kN entwickelt *(Abb. 4.4.11)*.

Um eine möglichst hohe Systemsteifigkeit zu erreichen, wurde als Antriebssystem der Kniehebel-Unterantrieb gewählt *(vgl. Abb. 3.2.3)*. Dieses Prinzip zeichnet sich durch eine sehr kompakte und federungsarme Bauweise von Kniegelenklager und Pressentisch aus. Da die großflächigen Blechteile entsprechend große Tischflächen erfordern, ist zur besseren Abstützung des Pressentisches ein Doppelkniehebelsystem vorgesehen, das prinzipiell dem einfachen Kniehebelsystem aus *Abb. 3.2.5* entspricht.

Die weit auseinanderliegenden Anlenkpunkte des Doppelkniehebels bewirken einen kippsteifen Antrieb des Pressenrahmens. Die Höhenverstellung des oberen Werkzeugs erfolgt durch eine motorisch angetriebene Verstellung von zwei breiten Doppelkeilen, die die gesamte Werkzeugbreite überdecken. Der Kniehebelantrieb gestattet durch die reduzierte Umformgeschwindigkeit in Verbindung mit der gewichtsoptimierten Rahmenkonstruktion des Stößels hohe Produktionshubzahlen bei sehr ruhigem Lauf der Pressen.

Abb. 4.4.11
Kniehebelpresse mit Unterantrieb für die Herstellung von Flachheizkörpern (Nennpreßkraft 6300 kN)

Eine optimierte Plattenschweißkonstruktion des Pressenrahmens ermöglicht es, auch breitere Maschinen bis ca. 2 m Rahmenbreite mit hohen Geschwindigkeiten zu betreiben. Eine Presse mit einer Nennpreßkraft von 7100 kN, einer Rahmenbreite von 1860 mm und einem Arbeitshub von 80 mm erreicht im Dauerbetrieb 80 Hübe/min.

Die Maschine ist modular aufgebaut und kann je nach Anforderung mit oder ohne hydraulischem Ziehkissen im Bereich des Tisches und des Stößels ausgerüstet werden (vgl. Abschn. 3.1.4). Die Keilverstellung des Stößels garantiert die für Zieh- und Prägearbeiten geforderte hohe Steifigkeit.

Die modifizierte Kniehebelgeometrie sowie die Anlenkung der Pleuelstange verhindern ein Durchfahren der Strecklage des Kniehebelsystems im unteren Umkehrpunkt. Der untere Umkehrpunkt ist bereits erreicht, wenn sich das Kniehebelsystem noch ca. 2 bis 3 mm vor der Strecklage befindet. Ein Festfahren der Presse ist dadurch ausgeschlossen und macht den Einbau einer hydraulischen Überlastsicherung überflüssig – die Preßkraftüberwachung kann allein über elektronische Meßsysteme erfolgen.

Die Stößelführung ist sechsfach in sphärischen Kalottenlagern angeordnet *(vgl. Abb. 3.1.5)*. Die unter Last auftretende Einschnürung des Pressenrahmens wird durch eine zusätzliche innenliegende Gleitführung am Tisch kompensiert. Der pneumatische Stößelgewichtsausgleich ist durch wartungsfreie Balgzylinder ausgeführt *(vgl. Abb. 3.2.11)*.

Der Werkzeugeinbauraum erlaubt den Einsatz aller in Frage kommenden Werkzeugtechniken:

- Einfachwerkzeuge für einzelne Heizplatten,
- Doppelwerkzeuge, mit denen aus Breitband zwei Platten nebeneinander geprägt werden,
- Sandwichwerkzeuge, in denen zwei Bleche übereinander zugeführt und dann jeweils zwei Platten gepreßt werden (Ober- und Unterplatte gleichzeitig).

Der Blechvorschub erfolgt durch einen elektrischen Walzenvorschub, der auf dem Pressenrücken oberhalb des Antriebs angeordnet ist. Besondere Rahmenabdichtungen verhindern ein Eindringen der Werkzeugschmieremulsion in das Triebwerk. Die überschüssige Emulsion wird in einer umlaufenden Nut am Pressentisch bzw. am Pressenrahmen gesammelt und dem System für die Befettung oder Schmierung wieder zugeführt.

Gesteuert wird die Anlage durch eine SPS-Steuerung mit Bedienerführung und Programmvorwahl der entsprechenden Heizkörpertypen. In die Steuerung kann die Stückzahl der entsprechenden Länge durch Aufrufen der jeweiligen Heizplattentypen eingegeben werden.

Die Gesamtanlage wird ergänzt durch eine Abwickelhaspel sowie einen Werkzeugwechselwagen oder ein Werkzeugwechselsystem mit Werkzeugschnellspannung auf der Stößel- oder Tischplattenseite (vgl. Abschn. 3.4). Die Schrottentsorgung erfolgt unterhalb des Werkzeugs über eine Schrottrutsche direkt in den Schrottcontainer. Alle Antriebsaggregate sind vom Boden aus zugänglich.

4.4.3 Anlagen zur Längsträgerherstellung

Fertigungsverfahren

Die Fertigung von Längsträgern für die Lkw-Herstellung erfolgt in zwei Arbeitsschritten: Im ersten Schritt wird eine Rohplatine ausgeschnitten und gelocht, im zweiten die Platine zum Längsträger in U-Form gebogen, und gleichzeitig werden Stegverengungen und ggf. Kröpfungen angeformt *(Abb. 4.4.12)*. Linker und rechter Träger müssen beispielsweise im Bereich des Führerhauses mit reduzierten Steghöhen, spiegelbildlich zueinander ausgeführt werden. Beide Arbeitsschritte werden meist in einer Anlage mit zwei Werkzeugen durchgeführt.

Bei der Herstellung von Längsträgern kommen zwei unterschiedliche Methoden mit verschiedenen Anlagentypen zur Anwendung, die sich bereits in der Rohteilzuführung unterscheiden.

Längsträger mit einer Länge von bis zu 7 m werden meist aus *Blechtafeln* gewonnen, die eine Blechdicke von maximal 4 mm aufweisen. Die Tafeln werden quer zur Pressenlängsachse getaktet zugeführt. Das Schneidwerkzeug in der Presse trennt bei jedem Hub eine Formplatine aus der Tafel. Die Platine wird dann in einem weiteren Arbeitsschritt zum Längsträger gebogen.

Zur Herstellung von 4 bis 13 m langen Längsträgern stehen *Rohplatinen* mit einer Blechdicke von 5 bis 10 mm zur Verfügung. Die Rohplatinen werden in der Regel direkt vom Coil auf Formplatinenbreite

▲ **Abb. 4.4.12** Längsträger für die Lkw-Herstellung

längsgeteilt (vgl. Abschn. 4.6.1), um eine optimale Werkstoffausnutzung zu erreichen. Die dabei auftretende Säbelform der Platinen muß in einer separaten Anlage durch Hochkantrichten korrigiert werden. Die Rohplatinen werden einzeln in der Längsachse der Presse zugeführt und entweder mit einem Rundum- oder Ausklinkschnitt – meist an den beiden Enden des Trägers – zu einer Formplatine verarbeitet.

Die Verarbeitung von Blechtafeln hat den Vorteil, daß die Platinen keine Säbelform aufweisen, da sie durch einen Rundumschnitt hergestellt werden. Es kann auf das Hochkantrichten verzichtet werden. Die Werkstoffausnutzung ist allerdings geringer. Bei komplexen Trägergeometrien mit unterschiedlichen Flansch- und Steghöhen kann jedoch durch das Ineinanderschachteln der Platinenkonturen wieder Werkstoff eingespart werden *(vgl. Abb. 4.5.2 bis 4.5.5)*. Der Formschnitt hinterläßt Abfallstreifen, die in Schrottsegmente zerteilt werden.

Anlagenkonzepte

Die zwei Anlagentypen zur Herstellung von Längsträgern unterscheiden sich grundlegend in der Zu- und Abfuhrrichtung des Blechs: Während Blechtafeln unter 7 m Länge noch durch die Seitenständer quer zur Pressenlängsachse eingeschoben werden können, müssen die längeren Rohplatinen in der Pressenlängsachse zugeführt werden.

In den Anlagen mit *Transport in der Pressenlängsachse* werden die Rohplatinen über ein Einlaufförderband innerhalb der Seitenständer zugeführt *(Abb. 4.4.13)*. Überschiebeeinheiten schieben gleichzeitig die Rohplatine in das Werkzeug und die zuvor geschnittene Formplatine aus dem Werkzeug auf das rückwärtige Auslaufförderband. Transportsysteme mit Magneten sorgen für das Stapeln der vom Auslaufband kommenden Formplatinen. Darin integriert ist eine Platinenwendestation. Die Anlagen sind so konzipiert, daß sowohl aus Rohplatinen gestanzte Formplatinen als auch aus Formplatinen geformte Träger hergestellt werden können.

Wichtiges Zubehör einer vollautomatischen Anlage sind eine Platinenschmier- oder -sprüheinrichtung am Presseneinlauf, eine Lochbildkamera zur Erkennung von Stempelbruch und eine Einrichtung zum Kantenfräsen. Vollautomatische Anlagen erreichen Taktzeiten von 3 Hüben/min. Unter Berücksichtigung der zwei Durchläufe und Vernachlässigung der Umrüstzeit von Schneiden auf Biegen von ca. 15 min,

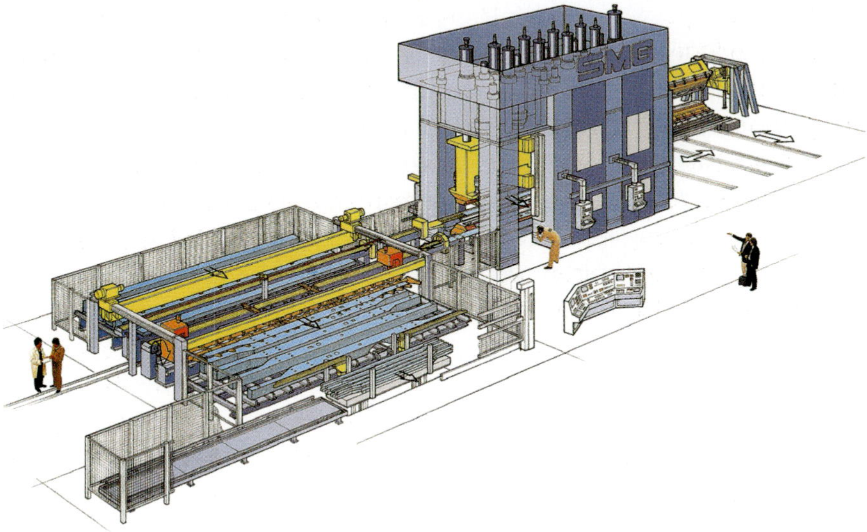

▲ **Abb. 4.4.13** Aufbau einer Anlage zur Herstellung von Lkw-Längsträgern (F_N = 50 000kN, Schnittschlagdämpfung und Hubbegrenzung, 11 Tischkissen, 25 Stößelauswerfer, maximale außermittige Belastung: 25 000 kNm mit elektronischer Parallelregelung)

ergibt sich damit eine durchschnittliche Ausbringung der Anlage von etwa 1,5 Trägern/min. Der Werkzeugwechsel findet ebenfalls in der Pressenlängsachse statt.

Bei den Pressen mit *Materialtransport quer zur Pressenlängsachse* werden die Blechtafeln im Pressentakt zwischen den Seitenständern über einen Kettenförderer und eine Greiferzuführeinrichtung nachgeführt. Nach jedem Hub schiebt die Resttafel die ausgeschnittene Formplatine auf das rückwärtige Auslaufförderband. Ist ein Arbeitsschritt beendet, muß der Reststreifen der alten Tafel mit dem Anschnitt der neuen Tafel entsorgt werden.

Die Anlagen zur Entstapelung der Tafeln bzw. Formplatinenpakete und zur Stapelung der Formplatinen bzw. Träger sowie die übrigen Anlagenteile entsprechen den Anlagen mit Materialtransport in Pressenlängsachse.

Werkzeugkonzept

Das Schneid- und das Biegewerkzeug bestehen aus je einem Grundwerkzeug, das mit Beschneide- und Lochmodulen entsprechend der unterschiedlichen Trägerlänge bestückt ist. Längsträger sind so aufgebaut, daß bestimmte Lochgruppen, wie die zur Befestigung der Vorderachs- und Hinterachsaufhängung, gleich sind und sich nur dem Radstand entsprechend verändern. Im Bereich des Fahrerhauses am Vorderende des Trägers sind Kontur und Lochbild gleich. Dementsprechend werden die Module den Erfordernissen jedes Längsträgertyps angepaßt und aneinandergereiht:

- Frontmodul für den Fahrerhausbereich,
- Hauptmodul, z. B. für den Hinterachsbereich,
- Zwischenmodul, um unterschiedliche Trägerlängen zu überbrücken, und
- Endmodul.

Rechte und linke Träger sollten möglichst das gleiche Lochbild haben. Nur so kann der Aufwand für das Ziehen und das Einsetzen von Lochstempeln beim Umrüsten vom rechten auf den linken Träger minimiert werden. Die Schneidmesser für die Trägerkontur müssen nicht umgerüstet werden, da beispielsweise die linke Formplatine durch einfaches Wenden in der Wendestation aus der rechten Formplatine gewonnen wird. Für das Biegen müssen allerdings Biegebalken, Biegebacken und Auswerferbalken der nicht symmetrischen Bereiche beim Umrüsten gewechselt werden.

Da sich die Position des Frontmoduls nicht ändert, ergibt sich daraus mit kürzer werdender Trägerlänge eine zunehmend außermittige Lage der Werkstücke in den Schneid- und Biegewerkzeugen. Soll gleichzeitig ein einseitiger Ausklinkschnitt erfolgen, z. B. beim Frontbeschnitt, entsteht eine zusätzliche außermittige Belastung. Den außermittigen Kräften muß entweder durch Ausgleichsmodule oder eine entsprechende Pressenkonzeption entgegengewirkt werden – andernfalls treten unzulässige Stößelkippungen auf.

Zur Reduzierung der Schneidkraft werden die Kantenschneidmesser in Sägezahnanordnung ausgeführt und die Lochstempel in mehreren Schneidebenen abgesetzt. In jeder Schneidebene wird eine gleichmäßige Belastung über der Platinenlänge angestrebt.

Beim Biegen wird der Trägerrücken mittels Stützbalken über die Tischkissen abgestützt. Durch Variation der Tischkissendrücke läßt sich die Planheit des Trägerrückens, vor allem aber auch die Rechtwinkligkeit der Schenkel beeinflussen. Eine Abstreifeinrichtung im Werkzeug sichert ein definiertes Abstreifen der eingewinkelten Träger vom Biegestempel. Das parallele Auswerfen erfolgt über den Stützbalken.

Mehrteiliges Tischkissen
Durch die variable Trägerlänge werden die Kissen im Bereich der Trägerenden teilweise nur partiell belegt. Hier tritt beim Formen ein Kippmoment auf, dem durch stabile Führungen entgegengewirkt werden muß.

Werden beim Stößelrücklauf zum Auswerfen alle Tischkissen gemeinsam angesteuert, so erreichen die Kissen, die am leichtesten laufen, zuerst den oberen Umkehrpunkt. Der Träger muß jedoch parallel ausgeworfen werden, um Beschädigungen zu vermeiden. Hierzu gibt es zwei Alternativen: den Träger durch ständigen Kontakt mit dem Oberwerkzeug beim Stößelrücklauf auszuwerfen oder den Gleichlauf der Ausstoßgeschwindigkeit aller Kissen zu regeln. Werden gekröpfte Träger geformt, sind unterschiedliche Kissenhübe erforderlich.

Parallelregelung und Zylinderabschaltung
Die außen am Stößel angreifenden Kolben der Parallelregelzylinder werden beim Arbeiten gegen den mittleren Druck der Servoventile verdrängt *(vgl. Abb. 3.3.5)*. Die außermittige Krafteinleitung der Werkzeuge erzeugt ein Kippmoment auf den Stößel. Bei einer Lageabweichung wird der Druck auf der voreilenden Seite im Parallelregelzylinder erhöht, während der Druck auf der Gegenseite reduziert wird. Es entsteht ein zum Kippmoment gegenläufiges Stützmoment. Bei Längsträgerwerkzeugen kann die außermittige Belastung des Stößels durch die Anordnung der einzelnen Module jedoch so groß sein, daß die Stößelkippung durch die Parallelregelung nicht mehr mit einem vertretbaren Aufwand verhindert werden kann. In diesem Fall unterstützt eine gezielte Abschaltung einzelner Stößelzylinder die Parallelitätsregelung *(Abb. 4.4.14)*. Der Kraftschwerpunkt der Presse verschiebt sich dadurch in Richtung der Kraftresultierenden des Werkzeugs. Durch die größeren Hebelarme der Parallelitätsregelkraft erhöht sich das gegenläufige Parallelregelmoment. Die maximal mögliche Werkzeugkraft reduziert sich jedoch infolge der abgeschalteten Zylinder.

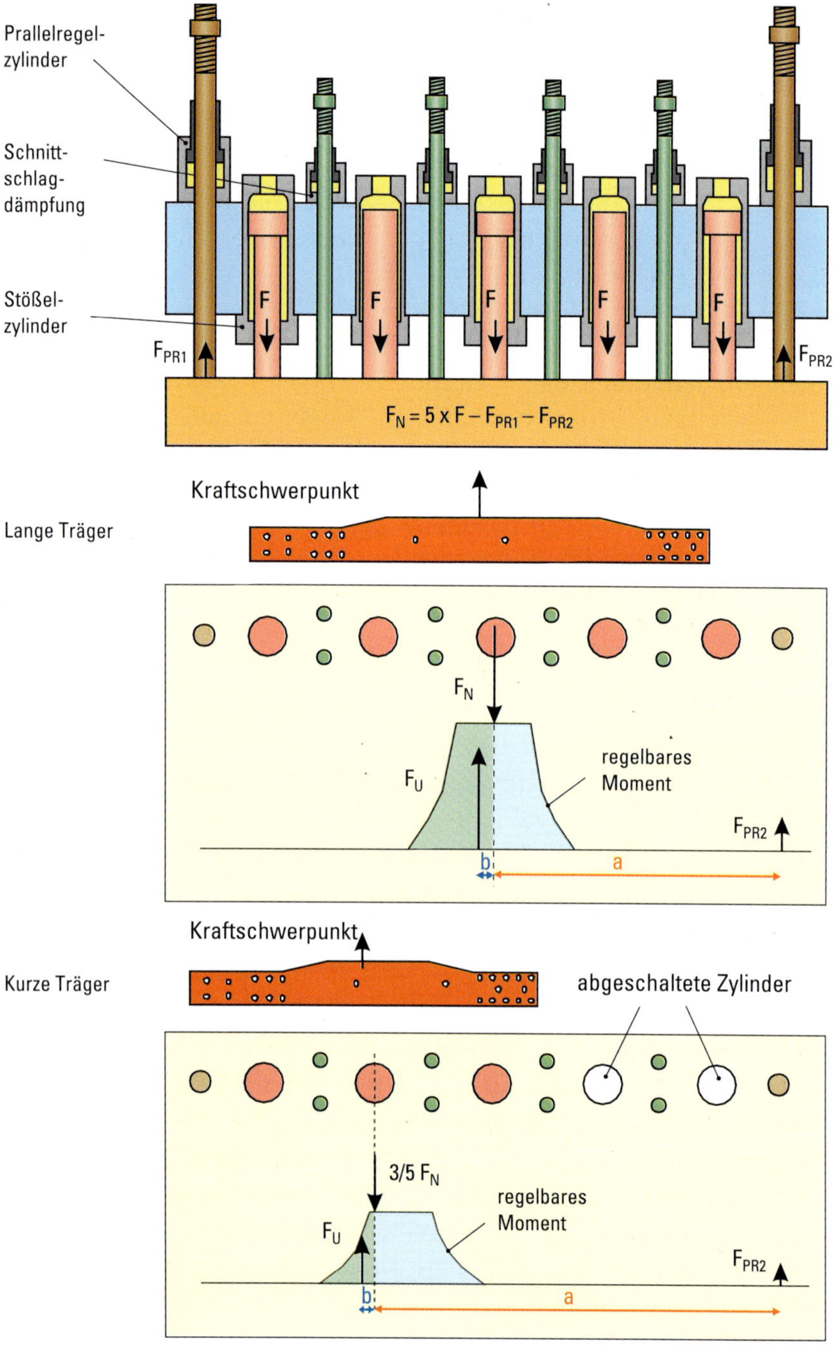

▲ **Abb. 4.4.14** Kipp- und Parallelregelmomente in einer Längsträgerpresse

4.4.4 Platinenlader und Platinenwender

Platinenlader

Platinenlader vereinzeln die Platinen und führen sie der Presse im Pressentakt zu. Für niedrige Hubzahlen wird mit Feedern entstapelt und zugeführt. Bei höheren Taktzahlen wird die Platine nach dem Entstapeln an Magnetbänder übergeben, die sie zur Übergabestation, z.B. des Transfers der Presse fördern.

Platinenlader mit Feeder und Saugertooling

Bei Pressenlinien (vgl. Abschn. 4.4.5) mit Taktzahlen von etwa 10 bis 12 Teilen/min sowie geeigneter Platinenform werden Feedersysteme eingesetzt. Beim Werkzeugwechsel wird das gesamte Tooling mit den daran befestigten Saugern gewechselt. Bei der Entstapelung nehmen die Vakuumsauger des Toolings die oberste Platine eines Stapels ab. Zur Unterstützung dienen Spreizmagnete, deren Magnetfeld die obersten Platinen spreizt und damit dem Aneinanderkleben der Platinen entgegenwirkt. Die Magnete können manuell voreinstellbar angebracht sein oder automatisch an den Stapel angestellt werden. Es werden sowohl Permanentspreizmagnete als auch schalt- bzw. pulsierbare Elektromagnete eingesetzt.

Bei der Verarbeitung von nicht magnetisierbaren Platinen, wie z.B. Aluminium- oder Edelstahlblechen, kann nur mit Saugern gearbeitet werden. Zur Unterstützung des Separierens der Bleche wird hier seitlich Druckluft eingeblasen.

Platinenlader mit Magnetbändern

Diese Ausführung besitzt eine oder zwei mittels Zylindern betätigte Entstapelbrücken, die mit Vakuumsaugern oder Magneten bestückt sind *(Abb. 4.4.15)*. Diese werden zwischen den Magnetbändern auf die jeweils oberste Platine des Stapels abgesenkt, heben die Platine an und übergeben sie hängend an den Magnetbandförderer. Zur Unterstützung der Einzelplatinenentnahme dienen auch hier Spreizmagnete. Mit diesen Systemen lassen sich bei kleineren Platinen bis zu 25 Teile/min und bei sehr großen bis zu 15 Teile/min zuführen.

Damit die Presse beim Stapelwechsel kontinuierlich durcharbeiten kann, kommen entweder zwei Entstapelstellen oder Systeme mit Reservemagazin zum Einsatz. Bei den Doppelstapelladern wird automatisch vom abgearbeiteten Stapel auf den jeweils neu bereitgestellten

▲ **Abb. 4.4.15** Platinenlader einer Großteil-Transferpresse für maximale Platinenabmessungen von 3800 × 1800 mm mit einer Entstapelbrücke

umgeschaltet. Die andere Möglichkeit ist das Arbeiten mit Reservemagazin. Hierbei wird der Stapelrest auf Reservezinken gehalten und entstapelt, während darunter ein neuer Stapel zugeführt wird. Doppelplatinen werden mittels Elektronik erkannt und automatisch ohne Anlagenstillstand ausgeschieden.

Bei nicht magnetisierbaren Platinen wird mit einem integrierten Feeder mit Saugern gearbeitet, der nach dem Entstapeln der obersten Platine diese von oben auf ein Transportband legt. Bei diesem Transport ist von einer geringeren Taktzahl auszugehen.

Bei einer weiteren Ausführung für mittelgroße Teile werden Magnetbänder, die an einer Hubbrücke angebracht sind, auf den Platinenstapel abgesenkt. Sie übernehmen jeweils die oberste Platine. Der Antrieb erfolgt über ein mechanisches Kurbelgetriebe *(Abb. 4.4.16)*. Die Taktzahl liegt maximal bei 16 Teilen/min.

Vor dem Umformen müssen die Platinen vielfach noch gewaschen, geölt, zentriert bzw. orientiert werden. Diese Maßnahmen sind unabhängig vom gewählten Entstapelungskonzept.

▲ **Abb. 4.4.16** Platinenlader mit Magnetband für maximale Platinenabmessungen von 2100 × 750 mm, geeignet für beschichtete und unbeschichtete Platinen

Waschen

Zum Erreichen höchster Teilequalität werden die Platinen, speziell die Platinen für sichtbare Außenteile (Türen, Dächer, etc.), vor dem Umformen gewaschen und gereinigt. Der Wasch-/Reinigungsvorgang wird durch Reinigungsemulsionen oder -öle sowie Reinigungsbürsten sichergestellt. Die Platine wird der Waschmaschine durch ein vorgelagertes Transportband zugeführt *(Abb. 4.4.22)*. In der Wasch-/Reinigungsmaschine wird die Platine durch ein Bürstenwalzenpaar mechanisch gereinigt. Während dieses Vorgangs wird das Waschmedium ständig mit Düsen auf die Platine aufgebracht. Dem Bürstenwalzenpaar sind Quetschwalzenpaare aus Vliesstoff nachgeschaltet, die das Reinigungsmedium gleichmäßig auf eine minimale Restmenge reduzieren. Die Durchlaufgeschwindigkeiten sind entsprechend der Taktzahl sehr hoch und betragen bis zu 150 m/min. Bei einfacheren Teilen kann auf ein nachfolgendes Beölen verzichtet werden, wenn die Restmenge des Waschmittels zum Ziehen ausreicht und das Medium geeignet ist.

Beölen/Befetten
Um gezielt Schmierstoff auf die Platine aufzubringen, werden Sprühbeölungs-/Befettungseinrichtungen in den Platinenlader integriert. Der Schmierstoff kann damit partiell an Ober- und/oder Unterseite der Platine aufgetragen werden. Moderne Beölungseinrichtungen werden von Rechnern gesteuert und sind in der Lage, bei Durchlaufgeschwindigkeiten von bis zu 150 m/min eine partielle Befettung/Beölung von ca. 200 mm Länge vorzunehmen.

Zentrieren/Orientieren
Bevor die Platine automatisch in das Werkzeug transportiert werden kann, muß sie entsprechend der erforderlichen Lage orientiert bzw. zentriert werden. Die Positionsungenauigkeiten durch die Lage im Stapel und den Platinentransport werden durch Anschläge und seitliche Schieber korrigiert. Um eine hohe Flexibilität in bezug auf die wählbaren Abmessungen und die Geometrie der Bleche zu erreichen, lassen sich vielfach alle Positionseinrichtungen programmieren und motorisch einstellen. Dadurch werden kurze Umrüstzeiten erzielt.

Platinenpaketwender
Die Platinen zur Weiterverarbeitung in Umformanlagen werden auf Platinenschneidanlagen aus dem Coil getrennt (vgl. Abschn. 4.6.2) und zu Platinenstapeln geschichtet. Um Werkzeugkosten zu reduzieren, wird häufig bei symmetrischen Teilen nur ein Platinenschneidwerkzeug hergestellt. So können z.B. die Platinen für den linken Kotflügel durch Wenden des Stapels auch für den rechten dienen. Zum Wenden der Platinenpakete werden folgende Konzepte unterschieden:

- Kraftschluß-Platinenpaketwender: Das Paket wird über die Haftgrenze der Platinen hinaus zusammengepreßt und dann gewendet.
- Formschluß-Platinenpaketwender: Beim Wenden in einem Trommel- oder einem Gabelwender werden die Pakete abgestützt.

Trommelwender: Platinenpaketwender für komplexe Platinenschnitte
Aufgrund der Geometrie vieler Platinenschnitte, beispielsweise Trapezbleche, besteht beim Wenden die Gefahr des seitlichen Verrutschens. Die Stapel müssen daher an zwei Seiten durch Anschläge gestützt werden. Außerdem wird häufig ein geringer Platzbedarf des Wenders und die Bereitstellung der Platinenstapel auf nur einem Stellplatz vor und

▲ **Abb. 4.4.17** Platinenwender für komplexe Platinenschnitte

nach dem Wenden gefordert. Bei der in *Abb. 4.4.17* gezeigten Anlage wird der Platinenstapel ohne Palette auf einen Rollengang abgesetzt. Mit diesem Laderollengang und einem weiteren Rollengang im Wender wird der Stapel in die Wendeeinrichtung transportiert. Einstellbare Anschläge an zwei Seiten des Stapels halten die Bleche in ihrer Lage. Von oben fährt eine dritte Rollenbahn auf den Stapel, die Vorrichtung schwenkt um 180°. Nach dem Öffnen der Wendeanlage und der Anschläge wird der Stapel wieder herausgefahren. Auch hier ist ein schnelles Umrüsten gewährleistet, da sich die Anschläge automatisch an den Stapel anlegen.

Gabelwender: Platinenpaketwender für Mehrfachstapel
Mehrfache Platinenstapel, die definiert auf einer Palette gestapelt sind und nach dem Wenden ebenso exakt wieder positioniert werden müssen, erfordern eine besonders präzis arbeitende Anlage *(Abb. 4.4.18)*. Die Stapel werden zunächst mit der Palette auf einen Wagen geladen. Zum Abheben des ersten Stapels fährt der Wagen zum Wender, so daß

▲ **Abb. 4.4.18** Platinenwender für Mehrfachstapel

die unteren Gabeln zwischen Palette und Stapel greifen können. Die Gabeln schließen, und die Anschläge legen sich automatisch an den Stapel an. Eine Schwenkbewegung um die horizontale Achse der Wendevorrichtung bringt den Platinenstapel auf dem Ablageplatz in die gewünschte Position. Nach dem Öffnen der Gabeln übernimmt ein zweiter Wagen mit Palette den Stapel. Die vollautomatische Umstellung der Palettenauflage und der Verfahrwege ermöglicht ein schnelles Umrüsten sowie das Wenden mehrerer Platinenstapel auf einer Palette. Dabei werden die Stapel nacheinander gewendet und in definierter Position wieder auf Paletten abgelegt.

4.4.5 Pressenlinien

Die Serienfertigung mittelgroßer und großer Blechteile erfolgt in der Regel auf Pressenlinien oder Großteil-Transferpressen. Erstere bestehen aus hintereinander angeordneten, mechanischen *(Abb. 4.4.19)* oder hydraulischen *(Abb. 4.4.20)* Einzelpressen, die mit Transporteinrichtungen verkettet sind. Auch wenn Pressenlinien heute teilweise von Großteil-Transferpressen verdrängt werden, behalten automatisierte Pressenlinien mit ihrer großen Flexibilität weiterhin ihre Bedeutung für schwierige, nicht in eine Teilefamilie einzuordnende Werkstücke mit hohen Qualitätsanforderungen. Dazu gehören beispielsweise Teile, die sehr große Ziehtiefen, komplizierte Keilschieber-Werkzeuge *(vgl. Abb. 4.1.17)* oder große Teillageänderungen von Operation zu Operation erfordern *(vgl. Abb. 4.1.11)*.

An moderne Pressenlinien werden hohe Anforderungen im Hinblick auf Ausbringung, Teilegenauigkeit, Werkzeugstandmenge, Verfügbarkeit und Flexibilität gestellt. Diese Anforderungen werden durch den Einsatz mechanischer Pressen mit Gelenkantrieben voll erfüllt. Durch den Gelenkantrieb reduziert sich die Auftreffgeschwindigkeit beim Schließen des Werkzeugs auf etwa ein Drittel eines vergleichbaren Exzenterantriebs *(vgl. Abb. 3.2.3)*. Für die Produktion ergeben sich dar-

▲ **Abb. 4.4.19** Mechanische Pressenlinie mit Lärmschutz (Kopfpresse doppeltwirkend, Nennpreßkraft 20 000 kN; Folgepressen einfachwirkend, Nennpreßkraft 15 000 kN)

aus wichtige Vorteile: bei gleicher Nennpreßkraft und gleichem Nennkraftweg ist eine Gelenkpresse im Arbeitsbereich wesentlich höher und auch weiter vor dem unteren Totpunkt belastbar als die vergleichbare Exzenterpresse, da die Gelenkpresse einen steileren Kraft-Weg-Verlauf (Momentenkennlinie) aufweist.

Eine Gelenkpresse kann demnach gegenüber einer Exzenterpresse in Abhängigkeit von der Ziehtiefe höhere Hubzahlen erreichen – je größer die Ziehtiefe, um so größer auch die Steigerung. Wenn die Hubzahl nicht erhöht wird, führt die Verringerung der Auftreffgeschwindigkeit zu verbesserten Ziehbedingungen; selbst weniger hochwertiges Blech läßt sich fehlerfrei verarbeiten. Außerdem werden sowohl Werkzeug und Ziehkissen als auch Kupplung und Bremse geschont.

In der Praxis wird die Weg-Zeit-Kurve der Gelenkpresse bei automatischem Teiletransport so ausgelegt, daß die Auftreffgeschwindigkeit reduziert wird. Dadurch und aufgrund des Einsatzes von pfeilverzahnten Antriebsrädern wird zusätzlich der Lärm um bis zu 8 dB(A) reduziert.

Pressenanzahl

Die Anzahl der Pressen in der Linie richtet sich nach der Anzahl der Operationen, die für das umzuformende Teil notwendig sind (vgl. Abschn. 4.1.1). Grundsätzlich wird versucht, die Anzahl der Pressen und damit auch die Zahl der erforderlichen Werkzeuge zu reduzieren.

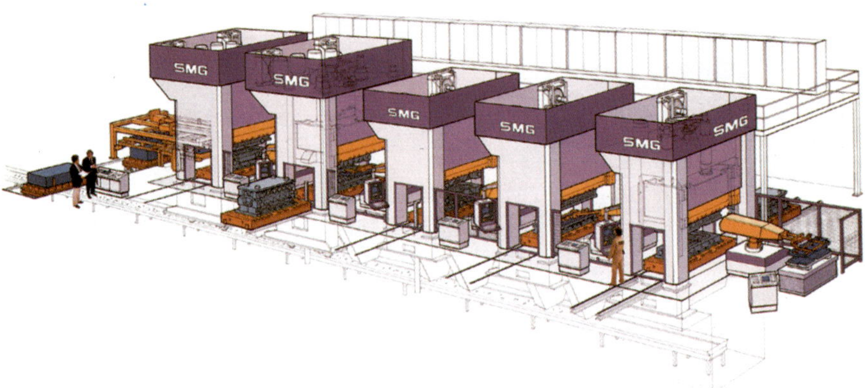

▲ **Abb. 4.4.20** Hydraulische Pressenlinie mit Roboterverkettung

In enger Zusammenarbeit von Bauteildesign- und Produktionsabteilung können Preßteilvereinfachungen bereits im Designstadium des Teils zur Zusammenlegung mehrerer Umform- bzw. Schneidoperationen in einer Fertigungsstation führen. Je mehr Operationen kombiniert werden, um so komplizierter wird jedoch das Werkzeug. Die Folgen sind höhere Kosten, eine reduzierte Arbeitsgeschwindigkeit und eine größere Störanfälligkeit. Bei der Anzahl der Umformstufen bzw. der Pressen in einer Linie muß somit ein optimaler Kompromiß gefunden werden. Pressenlinien bestehen aus vier bis acht Pressen, wobei je nach Teilespektrum üblicherweise vier bis sechs Pressen eingesetzt werden.

Kopfpresse: Blechhalterstößel oder Zieheinrichtung
Während die Kopfpresse einer Pressenlinie häufig doppeltwirkend ausgeführt ist, arbeiten die Folgepressen einfachwirkend, teilweise mit im Tisch integrierter Zieheinrichtung. Bei doppeltwirkenden Kopfpressen stehen getrennte Zieh- und Blechhalterstößel zur Verfügung, die mechanisch oder hydraulisch von oben angetrieben werden *(vgl. Abb. 3.1.8 und 3.2.4)*. Der Blechhalterstößel läuft vor und hält über den Blechhalter des Werkzeugs das Blech am Rand fest, bevor der Ziehstößel den Umformprozeß einleitet *(vgl. Abb. 4.2.2)*. Um Faltenbildung zu vermeiden, sind die vier Druckpunkte getrennt steuerbar, d.h. an den vier Ecken können unterschiedliche Blechhalterkräfte eingestellt werden. Bei einigen Anlagen ist es möglich, die Blechhalterkräfte während des Ziehvorgangs mit der Blechhalterfeineinstellung zu variieren (vgl. Abschn. 3.2.8). Durch diese Maßnahmen werden die Einarbeitungszeiten eines neuen Werkzeugsatzes reduziert und die Ziehergebnisse verbessert. Durch die doppeltwirkende Bauweise der Pressen können große Umformwege optimal realisiert werden. Von Nachteil ist, daß das Teil für die Folgeoperationen meist gewendet werden muß. Die Wendestation nach der ersten Presse begrenzt dadurch die Ausbringung der Pressenlinie *(Abb. 4.4.21)*.

Durch die Entwicklung neuartiger CNC-gesteuerter hydraulischer Zieheinrichtungen, die die Funktion des Blechhalterstößels nachbilden, können heute auch auf einfachwirkenden mechanischen oder hydraulischen Kopfpressen ähnlich tiefe und komplexe Preßteile geformt werden (vgl. Abschn. 3.1.4).

Da das Blech nach der Ziehoperation nicht gewendet werden muß, kann die Leistung einer Pressenlinie durch die einfachwirkende Kopf-

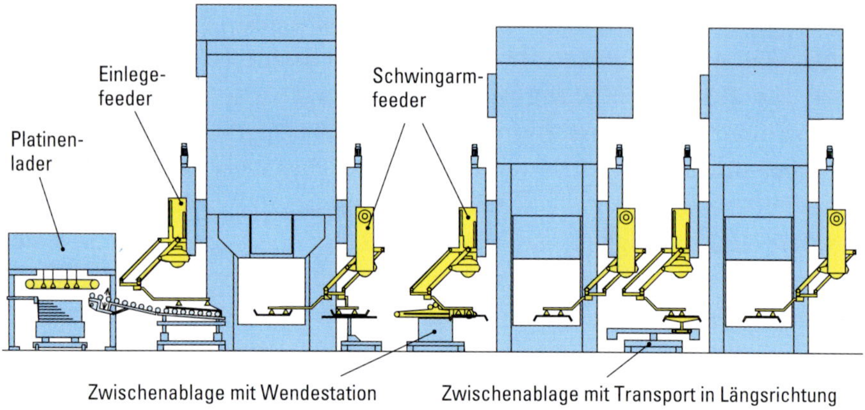

▲ **Abb. 4.4.21** Verkettung durch Schwingarm-Feeder

presse mit Zieheinrichtung gesteigert werden. Allerdings ist eine höhere Energiemenge notwendig, da der Stößel das Ziehkissen im Gegensatz zur doppeltwirkenden Presse zusätzlich verdrängen muß *(vgl. Abb. 4.2.3)*.

Bei Pressenlinien kommt der Ausführung von Kupplung und Bremse eine große Bedeutung zu, da auch automatisierte Pressenlinien häufig im gesteuerten Schaltbetrieb gefahren werden. Dabei werden die Taktzahlen der Großpressen durch entsprechende Leistungsanforderungen laufend gesteigert – heute bis zu 15 Schaltungen/min. Folglich kommen zunehmend hydraulisch betätigte Kupplungen und Bremsen zum Einsatz, da sie höher belastet werden können als pneumatisch betätigte Einheiten. Auch die hydraulischen Kupplungen werden gedämpft eingerückt, um den Antrieb zu schonen und Geräuschemissionen zu vermindern (vgl. Abschn. 3.2.4).

Automatisierung

Der Arbeitsablauf in einer Pressenlinie beginnt mit dem Entstapeln der Bleche durch den Platinenlader, dem Reinigen, Schmieren und der Zuführung der Bleche in die erste Presse (vgl. Abschn. 4.4.4). Nach erfolgter Umformoperation werden die Teile in den Folgepressen, z.B. durch Schneiden, Abkanten oder Nachformen weiterverarbeitet. Am Ende der Pressenlinie folgt die Abstapelung der Fertigteile.

Der Werkstücktransport zwischen den einzelnen Pressen wird bei modernen Pressenlinien einschließlich der Platinenzuführung automatisch durchgeführt. Die automatische Abstapelung von Fertigteilen wird dort angewendet, wo annähernd gleiche Stapelbedingungen, Teileformen sowie Teilegrößen gegeben sind *(Abb. 4.4.41)*. Es kommen verschiedene Automatisierungssysteme zum Einsatz: Schwingarm-Feeder, CNC-Feeder oder Roboter. Welche Art der Automatisierung sich für eine Linie am besten eignet, wird vom Teilespektrum, von der Hubzahl und dem Platzbedarf beeinflußt.

Schwingarm-Feeder werden von Elektromotoren über Kurvengetriebe und Gelenkstangen angetrieben *(Abb. 4.4.21)*. Der Feeder auf der Rückseite der Presse nimmt das gefertigte Teil, das vom Auswerfer im Werkzeug angehoben werden muß, mit Hilfe der Saugnäpfe einer Saugerspinne aus der Presse und plaziert es auf der Zwischenablage. Von dort wird das Werkstück gegebenenfalls gewendet und mit dem Feeder der Folgepresse in die nächste Werkzeugstation eingelegt. Schwingarm-Feeder haben feste Bewegungskurven und sind damit für geringe Pressenabstände, mittelgroße Teile und ähnliche Teilespektren geeignet. Sie können 10 bis 12 Teile/min befördern.

CNC-Feeder sind elektronisch gesteuert, somit in zwei Achsen frei programmierbar und für unterschiedliche Teilespektren einsetzbar. Der Antrieb erfolgt über zwei Spindeltriebe oder zahnriemengetriebene Laufwagen *(Abb. 4.4.22)*. Sie können das Teil ohne Anhebeeinrichtung

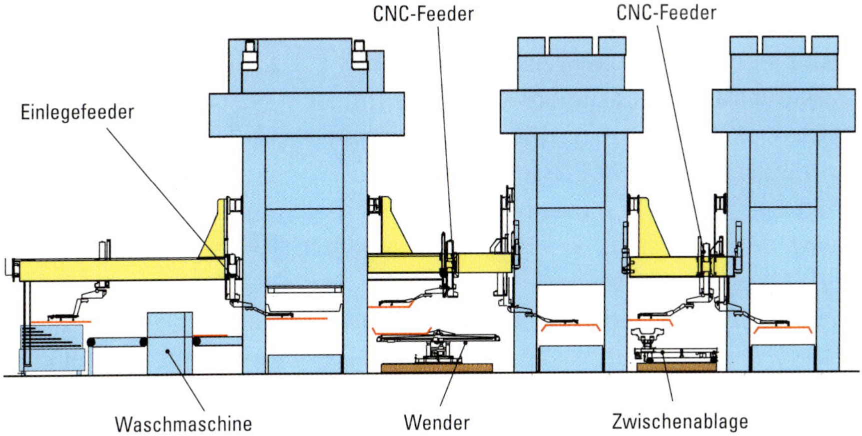

Abb. 4 4.22 Verkettung durch CNC-Feeder mit zahnriemengetriebenen Laufwagen

aus dem Werkzeug entnehmen. Die Ausbringung einer Pressenlinie mit CNC-Feeder liegt zwischen 8 und 10 großflächigen Teilen/min.

Sowohl beim CNC- als auch beim Schwingarm-Feeder sind Zwischenablagen notwendig. Sie besitzen drei bis fünf programmierbare Achsen für den Teiletransport in Längsrichtung, die Quer- und die Höhenverstellung sowie zusätzliche Schwenkbewegungen.

Die Automatisierung durch *Roboter* hat den Vorteil, daß die Teile zwischen den Pressen nicht abgelegt werden müssen *(Abb. 4.4.20)*. Der Greiferarm des Roboters legt das Teil direkt vom Werkzeug der einen Presse in das Werkzeug der nächsten. Für jede Presse ist also nur ein Roboter notwendig – die Zwischenablagen entfallen. Der Nachteil roboterverketteter Pressenlinien liegt darin, daß schwere Teile aufgrund hoher Fliehkräfte und langer Transportwege nicht schnell transportiert werden können. Die Ausbringung ist deshalb sehr stark von der Teilegröße abhängig; sie liegt heute zwischen 6 und 8 Teilen/min. Die frei programmierbaren Achsen des Greiferarms garantieren jedoch eine besonders hohe Flexibilität hinsichtlich der Teilegeometrie und Teilelage.

Werkzeugwechsel

Die Automatisierung durch Werkzeugwechselsysteme spielt neben der Verkettung der Pressenlinien eine zentrale Rolle. Unter den Wechselsystemen für Pressenlinien haben sich die Schiebetische mit links-/rechtsseitigen Ausfahrschienen und die Kreuzfahrtische (T-Track) durchgesetzt *(vgl. Abb. 3.4.4)*. Erstere benötigen mehr Platz, weisen jedoch die kürzestmögliche Wechselzeit auf. Ober- und Unterwerkzeug des nicht mehr benötigten Werkzeugsatzes werden auf Schiebetischen aus der Presse bewegt, und die Schiebetische mit den neuen Werkzeugsätzen fahren ein. Die Vorbereitung der Werkzeuge für das nächste Preßteil erfolgt außerhalb der Presse zeitgleich zur Produktion. Durch die Automatisierung des Werkzeugwechsels lassen sich, abhängig vom Werkzeugtransportsystem, Wechselzeiten zwischen 10 und 30 min realisieren.

Pressenlinien werden heute vielfach aus Gründen der Sicherheit und des Lärmschutzes abgeschirmt. Die Lärmemissionen können um etwa 15 dB(A) reduziert werden, wenn die Abschirmung auch die Pressenzwischenräume und die Peripherieeinrichtungen umfaßt *(Abb. 4.4.19)*.

4.4.6 Transferpressen für kleine und mittelgroße Teile

Mechanische und hydraulische Transferpressen werden zur Herstellung einbaufertiger Serienteile in der Automobil-, Zuliefer-, Elektro- und Hausgeräteindustrie sowie im Apparatebau und anderen Industriezweigen eingesetzt *(Abb. 4.4.23)*. Transferpressen garantieren hohe Produktionsleistungen, da alle zur Herstellung eines Werkstücks erforderlichen Arbeitsoperationen in einer Presse zusammengefaßt sind und annähernd gleichzeitig durchgeführt werden. Es wird mit jedem Stößelhub ein Teil gefertigt, unabhängig davon, wieviele Werkzeugstationen sich im Einsatz befinden.

Die Transferpresse wird entweder mit Platinenstapeln aus der Platinenschneidanlage versorgt *(Abb. 4.4.15)*, oder sie verarbeitet Blechband vom Coil *(vgl. Abb. 4.3.1)*. Im ersten Fall ist die Presse mit einem Platinenlader ausgerüstet, im zweiten Fall verfügt sie über eine Bandanlage mit Haspel, Richtapparat und Vorschubgerät. Durch Anordnung der

Abb. 4.4.23 Mechanische Transferpresse zur Herstellung von Radscheiben
Nennpreßkraft: 42000 kN; Stufenzahl: 11; Transportschritt: 700 mm; Stößel: 3; Hubzahl: 10-28/min

Schnittstufe zum Ausschneiden der Platinen an der Außenseite des Pressenständers kann das Blech wahlweise quer oder längs der Presse zugeführt werden. Die querorientierte Bandzuführung hat den Vorteil, daß der Abfallstreifen nach dem Ausschneiden der Platinen wieder zum Coil aufgewickelt werden kann. Nachteilig ist der hohe Platzbedarf der querorientierten Bandzuführung. Generell ist jedoch der Platzbedarf einer Transferpresse wesentlich geringer als der einer Pressenlinie, wodurch die Nebenkosten sinken.

Umform- und Schneidoperationen lassen sich sowohl auf mechanischen als auch auf hydraulischen Transferpressen sehr wirtschaftlich durchführen: Ausschneiden der Platinen, Erst- und Weiterzug, Formpressen, Kalibrieren, Flachpressen, Randhochstellen, Beschneiden, Lochen, usw. Einerseits sind selbst Teile mit sehr großer Ziehtiefe und komplizierter oder asymmetrischer Form auf Transferpressen problemlos herzustellen; auch horizontal mit Keiltrieb arbeitende Schneid- und Umformwerkzeuge werden eingesetzt *(vgl. Abb. 4.1.17)*. Andererseits lassen sich Werkzeuge durch Ausnutzung der vorhandenen Stufenzahl aufgrund der Entflechtung der Fertigungsoperationen vereinfachen. Die Zahl der Werkzeugstufen innerhalb der verwendeten Werkzeugsätze muß nicht unbedingt gleich sein. Leerstellen lassen sich ohne weiteres überbrücken. Transferpressen mit sehr vielen Werkzeugstufen ermöglichen die Fertigung von zwei verschiedenen Teilen gleichzeitig, wenn deren Werkzeugsätze mit einer geringen Stufenzahl auskommen. Die Platinen werden in solchen Fällen an zwei verschiedenen Stellen der Presse synchron zugeführt.

Gesamtnennpreßkraft und Energiekosten von Transferpressen sind in der Regel geringer als bei hintereinander geschalteten Einzelpressen. Bedienungs- und Wartungsarbeiten sind auf eine Einheit beschränkt. Es ergeben sich günstige Voraussetzungen zur Senkung der Produktionskosten, da Transportwege und Zwischenlagerungen entfallen.

Mechanische Transferpressen

Mechanische Transferpressen werden in Zwei-, Drei- und Vierständerausführung gebaut. Die Pressen sind je nach dem zu fertigenden Teilespektrum und der Anzahl der Arbeitsstufen mit einem, zwei oder drei unabhängig voneinander angetriebenen Stößeln ausgerüstet *(Abb. 4.4.23)*. Jeder Stößel wird in Größe, Nennpreßkraft und Hub den Anforderungen entsprechend individuell ausgelegt. Vor allem bei größeren Anlagen mit wechselndem Preßkraftbedarf innerhalb einer Stadienfolge ist diese Mehrständerbauweise von großem Vorteil. Der Einbau von Zieheinrichtungen im Tisch ist bei Transferpressen üblich *(vgl. Abb. 3.1.11)*. Die hydraulische Überlastsicherung schützt vor Überlastung bzw. im Extremfall vor Bruch von Stößel, Werkzeug und Presse durch zu hohe Kräfte *(vgl. Abb. 3.2.10)*. Bei Transferpressen mit hohen Einzellasten wird außerdem eine Summen-Überlastsicherung vorgesehen.

Zum Auswerfen der in den Oberwerkzeugen haftenden Teile kann jede Werkzeugstufe einzeln mit pneumatischen, hydraulischen oder mechanischen Auswerfern versehen werden *(vgl. Abb. 3.2.12)*. Ihre Ausstoßkraft ist über Druckminderventile oder Druckachsen einstellbar. In Verbindung mit mechanischen Rückhalteeinrichtungen können die Auswerfer auch bei dünnwandigen Teilen eingesetzt werden.

Den Transport der Teile von Station zu Station übernimmt bei mechanischen Transferpressen ein Greiferschienensystem, dessen zwei- oder dreidimensionale Bewegung mit der Stößelbewegung mechanisch gekoppelt ist *(Abb. 4.4.24)*.

Beim zweidimensionalen System führen die Greiferschienen nur Öffnungs- und Schließ- sowie Vorschub- und Rücklaufbewegungen aus.

Abb. 4.4.24 Werkzeugraum einer Transferpresse bei der Fertigung von Ölfiltergehäusen

Falls ein Anheben der Werkstücke in einzelnen Stufen einer Stadienfolge notwendig ist, werden Spezialzangen verwendet. Ein dreidimensionaler Transport wird eingesetzt, wenn bei den meisten Stufen ein Anheben der Werkstücke erforderlich ist. Das gesamte Greiferschienensystem ist dann mit einem Hebehub ausgerüstet. Dieses in Abschn. 4.4.7 („Großteil-Transferpressen mit Greiferschienen-Transfersystem“) beschriebene Prinzip wird überwiegend bei der Fertigung großflächiger Teile angewendet.

Alle drei Achsen der Greiferschienen-Antriebssysteme werden durch Doppelkurven zwangsgesteuert. Die Auslegung der Bewegungskurven nach mathematischen Gesetzen verhindert stoßartige Beschleunigungen und Verzögerungen – es entstehen also keine Schleuderwirkungen, die einen sicheren Werkstücktransport gefährden würden. Der Abstand zwischen den Greiferschienen quer zur Transportrichtung kann schrittweise oder stufenlos verändert werden. Bei Teilen mit geringen Abmessungen quer zur Transportrichtung werden dadurch lange Greifer und entsprechend große Massebewegungen vermieden.

Hydraulische Transferpressen

Bei hydraulischen Transferpressen transportiert ein elektrisch angetriebenes Greiferschienensystem die Teile vom Platinenlader bis zur Teileablage hinter der Presse (*Abb. 4.4.25*).

Die Herstellung der Teile im Gegenzugverfahren ist eine Art der Blechverarbeitung, die im allgemeinen nur auf hydraulischen Pressen angewendet wird (*Abb. 4.4.26, vgl. Abb. 3.1.10 und 4.2.4*). Der Ziehprozeß erfolgt durch aktive Ziehkissen im Pressentisch meist in zwei Stufen, gefolgt vom Beschneiden und Hochstellen des Randes. Der Stößel schließt und verdrängt die Blechhalter, während die beiden hinteren Werkzeuge den Rand bearbeiten. Der Stößel erreicht seinen unteren Totpunkt durch Aufsetzen auf mechanische Anschläge – erst danach werden die Teile mit den Stempeln gezogen, indem die Antriebspumpen vom Stößel- auf den Tischkissenbetrieb umgeschaltet werden. Die Blechhaltung wirkt an jedem Werkzeug mit der vorgewählten Kraft von oben. Nach der ausgeführten Arbeitsoperation öffnet der Stößel, während die Tischkissen in die Ausgangslage zurückfahren. Vorteil dieses Verfahrens ist, daß beim Umformen kein Kippmoment auf den Stößel wirkt, da die beiden Werkzeughälften während des Ziehvorgangs

Abb. 4.4.25
Hydraulische Transferpresse
Nennpreßkraft: 8000 kN
Stufenzahl: 5
Transportschritt: 900 mm
Stößel: 1
Ziehkissen: 5
Hubzahl: 9-11/min

aufeinander ruhen. Eine hohe Teilequalität und eine günstige Energiebilanz können erzielt werden (vgl. Abschn. 3.3).

Werden die Teile in der Transferpresse einfachwirkend mit einer Zieheinrichtung hergestellt, so können hohe außermittige Belastungen auftreten, wenn in den ersten Stufen, z. B. in den vorderen Werkzeugen, bereits Ziehkräfte wirken, während die hinteren Stufen der Werkzeuge noch nicht belastet sind. Dies führt zu Stößelkippungen, die mit Hilfe eines hydraulischen Parallelregelsystems ausgeglichen werden können *(vgl. Abb. 3.3.5)*.

Im Werkzeugmittenabstand – der gleichzeitig dem Transferschritt entspricht – sind die Zieheinrichtungen bzw. Tischauswerfer unterhalb der Tischplatte angeordnet. Jedes Ziehwerkzeug benötigt eine eigene Zieheinrichtung, deren Blechhalterkraft individuell auf den Ziehvorgang einstellbar ist (vgl. Abschn. 3.1.4). Die Tischauswerfer heben die Werkstücke beim Stößelrücklauf auf Transferniveau, damit die Greiferschienen das Teil fassen und weitertransportieren können.

Hydraulische Auswerfer im Stößel verhindern ein Festklemmen der Formteile in den oberen Werkzeughälften. Sie sind in bezug auf Kraft

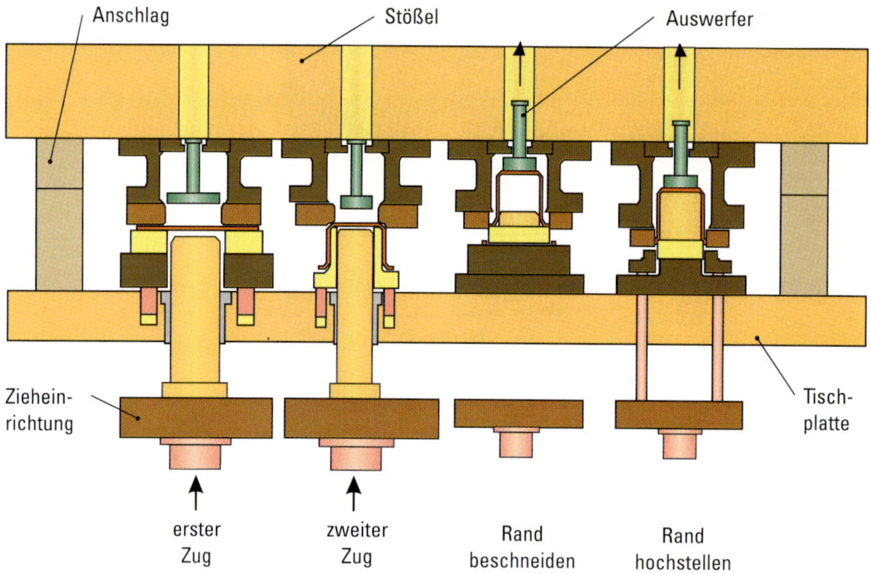

▲ **Abb. 4.4.26** Stufenwerkzeugsatz für eine Presse mit aktiver Gegenzugeinrichtung und Festanschlägen

und Auswerfgeschwindigkeit so auszulegen, daß die Teile definiert auf den Unterwerkzeugen liegen bleiben *(vgl. Abb. 3.2.12)*. Wahlweise können die Werkzeuge auch mit kostengünstigeren gefederten Stößelauswerfern ausgerüstet werden – die Teile werden dann allerdings nicht gesteuert ausgeworfen.

■ 4.4.7 Großteil-Transferpressen mit Greiferschienen-Transfersystem

Die Entwicklung der Pressenlinie in den sechziger und siebziger Jahren führte mit kontinuierlichen Leistungssteigerungen bis zur synchronisierten Pressenlinie mit vollautomatischem Teiletransport (vgl. Abschn. 4.4.5). Durch die Entwicklung der Großteil-Transferpressen konnten Produktionszeiten pro Teil gesteigert und die Investitions-, Fertigungs- sowie Lagerhaltungskosten weiter reduziert werden. Diese Presse faßt in Verbindung mit dem integrierten Greiferschienen-Transfersystem alle Bearbeitungsstufen einer Pressenlinie zusammen *(Abb. 4.4.27)*.

Auf Großteil-Transferpressen mit Werkzeug-Mittenabstand bis ca. 2200 mm und Werkzeugbreiten bis 3000 mm können größere Blechteile bis 2500 × 1500 mm verarbeitet werden. Die Bearbeitungsstufen rücken so nah aneinander, daß mehrere Stufen unter einem Stößel Platz finden. Dadurch reduziert sich der Platzbedarf gegenüber der Pressenlinie um 50 bis 70 %, die zu installierende Leistung um 40 bis 50 % und der Investitionsaufwand um 20 bis 40 %. Weitere Vorteile ergeben sich aufgrund des geringeren Personalbedarfs, der höheren Unfallsicherheit und der Möglichkeit, kostengünstigere Schallschutzmaßnahmen einzusetzen.

▲ **Abb. 4.4.27** Großteil-Transferpresse mit Greiferschienen-Transfer
Nennpreßkraft: 38 000 kN; Stößel: 3; Arbeitsstufen: 6;
Transportschritt: 2 000 mm; Hubzahl: 8-18/min

Bei den ersten Anlagen wurde die Großteil-Transferpresse mit einer doppeltwirkenden Ziehpresse *(vgl. Abb. 3.1.8)* kombiniert *(Abb. 4.4.28)*. So blieb die auf doppeltwirkenden Pressen übliche Ziehtechnik erhalten. Die zusätzlich erforderliche Wendeeinrichtung und die Synchronisation der Pressen begrenzten jedoch die Ausbringung auf etwa 12 Blechteile/min. Außerdem ergab sich durch die Wendeeinrichtung (vgl. Abschn. 3.1.3) eine wesentliche Verlängerung der Werkzeugwechselzeit. Die Investitions-, Betriebs- und Platzkosten lagen noch erheblich über denen einer einfachwirkenden Großteil-Transferpresse.

Durch Verwendung weiterentwickelter gesteuerter Zieheinrichtungen im Pressentisch können heute sämtliche Fertigungsschritte auf der Großteil-Transferpresse durchgeführt werden (vgl. Abschn. 3.1.4).

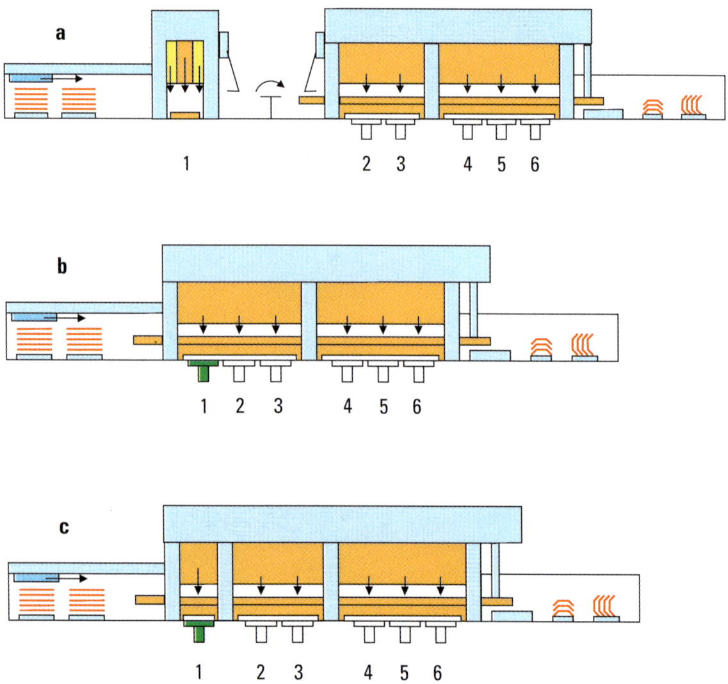

Abb. 4.4.28 Großteil-Transferpressensysteme
a Doppeltwirkende Presse kombiniert mit Transferpresse
b Dreiständerpresse
c Vierständerpresse

Da der Werkstücktransport von der ersten bis zur letzten Bearbeitungsstation nur noch über ein Transfersystem erfolgt, sind höhere Transportgeschwindigkeiten möglich. Die Ausbringung dieser Anlagen beträgt je nach Transportschritt 15 bis 25 Blechteile/min und entspricht damit einer Leistungssteigerung von ca. 50 % gegenüber einer automatisierten Pressenlinie.

Pressenaufbau

Die Bauart einer Großteil-Transferpresse richtet sich nach der Stufenzahl und der Verteilung der Kräfte. Die für die Blechteilefertigung erforderlichen vier bis sieben Werkzeuge sind auf einen, zwei oder drei Stößel verteilt, wobei sich der Transportschritt nach der Teilegröße richtet. Die Stößel werden in acht Bahnen geführt *(vgl. Abb. 3.1.5)*. Bei der Zwei- bzw. Dreiständerpresse verteilen sich zwei, drei oder sechs Werkzeuge auf jeweils einen Stößel *(Abb. 4.4.28)*. Hier können Stößelkippungen aus außermittigen Belastungen auftreten, die zum Teil durch Gegenmaßnahmen im Werkzeug kompensiert werden müssen. Bei sehr hohen Ziehkräften in der ersten Arbeitsstufe empfiehlt sich die Vierständerpresse mit separatem Stößel in der ersten Stufe *(Abb. 4.4.28c)*.

Moderne Großteil-Transferpressen werden mit Gelenkantrieben ausgerüstet, um die Schließgeschwindigkeit des Werkzeugs zu verringern *(vgl. Abb. 3.2.3)*. Die Kopfstücke sind zweiteilig, die Pressentische zwei- bzw. dreiteilig ausgeführt. Der Pressenkörper wird durch hydraulisch vorgespannte Zuganker verspannt *(vgl. Abb. 3.1.1)*.

Automation

Die Platinenzufuhr, der Werkstücktransport, die Steuerung der Zieheinrichtung, die Teileentnahme und teilweise die Fertigteilstapelung sowie die elektrische Steuerung der gesamten Transferpresse werden vollautomatisch durchgeführt (vgl. Abschn. 4.4.11).

Der Platinenlader muß beim Stapelwechsel und beim Auswerfen von Doppelplatinen kontinuierlich weiterlaufen. Häufig sind Zusatzeinrichtungen zum Waschen und Schmieren der Bleche im Platinenlader integriert. Spreizmagnete trennen die erste Platine des Stapels, Saugerbrücken heben sie an, Magnetbänder und Rollenbahnen übergeben sie der Zentrierstation (vgl. Abschn. 4.4.4). Der Einlegefeeder hebt die Platine von der Zentrierstation in die erste Pressenstufe. Den weiteren Werkstücktransport übernehmen in drei Achsen gesteuerte Greiferschienen, die die Werkstücke im Takt der Anlage von einer Station zur nächsten befördern *(Abb. 4.4.29)*. Die Schienen sind je nach Blechteilgeometrie mit pneumatisch betätigten Aktivzangen oder mit Schaufeln ausgerüstet, die das Teil während des Transports halten. Um eine hohe Ausbringung zu erzielen, ist die Greiferschienenmechanik massearm in Kastenbauweise aus Hohlprofilen gefertigt. Der Teiletransport wird im Hinblick auf Teilepräsenz, Teilelage und weitere Funktionen elektronisch überwacht.

Falls sich nach einer Werkzeugstation ein Pressenständer befindet, legen die Greifer das Teil auf einer Zwischenablage ab. Die drei Bewegungen der Greiferschienen erfolgen in Längsrichtung zum Transport der Blechteile von Station zu Station, in Querrichtung als Schließbewegung zum Greifen der Werkstücke und in vertikaler Richtung zum Anheben der Teile. Dabei entspricht der von den Greiferschienen in Längsrichtung zurückgelegte Weg dem Werkzeugmittenabstand.

Die Greiferschienen-Längsbewegung erfolgt direkt vom Pressengetriebe über Zwischenräder, Kurven und Kurvenhebel. Über Kurvenhebel und Schubgestänge werden die Schließkästen für das Heben und Senken bzw. das Öffnen und Schließen der Greiferschienen angetrieben.

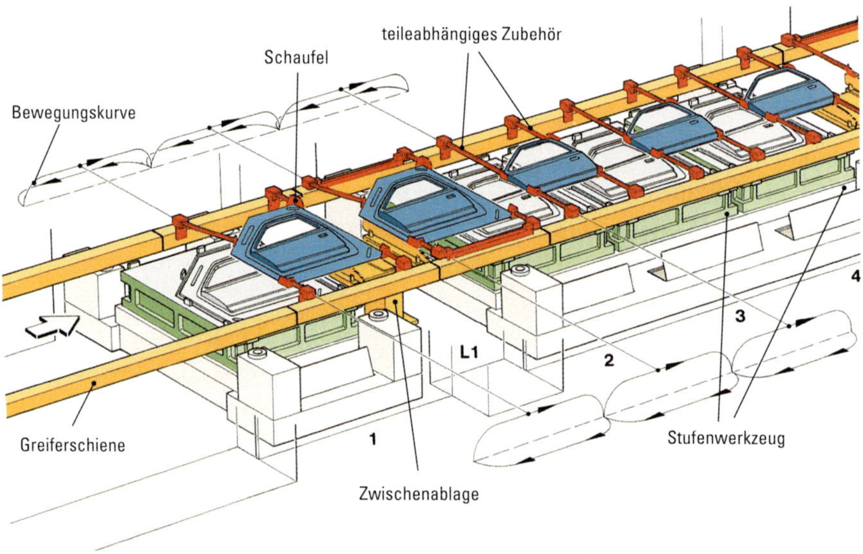

▲ **Abb. 4.4.29** Teiletransport mit mechanisch angetriebenem Greiferschienen-Transfer

Der Transfer führt also eine mechanisch mit dem Pressenantrieb synchronisierte und genau reproduzierbare Bewegung durch. Besonders vorteilhaft ist der gesamte Transferantrieb über Flur angeordnet, da die Wege verkürzt und die Umlenkung verringert wird. Es ergeben sich geringere Massen, Dehnungen und Spiele, was eine höhere Hubzahl oder größere Transportsicherheit ermöglicht. Der Transfer wird in bezug auf Masse und Beschleunigung durch ein spezielles Rechnerprogramm so optimiert, daß möglichst kurze Taktzeiten, geringe Beschleunigungsspitzen und ein extrem ruhiger Lauf in allen Hubzahlbereichen erreicht wird *(Abb. 4.4.30)*.

Von jedem Transfersystem werden Bewegungskurven erstellt. Mit Hilfe dieser Kurven wird die Freigängigkeit des Greiferschienensystems zur Werkzeugbewegung überprüft. Zwischen Werkzeug und Kurve muß jeweils ein Sicherheitsabstand von mindestens 20 mm gewährleistet sein. Alle Elemente, die die Freigängigkeit beeinträchtigen – wie z.B. Keilschieber oder Führungseinrichtungen –, sind dabei einzubeziehen (vgl. Abschn. 4.1.6).

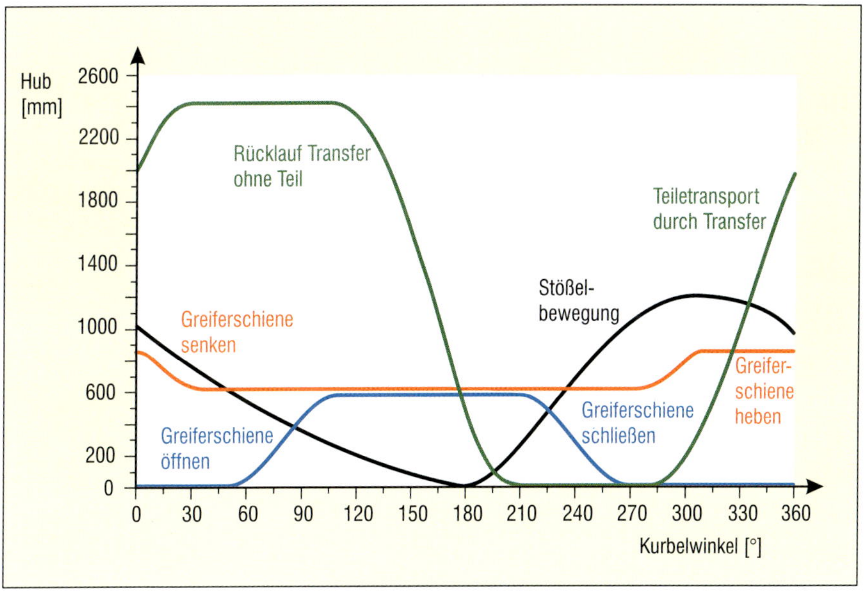

Abb. 4.4.30 Bewegungsdiagramm eines Greiferschienen-Transfers

Elektrisch angetriebener Transfer

An Stelle mechanischer Transfersysteme können für Großpressen auch elektrisch angetriebene Systeme eingesetzt werden *(Abb. 4.4.31)*. Die Weg-, Beschleunigungs- und Geschwindigkeitswerte elektrischer Transfers sind frei programmierbar, wodurch sich das System an verschiedene Werkzeugsätze anpassen läßt. In der Presse werden die werkzeugspezifischen Achsdaten, Hebehübe, Schließwege und eventuell Transportwege eingegeben. Elektrische Transfers sind besonders dort interessant, wo kleine Losgrößen just-in-time herzustellen sind *(Abb. 4.4.32)*. Hier läßt sich das Transportsystem auf unterschiedliche Stufenzahlen, teilweise verschiedene Werkzeugmittenabstände und anderer Parameter abstimmen, indem die Werte für jedes Teil aus dem Datenspeicher abgerufen werden. Die hohe Flexibilität hat allerdings häufig aus Sicherheitsgründen geringere Taktzeiten gegenüber dem mechanisch gekoppelten Transfersystem zur Folge.

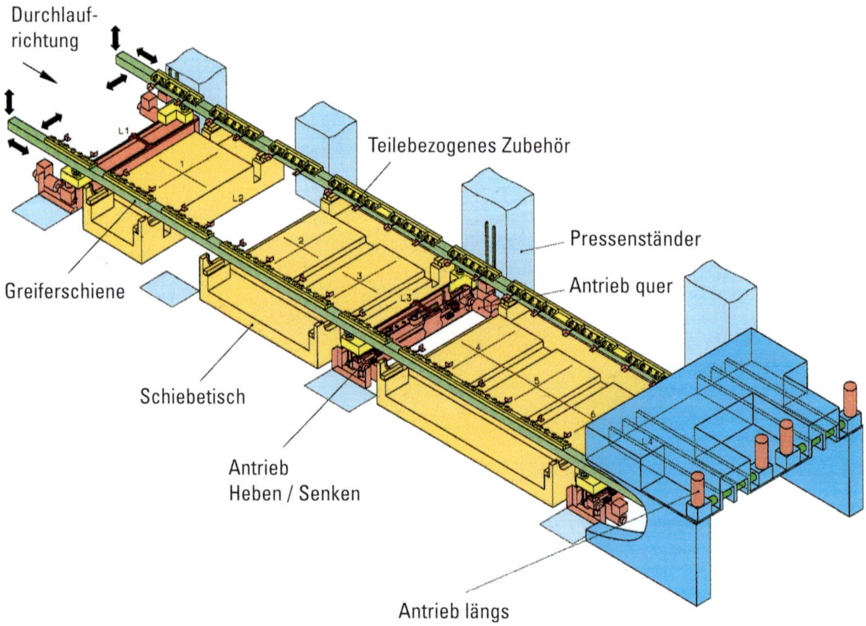

▲ **Abb. 4.4.31** Aufbau eines elektrischen Transfers

Bei Greiferschienen für hohe Hubzahlen mit großen Beschleunigungs- und Geschwindigkeitswerten kommen besonders leichte Verbundwerkstoffe aus CFK (Kohlefaser-Verbundwerkstoff) und Aluminium zum Einsatz.

Zieheinrichtung

Bei der Fertigung von Pkw-Karosserieteilen auf Großteil-Transferpressen muß die Blechhalterfunktion durch die Zieheinrichtung im Tisch erbracht werden, damit das Teil in der gleichen Lage weiterverarbeitet werden kann *(vgl. Abb. 3.1.11)*. Pneumatische Zieheinrichtungen bringen bei entsprechender Geometrie des Ziehteils und einer Vorbeschleunigung der Zieheinrichtung gute Ergebnisse. Noch günstiger ist der Blechhalterkraftverlauf aber bei mikroprozessorgesteuerten hydraulischen Zieheinrichtungen *(Abb. 4.4.33* und *vgl. Abb. 3.1.12)*. Der Einsatz dieser Zieheinrichtungen führt auch bei großen Ziehtiefen bis 250 mm

▲ **Abb. 4.4.32** Elektrischer Transfer an einer Großteil-Transferpresse mit Greiferschienen-Transfer

zu vergleichbaren Werkstückqualitäten wie auf doppeltwirkenden Pressen. Notwendig ist allerdings ein Anpassen der Werkzeugkonstruktion an Presse *(vgl. Abb. 4.1.16)* und Transfersystem, so daß hier mit leicht höheren Werkzeugkosten gerechnet werden muß. Der nachträgliche Umbau vorhandener Werkzeugsätze für den Einsatz auf diesen Großteil-Transferpressen muß hinsichtlich Kosten und Realisierbarkeit von Fall zu Fall überprüft werden. Besonders wirtschaftlich ist die Integration einer Großteil-Transferpresse in die Produktion, wenn sie zeitlich mit einem Modellwechsel, der neue Werkzeugsätze erfordert, verbunden wird.

Werkzeugwechsel

Auch bei Großteil-Transferpressen erfolgt der Werkzeugwechsel durch Schiebetische, die vollautomatisch links und rechts von der Presse unter Umständen sogar gleichzeitig ein- und ausfahren *(vgl. Abb. 3.4.4)*. Der Fahrraum wird durch Lichtschranken abgesichert und zum Teil mit Videokameras überwacht.

Der Ablauf des Wechsels wird in einem Werkzeugwechseldiagramm dargestellt. Zunächst werden die teileabhängigen Formschablonen der

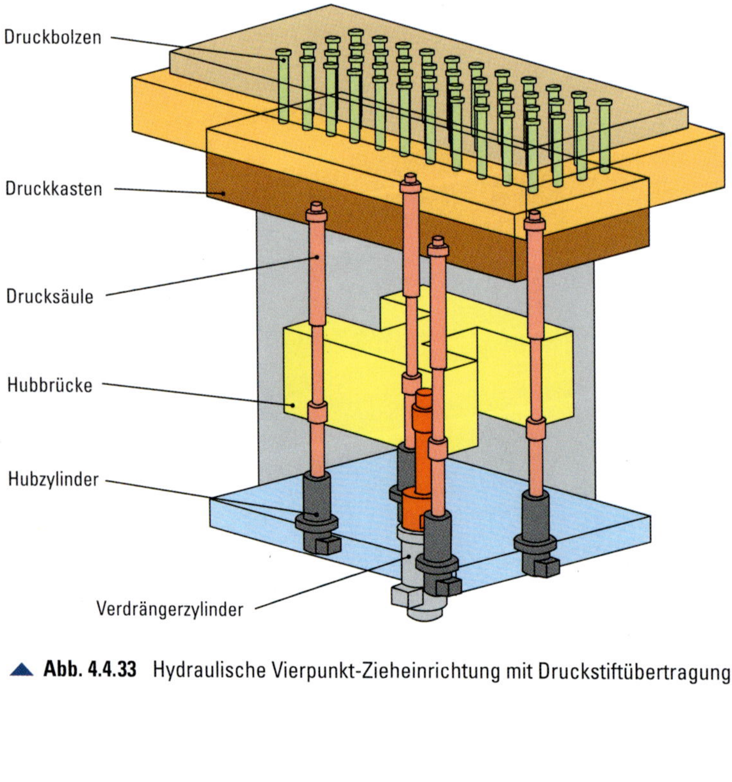

▲ **Abb. 4.4.33** Hydraulische Vierpunkt-Zieheinrichtung mit Druckstiftübertragung

Zwischenablagen automatisch dem Schiebetisch übergeben. Der beim Werkzeugwechsel zu wechselnde Teil der Greiferschiene zwischen den Ständern, an dem die teilespezifischen Greifer angebracht sind, wird vom in der Presse verbleibenden Schienenteil mit einer automatischen Kupplung getrennt und ebenfalls auf dem Schiebetisch abgelegt.

Nach dem Lösen der Energieverbindungen fährt der Schiebetisch mit Werkzeug und teileabhängigem Zubehör auf der einen Pressenseite aus, während der Schiebetisch mit dem nächsten Werkzeug von der anderen Pressenseite einfährt *(Abb. 4.4.27)*. Nach dem automatischen Ankoppeln der Greiferschienen und Energieverbindungen werden die Werkzeugdaten, beispielsweise Drücke und Verstellwege, vom Datenspeicher abgerufen und automatisch eingestellt. Beim Vorrüsten der Schiebetische außerhalb der Presse werden alle teileabhängigen Einrichtungen, wie Greifer und Formschablonen, gewechselt und auf die kommende Produktion vorbereitet.

Kennzeichnend für die Großteil-Transferpresse ist die hohe Produktivität bei hoher Flexibilität durch kurze Umrüstzeiten. Der automatische Werkzeugwechsel bei Großteil-Transferpressen ermöglicht Wechselzeiten unter 5 min. Damit ist die wesentliche Voraussetzung gegeben, die Kapitalbindung durch kleinere Fertigteillager zwischen Preßwerk und Rohbau zu reduzieren. Dies bedeutet, daß je nach Losgröße eventuell mehrere Werkzeugwechsel pro Produktionsschicht durchgeführt werden können (vgl. Abschn. 4.9.2).

Auf einer Großteil-Transferpresse werden je nach Betriebsdauer der Presse bei Losgrößen von 3000 bis 10000 Werkstücken 5 bis 30 unterschiedliche Werkzeugsätze eingesetzt. Eine wirtschaftliche Nutzung der Anlage macht es jedoch erforderlich, die Werkstücke mit weitgehend ähnlicher Form, Größe und umformtechnischer Schwierigkeit zu Teilefamilien zusammenzufassen *(vgl. Abb. 4.9.2 und 4.9.3)*.

4.4.8 Großteil-Transferpressen mit Saugerbrücken-Transfersystem

Bei großen Blechteilen ab etwa $2{,}5 \times 1{,}5$ m müssen aufgrund der geringen Eigenstabilität der Blechteile beim Transport besondere Maßnahmen ergriffen werden. Konventionelle Greiferschienen, die Teile nur an den äußeren Bereichen greifen *(Abb. 4.4.29)*, sind nicht geeignet. Sehr große instabile Teile wie Dächer, einteilige Seitenwände oder Bodengruppen werden deshalb auf Pressen mit Saugerbrücken-Transfer hergestellt. Das Anwendungsgebiet von Großteil-Transferpressen mit Saugerbrücken erstreckt sich außerdem auf die Doppelteilfertigung mittelgroßer Teile, bei der zwei Teile aus einer oder aus zwei Platinen nebeneinander liegend umgeformt werden *(Abb. 4.4.34* und *vgl. Abb. 4.9.2)*. Die Doppelteile aus einer Platine werden entsprechend den Anforderungen in einer der Nachfolgeoperationen getrennt. Die Fertigung von Doppelteilen, beispielsweise Pkw-Türen, wird auf diesen Pressen sehr wirtschaftlich realisiert, da sich die Ausbringung gegenüber der Einzelteilfertigung auf greiferschienenbestückten Transferpressen wesentlich erhöhen läßt. Auch kann zum Tragen kommen, daß die Saugerbrücken-Transferpresse allein durch die großen, instabilen Teile nicht ausgelastet ist, so daß sich die Doppelteilfertigung aus Gründen der Auslastung anbietet.

Großteil-Transferpressen mit Saugerbrücken-Transfersystem können unterschiedlich aufgebaut sein. Optimale Randbedingungen für Werkzeug und Umformprozeß ergeben sich, wenn jedem Werkzeug ein separater Stößel zugeordnet wird. Der Konstruktion liegt ein modularer Aufbau mit Einzelmaschinen zugrunde, bei der sämtliche Antriebe durch zentrale Längswellen und Zwischenkupplungen mit dem Pressenhauptantrieb verbunden sind *(vgl. Abb. 3.2.9)*. Dadurch laufen alle Stationen synchron – das Transportsystem kann mit nur geringen Sicherheitsabständen zum Oberwerkzeug von einem durchgängigen Transfer betrieben werden.

Für den Transport wird ein mit Saugern bestücktes zweiachsiges Transfersystem eingesetzt *(Abb. 4.4.34)*. Im Gegensatz zur außermittigen Positionierung der Teile an den Feeder- bzw. Roboterarmen einer Pressenlinie *(Abb. 4.4.35)* sind die Teile hier an direkt über dem Teil angeordneten Brücken befestigt. Durch die symmetrisch zum Massen- bzw. Flächenschwerpunkt der Teile angeordneten Sauger sind höhere auf das Teil wirkende Beschleunigungskräfte zulässig. Verglichen mit der Feedermechanisierung, können die Hubzahlen auf 13 bis 15 Teile/min bei Transportschritten zwischen 2 000 und 2 600 mm gesteigert werden.

Die Brücken sind an Laufwagen befestigt, die den Längsschritt von Stufe zu Stufe ausführen. Die Wagen laufen auf den zwei Hubbalken des Transfers, die sich zum Anheben und Absenken des Teils in Vertikalrichtung bewegen. Für den Transport sind keine zusätzlichen Hilfsmittel, wie beispielsweise Hochheber im Werkzeug, erforderlich.

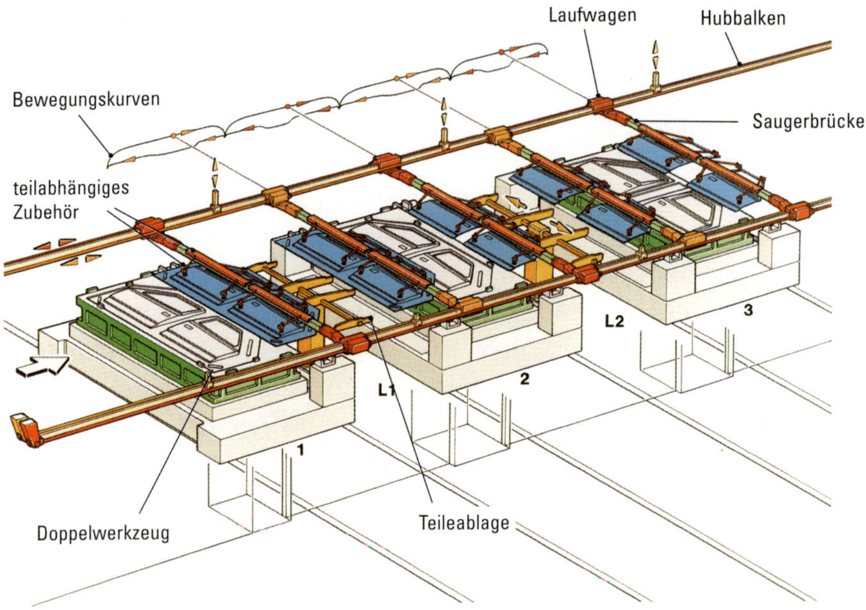

▲ **Abb. 4.4.34** Teiletransport mit Saugerbrücken-Transfersystem bei der Fertigung von Türen in einem Doppelwerkzeug

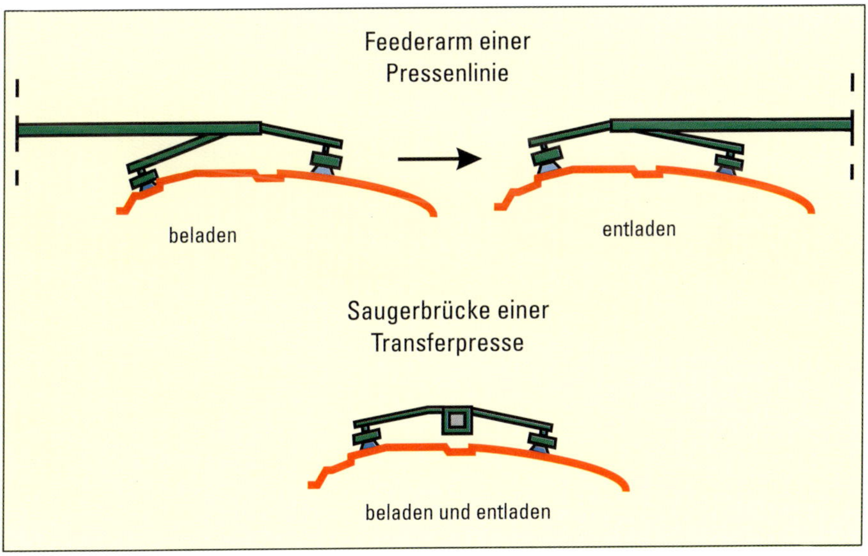

▲ **Abb. 4.4.35** Positionierung der Teile an den Feeder- bzw. Roboterarmen einer Pressenlinie und an einer Saugerbrücke

Das Weg-Zeit-Diagramm unterscheidet sich deutlich von dem des Greiferschienen-Transfers *(Abb. 4.4.36)*. Im Gegensatz zum Greiferschienen-Transfer kann der Schienenrücklauf des Saugerbrücken-Transfers nicht während des Umformvorgangs stattfinden, da sich die Brücken zwischen den Werkzeugen befinden. Die Saugerbrücken sind bei geschlossenen Werkzeugen in einer Parkstellung außerhalb des Werkzeugbereichs. Der Werkzeugabstand muß in jedem Fall so groß sein, daß die Saugerbrücken ausreichend Platz finden. Durch die entsprechende Anzahl und eine übergreifende Anordnung der Sauger an den Brücken lassen sich große einteilige Seitenwände eines Pkws oder sogar einteilige Seitenwände für Mini-Van-Fahrzeuge transportieren. Die Platinenabmessungen für solche Pkw-Seitenwände betragen bis zu 4200 × 1900 mm.

Um eine hohe Laufruhe des Transfers bei maximaler Ausbringung zu erreichen, werden die Bewegungsabläufe der Hubbalken *(Abb. 4.4.36)* rechnergestützt optimiert. Für die Saugerbrücken kommen Kohlefaser-Verbundwerkstoffe zum Einsatz, um die Kennwerte Steifigkeit, Masse und Dämpfung zu verbessern. Dadurch läßt sich auch bei hohen Hubzahlen ein sicherer Teiletransport erzielen.

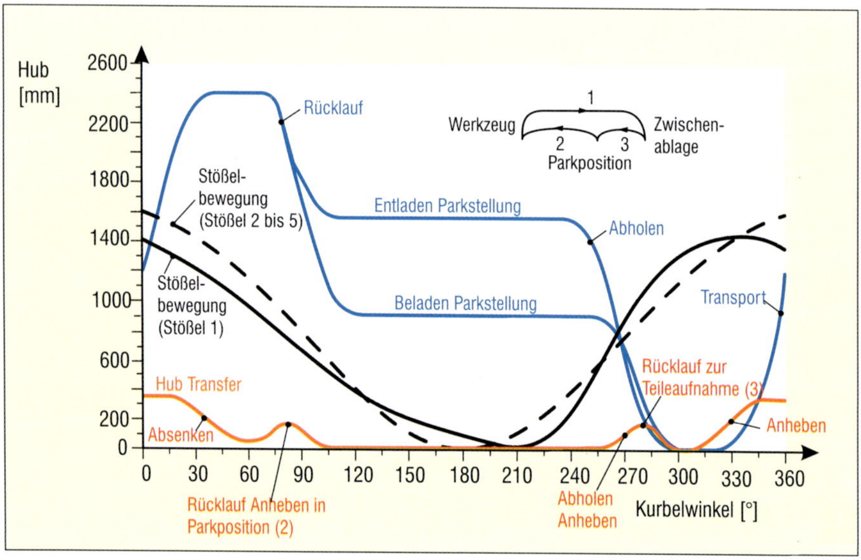

▲ **Abb. 4.4.36** Bewegungsdiagramm einer Saugerbrücken-Transferpresse

Mit Hilfe der universell einsetzbaren Teileablagen zwischen den Ständern wird eine hohe Flexibilität während der Produktion erreicht *(Abb. 4.4.37 und 4.4.34)*. Durch eine Programmsteuerung von bis zu fünf Achsen lassen sich die Teile jeweils in die ideale Lage für die folgende Bearbeitungsoperation bringen. Somit werden sowohl die Kosten als auch die Störungen an den Werkzeugen reduziert. Ferner lassen die Zwischenablagen eine asymmetrische Warteposition der Saugerbrücken beim Schließen der Werkzeuge zu. Durch den kürzeren Transportschritt mit Werkstück werden Hubzahlsteigerungen von 10 bis 15 % erreicht, ohne daß größere Beschleunigungen auftreten. Die Bewegungsbahnen und Beschleunigungswerte des Transfers werden nach dem erwarteten Teilespektrum festgelegt.

Das Pressenkonzept, bei dem jeder Bearbeitungsstation ein separater Stößel zugeordnet ist *(Abb. 4.4.38)*, bietet einige Vorteile gegenüber Stößeln mit mehreren Werkzeugen. So kann jeder Stößel und damit auch jede Werkzeugstation individuell in Höhe, Preßkraft und Ansprechkraft der Überlastsicherung eingestellt werden. Der Stößel wird weitgehend mittig belastet, da sich die einzelnen Werkzeugstationen nicht gegenseitig beeinflussen. Die auftretenden Kräfte werden von den vierfach ausgeführten Pleuel mit einer geringeren Stößelschrägstellung aufgenommen. Die Stößelführung in acht Bahnen reduziert die Schräg-

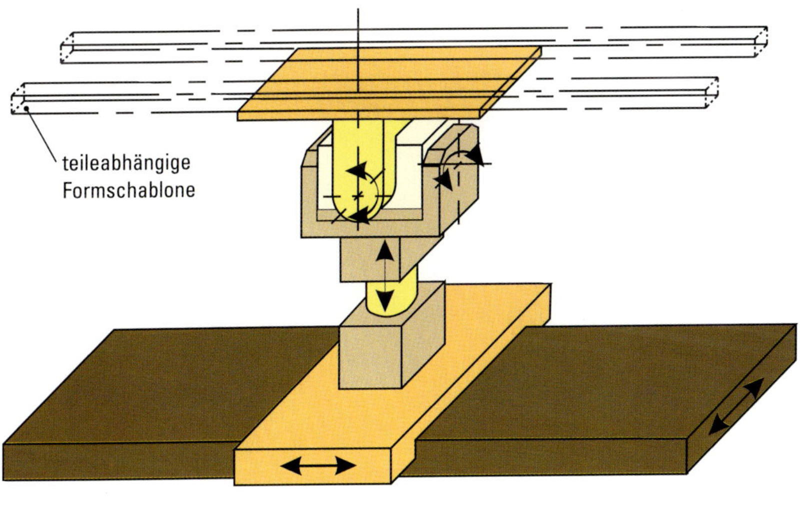

▲ **Abb. 4.4.37** Zwischenablage mit drei bis fünf programmierbaren Achsen stellung des Stößels *(vgl. Abb. 3.1.5)*. Sowohl die Tisch- als auch die Stößeldurchbiegungen in Transportrichtung verkleinern sich.

Die genannten Vorteile wirken sich – besonders bei großen Werkzeugen – positiv auf Teilequalität und Werkzeugstandmenge aus. Die Werkzeugerprobungszeit und auch die Anfahrdauer für neue Werkzeugsätze bis zum ersten Gutteil werden somit verkürzt.

Separate Stößel haben außerdem den Vorteil, daß sich der Abstand zwischen den einzelnen Werkzeugen – jedoch nicht der Transportschritt – vergrößert, wodurch Spannvorrichtungen, Wechselteile von Transfer und Zwischenablage sowie die Werkzeuge selbst besser zugänglich und die Abfallschächte größer dimensioniert werden können. Störungen treten seltener auf und können schneller lokalisiert und beseitigt werden. Insgesamt gesehen, dienen separate Stößel zur Steigerung von Nutzungsgrad und Wirtschaftlichkeit der Presse.

Neben den hier genannten Großteil-Transferpressen mit Saugerbrücken-Transfer und separaten Stößeln werden diese Pressen alternativ auch mit mehreren Werkzeugen unter einem Stößel ausgestattet.

Abb. 4.4.38 Saugerbrücken-Transferpresse mit ausgefahrenen Schiebetischen
Nennpreßkraft: 59 000 kN; Stößel: 6; Arbeitsstufen: 6; Transportschritt: 2 300 mm

Diese Variante stellt eine den Transferpressen mit Greiferschienen-Transfer angelehnte Lösung mit geringeren Anschaffungskosten dar *(Abb. 4.4.27)*. Hier findet jedoch nur eine Saugerbrücke zwischen den Werkzeugen Platz, die einen größeren Transportschritt ausführen muß, wodurch sich die Hubzahl reduziert.

Werkzeugwechselhilfen tragen wesentlich dazu bei, die Rüstzeiten von Pressen zu reduzieren. Transferpressen sind für den automatischen Werkzeugwechsel mit Schiebetischen ausgerüstet *(vgl. Abb. 3.4.3)*. Für jeden Stößel sind zwei Schiebetische vorhanden – ein Werkzeugsatz befindet sich innerhalb der Presse in Produktion, der zweite Satz steht außerhalb der Presse und wird für das nächste Fertigungslos vorgerüstet *(Abb. 4.4.38* und *vgl. Abb. 3.4.4)*. Dadurch können das Werkzeug und das teilespezifische Zubehör während der Produktion bereits vorbereitet werden.

Während die Hubbalken ein fester Bestandteil der Presse sind, werden die Brücken beim Werkzeugwechsel zusammen mit den Saugern durch automatische Kupplungen von den Hubbalken getrennt, auf den Schiebetisch des dazugehörigen Werkzeugs gelegt und quer zur Teiletransportrichtung aus der Presse gefahren. Jeder Werkzeugsatz ist mit einem eigenen teileabhängigen Saugersatz bestückt. Beim Vorrüsten der Schiebetische außerhalb der Presse werden die dem Schiebetisch zugeordneten Saugerbrücken mit dem Saugersatz für das jeweilige Teil versehen.

Die Arbeitsschritte beim Werkzeugwechsel, wie das Lösen der Werkzeuge an den Stößeln, das Ablegen des Oberwerkzeugs auf das Unterwerkzeug, das Lösen der Brückenkupplung, das Hochfahren des Hubbalkens über die Oberkante des Oberwerkzeugs, das Anheben und Ausfahren von Schiebetischen, das Einfahren, Absenken, Zentrieren und Wiederspannen sowie der Wechsel der Ablagen, laufen automatisch ab.

Alle Parameter des Werkzeugwechsels werden über eine speicherprogrammierbare Steuerung automatisch angefahren. Entsprechend werden auch sämtliche Verstellparameter der Peripheriegeräte, beispielsweise des Platinenladers oder der Fertigteilstapelanlage, abgerufen und automatisch eingestellt (vgl. Abschn. 4.4.11).

Ein kompletter Werkzeugwechsel beansprucht ca. 10 min, da die Umrüstvorgänge teilweise zeitgleich ablaufen. Die einzelnen Phasen des Wechselvorgangs werden zur Kontrolle an Bildschirmen lokal und zentral angezeigt.

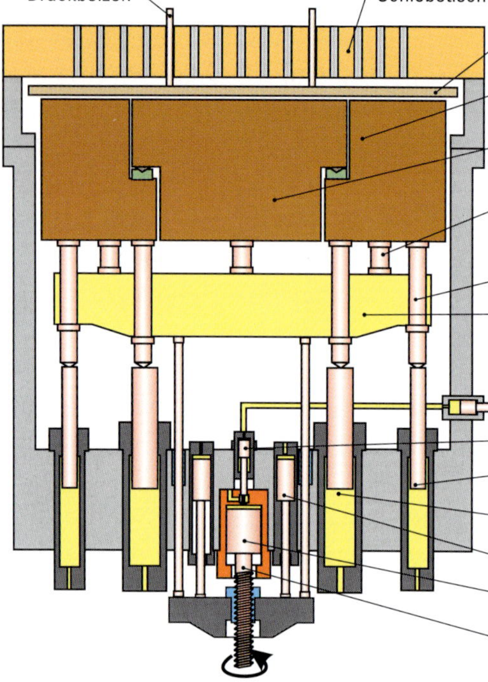

▲ **Abb. 4.4.39** Hydraulische Zieheinrichtung mit acht Verdrängerzylindern und geteiltem Druckkasten

Speziell bei der Großteileherstellung, wie Pkw-Seitenwänden, ist eine individuelle und gezielte Steuerung der Blechhalterkräfte in der ersten Umformstation von entscheidender Bedeutung für die Teilequalität. Ebenso wie bei der Greiferschienen-Transferpresse erfolgt die Kraftübertragung in der Regel über Druckzylinder auf den Blechhalterrahmen. Üblicherweise werden Systeme mit vier Verdrängerzylindern eingesetzt. Der entscheidende Vorteil des hydraulischen Verdrängersystems gegenüber pneumatischen Zieheinrichtungen besteht in der beliebig steuerbaren Ziehkissenkraft während des Ziehvorgangs mit Hilfe von mikroprozessorgesteuerten Servoventilen. Der Druck ist zwischen 25 und 100 % des Nenndrucks veränderbar *(vgl. Abb. 3.1.12)*.

Auf achtfachen Zieheinrichtungen mit geteiltem Druckkasten lassen sich Doppelteile am besten herstellen *(Abb. 4.4.39)*. Hier können jeweils vier Zylinder pro Teil individuell eingestellt werden.

■ 4.4.9 Kunststoffpressen

In vielen Bereichen, auch im Fahrzeugbau, werden Metallbauteile durch Kunststoffteile, wie GMT-Teile (glasfaserverstärkte Thermoplaste) oder SMC-Teile (Sheet Molding Compound) ersetzt. Die Herstellung dieser Teile stellt besonders hohe Forderungen an den Fertigungsprozeß in den Pressen *(Abb. 4.4.40)*. Der große Unterschied bei der Verpressung von glasfaserverstärktem Kunststoff gegenüber der Blechumformung liegt im Werkstoffverhalten, in der Wandstärke des Bauteils und in der Umformgeschwindigkeit.

▲ **Abb. 4.4.40** Hydraulische Kunststoffpresse für SMC- und GMT-Teile
Nonnpreßkraft: 18000 kN; maximaler Hub: 1300 mm

Bei der Blechumformung hängt die Dicke des Fertigteils von der der Ausgangsplatine ab – die Materialdicke eines Kunststoffteils dagegen wird durch Parallelität und Gravur des Werkzeugs bestimmt. Außerdem legt man den Kunststoff im plastischen Zustand ein und formt ihn durch Wärmezufuhr beim SMC-Verfahren bzw. Wärmeabfuhr beim GMT-Verfahren zum stabilen Bauteil. Damit entstehen weitere Forderungen an die Pressenfunktionen, vor allem an die Geschwindigkeit des Stößels. Dies erfordert den Einsatz von speziellen Regelsystemen (vgl. Abschn. 3.3.3).

Beim Verpressen von Thermoplasten in gekühlten Werkzeugen soll die Umformung schnell, der Abkühlprozeß bei Bewegungsruhe, bei optimaler Parallelität der Werkzeughälften erfolgen.

Bei den Duroplasten wird ein geschichtetes Mattenpaket in das Werkzeug gelegt. Der Verbundwerkstoff – Glasfasern und Harz – muß nach einem vorgegebenen Geschwindigkeitsprofil bei exakter Parallelität der Werkzeughälften verpreßt werden, um Faserorientierungen zu vermeiden. Unter Zufuhr von Wärme härtet der Werkstoff aus. Um eine gleichmäßige Teiledicke zu erhalten, muß der Stößel < 0,1 mm/m parallel gehalten werden. Diese für hochwertige SMC-Teile notwendigen Verfahrensparameter sind nur mit einer in mehreren Achsen geregelten hydraulischen Presse realisierbar. Die technologischen Forderungen

- schnelles Schließen, um den Wärmeübergang Werkstoff/Werkzeug im unverpreßten Zustand gering zu halten,
- Pressen im Geschwindigkeitsprofil, um ein gleichmäßiges Frontfließverhalten zu erreichen,
- Pressen im Kraftprofil, um den zur exakten Ausformung notwendigen speziellen Druck aufzubringen,
- Druck halten – beim Aushärten bei nahezu absoluter Parallelität der Werkzeughälften –
- und kontrollierte Öffnungsbewegung, um das Werkstück nicht zu beschädigen,

sind nur mit einer hydraulischen Presse durchführbar. Das Antriebssystem ist durch Druckspeicher gepuffert, um die verschiedenen Entnahmevolumen zur Verfügung zu stellen (vgl. Tabelle 3.3.1). Der Stößel arbeitet im geschlossenen Regelkreis, kontrolliert durch Sensoren und Servo-Ventile. Die Stößelparallelität wird durch vier an den Stößelecken wir- kenden Parallelregelzylinder in engsten Toleranzen gehalten *(vgl. Abb. 3.3.5)*.

■ 4.4.10 Stapelanlagen für Fertigteile

Wenn die Fertigteile die Presse verlassen, werden sie entweder von Hand oder mit Hilfe einer automatischen Stapelanlage palettiert, damit die Preßteile gelagert oder abtransportiert werden können. Eine Umrüstung der Anlage auf sehr unterschiedliche Teile ist oft nicht wirtschaftlich, da die Stapelanlage genauso schnell wie die Umformanlage – also in 10 min oder noch schneller – umgestellt werden müßte. Damit wäre ein vollautomatischer Umrüstvorgang notwendig. Zudem ist die Stapellage in den Transportbehältern für die verschiedenen Teile oft sehr unterschiedlich. Stapelanlagen für Fertigteile sind also nur dort sinnvoll, wo ähnliche Teile anfallen. Die in *Abb. 4.4.41* dargestellte Anlage stapelt z. B. ausschließlich Pkw-Türen ab. Grundsätzlich werden Einrichtungen zum Stapeln von Fertigteilen in zwei verschiedenen Varianten gebaut: mit einem Overhead-Feedersystem oder mit Industrierobotern.

Der Entladefeeder der Presse legt die Blechteile auf die Heberteilaufnahme, die sie auf getakteten Zwischenablagen oder Gurtbandförderer plaziert. Sie durchlaufen einen Prüf- und Inspektionsplatz, an dessen Ende eine weitere Heberteilaufnahme die Fertigteile übernimmt, ausrichtet und in Stapelposition bringt.

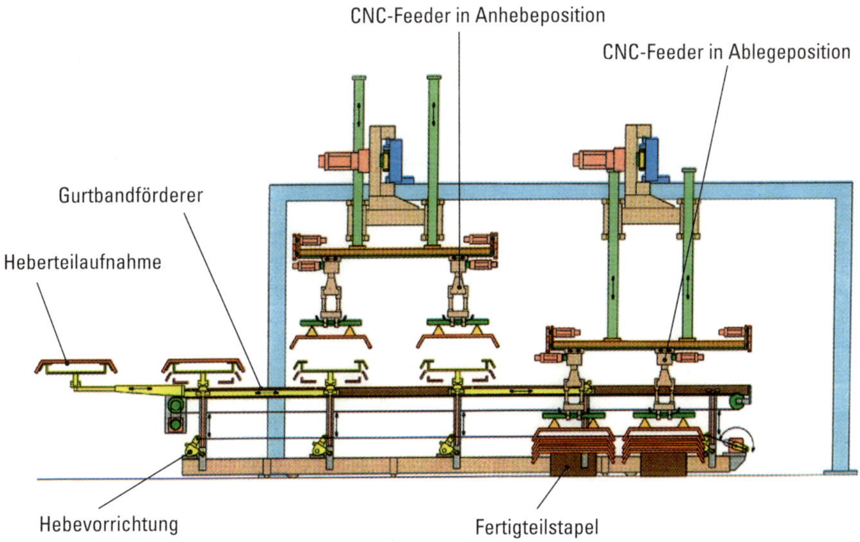

▲ **Abb. 4.4.41** Stapelanlage für Pkw-Türen

Beim System mit Overhead-Feeder übernehmen je nach Teilegröße und Pressentaktzeit ein oder zwei CNC-Feeder zwei, vier oder acht Teile und stapeln sie entsprechend der geforderten Orientierung in den Transportbehältern ab.

Die Transportbehälter mit Stapelklinken ermöglichen eine spätere Einzelentnahme durch Industrieroboter. Weiterhin ist die Anlage mit einem Erkennungssystem für die Transportbehälter sowie einem elektrischen und mechanischen Kontrollsystem für die Stapelklinken ausgestattet. So wird sichergestellt, daß zu den Fertigteilen die entsprechenden Transportbehälter bereitstehen und die Stapelklinken auf die Geometrie der Blechteile eingestellt sind.

Die beidseitig vom Transportband angeordneten Transportbehälter garantieren auch beim Behälterwechsel eine kontinuierliche Stapelung ohne Produktionsunterbrechung. Bei Störungen der Stapelanlage oder zu Kontrollzwecken können über ein zusätzliches Transportband Teile aus der Presse befördert werden, ohne den laufenden Betrieb der Presse zu beeinträchtigen.

Neben der Lösung mit Overhead-Feedern eignen sich auch in sechs Achsen gesteuerte Industrieroboter zur Entnahme und Stapelung von Fertigteilen. Derartige Automatisierungskonzepte sind besonders dann sinnvoll, wenn die Teile vom Handhabungsgerät in Einbaulage bereitgestellt – also zusätzlich gekippt oder gedreht werden müssen. Eine solche Konzeption findet nicht nur im Pressenbereich, sondern auch im Anlagenbau bei Bördel- und Schweißoperationen Anwendung (vgl. Abschn. 4.6.5).

4.4.11 Steuerung von Großteil-Transferpressen

Durch die Fortschritte in der Mikroelektronik stehen heute elektronische Steuerungen, Industrie-PCs, schnelle Kommunikationssysteme und digitale Antriebssysteme zur Verfügung, aus denen wirtschaftliche, hochverfügbare und für das Anlagenteam beherrschbare Pressensteuerungen entwickelt werden können.

Leitlinien für die Realisierung von Steuerungen für Großpressen zur Erfüllung des Anforderungsprofils sind:

- klare, verständliche Strukturierung der Pressensteuerung,
- Verwendung von Standardmodulen und Gleichteilen, damit Reduzierung der Komponentenvielfalt,

- klar gegliedertes Bedien- und Visualisierungssystem ohne Informationsüberflutung,
- Bedienerunterstützung überall dort, wo bedient wird,
- leistungsfähige Fehlerdiagnose, Unterstützung der Störungsbeseitigung und der Instandsetzung bei Komponentenausfall,
- Einsatz von bewährten Standardkomponenten von Herstellern mit weltweitem Service,
- Einsatz von genormten Standardkommunikationssystemen,
- Sonderentwicklungen nur für Funktionsbereiche, in denen sie zwingend erforderlich sind,
- Erfüllung der Kundenvorschriften und Kundenspezifikationen,
- Abstimmung der Steuerungskonzeption mit dem Endkunden.

Exemplarisch für die Steuerungstechnik bei Großpressen werden im folgenden *Steuerungskonzepte für Großteil-Transferpressen mit Saugerbrücken-Transfersystem* beschrieben (vgl. Abschn. 4.4.8). Für die Struktur der Steuerung sind insbesondere der modulare mechanische Aufbau und die aktiven Zwischenablagen relevant.

Die konsequent modulare, dezentralisierte Steuerungsstruktur bildet den modularen Aufbau der Mechanik direkt ab *(Abb. 4.4.42)*.

Der Platinenlader und jede Pressenstufe mit der zugehörigen aktiven Zwischenablage besitzen jeweils eine eigene Steuerungseinheit. Diese sogenannten *lokalen Steuerungen* bestehen aus konventionellem Teil, SPS-System, dezentralem Ein-/Ausgabesystem sowie aufgabenspezifischen elektronischen Einzelsteuerungen und besitzen jeweils eine eigene lokale Visualisierungseinheit.

Übergeordnete Funktionen, wie z. B. Betriebsartenanwahl, Kupplung/Bremse, Hauptantrieb, Transfersystem mit Beladefeeder, Aggregate und Werkzeugdatenverwaltung werden von einer *zentralen Steuerungseinheit* in Verbindung mit einer zentralen Visualisierungseinheit übernommen.

Alle lokalen Steuerungseinheiten der Presse sind in ihrer internen Struktur identisch. Die erste lokale Steuerungseinheit unterscheidet sich von den restlichen lokalen Steuerungseinheiten lediglich durch die Funktionen für den Ziehapparat und das Fehlen der Funktionen für die aktiven Zwischenablagen. Die SPS-Programme aller lokalen Steuerungseinheiten sind gleich; unterschiedliche funktionale Anforderungen erkennt das Programm durch Hardware-Kennungen an den SPS-Eingängen.

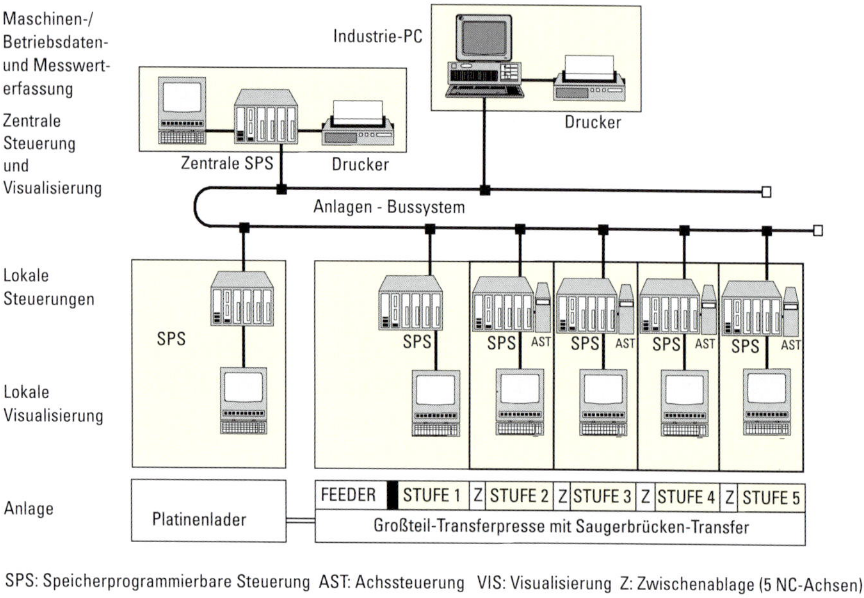

▲ **Abb. 4.4.42** Steuerungsstruktur einer Großteil-Transferpresse mit Saugerbrücken-Transfersystem

Die logische Kommunikationsstruktur ist streng sternförmig, d.h. zwischen den lokalen Steuerungseinheiten werden weder Daten noch Signale ausgetauscht. Diese Strukturmerkmale führen zu standardisierten und überschaubaren Steuerungseinheiten mit einem transparenten Informationsfluß. Daraus resultieren wesentliche Vorteile für den Betreiber:

- verkürzte Einarbeitungszeit für die Anlagenbediener und Instandhalter,
- Vereinfachung der Fehlersuche und Störungsbeseitigung,
- einfache informationstechnische Ankopplung an übergeordnete Systeme.

Die Grundlagen der Ausführung der elektrischen Ausrüstung und damit auch der Pressensteuerung wurden bereits in Abschn. 3.5 beschrieben. Hier werden deshalb insbesondere die spezifischen Eigenschaften und Funktionen der Steuerung des oben genannten Pressentyps dargestellt.

Betriebsarten der Presse

Folgende Betriebsarten der Presse stehen dem Benutzer zur Verfügung:

- *Einrichten:* Hier werden manuelle Bedienoperationen ausgeführt, z. B. beim Anfahren der Anlage, beim Wiederanfahren nach einer Störung oder bei der Einarbeitung der Werkzeuge.
- *Einzeltakt:* Ein Pressenzyklus wird mit niedriger Hubzahl durchfahren.
- *Automatik:* In dieser Betriebsart werden Teile produziert. Die Presse führt mit der eingestellten Hubzahl, z. B. 15 Hübe/min, zyklisch Produktionshübe aus.
- *Werkzeugwechsel:* In dieser Betriebsart wird die Anlage auf den Folgeauftrag umgerüstet. Der gesamte Werkzeugsatz sowie das gesamte werkzeugabhängige Zubehör werden ausgetauscht. Beim vollautomatischen Werkzeugwechsel laufen alle Funktionen durch die SPS gesteuert, ohne Bedienereingriff, automatisch ab. Der Ablauf kann mittels der Werkzeugwechsel-Synoptik am Visualisierungssystem verfolgt werden.

Konventioneller Steuerungsteil

Die Bestandteile und Hauptaufgaben des konventionellen Teils der Pressensteuerung wurden in Abschn. 3.5 genannt. Ein wesentlicher Bestandteil der konventionellen Steuerung ist die *Sicherheitssteuerung*. Sie wird heute noch meist in kontaktbehafteter Technik (Schützsteuerung) ausgeführt, in Maschinen für US-Automobilhersteller jedoch häufig mittels redundanter SPS-Systeme.

Dabei wird aus sicherheitstechnischen Überlegungen angestrebt, Transferpressen auch im Einrichtbetrieb nur bei geschlossenen Schutzvorrichtungen zu betreiben; dadurch kann die Sicherheitssteuerung bei gleichzeitiger Erhöhung der Personensicherheit erheblich vereinfacht werden.

Elektronischer Steuerungsteil

Der elektronische Steuerungsteil besteht aus den speicherprogrammierbaren Steuerungen (SPS), dem Ein-/Ausgangssystem, den Achssteuerungen und dem Kommunikationssystem (Anlagenbussystem). Jeder SPS ist ein Ein-/Ausgangssystem zugeordnet. Die Komponenten des *Ein-/Ausgangssystems*, die Ein-/Ausgangsmodule, befinden sich in den Klemmenkästen an den einzelnen Baueinheiten der Maschine.

Die Kommunikation zwischen der jeweiligen SPS und den zugehörigen Ein-/Ausgangsmodulen übernimmt ein schnelles, einfach zu verlegendes *Feldbussystem* mit deterministischem (konstant und vorausberechenbar) Zeitverhalten. Für die Steuerung der NC-Achsen (NC = numerical control), der aktiven Zwischenablagen und von anderen Funktionseinheiten werden *Achssteuerungen* in Verbindung mit hochdynamischen Servoantrieben und Absolut-Wegmeßsystemen eingesetzt. Die Bewegungszyklen der Achsen müssen synchronisiert zur Bewegung des Transfers erfolgen. Das *Anlagenbussystem* verbindet die speicherprogrammierbaren Steuerungen untereinander und mit den zentralen Einheiten des Visualisierungssystems.

Die *Schaltschränke*, die die Komponenten der elektrischen Steuerung beinhalten, werden – soweit möglich – auf dem Kopfstück der Maschine angeordnet. Schaltschränke für die Aggregate, wie z. B. Hydraulikaggregat, Schmieraggregat und hydraulische Zieheinrichtung werden in der Pressengrube aufgestellt. Insgesamt ergibt sich ein funktional und gerätetechnisch dezentralisierter, modularer Aufbau der Anlagensteuerung.

Bedienung und Visualisierungssystem

Bei komplexen und räumlich ausgedehnten Fertigungssystemen, wie Großteil-Transferpressen, ist das Bediensystem für die Produktivität von erheblicher Bedeutung. Eine detaillierte, übersichtliche Darstellung des Anlagenzustands, eine umfassende Bedienerführung für die Einrichtfunktionen und eine leistungsfähige Fehlerdiagnose sind wichtige Voraussetzungen für die sichere Beherrschung und effiziente Bedienung der Anlage sowie für die Reduzierung der Stillstandszeiten.

Bedieneinheiten befinden sich an allen wesentlichen Bedienstellen der Anlage *(Abb. 4.4.43)*. Lokale Bedientafeln sind hauptsächlich in den Pressenständern auf der Bedienseite und in reduzierter Ausführung auch auf der Pressenrückseite angebracht. Lokale Bedieneinheiten stellen die an der jeweiligen Bedienstelle erforderlichen Funktionen zur Verfügung.

Die übergeordneten Bedienfunktionen, wie z. B. Betriebsartenvorwahl, Hauptantrieb ein und Start des Werkzeugwechsels, werden zentral am Zentralbedienpult ausgeführt. Bei Maschinen für US-Automobilhersteller sind häufig längs der Presse verschiebbare Hängebedieneinheiten angebracht, um alle übergeordneten Bedienfunktionen auch lokal zur Verfügung zu haben.

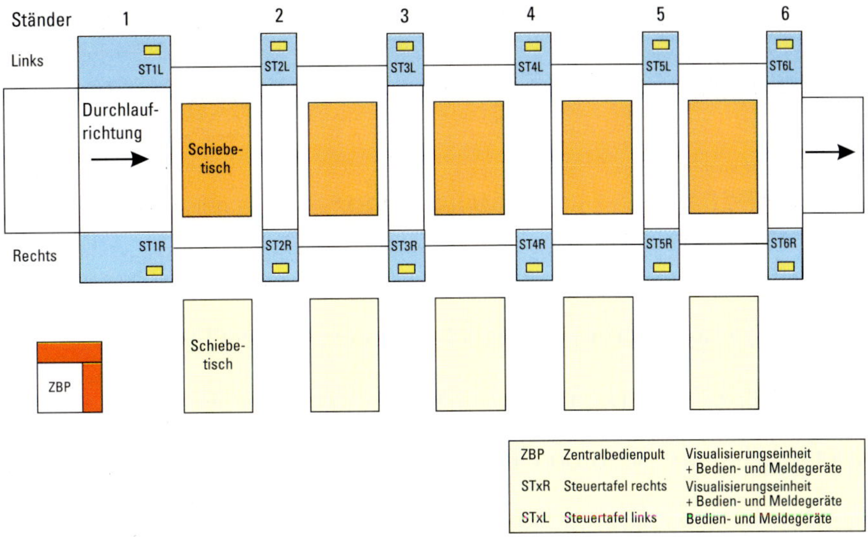

▲ **Abb. 4.4.43** Bedienstellen an einer Großteil-Transferpresse mit Saugerbrücken-Transfersystem

In Bediensystemen für komplexe Anlagen werden heute neben den klassischen Bedien- und Anzeigeelementen, wie Drucktaster und Leuchtmelder, zunehmend farbgrafische Visualisierungssysteme eingesetzt. Je nach Ausführungsniveau des Visualisierungssystems werden in den lokalen Bedientafeln Industrie-PCs oder kompakte, intelligente, grafikfähige Bedienterminals verwendet.

Das Visualisierungssystem dient zur Unterstützung bzw. Führung des Bedieners beim Starten, Bedienen und Überwachen der Anlage sowie zur Störungserkennung und Störungsdiagnose. *Abbildung 4.4.44* zeigt eine Übersicht über die Funktionen eines Visualisierungssystems an Großpressen. Mittels moderner Bedientechniken, wie Pull-Down-Menüs und Fenstertechnik, kann der Pressenbediener innerhalb der vielfältigen Funktionen schnell auf die benötigte Funktion zugreifen. Schnelle Quersprünge zwischen Funktionsbereichen und von Bild zu Bild sind möglich. Der Bildrahmen ist bei allen Bildmasken identisch aufgebaut. Funktionstastenbelegung und Bedienverfahren sind standardisiert. Ein grafisches Eingabegerät, wie z. B. Maus oder Trackball, ist nicht erforderlich. Dadurch ist die Benutzeroberfläche des Visualisierungssystems einfach erlernbar und kann von einem geübten Benutzer schnell und sicher bedient werden.

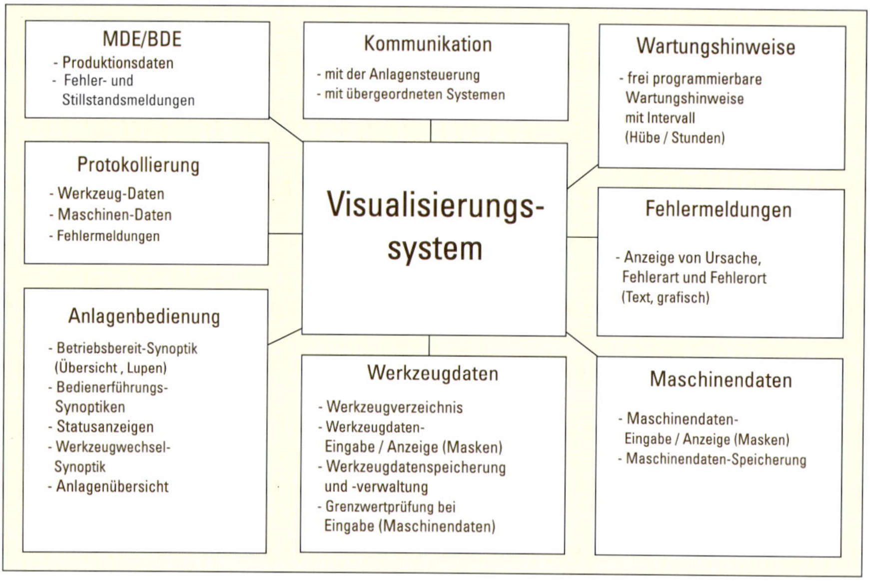

▲ **Abb. 4.4.44** Funktionen des Visualisierungssystems von Großpressen

Die *Betriebsbereit-Synoptik (Abb. 4.4.45)*, häufig auch Pressensynoptik genannt, hat die Aufgabe, den Bediener Schritt für Schritt bis zur Betriebsbereitschaft der Anlage zu führen. Grüne Rechtecke stellen erfüllte, rote Rechtecke stellen nicht erfüllte Bedingungen dar. Neben den Betriebsbereit-Zuständen der Funktionsbereiche der Presse sind auch die Betriebsbereit-Zustände der anderen Anlagenteile, hier des Platinenladers, dargestellt. Mit Hilfe der sogenannten Lupenfunktion kann aus der dargestellten Übersichtssynoptik die zu jeder Bedingung gehörende Detailsynoptik aufgerufen werden. Dies kann manuell geschehen, über Anwahl per Cursor oder im Synoptikmodus „Automatik", in dem automatisch die Detailsynoptik mit der ersten nicht erfüllten Bedingung angezeigt wird. Aufgrund ihrer guten Übersichtlichkeit werden synoptische Darstellungen auch für den Werkzeugwechselablauf und die Bedienerführung verwendet. In der *Werkzeugwechsel-Synoptik* werden alle Ablaufschritte und deren aktueller Ausführungszustand angezeigt.

Bedienerführungs-Synoptiken zeigen dem Bediener alle Voraussetzungen für das Auslösen von Einzelfunktionen in den Betriebsarten „Ein-

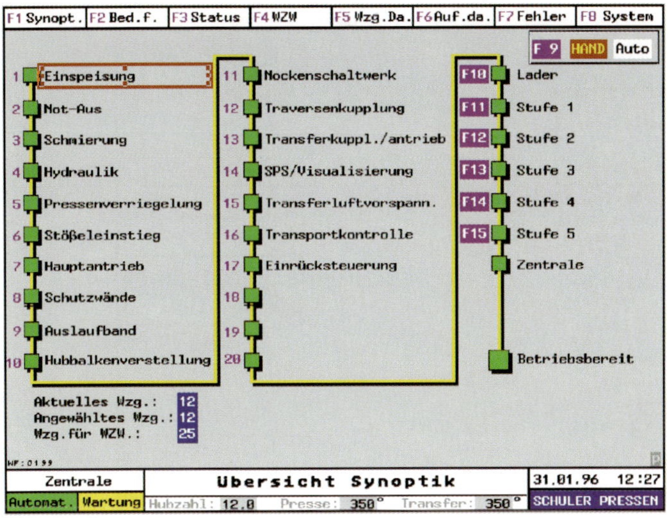

▲ **Abb. 4.4.45** Betriebsbereit-Synoptik einer Großteil-Transferpresse mit Saugerbrücken-Transfer

richten“ und „Werkzeugwechsel“ *(Abb. 4.4.46)*. Für jede Einrichtfunktion stellt das Visualisierungssystem eine solche Synoptik zur Verfügung.

Die *Fehlerdiagnose* erfaßt aufgetretene Fehler anlagenweit. Das Anstehen eines Fehlers wird vom Visualisierungssystem in jedem Bild durch rotes Unterlegen des Menüpunkts „Fehler“ in der Menüzeile angezeigt. Fehlermeldungen enthalten Fehlernummer, Klartext, Verweis auf das betroffene Bauelement (Betriebsmittelkennzeichnung) und Verweis auf die Stelle im SPS-Programm. Sie unterstützen in Verbindung mit den Statusanzeigen die Erkennung und Lokalisierung des Fehlerorts und der Fehlerursache.

Die werkzeugabhängigen Daten aller Werkzeuge, die in der Anlage eingesetzt werden, können am Visualisierungssystem eingegeben und verändert werden. Sie werden im Visualisierungssystem gespeichert und dort verwaltet. Beim Werkzeugwechsel erfolgt die automatische Übertragung dieser Daten an die betreffenden Steuerungseinheiten.

Neben dem für die Bedienung und Beobachtung der Anlage zwingend erforderlichen Visualisierungssystem werden häufig Systeme auf PC-Basis zur Erfassung und Verarbeitung von Maschinen- und Betriebsdaten sowie Meßwerten eingesetzt.

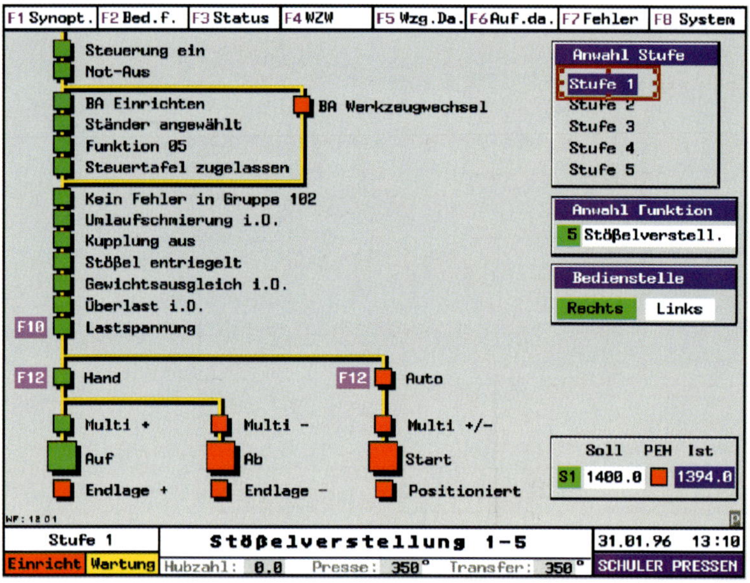

Abb. 4.4.46 Bedienerführung für die Stößelverstellungen einer Großteil-Transferpresse mit Saugerbrücken-Transfer

Maschinendaten- und Betriebsdaten-Erfassung sowie deren Auswertung

Das Maschinendaten- und Betriebsdaten-Erfassungssystem (MDE/BDE), kurz PMS (Press Management System) genannt, erfaßt Fehler- und Stillstandsdaten sowie Produktionsdaten der Anlage. Es dient damit der Erkennung und Analyse von Schwachstellen sowie der Erfassung und Überwachung der Produktivität der Anlage.

Hardware-Basis ist ein Industrie-PC, der direkt an die Anlagensteuerung angekoppelt ist. Die zentrale SPS übernimmt die Datenbereitstellung und ist so der Kommunikationspartner für das PMS. In Tabelle 4.4.1 sind die Funktionsbereiche eines PMS für Großpressen dargestellt.

Der Funktionsbereich Maschinendaten-Erfassung wird untergliedert in die Erfassung und Auswertung von Fehlern sowie von Stillständen.

Fehler sind nach der hier verwendeten Definition Maschinenzustände, die direkt auf fehlerhafte oder gestörte Anlagenteile oder -komponenten zurückzuführen sind und meist eine Instandsetzungstätigkeit zur Folge haben. Fehler werden automatisch durch das PMS klassifiziert. Zusätzlich ist eine ereignisbezogene freie Kommentierung jeder Fehlermeldung möglich.

Tabelle 4.4.1: Funktionsbereiche eines Maschinendaten- und Betriebsdaten-Erfassungssystems für Großpressen

	Maschinendaten-/Betriebsdaten-Erfassung und -Auswertung		
Erfassung automatisch	Fehler	Stillstände – während der Produktion, – während des Werkzeugwechsels	Auftragsdaten, Produktionsdaten
Erfassung manuell	Kommentare (Klartext)	Kommentare (Klartext), Klassifizierung	Anzahl der Ausschußteile, Anzahl der Nacharbeitsteile
Auswertungen	chronologische Liste	chronologische Liste	chronologische Liste, Einzelausgabe (Auftragsdatentafel)
	Sortierung nach: Fehlerhäufigkeit, -gesamtdauer, Fehlerklassenhäufigkeit und -gesamtdauer	*Sortierung nach:* Stillstandshäufigkeit, -gesamtdauer, Stillstandsklassen-häufigkeit und -gesamtdauer	*Sortierung nach:* Werkzeugnummer, Werkstücknummer, Losgröße
	Selektion nach: Zeitraum, Schicht, Auftragsnummer, Werkzeugnummer, Fehlernummer, Fehlerklassen	*Selektion nach:* Zeitraum, Schicht, Auftragsnummer, Werkzeugnummer, Stillstandsnummer, Stillstandsklassen	*Selektion nach:* Zeitraum, Schicht, Auftragsnummer, Werkzeugnummer

Fehler verursachen jedoch nicht immer Stillstände; Stillstände wiederum resultieren nicht zwangsläufig aus Fehlern. Demzufolge ist neben der Fehlererfassung die separate Erfassung aller Stillstände der Anlage erforderlich.

Stillstände sind nach der hier zugrunde gelegten Definition alle Zeiträume, in denen keine Teile produziert werden (vergl. Abschn. 4.9.2). Es werden, je nach Anlage, ungefähr 30 verschiedene Stillstandsursachen unterschieden. Basis für die Stillstandserfassung sind die Bedingungen der Betriebsbereit-Synoptik.

Eine wichtige Aufgabe bei der Stillstandserfassung ist die Erfassung der eigentlichen Stillstandsursache. Häufig werden durch die Steuerung lediglich die sogenannten Sekundärursachen automatisch erfaßt – insbesondere bei manuellen Bedienereingriffen. Die eigentliche Stillstandsursache, Primärursache genannt, kann durch ereignisbezogene Änderung der standardmäßigen Klassifizierung des Stillstands und durch ereignisbezogene Kommentierung vom Bediener angegeben werden.

Der Funktionsbereich *Betriebsdaten-Erfassung* wird untergliedert in die Auftragsdaten-Erfassung und die darauf aufbauende Produktionsdaten-Ermittlung. Auftragsdaten beziehen sich auf einen einzelnen Fertigungsauftrag. Ihre Erfassung wird mit dem Auftragsende abgeschlossen, und die zugehörigen Daten werden abgespeichert *(Abb. 4.4.47)*.

Die Erfassung der Auftragsdaten geschieht automatisch, ergänzt durch optionale, manuelle Eingaben in der Pressensteuerung. Bei Schichtende und bei Auftragsende wird die aktuelle Datentafel an das PMS übertragen. Aus diesen Informationen werden die *Produktionsdaten* für den vom Bediener frei wählbaren Auswertezeitraum ermittelt.

Der in *Abb. 4.4.48* dargestellte Produktionsstatus gibt einen Überblick über die wesentlichen Daten aller Schichten eines Produktionstags. Darüber hinaus können die vorverarbeiteten Daten in einem Standarddatenformat exportiert werden, um dem Anwender die Möglichkeit eigener Auswertungen zu geben.

Meßwerterfassung und -verarbeitung für Zieheinrichtungen

Das Erfassungs- und Verarbeitungssystem von Meßwerten für die Zieheinrichtung, Cushion Monitoring System (CMS) genannt, ermöglicht die Beobachtung des Ziehprozesses. Außerdem unterstützt es den In-

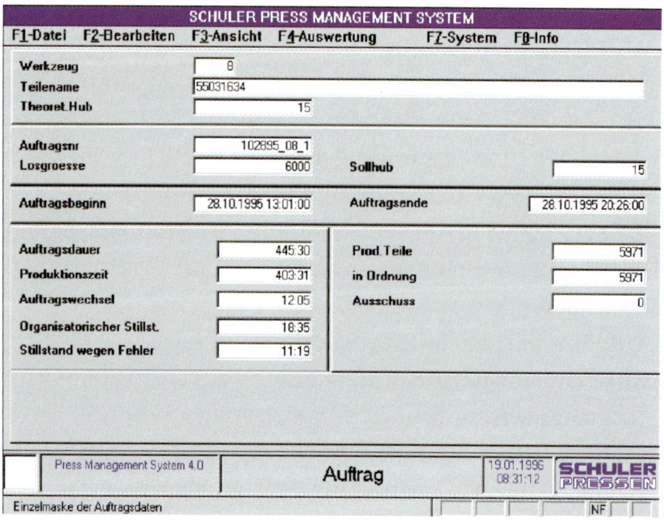

▲ **Abb. 4.4.47** Auftragsdaten

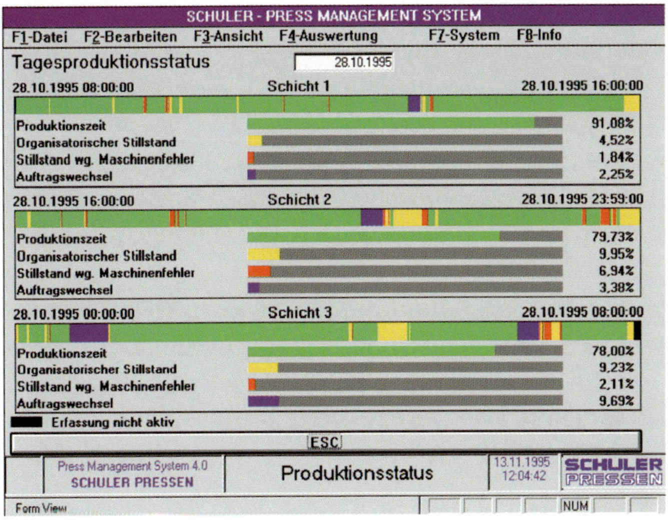

Abb. 4.4.48 Produktionsdaten in der Tagesübersicht

standhalter bei Störungsdiagnosen und bei der Wiederinbetriebnahme nach einem Komponentenausfall. Erfaßt werden alle für die Vorbeschleunigung und den eigentlichen Ziehprozeß relevanten Sollwerte, Stellsignale und Prozeßgrößen (Istwerte), z. B.:

- Ziehdruck-Sollwerte,
- Ziehdruck-Istwerte,
- Systemdruck-Istwerte,
- Pressenwinkel,
- Stößelposition und
- Zieheinrichtungsposition.

Das CMS besteht aus einer Einheit zur Meßwerterfassung und einem Industrie-PC mit der Software für die Erfassung, Auswertung und Anzeige der oben genannten Signale und Daten. Das System ermöglicht die grafische Darstellung des Verlaufs von Vorbeschleunigung, Ziehvorgang und Hochlauf in Übersichtsdarstellung *(Abb. 4.4.49* und vgl. Abschn. 3.1.4) und Detaildarstellungen. Die Darstellung der Messung für jeden Hub ist in Echtzeit möglich. Zoomfunktionen und die wahlweise Darstellung der Meßwerte über der Zeit oder dem Pressenwinkel ermöglichen die detaillierte Analyse der Meßwerte. Die Messungen werden im PC abgespeichert und sind damit zu einem späteren Zeitpunkt abrufbar. Außerdem bietet das CMS Diagnosebilder für Fehlersuche und Einstellungen bei der Inbetriebnahme.

Ausblick

Die weitere Entwicklung der Steuerungstechnik an Karosseriepressen wird von technischen und wirtschaftlichen Einflüssen sowie Einflüssen neuer Arbeitsorganisationen bestimmt. Zunächst ist die Innovation der Automatisierungskomponenten von Bedeutung.

Heute stehen kostengünstige, kommunikationsfähige Kleinsteuerungen, schnelle Feldbusse und dezentrale Ein-/Ausgangsmodule zur Verfügung. Damit ist eine noch weitergehende Dezentralisierung der Steuerungssysteme möglich, was Kosten, Komplexität sowie den Aufwand für Montage, Inbetriebnahme und Störungsbeseitigung deutlich reduzieren kann.

Analogtechnik, insbesondere in Reglern für elektrische und hydraulische Antriebe, wird durch Digitaltechnik ersetzt. Die Parametrierung der Regler durch Datenübertragung bei geänderten Anforderungen oder beim Austausch wegen Defekt wird damit möglich. Hieraus resultieren

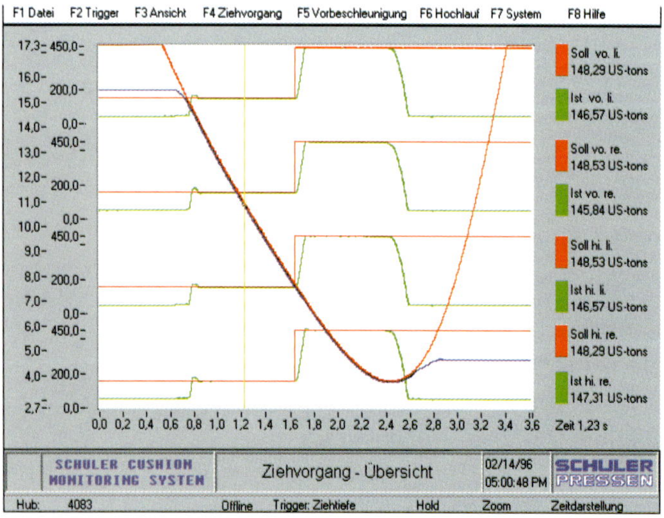

▲ **Abb. 4.4.49** Übersicht über Prozeßsignale des Ziehvorgangs mit Vierpunkt-Zieheinrichtung: Stößelweg (rot), Ziehweg (blau), Drucksollwert (rote Rechteckkurve), Druckistwert (grüne Rechteckkurve), Cursor (gelb)

kürzere Instandsetzungszeiten und damit eine höhere Verfügbarkeit der Anlage.

Hochdynamische elektrische Vorschubantriebe in Verbindung mit leistungsfähigen Steuerungs- und Regelungssystemen zur Bewegungssynchronisierung ersetzen zunehmend mechanisch gekoppelte Antriebe. So kann eine Vereinfachung der Maschinenmechanik und eine weitere Steigerung der Flexibilität, in bestimmten Fällen auch der Produktivität erreicht werden.

Neue Anforderungen, insbesondere an den Anlagenleitstand, resultieren aus der eingangs erwähnten veränderten Arbeitsorganisation im Preßwerk. Die Produktionsanlagen werden vom Mitarbeiterteam zunehmend selbständig und eigenverantwortlich betrieben. Dieses Team benötigt vor Ort an der Anlage Informationen über Betriebs- und Maschinendaten, über die produzierte Qualität, anstehende Fertigungsaufträge sowie über durchzuführende Wartungsarbeiten. Nur mit diesen Informationen ist ein Team in der Lage, die Produktivität der Anlage zu optimieren und auf Produktionsebene Aufgaben der Fertigungssteuerung zu übernehmen. Maschinen- und Betriebsdaten-Erfassungssysteme, wie sie oben beschrieben wurden, werden daher zunehmend Anwendung finden und auf den oben genannten Funktionsumfang erweitert werden.

Anlageninformationssysteme auf Multimediabasis, die den schnellen, zielgerichteten Zugriff auf die gespeicherte Anlagendokumentation und zusätzliche Informationen zur Störungsbeseitigung sowie zur Anlagenwartung ermöglichen, werden zukünftig in den Anlagenleitstand integriert. Zusätzlich wird es dem Anlagenbediener mit diesen Systemen möglich sein, eigene Erkenntnisse in die Informationsdatenbasis einzugeben und so eine Erfahrungsdatenbank aufzubauen.

Generell werden die steuerungstechnischen Entwicklungen zukünftig verstärkt auf die Reduzierung der Komplexität sowie die Entwicklung leistungsfähigerer Systeme zur Unterstützung von Störungsbeseitigung und Instandhaltung gelenkt, um Kosten im Steuerungsbereich zu senken und die Verfügbarkeit der Anlagen zu erhöhen.

4.5 Schneidverfahren

Beim Schneiden wird nach Verfahren mit offener und geschlossener Schnittlinie unterschieden *(vgl. Abb. 2.1.29)*. Der offene Schnitt wird hauptsächlich zum Zuschneiden von Streifen aus Blechtafeln angewendet – er ist ähnlich dem Schneiden mit einer Schere *(vgl. Abb. 2.1.31)*. Die Schneidelemente des offenen Schnitts sind dann Lang- oder Kreismesser. Beim geschlossenen Schnitt hat die Schnittlinie eine geschlossene Kontur, wie beispielsweise beim Lochen. Das Verfahren wird in Schneidwerkzeugen angewendet. Der Schneidstempel bewegt sich relativ zur Schneidmatrize und trennt dadurch das Blech *(Abb. 4.5.1)*. Der Schneidstempel setzt auf das Blech auf, das sich zunächst elastisch verformt. Es folgt die Stufe der plastischen Deformation, das Blech erhält eine bleibende Durchwölbung und am oberen Blechrand erfolgt ein Kanteneinzug, gefolgt von einer Scherung, die an der Schnittfläche als sichtbarer glatter Bereich nachweisbar ist. Mit Überschreiten der Trennfestigkeit entstehen Risse, in der Regel ausgehend von den Kanten der

Abb. 4.5.1 Phasen des Schneidvorgangs

Schneidmatrize, die im weiteren Verlauf der Stempelbewegung zum vollständigen Durchbrechen des Blechs führen. Ein Kraft-Zeit-Diagramm eines typischen Schneidvorgangs ist in *Abb. 4.6.7* dargestellt. An der Schnittfläche bildet sich unterhalb der Scherzone eine rauhe Bruchzone aus *(vgl. Abb. 4.7.8 links)*. Der Blechwerkstoff federt nach dem Schneidvorgang zurück, so daß das Blech an der Stempelmantelfläche klemmt und mit einem Abstreifer beim Rückhub vom Stempel getrennt werden muß.

Infolge der vielfältigen Anwendung in Stanzereien werden in den folgenden Abschnitten ausschließlich Verfahren zur Einzelteilherstellung durch in sich geschlossene Werkzeuge beschrieben.

Werkstoffaufteilung und Werkstoffersparnis

Richtlinien zur werkstoffsparenden Gestaltung von Schnitt-, Stanz- und Ziehteilen:

Grundsätzlich lassen sich Werkstoffverluste durch eine enge Zusammenarbeit der Bauteileentwicklung mit der Werkzeugkonstruktion verringern.

Die Werkstücke sind mit möglichst kleinem Flächeninhalt zu entwerfen; ihre Form ist so zu wählen, daß sie sich im Werkstoffstreifen materialsparend aneinanderreihen oder ineinander schachteln lassen. So ist beispielsweise eine Anordnung von Teilen nach *Abb. 4.5.2 b* vorteilhafter als nach *a*. Die bestmögliche Werkstoffausnutzung wird erreicht, wenn die Werkstücke flächenschlüssig sind, d.h. ohne Abfall aus dem Werkstoffstreifen geschnitten werden können *(Abb. 4.5.3)*. Die Nachteile des Schneidens im Flächenschluß sind, daß der Grat nicht nur auf einer Seite des Werkstücks liegt und die Schneidwerkzeuge komplizierter werden.

a b

▲ **Abb. 4.5.2** Anordnung der Teile im Blechstreifen: **b** materialsparender als **a**

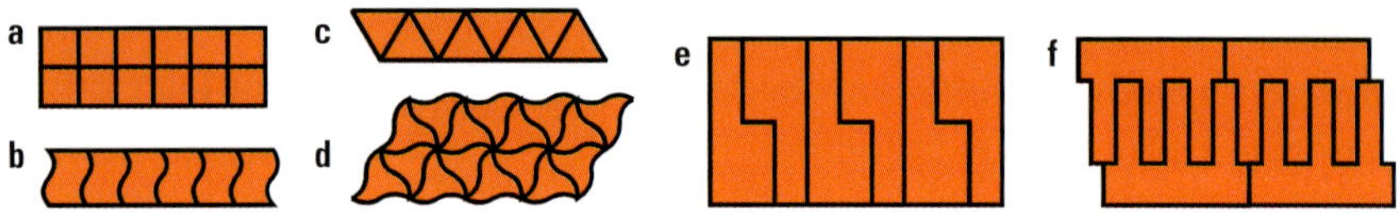

▲ **Abb. 4.5.3** Beispiele für eine günstige Anordnung der Teile im Blechstreifen

Können Werkstückformen nicht so gestaltet werden, daß ein gutes Aneinanderreihen im Blechstreifen möglich ist, so sollte der verbleibende Abfall noch nutzbringend für andere Werkstücke verwendet werden *(Abb. 4.5.4)*. Falls derartige Reststücke beim Ausschneiden verformt worden sind, müssen sie vor der Weiterverarbeitung in einer Richtmaschine gerichtet werden (vgl. Abschn. 4.8.3).

T-, L- und U-Formen werden vorteilhaft in Wendeschnittanordnung gefertigt *(Abb. 4.5.3 e, f* und *Abb. 4.5.5)*. Es darf dabei nicht übersehen werden, daß sich bei Wendeschnitten der gerade Streifen innerhalb der Streifenebene biegt, wenn er einseitig durch den Schneidvorgang beansprucht und dort gestreckt wird bzw. einseitig Spannungen frei werden. Dies gilt insbesondere für weiches und dickes Blech. In solchen Fällen ist daher zu überlegen, den Schnitt nicht als Wendeschnitt, sondern als Schnitt mit mehrfacher Stempelanordnung unter gleichzeitiger Herstellung mehrerer Werkstücke auszuführen *(Abb. 4.5.4)*.

Gelegentlich läßt sich die Werkstoffausnutzung dadurch verbessern, daß man aus dem Hauptteil, wie in *Abb. 4.5.6a* gezeigt, noch ein brauchbares Teil *b* ausschneidet. *Abbildung 4.5.6c* zeigt beide Teile zusammengebaut. Ebenso ist eine Mehrfachanordnung von Werkstücken oft wirtschaftlich *(Abb. 4.5.7)*. Stegbreiten sind aus Gründen der Werkstoffersparnis so schmal wie möglich zu halten (Tabelle 4.5.1). Die Be-

◀ **Abb. 4.5.4**
Verwertung von Abfallstücken

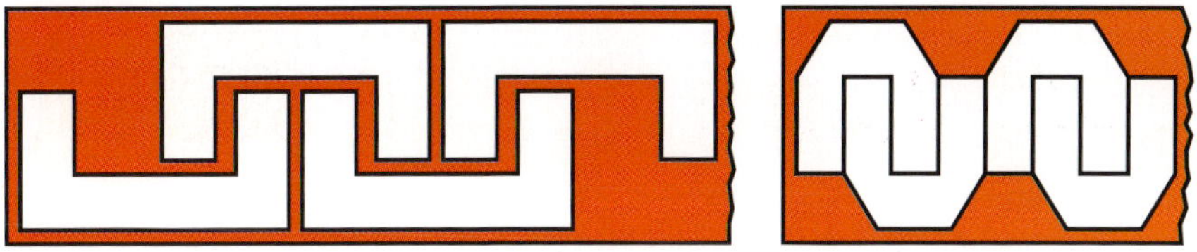

▲ **Abb. 4.5.5** Wendeschnitt

zeichnungen am Schnittstreifen sind *Abb. 4.5.8* zu entnehmen. Es muß berücksichtigt werden, daß die Größe der Stegbreite b [mm] auch von der Art des Werkstoffs und der Länge des Stegs l_e [mm] abhängt. Es ist jedoch in jedem Fall abzuwägen, ob die Werkzeugkosten im Vergleich zur Blechersparnis nicht zu hoch werden.

Der Ausnutzungsgrad des Blechs beträgt

$$\eta_A = \frac{z \cdot A}{L \cdot b_S} \quad [-]$$

mit der Streifenlänge L [mm], der Streifenbreite b_S [mm], der Anzahl der Werkstücke aus einem Streifen z [–] und der Fläche eines Werkstücks A [mm²] (ohne Abzug von ausgeschnittenen Innenformen). Die Werkstoffausnutzung für runde Werkstücke in einer n-reihigen Anordnung im Blechstreifen berechnet sich mit den Größen entsprechend *Abb. 4.5.8* zu

$$\eta_A = \frac{z \cdot A}{V \cdot b_S} = \frac{n \cdot \frac{\pi}{4} d^2}{(d+b) \cdot b_S} \quad [-]$$

wobei

$$b_S = 2 \cdot a + 2 \cdot \frac{d}{2} + (n-1) \cdot a_R = 2 \cdot a + d + (n-1) \cdot 0{,}866 \cdot V \,[\text{mm}]$$

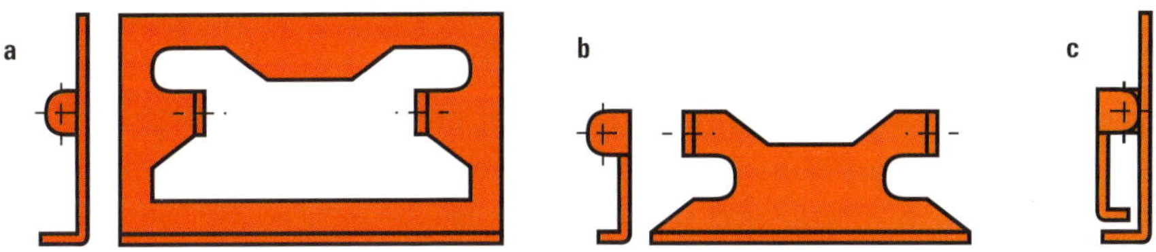

▲ **Abb. 4.5.6** Verwertung des Abfallstücks **b** in einer Baugruppe **c**

Tabelle 4.5.1: Steg- und Randbreiten entsprechend VDI 3367 (7.70)

Streifen-breite b_S	Steglänge l_e bzw. Randlänge l_a in mm	Stegbreite b Rand-breite a	Blechdicke s in mm						
			0,1	0,5	1	1,5	2	2,5	3
100 mm	bis 10 und runde Teile	b a	0,8 1	0,8 0,9	1	1,3	1,6	1,9	2,1
	11...50	b a	1,6 1,9	0,9 1,0	1,1	1,4	1,7	2	2,3
	51...100	b a	1,8 2,2	1,0 1,2	1,3	1,6	1,9	2,2	2,5
	über 100	b a	2,0 2,4	1,2 1,5	1,5	1,8	2,1	2,4	2,7
	Seitenschneider-abfall i		1,5			2,2	3	3,5	4,5
über 100 mm bis 200 mm	bis 10 und runde Teile	b a	0,9 1,2	1,0 1,1	1,1	1,4	1,7	2	2,3
	11...50	b a	1,8 2,2	1,0 1,2	1,3	1,6	1,9	2,2	2,5
	51...100	b a	2,0 2,4	1,2 1,5	1,5	1,8	2,1	2,4	2,7
	über 100	b a	2,2 2,7	1,4 1,7	1,7	2	2,3	2,6	2,9
	Seitenschneider-abfall i		1,5			2,5	3,5	4	5

beträgt. Aus dem Lochdurchmesser d [mm] und der Stegbreite b [mm] ergibt sich der Vorschubschritt

$$V = d + b \ [\mathrm{mm}]$$

Prozentual lassen sich beim Übergang von einer Reihe auf Doppel- bzw. Dreierreihen die größten Abfallersparnisse erzielen, während allgemein die Gesamtausnutzung um so günstiger ist, je größer die Anzahl der Lochreihen gewählt wird *(Abb. 4.5.7)*. Der hohe Prozentsatz der Ersparnis beim Übergang auf zwei Lochreihen rechtfertigt sehr oft die Beschaf-

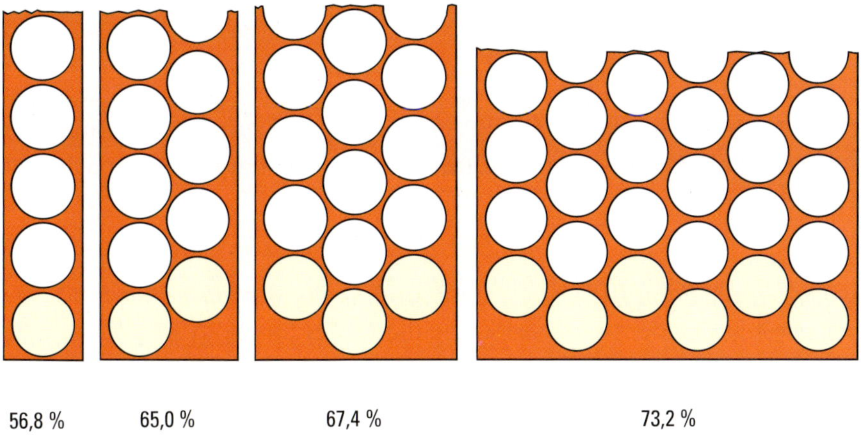

▲ **Abb. 4.5.7** Streifen bei ein- und mehrreihiger Stempelanordnung mit Ausnutzungsgrad η_A in %

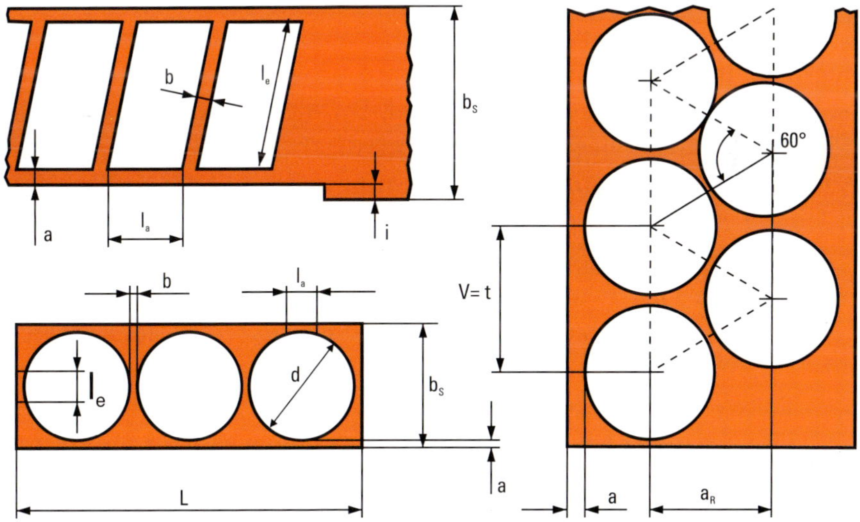

▲ **Abb. 4.5.8** Bezeichnungen am Schnittstreifen: d Lochdurchmesser; a Randbreite; b Stegbreite; i Seitenschneiderabfall; l_c Steglänge; l_a Randlänge; b_S Streifenbreite; L Streifenlänge; V Vorschubschritt; t Teilung; a_R Reihenabstand fung von Doppelwerkzeugen oder, falls sich ein Doppelwerkzeug infolge geringer Losgrößen nicht lohnt, die Verwendung eines Vorschubs zum versetzten Ausschneiden.

Schneidkraft und Schneidarbeit

Die erforderliche *Schneidkraft* F_S [N] für Stempel mit plangeschliffener Arbeitsfläche (geschlossene Schnittkontur) wird errechnet nach der Gleichung:

$$F_S = A_S \cdot k_S = l_S \cdot s \cdot k_S \; [N],$$

wobei A_S die Schnittfläche in mm^2 und k_S der Schneidwiderstand, die Scherfestigkeit oder bezogene Schneidkraft des Blechs in N/mm^2 ist. Die Schnittfläche bestimmt sich aus der Länge der Schnittlinie l_S [mm] multipliziert mit der Dicke des auszuschneidenden Teils s [mm], wobei unter der Schnittlinienlänge die Summe sämtlicher zu schneidender Kantenlängen in Millimeter zu verstehen ist. Wenn das Verhältnis von Stempeldurchmesser d zu Blechdicke s größer als 2 ist, genügt für eine überschlägige Bestimmung der Scherfestigkeit k_S folgende Beziehung:

$$k_S = 0{,}8 \cdot R_m \left[\frac{N}{mm^2}\right],$$

wobei R_m [N/mm^2] die Zugfestigkeit des Blechs ist.

Die Schneidkraft darf die auf dem Leistungsschild der Presse angegebene Nennpreßkraft innerhalb des Nennkraftwegs nicht überschreiten, da sonst die Maschine überlastet wird. Bei Blechdicken, die oberhalb des Nennkraftwegs liegen, sind die zulässigen Preßkräfte kleiner (vgl. Abschn. 3.2.1). Sie können dem Belastungsschaubild der Bedienungsanleitung entnommen werden.

Die Rückzugskräfte für das Abstreifen des Werkstücks vom Stempel betragen etwa 3 bis 5 % der Schneidkraft, wenn das Verhältnis von Stempeldurchmesser d zu Blechdicke s etwa 10 ist (d/s = 10). Bei kleineren d/s-Verhältnissen steigen die Rückzugskräfte stark an und betragen bei d/s = 2 etwa 10 bis 20 % der Schneidkraft, während sie bei größeren d/s-Verhältnissen weiter abfallen. Bei zähen Werkstoffen wird für das Abstreifen eine größere Rückzugskraft als bei spröden benötigt. Die Größe der Rückzugskraft ist bei der Befestigung der Stempel und Werkzeuge sowie im Extremfall bei der Dimensionierung der Presse zu berücksichtigen.

Während des Schneidens können auch Seitenkräfte auftreten. Sie sind besonders für die Auslegung schmaler Stege zwischen dicht beieinanderliegenden Ausschnitten zu beachten, wenn der Schneidvorgang z.B. infolge abgesetzter Stempel nicht gleichzeitig erfolgt *(Abb. 4.5.9 g)*. Der Steg wird dann durch die Schneid- und Horizontalkraft beansprucht. Die Größe der Horizontalkraft liegt etwa zwischen 2 und 10 % der Schneidkraft, wobei der untere Wert für dünnes, sprödes Blech gilt, während der obere bei dickem, zähem Blech zu berücksichtigen ist. Bei stumpfen Schneidkanten steigen die Schneid- und Horizontalkräfte an.

Eine Verringerung der erforderlichen Schneidkraft ist möglich, wenn an Stelle eines Stempels mit ebener Arbeitsfläche ein schräggeschliffener, scherend schneidender Stempel verwendet wird *(Abb. 4.5.9 a, b)*. Dabei ist als Höhenunterschied h [mm] etwa das 0,6fache (bei sprödem Werkstoff) bis 0,9fache der Blechdicke s zu wählen. Der Anschrägwinkel sollte nicht größer als 5° sein, um eine Beschädigung der Schneidkante durch seitliches Abdrängen des Stempels zu verhindern. Ein einseitiges Abdrängen von Stempel und Werkstoff kann vermieden werden, wenn entweder der Stempel mit einem Hohlschliff bzw. Dachschliff oder mit einer Rille ausgebildet wird *(Abb. 4.5.9 c, d)*. Hierdurch wird allerdings der ausgeschnittene Butzen verformt. Falls der Ausschnitt als ebenes Werkstück genutzt werden soll, muß der Stempel plan und die Schneidplatte als Dach- oder Hohlschliff ausgeführt werden *(Abb. 4.5.9 e, f)*.

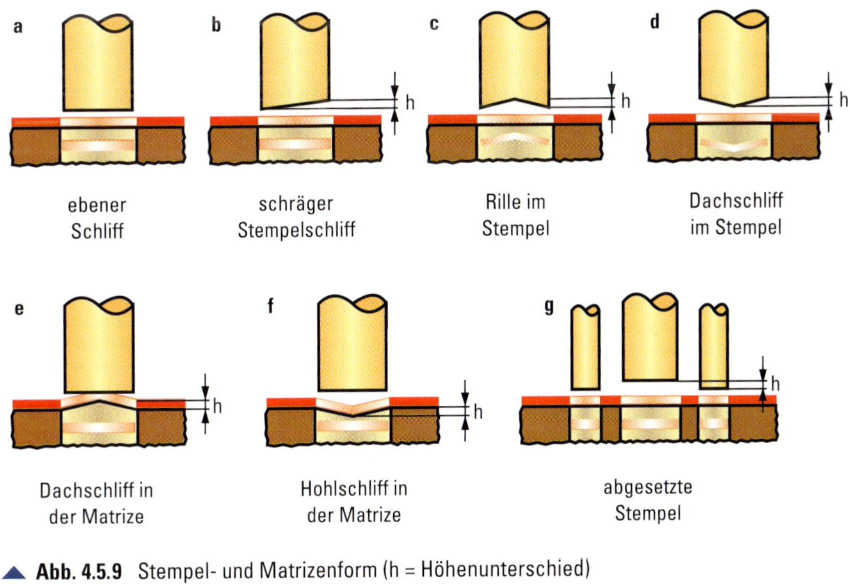

▲ **Abb. 4.5.9** Stempel- und Matrizenform (h = Höhenunterschied)

Die Schneidkraft wird durch schräg geschliffene Stempel bzw. Matrizen um mindestens 30 % gegenüber Stempeln (Matrizen) mit planer Fläche herabgesetzt, da immer nur ein bestimmter Teil des Stempels schneidet *(Abb. 4.5.10)*. Die gesamte Schneidarbeit bleibt jedoch gleich, da die verminderte Kraft über einen längeren Weg wirkt.

Befinden sich mehrere Stempel in einem Werkzeug, so kann eine Verminderung der Schneidkraft auch dadurch erreicht werden, daß die Stempel nacheinander schneiden *(Abb. 4.5.9g)*. Dabei sollte jedoch der Höhenunterschied von Stempel zu Stempel wegen des ruhigen Arbeitens der Pressen und der Schonung der Werkzeuge nicht größer sein, als dies der Eindringtiefe der Stempel bis zum Durchreißen des Blechs entspricht (etwa 0,3 bis 0,4 · s). Der Schrägschliff von Stempeln oder Matrizen sowie das Absetzen bei mehreren Stempeln führen auch zur Lärmminderung beim Schneiden.

Beispiel:
Es sei 2 mm dickes, hartes Messingblech Ms 63 (k_S = 380 N/mm^2) mit einem plangeschliffenen Stempel von 113 mm Durchmesser zu lochen. Die Schnittfläche beträgt:

$$A_S = d \cdot \pi \cdot s = 113\,\text{mm} \cdot \pi \cdot 2\,\text{mm} = 710{,}0\,\text{mm}^2$$

Demnach wird die Schneidkraft:

$$F_S = A_S \cdot k_S = 710 \cdot 380 = 270\,000\,\text{N} = 270\,\text{kN}$$

Die *Schneidarbeit* wird bestimmt nach der Gleichung:

$$W_S = x \cdot F_S \cdot s \; [\text{Nm bzw. kNm}]$$

mit der Schneidkraft F_S und der Werkstoffdicke s. Der Faktor x [–] berücksichtigt den tatsächlichen Kraftverlauf beim Schneiden und ist vom Werkstoff abhängig. Er liegt in etwa im Bereich von 0,4 bis 0,7, wobei der untere Wert für spröde Werkstoffe, großen Schneidspalt und große Blechdicke gilt, während der obere vorwiegend bei zähen Werkstoffen, kleinem Schneidspalt und kleiner Blechdicke einzusetzen ist. Für überschlägige Berechnungen gilt:

$$W_S = \frac{2}{3} \cdot F_S \cdot s \; [\text{Nm bzw. kNm}]$$

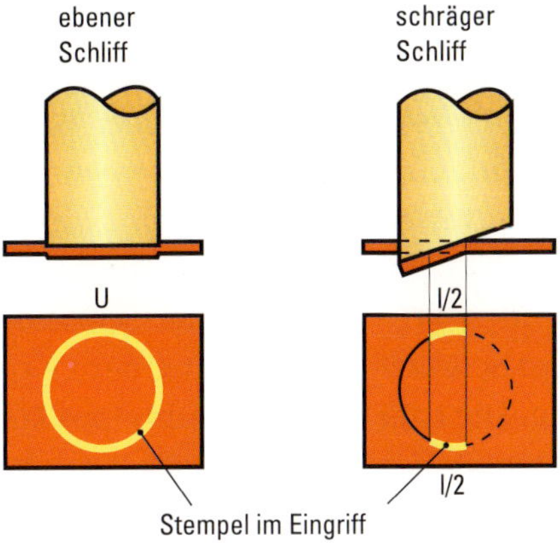

Abb. 4.5.10
Reduzierung der Schneidkraft bei schräger Stempelform

Bei der Ermittlung der Schneidarbeit und der Schneidkraft kann es vor allem bei dünnen Blechen vorkommen, daß eine Maschine in bezug auf die Schneidarbeit ausreichend dimensioniert ist, nicht dagegen in bezug auf die Schneidkraft. In solchen Fällen kann man sich dadurch helfen, daß entweder der Stempel oder die Schneidmatrize abgeschrägt oder gewellt ausgeführt wird.

Beispiel:
Aus 2,5 mm dickem Stahlblech mit einem Schneidwiderstand von $k_S = 100\ \mathrm{N/mm^2}$ sollen runde Scheiben von 100 mm Durchmesser (Schnittlinienumfang U = 314 mm) ausgeschnitten werden. Mit der Schneidkraft

$$F_s = A_S \cdot k_S = 2{,}5\ \mathrm{mm} \cdot 314\ \mathrm{mm} \cdot 100\ \mathrm{N/mm^2} = 78{,}5\ \mathrm{kN}$$

berechnet sich die Schneidarbeit zu

$$W_s = \frac{2}{3} \cdot F_s \cdot s = \frac{2}{3} \cdot 78500\ \mathrm{N} \cdot 0{,}0025\,\mathrm{m} = 130{,}8\ \mathrm{N \cdot m} \approx 131\ \mathrm{Nm}$$

Für den Einbau des Schneidwerkzeugs in die Presse ist es von Bedeutung, daß die resultierende *Wirkungslinie der Schneidkräfte* (vielfach auch als Schwerpunkt der Schneidkräfte bezeichnet) bekannt ist. Diese resultierende Wirkungslinie stellt eine in der Bewegungsrichtung des Stößels verlaufende Linie dar, in der man sich die am Umfang der Schnittkanten auftretenden Einzelkräfte als eine einzige wirkende Kraft vorstellen kann. Diese Kraft soll am Stößel möglichst in der Mitte angreifen, weil dann die

Presse symmetrisch belastet wird und jeweils die günstigsten Federungseigenschaften aufweist. Damit wird die höchste Standmenge der Werkzeuge erreicht, und Überlastungen der Presse infolge einseitiger Belastung werden ausgeschlossen. Wenn Werkzeuge mit einem Aufnahmezapfen für die Einspannung in der Presse versehen werden, sollte dieser in der resultierenden Wirkungslinie der Schneidkraft liegen.

Für die Bestimmung der resultierenden Wirkungslinie der Schneidkraft sind Form, Umfang und Lage der Schnittlinien, die in einer Operation erzeugt werden, von Bedeutung. Die Lage des Kräftemittelpunkts wird üblicherweise durch die *Berechnung des Linienschwerpunkts der Schneidkanten bzw. der Schnittlinien* ermittelt oder bei einfachen Geometrien (Kreis, Rechteck) durch die *Ermittlung des Schwerpunkts der Stempel- bzw. Schnittlinienumfänge.* Bei unsymmetrischer Stempelanordnung muß diese Berechnung für die x- und y-Richtung erfolgen:

Für die resultierende Wirkungslinie der Kräfte in x-Richtung (Abstand von der y-Achse) gilt:

$$x_S = \frac{U_1 \cdot a_1 + U_2 \cdot a_2 + \ldots + U_n \cdot a_n}{U_1 + U_2 + \ldots + U_n} \text{ [mm]},$$

wenn U [mm] die jeweiligen Umfangslängen der einzelnen Stempel und a [mm] die Abstände ihrer Schwerpunkte von der gewählten y-Achse sind. Werden die Linienschwerpunkte zugrunde gelegt, dann gilt:

$$x_S = \frac{l_1 \cdot a_1 + l_2 \cdot a_2 + \ldots + l_n \cdot a_n}{l_1 + l_2 + \ldots + l_n} \text{ [mm]},$$

wenn mit l [mm] die Längen der Schneidkanten bezeichnet werden. Die resultierende Wirkungslinie der Kräfte in y-Richtung (Abstand von der x-Achse) errechnet sich aus den entsprechenden Gleichungen für y, indem man für b [mm] die Abstände der Umfangs- bzw. Schneidkantenlängen von der x-Achse einsetzt:

$$y_S = \frac{U_1 \cdot b_1 + U_2 \cdot b_2 + \ldots + U_n \cdot b_n}{U_1 + U_2 + \ldots + U_n} \text{ [mm]}$$

$$y_S = \frac{l_1 \cdot b_1 + l_2 \cdot b_2 + \ldots + l_n \cdot b_n}{l_1 + l_2 + \ldots + l_n} \text{ [mm]}$$

Mit den Gleichungen läßt sich also die Lage des Kräftemittelpunkts S_R (x_S; y_S) in einem (beliebig) gewählten Koordinatensystem bestimmen. Die Gleichungen sind für Werkzeuge mit gleichzeitig wirkenden plangeschliffenen Stempeln und ebener Matrize anzuwenden. Zweckmäßigerweise legt man die Koordinatenachsen durch möglichst viele Schwerpunkte, damit die Abstände null werden und die Rechnung sich vereinfacht. Man sollte vermeiden, die Achsen zwischen Schwerpunkte zu legen, sonst müssen die Vorzeichen beachtet werden (im allgemeinen gilt für x: nach rechts positive Werte, nach links negative; für y: nach oben positiv, nach unten negativ). Die Formeln zur Berechnung der Schwerpunkte der einzelnen Umfänge bzw. Linienelemente sind gegebenenfalls Tabellenbüchern zu entnehmen. Kompliziertere Teileformen lassen sich oft aus Grundkörpern (Viertelkreise, Rechtecke, usw.) zusammensetzen. Vielfach werden heute Rechenprogramme zur Ermittlung des Flächenschwerpunkts eingesetzt.

Wenn man die beiden Wirkungslinien der Kräfte in x- und y-Richtung zum Schnitt bringt, erhält man die resultierende Wirkungslinie der Schneidkräfte S_R (x_S; y_S), die möglichst in der Mitte des Stößels angreifen soll, bzw. bei kleineren Werkzeugen die optimale Lage des Einspannzapfens.

Beispiel:

Ein Werkstück, Außenmaße 80 x 90 mm, mit halbkreisförmigem Druchbruch (Radius 30 mm) und zwei runden Löchern mit Druchmesser 20 mm soll in zwei Stufen hergestellt werden *(Abb. 4.5.11 a)*. In der Presse finden zwei Schneidoperationen statt: Lochen und Ausschneiden, wie aus *Abb. 4.5.11 b und c* ersichtlich ist. Der Kräftemittelpunkt S_R wird zunächst anhand der Schwerpunkte der Stempelumfänge ermittelt, danach zum Vergleich anhand der Linienschwerpunkte.

$$U_1 = U_2 = \pi \cdot 20\ \text{mm} = 62{,}83\ \text{mm}$$

$$U_3 = \frac{1}{2} \cdot \pi \cdot 60\ \text{mm} + 60\ \text{mm}$$

$$= 94{,}25\ \text{mm} + 60\ \text{mm} = 154{,}25\ \text{mm}$$

$$U_4 = 2 \cdot 80\ \text{mm} + 2 \cdot 90\ \text{mm} = 340\ \text{mm}$$

$$l_5 = l_6 = \pi \cdot 20\ \text{mm} = 62{,}83\ \text{mm}$$

$$l_7 = \frac{1}{2} \cdot \pi \cdot 60\ \text{mm} = 94{,}25\ \text{mm}$$

$$l_8 = 60\ \text{mm},\ l_9 = l_{11} = 90\ \text{mm}$$

$$l_{10} = l_{12} = 80\ \text{mm}$$

→

Die Abstände der Schwerpunkte im jeweiligen Koordinatensystem betragen in mm:

$a_1 = 0$	$b_1 = b_2 = 0$	$a_5 = 0$	$b_5 = b_6 = 20$
$a_2 = 40$	$b_4 = 25$	$a_6 = 40$	$b_7 = 50{,}9\,*$
$a_3 = 20$	$b_3 = 38{,}33\,**$	$a_7 = a_8 = 20$	$b_8 = 70$
$a_4 = 105$	$a_9 = 65$	$b_9 = b_{11} = 45$	
	$a_{10} = a_{12} = 105$	$b_{10} = 90$	
	$a_{11} = 145$	$b_{12} = 0$	

* Schwerpunkt Halbkreisbogen: $y_S = \frac{2 \cdot r}{\pi} = \frac{60}{\pi} = 19{,}10$

(von der Geraden aus gezeichnet)

Position im aktuellen Koordinatensystem: $b_7 = 70 - 19{,}10 = 50{,}9$

$$** \; y_S = \frac{60 \cdot 0 + 94{,}25 \cdot 19{,}10}{60 + 94{,}25} = 11{,}67 \quad \text{(von der Geraden aus gezeichnet)}$$

Position im aktuellen Koordinatensystem: $b_3 = 50 - 11{,}67 = 38{,}33$

a) Berechnung der Schwerpunktkoordinaten anhand der Umfänge *(Abb. 4.5.11 b):*

$$x_S = \frac{U_1 \cdot a_1 + U_2 \cdot a_2 + U_3 \cdot a_3 + U_4 \cdot a_4}{U_1 + U_2 + U_3 + U_4}$$

$$x_S = \frac{62{,}83 \cdot 0 + 62{,}83 \cdot 40 + 154{,}25 \cdot 20 + 340 \cdot 105}{62{,}83 + 62{,}83 + 154{,}25 + 340} = 66{,}6$$

$$y_S = \frac{U_1 \cdot b_1 + U_2 \cdot b_2 + U_3 \cdot b_3 + U_4 \cdot b_4}{U_1 + U_2 + U_3 + U_4}$$

$$y_S = \frac{62{,}83 \cdot 0 + 62{,}83 \cdot 0 + 154{,}25 \cdot 38{,}33 + 340 \cdot 25}{619{,}9} = 23{,}25$$

$\Rightarrow$ Schwerpunkt S_R $(66{,}6\,;23{,}25)$ im Koordinatensystem b.

b) Schwerpunkt, berechnet mit den Längenschwerpunkten *(Abb. 4.5.11 c):*

$$x_S = \frac{l_5 \cdot a_5 + l_6 \cdot a_6 + l_7 \cdot a_7 + l_8 \cdot a_8 + l_9 \cdot a_9 + l_{10} \cdot a_{10} + l_{11} \cdot a_{11} + l_{12} \cdot a_{12}}{l_5 + l_6 + l_7 + l_8 + l_9 + l_{10} + l_{11} + l_{12}}$$

$$x_S = \frac{62{,}83 \cdot 0 + 62{,}83 \cdot 40 + 94{,}25 \cdot 20 + 60 \cdot 20 + 90 \cdot 65 + 80 \cdot 105 + 90 \cdot 145 + 80 \cdot 105}{62{,}83 + 62{,}83 + 94{,}25 + 60 + 90 + 80 + 90 + 80}$$

$$x_S = 66{,}6 \text{ (gleicher Wert wie bei a), da gleiche y–Achse)}$$

$$y_S = \frac{l_5 \cdot b_5 + l_6 \cdot b_6 + l_7 \cdot b_7 + l_8 \cdot b_8 + l_9 \cdot b_9 + l_{10} \cdot b_{10} + l_{11} \cdot b_{11} + l_{12} \cdot b_{12}}{l_5 + l_6 + l_7 + l_8 + l_9 + l_{10} + l_{11} + l_{12}}$$

$$y_S = \frac{62{,}83 \cdot 20 + 62{,}83 \cdot 20 + 94{,}25 \cdot 50{,}9 + 60 \cdot 70 + 90 \cdot 45 + 80 \cdot 90 + 90 \cdot 45 + 80 \cdot 0}{62{,}83 + 62{,}83 + 94{,}25 + 60 + 90 + 80 + 90 + 80}$$

$$y_S = 43{,}25$$

$\Rightarrow$ Schwerpunkt S_R (66,6 ; 43,25) im Koordinatensystem c.

Dieser Punkt entspricht dem Punkt, der anhand der Umfänge berechnet wurde.

Schneidspalt zwischen Stempel und Matrize

Die anhand der angegebenen Gleichungen ermittelten Schneidkräfte setzen voraus, daß zwischen Stempel und Matrize der richtige Schneidspalt gewählt wurde. Die genaue Größe des Schneidspalts u [mm] hängt von der Dicke des Blechs und seiner Zug- bzw. Scherfestigkeit ab, außerdem von der Schneidgeschwindigkeit, der Art des Schneidplattendurchbruchs (mit oder ohne Freiwinkel α [°]) und der geforderten Qualität der Schnittfläche *(Abb. 4.5.12)*. Ein größerer Schneidspalt verrin-

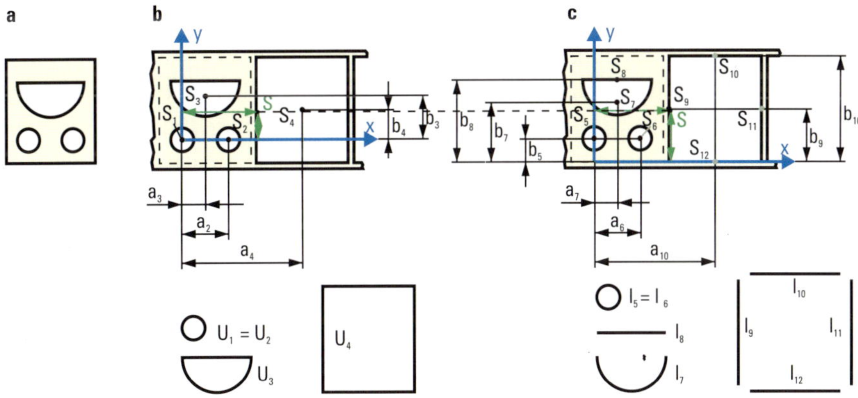

▲ **Abb. 4.5.11** Beispiel zur Bestimmung des Flächenschwerpunkts S_R:
a zu fertigendes Teil
b Bestimmung mit Hilfe der Umfangslängen
c Bestimmung mit Hilfe der Linienschwerpunkte

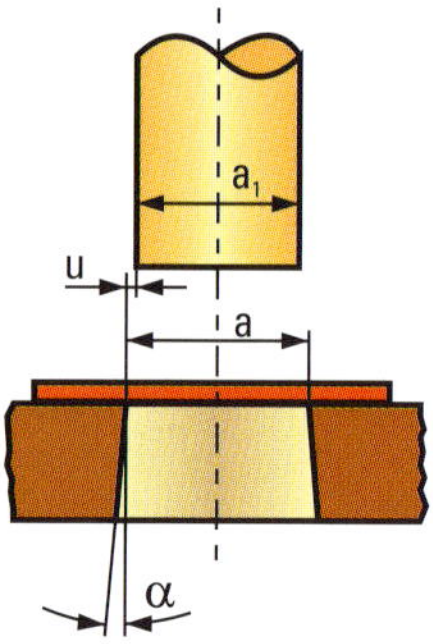

Abb. 4.5.12
Maße beim Lochen und Ausschneiden an Stempel und Matrize

gert im allgemeinen den erforderlichen Kraft- und Arbeitsbedarf und damit auch den Werkzeugverschleiß; mit einem kleineren Spalt erhält man dagegen vielfach eine qualitativ bessere Schnittfläche und eine höhere Teilegenauigkeit. Beim herkömmlichen Scherschneiden mit Schnittgeschwindigkeiten im Bereich um 0,1 bis 0,2 m/s beträgt der optimale Schneidspalt 2 bis 10 % der Blechdicke *(vgl. Abb. 4.7.6)*, wobei der untere Wert für dünnere bzw. weichere Bleche gilt.

Beim Lochen von Blechen ist das Lochungsmaß durch den Schneidstempel bestimmt; der Durchgang in der Schneidplatte ist also um den doppelten Schneidspalt größer als der Schneidstempel zu wählen. Beim Ausschneiden von Außenformen dagegen bestimmt die Schneidplatte die Größe der Scheiben. Der Stempel ist daher um den doppelten Schneidspalt kleiner auszuführen.

Beispiel:

Ein 3 mm dickes, mittelhartes Stahlblech soll in einem Folgewerkzeug (vgl. Abschn. 4.1.1) zuerst mit einem Lochdurchmesser von 10 mm gelocht werden, dann wird die Ronde mit einem Durchmesser von 28 mm (Außenform) aus dem Blechstreifen ausgeschnitten *(Abb. 4.5.13)*:

1. Hub – Lochen:

Der Lochstempel erhält das Nennmaß 10 mm. Die Schneidmatrize erhält den Durchmesser:

$$d = 10\text{ mm} + 2 \cdot \frac{3\text{ mm} \cdot 6\%}{100\%} = 10\text{ mm} + 0{,}36\text{ mm} = 10{,}36\text{ mm}$$

2. Hub – Ausschneiden:

Die Schneidmatrize hat das Werkstückmaß: 28 mm Durchmesser. Der Ausschneidestempel hat den kleineren Durchmesser:

$$d = 28\text{ mm} - 0{,}36\text{ mm} = 27{,}64\text{ mm}$$

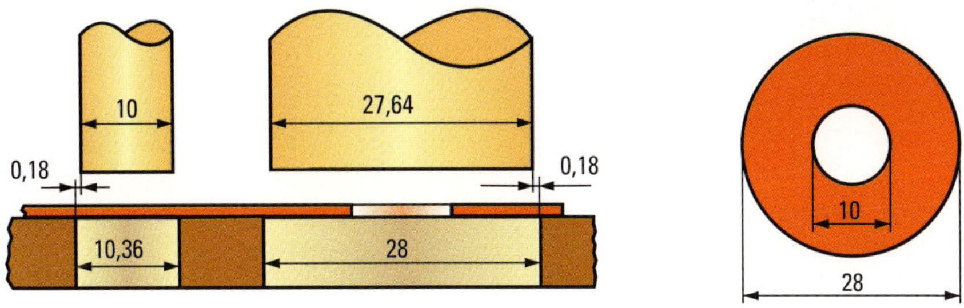

Abb. 4.5.13 Werkstück- und Werkzeugmaße zur Herstellung einer Lochscheibe

4.6 Schneidanlagen

4.6.1 Längsteilanlagen

Das Trennen eines zum Coil gewickelten Blechbands in mehrere schmale Bänder erfolgt *durch verlustfreies Schneiden mit kreisrunden, rotierenden Messern* in Längsteilanlagen (Spaltanlagen). Verarbeitet werden warm- und kaltgewalzte sowie rostfreie Stähle, NE-Metalle, hierbei vor allem Aluminium und beschichtete Bleche.

Die bestimmenden Komponenten einer Spaltanlage sind neben der Ab- und Aufwickelhaspel insbesondere die Kreismesserschere und das Bremsgerüst. Das Ausgangscoil wird stramm von der Abwickelhaspel abgezogen, mit den Rollenscherenmessern in schmalere Bänder getrennt und mittels Bremsgerüst und Aufwickelhaspel wieder zu festen Ringen aufgewickelt *(Abb. 4.6.1)*. Der übliche Banddickenbereich liegt zwischen 0,2 und 10 mm. Die Ausgangcoils können zwischen 5 und 30 t wiegen. Die minimale Breite des einzelnen Bands hängt von der Breite der Messer und der Blechdicke ab. Kreismesser haben üblicherweise eine Breite von 10 bis 20 mm und einen Durchmesser von 250 bis 500 mm. Die maximale Anzahl der Schnitte ist abhängig vom Messerwellendurchmesser und der Wellenlänge. Die Wellendurchbiegung darf ein gewisses Maß nicht überschreiten.

Kreismesserscheren mit einer durchgehenden Arbeitswelle werden mit Kreismessern, Rollringen und Distanzhülsen bestückt *(Abb. 4.6.2)*. Für größere Spaltbandbreiten können alternativ hydraulisch spannbare Flanschmesser eingesetzt werden. Zum Reduzieren der Stillstandzeiten werden die Scheren als Wechselscheren ausgeführt und können damit außerhalb der laufenden Anlage vorgerüstet werden. Bei elektronisch

▲ **Abb. 4.6.1** Längsteilanlage

verstellbaren Rollenscheren werden die Messerträger von einer Steuerung auf die programmierte Breite positioniert. Mit breitenverstellbaren Scheren können Blechbänder verschiedener Breite einfach besäumt werden.

Das *Bremsgerüst* bringt die erforderliche Rückhaltekraft auf das gespaltene Blech, um es unter Zug aufwickeln zu können. Die spezifischen Zugspannungen der Wickelzüge liegen zwischen 10 und 20 N/mm^2. Über die Auswahl der Bremseinrichtung entscheidet das Bandmaterial, die Behandlung bzw. Beschichtung der Oberfläche, die erforderliche Wickelqualität sowie die Dicke und Festigkeit des Blechs. Grundsätzlich wird zwischen den Plattenbremsen und den umlaufenden Bremssystemen unterschieden. In der *Plattenbremse* wird je eine Platte mit Bremsfilzen von unten und oben auf die Oberfläche des Blechs gedrückt. Es herrscht zwischen den Bremsfilzen und der Oberfläche des Bandmaterials 100% Schlupf, deshalb kann dieses Bremsverfahren nur bei entsprechend unempfindlichen Oberflächen eingesetzt werden. Die Bremsenergie führt zur Erwärmung des Spaltbands. Bei Verwendung *umlaufen-*

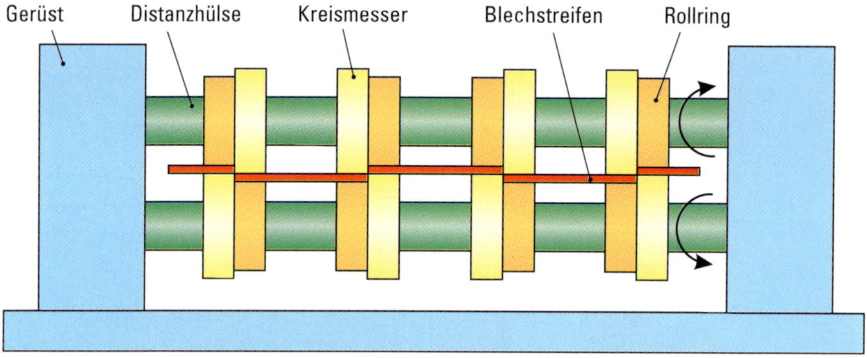

▲ **Abb. 4.6.2** Kreismesserscheren

der Bremssysteme kann der Schlupf auf 5 % reduziert werden. Somit wird eine oberflächenschonende Verarbeitung möglich.

Zwischen Kreismesserschere und Bremsgerüst muß eine *Schlaufengrube* vorgesehen werden. Sie dient zur Aufnahme der Wickellängenunterschiede pro Haspelumdrehung, die zwischen den inneren und äußeren Spaltbändern auftreten, hervorgerufen durch die unterschiedliche Banddicke des Ausgangcoils über der Bandbreite.

Die Produktionsgeschwindigkeit von Längsteilanlagen liegt zwischen 100 und 500 m/min. Das Umrüsten der Messer und das Abnehmen sowie Umreifen der Spaltbänder mit Packband kann zum Engpaß der Anlage werden. Ein automatischer Messerwechsel und das Umreifen außerhalb der Anlage führen zu einer besseren Auslastung.

4.6.2 Platinenschneidanlagen

Die Herstellung mittlerer und großflächiger Blechformteile erfolgt nicht direkt vom Coil, sondern von gestapelten Platinen, die der Umformpresse vollautomatisch zugeführt werden. Diese Platinen werden in *Platinenschneidanlagen* mit *Querteilschere* oder *Schneidpresse* erzeugt.

Die Platinenschneidanlagen setzen sich aus folgenden Komponenten zusammen:

- Bandanlage (vgl. Abschn. 4.3)
- Schere oder Schneidpresse
- Stapelanlage

In Abhängigkeit von Stückzahl und Verschnittoptimierung muß das zum Einsatz kommende Schneidverfahren gewählt werden *(Abb. 4.6.3)*. Rechteckige Platinen können mit einfachen Querteilanlagen geschnitten werden. Trapez- und parallelogrammförmige Zuschnitte bedürfen einer Schwenkschere oder einem Schwenkwerkzeug in der Schneidpresse – dabei wird die Schere oder das Werkzeug während jeder Vorschubbewegung in die jeweils andere Schwenkstellung gebracht. Der Antrieb erfolgt hydraulisch oder über programmgesteuerte Servomotoren. Geschlossene Konturen können nur auf Pressen mit Schneidwerkzeugen geschnitten werden *(vgl. Abb. 2.1.29)*.

Querteilanlagen für Trennschnitte
In *Querteilanlagen* wird das Blechband durch stationäre, mitlaufende oder rotierende Scheren getrennt.

Bei den Anlagen mit stationärer Schere schiebt der Walzenvorschub das Blechband schrittweise vor, und die Schere schneidet es in der Ruhelage ab *(Abb. 4.6.4)*. Diese kostengünstige Lösung wird entweder mit einer feststehenden oder einer schwenkbaren Schere ausgeführt.

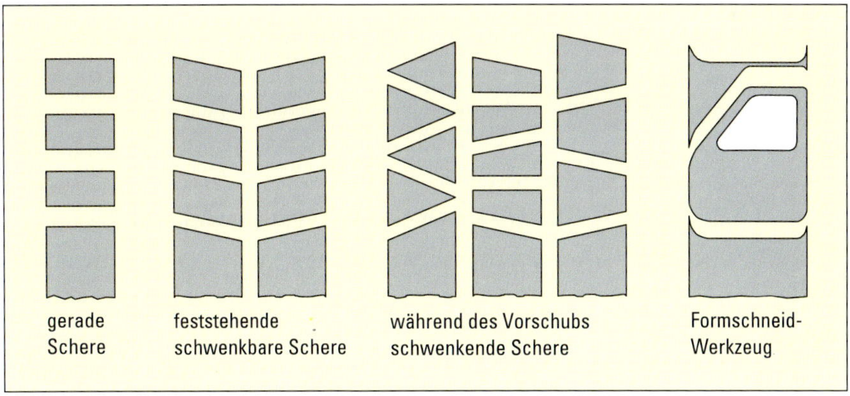

Abb. 4.6.3 Platinenformen, eingeteilt nach der Art der Platinenschneidanlage

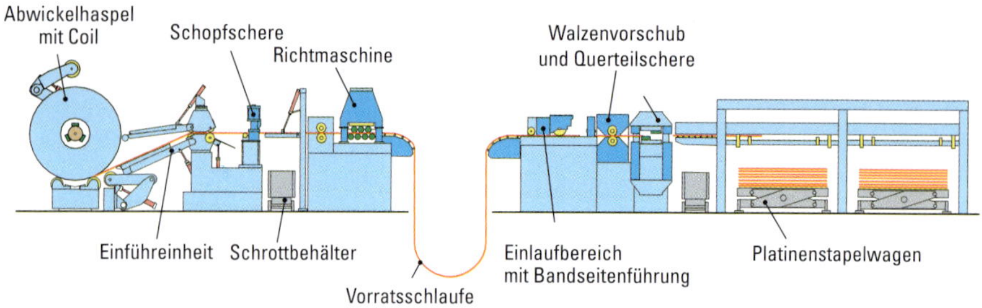

▲ **Abb. 4.6.4** Querteilanlage: Bandanlage, Querteilschere und Abstapelanlage

Mitlaufende Scheren werden zum Trennen kurzzeitig auf Bandgeschwindigkeit beschleunigt. Nach dem Schnitt erfolgt der Rückhub in die Ausgangsstellung. Vorteile dieser Konstruktion sind die kontinuierliche Arbeitsweise mit konstanter Richtmaschinengeschwindigkeit sowie das Entfallen der Schlaufengrube und damit das Verbiegen des Blechs nach dem Richten (vgl. Abschn. 4.8.3). Da sich die geschnittene Platine auch mit Bandgeschwindigkeit bewegt, entfällt die Beschleunigung der Platinen, wie sie beim Schneiden im Stillstand notwendig ist. Gegenüber dem Start-Stop-Betrieb mit Walzenvorschub und stationärer Schere wirkt sich das Rückfahren bei kurzen Abschnittlängen in einer etwas geringeren Ausbringung aus.

Die größte Zahl an Schnittoperationen erreichen *Rotationsscheren.* Ihre Ausbringung von über 150 Teilen/min liegt mehr als doppelt so hoch wie die einer Schneidpresse. Bei Rotationsscheren läuft das Blechband mit konstanter Geschwindigkeit zwischen zwei sich auf Kreisbahnen gegensynchron bewegenden Messern hindurch. Die Messer sind über die gesamte Blechbandbreite quer zur Durchlaufrichtung angeordnet, so daß das Blech beim Aufeinandertreffen der Messer quer zur Durchlaufrichtung getrennt wird. Dabei muß die Kreisbahngeschwindigkeit der Messer und die Geschwindigkeit des Blechbands im Augenblick des Trennens übereinstimmen. Während die Messer außer Eingriff sind, wird ihre Bahngeschwindigkeit durch den Antrieb beschleunigt oder verlangsamt, so daß sich die gewünschte Zuschnittslänge ergibt.

Wie bei den mitlaufenden Scheren hängt die Bandgeschwindigkeit und damit auch die Ausbringung sehr stark von der Platinenlänge ab. Für beide Scherenarten kann auf die in *Abb. 4.6.4* dargestellte Vorratsschlaufe und die dazugehörige Grube verzichtet werden. Die Anlagen mit kontinuierlichem Vorschub sind daher im Vergleich zu Anlagen mit stationären Scheren kürzer.

Platinenschneidpressen für Formschnitte

Formschnitte sind komplizierte geschlossene Schnittkonturen (vgl. *Abb. 2.1.29)*, die Durchbrüche enthalten können. Diese Platinen werden auf Platinenschneidpressen, auch Formschneidanlagen genannt, hergestellt *(Abb. 4.6.5)*. Schneidpressen sind schnellaufende Exzenter- oder Gelenkantriebspressen in ähnlicher Bauart wie einfachwirkende Karosseriepressen mit maximal 80 Hüben/min *(vgl. Abb. 4.1.19 rechts* und *Abb. 4.6.8)*. Sie werden mit hoher Steifigkeit und geringem Lager- und Führungsspiel gebaut. Der Stößel – in der Regel mit einem Hub von 300 bis 450 mm – wird achtfach geführt *(vgl. Abb. 3.1.5)*.

Bei Schneidpressen sind weitgehende Maßnahmen zur *Lärmminderung* notwendig. Das Schnittgeräusch ist u.a. von der Auftreffgeschwindigkeit des Werkzeugs auf das Blech und damit von der Stößel-

▲ **Abb. 4.6.5** Formschneidanlage mit einer Nennpreßkraft von 8000 kN (sechsgliedriger Gelenkantrieb)

geschwindigkeit im Arbeitsbereich abhängig. Untersuchungen haben gezeigt, daß sich die Lärmemissionen bei halbierter Stößelgeschwindigkeit um etwa 6 dB(A) reduzieren lassen. Bei einem *Gelenkantrieb* beträgt die Auftreffgeschwindigkeit nur noch 30 % der einer Exzenterpresse, wodurch der Lärmpegel um ca. 12 dB(A) sinkt *(vgl. Abb. 3.2.3)*. Zusätzlich werden bei Schneidpressen sekundäre Maßnahmen zur Lärmminderung des Durchbrechschlags ergriffen, z. B. durch *Vollkapselung* der Anlage mit Lärmreduzierungen von bis zu 25 dB(A).

Die Presse wird heute in der Regel auf *Schwingelementen* aufgestellt, um die Umgebung nicht mit Bodenschwingungen zu belasten. Bei einer Eigenfrequenz der Anlage von etwa 3 Hz läßt sich damit ein Isolierwirkungsgrad von etwa 80 % erzielen.

Um auch auf der Schneidpresse gerade bzw. Trapezschnitte herzustellen, werden Schwenkwerkzeuge verwendet, die meist als Aufschlagwerkzeuge ausgelegt sind. Die Vertikalführung des Werkzeugoberteils ist direkt im Werkzeug integriert. Die Schwenkbewegung wird von Hydraulikzylindern oder Elektromotoren erzeugt – heute meist Servomotoren mit Getriebeanordnungen. Die SPS-Steuerung gibt den Schwenkwinkel vor.

Abstapelanlagen

Die Platinen werden sowohl bei Formschneidanlagen als auch bei Querteilanlagen in automatischen Abstapelanlagen auf Paletten gestapelt *(Abb. 4.6.4)*. Quer oder längs der Pressenlängsachse angeordnete *Transportbänder* befördern die Platinen hängend oder liegend aus der Schneidanlage bis zu einstellbaren Anschlägen, wo sie fixiert auf Paletten abgeworfen werden. Die Paletten befinden sich auf Stapelwagen mit Hubvorrichtungen, die stetig abgesenkt werden, um eine präzise Stapelung zu ermöglichen. Durch den Einsatz von zwei *Stapelwagen* in jeder Stapeleinrichtung ist ein kontinuierlicher Betrieb gewährleistet.

Werkzeugwechsel

Bei Schneidpressen erfolgt der Werkzeugwechsel vollautomatisch über zwei Schiebetische *(vgl. Abb. 3.4.3)*. Die *Schiebetische* fahren nach der Bedienseite aus und sind als Kreuzfahrtische angeordnet *(vgl. Abb. 3.4.4)*. Die Positionierung in der Maschine, auf dem Rüstplatz und in der Wechselposition erfolgt automatisch. Durch diese Anordnung werden Wechselzeiten von unter 5 min erreicht.

Auch die *Bandanlagen* werden heute automatisch umgerüstet (vgl. Abschn. 4.3). Die Steuerung führt die Abläufe „Holen des Coils", „Ablegen des Coils", „Coileinführen", „Endverarbeitung des Coils", „Schweißnahtentsorgung" und „Restblechentsorgung" selbsttätig durch.

4.6.3 Schnellläuferpressen

Schneid- und Stanzteile aus dickeren Blechen, wie Kettenlaschen, Tellerfedern, Aluminium- und Münzplatinen (vgl. Abschn. 6.8.7) sowie Bleche für Elektromotoren *(Abb. 4.6.20)*, werden in Großserien hergestellt und erfordern Hochleistungsanlagen mit schnellaufenden Pressen – sogenannte Schnellläuferpressen *(Abb. 4.6.6)*.

Das Schneiden als das hierbei maßgebende Fertigungsverfahren führt durch das schlagartige Durchbrechen des Blechs beim Überschreiten der Trennfestigkeit des Werkstoffs zu kurzzeitigen Kraftänderungen in der Maschine, die große dynamische Verlagerungen im Werkzeug be-

Abb. 4.6.6 Schneidanlage mit 1 250-kN-Schnellläuferpresse und Werkzeugwechselwagen für einen automatischen Werkzeugwechsel (lange Bauart)

wirken können *(Abb. 4.6.7)*. Die möglichen negativen Auswirkungen auf die Teilequalität und Werkzeugstandmenge stellen besonders hohe Genauigkeitsanforderungen an die Presse *(Abb. 4.6.8)*.

Die Produktivität der Schneidanlage wird durch die Aggregate zum Zuführen des Blechs, die Leistungsfähigkeit der Presse selbst, die Werkstückabführung und die Einrichtungen zum Umrüsten bestimmt. Eine Bandanlage, deren Bandgeschwindigkeit sich automatisch der Pressenhubzahl anpaßt, führt das Bandmaterial zu (vgl. Abschn. 4.3).

Für die Herstellung von Münzplatinen wird zusätzlich ein *Banddickenmeßgerät* angeordnet *(vgl. Abb. 6.8.23)*. Durch einen Sensor wird die Banddicke ständig gemessen und gegebenenfalls ein Befehl an die Steuerung der Schnelläuferpresse gegeben, um die fehlerhaften Teile automatisch auszusondern.

Ein wesentliches Kriterium für eine hohe Ausbringung der Anlage ist die Leistungsfähigkeit des Vorschubsystems durch den Walzenvorschub. Als mittlere Vorschubgeschwindigkeit werden bis zu 100 m/min erreicht, wobei die Vorschublänge im Verhältnis 1 : 10 stufenlos einstellbar ist. Die Verstellung erfolgt motorisch und ist auch während des Betriebs der Presse möglich. Die Vorschublänge wird entweder über

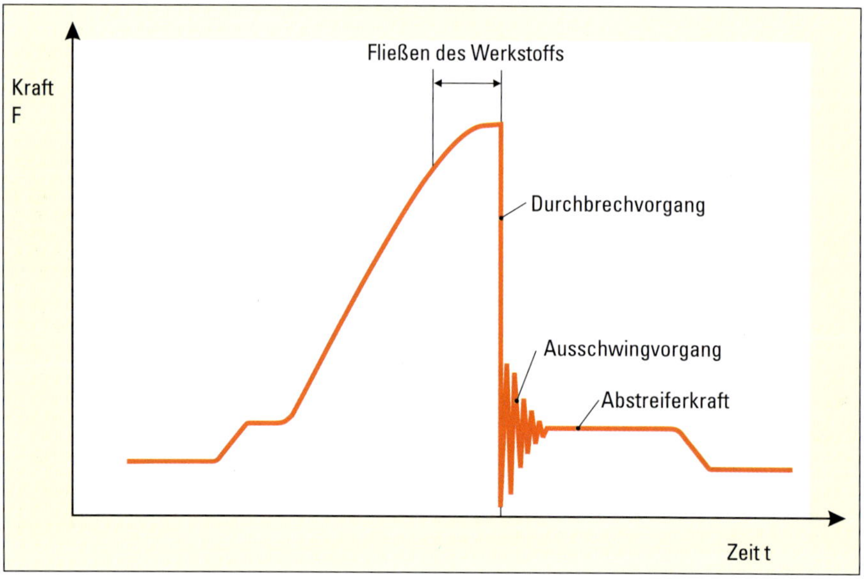

▲ **Abb. 4.6.7** Kraft-Zeit-Diagramm beim Schneiden von Blech

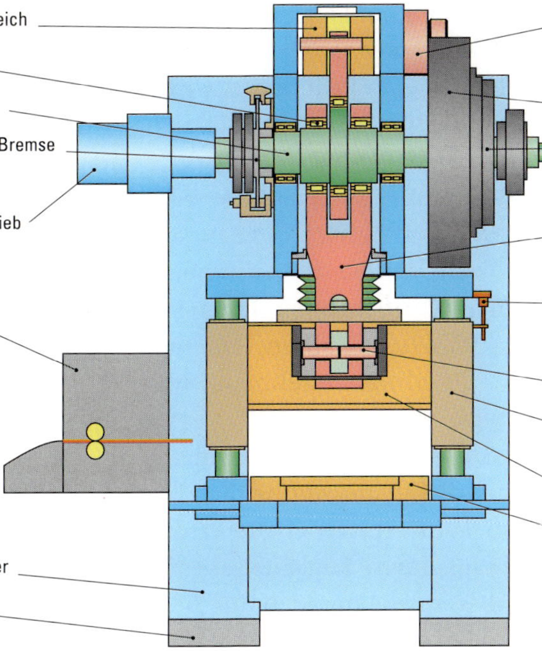

▲ **Abb. 4.6.8** Aufbau einer Schnelläuferpresse (kurze Bauart)

Tastatur manuell vorgewählt und digital angezeigt oder beim Einsatz eines automatischen Werkzeugwechselsystems werkzeugabhängig von der Pressensteuerung aufgerufen.

Ein weiterer entscheidender Gesichtspunkt für eine hohe Ausbringung der Anlage ist die Arbeitshubzahl der Schnelläuferpresse. Hohe Hubzahlen lassen sich nur bei einem *Massenausgleich* der horizontalen und vertikalen Kräfte erzielen *(Abb. 4.6.8)*. Als besonders vorteilhaft haben sich dabei Ausgleichssysteme erwiesen, bei denen die Fliehkräfte von Stößel und Oberwerkzeug durch direkt entgegengesetzt wirkende Massen vollständig eliminiert werden. Der Massenausgleich von Pressen mit Hubverstellung, die auch für kleinere Umformvorgänge geeignet sind, wird automatisch mit dem Hub eingestellt. Der Massenausgleich ist auch die Voraussetzung für eine unterkritische Aufstellung der Presse auf Schwingungselementen. Die vom Stanzvorgang ausgelösten Schwingungen werden somit nur in geringem Maße in das Fundament eingeleitet.

Im gleichen Maße, wie die Leistung von Presse und Werkzeug zunimmt, gewinnen *Werkstückentnahme,* Transport und Verkettung mit der nachfolgenden Fertigung an Bedeutung. Unter der Presse sind häufig Förderbänder für den Abtransport der Teile angeordnet. Die Werkstücke fallen über einen Ausfallkanal – häufig orientiert – aus der Matrize auf die Förderbänder. Im Ausfallkanal ist eine Weiche angebracht, die fehlerhafte Teile, z. B. aus dem Bereich des Bandanfangs, des Bandendes oder des nicht toleranzhaltigen Bandes ausscheidet.

Die Verknüpfung dieser Einrichtung mit den nachfolgenden Bearbeitungsstationen für das Waschen, Glühen, Polieren, Beschichten, Prüfen oder Verpacken der Teile erfolgt zunehmend über Förderbänder oder Handhabungsgeräte (vgl. Abschn. 4.6.4).

Stanzabfälle werden oft in Kästen gesammelt und abtransportiert. Besser ist eine kontinuierliche Entsorgung über Förderbänder unterhalb der Presse. Der Abfall kann entweder direkt durch die Matrize oder außerhalb des Werkzeugs durch Rutschen abgeführt werden. Fällt ein Stanzgitter an, so wird es im allgemeinen durch eine Schere an der Auslaufseite der Presse zerkleinert.

Um Lagerhaltung und Kapitalbindung zu reduzieren, müssen auch mit schnellaufenden Stanzpressen kleinere Losgrößen wirtschaftlich gefertigt werden. Kurze Umrüstzeiten sind dafür eine entscheidende Voraussetzung. Zum *Umrüsten* auf die Herstellung eines anderen Teils zählen das Einrichten der Beschickungs- und Entnahmeeinrichtungen, die Werkzeugbereitstellung, der Werkzeugwechsel, das Umstellen der Presse und die abschließende Kontrolle der Werkzeug- und Presseneinstelldaten (vgl. Abschn. 3.4).

Da für die *Genauigkeit der Stanzteile* ebenso wie für die *Lebensdauer* der Werkzeuge der Schneidvorgang entscheidend ist, gilt es, die beim Durchbrechen des Blechs auftretenden Schwingungen zwischen Stempel und Matrize in vertikaler und horizontaler Richtung durch entsprechende Maßnahmen an der Presse zu minimieren *(Abb. 4.6.7).*

Vertikale Schwingungen sind die Folge der im Kraftfluß der Presse befindlichen Spiele und des elastischen Verhaltens des gesamten Pressensystems. Sie verursachen hubzahlabhängig eine Vergrößerung der Eintauchtiefe des Schneidstempels in die Matrize mit der Folge eines zunehmenden Mantelflächenverschleißes der Stempel *(Abb. 4.6.9).*

Gegenüber einer Presse mit Gleitlagerung werden die vertikalen Spiele durch eine in Wälzlagern laufende Exzenterwelle wesentlich vermindert

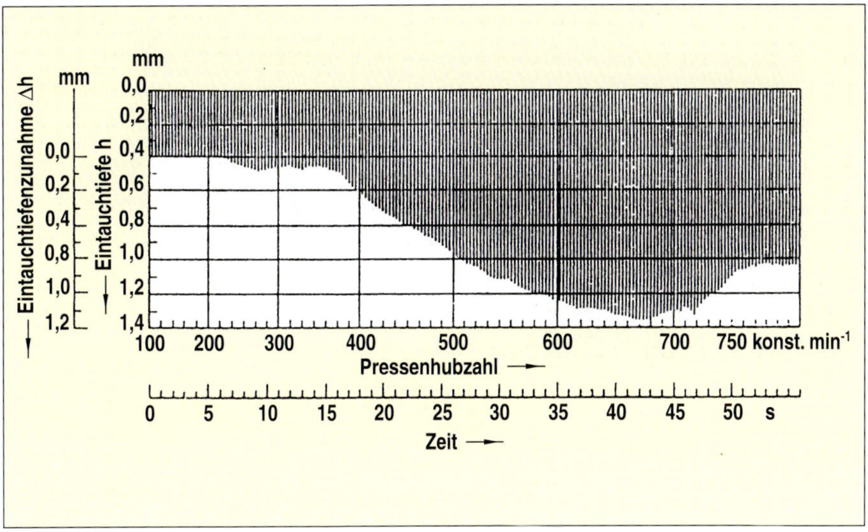

▲ **Abb. 4.6.9** Einfluß der Pressenhubzahl auf die Eintauchtiefe der Schneidstempel in die Matrize

(Abb. 4.6.8). In Verbindung mit der hydraulischen Klemmung der Stößelverstellung wird das vertikale Gesamtspiel auf ein Minimum reduziert. Eine hohe vertikale Steifigkeit wird durch den massiven Pressenkörper, den Stößelantrieb über das Doppelgabelpleuel bei kurzen Pressen und über zwei groß dimensionierte Pleuel für lange Pressen sowie den biegesteifen Stößel erreicht. Da die hubzahlabhängige Eintauchtiefenzunahme jedoch physikalisch bedingt nicht nur vom statischen und dynamischen Verhalten der Presse abhängig ist, wird an Schnelläuferpressen vielfach eine Regeleinrichtung eingesetzt, die die Eintauchtiefenzunahme erfaßt und automatisch auf den Einrichtwert korrigiert *(Abb. 4.6.10)*. Dadurch ist es möglich, auch bei sehr hohen Hubzahlen Werkzeugstandmengen zu erzielen, wie sie beim Schneiden im unteren Hubzahlbereich üblich sind.

Neben dem Verhalten der Presse in vertikaler Richtung ist für die Standmenge der Werkzeuge besonders das *Schwingungsverhalten des Stößels in horizontaler Richtung* ausschlaggebend. Da der Schneidspalt zwischen Stempel und Matrize nur wenige Hundertstelmillimeter beträgt, werden an die Führungsgenauigkeit des Stößels und die horizontale Steifigkeit des Pressenkörpers sehr hohe Anforderungen gestellt. Auch die horizontalen Schwingungen werden unmittelbar durch die

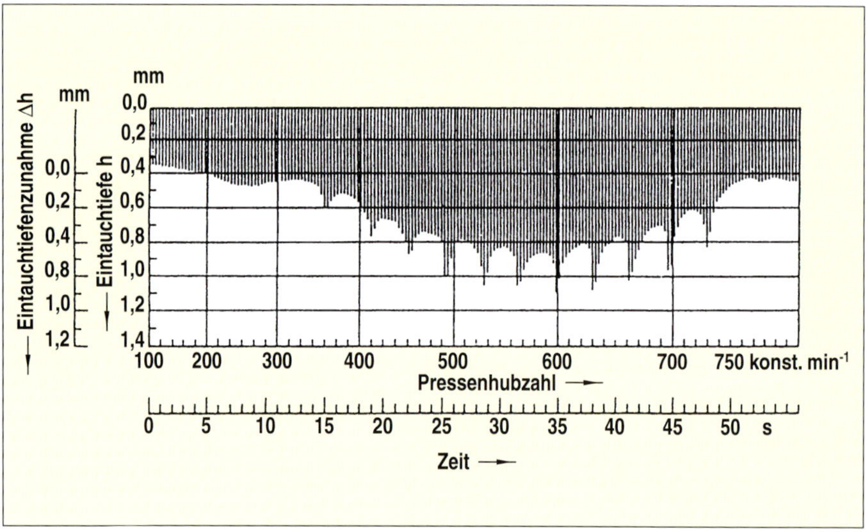

▲ **Abb. 4.6.10** Wirkungsweise der Eintauchtiefenregelung auf die Eintauchtiefenzunahme

Spiele und das elastische Verhalten der Presse beeinflußt. Zusätzlich zur horizontalen Spielfreiheit durch den Einsatz von Stößelführungen mit Wälzkörpern wird die horizontale Steifigkeit der Presse durch eine spezielle Gestaltung des Pressenkörpers wesentlich erhöht.

Die Stößelführung erfolgt spielfrei über Rollen an vier Säulen *(vgl. Abb. 3.1.6)*. Vor allem durch die optimale Anordnung der Führungen oberhalb und in der Schneidebene werden die Stößelschwingungen gegenüber den bisherigen Stößelführungssystemen so weit reduziert, daß eine wesentliche Steigerung der Werkzeugstandmenge erzielt wird.

Im Gegensatz zu konventionellen Pressen wurde der Pressenkörper so kompakt ausgebildet, daß die Ständerdurchbiegung unter Last sehr gering ist und die beim Schneiden auftretenden Horizontalkräfte gleichmäßig über den gesamten Führungsbereich aufgenommen werden können.

■ 4.6.4 Anlagen zur Fertigung von Elektroblech

Rotoren und Statoren elektrischer Maschinen sowie Eisenkerne von Transformatoren sind aus übereinander geschichteten Einzelblechen von 0,5 bis 1 mm Dicke aufgebaut, um Wirbelstromverluste möglichst gering zu halten *(Abb. 4.6.11)*.

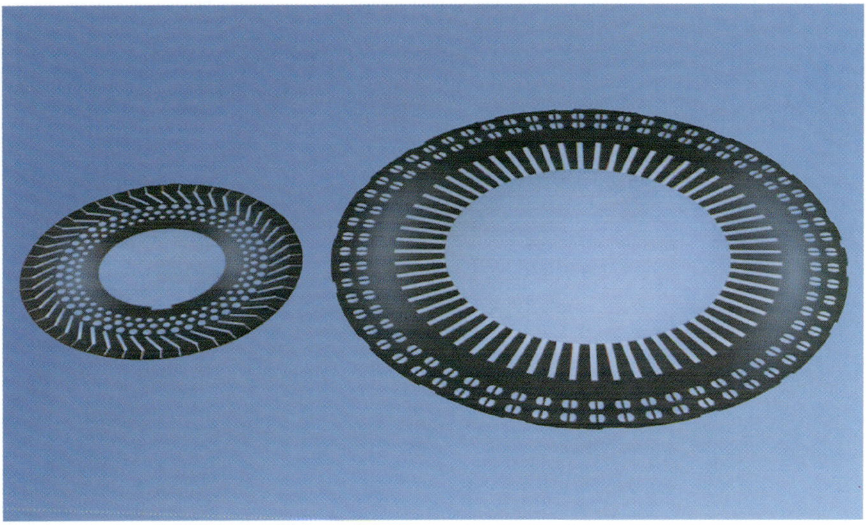

▲ **Abb. 4.6.11** Rotor- und Statorblech eines Elektromotors

Ausgangswerkstoff ist silizium-legiertes Eisenblech bzw. Semi-Finish-Blech, das als Coilmaterial bis zu einer Breite von 1300 mm zur Verfügung steht. Rotor- und Statorbleche können daher nur in Größen bis maximal 1300 mm Außendurchmesser aus einem Stück gefertigt werden. Alle größeren Durchmesser setzen sich aus Segmenten zusammen, aus denen sich Pakete für elektrische Maschinen beliebiger Größe herstellen lassen.

Die wirtschaftliche Fertigung von Elekromotorenblechen erfordert je nach geometrischer Form und Stückzahl verschiedenartige Werkzeug- und Maschinentechnologien. *Abbildung 4.6.12* zeigt die Einsatzbereiche für Einzelnut-, Komplettschneid- und Folgewerkzeuge. Zur Herstellung von Rotor- und Statorblechen in größeren Stückzahlen werden bis zu einem Rondendurchmesser von 600 mm Folgewerkzeuge in Schnellläuferpressen, bis zu einem Durchmesser von 1300 mm Komplettschneidwerkzeuge in Doppelständerpressen eingesetzt *(Abb. 4.6.13)*. Bei kleineren Stückzahlen erfolgt die Fertigung auf Nutenstanzen im Einzelnutschnitt aus der Ronde.

Nutenstanzen

Nutenstanzen sind meist Einständerpressen mit mechanischem Antrieb. Die Presse ist auf einem Maschinenbett verstellbar wälzgelagert.

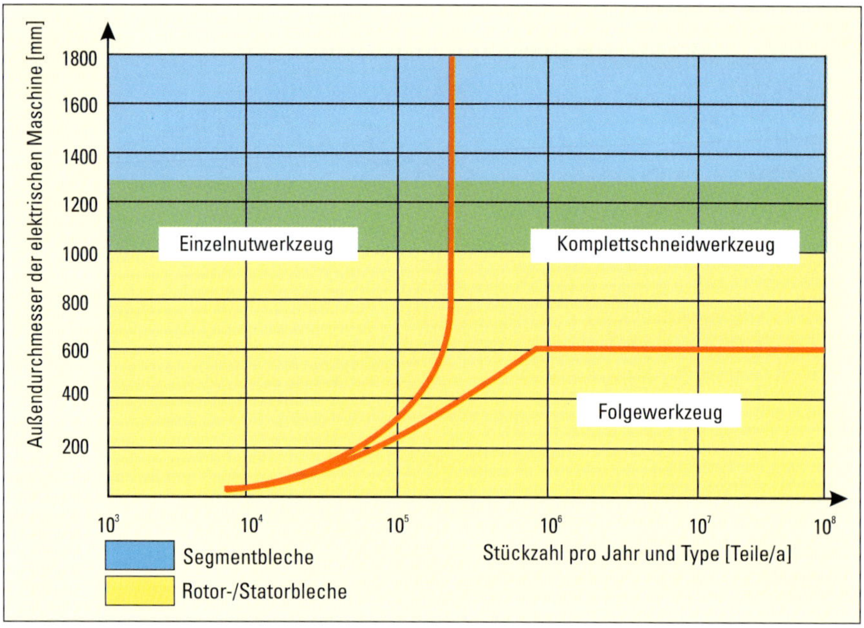

Abb. 4.6.12 Werkzeugtechnologien für Elektrobleche

Eine wichtige Einrichtung jeder Nutenstanze ist der ebenfalls auf dem Maschinenbett befestigte Teilapparat. Er erzeugt die gewünschte Nutenteilung, d.h. die Anzahl der Nuten pro Blech. Durch Verstellung des Abstands zwischen Presse und Teilapparat wird der Stanzradius angepaßt.

Bei *halbautomatischen Nutenstanzen* erfolgt das Schneiden automatisch, die Be- und Entladung manuell. Der Teilapparat wird entweder mechanisch oder numerisch gesteuert *(Abb. 4.6.14)*. Die mechanische Steuerung arbeitet mit einem Kurvenschaltgetriebe und Wechselrädern für die unterschiedlichen Nutenteilungen. Bei Rondendurchmessern von 800 bis 1 000 mm erreichen diese kostengünstigen Einrichtungen eine höhere Ausbringung als die numerisch gesteuerten. Numerisch gesteuerte Anlagen sind dagegen flexibler: Die Nutenteilung ist beliebig variabel – also auch für eine komplizierte Nutgeometrie geeignet, wie bei Polrädern, Polblechen, Läuferkranzblechen oder Segmenten *(Abb. 4.6.15 unten)*. Mit Hilfe steuerbarer Werkzeuge können Konturen, mehrere Nutreihen in einer Aufspannung, nicht ganzzahlige Nutenteilun-

▲ **Abb. 4.6.13** Komplettschneidwerkzeug

gen (bezogen auf 360°) und besonders breite Nuten durch Doppelstanzen erzeugt werden.

In *Nutautomaten und flexiblen Nutanlagen* werden die ungenuteten Platinen vollautomatisch von einem Platinenstapel entnommen und in die Nutenstanzmaschine eingelegt. Nach der Schneidoperation werden die Bleche vollautomatisch entnommen und auf einem Blechstapel abgelegt. Das Be- und Entladen übernimmt entweder ein Drehkreuz, ein lineares Transfersystem oder ein Roboter. Die sechs Arme des *Drehkreuzes eines Nutautomaten,* die im Rundtaktverfahren arbeiten, sind mit zentral verstellbaren Transportmagneten bestückt. Dieses Verfahren ermöglicht die kürzesten Schaltzeiten – allerdings können nur runde oder vieleckige Bleche bearbeitet werden. In der Standardausführung erfolgt der Transport der Bleche von Stapeldorn zu Stapeldorn. Mit Zusatzeinrichtungen lassen sich auch Paletten verwenden.

Abb. 4.6.14
Nutenstanze für Ronden mit numerischem Antrieb des Teilapparats (Nennpreßkraft 250 kN)

Während auf Nutautomaten mit einer Nutenstanze entweder

- gleichzeitig Nut- und Trennoperationen oder
- nur Nutoperationen oder
- in zwei Durchläufen zuerst das Statornuten und -trennen und danach das Rotornuten

durchgeführt werden, können die Rotor- und Statorbleche auf einer Anlage mit zwei Nutenstanzen in einem Durchlauf gefertigt werden *(Abb. 4.6.16)*. Zusätzliche Achslochstanzen werden im ersten Fall in eine Leerstation eingefügt, im zweiten Fall werden die Bleche in der sechsten Station positioniert und nach außen an die Achslocheinrichtung weitergegeben. Drehkreuze sind die kostengünstigste und leistungsfähigste Automatisierung für Nutautomaten bei der Fertigung von Standardblechen.

Flexible Nutautomaten arbeiten je nach Blechgeometrie mit *Transfer oder Roboter.* Hier wird grundsätzlich von Palette zu Palette gearbeitet *(Abb. 4.6.17)*. Die standardmäßige Anzahl von fünf Stationen ist belie-

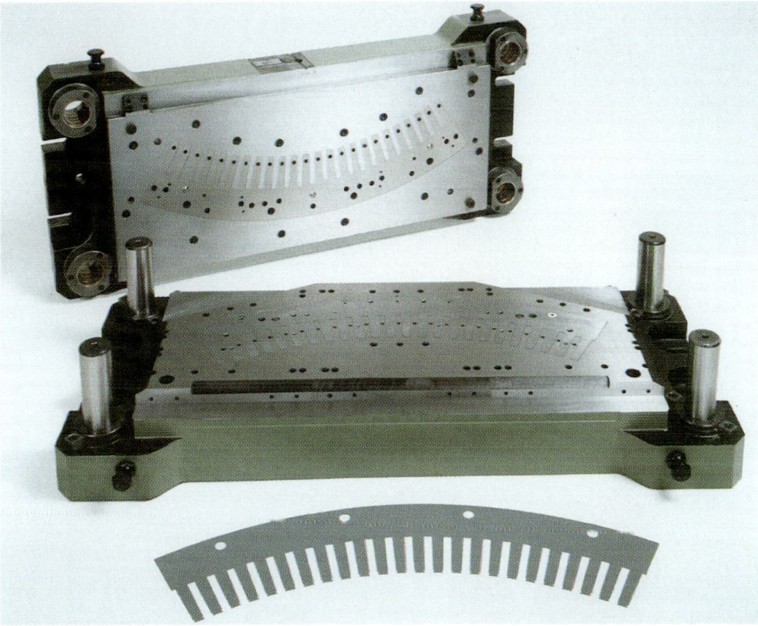

▲ **Abb. 4.6.15** Komplettwerkzeug zur Fertigung von Segmentblechen

big erweiterbar. Wie auch bei den halbautomatischen Nutenstanzen mit numerischer Steuerung sind flexible Nutautomaten besonders zur Herstellung komplizierter Bleche geeignet – es gelten dieselben Auswahlkriterien bezüglich der steuerbaren Werkzeuge. In einer weiteren Automatisierungsstufe lassen sich Nutautomaten durch zusätzliche Einrichtungen in der Peripherie individuell an spezielle Fertigungsverfahren anpassen. Eine dieser Vorrichtungen fügt klebelackbeschichtete, sog. *backlackbeschichtete Bleche* zu einem fertigen *Statorblechpaket* zusammen, wie es im Elektromotor eingebaut wird. Die Statorbleche werden einzeln erwärmt, in eine korbähnliche Vorrichtung eingelegt und nach jedem eingelegten Blech auf das Paket gepreßt. Eine Meßeinrichtung gewährleistet die konstante Pakethöhe. Ist die gewünschte Pakethöhe erreicht, dann wird die korbähnliche Vorrichtung mit dem Statorblechpaket herausgeschwenkt. Der Preßvorgang erfolgt, solange das nächste Paket gestapelt wird. In dieser Zeit härtet die Beschichtung des Blechs aus – das Paket backt zusammen und wird anschließend auf eine Rollenbahn ausgeworfen.

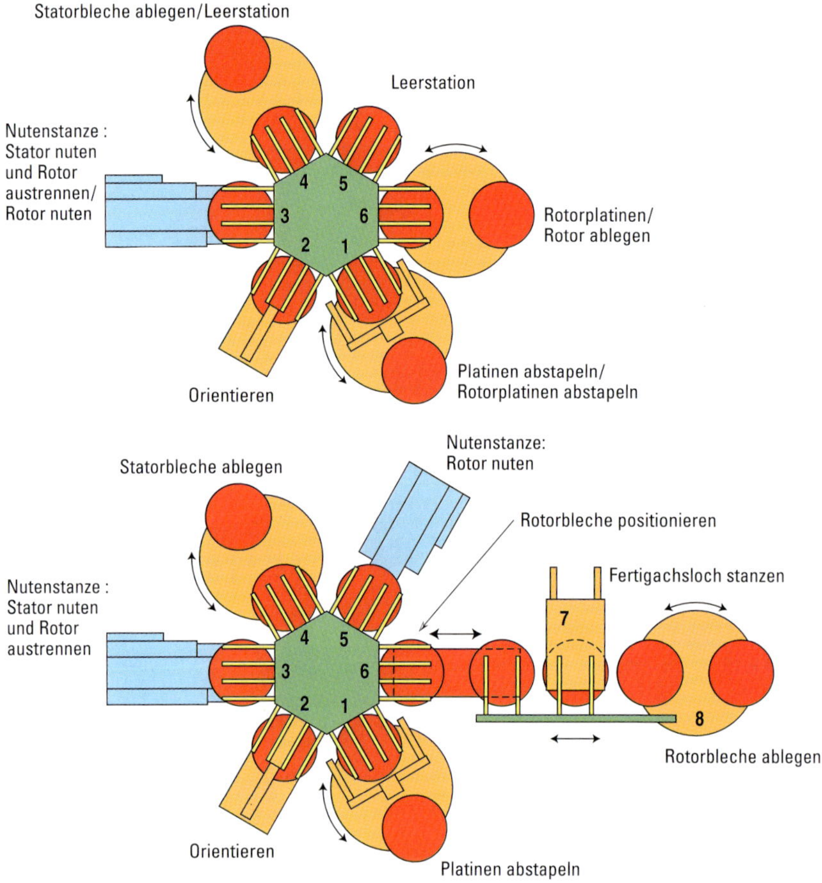

▲ **Abb. 4.6.16** Nutautomaten zur Herstellung von Stator- und Rotorblechen in zwei Durchläufen mit einer Nutenstanze (oben) und in einem Durchlauf mit zwei Nutenstanzen (unten)

Bei einer besonders flexiblen Art der Automatisierung werden zwei Einzelnutautomaten mit Palettenmagazinen und Palettenlagern über ein Handhabungssystem für Paletten verbunden. Die Steuerung übernimmt ein Leitrechner. So fertigen entweder beide Anlagen Stator- und Rotorbleche für eine Größe von Elektromotoren oder unabhängig voneinander für verschiedene Größen.

Große Spezialmotoren sind vorwiegend Einzelanfertigungen mit Elektroblechen, die bis zu sieben unterschiedliche Schneidoperationen erfordern *(Abb. 4.6.11)*. Die unproduktiven Nebenzeiten können hier durch Umrüst- und Handhabungsarbeiten mehr als 50 % der gesamten

▲ **Abb. 4.6.17** Flexibler Nutautomat mit Roboter und Palettenmagazinen (Nennpreßkraft 250 kN)

Fertigungszeit betragen. Deshalb werden diese Bleche am wirtschaftlichsten ohne Umspannen in einer *flexiblen Fertigungszelle* geschnitten. Ein zentraler Roboter übernimmt alle Transportfunktionen der Anlage und den vollautomatischen Werkzeugwechsel. Werden Bleche und Werkzeuge während der normalen Schicht bereitgestellt, so kann die Anlage ohne Aufsicht rund um die Uhr arbeiten.

Nutenstanzen lassen sich mit *Zusatzeinrichtungen* für spezielle Einsatzbereiche ausrüsten. Dazu gehören Vorrichtungen zur Fertigung

- unterbrochener Lochbilder,
- konischer Blechpakete und
- geschrägter Pakete.

Schneidanlagen mit Komplettschneidwerkzeugen
Mittlere Losgrößen von Elektromotor-, Fertigsegment-, Rohsegment- und Polblechen werden vielfach mit Komplettschneidwerkzeugen gefertigt *(Abb. 4.6.13)*. Dabei werden die Außenkontur, Löcher und Nuten in einem Arbeitsgang meist auf Zweiständerpressen geschnitten *(vgl. Abb. 3.1.1)*. Das Pressenkonzept ist ähnlich dem der mechanischen Universalpressen (vgl. Abschn. 4.4.1). Weiterhin lassen sich auch Ronden herstellen, die häufig der Weiterverarbeitung in Nutenstanzen dienen. Die Breite der Einzelbleche, Streifen oder des Bandmaterials liegt zwischen 300 und 1 250 mm. Diese Pressen werden mit Schneidkräften zwischen 1 250 und 5 000 kN gebaut. Der Hubzahlbereich ist stufenlos regelbar und abhängig von der Maschinengröße und der Fertigungstechnologie – er liegt zwischen 15 und 150 Hüben/min.

Die *Werkzeuge* sind häufig so aufgebaut, daß der Stempel mit den Außenkonturen im Unterteil und die Matrize im Oberteil angeordnet ist. Es können gleichzeitig mehrere Teile anfallen. Der Abfall wird teilweise durch das Werkzeugunterteil gestanzt.

Die getrennte Abstreiferplatte im Werkzeugunterteil streift das Stanzgitter ab, während der Auswerfer im Werkzeugoberteil das Fertigteil auswirft. Dies erfordert einen Platten- oder Traversenauswerfer im Stößel der Presse, der im Bereich des oberen Totpunkts aktiv wird.

Die Führungssäulen sind, da sie meist beim Öffnen des Werkzeugs aus den Führungbüchsen herausfahren, in Stahl, die Büchsen in Bronze ausgeführt. Die Bandführungselemente sind mit der Abstreiferplatte kombiniert.

Der Pressenkörper ist als einteilige Schweißkonstruktion besonders steif ausgeführt. Mit Rücksicht auf die verwendeten hochwertigen Schneidwerkzeuge ist die Genauigkeit der Stößelführung von großer Bedeutung. Hier hat sich die Rollenführung in acht Bahnen als optimales System durchgesetzt *(vgl. Abb. 3.1.6)*. Der Stößel ist mit insgesamt 16 Rollenkörpern bestückt, die ohne Spiel an gehärteten Führungsleisten entlanglaufen. Bei einem versehentlichen Festfahren des Stößels sind die Pressen mit Hilfe hydraulischer Ölpolster unter den Pleueln schnell wieder lösbar.

Während Pressen früher beim Einsatz von Komplettschneidwerkzeugen häufig von Hand beschickt wurden, ist in zunehmendem Maße der *automatisierte* Teiletransport üblich. Dies setzt voraus, daß die Maschinen mit Bandanlagen (vgl. Abschn. 4.3) bzw. Platinenladern (vgl. Abschn. 4.4.4) und Teileentnahmeeinrichtungen ausgerüstet werden. Die Dimensionen der Presse sind damit nicht nur von der zu verarbeitenden Bandbreite, der notwendigen Preßkraft und den Werkzeugabmessungen, sondern auch vom höheren Platzbedarf der Anbauteile bestimmt.

Die Verarbeitung von Blechband mit einer *Bandanlage* erfordert den Einsatz von Haspel und Richtmaschine sowie eines leistungsfähigen Vorschubsystems an der Presse. Die Haspel ist bei kleineren Bandbreiten als Doppelhaspel, bei breiteren Coils als Einfachhaspel mit Ladestuhl ausgeführt. Ein Ladewagen kann auch zwei oder drei größere Coils aufnehmen.

Als *Vorschubsystem* hat sich der elektronisch geregelte Walzenvorschub durchgesetzt. Der Antrieb erfolgt über einen Drehstrom-Servomotor mit Regelkreis, die Vorschubphase ist also je nach Stößelhub und Werkzeugtechnik einstellbar. Grundsätzlich werden die Pressen nach dem heutigen Stand der Technik nur mit einem Vorschubgerät an der Materialeinlaufseite ausgerüstet.

Einzelteile, wie z. B. Rohsegmente, werden mit einem mechanisch oder elektrisch angetriebenen Platinenlader in das Werkzeug eingelegt. Der Walzenvorschub für das Blechband und der *Platinenlader* können mit einer vertikalen Verstellung kombiniert werden, so daß sich wahlweise eines der beiden Geräte im Einsatz befindet.

Der Platinenlader übergibt der Presse mit einem schaufelartigen Zuführgerät die Platinen vom Platinenstapel, der von einem Hubtisch angehoben wird. Das elektrische Gerät wird von einem Drehstrom-Servomotor über Kettentriebe angetrieben. Die Leistung ist auf etwa 20 Platinen/min begrenzt. Direkt von der Exzenterwelle der Presse über Kurvenschaltgetriebe angetrieben, befördern mechanische Transfersysteme je nach Teilegröße bis zu 40 Platinen/min.

Der *Abtransport des Stanzgitters* aus dem Werkzeugraum erfolgt über eine motorisch angetriebene Magnetwalze. Das anfallende Stanzgitter wird anschließend mit einer Abfallschere an der Auslaufseite der Presse zerkleinert.

Bei *automatischer Teileentnahme* beträgt der Stößelhub der Presse aufgrund der langen Entnahmedauer zwischen 150 und 300 mm. Ein verstellbarer Stößelhub hat den Vorteil, daß auch Folgewerkzeuge mit kleinem Hub von beispielsweise 40 mm optimal eingesetzt werden können *(vgl. Abb. 3.2.13)*. Es werden hauptsächlich mechanische Entnahmevorrichtungen verwendet, die entweder von der Presse direkt angetrieben oder von ihr angesteuert werden.

Entnahmeschaufeln übernehmen die im oberen Totpunkt ausgeworfenen Teile und legen sie, wie in *Abb. 4.6.18* für ein Fertigsegment dargestellt, über ein Magnetband außerhalb der Presse ab. Diese Methode begrenzt je nach Teilegöße die Hubzahl der Presse auf 20 bis 60 Teile/ min. Dabei ist ein Stößelhub von 150 bis 300 mm erforderlich. Aufgrund des erforderlichen großen Stößelhubs wurde ein Verfahren zur Entnahme entwickelt, bei dem die ausgestanzten Teile von zwei im Stanzgitter *hochgestellten Nasen* erfaßt und ausgeschoben werden *(Abb. 4.6.19)*. Die Werkzeuge können mit einem wesentlich kleineren Stößelhub von 70 mm betrieben werden, so daß in Abhängigkeit von der Teilegröße bis zu 150 Hübe/min möglich sind. Voraussetzung ist ein Spezialauswerfer im Stößel, der das Teil ca. 10 mm nach dem unteren Totpunkt auswirft und auf das Stanzgitter ablegt. Bei der anschließenden Vorschubbewegung wird das Blech von den hochgestellten Nasen erfaßt und aus dem Werkzeug geschoben. Hinter dem Werkzeug ist ein Magnetband ange-

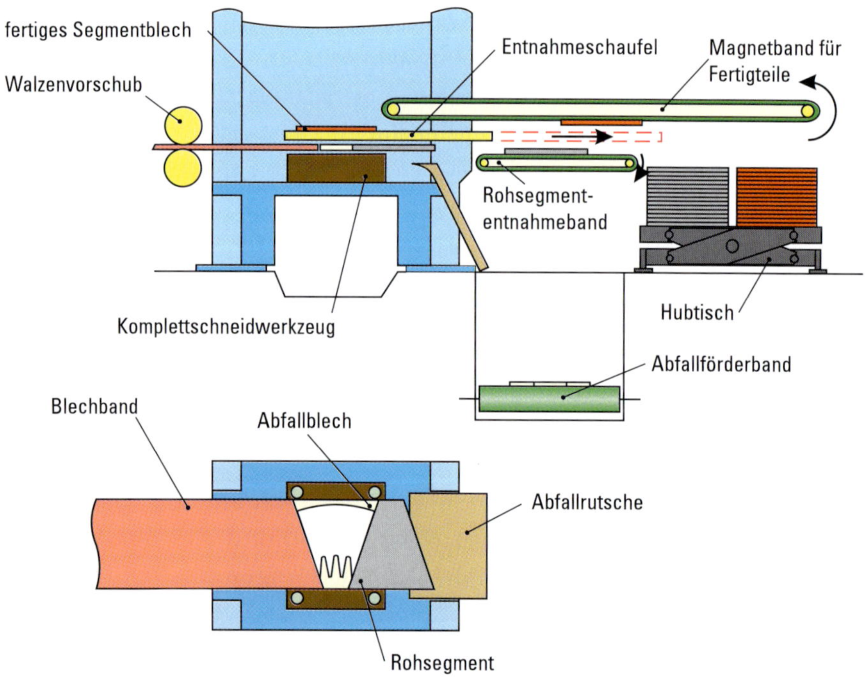

▲ **Abb. 4.6.18** Entnahmeschaufel und Abstapelmagnetband für ein Rohsegment ordnet, welches das Teil übernimmt und hängend transportiert. Das Stanzgitter wird entweder unmittelbar hinter dem Werkzeug oder in einer besonderen Abfallschere zerkleinert.

Mit diesem Verfahren wurde die Ausbringung gegenüber konventionellen Entnahmevorrichtungen verdoppelt und damit der wirtschaftliche Einsatz von Komplettschneidwerkzeugen sichergestellt. Dieses Verfahren kann allerdings nur eingesetzt werden, wenn lediglich ein Fertigteil anfällt und die Außenform des Teils die Entnahme durch die hochgestellten Nasen im Stanzgitter erlaubt.

Schnelläuferpressen mit Folgeschneidwerkzeugen
Die Großserienfertigung von Rotor-, Stator- und Magnetblechen erfolgt in Folgeschneidwerkzeugen auf Schnelläuferpressen, wobei die Bandzuführung, die Teileentnahme und häufig auch der Werkzeugwechsel automatisch durchgeführt werden (vgl. Abschn. 4.6.3). In den Folge-

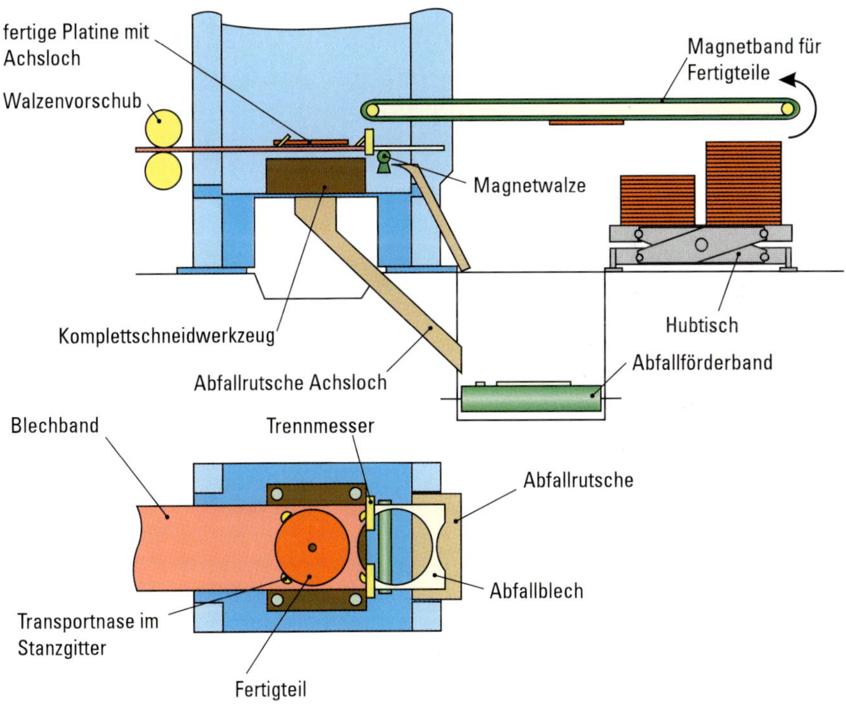

▲ **Abb. 4.6.19** Entnahme der Fertigteile durch gestanzte Nasen im Blechstreifen schneidwerkzeugen wird zunächst der Rotor, danach der Stator gelocht und ausgeschnitten *(Abb. 4.6.20)*. Bei Vorschubgeschwindigkeiten von bis zu 100 m/min können über 1 000 Teile/min gestanzt werden. Die Ausbringung ist bei kleinen Vorschubwegen durch die Pressenhubzahl, bei größeren Vorschubwegen durch das Vorschubsystem begrenzt.

Die *Teileentnahme* kleinerer Bleche erfolgt vielfach über Stapelkanäle. Um vor allem den großen Zeitaufwand – bis zu drei Stunden – beim Wechseln der Stapelkanäle in der Elektroblechfertigung zu reduzieren, wurden Werkzeugwechselsysteme entwickelt, mit denen die Anlagen in weniger als 10 min automatisch umgerüstet werden können. Diese Systeme bestehen in der Regel aus einem Werkzeugwechselwagen zur Aufnahme von zwei Werkzeugen, Stellantrieben und Positioniereinrichtungen für die zu verfahrenden Achsen und einer dialogorientierten, speicherprogrammierbaren Steuerung. Die Werkzeuge werden komplett mit angebauten und gefüllten Stapelkanälen gewechselt *(Abb. 4.6.21)*. Nach dem Aufrufen des entsprechenden Werkzeugsatzes läuft der komplette Umrüstvorgang vollautomatisch ab.

Größere Rotor- und Statorbleche werden dagegen noch im Werkzeug nach dem Nutbild geordnet, auf Dorne oder in Magazinen bis zu einer vorgewählten Stapelhöhe gestapelt und über Transportsysteme aus der Presse gefördert. Auch eine Folge unterschiedlich hoher Pakete, beispielsweise für belüftete Motoren, ist programmierbar.

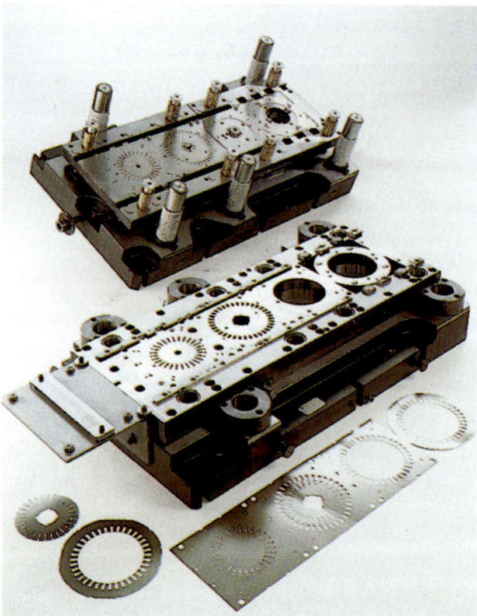

Abb. 4.6.20
Folgeschneidwerkzeug für Rotor- und Statorbleche

▲ **Abb. 4.6.21** Automatischer Werkzeugwechsel über Wechselwagen

Ein weiteres Verfahren, um Elektrobleche geordnet zu entnehmen, ist das Stanzpaketieren *(Abb. 4.6.22)*. Dazu befinden sich zusätzliche Stempel im Werkzeug, die z.B. Nasen, Noppen oder Lappen in die Bleche stanzen. Diese Erhebungen drücken sich beim Ausschneiden der Bleche in die entsprechende Aussparung des zuvor gestanzten Teils *(Abb. 4.6.23)*. Ist die gewünschte Pakethöhe erreicht, wird das folgende Blech vor dem Paketieren durch einen Lochstempel an der Stelle der Erhebung gelocht, so daß es sich nicht mit dem vorhergehenden Blech verbinden kann. Das gelochte Blech ist das erste Blech des neuen Pakets.

4.6.5 Herstellung und Verarbeitung von Tailored Blanks

Geschweißte Platinen unterschiedlicher Materialien, Dicken oder Beschichtungen werden als Tailored Blanks bezeichnet. Als wichtigste Vorteile sind Gewichtseinsparungen und Reduzierung der Teileanzahl in Baugruppen, wie z.B. bei Pkw-Verstärkungsteilen *(Abb. 4.6.24)* zu nennen. In bezug auf die Baugruppe läßt sich dadurch die Herstellungsdauer und die Korrosionsanfälligkeit aufgrund weniger Schweißpunkte senken.

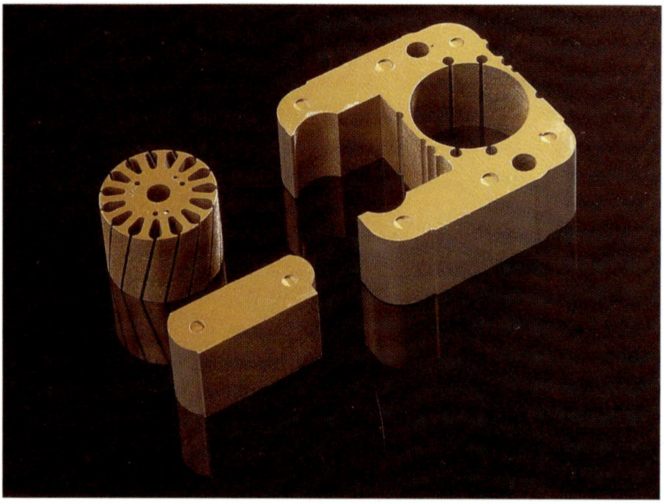

▲ **Abb. 4.6.22** Stanzpaketierte Rotor- und Statorpakete

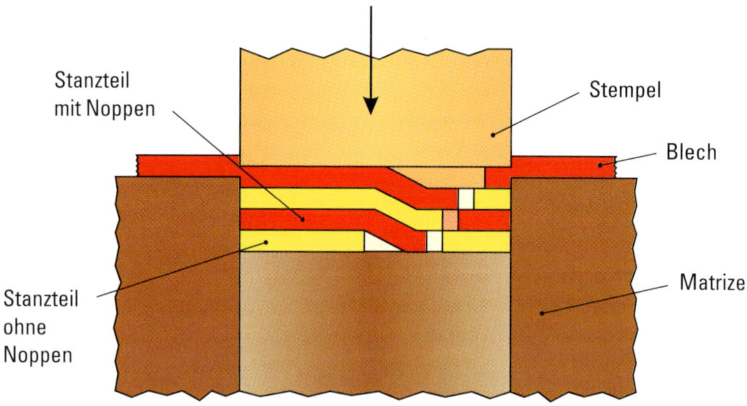

▲ **Abb. 4.6.23** Verklammern der Bleche beim Stanzpaketieren

Durch die Verwendung von Abfallteilen aus vorangegangenen Schneidoperationen kann bei der Herstellung von Tailored Blanks der Schrottanteil im Preßwerk reduziert werden. Bei Verwendung kostengünstiger Blechsorten für weniger beanspruchte Partien lassen sich die Kosten für das Einsatzmaterial senken. Außerdem stehen mit Tailored Blanks speziell für den Anwendungsfall ausgelegte Formplatinen zur

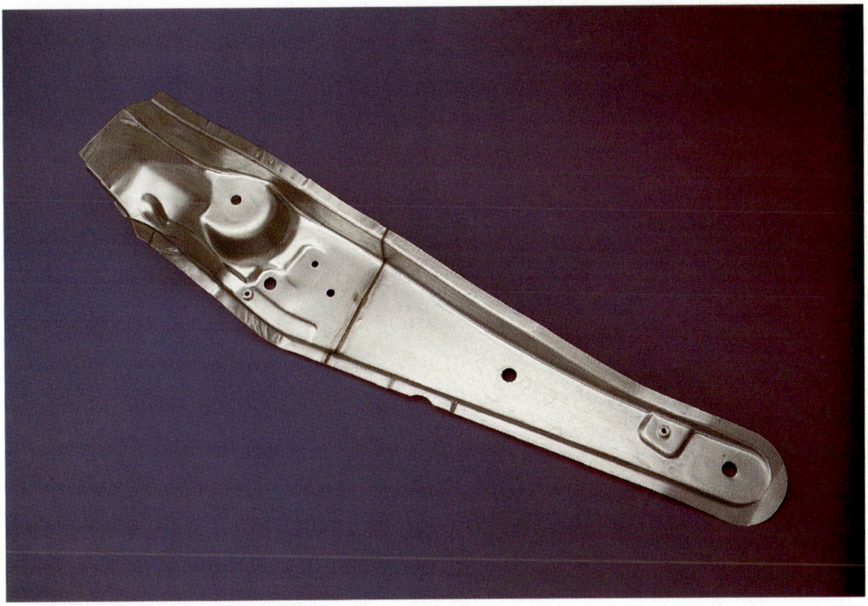

▲ **Abb. 4.6.24** Pkw-Verstärkungsteil als Tailored Blank

Verfügung, die normalerweise nicht von den Stahlherstellern angeboten werden. Diese Vorteile haben zur verbreiteten Verarbeitung von Tailored Blanks beigetragen.

Die Herstellung von Tailored Blanks erfolgt auf Platinenschweißanlagen *(Abb. 4.6.25)*. Die auf einer Schneidpresse geschnittenen Platinen werden in der Anlage als Stapel geladen, ausgerichtet, zentriert und dem Schweißautomaten zugeführt. Geschweißt werden die Bleche durch Widerstands-, Laser- oder Induktionsschweißen *(Abb. 4.6.26)*.

Beim Widerstandsschweißen sorgt ein Kontrollsystem für die Überwachung des Prozesses und damit für eine hohe Ausbringung und Qualität. Die Schweißanlage besteht aus zwei Lade- und Zentriertischen zur Platinenzufuhr, einer fahrenden Einheit, um die sich überlappenden Platinen zusammenzuhalten, und den stationären Schweißrollen. Alternativ dazu kann auch die Halterung stationär und das Schweißen dynamisch erfolgen.

Als neue Fertigungstechnologie hat sich die Lasertechnologie mit CO_2- oder Festkörperlasern bewährt. Hier müssen jedoch die beiden zu schweißenden Blechkanten mit Hilfe eines Schneidlasers oder durch

▲ **Abb. 4.6.25** Platinenschweißanlage mit durchgehendem Teilehandling zur Herstellung von geschweißten Längsträgern *(vgl. Abb. 4.4.12)*

Präzisionsfeinschneiden auf das Schweißen vorbereitet werden. Das Schweißen selbst wird mit stationären Blechen und einer mobilen Laser-Fokusiereinrichtung oder mit bewegten Blechen und einer stationären Fokusiereinrichtung durchgeführt. Die Arbeitsgeschwindigkeiten sind vergleichbar mit denen einer Widerstandsschweißanlage. Bei beschichteten Blechen werden sogar höhere Arbeitsgeschwindigkeiten erreicht. Vorteil des Laserschweißens ist, daß keine Nahtüberhöhung auftritt und auch beschichtete Bleche problemlos verarbeitet werden können.

Eine dritte Bauart von Anlagen, die jedoch bisher noch keine industrielle Anwendung findet, ist mit einer Induktionsschweißeinrichtung ausgerüstet. Die Platinen werden an den Kanten aneinandergedrückt. Der Schweißvorgang selbst findet besonders schnell statt, da die Platinen in etwa 2 s über ihre gesamte Kantenlänge gefügt werden. Der Prozeß kann nicht kontinuierlich ablaufen, da der Transport in dieser Zeit unterbrochen werden muß.

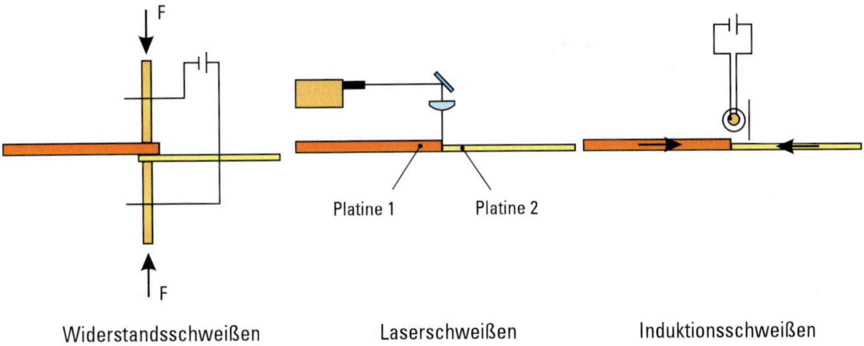

▲ **Abb. 4.6.26** Vergleich des Aufbaus von Widerstands-, Laser- und Induktionsschweißeinrichtungen

Im Anschluß an den Schweißvorgang durchlaufen die Teile die Kontrollstation sowie die Sicken- und Beölungseinheit. Danach werden die fertigen Tailored Blanks wieder gestapelt und stehen zur Weiterverarbeitung in der Umformanlage bereit.

Beim Tiefziehen muß das vom konventionellen Tiefziehen abweichende Verhalten, abhängig von der Lage der Schweißnaht, beachtet werden. Variiert beispielsweise die Blechdicke bei konstanter Blechhalterkraft, so können Falten oder Risse im Blech auftreten. In diesen Fällen kommen spezielle Blechhalter im Werkzeug zur Anwendung, die entsprechend dem Teil angepaßt sind *(Abb. 4.6.27)*.

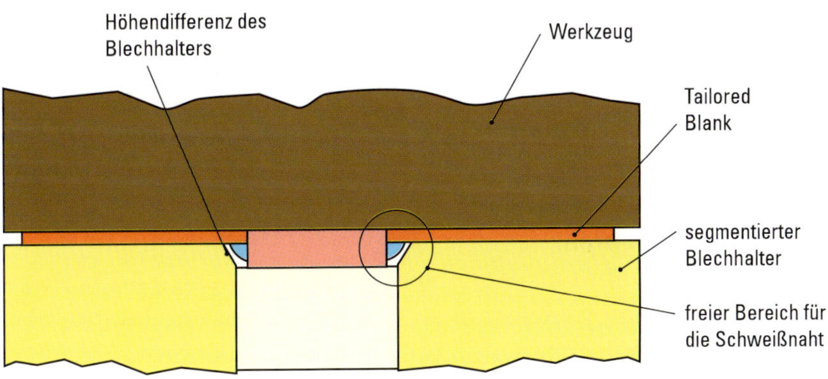

▲ **Abb. 4.6.27** Modifizierter Blechhalter zum Tiefziehen von Tailored Blanks

4.6.6 Perforierpressen

Lochbleche werden heute in großem Umfang und in fast allen Industriezweigen verwendet: als Siebe und Filter in der Nahrungsmittelindustrie, im Bergbau und in Kiesgruben, als Schutzabdeckungen in der Elektroindustrie, für Bau- und Werkzeugmaschinen, als Trennwände und Dekorationen, in Haushaltsgeräten, Büromöbeln, Flugzeugen und im Industriebau.

Nahezu unbegrenzt ist die Zahl der Stempelkonturen und Lochbilder. Als Werkstoffe werden Stähle, NE-Metalle oder Werkstoffkombinationen in Blechdicken zwischen 0,3 und 30 mm verarbeitet. Gelochte Bleche werden entweder vom Band oder aus Tafeln hergestellt. Grundsätzlich gibt es zwei Verfahren: Auf Perforier-Breitpressen werden aus Band- oder Tafelmaterial durchgehende oder periodisch unterbrochene Lochbilder in Serie hergestellt, während Perforier-Streifenpressen für die Kleinserienfertigung beliebiger Lochbilder aus Tafelmaterial eingesetzt werden.

Beide Maschinensysteme können mit Aggregaten für die automatische Zufuhr des Blechs, zum Abtransport der Teile, zum Ausklinken, Trennen und Spalten sowie mit Werkzeug-Schnellwechseleinrichtungen, Werkzeug-Überwachungssystemen und Schallschutzverkleidungen ausgerüstet sein.

Perforier-Breitpressen

Bleche mit durchgehenden oder periodisch wiederkehrenden Lochmustern werden auf Perforier-Breitpressen hergestellt *(Abb. 4.6.28)*. Diese Pressen verarbeiten sowohl Band- als auch Tafelmaterial bis zu einer Dicke von etwa 6 mm. Das Blech durchläuft die Presse nur in Vorschubrichtung und wird normalerweise in einem Arbeitshub über der gesamten Breite perforiert. Die Nennpreßkräfte liegen zwischen 800 und 5 000 kN, die maximalen Materialbreiten zwischen 1 000 und 1 600 mm. Je nach Pressengröße und Vorschubsystem werden bis zu 800 Hübe/min gefahren.

Das Pressengestell ist als Monoblock ausgeführt *(Abb. 4.6.29)*. Angetrieben von einem Gleichstrom- oder Drehstrom-Regelmotor über Schwungrad, Exzenterwelle und zwei Pleuel wird der Stößel in spielfreien gehärteten Rollenführungen *(vgl. Abb. 3.1.6)* über zwei Säulen geführt. Diese Anordnung garantiert hohe Werkzeugstandzeiten. Kurze

Abb. 4.6.28
Perforier-Breitpresse
(Nennpreßkraft 1000 kN)

Schaltzeiten, geringe Nachlaufwege und hohe Verschleißfestigkeit werden mit Hilfe einer schnell schaltenden Kupplungs-Brems-Kombination erzielt *(vgl. Abb. 3.2.8)*.

Im Gegensatz zu herkömmlichen Perforierpressen mit einem nicht verstellbaren, starren Blechabstreifer wird hier ein Abstreifer – separat von der Exzenterwelle angetrieben – eingesetzt *(Abb. 4.6.30)*. Dabei sind Abstreifer- und Stößelbewegung phasenverschoben, damit sich die Abstreiferplatte beim Hochfahren des Stößels noch im unteren Umkehrpunkt befindet *(Abb. 4.6.31)*. Der Stößelhub kann vergrößert werden, wodurch sich die Vorschubphase verlängern und die Vorschubleistung erhöhen läßt. Der Abstreifer ist ebenso wie der Stößel in spielfreien gehärteten Rollenführungen an zwei Säulen geführt, um eine besonders präzise Stempelführung zu erreichen.

Ein wesentlicher Vorteil der bewegten Abstreiferplatte ist ihre zusätzliche Blechhalterfunktion. Die Abstreiferkraft und der Abstreiferweg können mit Hilfe des verstellbaren Abstreifergestänges oder einer variablen Tischplatte der Blechdicke angepaßt werden. Weiterhin verringert sich der Reibweg zwischen Stempel und Abstreiferplatte, da sich die Abwärtsbewegung der Platte teilweise mit der des Stempels überlagert.

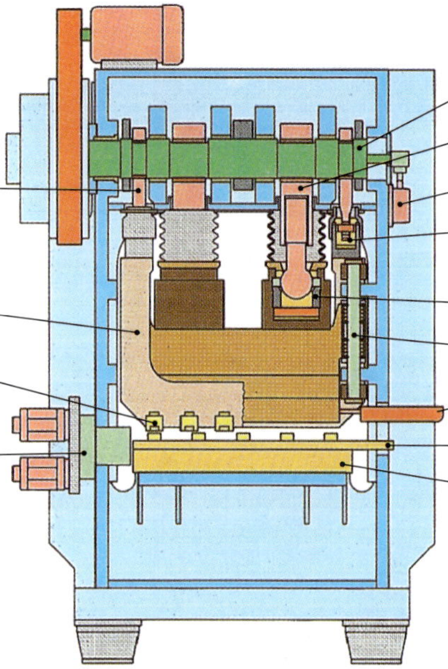

▲ **Abb. 4.6.29** Aufbau einer Perforier-Breitpresse

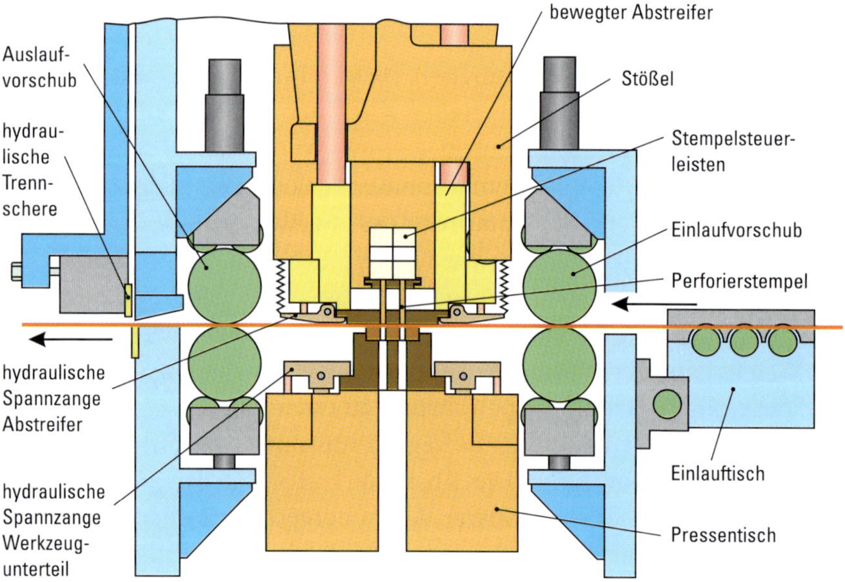

▲ **Abb. 4.6.30** Querschnitt durch Perforier-Breitpresse mit Werkzeugaufnahme und Trennschere

Dadurch nehmen Verschleiß und Rückzugskraft am Stempel ab, die Werkzeuglebensdauer zu, und das Blech wird schonender behandelt. Besonders beim Lochen von Edelstahlblechen spielt die Stabilisierung des Blechs durch den Abstreifer eine wichtige Rolle.

Die Abstreiferplatte wird während der Vorschubbewegung so weit angehoben, daß auch gewelltes Blechband durch das geöffnete Werkzeug transportiert werden kann. Nach dem Perforieren kann das gewellte Blech durch die Abstreiferplatte gerichtet werden.

Bevor eine am Auslaufwalzenständer angebrachte, elektrohydraulisch betätigte Schere das Band in Tafeln trennt, kann es mit Hilfe einer zusätzlichen Längsspalt- oder Ausklinkvorrichtung in unterschiedliche Breiten geschnitten werden. Die Längsspalt- oder Ausklinkvorrichtung ist entweder kostengünstig am Hauptstößel oder an einem separat von der Exzenterwelle angetriebenen Stößel befestigt. Hierbei muß die Trennschere wegfahrbar sein. Ist die Vorrichtung am Hauptstößel angebracht, so muß auch der Auslaufvorschub für eine bessere Zugänglichkeit leicht entfernbar sein. Beim Werkzeugwechsel kann die Rüstzeit dadurch verkürzt werden, daß die Spalt- oder Ausklinkvorrichtung von der Pressenauslaufseite her gewechselt wird. Die Perforierwerkzeuge lassen sich mit hydraulischen Schnellspanneinrichtungen lösen und komplett seitlich aus der Presse fahren.

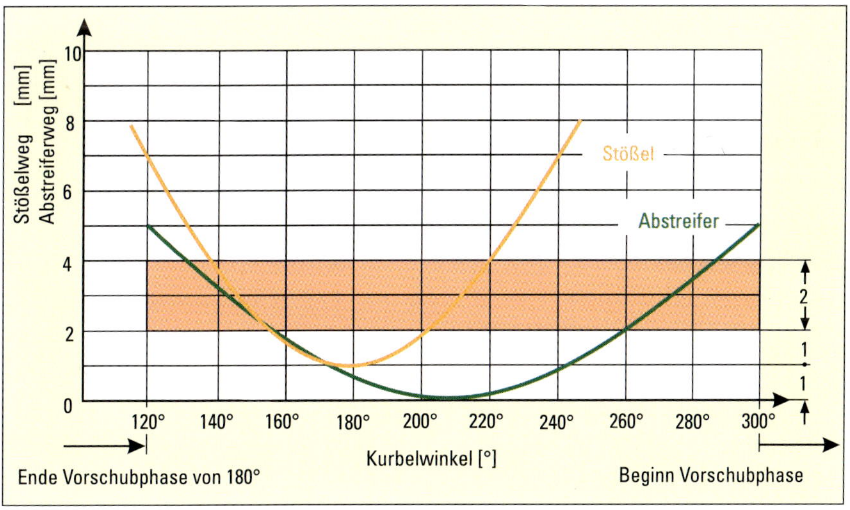

▲ **Abb. 4.6.31** Hubkurven von Stößel und Abstreiferplatte bei einer Blechdicke von 2 mm

Einzelne oder mehrere Perforierstempelreihen im Werkzeug können entsprechend der Vorgaben im Programm über elektrohydraulisch angesteuerte Schieberleisten eingesteuert werden. Auch bei der höchsten Hubzahl ist die Steuerung in der Lage, die Stempel zu- oder wegzuschalten – ohne die Presse anzuhalten. Ebenfalls programmierbar sind die direkt vor und hinter dem Werkzeugeinbauraum angeordneten Vorschübe. Ober- und Unterwalzen der Vorschubaggregate sind über spielfreie mechanische Zwischengetriebe verbunden. Beide Walzen sind mehrfach abgestützt, die Oberwalzen werden über die Abstützung im Bereich der Walzen hydraulisch angepreßt. Die Lüftung der Walzen erfolgt manuell oder programmgesteuert. Der Einlaufvorschub ist wegfahrbar, der Auslaufvorschub entweder stationär oder ebenfalls wegfahrbar.

Zur Sicherstellung eines einwandfreien Perforierbildes wird eine photoelektrische Kameraüberwachung eingesetzt *(vgl. Abb. 4.9.7)*. Während des Einrichtbetriebs der Perforier-Breitpresse wird die Vorrichtung im Teach-in-Verfahren programmiert. Wenn das tatsächliche Lochbild während der Produktion vom programmierten abweicht, schaltet die Presse automatisch ab.

Perforier-Streifenpressen

Während Lochbleche in mittleren und großen Serien auf Breitpressen hergestellt werden, kommen für die Produktion von Einzeltafeln, besonders großen oder dicken Blechen sowie Tafeln mit individuellen Lochbildern Streifenpressen zum Einsatz *(Abb. 4.6.32)*. Perforier-Streifenpressen stehen mit Nennpreßkräften von 500 bis 2 500 kN für Blechtafeln zwischen 1 500 x 3 000 mm und 2 000 x 6 000 mm bei einer maximalen Dicke von 30 mm zur Verfügung. Abhängig von Blechdicke und Vorschubschritt werden zwischen 40 und 400 Hübe/min erreicht.

Die Steuerung der Streifenpressen ermöglicht eine einfache Programmierung am Bildschirm und die Abspeicherung komplizierter Lochbilder. Bei einer späteren Nachfertigung kann auf die gespeicherten Datensätze zurückgegriffen werden.

Die Blechtafeln sind auf einem in zwei Achsen horizontal verfahrbaren Aufspanntisch befestigt. Als Vorschubantriebe für die zwei Verfahrachsen dienen elektrische Servoantriebe mit spielfreien Zwischengetrieben. Sie erlauben das Perforieren im Vor- und Rücklauf. Wie bei den Breitpressen kann auch hier eine separat bewegte Abstreiferplatte mit Abstreiferfunktion eingesetzt werden *(Abb. 4.6.33)*.

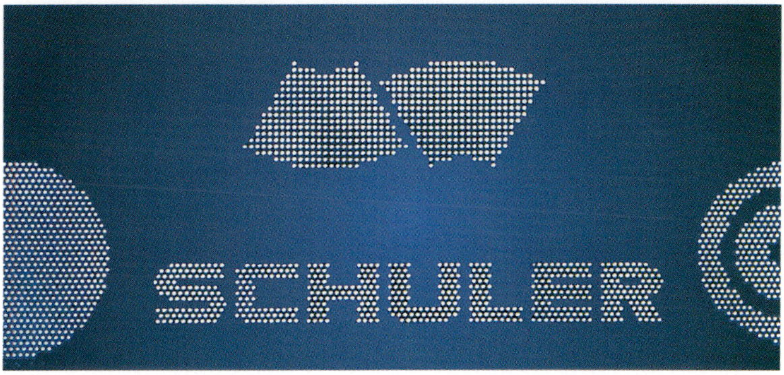

▲ **Abb. 4.6.32** Beispiele für Lochbilder einer Perforier-Streifenpresse

Stationäre Einzelstempel oder kleine Stempelgruppen lochen die Blechtafeln. Bei komplizierten Lochbildern werden die Stempel über zwei weitere programmierbare Achsen angesteuert. Besonders komplexe geometrische Formen können auch satzweise oder im Teach-in-Verfahren programmiert werden, wobei sich die Perforierbilder am Bildschirm anzeigen lassen. Das zeitweilige Aussetzen der Stößelbewegung, unabhängig von der Vorschubbewegung des Aufspanntisches, erzeugt beliebig unterbrochene Lochbilder.

▲ **Abb. 4.6.33** Werkzeug mit separat von der Presse gesteuerter Abstreiferplatte

Der Aufspanntisch ist mit elektrohydraulisch betätigten Spannpratzen ausgerüstet, die zurückgezogen werden, wenn sie sich im Bereich einer randnahen Lochung befinden – ein Umspannen der Blechtafel ist also nicht notwendig. Auf dem Aufspanntisch verfahrbare, rollenbestückte Unterstützungsschienen vor und hinter dem Werkzeug verhindern, daß die Tafel durchhängen kann. Gegenüber früheren Konstruktionen mit massiven Aufspanntischen läßt sich die Trägheitsmasse dadurch auf ein Viertel reduzieren. In Verbindung mit entsprechend optimierten Hochleistungs-Stellantrieben ergeben sich extrem kurze Verfahrzeiten, beispielsweise 0,2 s bei einer Vorschublänge von 80 mm.

4.6.7 Pressensteuerungen für Schneidpressen

Die Einführung von Fertigungsinseln und Gruppenarbeit in der Teilefertigung und Montage sollen Flexibilität, Qualität und Produktivität erhöhen. Planende, prüfende und instandhaltende Tätigkeiten ergänzen die bisherigen Arbeitsinhalte der Gruppe oder des Einzelarbeitsplatzes. Das heißt, dezentrale Strukturen werden sich zunehmend durchsetzen. Im Gegenzug führt der hieraus resultierende höhere Automatisierungsgrad zu Maschinen und Anlagen mit immer höherer Komplexität. Gleichzeitig müssen Bedien- und Wartbarkeit sichergestellt sein und eine hohe Verfügbarkeit erzielt werden. Die Daten und Informationen über den Fertigungsprozeß und die Anlage müssen deshalb dort bereitstehen, aktuell gehalten und verantwortet werden, wo sie erzeugt wurden. Hierzu sind entsprechende technische Hilfsmittel zur Verfügung zu stellen, damit der Bediener einen Stillstand vermeiden bzw. möglichst schnell beseitigen kann.

Informationstechnik
Gefordert ist ein in die Maschinensteuerung integriertes Bedien- und Informationssystem, das folgende Anforderungen erfüllt *(Abb. 4.6.34)*:

- Für das Anfahren und Wiederanfahren der Anlage nach einem Werkzeugwechsel oder einer Maschinenstörung muß ein einfaches, leicht verständliches System den Bediener bei der Einstellung der Betriebsparameter unterstützen.

- Die Werkzeugdatenverwaltung sollte einen Überblick über die vorhandenen Werkzeuge mit allen Merkmalen und einzustellenden Maschinenparametern enthalten, die sich leicht abrufen und ändern lassen.
- Der Bediener muß während der Produktion mit allen wichtigen Informationen versorgt werden, um den aktuellen Zustand der Anlage beurteilen zu können.
- Beim Auftreten von Maschinenstörungen muß der Bediener bei der Suche nach der Störungsursache unterstützt werden, und es sollen Hilfen zur Instandsetzung gegeben werden.
- Wartungsintervalle und Hinweise zur Durchführung notwendiger Arbeiten sollen übersichtlich dargestellt werden.
- Historiedaten informieren den Bediener über Art und Zeitpunkt von Störungen und Wartungsarbeiten. Der Bediener soll eigene Kommentare eintragen und wieder abrufen können.
- Das Softwaresystem soll so offen gestaltet sein, daß andere Anwendungen wie Auftragsverwaltung, Qualitätssicherung, Betriebsdatenerfassung oder Ferndiagnose integrierbar sind.

Die Erfüllung dieser Aufgaben stellt hohe Ansprüche an das Steuerungs- und vor allem an das Softwaresystem. Während eine speicherprogrammierbare Steuerung (SPS) hiermit überfordert ist, stehen auf der Seite

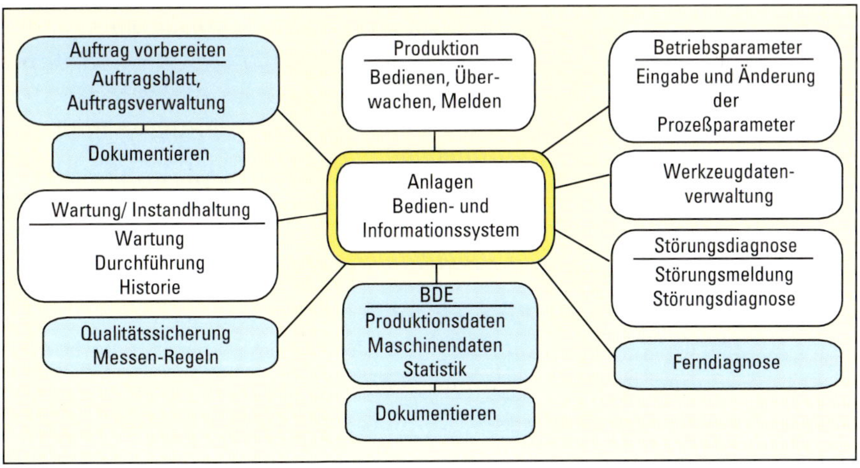

Abb. 4.6.34 Anforderungen an moderne Bedien- und Visualisierungssysteme

der Industrie-PCs praktisch alle Komponenten zur Verfügung, um dem Anforderungsprofil gerecht zu werden. Der Industrie-PC profitiert neben seiner Leistungsfähigkeit von einem offenen Softwaresystem. Er bietet die Vorzüge grafischer Benutzeroberflächen und objektorientierter Programmierung durch den Einsatz mächtiger Programmierwerkzeuge.

Die rasante Verbreitung des grafischen Betriebssystems MS-Windows ermöglicht es den Softwarehäusern, leistungsfähige Softwarelösungen anzubieten: Dies auch auf dem Gebiet der Prozeßvisualisierung, die dem Bediener Produktionsabläufe ergonomisch gestaltet zugänglich macht. Durch die Einbindung in MS-Windows besteht die Möglichkeit, mit anderen Windows-Applikationen über die Schnittstelle für den „Dynamischen Datenaustausch (DDE)" zu kommunizieren. Für die Kommunikation zwischen Prozeßvisualisierungssystem und „Speicherprogrammierbarer Steuerung (SPS)" sind leistungsfähige Prozeßschnittstellen mit den entsprechenden Treibern für die unterschiedlichen SPS-Systeme erforderlich.

Anlagen-Bedien- und Informationssystem

Das Anlagen-Bedien- und Informationssystem (ABI-Plus) ist ein modulares, offenes und flexibles Softwaresystem, das den heutigen und zukünftigen Anforderungen an eine Pressenautomatisierung entspricht. ABI-Plus hilft, die Stillstandzeiten der Maschinen und Anlagen zu verkürzen, und trägt hiermit zu einer Produktivitätssteigerung bei gleichzeitiger Erhöhung der Flexibilität bei.

Prozeßvisualisierung

Für ABI-Plus wurde ein marktgängiges Prozeßvisualisierungssystem als Kern des Gesamtsystems gewählt. Der Bediener kann den Prozeß interaktiv überwachen bzw. steuern oder vom Steuerungssystem automatisch regeln lassen. Die Schnittstelle zwischen Mensch und Maschine zeigt mit Hilfe dynamischer Grafiken und Realbilder ein optisches Abbild des Maschinenzustands (*Abb. 4.6.35*).

Der Eingriff in den Prozeß erfolgt über Softkeys, wobei der Bediener bei verschiedenen Betriebsarten wie Einrichten, automatischer Dauerlauf oder Werkzeugwechsel Schritt für Schritt geführt wird. Die Prozeßparameter werden mittels alphanumerischer Tastatur eingegeben und vom Programm auf Plausibilität geprüft.

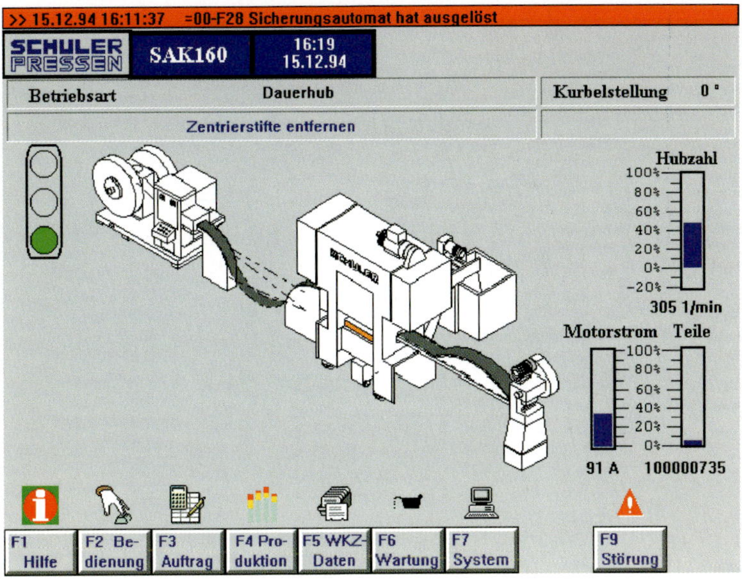

▲ **Abb. 4.6.35** Anzeige des Maschinenzustands

Tritt eine Maschinenstörung auf, so wird die entsprechende Störmeldung mit Datum und Uhrzeit in die gerade benutzte Bildschirmmaske eingeblendet. Der Bediener hat die Möglichkeit, das Störungsdiagnosemodul aufzurufen, um den Fehler zu lokalisieren und gegebenenfalls zu beheben. Auch das Eintreffen eines Maschinenwartungsintervalls wird dem Bediener automatisch durch Blinken des Wartungssymbols signalisiert.

Werkzeugdatenverwaltung
Ein weiteres Modul von ABI-Plus ist eine umfangreiche Werkzeugdatenverwaltung, um alle werkzeugrelevanten Daten und Maschineneinstellungen einzugeben, zu ändern, zu speichern und in die SPS zu transferieren *(Abb. 4.6.36)*. Bei allen genannten Tätigkeiten wird der Bediener durch Symbole und grafische Darstellungen unterstützt. Weiterhin kann der Bediener Werkzeugdatensätze löschen, umbenennen und kopieren. Die Anzahl der speicherbaren Werkzeugdatensätze hängt von der Speicherkapazität des Industrie-PCs ab.

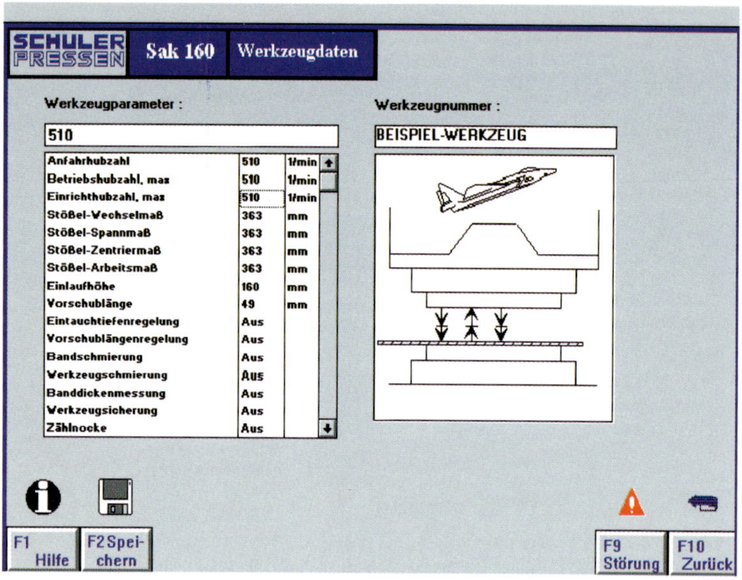

▲ **Abb. 4.6.36** Anzeige der Werkzeugdaten

Störungsdiagnosemodul

Bei Meldung einer Maschinenstörung kann der Bediener per Softkey das Störungsdiagnosemodul aufrufen und sich mögliche Fehlersursachen und den entsprechenden Instandsetzungsvorgang mit den notwendigen Arbeitsschritten anzeigen lassen *(Abb. 4.6.37)*. Zu jedem Arbeitsschritt werden ein Anweisungstext mit einem Realbild und, falls erforderlich, auch Schaltpläne, Hydraulikpläne oder technische Zeichnungen eingeblendet. Der maßgebende Bereich der Illustration wird durch eine Markierung verdeutlicht.

Zu jeder Störungsmeldung kann der Bediener das Datum, den Namen des Bearbeiters und einen Kommentar als Historieinformation eingeben.

Wartungsmodul

Die Wartungsmeldung signalisiert dem Bediener durch Blinken des Wartungssymbols, daß eine Wartung ansteht. Eine Tabelle mit farbiger Balkendarstellung, die auch während des Prozesses eingesehen werden kann, zeigt alle Wartungsintervalle an *(Abb. 4.6.38)*. Per Softkey ruft der Bediener das Wartungsmodul auf. Die einzelnen Arbeitsschritte der

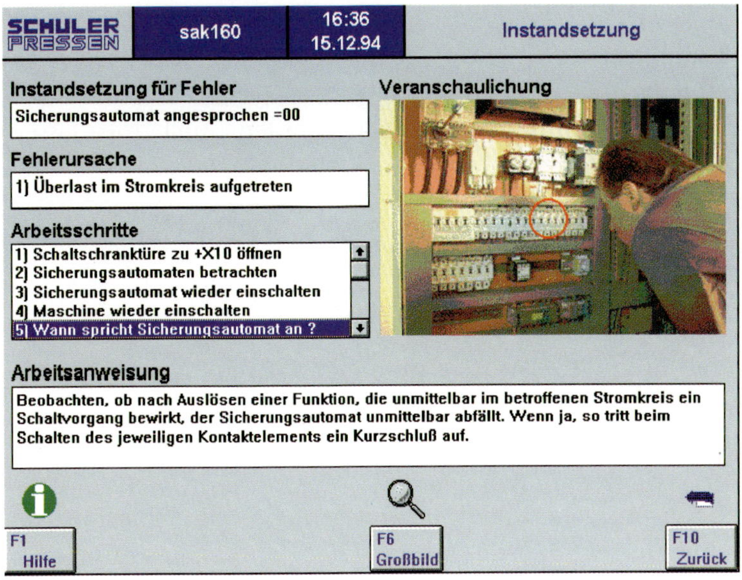

▲ **Abb. 4.6.37** Störungsdiagnosemodul

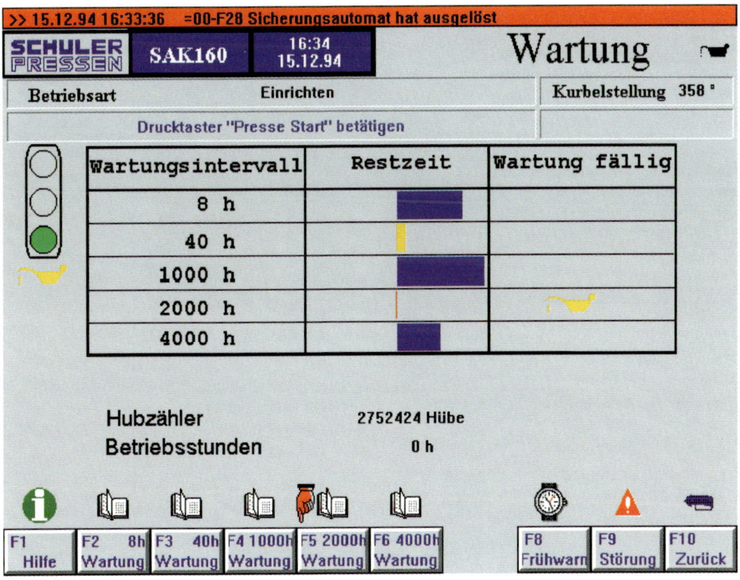

▲ **Abb. 4.6.38** Übersicht des Wartungsmoduls

Wartungstätigkeiten werden in Form eines Anweisungstextes mit zugeordnetem Realbild angezeigt *(Abb. 4.6.39)*. Zusätzlich kann jeder Arbeitsschritt durch Aufrufen eines Schaltplans, Hydraulikplans oder einer technischen Zeichnung verdeutlicht werden. Auch hier lassen sich Historieinformationen wie Datum, Name des Bearbeiters und Kommentar ablegen.

Elektrische Ausrüstung

Die elektrische Ausrüstung der Pressen gliedert sich in der Regel in:

- Bedien- und Informationssystem mit einer schwenkbaren Hängebedieneinheit,
- Einspeisung, Stromverteilung und elektrische Steuerung im Schaltschrank,
- dezentrale Ein-/Ausgabebaugruppe an der Presse, am Vorschub, an der Hydraulik und Schmierung sowie in der Hängebedieneinheit,
- Sensorik und Aktorik an der Presse, am Vorschub sowie an der Hydraulik- und Schmiereinrichtung,
- Hauptantrieb an der Presse.

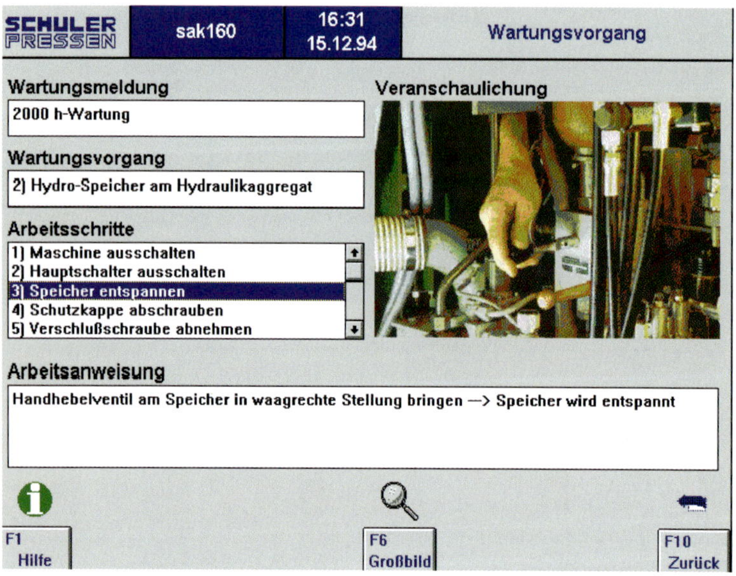

▲ **Abb. 4.6.39** Anweisungen für die Wartung

Je nach Ausführung der Anlage kommen periphere Geräte und Einrichtungen, beispielsweise Bandanlagen mit Richtmaschinen (vgl. Abschn. 4.3) und Aufwickelhaspel oder Bandschmiereinrichtungen hinzu, die mit eigener Steuerung und Sensorik bzw. Aktorik ausgerüstet sind.

Aufbau der Bedieneinheit
Die Bedieneinheit beinhaltet einen Industrie-PC für die Bedienung und Überwachung der Anlage, die Verwaltung von Werkzeug- und Maschinendaten sowie Informationssystemfunktionen für die Beseitigung von Störungen und Unterstützung bei der Wartung und Instandhaltung *(Abb. 4.6.40)*. Taster, Schalter und Lampen dienen den Grund- und Sicherheitsfunktionen.

Aufbau der elektrischen Steuerung
An dieser Stelle sollen noch einige, nicht im Abschnitt „Pressensteuerungen“ beschriebene Besonderheiten am Beispiel der Steuerung einer Schnellläuferpresse angesprochen werden (vgl. Abschn. 3.5). Einen Überblick des Aufbaus zeigt *Abb. 4.6.41*.

Abb. 4.6.40
Bedieneinheit

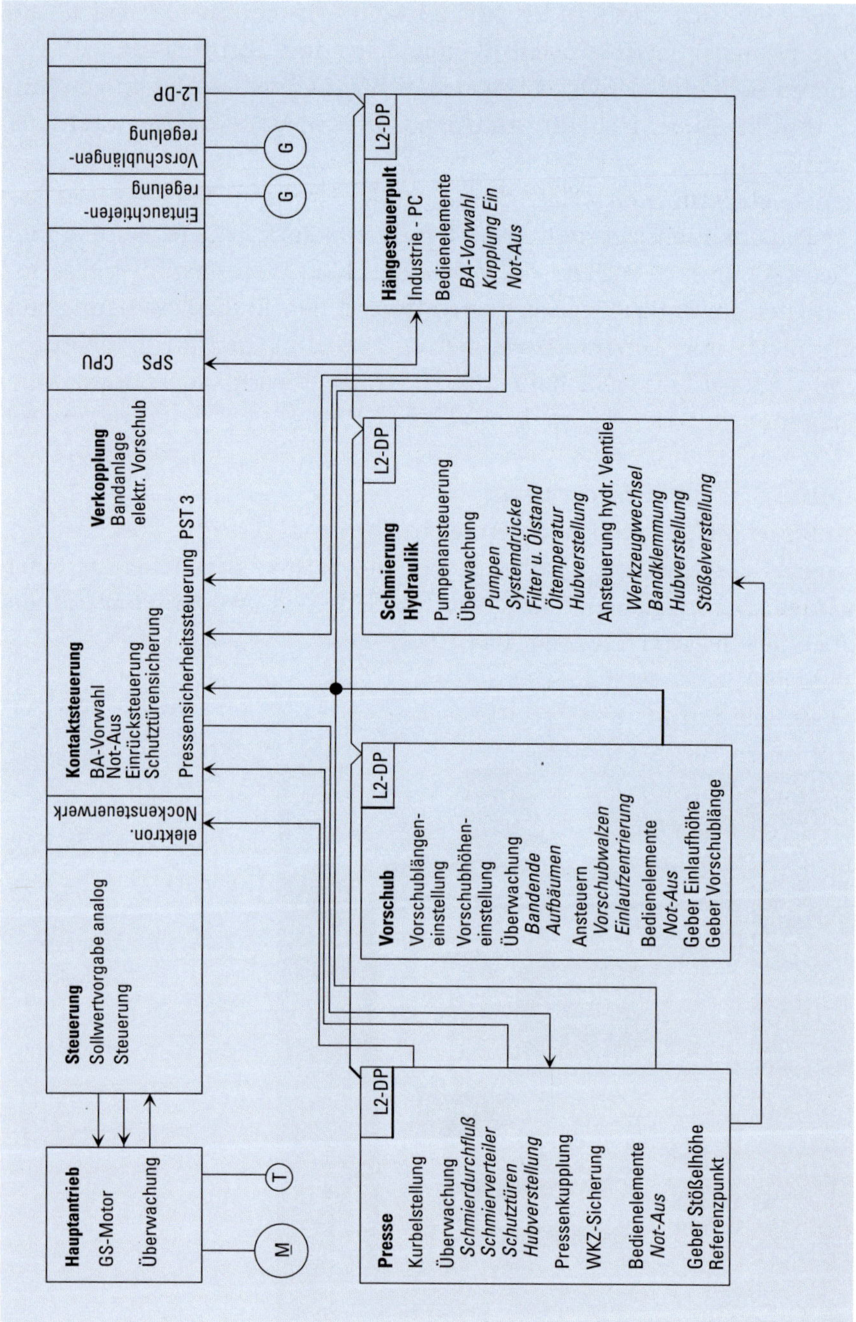

▲ **Abb. 4.6.41** Steuerungstechnischer Aufbau einer Schnellläuferpresse

Die Sensoren und Aktoren der Anlage werden über das Ein-/Ausgabesystem an die SPS-Zentraleinheit angeschlossen. Hinzu kommt die Verdrahtung der Spannungsversorgung zum Schaltschrank.

Durch den Schritt von zentralen zu dezentralen Ein-/Ausgangsmodulen läßt sich der Aufwand der Verkabelung je nach Umfang der Anlagen erheblich reduzieren – Nachrüstungen, Änderungen, Montage und Fehlersuche werden unproblematischer. Hinzu kommt eine Verbesserung der elektromagnetischen Verträglichkeit (EMV).

Die Kommunikation zwischen SPS und den Ein-/Ausgabeeinheiten an der Anlage läuft über den seriellen Feldbus mit Übertragungsgeschwindigkeiten von bis zu 12 Megabits/s. Das Übertragungsmedium ist ein zweiadriges, verdrilltes und abgeschirmtes Kupferkabel. Für die Anwendungen in stark störbehafteter Umgebung oder zur Vergrößerung der Reichweite bei gleichzeitig hohen Übertragungsgeschwindigkeiten können Lichtwellenleiter eingesetzt werden.

Die Datenkommunikation zu den peripheren Einheiten, z.B. Bandanlage, Banddickenmeßeinrichtung oder Bandschmierung, wird über die Ein-/Ausgabe-Schnittstelle der SPS abgewickelt. Zwischen dem Industrie-PC und der SPS findet die Datenkommunikation über eine aktive serielle Schnittstelle mit 20 mA statt. Für die Datenkommunikation mit einem übergeordneten Rechnersystem steht eine weitere serielle Schnittstelle im Industrie-PC zur Verfügung.

4.7 Feinschneiden

Das Feinschneiden wird in der Praxis auch als Genauschneiden oder Feinstanzen bezeichnet. Das Fertigungsverfahren ist ein Scherschneiden zur Herstellung von Teilen mit glatter Schnittfläche. Wie das normale Scherschneiden zählt es nach DIN 8580 zur Hauptgruppe Trennen und wird entsprechend DIN 8588 in der Gruppe Zerteilen definiert *(vgl. Abb. 2.1.2)*. Im Vergleich zum normalen Scherschneiden, hier auch als Normalschneiden bezeichnet *(vgl. Abb. 4.5.1)*, liegen beim Feinschneiden jedoch abweichende Verfahrensparameter vor, die zu einer höheren Qualität des Werkstücks führen.

Der Grundgedanke beim Feinschneiden ist der, daß im Gegensatz zum Normalschneiden durch allseitiges Einspannen des Blechs der Werkstoff allein durch Fließen – also ohne Bruchfläche – getrennt wird *(vgl. Abb. 2.1.30)*.

4.7.1 Feinschneidverfahren

Vorteile des Feinschneidens
Neben den qualitativen Vorteilen des Feinschneidens ist die Wirtschaftlichkeit für die Anwendung dieses Verfahrens ausschlaggebend. Als *schnitteilbezogene Vorteile* gegenüber dem normalen Scherschneiden gelten:

- glatte, ein- und abrißfreie Schnittflächen, die ohne Nacharbeit Funktionen übernehmen können,
- Erweiterung der Anwendungsgebiete für das Scherschneiden,
- geringere Maßtoleranzen,

- gleichbleibende Maße in der gesamten Serie aufgrund zylindrischer Schneidplattendurchbrüche.

Verfahrensbedingte Vorteile sind:

- kein Schnittschlag und dadurch bedingt die Verminderung von Lärm und Erschütterungen,
- weniger Arbeitsfolgen bei der Fertigung von Schnitt- und kombinierten Schnitt-Umformteilen.

Als Beispiel wird in *Abb. 4.7.1* die Fertigung eines Kettenrads für ein Motorrad auf konventionellem Weg und durch Feinschneiden gegenübergestellt. Die neun Arbeitsoperationen der konventionellen Fertigung durch Schneiden auf Einzelpressen und Spanen bis zum Entgraten und Schleifen konnten durch Feinschneiden im Komplettschneidwerkzeug auf drei Operationen verkürzt werden. Insbesondere aufgrund des zeit- und kostenintensiven Maschinenwechsels ist das Feinschneiden hier vorteilhafter.

Der Feinschneidprozeß im Folgeverbundwerkzeug (vgl. Abschn. 4.1.1) umfaßt nur drei Stufen *(Abb. 4.7.2)*:

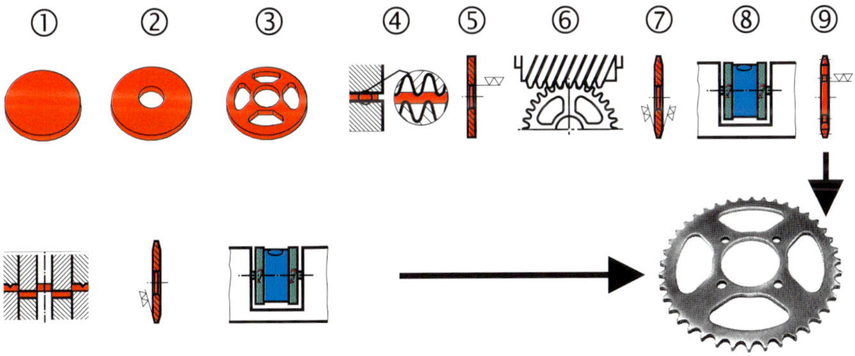

▲ **Abb. 4.7.1** Konventionelle Kettenradfertigung für ein Motorrad *(obere Reihe)*:
1. Platine ausschneiden; 2. Innenloch lochen; 3. vier Fenster lochen; 4. Planieren; 5. Innenloch drehen und beidseitig anfasen; 6. Zähne im Paket fräsen; 7. Zahnspitzen beidseitig schräg drehen; 8. Löcher bohren und entgraten; 9. Schleifen
Fertigung durch Feinschneiden *(untere Reihe)*:
1. Feinschneiden; 2. Zahnspitzen einseitig schräg drehen, die zweite Seite hat bereits den Einzug vom Feinschneiden; 3. Entgraten

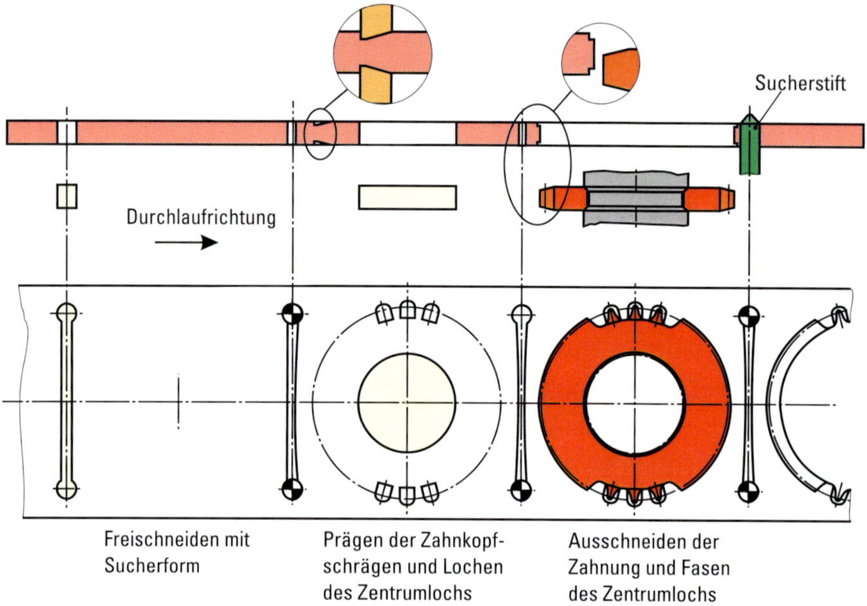

Abb. 4.7.2 Streifenbild des dreistufigen Folgeverbundwerkzeugs bei der Herstellung eines Kettenrads

- Freischneiden mit Sucherform,
- Prägen der Zahnkopfschrägen und Lochen des Zentrumlochs,
- Ausschneiden der Zahnung und Fasen des Zentrumlochs.

Mit diesem Verfahren lassen sich gegenüber der konventionellen Herstellung etwa 80 % der Fertigungskosten einsparen.

Werkzeugprinzip
Die Vorteile des Feinschneidens beruhen auf verschiedenen Verfahrensparametern. Beim Feinschneiden wirken drei Kräfte über das Werkzeug auf das Stanzmaterial *(Abb. 4.7.3 links)*. Vor dem Schneidbeginn wird eine Ringzacke mit der Kraft F_R über die Führungsplatte außerhalb der Schnittlinie in das Material eingepreßt. Innerhalb der Schnittlinie wird das Material mit der Gegenkraft F_G über den Auswerfer auf den Schneidstempel gepreßt. In diesem eingespannten Zustand erfolgt der Schneidvorgang mit der Schneidkraft F_S.

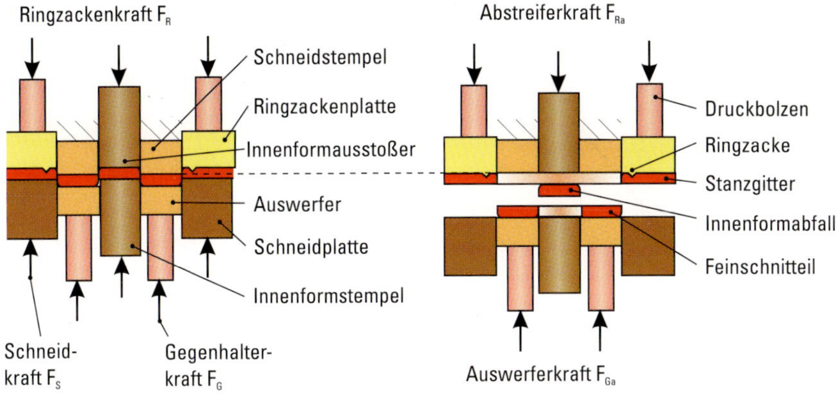

▲ **Abb. 4.7.3** *links:* Werkzeugprinzip eines Feinschneidwerkzeugs während des Schneidens *rechts:* Werkzeugprinzip eines Feinschneidwerkzeugs nach dem Auswerfen des Schnitteils, dem Ausstoßen des Innenformabfalls und dem Abstreifen des Stanzgitters

Ist der Schneidvorgang abgeschlossen, werden Ringzackenkraft und Gegenkraft abgeschaltet, das Werkzeug öffnet sich, und nach einem bestimmten Öffnungsweg wird das Stanzgitter über die Abstreiferkraft F_{Ra} vom Stempel abgestreift sowie der Innenformabfall ausgestoßen *(Abb. 4.7.3 rechts)*. Das Feinschnitteil wird mit der Auswerferkraft F_{Ga} aus der Schneidplatte ausgeworfen.

Zusatzkräfte und Funktionen

Bei Feinschneidpressen wirkt der Stößel grundsätzlich von unten nach oben. Der Stößelweg wird aufgeteilt in Schnellschließ-, Tast-, Schneid- und Eilrücklaufweg *(Abb. 4.7.4)*.

Während des Schneidens werden Ringzackenkolben und Gegenhalterkolben bis zum Durchschneiden verdrängt. Beim Stößelrücklauf wird das Teil durch den Auswerfer aus der Schneidplatte ausgeworfen, der Innenformabfall durch den Ausstoßer ausgestoßen und beide anschließend durch Blasen oder Ausräumen aus dem Werkzeugraum entfernt. Der Vorschubzyklus des Bands erfolgt ebenfalls während des Stößelrücklaufs. Kurz bevor der Stößel den unteren Umkehrpunkt erreicht, zertrennt der Abfallzerhacker das Stanzgitter.

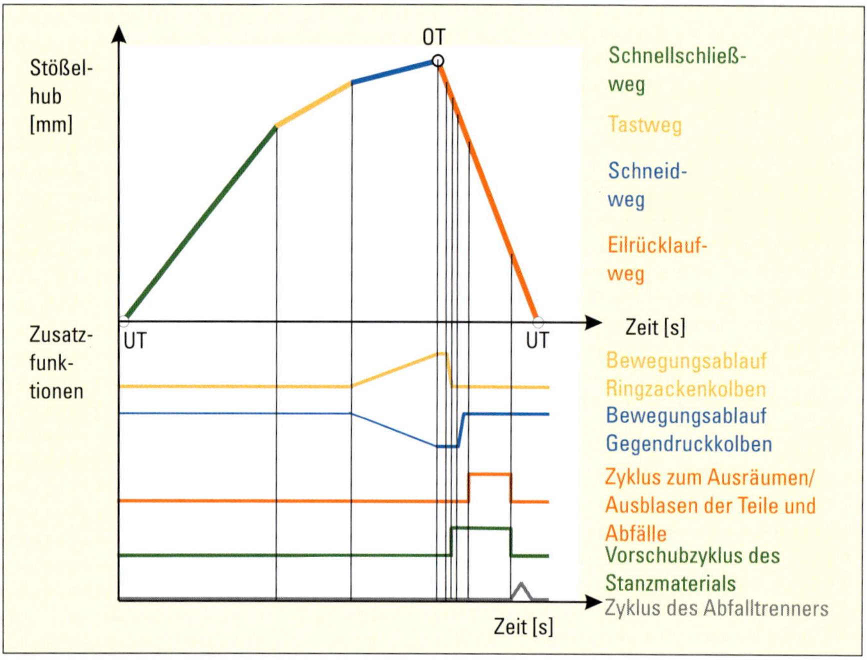

▲ **Abb. 4.7.4** Zusatzkräfte und Funktionen während des Stößelwegs

Schneidkraft-Weg-Diagramm
Abbildung 4.7.5 vergleicht den Verlauf der Schneidkraft über dem Stößelweg bzw. der Zeit für das Normalschneiden mit dem des Feinschneidens. Beim Normalschneiden wird das Blech beim Auftreffen des Schneidstempels zuerst elastisch verformt (I) und dann geschnitten (II). In Phase III reißt das Teil durch, und in Phase IV schwingt das System von Maschine und Werkzeug in allen drei Richtungen aus *(vgl. Abb. 4.5.1)*. In dieser Phase tritt der höchste Werkzeugverschleiß auf. Beim Feinschneiden fehlen Abriß- und Schwingphase. Die besonderen Verfahrensparameter des Feinschneidens verhindern das plötzliche Durchbrechen des Teils, so daß es über die gesamte Blechdicke glattgeschnitten wird.

Schneidspalt
Der Schneidspalt ist die auf eine Seite bezogene Maßdifferenz zwischen Schneidstempel und Schneidplatte. Der Glattschnittanteil an der

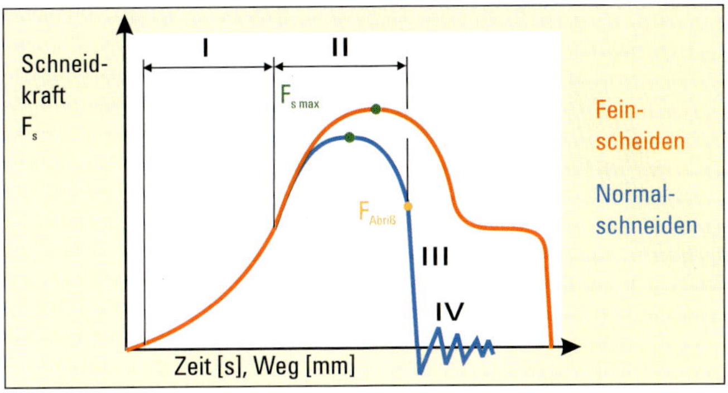

▲ **Abb. 4.7.5** Kraft-Weg-Verläufe beim Normalschneiden und beim Feinschneiden

Schnittfläche und der Schneidspalt stehen in enger Beziehung zueinander – je größer der Schneidspalt, um so geringer der Glattschnittanteil. Neben der Größe ist die Gleichmäßigkeit des Spalts entlang der Teilekontur von Bedeutung. Der Spalt sollte auch unter Last während des Schneidvorgangs konstant bleiben.

Die Größe des Schneidspalts ist in erster Linie von der zu schneidenden Blechdicke, aber auch vom Werkstückwerkstoff mit seiner Festigkeit abhängig. Im Gegensatz zu einem Schneidspalt beim Normalschneiden von etwa 5 bis 10 % der Blechdicke, liegt er für Feinschneidwerkzeuge bei ca. 0,5 % *(Abb. 4.7.6)*. In bestimmten Fällen kann der Schneidspalt auch über der Teilekontur variieren. Teile mit Verzahnungen werden beispielsweise mit einem Schneidspalt hergestellt, der im Zahngrund größer ist als im Bereich des Zahnkopfs.

Ringzacke

Die Ringzacke ist ein besonderes Kennzeichen von Feinschneidwerkzeugen. Sie verläuft als erhabene Zacke in einem definierten Abstand entlang der Schnittlinie und wird in das Stanzgitter eingepreßt. Ihre Aufgabe ist, das Stanzmaterial außerhalb der Schnittlinie zu halten und ein Ausweichen des Werkstoffs während des Schneidens zu verhindern. Außerdem bringt sie beim Einpressen Druckspannungen in das Blech, die den Fließvorgang begünstigen.

Aus wartungstechnischen Gründen wird die Ringzacke bei Blechdicken bis 4,5 mm auf der Ringzackenplatte des Werkzeugs angebracht

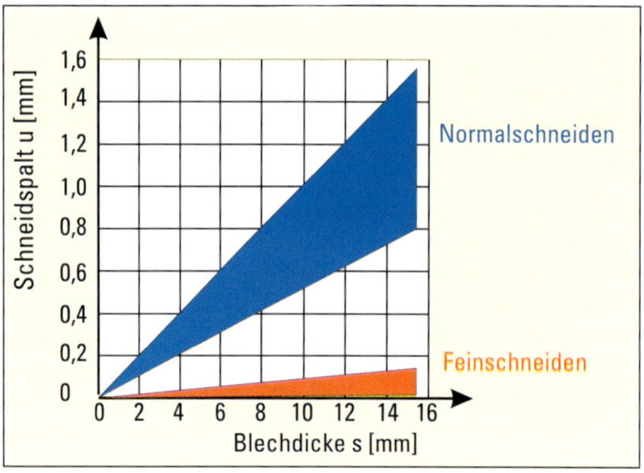

Abb. 4.7.6
Anhaltswerte für den Schneidspalt u beim Normal- und Feinschneiden in Abhängigkeit von der Blechdicke s

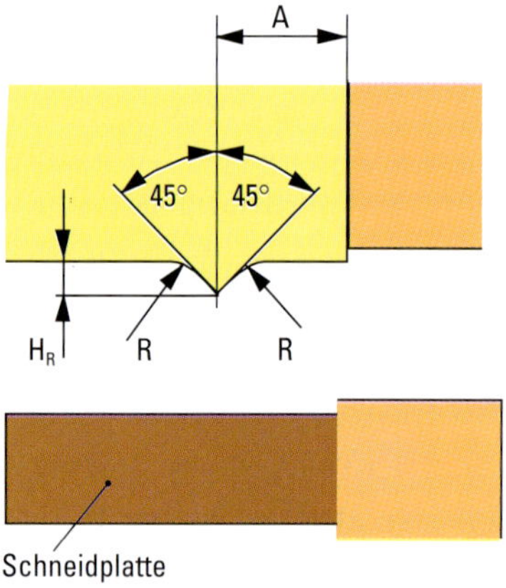

Blech-dicke [mm]	A [mm]	H_R [mm]	R [mm]
2.8 - 3.2	2.5	0.6	0.6
3.3 - 3.7	2.5	0.7	0.7
3.8 - 4.5	2.8	0.8	0.8

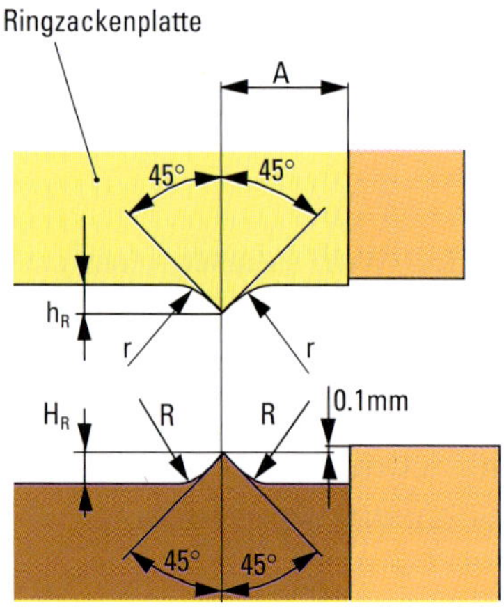

Blech-dicke [mm]	A [mm]	H_R [mm]	R [mm]	h_R [mm]	r [mm]
4.5 - 5.5	2.5	0.8	0.8	0.5	0.2
5.6 - 7.0	3.0	1.0	1.0	0.7	0.2
7.1 - 9.0	3.5	1.2	1.2	0.8	0.2
9.1 - 11	4.5	1.5	1.5	1.0	0.5
11.1 - 13	5.5	1.8	2.0	1.2	0.5
13.1 - 15	7.0	2.2	3.0	1.6	0.5

Abb. 4.7.7 Anhaltswerte für Ringzackenmaße

– bei größeren Blechdicken ist eine zweite Ringzacke auf der Schneidplatte erforderlich. Bei großen Innenformen trägt auch der Auswerfer eine Ringzacke, die innerhalb der Schnittlinie in den Innenformabfall eingepreßt wird. Je nach Teiledicke und -form wird die Ringzacke zunehmend auf der Schneidplatte angeordnet. In Einzelfällen wird auch ohne Ringzacke feingeschnitten.

Die Ringzackenmaße sowie der Abstand zur Schneidkante sind von der Blechdicke abhängig *(Abb. 4.7.7)*. Teilweise werden nur partiell in den Bereichen des Werkzeugs Ringzacken angebracht, wo aus Funktionsgründen ein Glattschnitt erforderlich ist.

Arbeitsergebnis

Das normale Schnitteil weist eine Glattschnitt- und eine Bruchfläche auf *(Abb. 4.7.8)*. Der Anteil der Glattschnitt- zur Bruchfläche ist von zahlreichen Einflußgrößen abhängig und kann z.B. $^1/_4$ Glattschnitt- zu $^3/_4$ Bruchfläche betragen. Im Glattschnittbereich ist der Kanteneinzug und auf der Gegenseite der Schnittgrat vorhanden (vgl. Abschn. 4.5). Planheit und Maßtoleranzen der Normalschnitteile sind schlechter. Dagegen ist die Feinschnittfläche über der gesamten Blechdicke ein- und abrißfrei sowie annähernd senkrecht zur Blechoberfläche. Die Ebenheit des Feinschnitteils ist besser als die eines normal geschnittenen Teils.

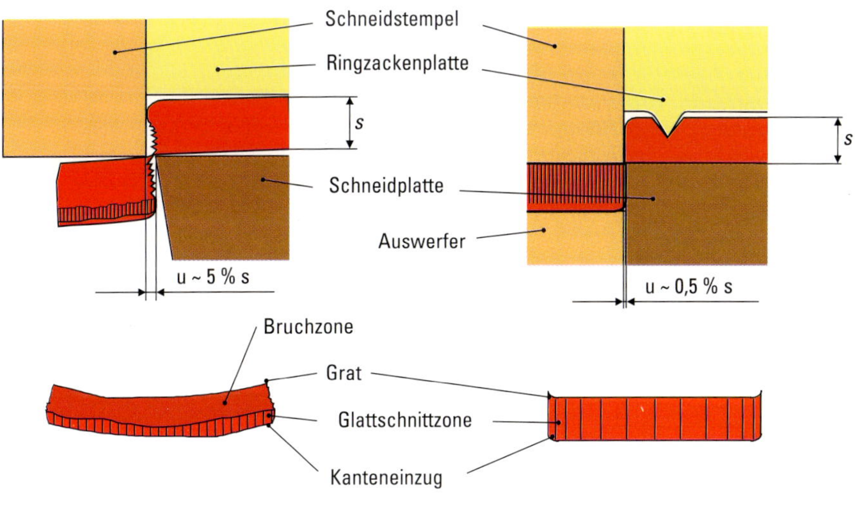

▲ **Abb. 4.7.8** Arbeitsergebnis beim Normalschneiden *(links)* und Feinschneiden *(rechts)*

4.7.2 Feinschneidwerkstoffe, Kräfte, Qualitätsmerkmale und Teilespektrum

Werkstoffauswahl

In der Feinschneidtechnik werden vorwiegend Stahlwerkstoffe verarbeitet. Nichteisenmetalle wie Kupfer, Aluminium und deren Legierungen nehmen mit maximal 10% noch einen geringen Anteil ein – jedoch mit zunehmender Tendenz. Aufgrund des hohen Anteils der Stahlwerkstoffe wird im folgenden auf diese näher eingegangen.

Die Stahlsorten gliedern sich in die Gruppen weiche unlegierte Stähle, allgemeine Baustähle, Feinkorn-Baustähle, Einsatzstähle, Nitrierstähle, Vergütungsstähle, Werkzeugstähle, rostfreie ferritische Stähle, rostfreie austenitische Stähle und Sonderstähle (vgl. Abschn. 4.2.2). Diese Stähle können als Warmband, Kaltband und Flachstahl verarbeitet werden. Die Flachprodukte müssen zunderfrei sein (Tabelle 4.7.1).

Tabelle 4.7.1: Auswahl von Feinschneidwerkstoffen

Stahlgruppe	Gruppe nach DIN	Kurzzeichen	Werkstoff-Nr.	nach Euronorm	
Weiche, unlegierte Stähle					
Warmband	1614	StW22	1.0332	FeP11	EN111
Feinblech	1623	St14	1.0338	FeP04	EN10130
Kaltband	1624	St4	1.0338		
Allgemeine Baustähle	17 100	St37-3N	1.0116	Fe360D1	EN10025
		St44-3N	1.0144	Fe430D1	EN10025
Feinkorn-Baustähle	17 102	StE420	1.8902	S420N	EN10113-2
		StE460	1.8905	P460N	EN10028-3
Einsatzstähle	17 210	Ck15	1.1141		
		16MnCr5	1.7131		
Vergütungsstähle	17 221	Ck45	1.1191	2C45	EN10083-1
	17 222	41Cr4	1.7035	41Cr4	EN10083-1
	17 200	42CrMo4	1.7223	42CrMo4	EN10083-1
Werkzeugstähle	17 350	100Cr6	1.2067		
		C85W	1.1830		
Rostfreie Stähle	17 440				
ferritisch		X6Cr13	1.4000		
		X30Cr13	1.4028		
austenitisch		X5CrNi18.10	1.4301		
Aluminium und Aluminiumlegierungen			Kupfer und Kupferlegierungen		
Kurzzeichen	Werkstoff-Nr.	nach DIN	Kurzzeichen	Werkstoff-Nr.	nach DIN
AlMg3	3.3535	1745	CuZn37	2.0321	17670
AlMgSi1	3.2315	1745	CuSn8	2.1030	17670
			CuNi25	2.0830	17670

Werkstoffbeanspruchung und Eigenschaften

Die Werkstoffbeanspruchung beim Feinschneiden unterscheidet sich grundlegend von der beim Normalschneiden. Sie entspricht einem Fließschervorgang, der spezifische Eigenschaften des Werkstoffs voraussetzt. Die Kristalle des Metallgefüges werden vom Schneidstempel vor dem Durchtrennen stark kaltverformt. Diese Kristallverformung erfordert einen umformfähigen Werkstoff mit hohem Formänderungsvermögen, d. h. hoher Bruchdehnung und hoher Brucheinschnürung.

Die Fließvorgänge in der Scherzone und die Kaltaufhärtung werden in *Abb. 4.7.9* dargestellt. Die Kaltverformung der Kristalle nimmt von der Einzug- zur Gratseite des Teils hin zu und von der durchtrennten Oberfläche zur Werkstoffmitte hin ab. In einem bestimmten Abstand von der Oberfläche werden die Kristalle des Gefüges durch den Feinschneidvorgang nicht mehr beeinflußt.

Für die Beurteilung der Feinschneidbarkeit von Stählen sind die chemische Zusammensetzung, der Reinheitsgrad, das Gefüge, der Behandlungszustand und die mechanisch-technologischen Werte maßgebend. Ausgehend von den weichen, unlegierten Stählen mit niedrigem Kohlenstoffgehalt nimmt die Feinschneidbarkeit grundsätzlich mit zunehmendem C-Gehalt und ansteigendem Legierungsanteil ab. Eine exakte Grenze in bezug auf C-Gehalt und Legierungsanteil, bei der die Feinschneidbarkeit nicht mehr gegeben ist, gibt es nicht.

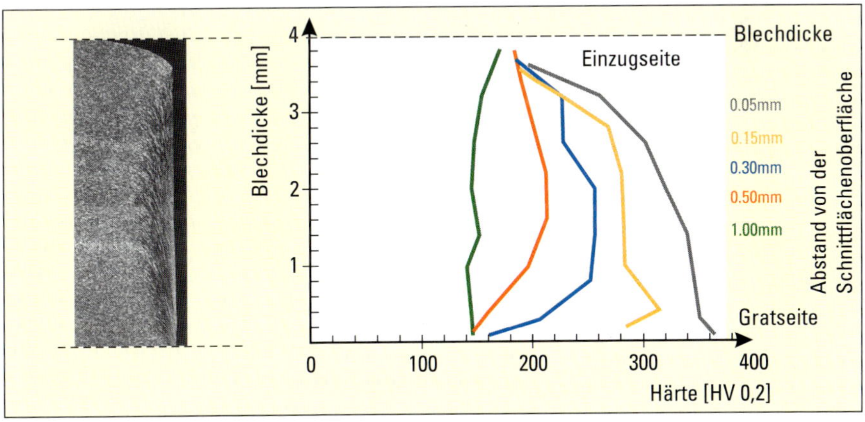

▲ **Abb. 4.7.9** Fließvorgang *(links)* und Kaltaufhärtung *(rechts)* in der Scherzone

Einen besonders starken Einfluß auf die Schnittflächenbeschaffenheit, die Maßhaltigkeit des Teils und die Standmenge des Werkzeugs übt das Gefüge des Werkstückwerkstoffs aus. In *Abb. 4.7.10* ist rechts oben das Gefüge eines nicht weichgeglühten Stahls C45 schematisch gezeigt: Das Gefüge besteht aus Ferrit und Perlit. Die harten Zementitplättchen müssen beim Eindringen des Schneidstempels durchbrochen werden – die Schnittfläche reißt ein.

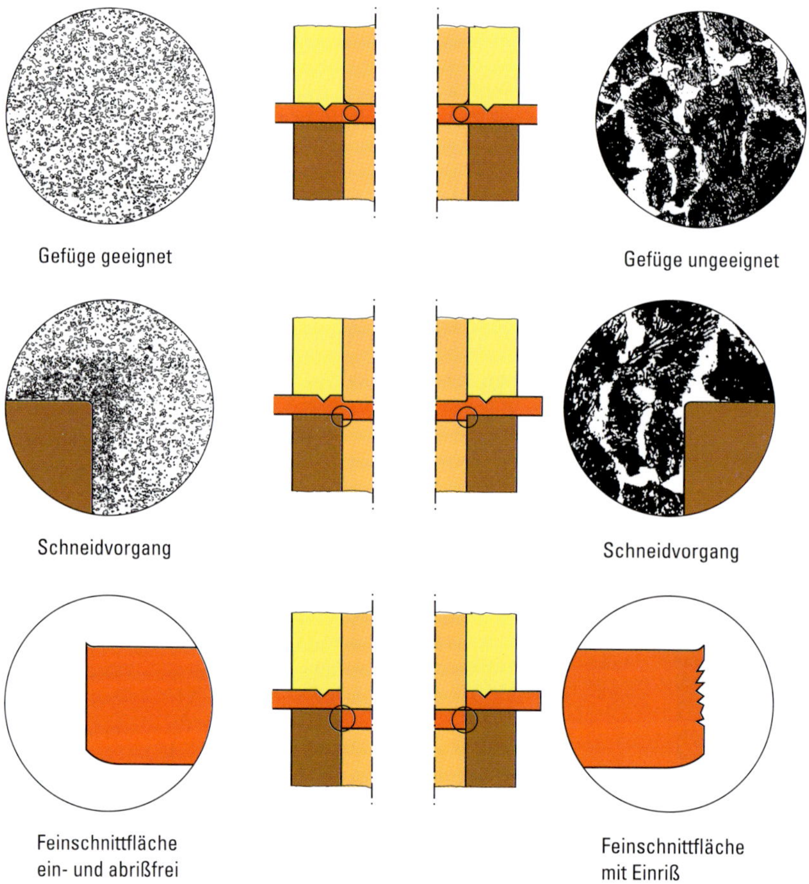

▲ **Abb. 4.7.10** Schematische Darstellung des Feinschneidvorgangs mit einem geeigneten *(links)* und einem ungeeigneten Werkstoffgefüge *(rechts)*

In *Abb. 4.7.10* links oben ist C45 in weichgeglühtem Zustand, GKZ (geglüht auf kugeligen Zementit), dargestellt: Das Gefüge besteht aus einer Ferritmatrix und darin eingelagertem kugeligem Zementit. Hier werden die kugeligen Zementitkörner beim Schneiden nicht durchtrennt, sondern in die weiche Ferritmatrix gedrückt – der Schneidvorgang erfolgt ohne Einrißbildung.

Mit zunehmendem C- und Legierungsgehalt steigt die Zugfestigkeit im nichtgeglühten und im weichgeglühten Zustand *(Abb. 4.7.11)*. Bei C45 liegt im nicht weichgeglühten Zustand ein Warmverformungsgefüge mit einer Festigkeit von etwa 700 N/mm² vor. Bei optimalem Weichglühgefüge, Zustand GKZ-EW (geglüht auf kugeligen Zementit, extraweich), liegt die Zugfestigkeit bei 480 N/mm² und bei der üblich verwendeten Feinschneidgüte, GKZ, bei 540 N/mm².

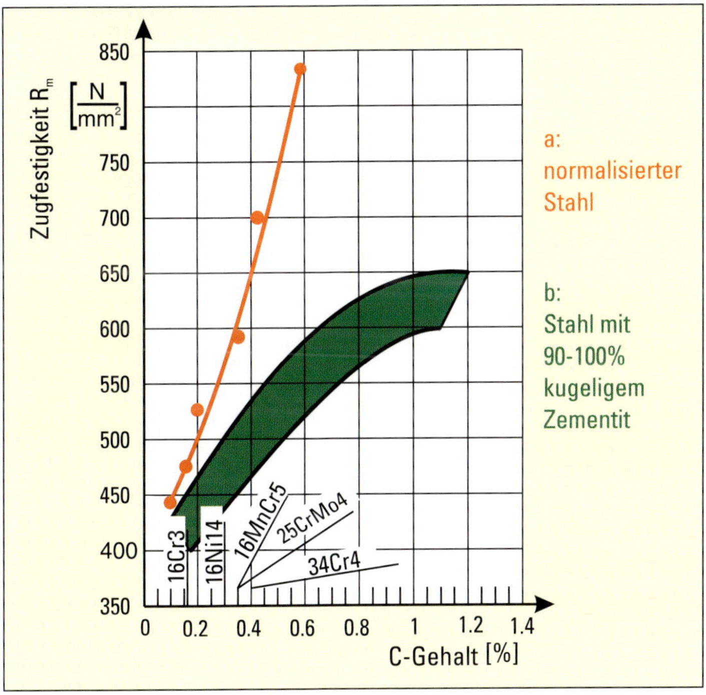

▲ **Abb. 4.7.11** Abhängigkeit der Zugfestigkeit vom C- bzw. Legierungsgehalt der Stähle im ungeglühten **a** und geglühten Zustand **b**

Bestimmung des Schwierigkeitsgrads

Die Stößelkraft F_{St} [N] beim Feinschneiden beträgt

$$F_{St} = F_S + F_G \quad [N],$$

mit der Schneidkraft F_S [N]:

$$F_S = l_S \cdot s \cdot R_m \cdot f_1 \quad [N]$$

Um die Schneidkraft zu berechnen, benötigt man die Blechdicke s [mm], die Zugfestigkeit des Werkstoffs R_m [N/mm²] und die Länge der Schnittlinie l_s [mm] (vgl. Abschn. 4.5). Beim Lochen ergibt sich z. B.:

$$l_S = d \cdot \pi \ [mm]$$

Der Faktor f_1 [–] kann je nach den vorliegenden Bedingungen in den Grenzen von 0,6 bis 1,2 schwanken. Um die Schneidkraft nicht zu niedrig zu wählen, wird in der Praxis für $f_1 = 0{,}9$ eingesetzt. Hiermit werden Einflüsse der Schneidkantenbeschaffenheit (Abstumpfung und Oberflächenrauhigkeit der Schneidelemente, Blechdickentoleranz sowie Veränderung des Schneidspalts durch abrasiven Verschleiß) berücksichtigt.

Die Gegenkraft F_G [N] errechnet sich aus der vom Auswerfer gedrückten Fläche A_G [mm²] und der spezifischen Gegenkraft q_G [N/mm²]:

$$F_G = A_G \cdot q_G \ [N]$$

Der Wert q_G liegt zwischen 20 N/mm² für dünne, kleinflächige Teile und 70 N/mm² für großflächige Teile. Die Gegenkraft F_G ist so zu wählen, daß die geforderte Schnittflächenqualität und eine optimale Ebenheit des Teils erreicht werden. Da die Gegenkraft unmittelbar von der Schneidkraft überwunden werden muß, wirkt eine zu hohe Gegenkraft so, als ob das Blech eine höhere Festigkeit oder eine größere Dicke hätte. Die hohe Gegenkraft beeinflußt damit auch die Standmenge des Werkzeugs; die Stempelbelastung und die Stempelkraft steigen an. Je nach Teilegeometrie beträgt die Gegenkraft etwa 10 bis 25 % der Schneidkraft.

Mit Hilfe dieser Angaben und der Fläche A_{St} [mm²] des Lochstempels mit dem Durchmesser d [mm], wobei

$$A_{St} = \frac{d^2 \cdot \pi}{4} \left[mm^2\right],$$

läßt sich auch der mittlere Druck p_m [N/mm²] auf den Stempel bestimmen:

$$p_m = \frac{F_S + F_G}{A_{St}} \quad \left[\frac{N}{mm^2}\right]$$

bzw. für eine Lochung, bei der die Gegenkraft überschlagsweise mit 10 % der Stempelkraft angesetzt wird:

$$p_m = \frac{4{,}4 \cdot s \cdot R_m \cdot f_1}{d} \quad \left[\frac{N}{mm^2}\right]$$

Der mittlere Druck p_m darf die 0,2-%-Stauchgrenze $R_{p0,2}$ [N/mm²] des Lochstempels nicht überschreiten ($p_m \leq R_{p0,2}$), wodurch sich aus der vorhergehenden Gleichung für das maximale Verhältnis aus Blechdicke s zu Lochstempeldurchmesser d ergibt:

$$\frac{s}{d} \leq \frac{R_{p0,2}}{4{,}4 \cdot R_m \cdot f_1} \quad [-]$$

Unter den beiden Annahmen: Lochstempel aus Schnellarbeitsstahl S6-5-2 mit $R_{p0,2} = 3\,000$ N/mm² und HRC 63–64 und einer Zugfestigkeit des Feinschneidwerkstoffs von 500 N/mm² ergibt sich das maximale s/d-Verhältnis beim Schneiden mit Gegendruck:

$$\frac{s}{d} \leq \frac{3000}{4{,}4 \cdot 500 \cdot 0{,}9} = \frac{3000}{1980} = 1{,}50$$

und beim Schneiden ohne Gegendruck

$$\frac{s}{d} \leq \frac{3000}{4 \cdot 500 \cdot 0{,}9} = \frac{3000}{1800} = 1{,}67$$

Dieses maximale s/d-Verhältnis wird in der Praxis des normalen Scherschneidens mit 1 angenommen.

Schnitteilgestaltung: flach und umgeformt

Die geometrische Form eines Teils, die Blechdicke sowie der Werkstoff bestimmen die Fertigungsmöglichkeiten durch Feinschneiden. Um feststellen zu können, ob ein Teil durch Feinschneiden herstellbar ist, wird sein Schwierigkeitsgrad bestimmt: S1 (einfach), S2 (mittel) und S3 (schwierig). Dabei sind jeweils die Formelemente Schlitz, Steg, Loch, Zahnmodul, Eckenwinkel und Radius mit Hilfe von *Abb. 4.7.12* zu bewerten. Der höchste Einzelschwierigkeitsgrad ergibt den Gesamtschwierigkeitsgrad des Teils. Feinschneiden ist unterhalb der Grenzlinie S3 mit der klassischen Werkzeugtechnik nicht prozeßsicher.

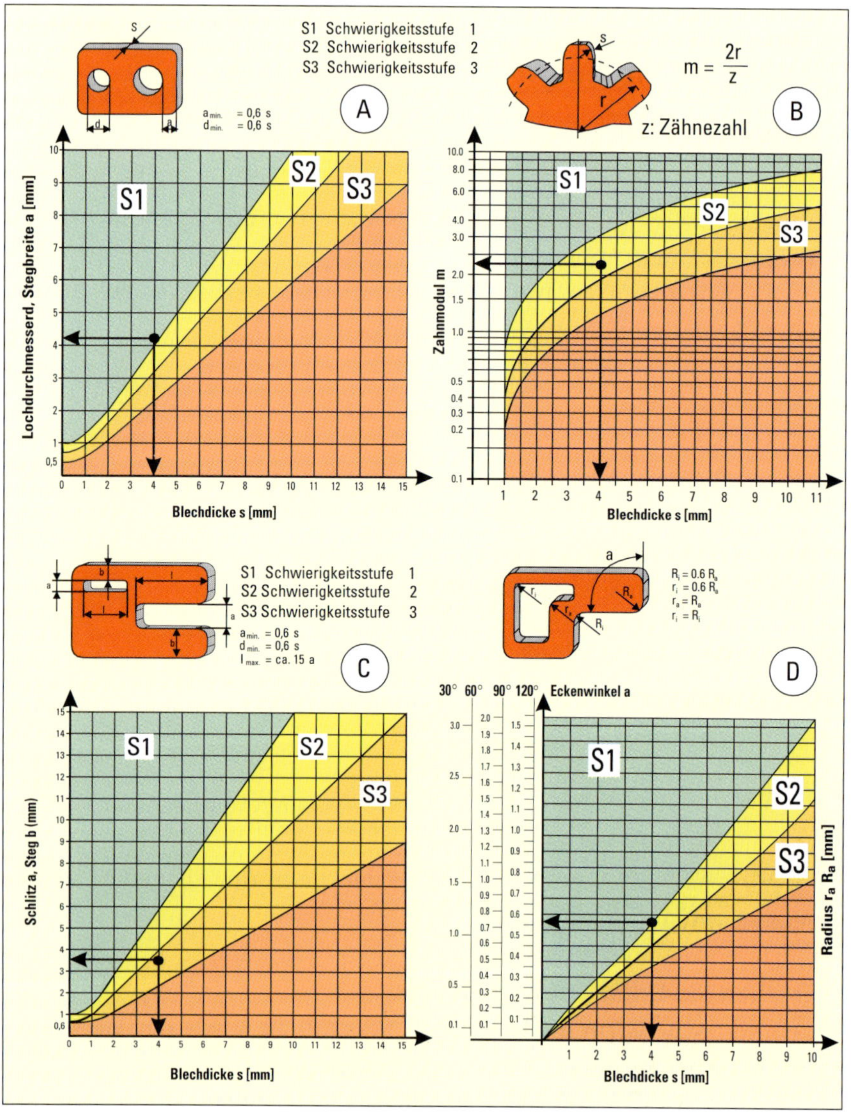

▲ **Abb. 4.7.12** Abhängigkeit des Schwierigkeitsgrads eines Feinschnitteils von der Dicke und der geometrischen Form: Lochdurchmesser/Stegbreite (A); Zahnmodul (B); Schlitze/Stege (C); Radien (D)

Beispiel:
Eine Schaltkurve der Dicke 4 mm soll aus C15 (GKZ) mit einer Zugfestigkeit von 420 N/mm² gefertigt werden (*Abb. 4.7.13*). Folgende Formelemente sind enthalten – sie werden nach *Abb. 4.7.12* den jeweiligen Schwierigkeitsgraden zugeordnet:

– Lochdurchmesser d [mm]:	4,1	S1
– Steg b [mm]:	3,5	S3
– Modul m:	2,25	S2
– Radius R_a [mm] mit einem Winkel von 80°:	0,75	S1/S2

Der größte Schwierigkeitsgrad ist der des Stegs S3. Damit wird der Gesamtschwierigkeitsgrad ebenfalls S3 – das Teil ist herstellbar.

Durch den Bau von *Folgeverbundwerkzeugen* und *Stufenwerkzeugen mit Teiletransfer* bietet sich die Möglichkeit, an Werkstücken Umformvorgänge wie Tiefziehen, Senkungen, Durchsetzungen, Kröpfungen, Biegungen und Prägungen mit dem Feinschneiden zu kombinieren (*Abb. 4.7.14 und 4.7.15,* vgl. Abschn. 4.1.1).

▲ **Abb. 4.7.13** Schaltkurve: Feinschnitteil mit verschiedenen Schwierigkeitsgraden

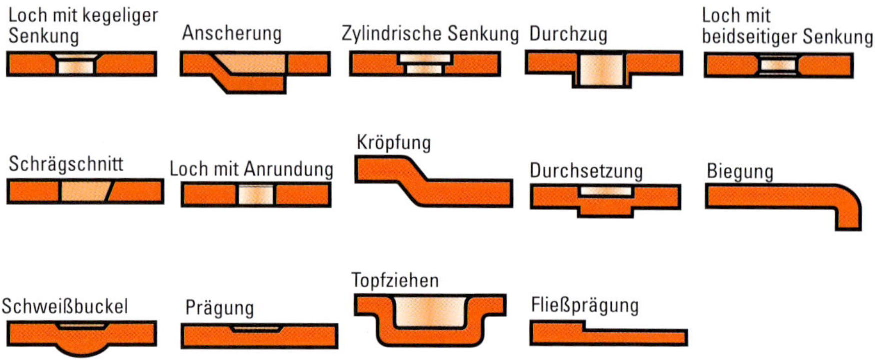

▲ **Abb. 4.7.14** Beispiele verschiedener Umformverfahren, die sich mit dem Feinschneiden kombinieren lassen

Schnittflächenbeschaffenheit
Die Schnittfläche feingeschnittener Teile kann über die gesamte Werkstückdicke (100 % von s) glattgeschnitten werden. Allerdings können dabei auch Ein- und Abrisse auftreten. Während der Einriß hauptsächlich vom Gefüge des Werkstoffs abhängt *(Abb. 4.7.10)*, beeinflußt die Größe des Schneidspalts den Abriß *(Abb. 4.7.16)*.

Für die Auslegung der Werkzeuge und die laufende Qualitätssicherung während der Produktion sind die Schnittflächen eines Teils entsprechend der Funktionsanforderungen zu beschreiben und festzulegen.

◀ **Abb. 4.7.15**
Feingeschnittenes Teil mit den Umformmerkmalen Durchsetzung, Kröpfung, Topfziehen, Fließprägen, Biegen, Kegelsenken und Durchziehen

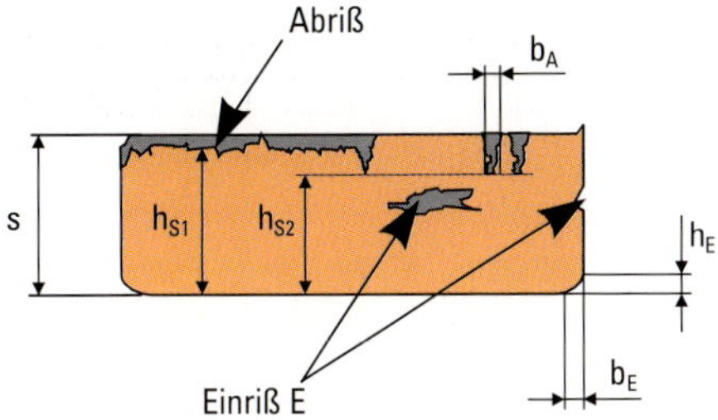

Erreichbarer Glattschnittanteil					
h_{S1}/ s in %	100	100	90	75	50
h_{S2}/ s in %		90	75		

▲ **Abb. 4.7.16** Begriffe zur Bestimmung der Feinschnittfläche:
h_{S1} Mindestglattschnittanteil in % von der Blechdicke s bei Abriß; h_{S2} Mindestglattschnittanteil in % von der Blechdicke s bei schalenförmigem Abriß; b_A schalenförmige Abrißbreite (Summe aller b_A kann bei Bedarf vom Anwender festgelegt werden); h_E Einzugshöhe; b_E Kanteneinzugsbreite; E zulässiger Einriß nach VDI-Richtlinien 3345/2906, Blatt 5, entsprechend Nr. 1, 2, 3 oder 4

Der Konstrukteur muß in der Teilezeichnung die jeweils notwendigen Glattschnittanteile, Oberflächenrauhtiefen, zulässigen Einrisse, Einzugshöhen und -breiten sowie die Schnittgratausbildung festlegen. Entweder erfolgen die Angaben nach Schnittflächen-Vergleichsnormal nach VDI 3345

$$\sqrt[R_a]{\frac{h_{S1}}{h_{S2}}\,E}$$

oder nach VDI 2906, Blatt 5: $\sqrt[R_{ZDIN}]{\frac{h_{S1}}{s}\Big/\frac{h_{S2}}{s}\,E}$, wobei E der zulässige Einriß nach VDI 3345 entsprechend Nr. 1, 2, 3 oder 4 bedeutet. Um mehrmalige, komplizierte Angaben zu vermeiden, werden die Schnittflächen mit einfachen Symbolen $\left(\sqrt[z]{\ },\sqrt[y]{\ },\ldots\right)$ gekennzeichnet. Begonnen wird mit dem letzten Buchstaben des Alphabets (z). Die Länge der Schnittfläche wird mit einer strichpunktierten Linie angegeben *(Abb. 4.7.17)*.

Maß- und Formtoleranzen

Die erreichbaren Toleranzen werden vom Werkstoff, der Werkstückdicke sowie der geometrischen Form des Teils beeinflußt. Weiterhin sind die Feinschneidpresse, das Werkzeug und der Schmierstoff für die erreichbare Teilequalität von Bedeutung. In Tabelle 4.7.2 sind Richtwerte für erreichbare Toleranzen angegeben.

Tabelle 4.7.2: Erreichbare Toleranzen beim Feinschneiden

	Zugfestigkeit bis 500 N/mm²			Zugfestigkeit über 500 N/mm²		
Blechdicke [mm]	Innenformen ISO-Qualität	Außenformen ISO-Qualität	Lochabstandstoleranzen [mm]	Innenformen ISO-Qualität	Außenformen ISO-Qualität	Lochabstandstoleranzen [mm]
0,5 bis 1	6 bis 7	7	±0,01	7	8	±0,01
1 bis 2	7	7	±0,015	7 bis 8	8	±0,015
2 bis 3	7	7	±0,02	8	8	±0,02
3 bis 4	7	8	±0,02	8	9	±0,03
4 bis 5	7 bis 8	8	±0,03	8	9	±0,03
5 bis 6	8	9	±0,03	8 bis 9	9	±0,03
>6	8 bis 9	9	±0,03	9	9	±0,03

Der *Kanteneinzug* mit seiner Breite b_E und Höhe h_E ist von verschiedenen Schnitteil- und Werkzeugfaktoren abhängig *(Abb. 4.7.8, 4.7.16 und 4.7.18)*. Großen Einfluß haben beispielsweise Winkel und Radius an ein- und ausspringenden Ecken, Werkstoff sowie Gefügeausbildung, Festigkeit und Blechdicke. Weiter von Bedeutung für die Einzugsgröße

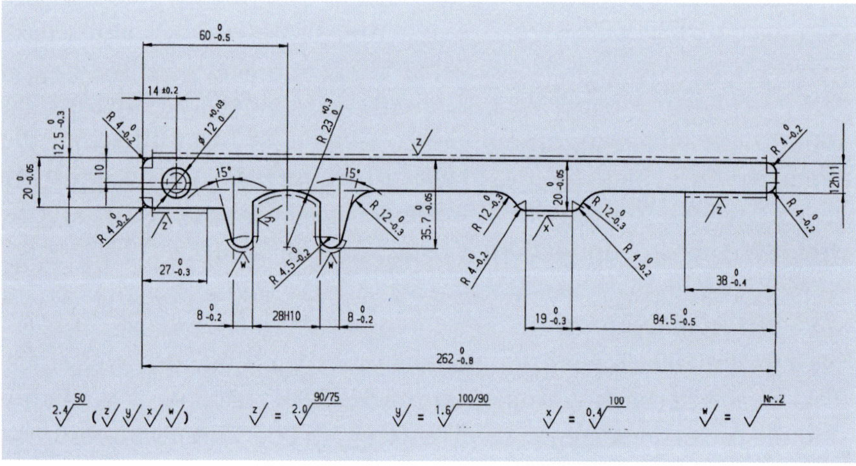

▲ **Abb. 4.7.17** Bemaßungsbeispiel eines Feinschnitteils nach VDI 3345

ist die Kantenpräparierung von Schneidplatte und Innenformstempel sowie die Wirkung der Ringzacke. Die Einzugsbreite b_E ist abhängig von der Einzugshöhe h_E. In den meisten Fällen gilt:

$$b_E \approx 5 \cdot h_E \text{ [mm]}$$

Gratfreies Feinschneiden ist nicht möglich. Der *Schnittgrat* liegt dem Kanteneinzug gegenüber und entsteht bereits beim Schneiden der ersten Teile aufgrund der Kantenpräparierung an Schneidplatte und Schneidstempel. Durch den Verschleiß an den Aktivelementen wachsen Grathöhe und -breite mit zunehmender Schnittzahl. Der Schnittgrat wird in der Regel durch Band- oder Gleitschleifen entfernt.

Die *Schnittflächen* verlaufen nicht absolut rechtwinklig zur Blechebene. Die Außenkonturen eines Schnitteils sind an der Gratseite größer als an der Einzugseite – Innenkonturen sind gratseitig kleiner als einzugseitig. Die Abweichung beträgt als Anhaltswert 0,0026 mm je 1 mm geschnittener Teiledicke und ist von zahlreichen Einflußgrößen abhängig, wie z. B. der Dimensionierung der Schneidplatte, der konstruktiven Ausführung der Schneidplatte mit oder ohne Schrumpfring, der Präparierung und der Beschichtung der Aktivelemente.

Anwendungsbeispiele

Die folgenden Bilder zeigen beispielhaft einige Feinschnitteile. In *Abb. 4.7.19* ist ein Pkw-Automatikgetriebe mit der Vielfalt an Feinschnittei-

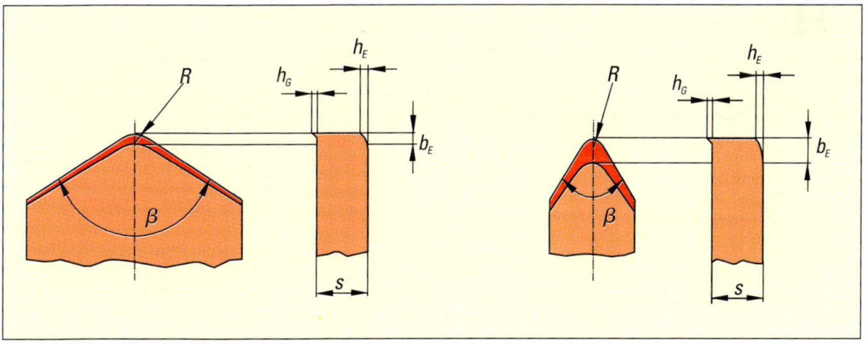

▲ **Abb. 4.7.18** Geometrie und Einzug an einem Feinschnitteil: *R Eckenradius; b_E Einzugsbreite; β Eckenwinkel; s Schnitteildicke; h_G Grathöhe; h_E Einzugshöhe*

▲ **Abb. 4.7.19** Feinschnitteile in einem Pkw-Automatikgetriebe

len dargestellt. An die Lamellen, die Antriebstöpfe und Zwischenbleche werden hohe Anforderungen an die Schnittflächenqualität, die Maßtoleranzen und die Planheit gestellt. Extrem kleine Löcher im Zwischenblech werden ebenfalls feingeschnitten, obwohl das s/d-Verhältnis bei etwa 2 liegt.

Auch für Bauteilgruppen aus dem Brems- und Antriebssystem werden mehrere Feinschnitteile benötigt *(Abb. 4.7.20)*, so z. B. die Bremsscheiben mit zahlreichen Löchern, die im Durchmesser unter der halben Blechdicke liegen. Mit normalem Schneiden könnten diese Kleinlochungen nicht durchgeführt werden. Außerdem ist eine ein- und abrißfreie Schnittfläche Voraussetzung, um Kerbwirkungen zu vermeiden, da die Scheiben anschließend vergütet werden. Die Verzahnungen und diversen Kettenräder können ebenfalls sehr wirtschaftlich feingeschnitten werden.

4.7.3 Feinschneidwerkzeuge

Werkzeugarten
Mit dem *Komplettschneidewerkzeug* werden Teile mit Innen- und Außenform in einem Stößelhub gefertigt. An Innen- und Außenform befindet sich der Schnittgrat auf derselben Seite. Die so erzeugten Teile weisen eine hohe Planheit auf. Die Maßtoleranzen des Teils sind weitgehend von der Herstellqualität des Werkzeugs abhängig. Toleranzen des Bandvorschubs gehen nicht in die Maßtoleranzen des Schnitteils ein.

Bei *Folgeschneidewerkzeugen* erfolgt infolge der komplizierten Teilegeometrie das Schneiden der Teilekonturen in mehreren Stufen (vgl. Abschn. 4.1.1). Für den werkzeuginternen Transfer von Stufe zu Stufe verbleibt das Teil im Streifen bzw. Stanzgitter. Man spricht von einem Werkzeug mit Vorlocher, wobei das Vorlochen ein- oder mehrstufig sein kann und vor dem Ausschneiden der Außenkontur erfolgt. Hier wirken sich Vorschubdifferenzen auf die Lage der Innenformen zur Außenform

▲ **Abb. 4.7.20** Feinschnitteile aus dem Automobilbereich

aus. Der Schnittgrat der Innenformen liegt wechselseitig zu dem der Außenform. Das Folgeverbundwerkzeug ermöglicht auch Umformoperationen wie Biegen, Kröpfen, Ziehen, usw., die in aufeinanderfolgenden Schritten ausgeführt werden *(Abb. 4.7.21 und 4.7.22)*. Im Vergleich zum Gesamtschneiden weisen die so gefertigten Teile in der Regel eine größere Maßtoleranz und Unebenheit auf.

Bei Transferwerkzeugen wird das Teil nicht im Stanzgitter gehalten. Der Transport von Werkzeugstufe zu Werkzeugstufe erfolgt über Greiferschienen – häufig mit der Presse gekoppelt *(vgl. Abb. 4.4.24* oder wie in *Abb. 4.7.22,* mit Querschieber).

Werkzeugsysteme

In der Feinschneidtechnik werden die Werkzeuge der verschiedenen Werkzeugarten in die Systeme „beweglicher Stempel“ und „fester Stempel“ eingeteilt.

Das System beweglicher Stempel wird vornehmlich für Gesamtschneidwerkzeuge bei kleinen bis mittelgroßen Teilen mit wenigen Innenformen eingesetzt *(Abb. 4.7.23)*. Die Schneidplatte 2 ist im Werkzeugoberteil 16 auf dem Werkzeugblock aufgesetzt. Zur Positionierung wird sie verstiftet, verschraubt und weiter durch die Zwischenplatte 14, die Lochstempelhalteplatte 10, den Untersatz 8 und den Haltering 9

Abb. 4.7.21
Zweistufiges Folgeverbund-Feinschneidwerkzeug:
1. Stufe: Durchsetzen von unten und Löcher schneiden,
2. Stufe: Zylindrische Senkung am Innenloch anprägen, Schlitze und Außenform schneiden.
Werkzeugsystem „fester Stempel“, Vier-Säulen-Stahlgestell mit Kugelführung, Aktivelemente in Segmentbauweise und beschichtet

▲ **Abb. 4.7.22** Zweistufiges Folgeverbund-Feinschneidwerkzeug mit Teiletransport über Scherenquerschieber:
1. Stufe: Folgeverbund in senkrechter Richtung – Topfziehen durch Schnitt-Zug
2. Stufe: Folgeverbund in senkrechter Richtung – Topfradien setzen, Innenform lochen, Außenzahnung beschneiden.
Die Aktivelemente sind ringförmig aufgebaut und beschichtet

abgestützt. In der Schneidplatte 2 wird der Auswerfer 3 geführt, der wiederum den Innenformstempel 5 führt. Der Auswerfer 3 wird über die Druckbolzen 7 und den Druckstiftaufnehmer 11 mit der Gegenkraft bzw. Auswerferkraft beaufschlagt.

Im Werkzeugunterteil 17 ist die Führungsplatte bzw. Ringzackenplatte 4 direkt auf dem Gestell aufgesetzt, verstiftet und verschraubt. In der Führungsplatte 4 läuft der bewegliche Stempel 1, der über den Stempelkopf 12 mit der Presse verbunden ist. Die Innenformabfälle werden von der Pressenhydraulik über die Druckbolzen 7 der Brücke 13 und den Innenformausstoßern 6 aus dem Stempel 1 ausgestoßen. Das Werk-

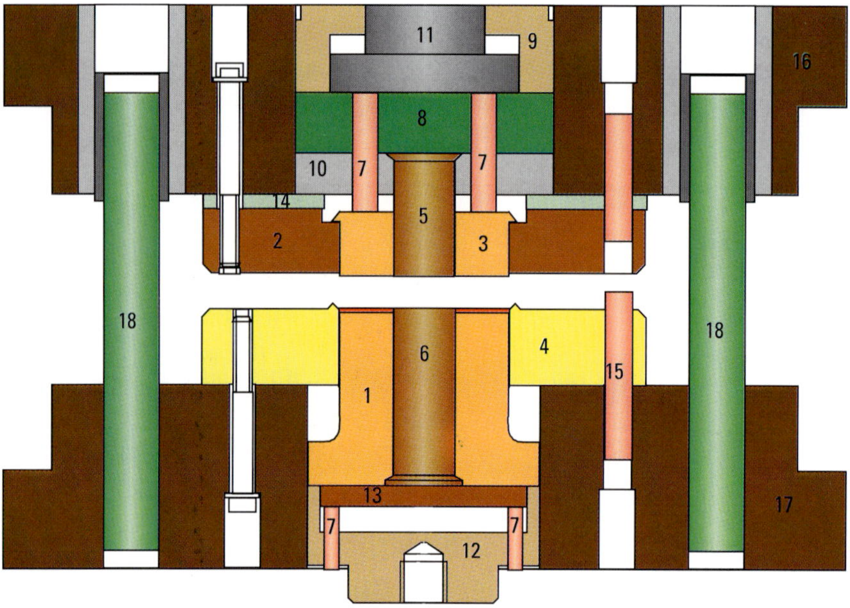

Abb. 4.7.23 System beweglicher Stempel, Gesamtschneidwerkzeug:
1 Schneidstempel; 2 Schneidplatte; 3 Auswerfer; 4 Ringzackenplatte; 5 Innenformstempel; 6 Innenformausstoßer; 7 Druckbolzen; 8 Untersatz; 9 Haltering; 10 Lochstempelhalteplatte; 11 Druckstiftaufnehmer; 12 Stempelkopf; 13 Brücke; 14 Zwischenplatte; 15 Verriegelungsbolzen; 16 Obergestell; 17 Untergestell; 18 Führungseinheit

zeugober- 16 und -unterteil 17 wird über die Säulenführung 18 des Gestells exakt positioniert. Die Fixierung von Schneid- und Führungsplatte erfolgt über Verriegelungsbolzen 15.

Das *System fester Stempel* eignet sich für alle Werkzeugarten – insbesondere für die Herstellung dicker und großer Teile *(Abb. 4.7.24)*. Auf dem Werkzeugobergestell 16 steht der Schneidstempel 1 auf einer gehärteten Druckplatte 9 und ist mit dem Werkzeugoberteil 16 fest verstiftet und verschraubt. Die paßgenaue Führungsplatte 15 und die Ringzackenplatte 8, die die Verriegelungsbolzen 14 tragen, garantieren über die Säulenführungseinheit 18 des Gestells die Paßgenauigkeit des Schneidstempels 1 zur Schneidplatte 2.

Die Innenformabfälle werden von den Innenformausstoßern 6 und 7 aus dem Schneidstempel 1 gestoßen. Die Ausstoßer 6 und 7 sowie die Ringzackenplatte 8 werden mittels Druckbolzen 13 vom Ringzackenkolben der Presse beaufschlagt. Die Druckbolzen 13 übertragen die Ringzackenkraft während des Schneidens und die Abstreiferkraft beim Abstreifen.

Die Schneidplatte 2 ist auf dem Werkzeugunterteil 17 aufgesetzt, verstiftet und verschraubt. In besonderen Fällen, wie z. B. bei geteilter Ausführung der Schneidplatte oder bei extremen Werkstoffdicken, trägt die Schneidplatte 2 einen Schrumpfring 19. Der Auswerfer 3, der in der Schneidplatte 2 geführt ist, übernimmt gleichzeitig die Führung für die Innenformstempel 4 und überträgt über die Druckbolzen 13 die Gegen- und Auswerferkraft vom Gegenhalterkolben der Presse. Die Innenformstempel 4 sind auf der Lochstempelhalteplatte 10 aufgesetzt bzw. gefaßt und werden über den Untersatz 12 abgestützt.

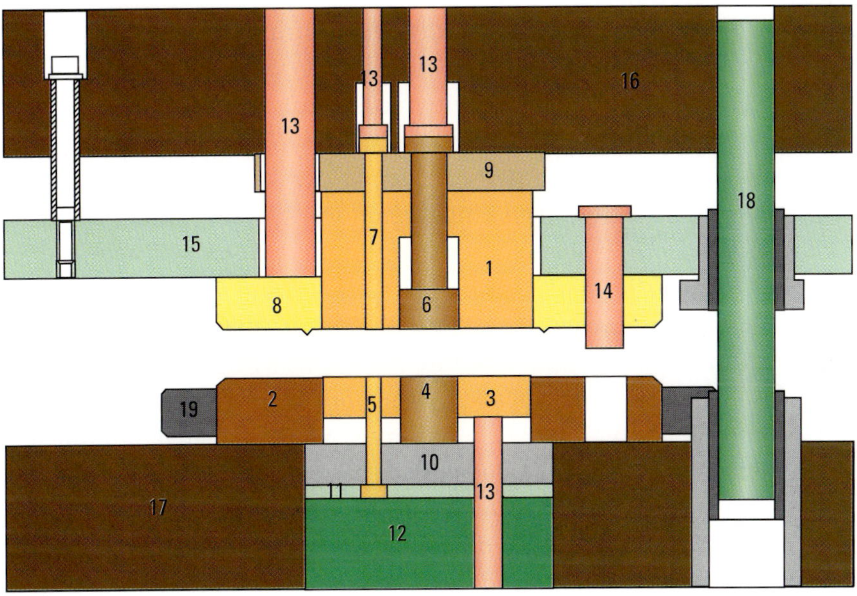

▲ **Abb. 4.7.24** System fester Stempel, Gesamtschneidwerkzeug:
1 Schneidstempel; 2 Schneidplatte; 3 Auswerfer; 4 Innenformstempel; 5 Lochstempel; 6 Innenformausstoßer; 7 Ausstoßer; 8 Ringzackenplatte; 9 Druckplatte; 10 Lochstempelhalteplatte; 11 Zwischenplatte; 12 Untersatz; 13 Druckbolzen; 14 Verriegelungsbolzen; 15 Führungsplatte; 16 Obergestell; 17 Untergestell; 18 Führungseinheit; 19 Schrumpfring

Das Werkzeugsystem fester Stempel kommt in seinem Grundprinzip auch für Folgeschneidwerkzeuge, Folgeverbundwerkzeuge und Transferwerkzeuge zur Anwendung *(Abb. 4.7.25)*. Bei Folge- und Verbundwerkzeugen werden zusätzlich eine Bandführung 1, ein Anschneideanschlag 3 sowie Stanzschrittsucher 7/8 (Fangstifte) und Zwangsabdruckbolzen 4 benötigt. Die Bandführung übernimmt neben der Führung des Bands das Abstreifen des Gitters vom Stanzschrittsucher 7/8. Der Anschneideanschlag 3 sorgt für ein exaktes Anschneiden des Blechs am Anfang eines Coils bzw. Streifens. Die Stanzschrittsucher 7/8 haben die Aufgabe, in jeder Werkzeugstufe das Blech exakt zu positionieren, d. h. den vorgegebenen Stanzschritt zu garantieren. Die Zwangsabdruckbolzen 4 sind für den Kraftausgleich der Gegenkraft verantwortlich, damit diese beim Anschneiden in der ersten Werkzeugstufe nicht voll von den einzelnen Lochstempeln 6 übernommen werden muß.

Werkzeugkonstruktion

Ausschlaggebend für die konstruktive Ausführung eines Feinschneidwerkzeugs sind die geometrische Form und Größe des Teils sowie die Sorte und Dicke des zu verarbeitenden Bands. Diese Parameter bestimmen sowohl die Werkzeugart als auch das Werkzeugsystem.

Für die weitere konstruktive Festlegung des Werkzeugs müssen die nachstehenden Bedingungen eingehalten werden, die prinzipiell auch für das Normalschneiden gelten. Um optimale Schneidbedingungen zu erreichen, muß die Wirklinie der Stößelkraft mit der Wirklinie der Schneid- bzw. Umformschneidkraft möglichst übereinstimmen (vgl. Abschn. 4.5). Je genauer diese Bedingung erfüllt wird, um so besser wird das Schneidergebnis und um so niedriger der Werkzeugverschleiß.

Die Teilezeichnung muß alle Maß- und Toleranzangaben beinhalten. Im weiteren muß die Schnittflächenbeschaffenheit für das Teil gekennzeichnet sein *(Abb. 4.7.17)*. Im Streifenbild wird je nach Werkzeugart die Lage des Teils im Streifen bzw. die Stufenfolge festgelegt *(Abb. 4.7.2* und vgl. Abschn. 4.1.1). Wichtigster Gesichtspunkt bei dieser Festlegung ist immer eine optimale Werkstoffausnutzung *(vgl. Abb. 4.5.2 bis 4.5.7)*. Mit dem Streifenbild werden Streifenbreite und Stanzschritt definiert.

Berechnung der Pressenkräfte

Beim Feinschneiden wirken folgende Kräfte: Schneidkraft, Ringzackenkraft, Gegenkraft, Abstreiferkraft und Auswerferkraft *(Abb. 4.7.3)*. Für

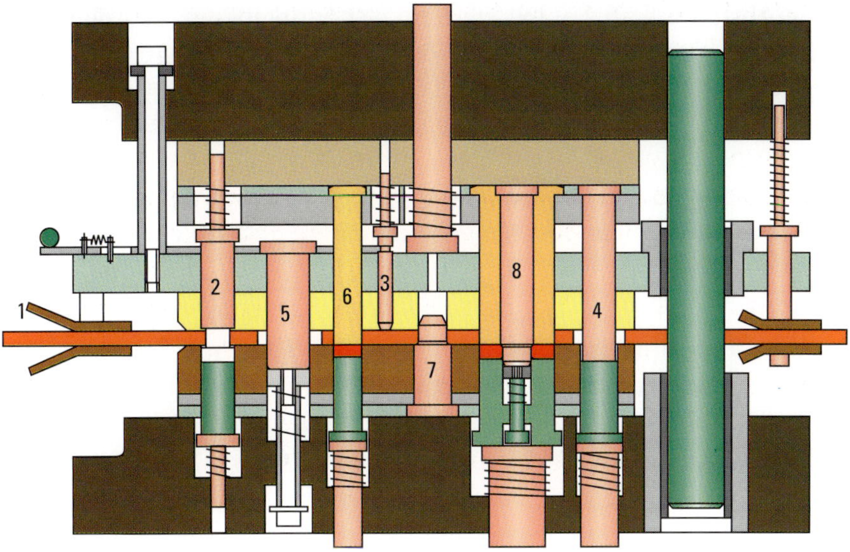

▲ **Abb. 4.7.25** Folgeverbundwerkzeug
1 Bandführung; 2 Bandführungsbolzen; 3 Anschneideanschlag; 4 Zwangsabdruckbolzen; 5 Verriegelungsbolzen; 6 Lochstempel; 7 Stanzschrittsucher/Prägestempel; 8 Stanzschrittsucher/Prägestempel

die Auslegung der Presse sind die ersten drei Kräfte ausschlaggebend, die in Summe die Gesamtkraft der Maschine ergeben:

$$F_{Ges} = F_S + F_R + F_G \; [N]$$

Die Schneidkraft F_S [N] und die Gegenkraft F_G [N] wurden bereits bei der Bestimmung des Schwierigkeitsgrads berechnet. Die Ringzackenkraft F_R [N] ergibt sich aus der Zugfestigkeit des Werkstoffs R_m [N/mm^2], der Länge l_R [mm] und der Höhe h_R bzw. H_R [mm] der Ringzacke *(Abb. 4.7.7)* sowie einem Korrekturfaktor f_2 [–]:

$$F_R = f_2 \cdot l_R \cdot h_R \cdot R_m \; [N]$$

Für f_2 hat sich experimentell der Wert 4 ergeben. Dieser Wert gilt nur, wenn die geometrischen Bedingungen der Ringzacke, wie in Abschn. 4.7.1 beschrieben, eingehalten werden.

Die Abstreiferkraft F_{Ra} [N] wird aus der Schneidkraft und dem Korrekturfaktor f_3 [–] bestimmt, der zwischen 0,1 und 0,2 liegt:

$$F_{Ra} = F_S \cdot f_3 \; [N]$$

Die Auswerferkraft F_{Ga} [N] ist etwa gleich groß wie die Abstreiferkraft:

$$F_{Ga} = F_S \cdot f_3 \; [N]$$

Bei gleicher Schnittlinienlänge benötigt eine Form mit Zahnung eine höhere Auswerferkraft als eine runde Kontur. Beide Kräfte werden zusätzlich durch die Schmierung, die Rauhigkeit der Schneidelemente und die Rückfederung des Blechs beeinflußt.

Werkzeugschmierung

Ohne Schmierung ist das Feinschneiden nicht möglich. Ein Kaltverschweißen der Aktivelemente mit dem Schnitteil sowie eine rasche Werkzeugabstumpfung wären die Folge. Es ist daher notwendig, Vorkehrungen zu treffen, daß die Aktivelemente an jeder Stelle der Schneidkonturen und der Umformbereiche im Werkzeug mit ausreichend Schmierstoff versorgt sind.

Feinschneidöle können durch *Walzen oder Sprühen* auf das Bandmaterial aufgebracht werden. Die Bandober- und -unterseite muß dabei gleichmäßig mit einem Schmierfilm benetzt werden. Zu diesem Zweck werden den Feinschneidölen Benetzungsstoffe zugegeben.

Beim Einsatz von Sprühsystemen entstehen Ölnebel, die durch Absaugvorrichtungen entfernt werden. Es besteht außerdem die Möglichkeit, beim Einsatz von hochviskosen Ölen für dicke, höherfeste Werkstoffe den Schmierstoffauftrag über Walzen vorzunehmen.

Um das Feinschneidöl auf der Bandoberfläche auch zu den Reibpartnern während des Schneidvorgangs zu bringen, sind konstruktive Maßnahmen am Werkzeug notwendig. Entlang der Schnittlinien müssen die Führungsplatte, der Auswerfer und die Innenformausstoßer angefast bzw. so präpariert werden, daß sich dort Schmiertaschen ergeben *(Abb. 4.7.26)*. Die Ringzacken- und Schneidplatte werden durch Absätze freigestellt, damit mit jedem Vorschubschritt mit Öl benetztes Band in den Werkzeugwirkbereich gelangt. Bei geschlossenem Werkzeug wird

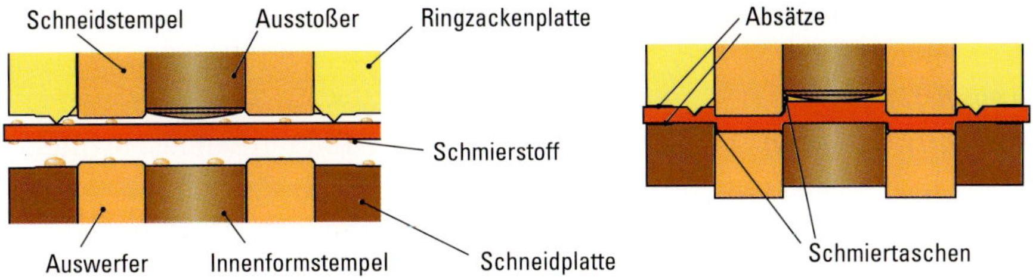

▲ **Abb. 4.7.26** Ausbildung des Schmierfilms im Werkzeug

das Schneidöl vom Band in die Schmiertaschen gepreßt und dient als Ölspeicher für die Schmierung von Stempel und Schneidplatte.

Es gibt kein Universalfeinschneidöl, das allen Anforderungen gleichermaßen gerecht wird. Das verwendete Feinschneidöl muß auf den Werkstoff, die Dicke und die Festigkeit des Schnitteils speziell abgestimmt werden. Die Viskosität des Öls ist auf die besonderen Beanspruchungen beim Feinschneiden abzustimmen.

Je nach Blechdicke und Werkstoffestigkeit wird das Öl einer unterschiedlichen Druck- und Temperaturbelastung unterworfen. Es muß der Beanspruchung so standhalten, daß der Schmierfilm während des Schneidvorgangs nicht abreißt. So ist beispielsweise ein niedrigviskoses Öl bei geringer Werkstoffestigkeit von 400 N/mm^2 bis 3 mm und bei hoher Festigkeit von 600 N/mm^2 lediglich bis 1 mm Blechdicke geeignet. Ein hochviskoses Öl kann bei 14 mm Schnitteildicke und einer Festigkeit von 400 N/mm^2 oder bei 10 mm Dicke und 600 N/mm^2 eingesetzt werden.

In der Vergangenheit wurden den Ölen als EP (Extreme Pressure) Additive organische Chlorverbindungen beigemischt. Aufgrund der toxikologischen Auswirkungen der Chlor-Additive werden immer häufiger chlorfreie Öle eingesetzt. Nach dem heutigen Stand der Technik kann dieser Forderung nur bis zu einer Blechdicke von etwa 6 mm und einer Festigkeit von ca. 450 N/mm^2 ohne Standmengeneinbußen nachgekommen werden. Bei höheren Temperatur- bzw. Druckbeanspruchungen ist der Einsatz von chlorfreien Ölen mit Standmengeneinbußen verbunden. Hier kann die Beschichtung der Aktivelemente des Werkzeugs Abhilfe schaffen.

4.7.4 Feinschneidpressen und Anlagen

Anforderungen
Das Feinschneiden setzt die Wirkung von drei Kräften voraus: Schneidkraft, Ringzackenkraft und Gegenkraft *(Abb. 4.7.3)*. Es kommen daher dreifachwirkende Spezialpressen zum Einsatz. Die Maschinen benötigen einen gesteuerten Bewegungsablauf mit einem genauen oberen Umkehrpunkt des Stößels *(Abb. 4.7.4)*. Die engen Schneidspalte der Werkzeuge dürfen sich auch unter Belastung nicht verändern. Deshalb werden an Feinschneidpressen besonders hohe Genauigkeitsanforderungen gestellt, wie eine exakte Stößelführung, eine große Ständersteifigkeit sowie parallele Werkzeugaufspannflächen. Sowohl mechanische als auch hydraulische Antriebe werden für den Stößelhauptantrieb verwendet.

Maschinenaufbau und Antriebssystem
Die *mechanischen Pressen (Abb. 4.7.27)* sind in der Standardausführung mit einem „Kombitisch" für die Werkzeugsysteme beweglicher und fester Stempel ausgerüstet *(Abb. 4.7.23 und 4.7.24)*. Im Zweiständer-Prinzip ist der Monoblockständer als Gußkonstruktion sehr formsteif und schwingungsarm *(vgl. Abb. 3.1.1)*. Es wird eine spielfreie, vorgespannte Stößelführung eingesetzt *(vgl. Abb. 3.1.5)*. Eine Mittenabstützung im oberen und unteren Werkzeugaufspanntisch stellt eine optimale Werkzeugabstützung und Krafteinleitung in das Werkzeug sicher. Der Antrieb erfolgt von einem geregelten, stufenlos einstellbaren Gleichstrommotor über das Schwungrad, eine Lamellenkupplung und ein Schneckenradgetriebe auf zwei synchron laufende Kurbelwellen unterschiedlicher Exzentrizität *(Abb. 4.7.27)*. Diese Kurbelwellen treiben ein Doppelkniehebelsystem an, welches den für das Feinschneiden erforderlichen Bewegungsablauf des Stößels erzeugt.

Dieses Antriebssystem ist besonders für Werkstoffdicken von ca. 1 bis 8 mm und Gesamtkräfte bis 2500 kN geeignet. Ringzacken- und Gegenkraft werden von Hydrauliksystemen aufgebracht. Der mechanische Antrieb zeichnet sich durch folgende Faktoren aus:

- fester Bewegungsablauf des Stößels mit konstantem Hub und exakter Lage des oberen und unteren Totpunkts,
- niedriger Energieverbrauch,

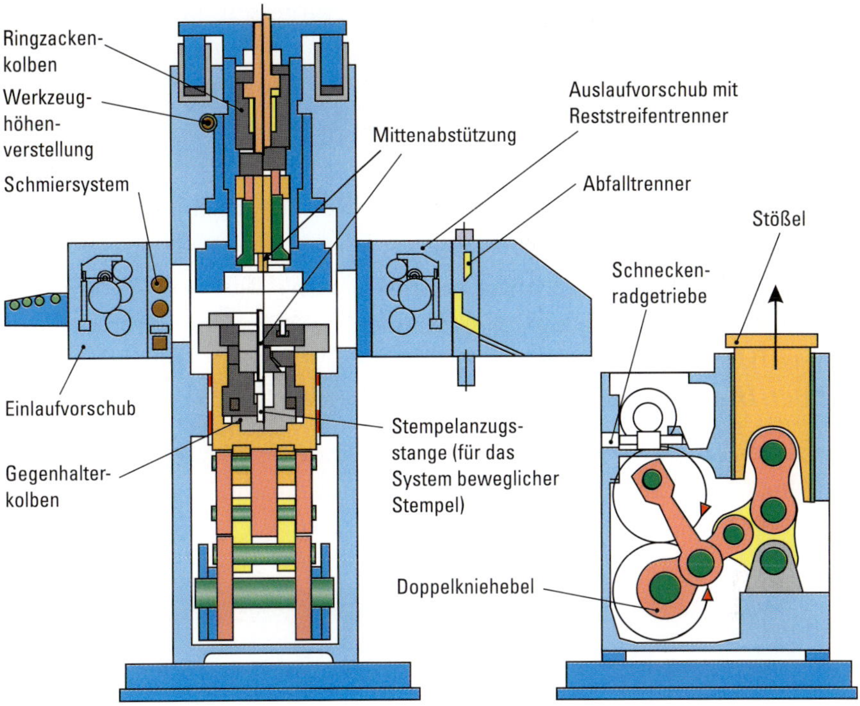

▲ **Abb. 4.7.27** Aufbau einer mechanischen Feinschneidpresse

- hohe Ausbringung in Abhängigkeit von der Pressengröße mit Hubzahlen bis zu 140/min,
- geringer Einstell- und Wartungsaufwand.

Der Pressenkörper *hydraulischer Pressen* besteht aus einer robusten Monoblock-Schweißkonstruktion in Zweiständer-Bauweise mit hoher Gestellsteifigkeit *(Abb. 4.7.28* und *vgl. Abb. 3.1.1)*. Diese wird durch konstruktive Maßnahmen, wie große Ständerquerschnitte und starke Verrippung, erzielt. Der Stößel bildet mit dem Hauptkolben eine Einheit und ist im Pressentisch eingebaut. Die Führung des Stößels erfolgt am Pressenkörper und im unteren Teil des Stößelkolbens. Die Führungsgeometrie besteht aus einer Achtfach-Gleitführung hoher Präzision. Dadurch wird auch bei großer außermittiger Belastung die Stößelkippung weitgehend vermieden.

Leistungsfähige hydraulische Feinschneidpressen im Gesamtkraftbereich von 2500 bis 14 000 kN sind mit einem Druckspeicherantrieb ausgerüstet. Im Stößel ist der Gegenhalterkolben integriert; der Ringzackenkolben ist im Kopfstück eingebaut. Beide Kolben sind mit Stützbolzen versehen, um die Werkzeuge ganzflächig abzustützen. Hydraulische Feinschneidpressen sind gekennzeichnet durch:

- wegunabhängige Kraftaufbringung,
- Bearbeitung von Werkstoffdicken bis 12 mm,
- die Integration von Umformoperationen in Folgeverbund- bzw. Transferwerkzeuge,
- einen besonders betriebssicheren Arbeitsprozeß.

Durch das Konstruktionsprinzip der Feinschneidwerkzeuge werden neben dem Schnitteil alle Beschnitt- und Innenformabfälle wieder aus

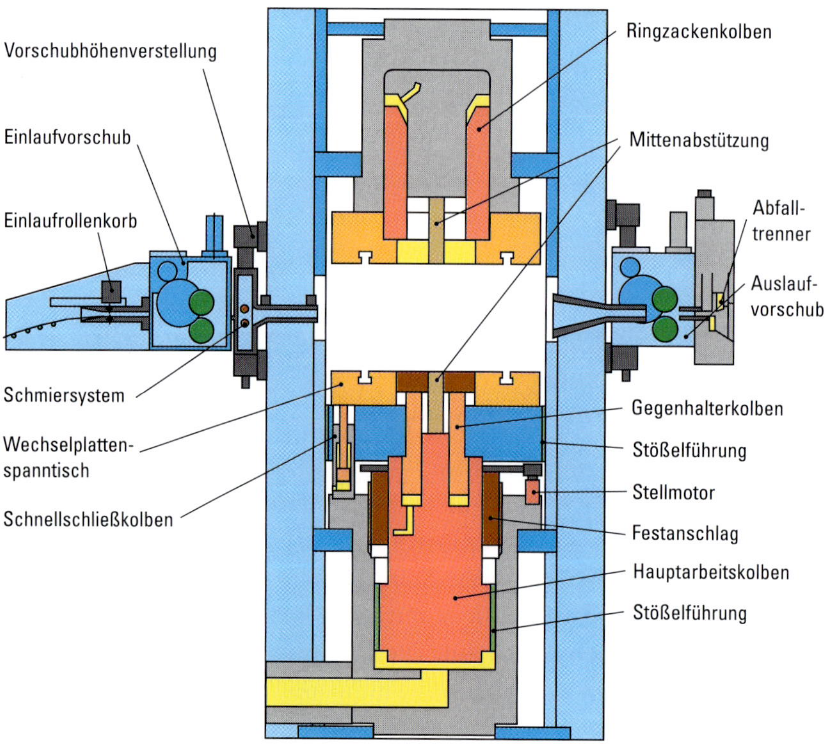

Abb. 4.7.28 Aufbau einer hydraulischen Feinschneidpresse

dem Werkzeug in den Werkzeugraum ausgestoßen bzw. ausgeworfen. Im Prozeßablauf werden anschließend die Werkstücke und Abfälle mittels Ausblasen und mechanischem Ausräumen aus dem Werkzeugraum entfernt. Sollten sich vor dem nächsten Schneidvorgang noch Teile im Werkzeugraum befinden, dann muß die Stößelbewegung rechtzeitig gestoppt werden, um Werkzeugschäden zu vermeiden. Zu diesem Zweck sind Feinschneidpressen mit einer *Werkzeugbruchsicherung* ausgerüstet. Als Systeme kommen die werkzeugwegabhängige Tastsicherung, die werkzeugunabhängige Tasttischsicherung bei mechanischen Pressen sowie die werkzeugunabhängige Drucktastung bei hydraulischen Pressen zur Anwendung.

Die werkzeugunabhängige Drucktastung bietet die höchste Sicherheit – sie ist nur bei hydraulischen Pressen einsetzbar *(Abb. 4.7.29)*. Sie erfolgt mittels einer Druckmessung in den Schnellhubzylindern. Die Schnellhubzylinder werden aus dem Niederdrucksystem so beaufschlagt, daß gerade das Stößelgewicht sowie das Werkzeugunterteil mit Tastgeschwindigkeit angehoben werden *(Abb. 4.7.4)*. Bei ungestörtem Betrieb wird über den Stößelschalter der Hochdruckspeicher zugeschaltet, und der Hauptkolben leitet die Schnittbewegung ein.

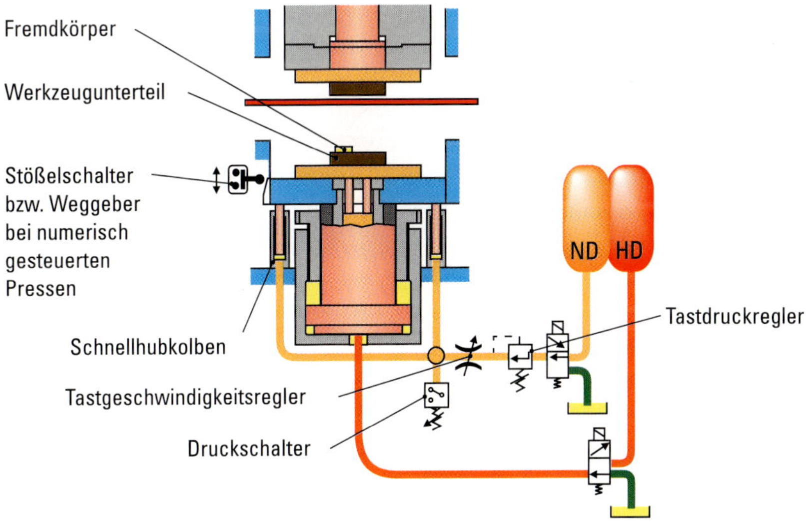

▲ **Abb. 4.7.29** Werkzeugunabhängige Drucktastung

Befinden sich Fremdkörper im Werkzeug, so wird durch den Kontakt zwischen Fremdteil und Band bzw. Werkzeugoberteil ein Druckanstieg im Schnellhubzylinder ausgelöst, bevor der Stößelschalter erreicht wird. Der Druckanstieg – maximal 2 bar – wird von einem Druckschalter registriert; die Pressensteuerung unterbricht sofort die Schließbewegung. Dieses Sicherungssystem hat gegenüber den anderen Systemen folgende Vorteile:

- kostengünstige konstruktive Lösung,
- Überwachung des gesamten Werkzeugraums,
- keine beweglichen Teile im Werkzeugraum,
- Tastgeschwindigkeit und Tastdruck können abhängig von der Teileempfindlichkeit eingestellt werden.

Anlagenbeispiele

Abbildung 4.7.30 zeigt eine CNC-gesteuerte hydraulische Feinschneidpresse mit 4000 kN Gesamtkraft. Ihre maximale, teileabhängige Hubzahl beträgt 50/min.

Abb. 4.7.30 Feinschneidpresse mit einer Nennpreßkraft von 4000 kN

In *Abb. 4.7.31* ist eine automatische Fertigungsanlage zur Herstellung von Synchron-Kegeltellern in drei Stufen dargestellt. Kernstück der Anlage, auf der je Schicht ca. 4 500 Teile gefertigt werden, ist eine CNC-gesteuerte hydraulische Feinschneidpresse mit 14 000 kN Gesamtkraft. Die komplette Anlage kann von einer Person bedient werden.

Von einer Platinenpresse werden die Platinen auf Paletten gestapelt und anschließend auf der höhenverstellbaren Palettenplattform abgesetzt. Von dort gelangen die Paletten zum Einstapelfeeder. Über die Staurollenbahn werden die vorgelochten Platinen der getakteten Pressentransfereinheit übergeben, welche die Teile durch drei Werkzeugstufen transportiert. An der Pressenausgangsseite werden die gefertigten Synchron-Kegelteller mittels Pufferstrecke der Abstapeleinheit zugeführt und die Abfälle getrennt entsorgt. Die beladenen Paletten fahren anschließend über eine Staurollenbahn zur höhenverstellbaren Entnahmestelle.

Außerhalb der Presse wird das Werkzeug auf einem Werkzeugwechselwagen bereitgestellt *(vgl. Abb. 3.4.2)*. Die drei einzelnen Werkzeugmodule werden auf eine gemeinsame Werkzeugwechselplatte montiert. Dadurch ist ein automatischer Werkzeugwechsel in wenigen Minuten möglich.

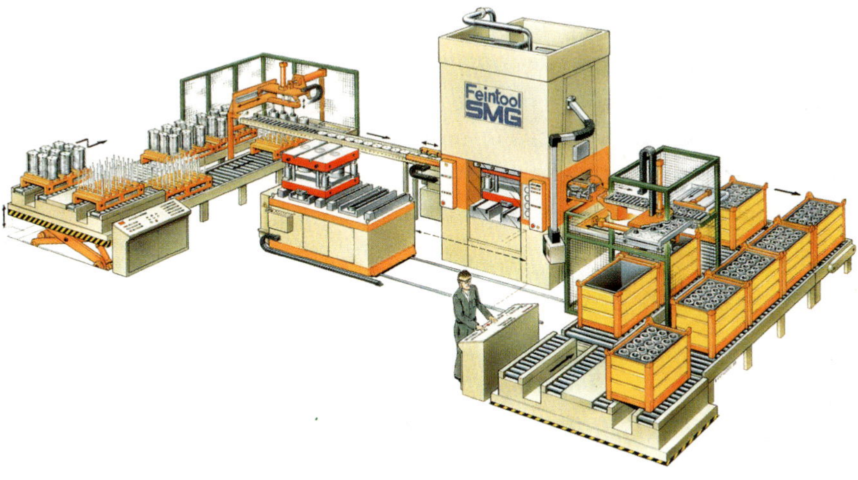

▲ **Abb. 4.7.31** Gesamtanlage zur Herstellung von Synchron-Kegeltellern mit einer 14 000 kN CNC-gesteuerten Feinschneidpresse

4 Blechumformung und Schneiden

4.8 Biegen

4.8.1 Biegeverfahren

Einteilung der Biegeverfahren
Das Fertigungsverfahren Biegeumformen wird nach DIN 8586 in Biegeumformen mit geradliniger und mit drehender Werkzeugbewegung unterteilt *(vgl. Abb. 2.1.3)*. In Abschn. 4.8.2 bzw. 4.8.3 werden die Biegeverfahren mit drehender Werkzeugbewegung, Walzprofilieren und Walzrichten, behandelt. Sie werden dem Walzbiegen zugeordnet.

Biegeradius und Biegewinkel
Beim Entwurf von Biegewerkzeugen sind scharfe Biegekanten zu vermeiden. Der innere Biegeradius r_i [mm] richtet sich nach der Blechdicke s [mm] und ist so groß wie möglich auszuführen, da scharfe Biegekanten zum Versagen des Werkstoffs führen. Grundsätzlich sollte der Biegeradius die empfohlenen Werte entsprechend der Rundungen nach DIN 6935 annehmen, also aus folgender Reihe gewählt werden (unter Bevorzugung der fettgedruckten Werte):

1 1,2 **1,6** 2 **2,5** 3 **4** 5 **6** 8 **10** 12 **16** 20 **25** 28 **32** 36 **40** 45 **50** **63** **80** 100 usw.

Beim Biegen von Blech ist zudem auf die Walzrichtung zu achten. Die besser geeignete Richtung zum Biegen ist quer zur Walzrichtung. Liegt die Biegeachse parallel zur Walzrichtung des Blechs, muß $r_{i\,min}$ höher gewählt werden als beim Biegen senkrecht zur Walzrichtung.

Tabelle 4.8.1 gibt die kleinsten zulässigen Biegeradien für Biegewinkel α bis maximal 120° an. Für Biegewinkel $\alpha > 120°$ gilt der nächsthöhere Wert; beispielsweise wäre beim Biegen quer zur Walzrichtung von Blechen aus QSt 42–2 mit der Dicke s = 6 mm der kleinste zulässige Biegeradius r = 10 mm für $\alpha \leq 120°$ und r = 12 mm für $\alpha > 120°$.

Rückfederung

Bei der Konstruktion des Werkzeugs ist zu beachten, daß das Werkstück infolge der elastischen Biegespannungen nach der Entlastung auffedert. Die Auffederung ist je nach Werkstoffart verschieden. Rückfederung tritt bei allen Biegeumformverfahren auf, beim Biegen in Pressen, beim Abkanten wie auch beim Profil- und Walzrundbiegen.

Der erforderliche Winkel am Biegewerkzeug stimmt somit nicht exakt mit dem gewünschten Winkel am Werkstück überein *(Abb. 4.8.1)*. Das Verhältnis der Winkel kennzeichnet den sogenannten Rückfederungsfaktor k_R, der von den Werkstoffeigenschaften und vom Verhältnis Biegeradius/Blechdicke (r/s) abhängt:

$$k_R = \frac{\alpha_2}{\alpha_1} = \frac{r_{i1} + 0{,}5 \cdot s}{r_{i2} + 0{,}5 \cdot s} \; [-],$$

mit α_1 : Winkel am Werkzeug (erforderlicher Biegewinkel) [°],
α_2 : gewünschter Winkel am Werkstück (nach der Rückfederung) [°],
s: Blechdicke [mm],
r_{i1} : Innenradius am Werkzeug [mm],
r_{i2} : Innenradius am Werkstück [mm].

Die Abhängigkeit des Rückfederungsfaktors k_R vom Werkstoff ist Tabelle 4.8.2 zu entnehmen.

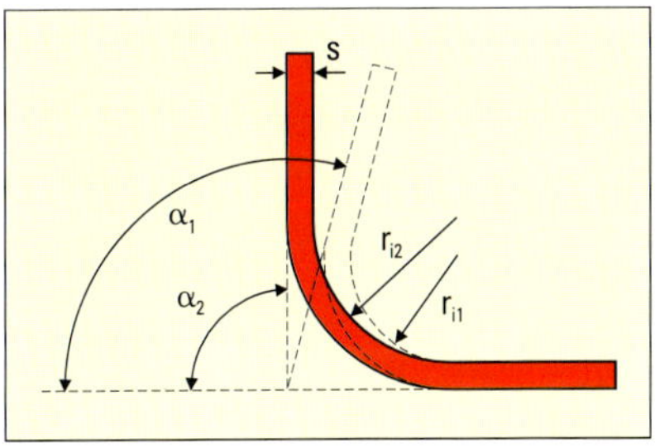

Abb. 4.8.1
Rückfederung beim Biegen: s Blechdicke, α_1 erforderlicher Biegewinkel, α_2 gewünschter Winkel, r_{i1} Innenradius Werkzeug, r_{i2} Innenradius Werkstück

Tabelle 4.8.1: Minimaler Biegeradius $r_{i\,min}$ für Biegewinkel α unter 120°

		Kleinster zulässiger Biegeradius $r_{i\,min}$ für Blechdicken s [mm]							
Stahlsorten mit einer Mindestzugfestigkeit [N/mm²]	Biegerichtung zur Walzrichtung	1	> 1 bis 1,5	> 1,5 bis 2,5	> 2,5 bis 3	> 3 bis 4	> 4 bis 5	> 5 bis 6	> 6 bis 7
bis 390	quer	1	1,6	2,5	3	5	6	8	10
	längs	1	1,6	2,5	3	6	8	10	12
über 390 bis 490	quer	1,2	2	3	4	5	8	10	12
	längs	1,2	2	3	4	6	10	12	16
über 400 bis 640	quer	1,6	2,5	4	5	6	8	10	12
	längs	1,6	2,5	4	5	8	10	12	16

		Kleinster zulässiger Biegeradius $r_{i\,min}$ für Blechdicken s [mm]						
Stahlsorten mit einer Mindestzugfestigkeit [N/mm²]	Biegerichtung zur Walzrichtung	> 7 bis 8	> 8 bis 10	> 10 bis 12	> 12 bis 14	> 14 bis 16	> 16 bis 18	>18 bis 20
bis 390	quer	12	16	20	25	28	36	40
	längs	16	20	25	28	32	40	45
über 390 bis 490	quer	16	20	25	28	32	40	45
	längs	20	25	32	36	40	45	50
über 400 bis 640	quer	16	20	25	32	36	45	50
	längs	20	25	32	36	40	50	63

Tabelle 4.8.2: Rückfederungsfaktor k_R

Werkstoff	Rückfederungsfaktor k_R	
	$r_{i2}/s = 1$	$r_{i2}/s = 10$
St 0-24, St 1-24	0,99	0,97
St 2-24, St 12	0,99	0,97
St 3-24, St 13	0,985	0,97
St 4-24, St 14	0,985	0,96
rostbeständige austenitische Stähle	0,96	0,92
hitzebeständige ferritische Stähle	0,99	0,97
hitzebeständige austenitische Stähle	0,982	0,955
Nickel w	0,99	0,96
Al 99 5 F 7	0,99	0,98
Al Mg 1 F 13	0,98	0,90
Al Mg Mn F 18	0,985	0,935
Al Cu Mg 2 F 43	0,91	0,65
Al Zn Mg Cu 1,5 F 49	0,935	0,85

Der erforderliche Winkel am Werkzeug ist also

$$\alpha_1 = \frac{\alpha_2}{k_R} \quad [°]$$

Der erforderliche Innenradius am Werkzeug läßt sich berechnen zu

$$r_{i1} = \frac{r_{i2}}{1 + \frac{r_{i2} \cdot R_m}{s \cdot E}} \quad [mm]$$

mit der Zugfestigkeit R_m [N/mm^2] und dem Elastizitätsmodul E [N/mm^2].

Das Biegen verursacht Eigenspannungen im Werkstück. Sie sind um so größer, je kleiner der Biegeradius im Verhältnis zur Blechdicke ist. Bei Werkstoffen, die empfindlich auf Spannungskorrosion reagieren, kann das Werkstück daher in relativ kurzer Zeit nach der Umformung versagen. Durch Prägen nach dem Biegen werden die Eigenspannungen herabgesetzt. Falls die Eigenspannungen durch eine nachfolgende Wärmebehandlung abgebaut werden sollen, ist zu beachten, daß sich dadurch die Radien bzw. Winkel am Werkstück ändern.

Unerwünschte Verformungen beim Biegen

Beim rechteckigen Querschnitt eines Blechstreifens werden die Seiten des Rechtecks von der Bandbreite und der Blechdicke gebildet. Bei dicken Bändern und scharfen Biegungen, also kleinem inneren Krümmungsradius, wird dieses Rechteck zu einem Trapez verformt *(Abb. 4.8.2)*.

Werden mehrere Operationen in einem Werkzeug zusammengelegt, d. h. gleichzeitig mehrere Abkantungen vorgenommen, so ist sicherzustellen, daß beim Umformen genügend Werkstoff nachgleiten kann, da sonst unter Umständen an den Ecken eine erhebliche Schwächung oder ein Reißen des Teils stattfindet. Außerdem erhöht sich die Kraft, die zum Erreichen der endgültigen Form erforderlich ist.

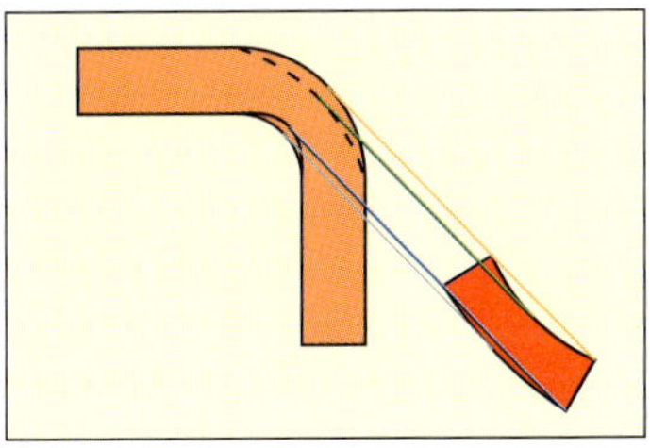

Abb. 4.8.2
Querschnittsverformung beim Biegen

Ermittlung der Zuschnittslänge gebogener Werkstücke

Die Zuschnittslänge des zu biegenden Teils weicht von der in der Querschnittsmitte liegenden Faserlänge nach dem Biegen ab. Die gestreckte Länge von Biegeteilen l [mm] berechnet sich zu

$$l = a + b + v \quad [\text{mm}] \text{ für Öffnungswinkel } 0° \text{ bis } 165° \text{ und}$$

$$l = a + b \quad [\text{mm}] \text{ für Öffnungswinkel} > 165° \text{ bis } 180°$$

Hierbei bedeuten a [mm] und b [mm] die Längen der beiden Biegeschenkel, und v [mm] stellt einen Ausgleichswert dar, der positive oder negative Werte annehmen kann *(Abb. 4.8.3)*.

Es ist darauf zu achten, daß α der Biege- und β der Öffnungswinkel des Blechteils ist. Werte für v sind in DIN 6935 zu finden bzw. für jeden gewünschten Winkel berechenbar:

– für $\beta = 0°$ bis $90°$:

$$v = \pi \cdot \left(\frac{180° - \beta}{180°}\right) \cdot \left(r + \frac{s}{2} \cdot k_R\right) - 2 \cdot (r + s) \quad [\text{mm}]$$

– für $\beta > 90°$ bis $165°$:

$$v = \pi \cdot \left(\frac{180° - \beta}{180°}\right) \cdot \left(r + \frac{s}{2} \cdot k_R\right) - 2 \cdot (r + s) \cdot \tan\frac{180° - \beta}{2} \quad [\text{mm}]$$

mit Korrekturfaktor k [–]:

– $k = 1$ für $r/s > 5$ und

– $k = 0{,}65 + \frac{1}{2} \cdot \log\frac{r}{s}$ für r/s bis 5

Die berechneten gestreckten Längen sind auf volle Millimeter aufzurunden.

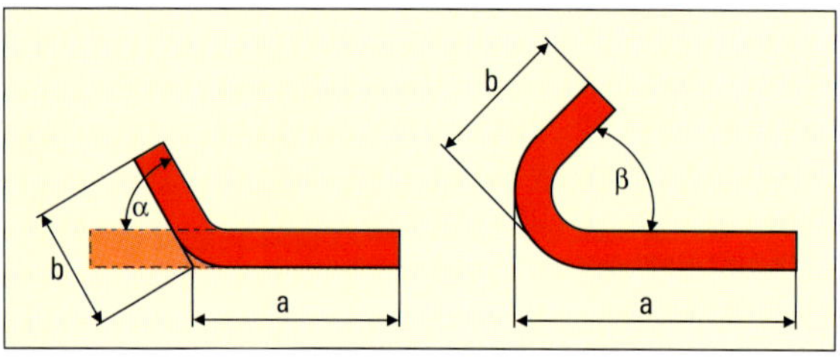

Abb. 4.8.3
Geometrie der Biegeschenkel

Beispiel:

Es soll ein 3 mm dickes Blech aus St 37-2, Werkstoffnummer 1.0037, gemäß *Abb. 4.8.4* gebogen werden. Für diesen Werkstoff liegt die Mindestzugfestigkeit bei R_m = 360 N/mm^2 . Aus Tabelle 4.8.1 läßt sich damit der kleinste zulässige Biegeradius zu $r_{i\,min}$ = 3 mm bestimmen. Zur Ermittlung der Zuschnittslänge des Blechteils benötigt man die Summe der Schenkellängen und alle entsprechenden Ausgleichswerte v, zu deren Berechnung jeweils der Korrekturfaktor k erforderlich ist.

Summe der Schenkellängen:

$$a + b + c + d = 30 + 60 + 75 + 20 = 185 \text{ mm}$$

für $\beta = 90°$, $r = 5$ mm, $s = 3$ mm:

$$k_1 = 0{,}65 + \frac{1}{2} \cdot \log\frac{5}{3} = 0{,}761$$

$$v_1 = \pi \cdot \frac{90}{180} \cdot \left(5 + \frac{3}{2} \cdot 0{,}761\right) - 2 \cdot (5 + 3) = -6{,}35 \text{ mm}$$

für $\beta = 45°$, $r = 3$ mm, $s = 3$ mm:

$$k_2 = 0{,}65 + \frac{1}{2} \cdot \log\frac{3}{3} = 0{,}65 + \frac{1}{2}\log 1 = 0{,}65 + 0 = 0{,}65$$

$$v_2 = \pi \cdot \frac{135}{180} \cdot \left(3 + \frac{3}{2} \cdot 0{,}65\right) - 2 \cdot (3 + 3) = -2{,}63 \text{ mm}$$

für $\beta = 135°$, $r = 10$ mm, $s = 3$ mm:

$$k_3 = 0{,}65 + \frac{1}{2} \cdot \log\frac{10}{3} = 0{,}911$$

$$v_3 = \pi \cdot \frac{45}{180} \cdot \left(10 + \frac{3}{2} \cdot 0{,}911\right) - 2 \cdot (10 + 3) \cdot \tan\frac{45°}{2} =$$

$$= \pi \cdot 0{,}25 \cdot 11{,}366 - 26 \cdot \tan 22{,}5° = -1{,}84 \text{ mm}$$

Die Summe der Ausgleichswerte ergibt:

$$v_{ges} = v_1 + v_2 + v_3$$

$$v_{ges} = -6{,}35 - 2{,}63 - 1{,}84 = -10{,}82 \text{ mm}$$

Die gesamte gestreckte Länge errechnet sich zu:

$$l = a + b + c + d + v_{ges} = 185 - 10{,}82 = 174{,}18 \text{ mm}$$

Das Ergebnis wird aufgerundet, für den Blechzuschnitt werden 175 mm gewählt.

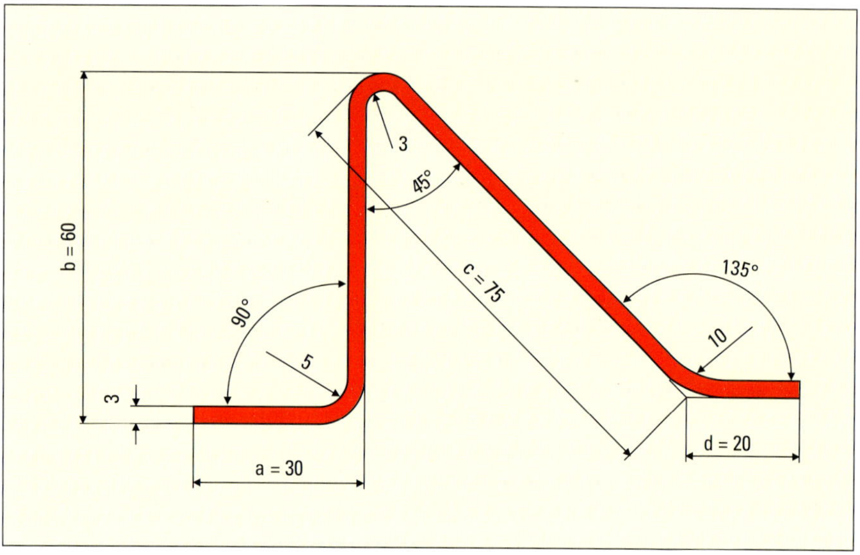

Abb. 4.8.4 Gebogenes Werkstück (vgl. Beispiel)

Biegekraft und Biegearbeit beim Gesenkbiegen

Das Gesenkbiegen ist ein verbreitetes Fertigungsverfahren, bei dem zwischen Biegestempel und Biegegesenk gebogen wird *(Abb. 4.8.5)*. Meist schließt sich ein Gesenkdrücken an; durch den Prägedruck können Spannungen abgebaut werden (Verminderung der Rückfederung).

Beim Biegen von Winkeln im V-Gesenk ist die zur Umformung erforderliche Biegekraft F_b [N] von der Werkzeugweite w [mm] abhängig, da diese das biegende Moment bestimmt. Demgegenüber spielt die Größe des Biegeradius eine untergeordnete Rolle, vorausgesetzt, daß die ihm entsprechende Gesenkweite w richtig gewählt wurde. Üblicherweise wird das Maß l [mm] des Gesenks nach der Blechdicke s [mm] gewählt:

$$l = 6 \cdot s \quad [\text{mm}]$$

Bei Verwendung eines üblichen Werkzeugs, bei dem das Blech an beiden Seiten im Abstand w aufliegt, während der Stempel in der Mitte auf das Blech drückt, erhält man mit der Blechstreifenbreite b_S [mm] für die Biegekraft:

$$F_b = \frac{b_s \cdot s^2 \cdot R_m}{w} \quad [N] \qquad \text{für } w/s \geq 10$$

bzw.

$$F_b = \left(1 + \frac{4 \cdot s}{w}\right) \cdot \frac{b_s \cdot s^2 \cdot R_m}{w} \quad [N] \qquad \text{für } w/s < 10$$

Dies sind vereinfachte Formeln, die jedoch in der Praxis für Überschlagsrechnungen ausreichen. Die Biegearbeit W_b [Nm] beträgt:

$$W_b = x \cdot F_b \cdot h \quad [Nm],$$

wenn der Stempelweg vom Auftreffen auf das Blech bis zum Ende der Biegung mit h [m] bezeichnet wird. Die Konstante x soll den ungleichförmigen Kraftverlauf über dem Stempelweg berücksichtigen und liegt gewöhnlich zwischen x = 0,3 und 0,6, je nach Biegefall und Maschineneinstellung.

Beispiel:

Wird ein 2 mm dickes Aluminiumblech AlMg5Mn von 50 mm Breite und der Mindestzugfestigkeit R_m =280 N/mm² in einem V-Gesenk der Weite w = 15 mm mit einem Stempelweg von h = 7 mm gebogen, so erhält man für die Biegekraft:

$$F_b = \frac{50\,\text{mm} \cdot 4\,\text{mm}^2 \cdot 280\,\text{N/mm}^2}{15\,\text{mm}} = 3733\,\text{N}$$

Beim Biegen im V-Gesenk ist der Verfahrensfaktor x = 1/3. Die Biegearbeit beträgt somit:

$$W_b = \frac{1}{3} \cdot 3733\,\text{N} \cdot 0{,}007\,\text{m} = 8{,}7\,\text{Nm} = 8{,}7\,\text{J}$$

4.8.2 Walzprofilieren und Profilspektrum

Verfahren

Walzprofilieren - auch als Längsprofilieren oder kurz Profilieren bezeichnet - wird nach DIN 8586 den Biegeumformverfahren mit drehender Werkzeugbewegung zugeordnet *(vgl. Abb. 2.1.3)*. Beim Profilieren

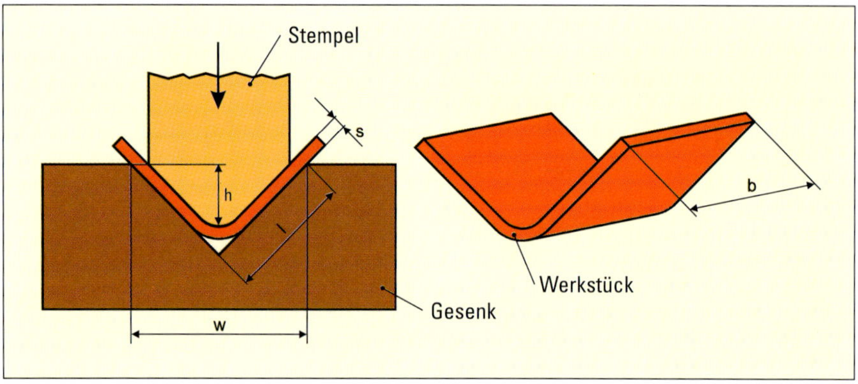

▲ **Abb. 4.8.5** Biegen im V-Gesenk

werden Blechbänder oder Platinen mit Hilfe von Walzen (Rollen) zu Profilen umgeformt *(Abb. 4.8.6)*, wobei die Formgebung stufenlos fortschreitet. Es wird ein Rollenpaar pro Umformstufe benötigt *(Abb. 4.8.7)*. Der Vorteil des Profilierens gegenüber anderen Biegeverfahren besteht darin, daß Blechstreifen von beliebiger Länge umgeformt werden können.

Grundprofilformen

Profile werden stufenweise durch Kombination einfacher Grundformen der Rollenumformung hergestellt:

◀ **Abb. 4.8.6**
Profilierwalzenpaar:
letzte Stufe der Formgebung

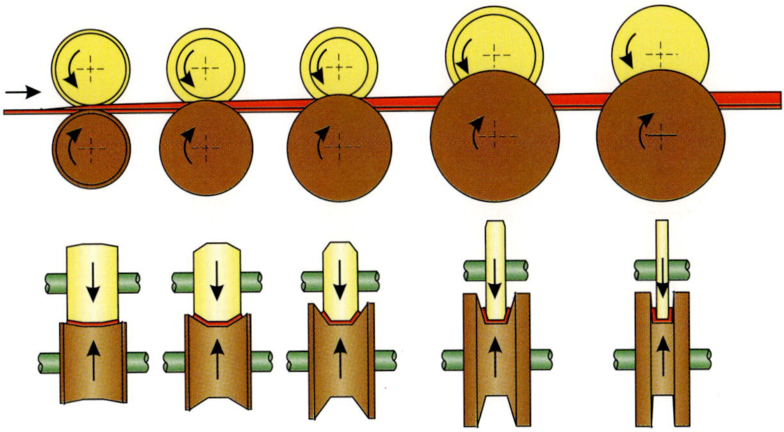

▲ **Abb. 4.8.7** Walzprofilieren: Walzbiegen in mehreren Stufen

- *Rollen:* Der Rand eines Profils wird um mehr als 180° umgeformt, wobei drei verschiedene Ausführungen gebräuchlich sind *(Abb. 4.8.8)*.
- *Falten:* Stufenweises Biegen von geraden Schenkeln um einen gemeinsamen Punkt *(Abb. 4.8.9)*.
- *Sicken:* Vertiefungen im Profil, z. B. zur Versteifung *(Abb. 4.8.10)*.
- *Dopplungen:* Das Material liegt doppelt aufeinander, z.B. an den Rändern *(Abb. 4.8.11)*.

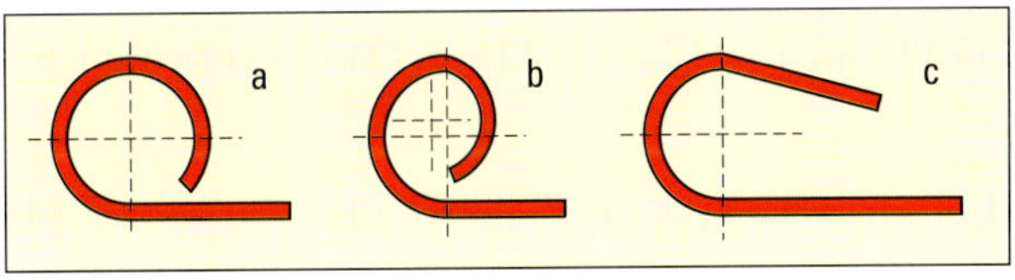

▲ **Abb. 4.8.8** Rollen: **a** *Auge:* runde Form mit nur einem Radius; **b** *Oval:* runde Form, aus mehreren Radien aufgebaut; **c** *Schleife:* nicht ganz umgebogenes Blech

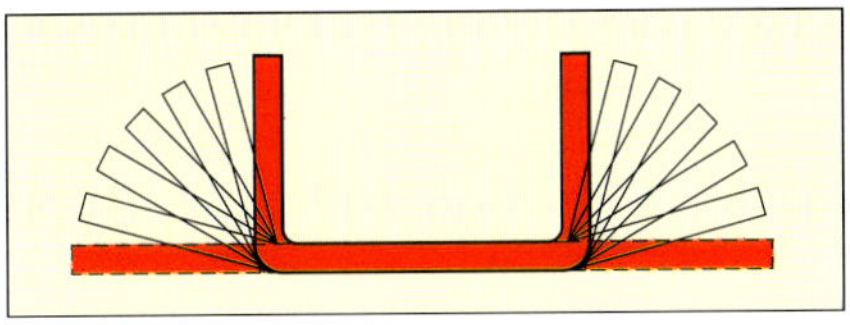

◀ **Abb. 4.8.9** Falten

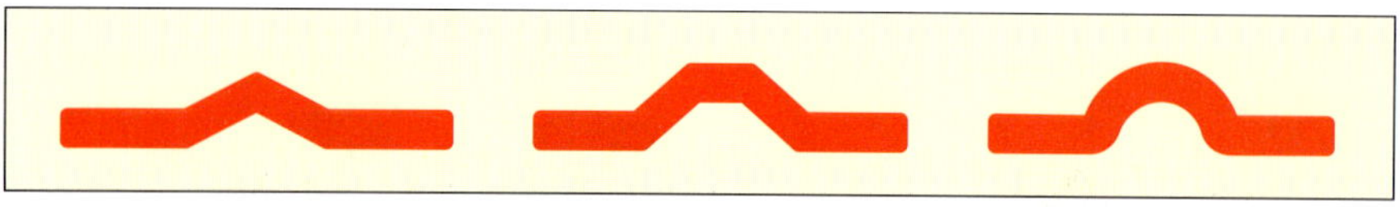

▲ **Abb. 4.8.10** Sicken

Anwendungsbeispiele
Durch die Kombination der Grundformen lassen sich beliebige Profilformen herstellen *(Abb. 4.8.12 bis 4.8.17)*. Die stufenweise Herstellung einer speziellen Profilform zeigt *Abb. 4.8.18.*

Walzbiegeradius
Beim Walzbiegen muß der tatsächliche Biegeradius zwischen dem maximalen und dem kleinsten zulässigen Biegeradius liegen:

$$r_{i\,max} = \frac{s \cdot E}{2 \cdot R_{eL}} \quad [mm]$$

$$r_{i\,min} = s \cdot c$$

mit dem Elastizitätsmodul E [N/mm²], der Streckgrenze R_{eL} bzw. $R_{p0,2}$ [N/mm²] (vgl. Abschn. 4.2.2) und dem Werkstoffkoeffizienten c [–] nach Tabelle 4.8.3.

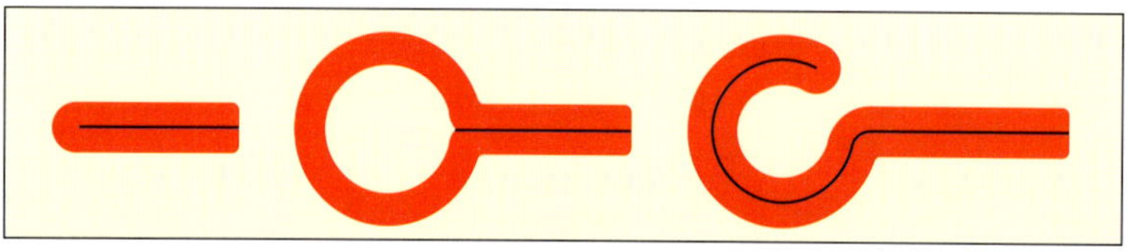

▲ **Abb. 4.8.11** Dopplungen

▲ **Abb. 4.8.12** U/C- und Schienenprofile

Abb. 4.8.13 Hutprofile

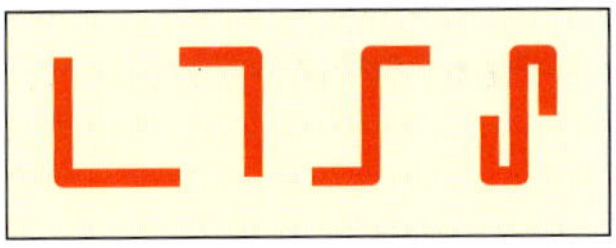

Abb. 4.8.14 Winkel-, L- und Z-Profile

Abb. 4.8.15 T- und Omegaprofile

Abb. 4.8.16 Geschlossene Profile

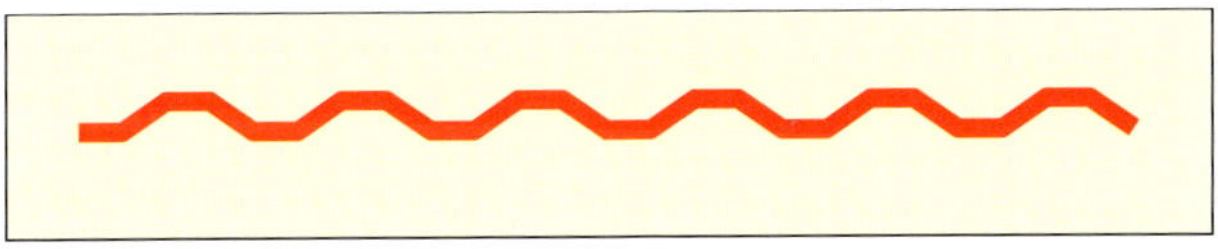

Abb. 4.8.17 Breitbandprofil

Beispiel:

Beim Walzbiegen mit 2 mm dickem, verfestigtem Blech aus St 37-2 (Werkstoffnummer 1.0037) mit dem Elastizitätsmodul $E = 2{,}1 \cdot 10^5$ N/mm² für Stahl und der Streckgrenze $R_{eL} = 220 \ldots 240$ N/mm² berechnet sich der Bereich der einstellbaren Radien wie folgt:

$$r_{i\,max} = \frac{2\text{ mm} \cdot 2{,}1 \cdot 10^5\text{ N/mm}^2}{2 \cdot 240\text{ N/mm}^2} = \frac{210\,000}{240}\text{ mm} = 875\text{ mm}$$

$$r_{i\,min} = 2\text{ mm} \cdot 0{,}5 = 1\text{ mm}$$

Der tatsächliche Radius beim Biegen quer zur Walzrichtung sollte also mindestens 1 mm groß sein.

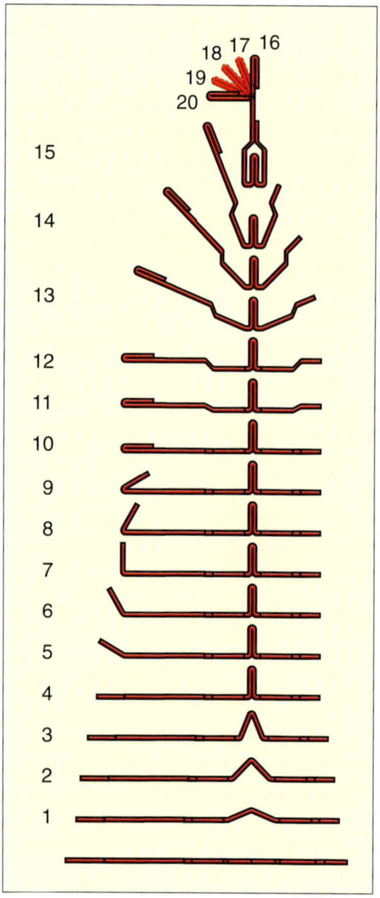

Abb. 4.8.18 Stufenweise Herstellung eines Profils mit 20 Walzen

Tabelle 4.8.3: Werkstoffkoeffizient c zur Berechnung von $r_{i\,min}$

		Werkstoffkoeffizient c	
Werkstoff	Biegerichtung zur Walzrichtung	Werkstoff weichgeglüht	Werkstoff verfestigt
Al	quer	0,01	0,30
	längs	0,30	0,80
Cu	quer	0,01	1,00
	längs	0,30	2,00
Ms 67, Ms 72, CuZn 37	quer	0,01	0,40
	längs	0,30	0,80
St 13	quer	0,01	0,40
	längs	0,40	0,80
C 15 – C 25 St 37 – St 42	quer	0,10	0,50
	längs	0,50	1,00
C 35 – C 45 St 50 – St 70	quer	0,30	0,80
	längs	0,80	1,50

Walzprofilieranlagen

Walzprofilieranlagen werden in zwei Betriebsarten unterteilt. Bei *Start-Stop-Anlagen,* die in ihrer einfachsten Form aus Haspel, Ausgleichsschlaufe, Profiliermaschine und Trennwerkzeug bestehen, wird die Produktlänge über die Profiliermaschine bestimmt *(Abb. 4.8.19)*. Durch das Start-Stop-Verfahren sind über die Positionierung der Profiliermaschine auch Stanz- und Prägeoperationen möglich.

Kontinuierlich laufende Profilieranlagen arbeiten mit gleichbleibender Geschwindigkeit. Auf diesen Anlagen können wahlweise Blechplatinen

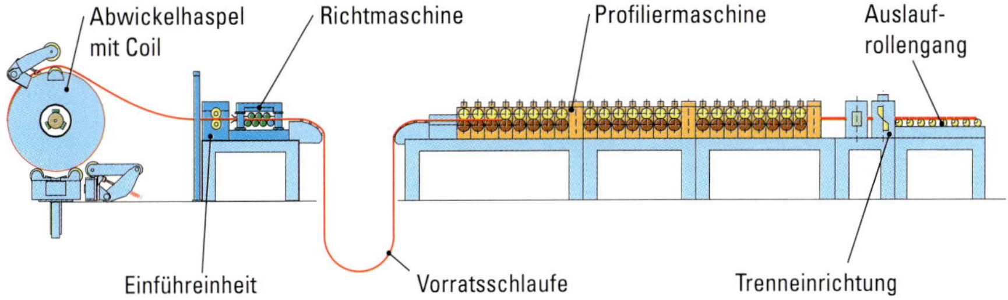

▲ **Abb. 4.8.19** Start-Stop-Profilieranlage

oder Blechstreifen zu Profilstangen verarbeitet werden. Während auf einer Platinenanlage auf Länge geschnittene Bleche verarbeitet werden, wird bei dem Anlagentyp zur Verarbeitung von Blechstreifen das erzeugte Profil über einen nach der Profilierung folgenden Ablängautomaten getrennt.

Der Vorteil einer Platinenanlage ist, daß das aufwendige Profiltrennwerkzeug durch eine einfache Querteilschere ersetzt werden kann. Gerade bei unterschiedlichen Profilformen oder -breiten entfallen somit teure Werkzeugeinsätze. Es ist jedoch zu berücksichtigen, daß bei dieser Verfahrensart eine Mindestblechlänge Voraussetzung ist, da die Vortriebskraft der Walzen stets größer sein muß als das zu überwindende Umformmoment. Außerdem müssen Vorkehrungen getroffen werden, um die Platine entsprechend zu führen.

Der Vorteil einer kontinuierlich laufenden Anlage, die vom Band produziert, liegt in der höheren Ausbringung bei längeren Profilstücken. Unumgänglich ist diese Verfahrensart, wenn während des Profilierens kontinuierlich laufende Prozesse wie Längsnahtschweißen, Kleben, Schäumen, etc. integriert werden sollen oder aufgrund der Maschinengröße zu große Massen beschleunigt werden müßten.

In der Praxis werden die Grundformen dieser Verfahrenstechnik jedoch häufig erweitert, da entweder die Ausbringung nicht ausreichend ist, oder zusätzliche Stanzbilder berücksichtigt werden müssen. Hier werden Doppelschlaufenanlagen mit separater Stanzeinrichtung eingesetzt.

Um die Rüstzeiten so gering wie möglich zu halten, werden Profilieranlagen häufig mit Doppelschwenkhaspeln zur Aufnahme von zwei Coils und Bandendenschweißmaschinen eingesetzt. Die Bandendenschweißmaschinen verbinden Bandanfang und Bandende, wodurch sowohl die Zeit zum Bandeinführen eingespart als auch der Schrottanteil von Bandanfang und Bandende reduziert wird.

Wechseltechniken mit Gerüstsätzen und Rollenwerkzeugen

Um unterschiedliche Profilformen auf einer Fertigungslinie herstellen zu können, sind verschiedene Wechseltechniken möglich. Die Rollenwerkzeuge werden auf starren Gerüsten oder auf Gerüsten mit Teleskop-Rollensatz oder direkt auf die Getriebeblöcke montiert *(Abb. 4.8.20)*. Die Gerüste sind mittels Gelenkwellen mit den Getriebeeinheiten der Profiliermaschine verbunden.

Abb. 4.8.20
Walzengerüste

Breitenverstellbare Rollensätze ermöglichen die Herstellung von Produkten mit unterschiedlichen Bodenbreiten bzw. Schenkelhöhen mit einem gemeinsamen Rollensatz *(Abb. 4.8.21)*.

Das Walzgerüst für den *Profilrollentausch* dient zur Herstellung von kompakten Profilen mit fixen Abmessungen. Allerdings können beim Einsatz von Distanzscheiben, die manuell in jedem Gerüst gewechselt werden, auch Profile mit unterschiedlichen Breiten gefertigt werden *(Abb. 4.8.22)*. Beide Gerüstarten – starr und mit Teleskop-Rollensatz – erlauben einen Austausch der Rollenwerkzeuge durch Abzug des vorderen Gerüstständers, allerdings mit hohen Rüstzeiten.

Eine Mischform von Rollentausch und komplettem Gerüstwechsel bildet der *Arbeitswellenwechsel*. Über einen speziellen Arbeitsplatz mit entsprechendem Krangeschirr werden die obere und untere Arbeitswelle gemeinsam ausgewechselt *(Abb. 4.8.23)*. Hierdurch können Rüst-

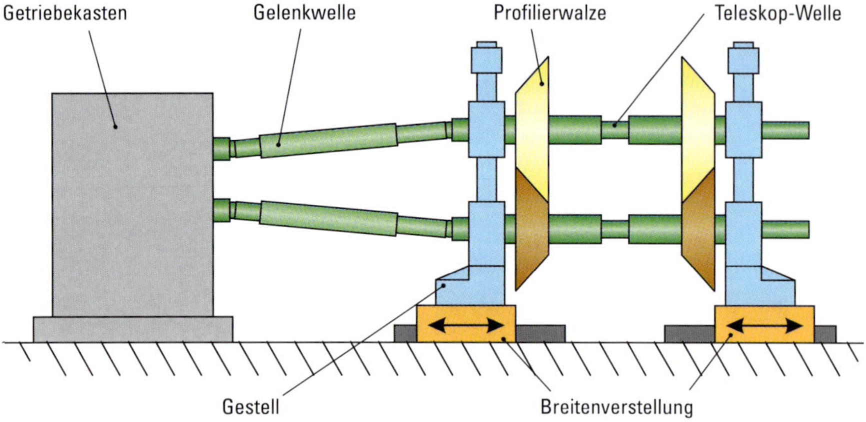

▲ **Abb. 4.8.21** Breitenverstellbarer Teleskop-Rollensatz

fehler vermieden und ein zweiter Gerüstsatz eingespart werden. Die Rüstzeit liegt zwischen der Wechselzeit über Rollentausch und der über Gerüstpaletten.

Für jedes Profil kann auch ein eigener Gerüstsatz verwendet werden, wodurch ein schnelles Umrüsten sowie eine hohe Prozeßsicherheit und Wiederholgenauigkeit erzielt werden *(Abb. 4.8.24)*. Beim *Gerüstwechsel* gibt es zwei Wechseltechniken:

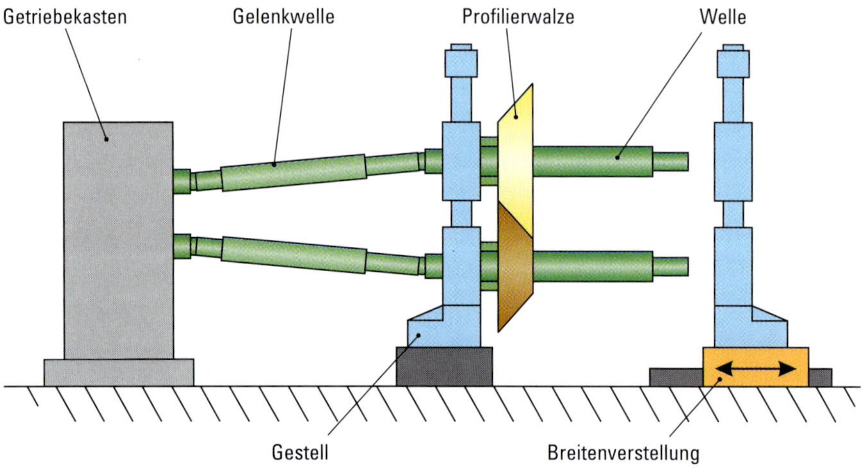

▲ **Abb. 4.8.22** Walzgerüst für Profilrollentausch

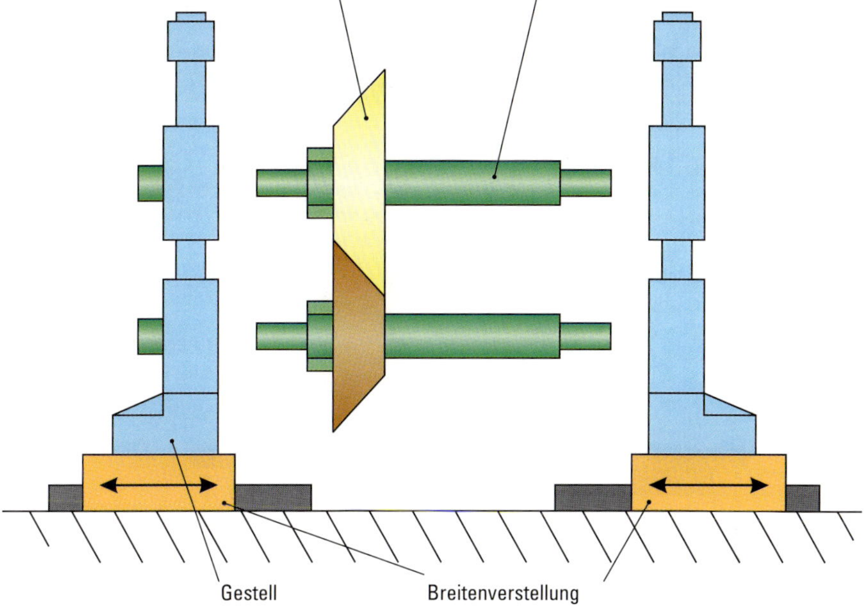

▲ **Abb. 4.8.23** Arbeitswellenwechsel

- Austausch einzelner Paletten mittels Hallenkran: Bei kurzer Umrüstzeit empfiehlt sich der Palettenwechsel. Die Profiliergerüste, z. B. drei oder vier Stück, sind mit den Rollenwerkzeugen in fixer Einstellung auf Paletten aufgebaut, die mit einem Kran abgehoben werden. Zum Spannen und Zentrieren sind je nach Automationsgrad mechanische oder hydraulische Systeme im Einsatz.
- Austausch einzelner Paletten bzw. kompletter Rollensätze und Gerüstlager: Für eine vollautomatische Umrüstung werden die Werkzeugpaletten mit einem Regalfahrzeug gewechselt. Diese Methode ist bei häufiger Umrüstung wirtschaftlicher.

■ 4.8.3 Walzrichten

Richten ist erforderlich, wenn plastisch gebogene Bleche, Stäbe, Drähte oder Rohre durch geeignetes Zurückbiegen wieder geradegebogen wer-

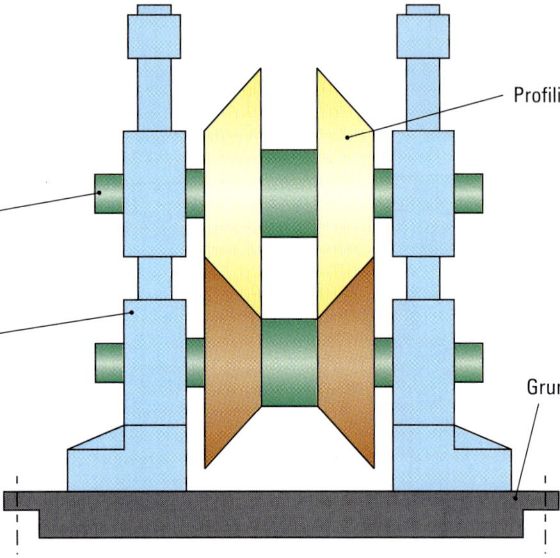

▲ **Abb. 4.8.24** Gerüst für einen kompletten Gerüstwechsel

den müssen. Ein typischer Anwendungsfall ist das Richten von Blech in einer Richtmaschine zur weiteren Bearbeitung in einer Umformpresse, nachdem es vom Coil abgewickelt wurde (vgl. Abschn. 4.3).

Nach DIN 8586 gehört Walzrichten zu den Biegeverfahren mit drehender Werkzeugbewegung *(vgl. Abb. 2.1.3)*. Das Rückbiegen einer Ausgangskrümmung durch eine genau definierte Biegung, die exakt auf den Ausgangsradius abgestimmt sein muß, erweist sich in der Praxis als nicht durchführbar. Vielmehr wendet man ein Verfahren an, Bleche durch mehrere Wechselbiegungen mit langsam zunehmenden Krümmungsradien zu richten: das Walzrichten *(Abb. 4.8.25)*.

Das Biegen und Gegenbiegen muß jeweils im plastischen Bereich des Werkstoffs stattfinden, so daß die Biegerichtung nach dem Rückfedern erhalten bleibt, d. h. die Fließgrenze des Materials muß überschritten werden. Andererseits ist auch darauf zu achten, daß das Richtgut nicht beschädigt wird. Bei zu starker Biegung entstehen bei sprödem Material leicht Risse an der Oberfläche. Die letzte Walze muß so eingestellt sein, daß sie die Biegung verursacht, die nach der Rückfederung ein planes Blech erzeugt *(Abb. 4.8.26)*.

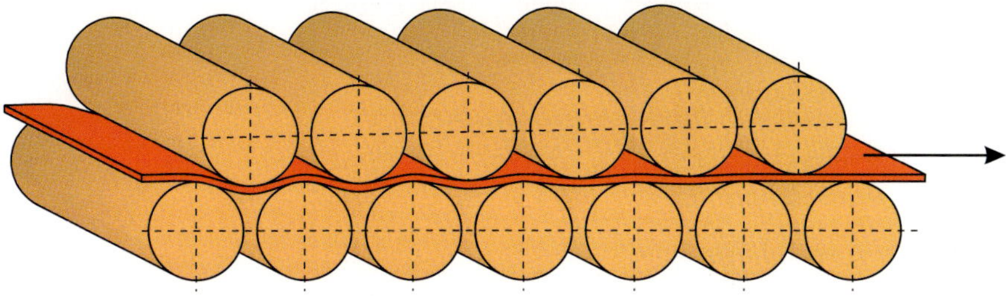

▲ **Abb. 4.8.25** Walzrichten mit 13 Walzen

Durch das wechselseitige Biegen gehen mit der Zahl der Biegungen und mit zunehmendem Krümmungsradius die im Blech vorhandenen Restspannungen zurück, was für die Weiterverarbeitung von großem Vorteil ist *(Abb. 4.8.27)*. Je mehr Walzen im Eingriff sind, desto spannungsfreier kann das Blech gerichtet werden.

In allen Walzenrichtmaschinen befinden sich zwei Reihen von Richtwalzen, die gegeneinander versetzt angeordnet sind: Ober- und Unterwalzen. Die Abstände zwischen den Walzenmittelpunkten werden als Walzenteilung t_W bezeichnet und variieren bei verschiedenen Maschinen ebenso wie der Walzenradius R_W und die Anzahl der Richtwalzen. Zur Anwendung kommen Richtmaschinen mit mindestens fünf Walzen. Fünf Richtwalzen genügen zum Richten dicker Tafeln oder Bänder

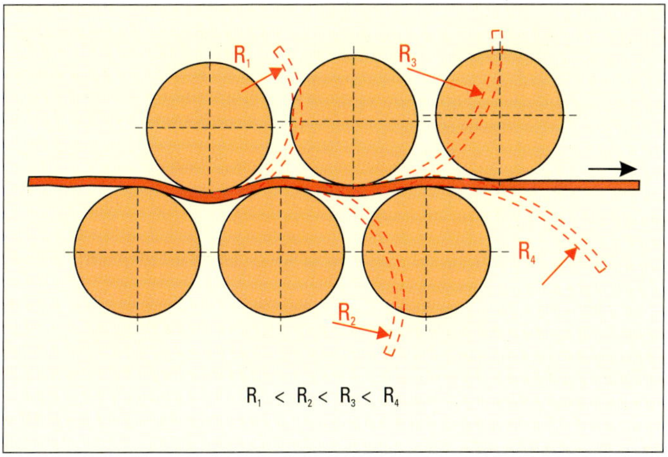

◀ **Abb. 4.8.26** Wechselseitiges Biegen

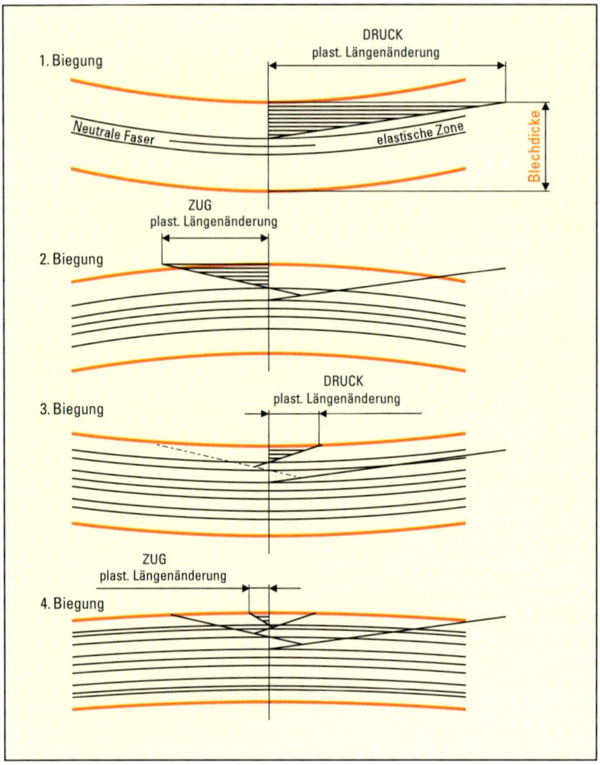

Abb. 4.8.27
Spannungen im Blech

bzw. bei geringeren Ansprüchen an die Richtgenauigkeit. Bei dünnen Blechen oder hohen Präzisionsanforderungen, beispielsweise für das Feinschneiden, werden Maschinen mit bis zu 21 Walzen eingesetzt. Von der Walzmaschinengeometrie wird der Zustellwert z_W für die Walzen begrenzt *(Abb. 4.8.28)*:

$$z_{w\,max} = 2 \cdot R_w + s - \sqrt{(2 \cdot R_w + s)^2 - t_w^{\,2}} \quad [\mathrm{mm}]$$

mit dem Walzenradius R_W [mm], der Blechdicke s [mm] und der Walzenteilung t_W [mm].

Neben den Grenzwerten durch den Walzenradius und -abstand müssen auch die Werkstoffeigenschaften beachtet werden; beispielsweise wird bei einem spröden Aluminiumblech nicht der kleinste Krümmungsradius gewählt, um ein Reißen des Blechs zu vermeiden.

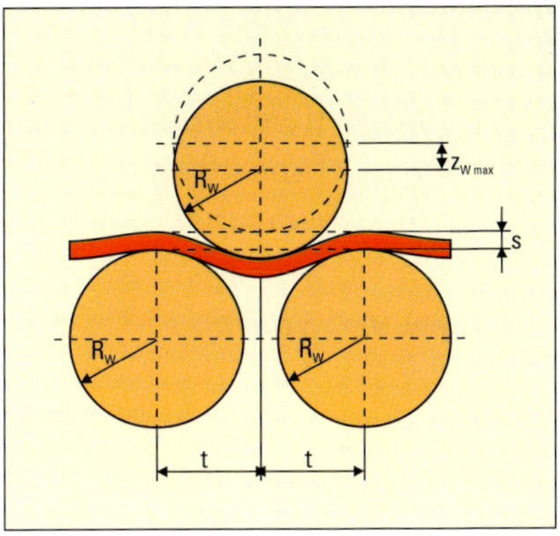

Abb. 4.8.28 Geometrie der Richtwalzen

Beispiel:

Es soll St 37 Blech (Werkstoffnummer 1.0037) von 2 mm Dicke gerichtet werden. Die Richtwalzenteilung der Richtmaschine beträgt $t_W = 22$ mm, der Walzendurchmesser $R_W = 20$ mm. Der maximale Zustellwert errechnet sich zu

$$z_{w\,max} = 2 \cdot 20 + 2 - \sqrt{(2 \cdot 20 + 2)^2 - 22^2} = 6{,}2 \text{ mm}$$

Walzrichtmaschinen

Walzrichtmaschinen zum Richten von Blechen bestehen im allgemeinen aus einer oberen und einer unteren Reihe von Richtwalzen gleichen Durchmessers, wobei beide Reihen meist waagrecht angeordnet sind. Die Walzen der oberen Reihe sind genau über den Lücken zwischen den Walzen der unteren Reihe plaziert.

Um den Walzspalt verändern zu können, müssen die oberen Walzen höhenverstellbar sein. Die Art der Verstellung ist kennzeichnend für den Richtmaschinentyp. Während in einem Fall jede obere Walze separat höhenverstellbar ist, sind im anderen Fall alle oberen Walzen in einem Block zusammengefaßt und werden durch Kippung des Blocks zugestellt.

Der Dickenbereich, die Streckgrenze und der Elastizitätsmodul des zu verarbeitenden Bands bestimmen Durchmesser und Abstand der Richtwalzen. Bei Materialien mit besonders empfindlicher Oberfläche sind zwischen Richt- und Stützwalzen eingebettete Zwischenwalzen notwendig, um die Oberfläche nicht zu beschädigen. Mit Hilfe bombierbarer Richtwalzen können Rand- und Mittenwelligkeiten egalisiert werden.

Die erste Walzenpaarung muß das Blech plastisch verformen, wozu ein bestimmter Walzendurchmesser nicht überschritten werden darf. Die Dicke eines noch richtbaren Blechs ergibt sich demnach aus der maximalen Richtkraft und dem Drehmoment, das sich wiederum aus der Größe der Gelenkwellen zwischen Getriebe und Walzen sowie dem Walzendurchmesser zusammensetzt. Da weder das Getriebe noch die Gelenkwellen aus Platzgründen beliebig vergrößert werden können, ist der Blechdickenbereich und damit auch die Flexibilität der Richtmaschinen mit gleich großen Walzen eingeschränkt. Dieser Bereich kann etwa auf das eineinhalbfache erweitert werden, wenn einzelne Walzen außer Eingriff genommen werden können. Mit dem in *Abb. 4.8.29* gezeigten weiterentwickelten Walzensystem mit unterschiedlichen Walzendurchmessern lassen sich Bleche von 0,5 bis 20 mm Dicke richten.

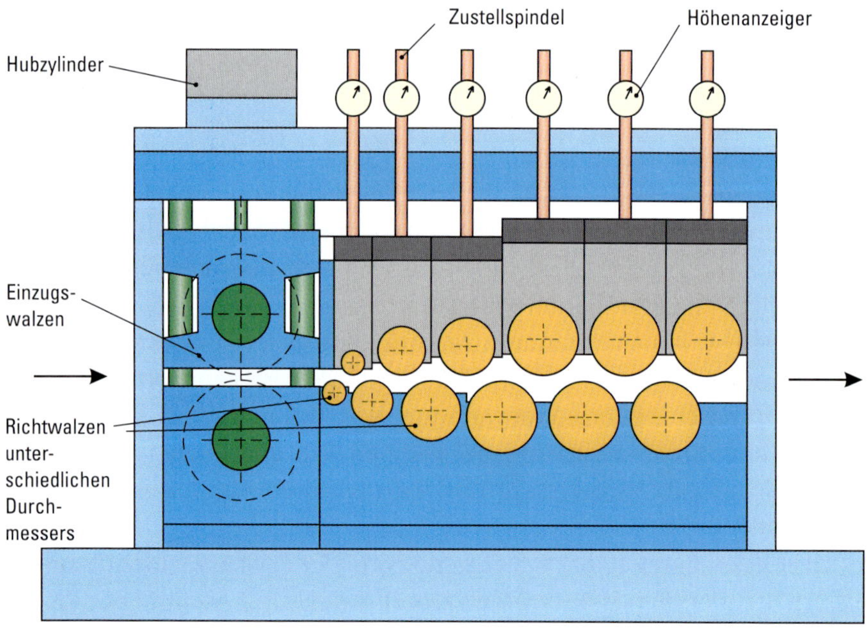

Abb. 4.8.29 Walzenrichtmaschine für großen Blechdickenbereich

4 Blechumformung und Schneiden

4.9 Organisation von Preßwerken

4.9.1 Aufbau

Preßwerke in der blechverarbeitenden Industrie zählen zu den kapitalintensivsten Fertigungsbereichen. Das hohe Investitionsvolumen und die langfristige Bindung an ausgewählte Fertigungstechniken erfordern eine sorgfältige Investitions- und Fertigungsplanung. Wesentliche Kriterien bei der Fertigung von Blechteilen durch Tiefziehen, Streckziehen und Schneiden sind Teilegenauigkeit, Werkzeugstandmenge, Ausbringung der Anlage und deren Verfügbarkeit. Durch Maßnahmen zur kontinuierlichen Qualitätssicherung während der Produktion mit geeigneter Sensorik ist eine objektive Beurteilung der Teilequalität gegeben (vgl. Abschn. 4.9.3).

Preßwerke bestehen in der Regel aus verschiedenen blechverarbeitenden Anlagen, von denen jede ein bestimmtes Teilespektrum herstellt *(Abb. 4.9.1)*. Ziel der Preßwerkauslegung ist eine möglichst wirtschaftliche Fertigung. Die Auswahl der einzelnen Anlagen wird im wesentlichen bestimmt durch Größe, Form und umformtechnische Anforderungen an die Blechteile sowie den Losgrößen, die gefertigt werden sollen.

Das Blech wird vom Walzwerk angeliefert, es ist als Blechband zu einem Coil aufgerollt und wird bei der Fertigung größerer Blechteile, z. B. Badewannen, Spülbecken, Pkw-Türen oder -Dächer, vor der Verarbeitung auf einer Platinenschneidanlage zerteilt und abgestapelt *(vgl. Abb. 4.6.5)*. Die Platinen werden vom Platinenlader *(vgl. Abb. 4.4.15 und 4.4.16)* wieder entstapelt und der Presse automatisch einzeln zugeführt und anschließend umgeformt. Eine Platinenschneidanlage versorgt wegen

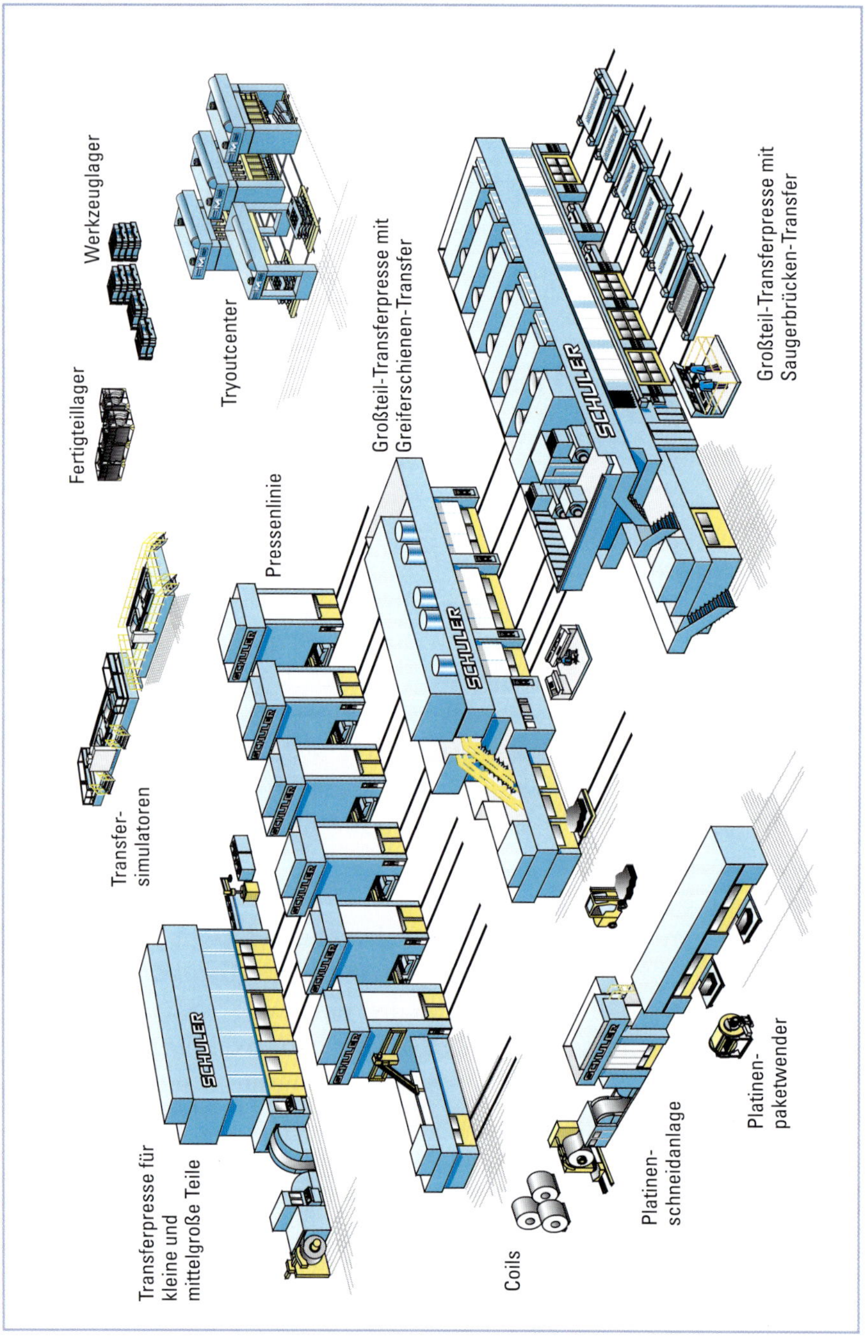

▲ **Abb. 4.9.1** Preßwerk für die Herstellung größerer Blechteile ihrer hohen Kapazität mehrere Pressenlinien *(vgl. Abb. 4.4.19)* oder Großteil-Transferpressen *(vgl. Abb. 4.4.27 und 4.4.38).*

Bei der Fertigung kleinerer und mittelgroßer Blechteile, wie Schubladenschienen, Lamellenträger für Automatikgetriebe, Querlenker oder Fahrradbremshebel, kann das Blechband direkt vom Coil über die Bandanlage der Presse zugeführt werden *(vgl. Abb. 4.3.1).* Der Umformprozeß erfolgt in einer kompakten Anlage, meist einer Schnelläuferpresse *(vgl. Abb. 4.6.6)*, Universalpresse *(vgl. Abb. 4.4.1)* oder einer Transferpresse *(vgl. Abb. 4.4.23).*

Die gefertigten Teile werden entweder von Hand oder mit einer Fertigteilstapelanlage *(vgl. Abb. 4.4.41)* palettiert und für die nachfolgenden Bearbeitungsanlagen bereitgestellt, beispielweise zum Schweißen, Lackieren oder Bördeln. Parallel dazu erfolgt die Entsorgung des Schrotts.

Bei der Fertigung von Großteilen tragen an der Schnittstelle von Großteil-Transferpressen zum Werkzeugbau Erprobungspressen *(vgl. Abb. 4.1.19 und 4.1.20)* und Simulatoren *(vgl. Abb. 4.1.24)* dazu bei, während der laufenden Produktion Werkzeuge und ihr teilespezifisches Zubehör auf die kommende Inbetriebnahme vorzubereiten. Dadurch werden an den kapitalintensiven Produktionspressen die Rüstzeiten drastisch reduziert, der Teileanlauf bis zum ersten Gutteil verkürzt und die Maschinenlaufzeit erhöht.

4.9.2 Auslegung

Im folgenden wird eine Preßwerkauslegung exemplarisch beschrieben. Da an dieser Stelle nur die Grundlagen erklärt werden sollen, wird von idealen Rahmenbedingungen ausgegangen und weiterhin angenommen, daß alle Anlagen neu installiert werden. Die Aufgabenstellung bezieht sich auf die Automobilindustrie zur Herstellung mittelgroßer und großer Karosserieteile wie Türen, Dächer, Hauben, Bodengruppen, Seitenwände, Kotflügel oder Schweller für einen Autotyp. Dafür stehen Großteil-Transferpressen mit Greiferschienen- *(vgl. Abb. 4.4.27)* oder Saugerbrücken-Transfer *(vgl. Abb. 4.4.38)* und Pressenlinien *(vgl. Abb. 4.4.19)* mit unterschiedlichen Ständerweiten zur Verfügung.

Vor der Auslegung des Preßwerks wird festgelegt, welche Blechteile beim Automobilzulieferer und welche beim Hersteller gefertigt werden.

Folgende Werkstücke fertigen die Automobilhersteller vorwiegend selbst:

- Außenhautteile, deren Oberfläche beim Transport beschädigt werden könnte,
- Fügeteile mit engen Toleranzen bezüglich der Spaltbreite,
- großvolumige Teile, die sich schlecht stapeln und transportieren lassen.

Diese A-Teile – ihre Anzahl liegt pro Fahrzeugtyp meist zwischen 30 und 40 – müssen nach ihrer Größe zu sogenannten Teilefamilien zusammengefaßt werden. Diese Teilefamilien werden den Pressenarten zugeordnet, auf denen sie am günstigsten hergestellt werden können.

Abbildung 4.9.2 und Tabelle 4.9.1 verdeutlichen den Zusammenhang zwischen Teilegröße und eingesetzter Anlage. Bei der Fertigung mittelgroßer Teile kommt eine Pressenlinie mit geringer Ständerweite oder eine Großteil-Transferpresse mit Greiferschienen-Transfer zum Einsatz. Auf einer Pressenlinie mit großer Ständerweite oder einer Großteil-Transferpresse mit Saugerbrücken-Transfer werden dagegen große Teile

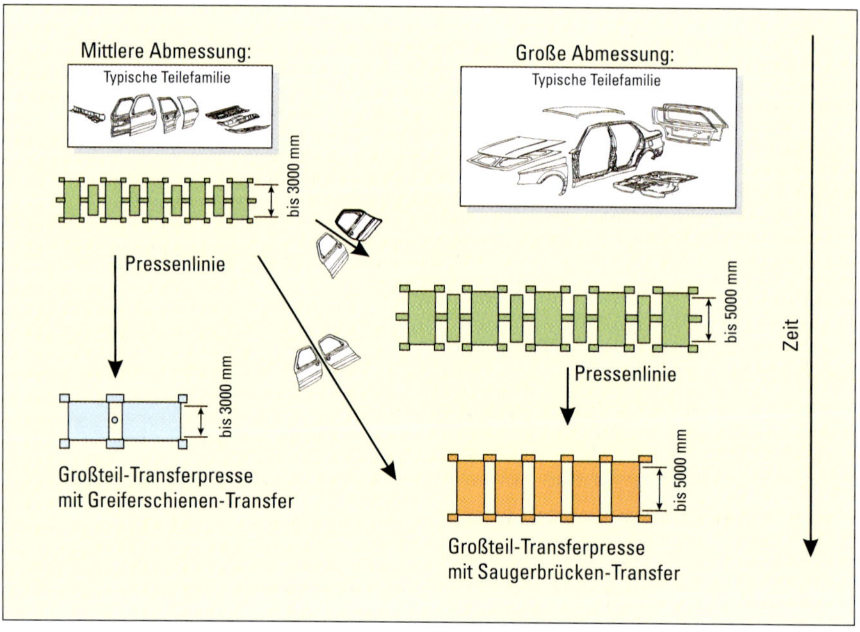

▲ **Abb. 4.9.2** Pressensysteme zur Herstellung von Pkw-Karosserieteilen

Tabelle 4.9.1: Kriterien zur Pressenauswahl

	Großteil-Transferpressen		Pressenlinien unterschiedlicher Ständerweiten
	Saugerbrücken-Transfer	Greiferschienen-Transfer	
Teile-spektrum	große, instabile Teile und Doppelteile	mittelgroße Teile	alle Teile
Gesamtteile-produktion	++	+	0
niedrige Investition	0	+	++
geringer Platzbedarf	+	++	0
Werkzeug-wechselzeit [min]	10	10	30

mit geringer Eigensteifigkeit oder Doppelteile hergestellt. Genauere Angaben über die Zuordnung der Teile zu unterschiedlichen Großteil-Transferpressen zeigt *Abb. 4.9.3*. Es gibt Teile, die sowohl mit Saugerbrücken als auch mit Greiferschienen transportiert werden können – sie bilden die Schnittmenge der beiden Teilefamilien. Einige dieser Teile, z. B. die Türen, werden mit Greiferschienen-Transfer einzeln *(vgl. Abb. 4.4.29)* oder mit Saugerbrücken-Transfer als Doppelteile *(vgl. Abb. 4.4.34)* gefertigt.

Die Auswahl und Belegung der Pressen wird in erster Linie von der Zahl der zu produzierenden Fahrzeuge bestimmt. Aus der Fahrzeugzahl errechnet sich der Produktionsbedarf aller Teile pro Tag. Werden die A-Teile eines Fahrzeugtyps auf Großteil-Transferpressen hergestellt, so muß das Preßwerk über eine Kapazität von 3 bis 4 Mio. Teile/Jahr verfügen (Planungsgrundlage: 1 Fahrzeugtyp = 100 000 Fahrzeuge/Jahr).

Der Produktionsumfang pro Jahr, also die Anzahl der Teile, die in einem Jahr von den Umformanlagen gefertigt werden können, muß auf den Produktionsbedarf abgestimmt werden. Dazu ist eine Analyse der Ausbringung der einzelnen Großpressen notwendig. Grundlage für die

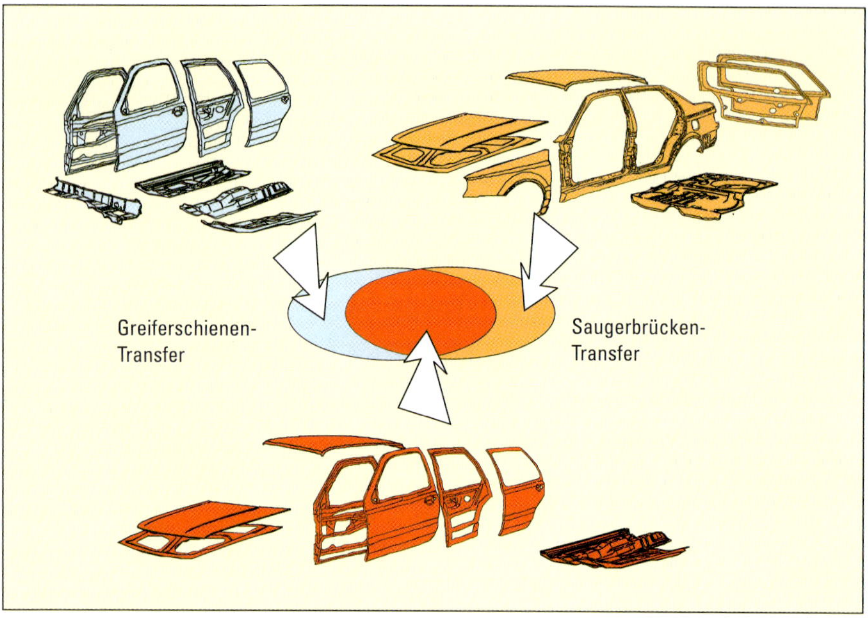

▲ **Abb. 4.9.3** Teilefamilien für Großteil-Transferpressen mit unterschiedlichem Transfersystem

Berechnung ist die Produktionshubzahl. Sie ist bei Transferpressen so groß wie die an der Presse eingestellte Hubzahl, für Pressenlinien reduziert sie sich aufgrund der Stillstandzeiten beim Einzelhubbetrieb auf 50 bis 60% der eingestellten Hubzahl. Wieviele Teile während der Pressenlaufzeit hergestellt werden können, hängt weiterhin von den umformtechnischen Anforderungen des Teils ab. Ein kompliziertes Teil benötigt eine längere Bearbeitungszeit. Außerdem erhöht sich die Transportzeit für große, instabile Preßteile. Eine Transferpresse mit Saugerbrücken-Transfer kann also aufgrund ihres Teilespektrums nicht mit so hohen Hubzahlen gefahren werden wie eine Presse mit Greiferschienen-Transfer. Allgemein gilt, daß die Ausbringung einer Anlage immer in Verbindung mit dem Teilespektrum zu betrachten ist, das auf der Presse hergestellt wird.

Bei der Doppelteilefertigung auf einer Großteil-Transferpresse mit Saugerbrücken-Transfer reduziert sich die Bearbeitungszeit pro Teil. Setzt man Doppelwerkzeuge ein, so hat die Transferpresse mit Saugerbrücken-Transfer im Durchschnitt eine größere Ausbringung als die Transferpresse mit Greiferschienen-Transfer, die nur mit Einzelwerkzeugen gefahren wird, obwohl die durchschnittliche Produktionshubzahl geringer ist. Dabei werden die Doppelwerkzeuge bevorzugt für die Herstellung von Außenhaut- und Verstärkungsteilen der vorderen und hinteren Türen für die linke und rechte Seite verwendet. Werden beispielsweise 10 Türen/min auf der Presse mit Greiferschienen-Transfer produziert, so läßt sich die Ausbringung mit einem Saugerbrücken-Transfer um 50 % auf 15 Teile/min steigern.

Eine wichtige Rolle bei der Berechnung des Produktionsumfangs spielt die Arbeitszeit, wie die Fünf- oder Sechs-Tage-Woche, die Werksferien und die Feiertage. So wird an 200 bis 300 Tagen im Jahr gearbeitet, wobei die tägliche Arbeitszeit, abhängig vom Zwei- oder Dreischichtbetrieb, zwischen 840 und 1 260 min liegt. Die Produktionskapazität schwankt also zwischen 100 % bei niedriger und 225 % bei hoher Arbeitszeit pro Jahr, wobei wesentliche Einflußfaktoren vom Betreiber nicht frei wählbar sind, da gesetzliche Arbeitszeitverordnungen, Tarifverträge, usw. den möglichen Rahmen vorgeben. Das bedeutet, daß die Produktionskapazität im Verhältnis zum erforderlichen Personalbedarf steht.

Weitere Einflußfaktoren sind beispielsweise die notwendigen Wartungsintervalle der Produktionssysteme. Wird die Anlage voll ausgelastet, so müssen diese Zeiten unter Umständen von der Produktionskapazität abgezogen werden, während die Wartung z. B. bei einem Fünf-Tage-Betrieb produktionsunabhängig samstags und sonntags eingeplant werden kann.

Vermindert man die Arbeitszeit um die Zeitanteile, in denen nicht gefertigt wird, ergibt sich die Verfügbarkeit. Insbesondere müssen während der Arbeitszeit beispielsweise Werkzeugwechsel-, Einricht- oder Werkzeugreinigungszeiten eingeplant werden. Neben diesen geplanten sind auch ungeplante Zeiten zu berücksichtigen, in denen die Anlage nicht verfügbar ist, wie z. B. bei Störungen an der Bandanlage, der Presse oder dem Werkzeug. Insgesamt beträgt die effektive Produktionslaufzeit einer modernen Großteil-Transferpresse etwa 70 % der zur Verfügung stehenden Arbeitszeit *(Abb. 4.9.4)*. Die tatsächliche durchschnittliche Ausbringung der Anlage errechnet sich also aus der Produktionshubzahl, der Pressenlaufzeit und den Zeitanteilen an der Pressenlaufzeit, in denen Doppelteile gefertigt werden. Hochgerechnet auf ein Jahr, ergeben sich je nach Anlagenart und Arbeitszeit Werte bis zu 4,3 Mio. Teile. Tabelle 4.9.2 zeigt beispielhaft die Ausbringung eines Produktionssy-

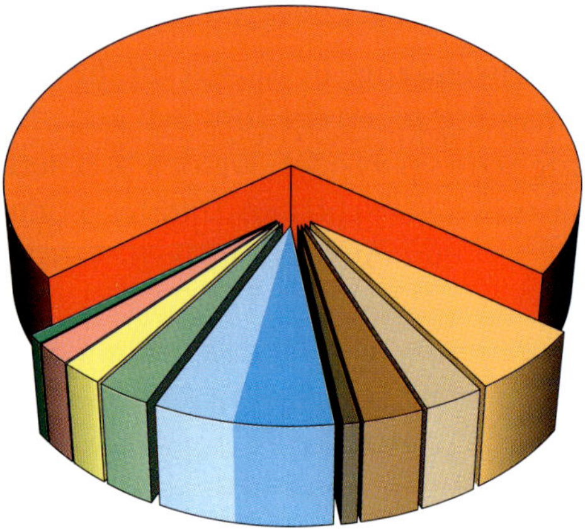

Abb. 4.9.4 Verfügbarkeit und Stillstandszeiten von Großteil-Transferpressen

Tabelle 4.9.2: Effektive Teileausbringung von einer Platinenschneidanlage und zwei Großteil-Transferpressen

	Eingestellte Hubzahl [1/min]	Durch-schnittliche Produktions-hubzahl [1/min]	Verfüg-barkeit [%]	Netto-Ausbringung [Teile/min]	Geplante Auslastung [%]	Ausbringung bei 1.260 min Arbeitszeit an 222 Tagen/Jahr	Hübe/Jahr bzw. Platinen/Jahr
Platinenschneidanlage	20 ... 55	27	65	17,5	80	3 916 000	3 916 000
Transferpresse mit Greiferschienen-Transfer	12 ... 16	14	70	9,8	80	2 193 000	2 193 000
Transferpresse mit Saugerbrücken-Transfer 50 % Einzelwerkzeuge, 50 % Doppelwerkzeuge	10 ... 12	11	70	Einzelwerkzeuge 7,7 Doppelwerkzeuge 15,4 Durchschnitt 11,55	80	2 584 500	1 723 000

stems, bestehend aus einer Platinenschneidanlage und zwei Großteil-Transferpressen. Unter der Voraussetzung, daß auf der Transferpresse mit Saugerbrücken-Transfer zu 50 % Doppelteile hergestellt werden, ergeben sich bei insgesamt ca. 3,9 Mio. Platinen bzw. Produktionshüben der Transferpressen pro Jahr etwa 4,8 Mio. Blechteile.

Bei der Erstellung eines Belegungsplans für eine Presse werden Losgrößen und Reihenfolge der Produktion festgelegt. Die Reihenfolge wiederholt sich in jedem Gesamtzyklus – dabei kann ein Teil während eines Zyklus auch mehrmals gefertigt werden. *Abbildung 4.9.5* zeigt einen exemplarischen Belegungsplan und den dazugehörigen Bestand

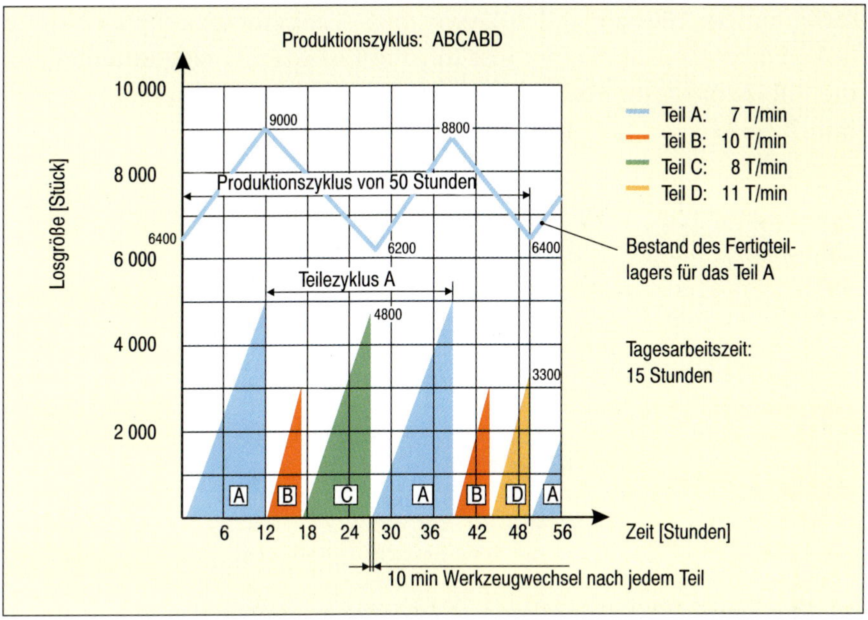

▲ **Abb. 4.9.5** Belegungsplan und Teilebestand bei Fertigung mit einer Großteil-Transferpresse

im Fertigteilzwischenlager für die Produktion vier verschiedener Blechteile. Die Teile A und B werden je zweimal im Zyklus mit Losgrößen von 5000 und 3000 hergestellt, Teile vom Typ C und D nur einmal im Zyklus mit Losgrößen von 4800 bzw. 3300. Während der Fertigung steigt der Bestand des betreffenden Teils im Fertigteilzwischenlager, gleichzeitig werden jedoch Teile entnommen (in *Abb. 4.9.5* für Teil A dargestellt). Je steiler die Produktionskurve, desto kürzer ist die Bearbeitungszeit pro Teil. In den Produktionslücken finden der Werkzeugwechsel und das Einrichten des neuen Werkzeugsatzes statt. Die Werkzeugwechselzeit spielt dabei eine wichtige Rolle (vgl. Abschn. 3.4).

Die erneute Fertigung eines Teils muß bei Erreichen des Sicherheitslagerbestands, der meist eine Tagesproduktion umfaßt, eingeleitet werden. Das sind beispielsweise bei den Teilen vom Typ A 6200 Stück und vom Typ B 2800 Stück. Die 5000 bzw. 3000 gefertigten Teile abzüglich der während der Herstellung verbauten Teile müssen also bis zum nächsten vorgesehenen Produktionszeitpunkt – etwa 14 bzw. 22 Stunden später – vorhalten. Wichtig am Belegungsplan ist, daß einerseits die Fertigungsdauer einer Losgröße in jedem Fall ein Vorrüsten des Werkzeugsatzes für das nächste Teil zulassen muß – andererseits dürfen sich zu hohe Losgrößen nicht einer Just-in-time-Fertigung entgegenstellen, um die Kapitalbindung und die Kosten der Fertigteilzwischenlagerung zu minimieren.

Beispiel:

Eine Produktionseinheit ist auszulegen, in der 44 Preßteile – im wesentlichen A-Teile – für 100 000 Fahrzeuge im Jahr produziert werden. Die Einheit besteht aus einer Platinenschneidanlage, einer Großteil-Transferpresse mit Saugerbrücken-Transfer und einer Großteil-Transferpresse mit Greiferschienen-Transfer. Ein möglicher Aufbau dieses Preßwerks mit optimiertem Materialfluß und Peripherieeinrichtungen ist in *Abb. 4.9.6* dargestellt. Das Blechband wird als Coil angeliefert, im Coillager gelagert und von dort der Platinenschneidanlage zugeführt. Diese versorgt beide Großteil-Transferpressen über das Platinenlager mit Platinen – insgesamt 4 Mio. im Jahr. Nach der Fertigung auf den Transferpressen werden die Fertigteile in teilespezifischen Stapelgestellen zum Fertigteilzwischenlager gefahren.

Die Teilespektren für beide Umformpressen zeigt Tabelle 4.9.3. Die Transferpresse mit Saugerbrücken-Transfer wird mit acht Einzel- und acht Doppelwerkzeugsätzen betrieben, wobei die Doppelwerkzeuge in diesem Beispiel immer zwei unterschiedliche Teile produzieren. Ihre Werkzeugwechselzeit beträgt 10 min. Die Transferpresse mit Greiferschienen-Transfer stellt 20 unterschiedliche Teile mit 20 Werkzeugsätzen bei einer Werkzeugwechselzeit von ebenfalls 10 min her. Insgesamt werden die 44 Teile demnach auf 36 Werkzeugsätzen gefertigt – 20 auf der Transferpresse mit Greiferschienen- und 24 auf der mit Saugerbrücken-Transfer.

Wird an 222 Tagen im Jahr gearbeitet, so bedarf es täglich der Teile für 450 Fahrzeuge. Bei einem Dreischichtbetrieb mit einer täglichen Arbeitszeit von 1 260 min kann also im Jahr die in Tabelle 4.9.2 dargestellte Anzahl von ca. 4,8 Mio. Teilen in der Summe (erreicht mit 3,9 Mio. Hüben) auf den Transferpressen gefertigt werden. Dabei ist eine geplante Auslastung von 80 % zugrunde gelegt. Als Produktionszyklus werden drei Tage gewählt. Geht man vereinfacht davon aus, daß jedes Teil nur einmal pro Zyklus gefahren wird, so müssen in jedem Zyklus dreimal 450 Teile produziert werden. Das Fertigteilzwischenlager hat einen theoretischen, maximalen Bestand von 1 800 Preßteilen jeder Teileart: 1350 Teile aus der laufenden Produktion zuzüglich 450 Teilen als Sicherheitslagerbestand. Im Durchschnitt sind aufgrund der parallel laufenden Rohbaufertigung nur etwa die Hälfte der Teile im Zwischenlager. Der Bestand beträgt zu jedem Zeitpunkt 900 x 44, also ca. 40 000 Teile. Damit ist die Teilelagerung und die damit verbundene Kapitalbindung wesentlich geringer als bei der Fertigung mit konventionellen Pressenlinien.

Tabelle 4.9.3: Produktionsdaten für Saugerbrücken- und Greiferschienen-Transferpressen

Saugerbrücken-Transferpresse

Produktionszyklus:	3 Tage
Verfügbarkeit:	70%
Wkz.-Wechselzeit (min.)	10
Wkz.-Sätze:	16 (24)
geplante Auslastung:	80%

Teile-Name	Teile / Hub	Bedarf Tl./Tag	Hübe / Teile/zykl.	Teile-Losgöße
Seitenteil außen rechts	1	450	1350	1350
Seitenteil außen links	1	450	1350	1350
Tür-Außenblech vorne rechts + links	2	450	1350	2700
Heckklappe innen	1	450	1350	1350
Dach	1	450	1350	1350
Heckklappe außen	1	450	1350	1350
Tür-Innenblech vorne rechts + links	2	450	1350	2700
Seitenteil hinten innen rechts + links	2	450	1350	2700
Tür-Außenblech hinten rechts + links	2	450	1350	2700
Tür-Innenblech hinten rechts + links	2	450	1350	2700
Motorhaube außen	1	450	1350	1350
Motorhaube innen	1	450	1350	1350
Radhaus außen vorne rechts + links	2	450	1350	2700
Radhaus innen vorne rechts + links	2	450	1350	2700
Boden mitte	1	450	1350	1350
Boden vorne	2	450	1350	2700

Greiferschienen-Transferpresse

Produktionszyklus:	3 Tage
Verfügbarkeit:	70%
Wkz.-Wechselzeit (min.)	10
Wkz.-Sätze:	20
geplante Auslastung:	80%

Teile - Name	Teile / Hub	Bedarf Tl./Tag	Hübe / Teile/zykl.	Teile-Losgöße
Boden hinten	1	450	1350	1350
Schloßverstärkung vorne rechts	1	450	1350	1350
Schloßverstärkung hinten rechts	1	450	1350	1350
Verstärkung Gerippe hinten rechts	1	450	1350	1350
Scharniersäule vorne rechts	1	450	1350	1350
Verstärkung Scharnier vorne rechts	1	450	1350	1350
Verstärkung Gerippe vorne rechts	1	450	1350	1350
Schloßverstärkung vorne links	1	450	1350	1350
Schloßverstärkung hinten links	1	450	1350	1350
Verstärkung Gerippe hinten links	1	450	1350	1350
Scharniersäule vorne links	1	450	1350	1350
Verstärkung Scharnier vorne links	1	450	1350	1350
Verstärkung Gerippe vorne links	1	450	1350	1350
Wasserkasten	1	450	1350	1350
Hutablage	1	450	1350	1350
Sitz hinten Verstärkung	1	450	1350	1350
Radhaus hinten innen links	1	450	1350	1350
Radhaus hinten innen rechts	1	450	1350	1350
Schiebedach	1	450	1350	1350
Schiebedachrahmen	1	450	1350	1350

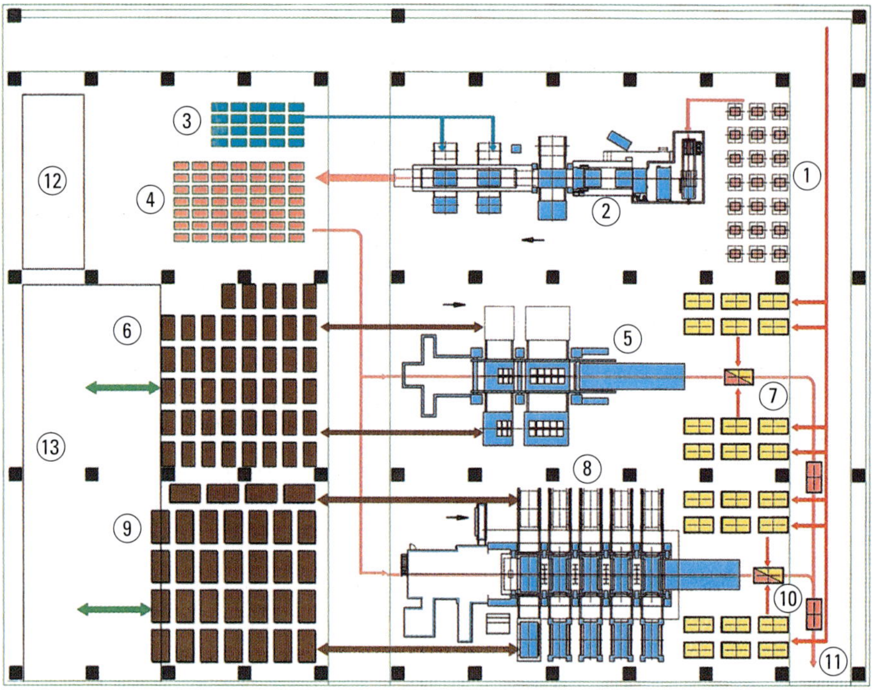

▲ **Abb. 4.9.6** Layout eines Preßwerks mit Materialfluß
1 *Coillager;* **2** *Platinenschneidanlage;* **3** *Palettenzwischenlager;*
4 *Platinenzwischenlager;* **5** *Greiferschienen-Transferpresse;*
6 *Werkzeuglager für 5;* **7** *Fertigteilgestelle für 5;* **8** *Saugerbrücken-Transferpresse;*
9 *Werkzeuglager für 8;* **10** *Fertigteilgestelle für 8;* **11** *zum Fertigteilzwischenlager*
12 *Büro und Sozialräume;* **13** *Werkzeugreparatur und Reinigung*

4.9.3 Qualitätssicherung durch Qualitätskontrolle

Die angestrebte fehlerfreie Produktion erfordert kontinuierliche Qualitätskontrollen. Sie dienen der Erfassung von Veränderungen im Produktionsprozeß, die Fehlern vorausgehen, und zum Aussortieren von einzelnen fehlerhaften Teilen. Die herkömmlichen Methoden der Qualitätssicherung in Preßwerken sind zum einen Sichtkontrollen – bei Tiefziehteilen beispielsweise auf Falten und Risse (vgl. Tabelle 4.2.2) –, zum anderen die Überprüfung der Werkstücke auf Maßhaltigkeit mit Meßgeräten oder Lehren. Diese Kontrollen sind jedoch personal- und zeitaufwendig und finden meist nur Anwendung bei großen komplizierten Werkstücken, z. B. Karosserieteilen, bzw. für Stichproben bei Kleinteilen.

Bei kleineren Stanzteilen wird bevorzugt eine On-line-Kontrolle durchgeführt, bei der die Qualitätssicherung in den Herstellungsprozeß bzw. in die Presse integriert ist. Dies ermöglicht die Überwachung jedes einzelnen Teils und der Prozeßparameter, z.B. des Werkzeugverschleißes.

Die Sichtkontrolle bzw. Werkstückvermessung wird zunehmend durch optoelektronische Systeme und Bildverarbeitung ersetzt. Einfache optoelektronische Systeme werden beispielsweise zur Verlagerungsmessung genutzt: Eine Leuchtdiode oder eine Laserquelle emittiert Lichtstrahlen, die von einem Detektor auf der anderen Seite des Werkstücks aufgenommen werden. Anhand der Auswertung der aufgenommenen Strahlen wird ein möglicher Werkzeugversatz vom Rechner erkannt und angezeigt. Leistungsfähigere Überwachungssysteme bestehen aus einer Videokamera mit Beleuchtung des Werkstücks, einer Digitalisierungseinheit, einem Rechner zur Bildverarbeitung sowie einem Monitor zur Kontrolle durch den Bediener *(Abb. 4.9.7)*. Die Kamera befindet sich an der Presse, die Geometriedaten des aktuellen Teils werden im Produktionsprozeß mit den vorgegebenen Daten eines Gutteils verglichen. Bei Abweichungen über eine bestimmte Toleranz hinaus wird der Fehler angezeigt und die Produktion angehalten. Die

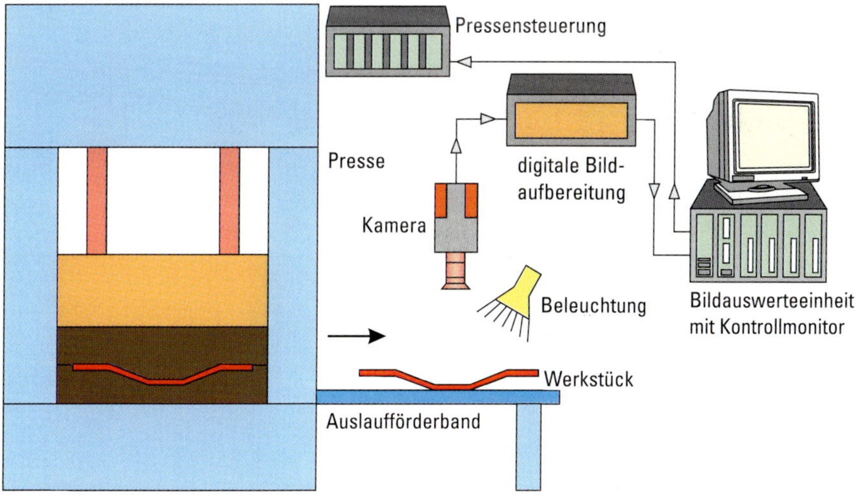

▲ **Abb. 4.9.7** Qualitätssicherung durch digitale Bildaufbereitung und -verarbeitung

Bildverarbeitung dient zur Erkennung von Falten, Kratzern, Dellen, Sicken, Rissen sowie zur Lochprüfung und Maßbestimmung.

Bei allmählich einsetzender Verschlechterung der Teilequalität, etwa durch Werkzeugverschleiß, ist eine Regeleinrichtung für die Prozeßparameter (Umformkraft, Blechhalterkraft, usw.) vorteilhaft. Die Qualitätsüberwachung kann dabei mit der Pressensteuerung gekoppelt sein.

Ein weiteres System zur Qualitätssicherung beruht auf der Preßkraftüberwachung. Ein bestimmter Umformvorgang erzeugt im Werkzeug bei gleichen fehlerfreien Teilen immer denselben Kraft-Weg-Verlauf. Die am Stempel wirkende Umformkraft wird über die Dehnung von Bauteilen aufgenommen. Die Kraft- oder Dehnungssensoren können direkt im Krafthauptschluß oder indirekt im Kraftnebenschluß, z. B. am Pressengestell, angebracht werden. Die Plazierungsmöglichkeiten der einzelnen Sensoren für Kraft-, Körperschall- und Wegmessungen sind in *Abb. 4.9.8* dargestellt. Ein Fehler im Produktionsprozeß wird durch einen abweichenden Kraftverlauf angezeigt, beispielsweise sinkt die Umformkraft beim Tiefziehen schlagartig ab, sobald ein Riß im

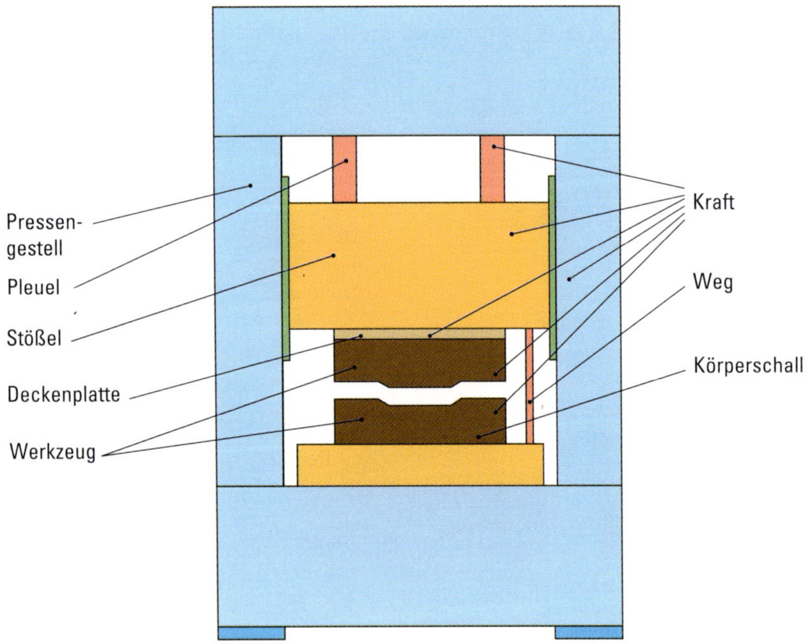

▲ **Abb. 4.9.8** Anbringung von Sensoren an der Presse zur Prozeßüberwachung

Blech auftritt. Weiterhin werden durch eine Kontrolle der Blechhalterkraft beim Einstellen der Presse Falten an Ziehteilen vermieden.

Eine ähnliche Überwachungsmethode wie die Kraftmessung stellt die Körperschallmessung dar. Die dynamischen Vorgänge am Werkzeug während eines Schneid- oder Umformvorgangs rufen hochfrequente akustische Emissionen, den sogenannten Körperschall, hervor. Die Messung des Körperschalls erfolgt über Schwingungsmessungen mittels Beschleunigungsaufnehmer. Bei fehlerfreier Produktion bildet sich immer der gleiche Schwingungsverlauf aus. Die Produktion eines fehlerhaften Teils läßt sich am abweichenden Körperschallsignal erkennen. Beispielsweise erhöht sich die Schwingungsamplitude im Vergleich zum üblichen Schwingungsverlauf, wenn ein Riß in einem Ziehteil entsteht. Die Körperschallüberwachung dient hauptsächlich der Erkennung von Rissen bzw. Stempelbrüchen.

Die Leistungsfähigkeit von Qualitätssicherungs-Systemen steigt mit der Anzahl der gleichzeitig eingesetzten Sensoren bzw. der Kombination verschiedener Systeme. Sinnvollerweise erfolgt bei der Kombination mehrerer Überwachungssysteme die Bedienung und Kontrolle möglichst über denselben Rechner und dasselbe Anzeigegerät. Für eine dauerhafte Qualitätssicherung ist die Prozeßdatenerfassung und Dokumentation unerläßlich. Als optimal erweisen sich lernfähige Systeme zur Diagnose und Vermeidung von Fehlern.

Literatur

Bareis, A., Braun, R., Hoffmann, A.: Hochleistungs-Stanzanlage für die Verarbeitung dickerer Bleche, VDI-Zeitschrift-Special-Rationelle Blechbearbeitung (1990) 4.

Bareis, A., Dommer, H.-M., Hoffmann, H.: Flexibilität in der Stanztechnik, VDI-Zeitschrift 131 (1989) 9.

Beisel, O.: Tuschieren und Probieren ohne Produktionsausfall, Werkstatt und Betrieb (1993) 10.

Birzer, F.: Fine blanking does even better, Swiss quality production (1993) 4.

Bräutigam, H.: Richten mit Walzenrichtmaschinen, Eigenverlag, (1987), 2. Auflage.

Breuer, W.: Multimediafähiges Informationssystem ergänzt herkömmliche Pressensteuerung, Maschinenmarkt (1995) 16.

DIN 1623: Flacherzeugnisse aus Stahl, Kaltgewalztes Band und Blech; Technische Lieferbedingungen - Teil 1 (02.83): Weiche unlegierte Stähle zum Kaltumformen, Teil 2 (02.86): Allgemeine Baustähle, Beuth Verlag, Berlin.

DIN 1745: Bänder und Bleche aus Aluminium und Aluminium-Knetlegierungen mit Dicken über 0,35 mm - Teil 1: Eigenschaften, Beuth Verlag, Berlin (02.83).

DIN 1788: Bänder und Bleche aus Aluminium und Aluminium-Knetlegierungen mit Dicken von 0,21 bis 0,35 mm: Eigenschaften, Beuth Verlag, Berlin (02.83).

DIN 5512: Werkstoffe für Schienenfahrzeuge; Stähle - Teil 1 (02.84): Allgemeine Baustähle - Teil 2 (09.89): Flacherzeugnisse aus unlegierten Stählen bis 3 mm Dicke - Teil 3 (01.91): Flacherzeugnisse aus nichtrostenden Stählen, Beuth Verlag, Berlin.

DIN 6935: Kaltbiegen, Beuth Verlag, Berlin (1975).

DIN 8586: Fertigungsverfahren Biegeumformen, Beuth Verlag, Berlin (1971).

DIN 17 440: Nichtrostende Stähle, Technische Lieferbedingungen für Blech, Warmband, Walzdraht, gezogenen Draht, Stabstahl, Schmiedestücke und Halbzeug, Beuth Verlag, Berlin (07.85).

DIN 17 441: Nichtrostende Stähl, Technische Lieferbedingungen für kaltgewalzte Bänder und Spaltbänder sowie daraus geschnittene Bleche, Beuth Verlag, Berlin (07.85).

DIN 17 670: Bänder und Bleche aus Kupfer und Kupfer-Knetlegierungen - Teil 1: Eigenschaften, Beuth Verlag, Berlin (12.83).

DIN 17 860: Bleche und Bänder aus Titan und Titan-Knetlegierungen, Beuth Verlag, Berlin (11.73).

Doege, E., Besdo, D., Haferkamp, H., Tönshoff, H. K., Wiendahl, H.- P.: Fortschritte in der Werkzeugtechnik, Meisenbach Bamberg Verlag, Hannover, (1995).

Fritz, W.: Herstellen einbaufertiger Umformteile aus Stahlblech vom Band, Bänder Bleche Rohre (1994) 7 - 8.

Frontzek, H.: Beitrag zur Bestimmung der Reibungsverhältnisse in der Blechumformung, Dissertation, Darmstadt, (1990).

Guericke, W.: Theoretische und Experimentelle Untersuchungen der Kräfte und Drehmomente beim Richten von Walzgut auf Rollenrichtmaschinen, Dissertation, Magdeburg (1965).

Habig, K.-H.: Verschleiß und Härte von Werkstoffen, Hanser-Verlag, München (1980).

Hoffmann, H., Bareis, A.: Höhere Teilegenauigkeit - Wirtschaftliches Nuten von Elektroblech, Industrie-Anzeiger (1987) 77.

Hoffmann, H., Bareis, A.: Rotor- und Statorbleche für Elektromotoren flexibel fertigen, Werkstatt u. Betrieb 123 (1990) 7.

Hoffmann, H., Bareis, A., Waller, E.: Optimierte Schnelläuferpressen-Regelung der Stempeleintauchtiefe verlängert die Werkzeugstandzeit, Bänder Bleche Rohre (1988) 3.

Hoffmann, H.: Großteilpressen mit Saugerbrückentransfer, VDI Berichte Nr. 946, VDI-Verlag, Düsseldorf (1982).

Hoffmann, H., Schneider, F.: Wirtschaftlich Fertigen auf Großteil-Stufenpressen, Entwicklung, Bauarten, Produktionsmerkmale, Werkstatt und Betrieb 122 (1989) 5.

Hoffmann, H., Schneider. F.:Wirtschaftlich Fertigen auf Großteil-Stufenpressen, Werkstatt und Betrieb 122 (1989) 6.

Kellenbenz, R.: Anforderungen an schnellaufende Schneidpressen bei der Fertigung von Elektroblechen, Neuere Entwicklung in der Blechumformung, DGM Verlag, Oberursel (1990).

König, W.: Fertigungsverfahren, Band 5: Blechumformung, VDI-Verlag, Düsseldorf (1990).

Lange, K.: Umformtechnik, Band 3: Blechbearbeitung, Springer-Verlag, Heidelberg, (1990).

Lepper, M.: Flexible automatisierte Blechverarbeitung, Werkstatt und Betrieb (1992) 6.

Lepper, M.: Robot interlinked press line for car body panels, Sheet Metal Industries (1995) 5.

Mang, T.: Schmierung in der Metallbearbeitung, Vogel-Verlag, Würzburg (1983).

Oehler, G., Kaiser, F.: Schnitt-, Stanz- und Ziehwerkzeuge, 7. Auflage, Springer-Verlag, Berlin (1993).

Oehler, G.: Biegen, Carl Hanser Verlag, München (1963).

Pischel, H.: Neue Gesamtfertigung von Längsträgern für LKW-Chassis, Werkstatt und Betrieb (1995) 5.

Pischel, H.: Pressenstraßen optimieren komplexe Fertigungsabläufe, Werkstatt und Betrieb (1995) 3.

Reiss, A.: Walzrichten, Eigenverlag, 2. Auflage (1990).

Rossner, S.: Vom Blechband zum Kompressor-Gehäuse, Werkstatt und Betrieb (1993) 6.

Siegert, K.: Innovative Pressentechnik, DGM Verlag, Oberursel (1994).

Stahl-Eisen-Werkstoffblatt 093: Kaltgewalztes Band und Blech mit höherer Streckgrenze zum Kaltumformen aus mikrolegierten Stählen, Verein Deutscher Eisenhüttenleute, Verlag Stahleisen, Düsseldorf (2. Ausg. 03.87).

Stahl-Eisen-Werkstoffblatt 094: Kaltgewalztes Band und Blech mit höherer Streckgrenze, Verein Deutscher Eisenhüttenleute, Verlag Stahleisen, Düsseldorf (1. Ausg. 07.87).

Tschätsch, H.: Handbuch Umformtechnik, Hoppenstedt Technik Tabellen, Verlag, Darmstadt (1993).

Tschätsch, H.: Taschenbuch Umformtechnik, Carl Hanser Verlag, München (1977).

Weimar, G.: Zum gegenwärtigen Stand des Walzprofilierens, Bänder Bleche Rohre, 8 (1967) 5.

5 Innenhochdruckumformung

5.1 Allgemeines

Die blechverarbeitende Industrie hat sich zur Aufgabe gemacht, die Kosten zu minimieren und ihre Produkte hinsichtlich Gewicht, Festigkeit und Steifigkeit zu optimieren. Auf der Suche nach alternativen Fertigungsverfahren stellt sich die Innenhochdruckumformung (IHU) – die Herstellung von Hohlkörpern komplexer Geometrie durch Flüssigkeitsdruck – als ein Verfahren mit interessantem technisch-wirtschaftlichen Potential dar. Voraussetzung zur Erreichung vorteilhafter Bauteileigenschaften ist eine angepaßte Bauteil- und Prozeßauslegung mit Blick auf das konstruktive Gesamtsystem.

5.2 Verfahrenstechnik und Anwendungsbeispiele

5.2.1 Verfahrenstechnik

Das Verfahren des Innenhochdruckumformens basiert darauf, daß z. B. ein Rohr aufgeweitet, dabei in axialer oder auch radialer Richtung gestaucht und zuletzt durch einen Kalibrierdruck gegen die Werkzeugwand expandiert wird. Dieser Prozeß hat den Begriff ASE – Aufweiten, Stauchen, Expandieren – geprägt.

Die ASE-Technik ist ein Kaltumformverfahren. Es handelt sich um ein Verfahren zur Herstellung von Hohlkörpern komplizierter Geometrie aus einem rohr- oder platinenförmigen Rohteil. Grundsätzlich ist zwischen freiem und werkzeuggebundenem Innenhochdruckumformen zu unterscheiden und bei letzterem wiederum zwischen Verfahren mit längs- und quergeteilten Werkzeugen *(Abb. 5.2.1)*.

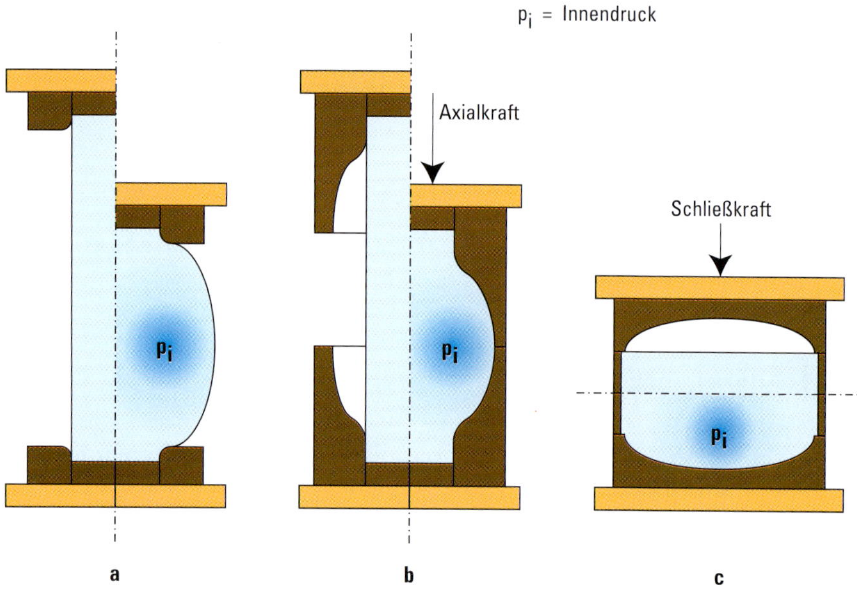

Abb. 5.2.1 Verfahrensvarianten der Innenhochdruckumformung: **a** freies IHU; **b** werkzeuggebundenes IHU, quergeteiltes Werkzeug; **c** werkzeuggebundenes IHU, längsgeteiltes Werkzeug

Als Beispiel soll das Innenhochdruckumformen eines T-Stücks betrachtet werden *(Abb. 5.2.2)*. Ein solches Bauteil kann sowohl ein Kupferfitting als auch ein Knotenelement in einer tragenden Struktur sein. In einer speziellen hydraulischen Presse ist ein zweiteiliges Mehrfachwerkzeug mit je Bauteil zwei zu den Rohrenden axialen Dichtstempeln (Horizontalzylindern) und einem Gegenhalter eingebaut. Das Rohteil wird in das Unterwerkzeug eingelegt und das Werkzeug geschlossen. Mit den axialen Stempeln werden die Rohrenden abgedichtet und das Rohteil mit dem Druckmedium gefüllt. Im eigentlichen Umformvorgang stauchen die Stempel das Rohteil, während es das Wirkmedium gleichzeitig aufweitet und zur Anlage an die Werkzeugkontur bringt. Zusätzlich regelt der Gegenhalter den Werkstofffluß. Mit dem Kalibrierdruck wird das Werkstück so ausgeformt, daß seine Kontur wiederholgenau der des Werkzeugs entspricht. Abschließend wird das Werkzeug geöffnet und das Bauteil ausgeworfen.

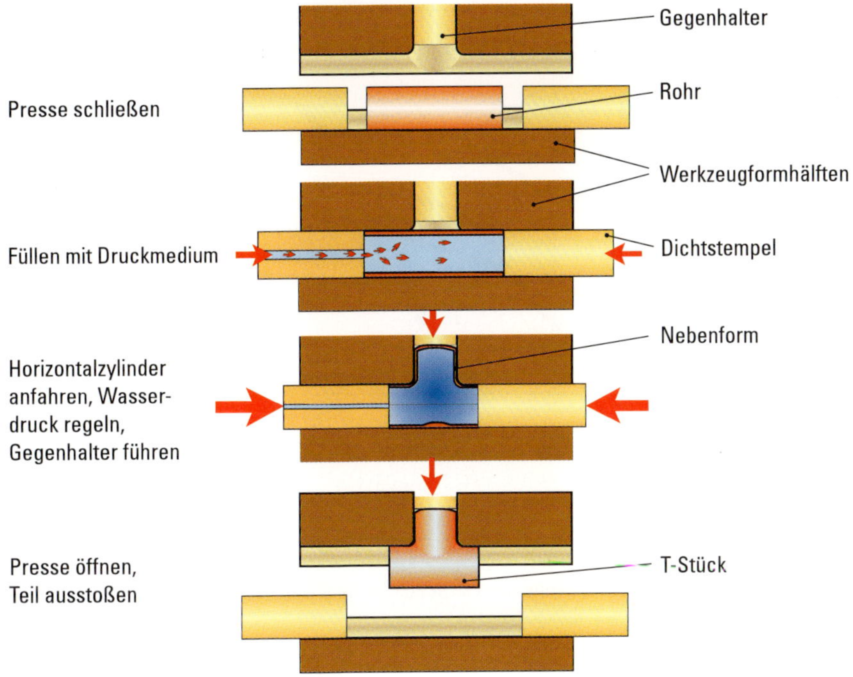

Abb. 5.2.2 Fertigung eines T-Stücks

Die bauteil- und werkstoffspezifischen Verläufe der Prozeßparameter *(Abb. 5.2.3)* werden zur Regelung des Umformvorgangs verwendet. Soll mit einer vorhandenen ASE-Anlage ein anderes Werkstück hergestellt werden, so wird hierzu das Werkzeug gewechselt und ein anderes Programm in der Steuerung der Maschine abgerufen.

Das Aufweiten erfolgt mit axialem Materialfluß, der durch Stauchen in axialer oder radialer Richtung unterstützt wird *(Abb. 5.2.4)*. Beim Expandieren wird das bereits weitgehend fertiggeformte Bauteil an der Werkzeugwand kalibriert.

Die wirksamen Umformkräfte werden sowohl von beweglichen Werkzeugelementen als auch von dem unter Druck stehenden Wirkmedium aufgebracht. Bei den werkzeuggebundenen Varianten bestimmt ein Konturwerkzeug die Form, an dessen Innenwand das Rohteil zur Anlage gebracht wird.

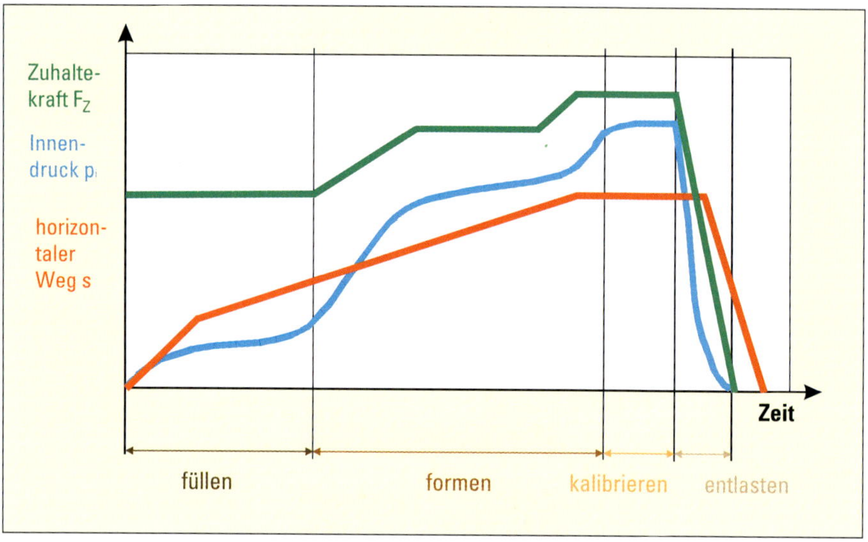

Abb. 5.2.3 Prozeßablauf beim Innenhochdruckumformen

Die Bauteile besitzen nach der ASE-Umformung eine hohe Maßhaltigkeit und hohe Festigkeitswerte. Durch einen dreidimensionalen Spannungszustand – mit im Vergleich zum Tiefziehen und Streckziehen relativ hohem hydrostatischen Spannungsanteil – können vergleichsweise hohe Formänderungen erzielt werden (vgl. Abschn. 4.2.1, 4.2.4 und 4.2.5).

5.2.2 ASE- und AE-Bauteile

Grundsätzlich unterscheidet man IHU-Bauteile, die durch die vorliegenden Bedingungen, insbesondere der Bauteilgeometrie und der Reibung,

- durchgängig axialen Materialfluß (ASE-Bauteile) oder
- nur teilweise axialen Materialfluß (ASE-/AE-Bauteile) oder
- keinen axialen Materialfluß durch axiales Stauchen (AE-Bauteile)

zulassen. Diese Unterscheidung soll im folgenden erläutert werden.

ASE-Bauteile (Abb. 5.2.5) sind durch hohe Umformgrade aufgrund des axialen Materialflusses über der gesamten Werkzeugkontur ge-

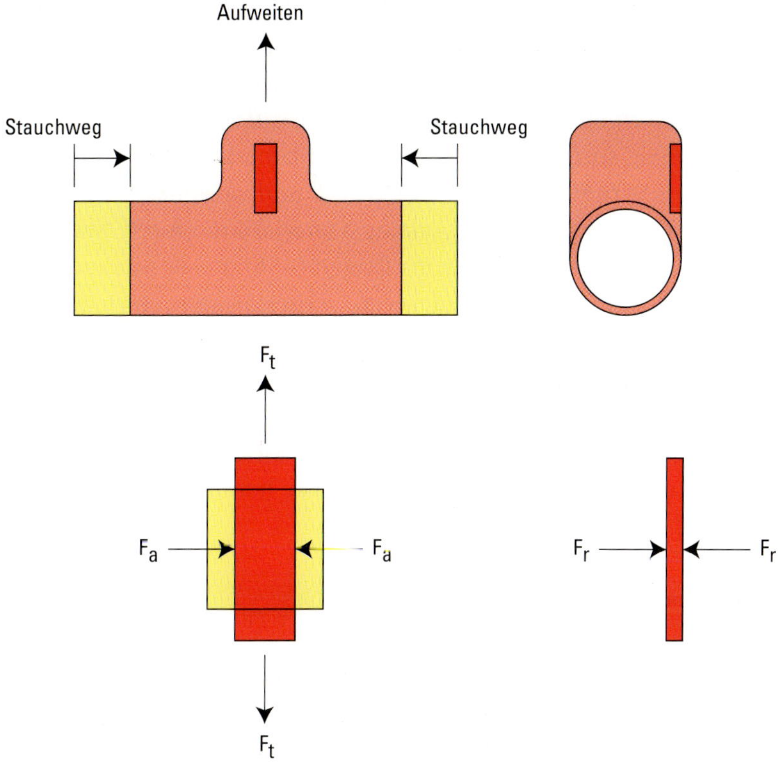

Abb. 5.2.4 Kräfte an einem Rohrstück mit Abzweigung (T-Stück)

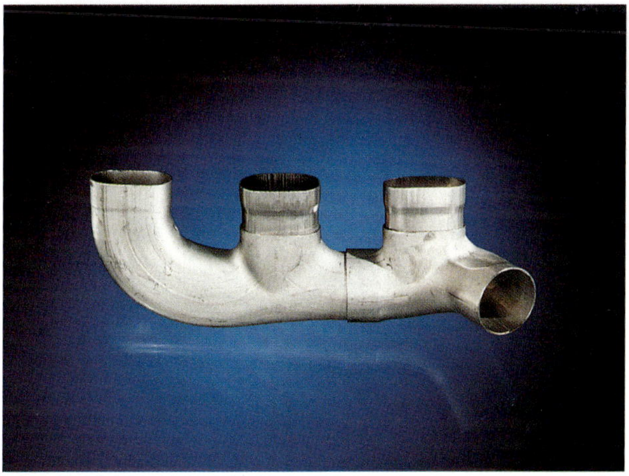

Abb. 5.2.5
ASE-Bauteil

kennzeichnet. Sie werden während des Prozesses aufgeweitet, gestaucht und expandiert (ASE). Durch den axialen Materialfluß sind höhere Formänderungen erreichbar als durch Umformen aus der Wanddicke heraus. Teilweise ergeben sich örtliche Materialaufstauchungen.

ASE-/AE-Bauteile sind gekennzeichnet durch mehrere über die Bauteillänge örtlich verteilte Aufweitungen mit und ohne dazwischenliegenden Biegungen *(Abb. 5.2.6)*. Axialer Materialfluß durch Stauchen kommt nur an den Bauteilenden zum Tragen (ASE). Bei Formelementen nach Biegungen oder bei einer stärkeren, näher an den Horizontalzylindern liegenden Aufweitung wird nur aufgeweitet und expandiert (AE), jedoch kaum axial nachgeschoben.

Bei *AE-Bauteilen* kann aus bestimmten Gründen nicht axial nachgeschoben werden *(Abb. 5.2.7)*. Das AE-Verfahren ist ein Kalibriervorgang; die Formgebung erfolgt nur aus der Wanddicke heraus.

5.2.3 Anwendungsgebiete

Die konstruktiven und gestalterischen Möglichkeiten des Innenhochdruckumformens werden in verschiedenen Anwendungsfällen mit Erfolg zur Herstellung hochfester standzeit- und gewichtsoptimierter Bauteile und Baugruppen genutzt.

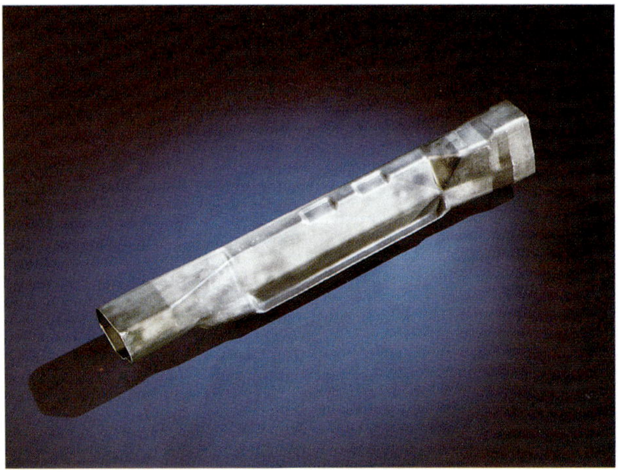

Abb. 5.2.6
Ausschnitt aus einem ASE-/AE-Bauteil

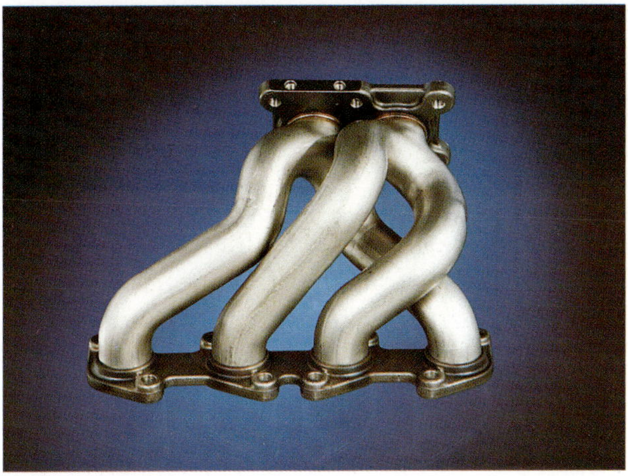

Abb. 5.2.7
AE-Bauteil

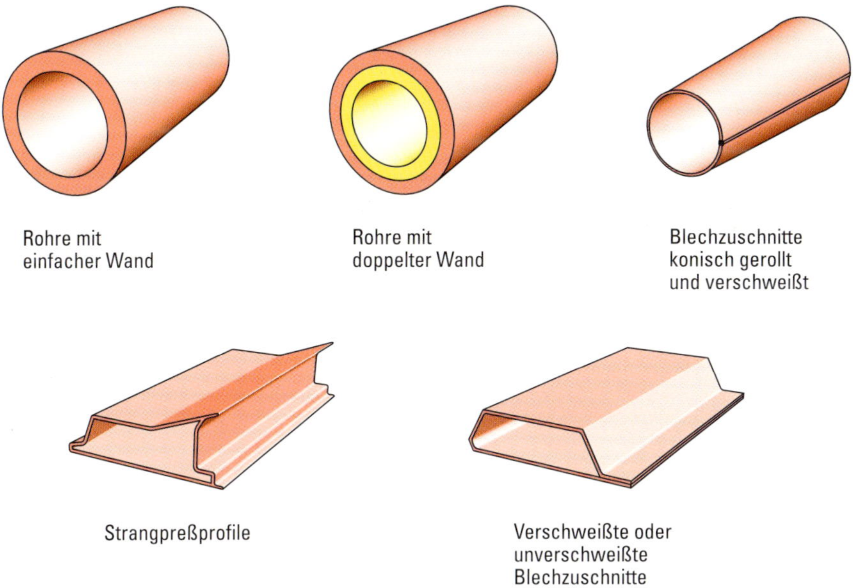

Abb. 5.2.8 Rohteilformen

Ausgehend von den verschiedenen Rohteilformen *(Abb. 5.2.8)*, kommen für das Innenhochdruckumformen unterschiedliche Einsatzbereiche in Frage. Drei bedeutende Anwendergruppen haben sich in den vergangenen Jahren herauskristallisiert (Tabelle 5.2.1):

- Automobil- und Zulieferindustrie,
- Sanitär- und Hausinstallationsindustrie,
- Rohr- und Rohrkomponentenhersteller.

Tabelle 5.2.1: Anwendungsgebiete des Innenhochdruckumformens

Branche	**Baugruppe**	**Bauteil (Beispiele)**
Automobilindustrie Fahrzeuge – Straße – Wasser – Luft – Schiene	Fahrwerk, Abgas-, Ansaugsysteme, Anbauteile, Antrieb Sitze, Rahmen/Karosserie Lenkung	Quer-, Längsträger Krümmer, Dachreling, Spoiler, Getriebewellen, Sitzrahmenteile, A-, B-,C-Säule, Dachrahmenprofile, Lenksäule mit Kompensator
Chemie-, Gas-, Ölindustrie, Kraftwerksbau	Leitungs- und Behälterteile, Rohrformstücke	T-Stücke, Reduzierstücke, Gehäuse, Verkleidungen
Haushaltstechnik	Armaturen, Maschinen	Rohrbögen, T-Stücke, Reduzierstücke, Kreuzstücke, Bögen
Zweiradindustrie	Rohrformstücke	Tretlager, Knoten, Rahmen
Profilverarbeitung	Gerüstbau, Rohrhalbzeuge, Schienenfahrzeuge, Nutzfahrzeuge	Knoten, Träger, kalibrierte Rohre und Profile, Dachspriegel, Rahmen, Träger, Knoten
Pumpen und Armaturen	Gehäuse	Ansaugstutzen
Heizung, Lüftung, Klima	Formstücke	Rohrbögen, Reduzierstücke, T-Stücke, Sammelrohre
Möbelindustrie	Rahmen, Formelemente	Füße, Träger, Knoten, Schalen, Regalböden
Beleuchtungsindustrie	Straßenbeleuchtung	Lichtmasten, Lampenschalen
Optik	Fernrohre, Taschenlampen	Gehäuse

5.3 Bauteilentwicklung

5.3.1 Anwenderorientierte Projektabwicklung

In der industriellen Praxis setzt sich zunehmend die Erkenntnis durch, daß die konstruktive Gestaltung eines Bauteils nicht nur funktionsgerecht, sondern auch fertigungsgerecht sein muß. In diesem Zusammenhang haben sich das „Simultaneous Engineering" und das „Early Involvement" bewährt. Dabei arbeiten Kunde und Verfahrensentwickler bei der Bauteilauslegung schon frühzeitig zusammen. Nur so kann in kurzer Zeit eine Optimierung in funktionaler und fertigungstechnischer Hinsicht erreicht werden. Eine solche Bauteilneuentwicklung kann beispielhaft wie folgt ablaufen:

1. Vorgespräch (Kunde und Entwickler)
2. Technisch-wirtschaftliche Machbarkeitsanalyse (Kunde und Entwickler)
3. ASE-gerechte Bauteilauslegung (Kunde und Entwickler) und Festlegung eines Fertigungsablaufs
4. Prototypentwicklung: CAD-Flächendaten-Erstellung (Kunde) und CNC-Fräsdaten-Erstellung (Entwickler). Herstellung eines Umformwerkzeugs und Fertigung von Prototypen mit verschiedenen Werkstoffen und Wanddicken (Entwickler)
5. Erprobung der Prototypen (Kunde)
6. Festlegung qualitätsrelevanter (QS) Daten (Kunde)
7. Serienfertigung (Kunde oder Lieferant)

5.3.2 Machbarkeitsstudien

Bei der Entwicklung von ASE-Bauteilen ist eine exakte Analyse der Randbedingungen erforderlich. Die optimale Gestaltung der Bauteile unter Berücksichtigung der verfahrensspezifischen Besonderheiten erhöht die Sicherheit und Wirtschaftlichkeit im Serienbetrieb.

Die Machbarkeitsanalyse, die Bauteilauslegung sowie die Festlegung eines Fertigungsablaufs sind eng miteinander verknüpft. Führen sie zu einem positiven Ergebnis, so kann die Prototypentwicklung der Bauteile beginnen. Bei der Bearbeitung der einzelnen Schritte sind verschiedene Randbedingungen zu beachten, die nachfolgend kurz erläutert werden.

Überprüfung der Machbarkeit
Bei der Überprüfung der Machbarkeit werden zwei Gruppen von Bauteilen unterschieden: Neuentwicklungen, deren Geometrie speziell für die ASE-Umformung ausgelegt ist, und Fertigung vorhandener Bauteile durch die ASE-Technik.

Von Bedeutung sind: Geometrie, Wanddicken, Werkstoff und Beschaffung des Halbzeugs. Zunächst erfolgt die Auswertung der Geometriedaten mit Hilfe eines CAD/CAM-Systems. Man ermittelt Umfänge, Radien, Querschnitte und Übergänge. Weiterhin muß festgelegt werden, welches Rohteil eingesetzt werden soll, z.B. beim Rohr der verwendete Werkstoff, der Durchmesser, die Wanddicke, und ob dieses gegebenenfalls vorgeformt werden muß.

Danach werden die zu erwartenden Umfangserweiterungen bestimmt. Unter Berücksichtigung von Werkstoffdaten, Einsatzwanddicke, Vorverformung am Rohteil und sonstigen Randbedingungen kann die Machbarkeit des Bauteils abgeschätzt werden. Abschließend müssen Innendruck, Schließkraft, Kräfte und Bewegungen der Horizontalzylinder berechnet werden. Da die Zusammenhänge zwischen allen Einflußgrößen sehr komplex sind, muß die Erfahrung des Fachmanns in die Teilegestaltung einfließen.

Gestaltung der Teile
Ist das Teil realisierbar, so müssen die Detailgestaltung, die Lage im Werkzeug und die Schiebekanäle festgelegt werden. Bei Bauteilen, die nicht durch die IHU-Technik herstellbar erscheinen, wird versucht, die

vorgegebenen Bedingungen so zu verändern, daß das Teil ohne Einschränkung seiner Funktion fertigbar ist.

Die Teilegeometrie muß unter Beachtung der Verfahrensgrenzen optimiert werden. Bei Baugruppen können unter Umständen mehrere Teile zusammengelegt oder eine alternative Aufteilung vorgenommen werden. Auch eine andere Werkstoffwahl ist möglich. Dabei darf die Seriensicherheit nicht außer acht gelassen werden, da sie von entscheidender Bedeutung im Hinblick auf die wirtschaftlichen und fertigungstechnischen Aspekte ist.

Auslegung für die Serienfertigung
Dieser Schritt umfaßt die Festlegung des Fertigungsablaufs und die Auslegung der benötigten Fertigungsanlagen. Von besonderer Bedeutung ist die konsequente Umsetzung der Ergebnisse des Prototypings. Nur ein Zusammenspiel von theoretischer Analyse und praxisgerechter Versuchsdurchführung liefert ein optimales Produkt. Die Festlegung qualitätsrelevanter (QS-) Daten gehört ebenfalls dazu.

Simulation der Formgebung
In der Umformtechnik hat sich die Methode der finiten Elemente (FEM) etabliert. Ziel ist es, teure und aufwendige experimentelle Untersuchungen durch eine schnelle und preiswerte Simulation zu ersetzen.

Bei der Umsetzung aller Vorüberlegungen in die Praxis müssen die Besonderheiten der Innenhochdruckumformung beachtet werden:

- Berücksichtigung der partiellen Kaltverfestigung an vorverformten Rohren,
- Zusammenhang der Prozeßparameter: Bewegungen und Kräfte der Horizontalzylinder, zeitlicher Verlauf des Innendrucks, Bewegung zusätzlicher Werkzeugelemente wie Lochstempel und Gegenhalter, Schließbewegung des Werkzeugs,
- funktionale Verknüpfung der Prozeßparameter: Innendruck, verschiedene zusätzliche Werkzeugelemente wie Lochstempel und Gegenhalter sowie axiale Zylinder,
- Rückfederung,
- Versagenskriterien: Knicken und Bersten,
- Werkstoffverhalten: Anisotropie und Fließkurve sowie
- Kontaktbeschreibung.

Folgende Ergebnisse können mit einem entsprechend ausgelegten FEM-Programm berechnet werden:

- Plastische Vergleichsdehnung,
- Vergleichsspannung,
- Dickenverteilung,
- Verteilung der plastischen Dehnungsgeschwindigkeiten,
- Hauptdehnungen und
- Abstand von Werkstückaußenwand zu Werkzeugwand.

5.3.3 Bauteilauslegung

Zu den verfahrensspezifischen Technologien gehören neben der Verwendung von vorgebogenem Rohr z.B. die Erzeugung von Querschnittsveränderungen, Durchsetzungen, Durchbrüchen, Einfach- und Mehrfachaushalsungen oder die Erzeugung von Schweißzentrierflächen. Die in *Abb. 5.3.1* genannten Eckdaten beschreiben den derzeitigen Stand der Technik für rohrförmige Rohteile. Die maximal erreichbare Höhe einer Aufweitung an einem geraden Schenkel ist deutlich höher als die an einem Bogen, weil das Nachschieben von Werkstoff durch die Geometrie des Bogens behindert wird *(Abb. 5.3.2.)*. Eine höhere Aushalsung ist möglich, wenn sie in der Nähe eines Horizon-

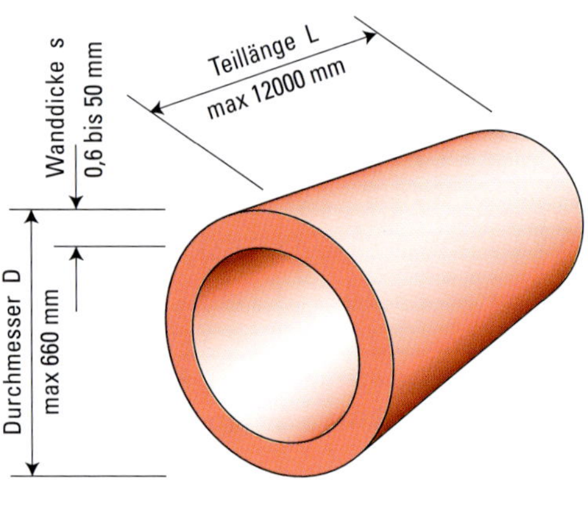

Abb. 5.3.1
Stand der IHU-Technik beim Einsatz von Rohren als Rohteil

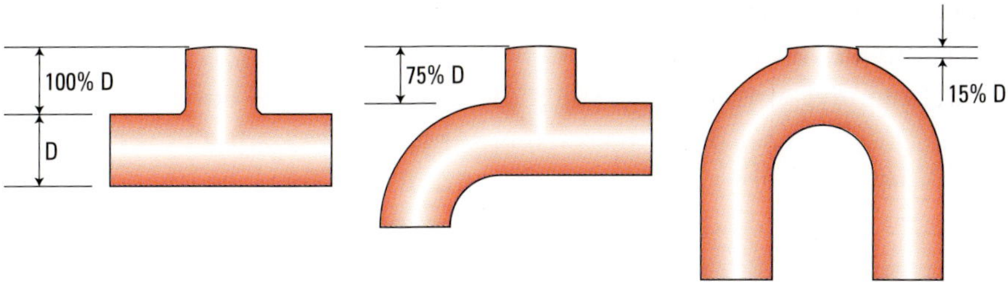

Abb. 5.3.2 Beispiel für erreichbare Aushalsungshöhen: Die erreichbare Höhe nimmt mit zunehmendem Schwierigkeitsgrad ab

talzylinders liegt. Grundsätzlich sollten scharfe Ecken und Kanten bei der Auslegung eines Bauteils vermieden werden. Radien müssen an die Wanddicke angepaßt sein *(Abb. 5.3.3)*. Querschnittsübergänge werden vorteilhaft weich gerundet, wenn dies die Anforderungen an das Bauteil zulassen.

Im folgenden sollen einige grundlegende Richtlinien der Auslegung näher erläutert werden.

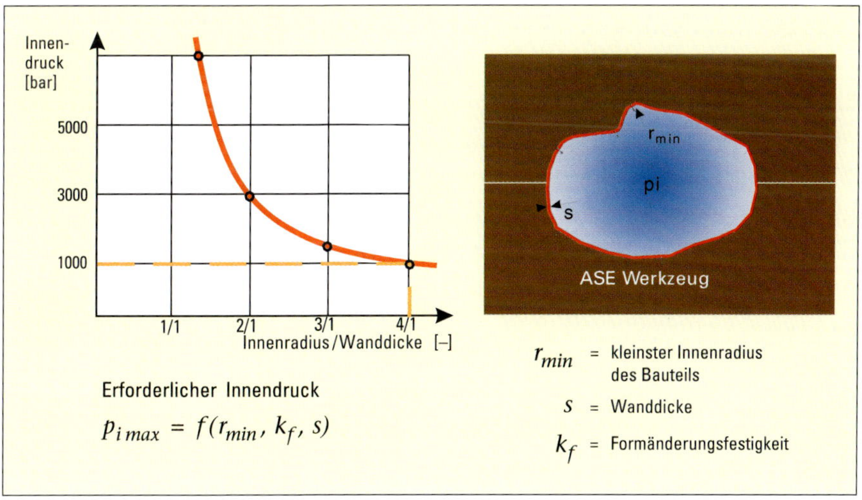

Abb. 5.3.3 Innendruck als Funktion des Innenradius

Gerade Bauteilachse
Das Aufweitvermögen wird durch Bersten und Knicken begrenzt. Bei zunehmender Aufweitlänge steigt die Knickgefahr. Bei einer Knicklänge $\leq 2 \cdot$ Durchmesser des eingesetzten Rohteils (Einsatzdurchmesser) und bei Vorliegen eines rotationssymmetrischen Querschnitts kann die erreichbare Formänderung als weit über die Bruchdehnung hinausgehend angenommen werden.

Achskrümmung
An Bauteilen mit gekrümmter Achse in der Aufweitkontur kann problemlos Material axial nachgeschoben werden, wenn der Krümmungsradius $R \geq 5 \cdot$ Einsatzdurchmesser ist. Eine partielle Aufweitung erfolgt dabei im Bereich der Bogeninnenschale.

Die freie Knicklänge soll den Einsatzdurchmesser nicht überschreiten, maximal über den halben Rohteilumfang reichen und dabei kontinuierlich abnehmen.

Bei freier, ungestützter Ausformung knickt das Bauteil, wenn axial geschoben wird. Das Aufweitvermögen wird durch die Bruchdehnung begrenzt, da nur durch den Innendruck ausgeformt wird.

Querschnitte
Bei freier Aufweitung ist ein Maximum an Formänderung erreichbar, wenn die freie Knicklänge maximal $2 \cdot$ Einsatzdurchmesser beträgt, der Querschnitt rotationssymmetrisch ist und in der Rohrachse liegt.

Ein unsymmetrischer Querschnitt mit tiefem, engem Konturbereich kann nur ausgeformt werden, wenn Material axial in die Kontur einfließen kann. Scharfe Konturübergänge führen zu einer partiellen Abstreckung in der Wand und somit zum frühzeitigen Bersten. Unsymmetrische Querschnitte außerhalb der Rohrachse sind ausformbar, wenn mindestens der halbe Umfang des eingesetzten Rohteils durch die Werkzeugkontur gestützt wird.

Längsschnitte
Die Konturübergänge werden vorteilhaft mit großen Radien gestaltet. Steil abfallende Übergänge in Materialflußrichtung führen zur Querfaltenbildung am Bauteil (Knicken) und wirken als Bremse in axialer Richtung.

Über diese grundlegenden Richtlinien hinaus ist für ASE-, ASE-/AE- und für AE-Bauteile folgendes zu beachten:

ASE-Bauteile
Das *optimale Verhältnis von Rohrdurchmesser D zu Rohrwanddicke s* liegt bei

$D/s = 20 \ldots 45$

Die *freie Knicklänge* sollte auch hier $\leq 2 \cdot$ Einsatzdurchmesser D sein.

Ist *D/s > 45*, dann besteht Berst- oder Knickgefahr. Die Gegenmaßnahme ist die Verkürzung der freien Knicklänge.

Bei *D/s < 20* kann die Knicklänge mit zunehmender Wanddicke größer werden. Die Wanddickenverjüngung wird durch axiales Nachschieben des Werkstoffs verhindert. Das Nachschieben kann allerdings zu einer Aufstauchung der Wand führen. Es besteht nur geringe Knickgefahr.

ASE-/AE-Bauteile
Das maximale Aufweitvermögen wird durch die Bruchdehnung des Werkstoffs begrenzt. Die halbe Bruchdehnung ist die Grenze der erreichbaren Formänderung, wenn kein axialer Materialfluß erfolgen kann. Die Knicklänge kann in diesem Fall als bedeutungslos betrachtet werden.

AE-Bauteile
Die Grenze der erreichbaren Formänderung entspricht der halben Bruchdehnung des Werkstoffs.

5.4 Werkzeugtechnik

5.4.1 Werkzeugaufbau

Abbildung 5.4.1 zeigt den Aufbau eines ASE-Werkzeugs. Der Werkzeuggrundkörper, bestehend aus Werkzeugober- und -unterteil, dient zur Aufnahme der Funktionselemente. Die Werkzeugaufnahmeplatten ermöglichen die Anpassung an die Einbauhöhe, die durch Pressenhub bzw. Höhe der Zylinderkonsolen vorgegeben ist. Die von wegabhängig oder druckabhängig geregelten Horizontalzylindern bewegten Dichtstempel dichten ab und schieben die Rohrenden beim Stauchprozeß

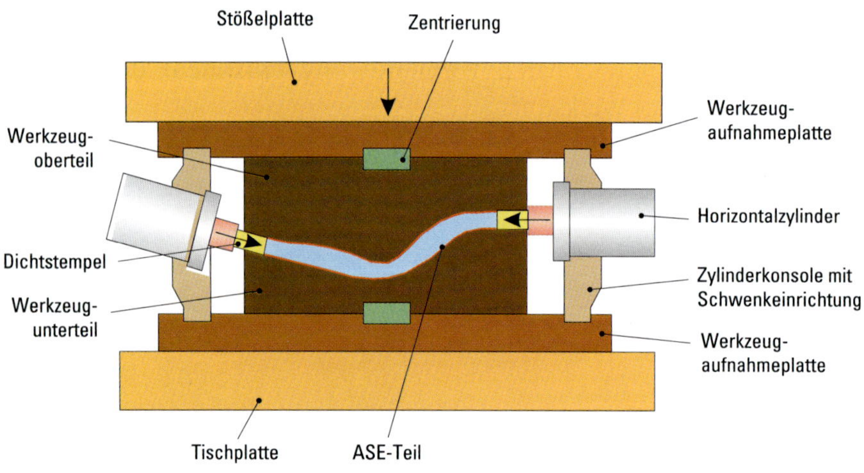

Abb. 5.4.1 Prinzipieller Werkzeugaufbau

nach. Kolbendurchmesser und Hub werden den Erfordernissen des Bauteils angepaßt. Die Zylinderkonsolen nehmen die Axialkräfte auf und ordnen die Horizontalzylinder konzentrisch zu den Einläufen an. Sie können auf der Tisch- bzw. Stößelplatte verschoben werden.

Der modulare Grundaufbau der Werkzeuge ermöglicht die flexible Realisierung der gewünschten Bauteilgeometrien. Ziel ist es, Fertigungskosten, Werkzeugwechselzeiten und Austauschzeiten von Verschleißteilen zu minimieren. Zudem kann man während der Entwicklungsphase ohne Werkzeugwechsel verschiedene Rohrwerkstoffe und Wandstärken sowie mit nur geringem Aufwand geänderte Geometrien erproben.

Ein leichter Wechsel vom Prototyp- zum Serienwerkzeug ist möglich, wenn nur Formnest- bzw. Schiebeeinsätze ausgetauscht werden müssen *(Abb. 5.4.2)*. Bei der Auslegung eines Prototypwerkzeugs spielt die Lebensdauer eine untergeordnete Rolle. Abgesehen von den Schiebeeinsätzen, kann auf das zeitintensive Beschichten bzw. Behandeln der Oberflächen verzichtet werden. Das Prototyping – und damit die schrittweise Annäherung an ein serientaugliches Werkzeug – findet in mehreren Stufen statt:

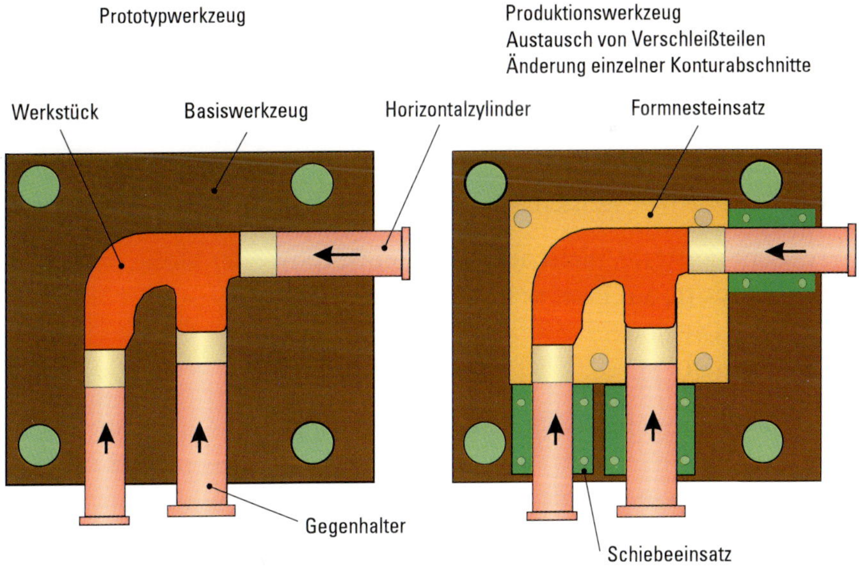

Abb. 5.4.2 Werkzeugsysteme für Prototyping und Produktion

- Entwicklung der Grundgeometrie eines Bauteils,
- Integration von Zusatzoperationen wie Lochungen,
- Fertigung von modifizierten Einsätzen.

Dabei beeinflussen folgende Parameter die Auswahl der Werkzeugwerkstoffe sowie deren notwendige Beschichtung bzw. Behandlung:

- Geometrie des Bauteils,
- Werkstoff des Bauteils,
- maximaler Innendruck,
- Dichtsystem,
- Verwendungszweck (Prototyping, Serienbetrieb).

5.4.2 Schmierstoffe

Wie bei anderen Kaltumformverfahren, gehören die Schmierstoffe zu den wichtigsten Hilfsmitteln im ASE-Prozeß, da sie die Reibung an den Stellen mit Relativbewegungen zwischen Werkzeug und Werkstück minimieren (vgl. Abschn. 4.2.3). Viele Bauteile lassen sich erst durch den Einsatz von Schmierstoffen in der gewünschten Form herstellen.

Die Schmierstoffe ermöglichen einen gleichmäßigeren Wanddickenverlauf, erleichtern die Ausformung von Abzweigungen, mindern partielle Abstreckvorgänge und gewährleisten eine bessere Ausformung von Bereichen, die keinen Materialfluß durch axiales Nachschieben zulassen.

Für die ASE-Umformung kommen unterschiedliche Schmierstoffe in Frage. Entsprechend ihrer Zusammensetzung können sie in folgende Gruppen eingeteilt werden:

- Festschmierstoffe, meist auf Basis von Graphit oder MoS_2,
- Schmierstoffe auf Basis von Polymerdispersionen,
- Wachse, Öle und
- Emulsionen.

Die Aufbringung des Schmierstoffs erfolgt meist durch Sprühen oder Tauchen. Abgesehen von den Ölen, müssen die aufgebrachten Schichten im allgemeinen vor der Umformung trocknen und aushärten. Grundsätzlich ist auf eine gleichmäßige Schichtdicke zu achten. Die optimale Dicke der Schmierstoffschicht wird experimentell ermittelt.

5.5 Werkstoffe und Halbzeuge für Bauteile

5.5.1 Werkstoffe und Wärmebehandlung

Grundsätzlich kommen alle Werkstoffe in Frage, die sich auch für andere Kaltumformverfahren, wie z. B. das Tiefziehen, eignen (vgl. Tabelle 4.2.3). Der Werkstoff sollte ein feinkörniges Gefüge aufweisen und weichgeglüht sein.

Die besten Umformergebnisse lassen sich mit Werkstoffen hoher Bruchdehnung erzielen, wobei die Bruchdehnung quer zur Längsrichtung des Rohrs – im allgemeinen also quer zur Walzrichtung des Blechs – für die Auslegung von ASE-Teilen maßgeblich ist. Eine hohe Kaltverfestigung ist von Vorteil.

Die Rohrherstellung und die Vorformung bewirken eine Kaltverfestigung, die bauteilabhängig unter Umständen vor dem ASE-Prozeß durch Glühen rückgängig gemacht werden muß. Wird das maximale Umformvermögen des Werkstoffs bei der Herstellung in einem Fertigungsschritt überschritten, so muß die Umformung in mehreren Schritten (Folgepressungen) mit Zwischenglühung erfolgen. Eine Wärmebehandlung sollte allerdings wegen der zusätzlichen Kosten nur dann durchgeführt werden, wenn alle anderen Möglichkeiten – z. B. konstruktive oder werkstofftechnische – ausgeschöpft sind.

Die für *austenitischen* Stahl sinnvolle Wärmebehandlung ist das Lösungsglühen – bevorzugt unter Schutzgas. Bei Kleinteilen ist die Verwendung eines Durchlaufofens möglich.

Bei *ferritischem* Stahl hängen Art und Durchführbarkeit stark vom jeweiligen Werkstoff und seiner Umformgeschichte ab. Man kann grundsätzlich zwischen Rekristallisations- und Normalglühen wählen.

Meist kommen für *Aluminium* Mn- oder Si-Legierungen zum Einsatz. Die günstigste Wärmebehandlung muß für den Einzelfall bestimmt werden, wobei auf das Langzeitverhalten des Werkstoffs und bei kaltaushärtenden Legierungen auf eine zügige Weiterverarbeitung zu achten ist.

5.5.2 Halbzeug und Vorbereitung

Beim Innenhochdruckumformen werden Rohteile aus folgenden Halbzeugen eingesetzt *(Abb. 5.2.8)*:

- gezogene oder geschweißte Rohre,
- Doppelwandrohre,
- Strangpreßprofile,
- geschweißte oder vorgeformte Platinen.

Überwiegend werden Rohrabschnitte mit kreisrundem Querschnitt eingesetzt. Es kommen aber auch geschweißte und stranggepreßte Profile zum Einsatz.

Nachfolgend sollen – mit Bezug auf rohrförmige Rohteile – die Fertigungsschritte zur Halbzeugvorbereitung für eine technisch und wirtschaftlich optimale Fertigung erläutert werden.

Der *Zuschnitt* der Rohre muß exakt sein, da z. B. Undichtigkeiten zu Beginn des ASE-Prozesses auftreten können, die zum Versagen des Bauteils durch Knicken führen. Schwankungen in der Wanddicke entlang des Umfangs haben eine höhere Ausschußquote zur Folge, im Extremfall sogar das Versagen des Bauteils. Folgende Toleranzen sind im allgemeinen zulässig:

- Länge: +/– 0,5 mm
- Winkel des Querschnitts zur Längsachse: +/– 0,5°

Wichtig ist die Rundheit an den Rohrenden, um ein Schneiden beim Schließen des Werkzeugs zu verhindern. Die Rohre müssen von Spänen gesäubert werden, da diese zu Schäden am Werkzeug bzw. zu Ausformfehlern oder Markierungen auf der Oberfläche des Bauteils führen. Aus dem gleichen Grund ist es notwendig, die Rohrenden zu entgraten, wobei Fasen in jedem Fall zu vermeiden sind.

Das ideale Rohteil für den ASE-Prozeß ist ein gerades zylindrisches Rohr. Von dieser Form muß jedoch vielfach abgewichen werden, da das Einsatzrohr sauber in das Werkzeug eingelegt werden muß, um die Teilequalität sicherzustellen. Eine *Vorformung* ist dann notwendig. Grundsätzlich führt jede Vorformung zu einer Minderung der weiteren Umformbarkeit, zu Wandstärkendifferenzen und Störungen im Umformverhalten der Teile durch partielle Kaltverfestigung. Dem kann jedoch durch entsprechende Auslegung des Bauteils und optimale Auswahl des Vorformverfahrens entgegengesteuert werden.

Das *Biegen* wird je nach Biegeradius, Rohrdurchmesser und Wanddicke auf einer Dorn-, Profil-, Kurven- oder einer Induktionsbiegemaschine ausgeführt (vgl. Abschn. 4.8). Beschädigungen der Oberfläche, insbesondere scharfkantige Abdrücke von Spannbacken, führen aufgrund der entstehenden Kerbwirkung vorzeitig zum Bersten des späteren Bauteils. Die Toleranz für die geraden Enden liegt wie beim Zuschnitt bei +/– 0,5 mm. Biegefehler, wie Wellen am Innenbogen, Abdrücke durch Spannbacken oder Ziehriefen, sind vor allem bei dünnwandigen Rohteilen zu vermeiden.

Das *Reduzieren und Aufweiten* wird bei großen Umfangsdifferenzen an langgestreckten Bauteilen oder partiellem Übermaß des Einsatzrohrs im Mittelbereich angewendet. Auch hier wirken sich verfahrensspezifische Fehler wie Riefen, Abdrücke, usw. nachteilig aus.

Das *Vorformen im ASE-Werkzeug* stellt den Idealfall dar, wenn dadurch am geraden Rohr auf sonstige Vorformschritte verzichtet werden kann. Vorgeformt wird auch bei Teilen, die zuvor gebogen, aufgeweitet oder reduziert wurden.

Das *Vorformen im Gesenk* findet bei komplizierten Geometrien Anwendung, wenn die vorgenannten Verfahren kein zufriedenstellendes Ergebnis bringen.

Weiterhin gibt es Sonderverfahren für kegelige, geschweißte Rohre, geschweißte Profilrohre, Tiefziehhalbschalen, Strangpreßprofile und gefügte Rohrabschnitte. Bei komplizierten Bauteilen können auch mehrere Vorformschritte erforderlich sein.

5.6 Pressen für die Innenhochdruckumformung

ASE-Pressen sind speziell konzipierte Pressen. Ihre Komponenten

- Elektronik,
- Öl-Hydraulik,
- Wirkmedium-Hydraulik und -Regelung,
- Tisch und Stößel

sind den besonderen Anforderungen der Innenhochdruckumformung angepaßt. Es handelt sich entweder um Vier-Säulen-Pressen *(Abb. 5.6.1)* oder Rahmenpressen *(Abb. 5.6.2)*. Die Vier-Säulen-Bauweise gewährleistet eine optimale Zugänglichkeit der Werkzeuge sowohl bei der Beschickung und Prozeßkontrolle als auch beim Wechsel der Werkzeugkomponenten. Das Werkzeug kann außerhalb der Presse montiert und mit einem Werkzeugwechselsystem zugeführt werden. In der Presse wird das Werkzeug mit hydraulischen Spannern arretiert; lediglich die hydraulischen und elektrischen Verbindungen müssen hergestellt werden. Der Werkzeugwechsel kann je nach den Erfordernissen am Aufstellort der Presse auf einer der vier Seiten vorgesehen werden (vgl. Abschn. 3.4). Die Lage der Horizontalzylinder ist flexibel.

Rahmenpressen werden als Einzweckpressen für die Fittingfertigung eingesetzt. Bei diesen Pressen sind die Horizontalzylinder fest installiert.

Die Schließkraft wird mittels vertikaler Plunger- oder Differentialzylinder aufgebracht (vgl. Abschn. 3.3). Anwenderspezifisch wird

- der Plunger- und Differentialzylinder ausgelegt,
- Hub und Durchmesser der Horizontal- und Gegenhalterzylinder festgelegt,
- der Druckübersetzer dimensioniert und
- die Tischgröße bestimmt.

Abb. 5.6.1
Vier-Säulen-ASE-Presse mit einer Schließkraft von 25 000 kN

Regelbare Pumpen füllen die Werkstücke bis zu einem definierten Vordruck mit Druckmedium. Die darüber hinausgehenden Drücke werden durch Druckübersetzer erzeugt. Die Steuerung der Anlage ist auf mindestens vier geregelte Hydraulikachsen ausgelegt – ein Druckübersetzer, zwei Horizontalzylinder und ein Gegenhalter –, die entweder wegabhängig oder druckabhängig eingesetzt werden. Als fünfte Achse wird der Schließvorgang für durchgesetzte Biegungen vorgesehen. Die Zahl der Achsen kann erweitert werden, beispielsweise wenn verschiedene Bauteile oder Bauteile mit Folgehub in einem Pressenhub umgeformt werden sollen.

Die Eingabe aller Prozeßdaten erfolgt am Leitrechner (vgl. Abschn. 3.5). Der Ablauf des Umformprozesses erfolgt als Schrittkette, die die Daten für die Achsen sowie zusätzliche Steuerbefehle enthält. Der Druck und die Position aller Achsen können während des Prozesses on line auf dem Bildschirm verfolgt und aufgezeichnet werden. Die programmierten Daten aus der Schrittkette lassen sich jederzeit in Diagrammform einse-

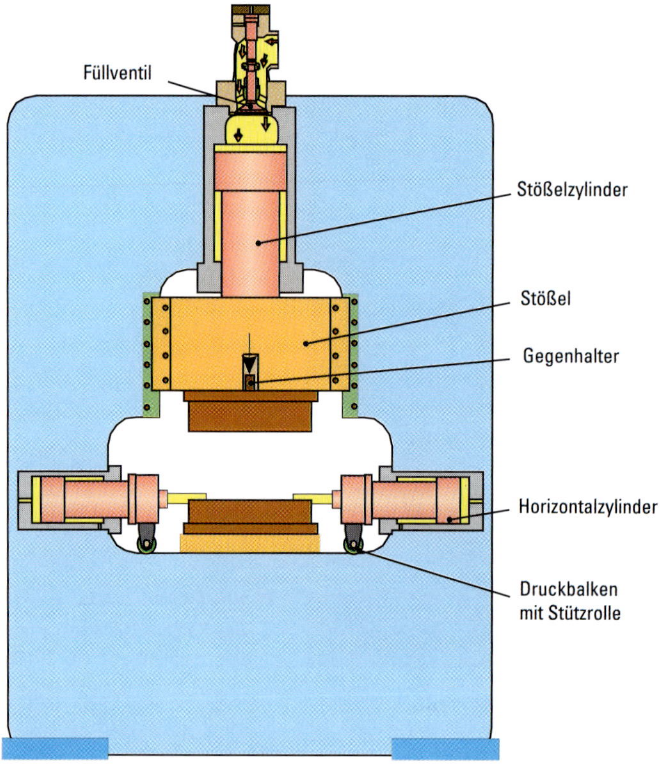

Abb. 5.6.2 Rahmen-ASE-Presse

hen. Es ist möglich, einen Reaktionsplan zu erstellen, der beim Auftreten bestimmter Fehler diese selbständig mit vorgegebenen Maßnahmen korrigiert.

Unter Berücksichtigung der erforderlichen Sicherheitsmaßnahmen kann die Beschickung der Anlage vollautomatisch oder von Hand erfolgen.

5.7 Gesamtbetrachtung

5.7.1 Fertigungstechnische Aspekte

Eine Gegenüberstellung des Innenhochdruckumformens mit anderen Verfahren, wie z. B. dem Formpressen und Verbinden von Blechschalenteilen, dem Gießen oder dem Verbinden gebogener Rohre, muß immer alle technischen und wirtschaftlichen Aspekte einbeziehen. Dabei sind auch vorangehende und nachfolgende Arbeitsschritte sowie die technischen Eigenschaften des fertigen Bauteils zu beachten. So kann durchaus eine Fertigung durch Innenhochdruckumformung für geringe Stückzahlen bei alleiniger Betrachtung der Bauteilkosten unwirtschaftlich sein, da die Zykluszeiten relativ lang sind (Tabelle 5.7.1).

Vergleicht man jedoch die technische Wertigkeit des Endprodukts mit der anderer Verfahren, so kann sich dieser Nachteil wieder ausgleichen. Bei mittleren und hohen Stückzahlen eines ASE-gerecht ausgelegten Bauteils können die technisch-wirtschaftlichen Vorteile der Innenhochdruckumformung so wirksam zum Tragen kommen, daß andere Herstellverfahren ausscheiden. *Abbildung 5.7.1* und Tabelle 5.7.2 zeigen

Tabelle 5.7.1: Zykluszeiten verschiedener Teile

Bauteil	Automatisierung	Bauteile pro Hub	Zykluszeit
Abgaskrümmer mit Dom	nein	2	15 ... 25 s
Abgassammelrohr	ja	2 ... 4	15 ... 20 s
Längsträger für Pick-up	ja	2	40 s
Armaturenbrettträger	ja	1	35 s
T-Stücke	ja	bis 25	13 s

Werkfoto Schmitz und Brill

Abb. 5.7.1 ASE-Abgassammelsystem – Serienfertigung

einen Vergleich zwischen der konventionellen und der ASE-Bauweise eines Abgassammelsystems.

Weiterverarbeitung der Teile

Hier lassen sich alle Fertigungsschritte anführen, die nach dem ASE-Prozeß direkt am Bauteil durchgeführt werden oder dem Verbund der ASE-Teile mit anderen dienen. Können die Teile aufgrund ihrer Geometrie oder besonderer Vorgaben nicht auf Endmaß gepreßt werden, so ist eine *Endenbearbeitung* notwendig. Die benötigte Endform wird beispielsweise durch Schneiden, Stanzen oder Fräsen erzeugt.

Tabelle 5.7.2: Vergleich der konventionellen mit der ASE-Fertigung für den Abgaskrümmer entsprechend Abb. 5.7.1

	Konventionelle Fertigung	**ASE-Fertigung**
Anzahl Einzelteile	17	9
Lebensdauer	700 – 1 000 h	> 1 500 h
Herstellkosten	100 %	85 %
Entwicklungszeit	100 %	33 %
Flanschart	unterschiedlich	gleich
Gewicht	100 %	100 %
Ausschuß		< 0,5 %

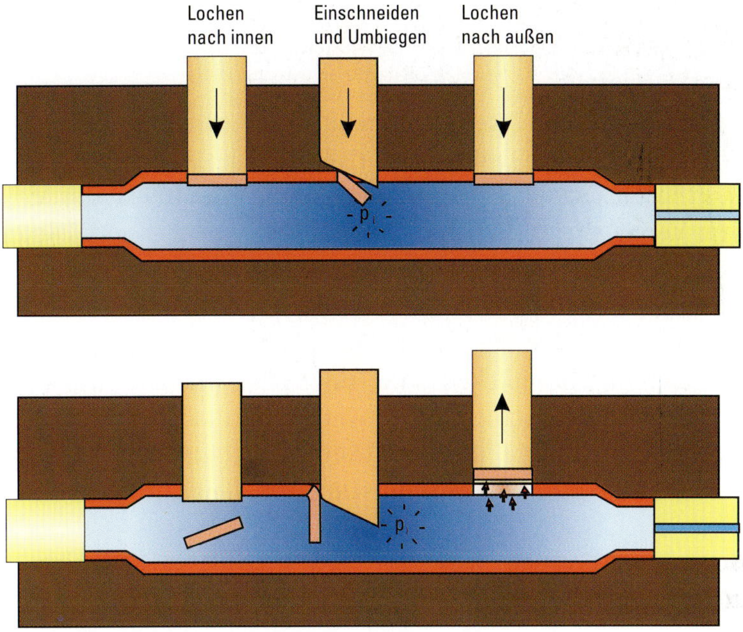

Abb. 5.7.2 Lochen, Einschneiden und Umbiegen beim Innenhochdruckumformen

Weiterhin kann am Teil *gelocht, eingeschnitten, gebogen* oder ein *Gewinde* vorgesehen werden – sofern dies nicht bereits beim ASE-Prozeß erfolgte *(Abb. 5.7.2)*. Durch Kalibrieren bzw. Anformen lassen sich spezielle Konturen an Rohrenden herstellen. Das *Anbringen von Anbauteilen* bzw. der Zusammenbau mit verfahrensfremden Komponenten, meist durch Schweißen, muß in einem separaten Prozeß durchgeführt werden. Bei einer *stückzahlbezogenen Mehrfachpressung* werden aneinandergefügte Bauteile durch einen Preßvorgang hergestellt; sie müssen durch Trennschnitte geteilt werden.

5.7.2 Technisch-wirtschaftliche Aspekte

Die wichtigsten technisch-wirtschaftlichen Aspekte der ASE-Innenhochdruckumformung sind:

- Bauteile komplexer Geometrie sind herstellbar, die bisher nicht in einem Stück fertigbar waren.

- Durch die einteilige Bauweise entfallen Verbindungsschweißnähte.
- Der Kalibriervorgang sorgt für eine sehr hohe Form- und Maßgenauigkeit der ASE-Bauteile.
- Die Kaltverfestigung macht ASE-Bauteile im allgemeinen sehr verwindungssteif. Sie federn deutlich weniger zurück als solche aus verschweißten Blechschalen. Oft kann deshalb die Wanddicke des ASE-Bauteils im Vergleich zum Schalen- oder Gußteil geringer sein. Dieser Effekt kann entweder zur Gewichtseinsparung oder zur Erhöhung der Festigkeit bzw. Steifigkeit genutzt werden.
- Im selben Werkzeug können Rohre mit (in bestimmten Grenzen) unterschiedlichen Wanddicken und unterschiedlichen Ausgangsdurchmessern aus unterschiedlichen Werkstoffen (sofern das Formänderungsvermögen nicht überschritten wird) eingesetzt und erprobt werden. Dies führt zur Optimierung von Gewicht und Festigkeit.
- Erfahrungsgemäß ergeben sich bei Abgasanlagen geringere Strömungswiderstände und höhere Dauerfestigkeiten.

Durch eine gezielte Gestaltung von Bauteil und Prozeß ist es möglich, Energie und Material zu sparen, Entwicklungs- und Produktionszeiten zu verkürzen und somit insgesamt Kosten zu senken.

Literatur

Leitloff, F.-U.: Innenhochdruckumformen mit dem Schäfer-ASE-Verfahren, Stahl (1995) 5.

Malle, K.: Aufweiten - Stauchen - Expandieren, VDI-Z 137 (1995) 9.

N. N.: ASE-Verfahren bringt Hohlkörper in Form, Stahlmarkt (1993) 5.

N. N.: Hochdruckumformen – Fertigungsverfahren mit Zukunft, Stahl (1993) 4.

N. N.: Mit Wasser immer in Form, Automobil-Industrie (1993) 4.

N. N.: Schäfer bringt Hohlkörper in Form, Technische Informationsbroschüre zur Schäfer-ASE-Technologie, Wilhelm Schäfer Maschinenbau GmbH & Co.

Schäfer, A. W., Fröb, K., Bieselt, R., Hassanzadah, G.: Kaltgeformte T-Stücke für den Anlagenbau – Anforderungen und technische Realisierbarkeit, 3R International 29 (1990) 9.

6 Massivumformung

6.1 Allgemeines

Verfahren und Teilespektrum

Die aus der Praxis eingeführten Begriffe Blech- und Massivumformung gliedern die Umformtechnik in zwei Bereiche, die sich neben der Systematik nach DIN 8582 „Umformen“ etabliert haben *(vgl. Abb. 2.1.3)*. Beim Massivumformen werden „kompakte“ Rohteile (z.B. Stababschnitte) dreidimensional umgeformt, während beim Blechumformen „flächenhafte“ Rohteile meist zu dreidimensionalen Hohlkörpern geformt werden, die annähernd konstante Blechdicke besitzen. Die spezifischen Kräfte sind bei der Massivumformung wesentlich höher als bei der Blechumformung, was in der Regel vergleichsweise steifere Maschinen und Werkzeuge in sehr kompakter Bauausführung zur Folge hat. Zur Massivumformung gehören neben den Verfahren des Durchdrückens, des Eindrückens und des Durchziehens, die hier hauptsächlich behandelt werden, z. B. das Walzen, das Freiformen *(vgl. Abb. 2.1.4)* oder das Gesenkformen (Schmieden) *(vgl. Abb. 2.1.5)*.

Das *Fließpressen und Verjüngen* ist Durchdrücken eines zwischen Werkzeugteilen aufgenommenen Rohteils/Werkstücks vornehmlich zur *Erzeugung einzelner Werkstücke*. Beim Strangpressen werden bei grundsätzlich ähnlichem Umformmechanismus *Halbzeuge* – wie *Stäbe, Rohre und Profile* – hergestellt. Die Grundverfahren des Fließpressens *(Abb. 6.1.1)* werden nach der Wirkrichtung in Vorwärts-, Rückwärts- und Querfließpreßverfahren sowie nach der Werkstückendform in Voll-, Hohl- und Napffließpreßverfahren unterteilt. Bei der Herstellung von Massivteilen werden die klassischen Fließpreßverfahren durch Verfahren wie etwa Stauchen und Abstreckgleitziehen ergänzt *(Abb. 6.1.2)*.

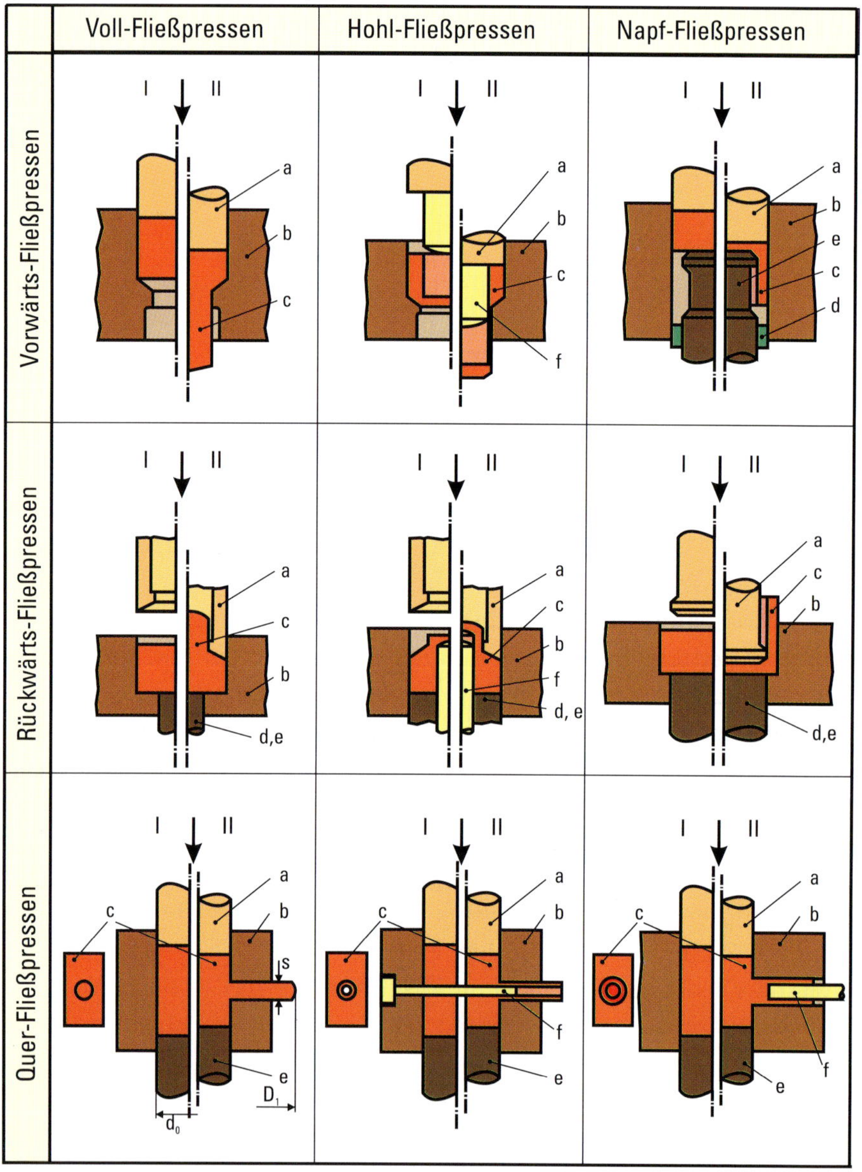

Abb. 6.1.1 Prinzipdarstellung der Fließpreßverfahren:
I vor der Umformung;
II nach der Umformung (UT);
a Stempel; b Preßbüchse;
c Werkstück; d Auswerfer;
e Gegenstempel; f Dorn

Zudem wird durch *Loch-, Fließloch-, Beschneide-* und *Biegevorgänge* die Formenvielfalt der heute herstellbaren Massivteile erheblich erweitert.

Zum Teilespektrum gehören neben *Befestigungselementen* (Schrauben, Bolzen, Muttern, Niete, usw.), Teile für die *Bauindustrie* (L- und T-Stücke für den Heizungsbau) sowie Elemente für den *Maschinenbau* (Kugellagerschalen, -kugeln, -rollen und -tonnen). Die meisten massivumgeformten Bauteile werden in der *Automobil-* und *Zweiradindustrie* benötigt. Motorenteile (Ventile, Nockenwellen, Nocken, Pleuel), Getriebeteile (Getriebewellen, Getrieberäder, Synchronringe, Differentialkegelräder), Fahrwerksteile (Achszapfen, Kugelnaben, Bundgehäuse, Stoßdämpfer), Lenkungsteile (Gelenkkreuze, Spurstangenköpfe), Bremsenteile (Bremskolben) und Motorelektrikteile (Starterritzel, Mitnehmer, Polräder) können durch Massivumformen wirtschaftlich hergestellt werden. Außerdem werden massivumgeformte Teile für Haushaltsgeräte, Bürogeräte, Uhren oder in der Medizintechnik eingesetzt. *Abbildung 6.1.3* zeigt einen Überblick von Formteilen. Die vorgestellten Umformverfahren werden heute auch zum Pressen von *Verzahnungen* eingesetzt, da für Bauteile mit Verzahnungen eine sehr hohe Wirtschaftlichkeit erreichbar ist, wenn möglichst keine spanende Nachbearbeitung oder nur maximal eine nachträgliche Schleif- bzw. Hartbearbeitung an den Zähnen erforderlich ist. Es werden Bauteile mit Geradverzahnungen (z.B. Nabenhülsen, Kegel- und Getrieberäder), Schrägverzahnungen (z.B. Planetenräder, kleinere Getrieberäder) sowie Sonderverzahnungen (z.B. Tellerräder) hergestellt. Die Profile dieser Verzahnungen können beliebig ausgebildet sein; häufig besitzen sie eine Evolventenform.

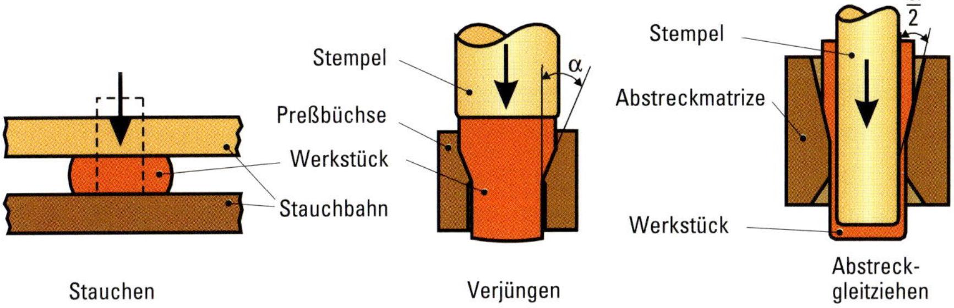

▲ **Abb. 6.1.2** Stauchen, Verjüngen, Abstreckgleitziehen

▲ **Abb. 6.1.3** Teilespektrum massivumgeformter Teile

Durch die Eindrückverfahren (DIN 8583 Bl. 5) *Einprägen* und *Wälzprägen* werden Konturen in die Oberfläche geformt. Dabei wird das ganze Werkstück bzw. der prägende Bereich zwischen Formwerkzeugen umschlossen. Beim Prägen findet eine zum Teil beachtliche Abnahme der Teiledicke statt. Das Münzprägen ist hierfür ein typisches Beispiel *(vgl. Abb. 2.1.6)*. Besonders sei auf die Bimetallmünzen hingewiesen, da hier ein Fügevorgang (DIN 8593) vorliegt, der mit je einem Einpräge- und Wälzprägevorgang kombiniert ist. Das Prägen wird darüber hinaus z. B. in der Schilderfertigung, in der Besteckindustrie oder in der Handwerkzeugindustrie eingesetzt *(Abb. 6.1.4)*.

Das *Kaltprägen von Gesenkschmiedestücken (Kalibrieren)* (DIN 8583 Bl. 4) wird zur Verbesserung der Maß-, Form- und Lagegenauigkeit und/oder zur Verbesserung der Oberflächengüte eingesetzt. Ziel ist, Abmessungen und Formen auf Maß zu pressen bzw. ein spanendes Nacharbeiten zu vermeiden. Im Gegensatz zu den Eindrückverfahren liegt beim Kaltprägen die Geometrie des Bauteils fast vollständig vor, so daß die Höhenabnahme beim Kaltprägen verhältnismäßig gering ist. Das Kalibrieren

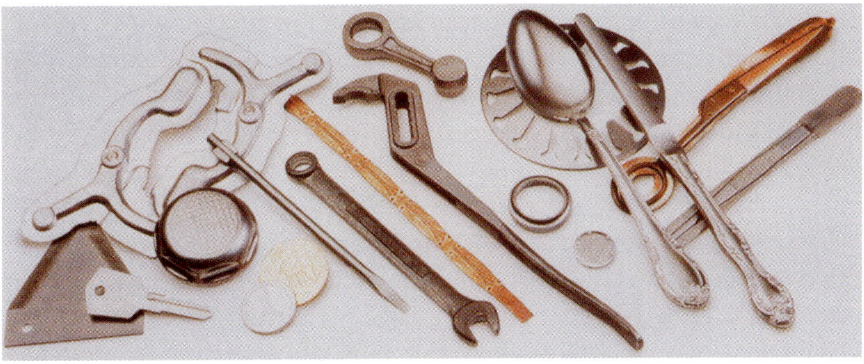

▲ **Abb. 6.1.4** Beispiele für massivgeprägte Werkstücke wie Münzen, Medaillen, Bestecke und verschiedene Handwerkzeuge sowie kaltgeprägte Gesenkschmiedestücke

der Augen von Pleuelstangen, die gegenüber Schmiedestücken eine eingeschränkte Dickentoleranz aufweisen sollen, und das Kalibrieren von Zangenhälften, die im Bereich ihrer Funktionsflächen lagegenau sein müssen, stellen solche Beispiele dar.

Warm-, Halbwarm- und Kaltumformung sowie Verfahrenskombinationen
Grundsätzlich kann gesagt werden, daß fast alle Massivumformverfahren theoretisch in verschiedenen Temperaturbereichen eingesetzt werden können. Erst das Zusammentreffen verschiedener Einflußfaktoren und ihrer komplexen Zusammenhänge führt zum Warm-, Kalt- oder Halbwarmumformen als ideale Fertigungsmethode (vgl. Abschn. 2.2.1). Oberhalb der Rekristallisationstemperatur findet die *Warmumformung* (Schmieden) statt. Das Schmieden ist das älteste Verfahren. Erfolgt vor dem Pressen kein Anwärmen des Rohteils bzw. Werkstücks, so spricht man vom *Kaltumformen,* das in den dreißiger Jahren durch die Entwicklung einer geeigneten Trennschicht zwischen Werkzeug und Werkstück erstmals auch für Stahl realisierbar wurde. Die *Halbwarmumformung* ist das industriell etwa in den achtziger Jahren zuletzt eingeführte Verfahren, das z.B. bei Stahlwerkstoffen im Temperaturbereich zwischen 750 und 950 °C durchgeführt wird. Es vereinigt für viele Bauteile und für spezielle Werkstückwerkstoffe mit höheren Kohlenstoffanteilen die technischen Vorteile des Schmiedens mit denen des Kaltumformens unter wirtschaftlich optimalen Bedingungen.

Die Fließspannungen *(Abb. 6.1.5)* nehmen mit zunehmender Temperatur ab. Sie erreichen beim Halbwarmumformen werkstoffabhängig ca. die Hälfte bis zu einem Drittel der Ausgangswerte des Kaltumformens. Beim Schmieden können noch geringere Werte erreicht werden, die bis zu einem Fünftel der Fließspannungen beim Kaltumformen entsprechen. Die möglichen Umformgrade sind werkstoffabhängig beim Halbwarmumformen doppelt, beim Warmumformen bis zu sechsfach so hoch wie bei der Kaltumformung. Im höheren Temperaturbereich ab etwa 700 °C muß die zunehmende Zunderbildung als Nachteil für Maßgenauigkeit und Oberflächengüte der Teile berücksichtigt werden. Die für die Halbwarmumformung erforderliche Temperatur muß sorgfältig ausgewählt werden, da sie im „unteren Bereich" durch die Größe der Preßkraft und durch den erreichbaren Umformgrad sowie im „oberen Bereich" durch die Zunderbildung begrenzt wird.

Tabelle 6.1.1 stellt in einer vergleichenden Übersicht anhand fertigungstechnischer Kriterien die Vorteile der drei Umformverfahren dar.

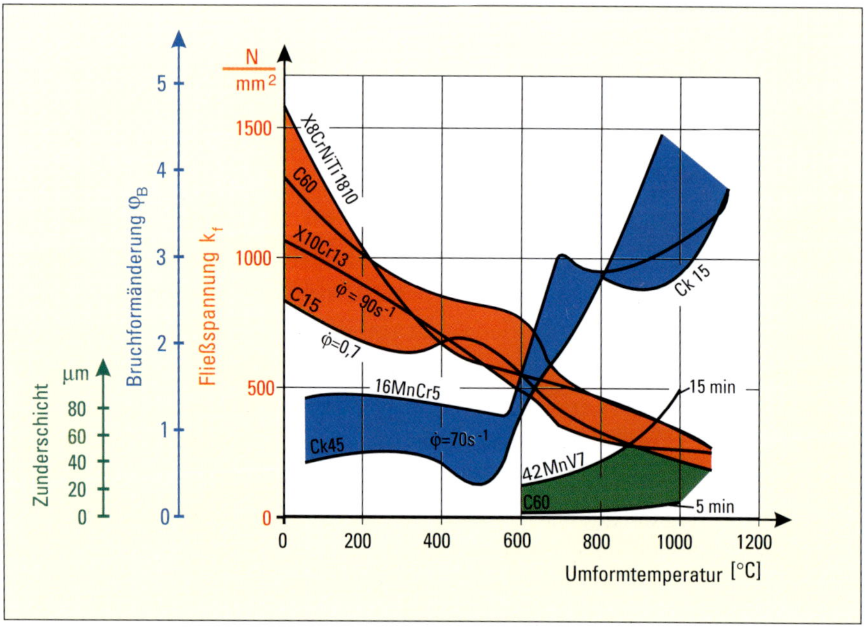

▲ **Abb. 6.1.5** Fließspannung, Zunderschichtbildung und erreichbare Umformgrade in Abhängigkeit von der Temperatur

Tabelle 6.1.1: Vergleich Warm-, Halbwarm- und Kaltumformen

Umformung	**Warm**	**Halbwarm**	**Kalt**
Werkstückgewichte	0,05 – 1 500 kg	0,001 – 50 kg	0,001 – 30 kg
Genauigkeit	IT 13 – 16	IT 11 – 14	IT 8 – 11
Oberflächengüte R_Z	> 50 – 100 µm	> 30 µm	> 10 µm
Fließspannungen f (T, Werkstoff)	~ 20 – 30 %	~ 30 – 50 %	100 %
Umformvermögen f (T, Werkstoff)	$\varphi \leq 6$	$\varphi \leq 4$	$\varphi \leq 1{,}6$
„Umformkosten" VDW-Studie 1991, Darmstadt	bis 113 %	100 %	bis 147 %
Spanende Nacharbeit	hoch	gering	sehr gering

Die Stückgewichte der heute warmumgeformten Bauteile liegen zwischen 0,05 und 1500 kg, die der halbwarm- und kaltumgeformten Teile im Bereich von 0,001 bis 50 kg. Maßgenauigkeit und Oberflächengüte nehmen mit zunehmender Temperatur ab; die Ursachen hierfür sind in thermisch nicht genau erfaßbaren Dehnungen und im schnelleren Verschleiß der Werkzeuge zu sehen.

Wird das Halbwarmumformen für Fließpreßteile als wirtschaftlichstes Verfahren – die technische Machbarkeit vorausgesetzt – mit dem Kostenfaktor 100 versehen, so sind die Vergleichskosten beim Schmieden mit bis zu 13% und beim Kaltumformen mit bis zu 47% höher zu bewerten. Bei einer Gesamtkostenbetrachtung, die auch die nachträgliche spanende Bearbeitung einbezieht, muß insbesondere beim Schmieden wegen der größeren Bearbeitungsaufmaße mit zusätzlichen, höheren Nachbearbeitungskosten gegenüber dem Halbwarmumformen gerechnet werden. Beim Kaltumformen können dagegen vielfach die „höchsten Umformkosten" durch sehr geringe bzw. keine Nacharbeitskosten vollständig kompensiert werden. Beim Fließpressen müssen somit das Kalt- bzw. Halbwarmumformen als wirtschaftlichste Verfahrensvariante gegenübergestellt werden. Bei zunehmender Geometriekomplexität (hoher Umformgrad, z.B. bei Achsschenkeln) behält jedoch das Schmieden als wirtschaftliches Verfahren weiterhin seine Bedeutung.

In der Praxis werden die genannten „Idealverfahren" des Massivumformens auch als Verfahrenskombinationen in dreierlei Hinsicht eingesetzt. Zum einen werden heute fast alle komplexen Werkstücke in einer bestimmten mehrstufigen Kombination (Verfahrens- bzw. Stadienfolge) von Einzeloperationen gefertigt. Beispielsweise wird zur Produktion von Buchsen die Kombination der Verfahren Setzen, Zentrieren, Napf-Rückwärts-Fließpressen, Lochen und Abstrecken nacheinander angewendet. Zum anderen können in einer Umformoperation zwei Verfahren gleichzeitig eingesetzt werden. Beim kombinierten Napf-Rückwärts- und Napf-Vorwärts-Fließpressen z. B. entstehen hülsenförmige Werkstücke mit mittigem Steg *(Abb. 6.1.1)*. Solche oder ähnliche Verfahrenskombinationen reduzieren die notwendige Stufenzahl und weisen im allgemeinen geringere Preßkräfte auf als die Summe der Preßkräfte von Einzeloperationen. Solche Verfahrenskombinationen sind wirtschaftlicher, setzen aber mehrfachwirkende Pressen und Werkzeuge voraus.

Für die Umformverfahren, bei denen zunächst halbwarm- bzw. warm- und dann kaltgepreßt wird, hat sich ebenfalls der Begriff der Verfahrenskombination durchgesetzt. Über diese Technologie können z. B. die wirtschaftlichen Vorteile des Halbwarmpressens zur Erzeugung von annähernd einbaufertigen (Nearnetshape) Bauteilen und die technischen Vorteile des Kaltfließpressens, insbesondere die sehr hohe Maßgenauigkeit und Oberflächengüte, gleichzeitig genutzt werden. Die Kaltumformstufe muß sich dabei keineswegs nur auf eine Kalibrieroperation beschränken – sie kann auch einen mehrstufigen Umformprozeß beinhalten.

6 Massivumformung

6.2 Vorteile des Umformens

6.2.1 Aspekte der Wirtschaftlichkeit

Der summarische Vorteil massivumgeformter Bauteile gegenüber anderen Fertigungsverfahren besteht in ihrer besseren Qualität bei niedrigeren Herstellkosten. Diese gute Qualität beruht auf günstigen mechanischen Eigenschaften von kalt- und halbwarmumgeformten Teilen, wie hoher Festigkeit und Zähigkeit, ununterbrochenem Faserverlauf, engen Toleranzen und hoher Oberflächengüte. Der erreichbare Kostenvorteil kann erheblich sein, ist jedoch teilespezifisch und von der bisher angewendeten Fertigungsmethode abhängig. Im einzelnen sind zu nennen:

- *Geringerer Materialeinsatz:* Nahezu das gesamte eingesetzte Volumen des Rohteils wird im Fertigteil verarbeitet. Die Einsparungen gegenüber der spanenden Bearbeitung betragen bis zu 75% *(Abb. 6.2.1)*. Bei höherwertigen Werkstoffen wird der Vorteil des geringen Materialeinsatzes hinsichtlich der Herstellkosten noch deutlicher.
- *Einsatz preiswerterer Rohmaterialien:* Da während des Halbwarm- und Kaltumformens eine Verfestigung auftritt, die einerseits höhere Fließspannungen, andererseits aber auch höhere Bruch- und Dauerfestigkeiten am Bauteil zur Folge hat, ist es möglich, preiswertere Stähle mit geringeren Festigkeitskennwerten zu verwenden. Liegen am Werkstück z. B. Sechskantgeometrien vor, so werden diese bei spanender Bearbeitung dadurch erzeugt, daß von teurem hexagonalen Stangenmaterial ausgegangen wird. Durch Umformen können solche Profile unter Verwendung des wesentlich preiswerteren Rundmaterials als Ausgangswerkstoff gepreßt werden.

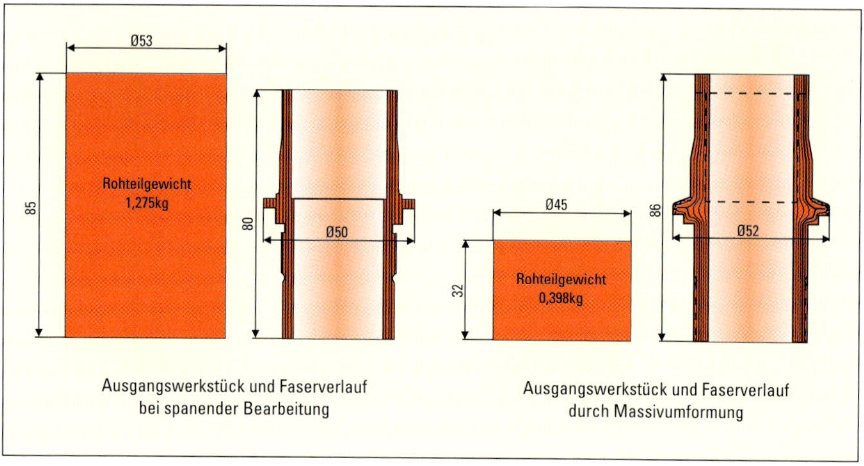

Abb. 6.2.1 Vergleich des Einsatzgewichts und der erzeugbaren Geometrie beim Spanen und Umformen

- *Reduktion/Vermeidung der nachträglichen spanenden Bearbeitung:* Die nachträgliche spanende Bearbeitung reduziert sich häufig auf umformtechnisch schwer herstellbare Geometrien, wie z.B. Einstiche, Hinterschneidungen und Gewinde. Es können erhebliche Einsparungen bei den Investitionen für spanende Maschinen und deren Bedienpersonal realisiert werden.
- *Geringe Prozeß-, Logistik- und Transportkosten:* Der Vorteil begründet sich auf niedrige Automatisierungskosten durch den Einsatz von Transfersystemen.
- *Generell hohe Produktivität:* Kleinere Werkstücke, die auf horizontalen Maschinen vom Draht gefertigt werden, lassen sich mit Hubzahlen bis zu 200/min herstellen. Für größere Formteile, die auch auf vertikalen Pressen vom Stangenabschnitt hergestellt werden, sind Stückzahlen von bis zu 50/min erreichbar.
- *Möglichkeit zur Integration mehrerer Funktionen/Geometrien in einem Bauteil:* Fließpreßteile bieten häufig die Gelegenheit des „Reengineering" zu kostengünstigeren Konstruktionen. So wird das in *Abb. 6.2.2 links* gezeigte Ölfiltergehäuse aus Aluminium in einem Stück fließgepreßt. Dabei konnte auf die frühere Fertigung von drei Einzelkomponenten – Flansch, gezogener Napf und Anschlußstück – *(Abb. 6.2.2 rechts)* und das aufwendige Fügen durch Schweißen verzichtet werden.

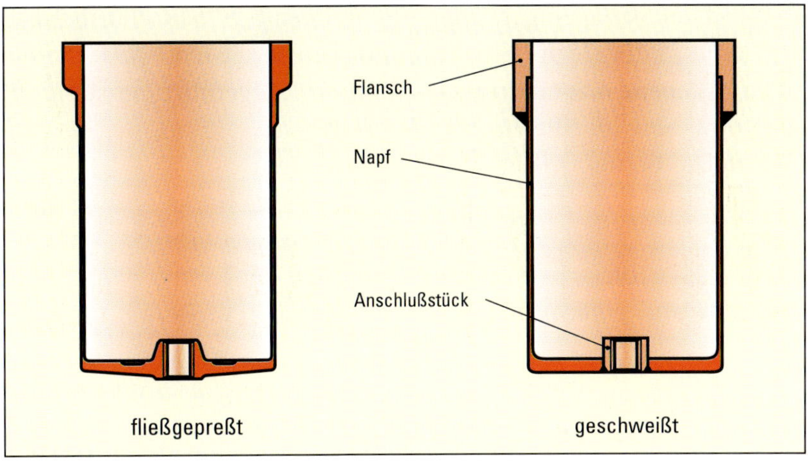

Abb. 6.2.2 Ölfiltergehäuse – fließgepreßte Einzelkomponente im Vergleich zur dreiteiligen geschweißten Ausführung

6.2.2 Werkstückeigenschaften

Aufgrund der hohen Geometriegenauigkeit, Oberflächengüte und sehr guten mechanischen Merkmale sind die Werkstückeigenschaften von massivumgeformten Bauteilen insgesamt höherwertig. Während die mechanischen Eigenschaften physikalisch bedingt sind und nur in gewissen Grenzen beeinflußt werden können, müssen zur Erzeugung von genauen Geometrien und Oberflächeneigenschaften die in Tabelle 6.2.1 aufgeführten Einflußfaktoren auf die Arbeitsgenauigkeit abgewogen und im Preßwerk berücksichtigt werden. Die grundsätzlich wichtigste Voraussetzung ist eine hochgenaue und relativ steife Presse. Ist sie nicht verfügbar, kann selbst unter Einhaltung aller weiteren Faktoren – z.B. aufwendiger Werkzeugkonstruktionen – dieser Nachteil nicht kompensiert werden. Danach folgen die Volumenkonstanz des Rohteils, die Konzeption des Verfahrens, usw. Die Beachtung und Kontrolle aller Einflußfaktoren gewährleisten somit die geforderten Gebrauchseigenschaften eines Bauteils, müssen jedoch den damit verbundenen progressiv steigenden Kosten gegenübergestellt werden.

Trotz der hohen Rationalisierungseffekte bei automatisierten Umformanlagen kann nur gut ausgebildetes Personal, das ein optimales

Arbeiten mit den Anlagen garantiert, die notwendige Wirtschaftlichkeit solcher kapitalintensiven Investitionen gewährleisten. Aus diesem Grund ist in Tabelle 6.2.1 der Faktor „Mensch" aufgeführt – er steht mit seinem Know-how im Mittelpunkt des Fertigungssystems, um die Einflußfaktoren zu berücksichtigen und zu bewerten.

Toleranzen

Erreichbare ISO-Toleranzen für verschiedene Umformverfahren des Fließpressens und ergänzende Verfahren sind in Tabelle 6.2.2 zusam-

Tabelle 6.2.1: Struktur von Einflußfaktoren auf die Geometriegenauigkeit und Oberflächengüte des Preßteils

Anlage:	**Maschine**	Kinematik, Steifigkeit, außermittige Belastbarkeit, Führungsgenauigkeit, Erwärmungsverhalten (hw), Eigenschwingungen
	Automatisierung	Gewichtskontrolle, schonende Zu- und Abführung, Positioniergenauigkeit, Transfer, Preßkraftkontrolle
	Erwärmung (hw)	Art, Temperatur, Temperaturführung
	Abkühlung (hw)	Temperaturführung
Rohteil:	**Ausgangswerkstoff**	Analyse, Festigkeit, Gefüge
	Ausgangsmaterial	Draht, Stab, Dickblech; gewalzt, geschält oder gezogen
	Herstellverfahren	Scheren, Sägen, Ausschneiden
	Vorbehandlung	eventuell Weichglühen, Beizen, Phosphatieren, Beschichten
Verfahren:	**Stadienfolge**	
	Stufenzahl	ein-, mehrstufig, Verfahrenskombination
	Temperatur	warm (w), kalt (k) und halbwarm (hw)
	Zwischenbehandlung	Rekristallisationsglühen, Normalisieren (hw), Beizen, Phosphatieren, Beschichten
	Schmierung und Kühlung	Zusatzschmierung, Sprühen, Fluten (hw), Schmier- und Kühlstoff (hw)
	Umsetzspiel	
Werkzeug:	**Genauigkeit**	Werkzeugkonzeption, -details, -fertigungsverfahren, Justierung Werkzeugober- und -unterteil, mechanische Werkzeugfederung, thermische Werkzeugdehnung
	Verschleiß	Werkzeugwerkstoff, -oberfläche, -beschichtung, -wechselzeiten
Mensch:	**Werkzeugkonstrukteur, Werkzeughersteller, Bedienpersonal, Ausbildung und Schulung**	Fachkompetenz

mengestellt. Die „Streubreite" eines Umformverfahrens ist dabei so zu interpretieren, daß kleinere, leichtere Bauteile eher dem linken Teil des Balkens – engere Toleranzfelder – und größere schwere Bauteile eher dem rechten Teil des Balkens – weitere Toleranzfelder – zuzuordnen sind. Die roten Bereiche sind Toleranzen, die unter normalen Bedingungen erreicht werden können; die orangen Bereiche sind ISO-Toleranzen, die mit erhöhtem Aufwand in Sonderfällen herstellbar sind. Aus der Übersicht geht ebenfalls hervor, daß die Verfahren des Abstreckgleitziehens und des Verjüngens die Genauigkeiten um bis zu zwei Qualitätsstufen verbessern können. Die hohen Maßgenauigkeiten werden dabei nicht in sämtlichen Abmessungen eines Bauteils gleichermaßen erreicht, sie sollten sich auf die funktions- oder nacharbeitsbedingt entscheidenden Maße beschränken.

Für die drei häufigsten Umformverfahren Voll-Vorwärts-Fließpressen (VVFP), Napf-Rückwärts-Fließpressen (NRFP) und Abstreckgleitziehen (Tabellen 6.2.3 bis 6.2.5) werden in Abhängigkeit der Hauptabmessungen aus *Abb. 6.2.3* die erreichbaren Maßtoleranzen (normal, eng) für

Tabelle 6.2.2: ISO-Toleranzen für Fließpreßverfahren und ergänzende Verfahren (VDI 3138)

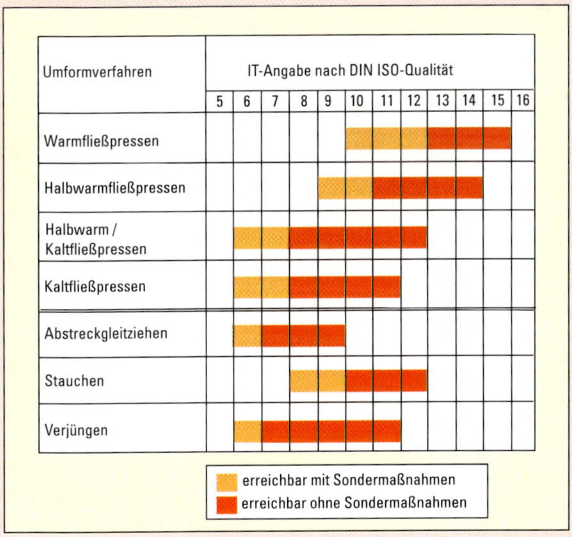

Tabelle 6.2.3: Durchmesser-, Längen- und Durchbiegetoleranz von durch VVFP hergestellten Vollkörpern in mm

D bis mm	Toleranzen Durchmesser D normal	eng	L bis mm	Länge normal	eng	Durchbiegung B normal	eng
25	0,10	0,02	150	0,25	0,20	0,15	0,03
50	0,15	0,08	200	0,75	0,50	0,25	0,05
75	0,20	0,15	300	1,50	1,00	0,35	0,07
100	0,25	0,18	450	2,00	1,50	0,50	0,10

Tabelle 6.2.4: Durchmesser-, Rundlauf-, Wand- und Bodendickentoleranz von durch NRFP hergestellten Hohlkörpern in mm

D bis mm	Toleranzen Durchmesser normal D	d	eng D	d	Rundlauf normal	eng
25	0,20	0,15	0,10	0,03	0,25	0,10
50	0,30	0,20	0,125	0,035	0,30	0,15
75	0,35	0,30	0,15	0,04	0,35	0,20
100	0,40	0,50	0,175	0,060	0,40	0,25

s, h bis mm	Toleranzen Wanddicke s normal	eng	Bodendicke h normal	eng
2	0,10	0,075	0,25	0,15
5	0,15	0,10	0,35	0,20
10	0,25	0,15	0,45	0,30
15	0,35	0,25	0,55	0,40

Tabelle 6.2.5: Durchmesser-, Rundlauf- und Wanddickentoleranz von durch Abstreckgleitziehen hergestellten Hohlkörpern in mm

D bis mm	Toleranzen Durchmesser normal D	d	eng D	d	Rundlauf normal	eng	s bis mm	Wanddicke s normal	eng
25	0,15	0,10	0,075	0,025	0,25	0,10	1	0,075	0,035
50	0,25	0,20	0,10	0,03	0,30	0,15	2	0,075	0,04
75	0,30	0,25	0,125	0,35	0,035	0,20	4	0,10	0,05
100	0,35	0,30	0,15	0,45	0,045	0,25	6	0,10	0,07

das Kaltfließpressen bzw. die Verfahrenskombination Halbwarmfließpressen mit anschließendem Kaltkalibrieren angegeben. Die engeren Toleranzen werden, wie schon angedeutet, durch Sondermaßnahmen erreicht, wie z. B. sich gegenseitig zentrierende Ober- und Unterwerkzeuge.

Die Längentoleranzen beziehen sich auf Absatzlängen innerhalb des Ober- oder Unterwerkzeugs, nicht auf die Gesamtlänge eines Werkstücks (einschließlich Stoffüberlauf).

Oberfläche

An Funktionsflächen von Nearnetshape- und Netshape-Bauteilen, die nicht mehr spanend nachgearbeitet werden müssen, ist die Oberflächengüte ein wichtiges Qualitätsmerkmal. Die Kontaktflächen des Kerns von umgeformten Klauenpolen z. B. dürfen einen maximalen Rauhigkeitskennwert von $R_z = 10\ \mu m$ nicht überschreiten, da sonst die erforderlichen Magnetflußeigenschaften nicht erreicht werden. Sinngemäß gilt ähnliches für gepreßte Verzahnungen. Tabelle 6.2.6 zeigt in einer Übersicht die erreichbaren Oberflächengüten R_z und R_a für unterschiedliche Umformverfahren. Die orangen Bereiche sind Werte, die vor, die roten Bereiche dagegen Werte, die nach dem Entfernen der Schmierstoffträgerschicht („des Spiegels") gemessen werden. Richtwerte auf der Phosphatschicht sind $R_a = 0{,}3 - 0{,}8\ \mu m$ und nach dem Beseitigen ca. $R_a = 0{,}6 - 2{,}5\ \mu m$.

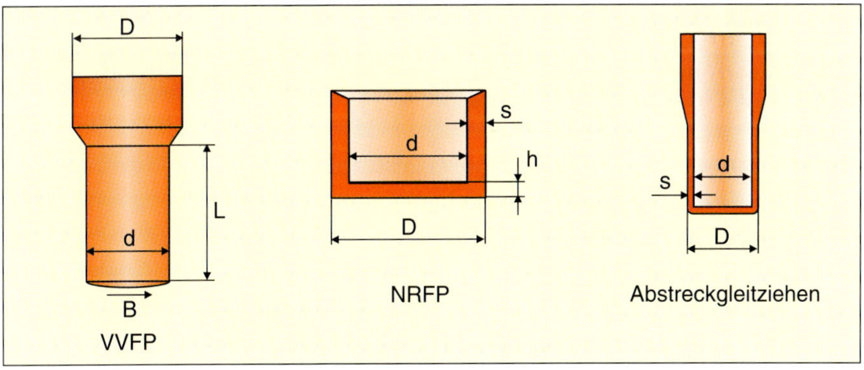

Abb. 6.2.3 Hauptabmessungen beim VVFP, NRFP und Abstreckgleitziehen

Tabelle 6.2.6: Oberflächengüten R_z, R_a für unterschiedliche Umformverfahren der Massivumformung

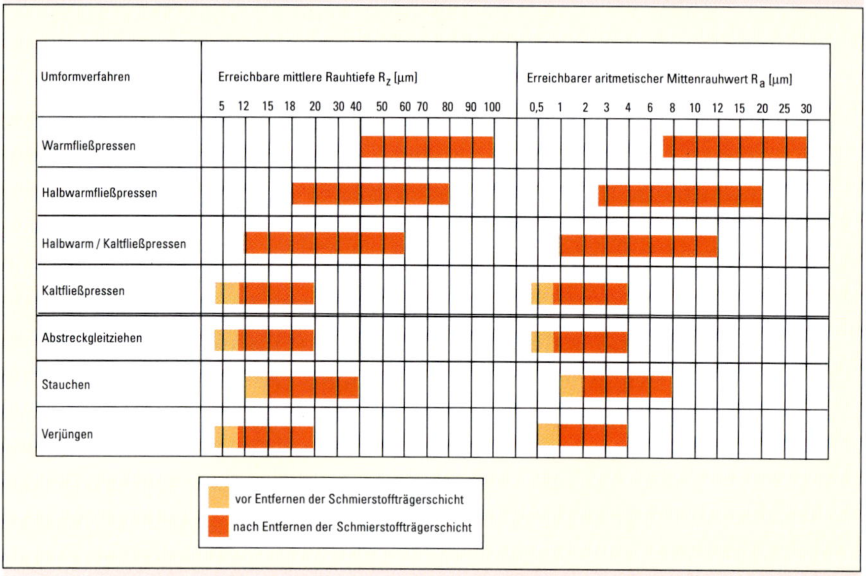

Positiv beeinflußt wird die Oberflächengüte von hohem spezifischen Druck, hohen Relativgeschwindigkeiten und vom Oberflächenzustand vor der Umformung. Umformverfahren mit hohen spezifischen Drücken und Relativgeschwindigkeiten sind das Verjüngen, das Abstreckgleitziehen und das VVFP. Die Oberflächenbeschaffenheit wird dabei durch folgende Faktoren beeinflußt:

Ausgangsmaterial:	warmgewalzt, gestrahlt, geschält, kaltgezogen
Trennfläche:	geschert, gesägt
Zwischenglühen:	zunderfrei: unter Schutzgas verzundert: gestrahlt, gebeizt

Mechanische Eigenschaften
Durch plastisches Fließen werden Härte, Zugfestigkeit und Streckgrenze erhöht; die Werte für Kerbschlagzähigkeit, Dehnung und Einschnürung werden jedoch kleiner. In Abhängigkeit vom Umformgrad kann bei Stählen mit geringem und mittlerem Kohlenstoffgehalt die Zugfestigkeit um bis zu 120%, die Streckgrenze zwischen 100 und 300% sowie die Härte zwischen 60 und 150% zunehmen.

Sofern keine Wärmebehandlung erfolgt, kann dieser Effekt genutzt werden, um höherlegierte Stähle durch niedriglegierte Stähle zu ersetzen. Bei der Stadienplanerstellung ist es in bestimmten Grenzen möglich, durch geeignete Wahl des Rohteildurchmessers und des Verfahrens vorgegebene Festigkeitswerte in bestimmten Abschnitten eines Bauteils zu realisieren.

6 Massivumformung

6.3 Werkstoffe, Rohteilherstellung und Oberflächenbehandlung

Werkstoffe für die Massivumformung sind hauptsächlich unlegierte, niedriglegierte und hochlegierte Kohlenstoffstähle, Nichteisenleicht- und -schwermetalle, wie z.B. Aluminium, Magnesium, Titan und Kupfer sowie deren Legierungen (vgl. Abschn. 4.2.2). Von Bedeutung sind bei den Werkstoffen die Umformbarkeit (Fließspannung), der Verlauf der Fließkurve *(vgl. Abb. 6.1.5)*, die zulässigen Schwankungen der Zusammensetzung sowie Fragen zur Rohteilherstellung einschließlich Vor- (Wärmebehandlung, Beschichtung) und Zwischenbehandlung.

6.3.1 Werkstoffe

Stahlwerkstoffe

Für die *Kaltumformung* eignen sich besonders kohlenstoffarme und niedriglegierte Stähle. Mit Kohlenstoffanteilen bis 0,2% kann sehr leicht, bis 0,3 % leicht und bis 0,45 % unter schwierigeren Bedingungen umgeformt werden, was niedrigere Umformgrade und höhere Preßkräfte zur Folge hat. Phosphor- und Schwefelgehalte sollten unter 0,035 % bleiben, da das Formänderungsvermögen durch diese Bestandteile verschlechtert wird. Der Stickstoffgehalt wird wegen der Alterungsempfindlichkeit auf weniger als 0,01 % beschränkt. Vorvergütete Stähle können für verzugsempfindliche Teile (Ventilstößelstangen) eingesetzt werden, die aufgrund ihrer hohen Festigkeit (bis 1 100 N/mm^2) nur geringe Umformungen zulassen. Mit Bor mikrolegierte Stähle, die durchhärtbar sind, ersetzen zum Teil legierte Stähle mit vorgeschriebener Vergütung.

Halbwarm können alle Stahlwerkstoffe umgeformt werden, die auch kalt verarbeitbar sind. Hervorzuheben ist jedoch, daß auch Stähle mit erhöhtem Kohlenstoffgehalt z.B. von 0,45 bis 1,0% gut, d.h. ohne kostenintensive Zwischenbehandlung umformbar sind. Die induktiv härtbaren Stähle wie Cf 53, Cf 60 sowie die Kugellagerstähle 100 Cr 6 stellen hierfür klassische Anwendungsfälle dar. Die Warmfließkurven können für die praxisnahe Berechnung von Kraft- und Arbeitsbedarf in guter Näherung von den Kaltfließkurven durch Multiplikation mit Faktoren zwischen 0,3 bis 0,5 abgeleitet werden. *Abbildung 6.3.1* zeigt den Verlauf der Fließkurven in Abhängigkeit von der Temperatur für Ck 15 und Cf 53.

Tabelle 6.3.1 zeigt eine Übersicht der wichtigsten Stahlwerkstoffgruppen. In ihnen sind neben den DIN- und Euronormbezeichnungen auch die Kurzbezeichnungen für ähnliche Werkstoffe nach amerikanischem AISI- und A.S.T.M.-Standard sowie nach japanischem JIS-Standard aufgelistet. Die letzte Spalte gibt Auskunft, ob der Stahl für das Schmieden (W), das Halbwarmumformen (HW) oder das Kaltumformen (K) geeignet ist. Für nähere Informationen zu den Werkstückstoffen wird auf die DIN-Arbeitsblätter 17006, 17100, 17200, 17210, 17240, 17440 und den Stahlschlüssel verwiesen. Fließkurven für die Kaltumformung sind in den VDI-Richtlinien 3134, 3200 Bl. 2 (Eisenmetalle) und Bl. 3 (Nichteisenmetalle) zu finden.

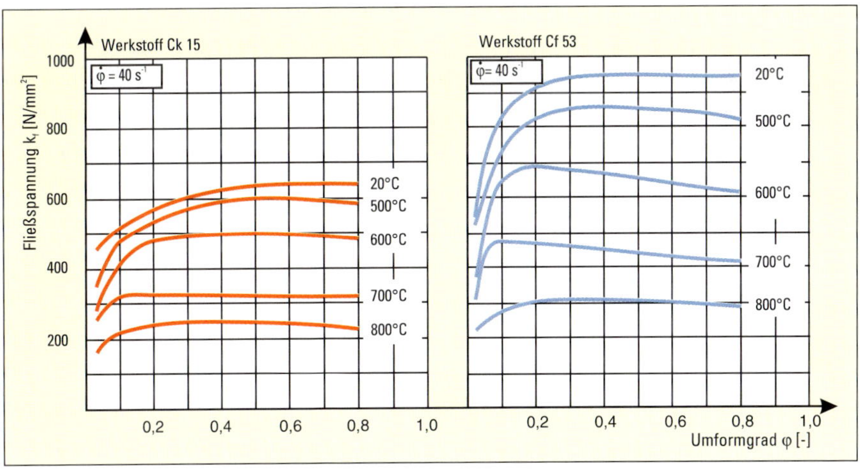

Abb. 6.3.1 Temperaturabhängige Fließkurven von Ck 15 und Cf 53

Tabelle 6.3.1: Auswahl von Stahlwerkstoffen zur Massivumformung

Werkstoffgruppe	Nr.	DIN 1654	Euronorm	Amerikanische Norm AISI A.S.T.M.	Japanische Norm JIS	Geeignet für Kalt- (K), Halbwarm- (HW) und Warmumformung (W)
Allgemeine Baustähle	1.0303	QSt 32-3	C4C	Armco		K
	1.0213	QSt 34-3	C7C		SS34	K
	1.0204	UQSt 36	C11G1C			K
	1.0160	UPSt37-2				W
	1.0224	UQSt-38	C14G1C		SS41	K
	1.0538	PSt50-2				W
Einsatzstähle	1.0301	C10	C10	C1008	S10C	HW, W
	1.1121	Ck10	C10E	C1010	S 9CK	K, HW, W
	1.1122	Cq10	C10C	C1010	S 9CK	K, W
	1.0401	C15	C15		S15C	HW, W
	1.1141	Ck15	C15E	C1015	S15CK	K, HW, W
	1.1142	Cq15	C15C	C1015	S15Ck	K
	1.5919	15CrNi6				K
	1.7016	17Cr3				K
	1.7131	16MnCr5			SCr22	K, HW, W
	1.7321	20MoCr4				K
Vergütungsstähle	1.6523	21NiCrMo2				K
	1.1151	Ck22	C22E	C1020	S20C	K
	1.1152	Cq22	C22C	C1020		K
	1.0501	C35			S30C	HW, W
	1.1181	Ck35	C35E	C1035	S35K	K, HW
	1.1172	Cq35	C35C		S35K	K, HW, W
	1.0503	C45			S40C	HW, W
	1.1191	Ck45	C45E	C1045	S45C	K, HW, W
	1.1192	Cq45	C45C			K
	1.1193	Cf45	C45G			HW
	1.1213	Cf53	C53G			HW
	–	Cf60	C60G			HW
Legierte Vergütungsstähle	1.5508	22B2				K
	1.5510	28B2				K
	1.5511	35B2				K
	1.5523	19MnB4				K
	1.7076	32CrB4				K
	1.7033	34Cr4		5130/-40	SCr1	K, HW, W
	1.7035	41Cr4		5130/-40	SCr4	K, HW, W
	1.7218	25CrMo4		4120/32		K, HW, W
	1.7220	34CrMo4		4135	SCM3	K, HW, W
	1.7225	42CrMo4		4140/-42	SCM4	K, HW, W
	1.6582	34CrNiMo6				K, W
Korrosionsbeständige Stähle	1.4016	X6Cr17				K, ferritisch
	1.4006	X10Cr13	X10Cr13			K, martensitisch
	1.4024	X15Cr13	X15Cr13			K, W, austenitisch
	1.4303	X5CrNi18-12	X4CrNi18-12			K, austenitisch
	1.4567	X3CrNiCu18-9	X3CrNiCu18-9-4			K, austenitisch
Wälzlagerstahl	1.3505	100Cr6		52100	SUJ1/2	K, HW

Aluminiumwerkstoffe

Umgeformt werden Aluminiumknetwerkstoffe, die durch Umformen – nicht durch Gießen – hergestellt worden sind. Aluminium mit feinkörnigem Gefüge hat gegenüber Aluminium mit gröberem Korn ein besseres Umformvermögen, die Bauteile weisen bessere Oberflächengüten auf und sind höher beanspruchbar. Reinst- und Reinaluminium (Tabelle 6.3.2) ermöglichen Querschnittsabnahmen von bis zu 95 % (Tubenfertigung). Mit zunehmendem Magnesiumgehalt können höhere Festigkeiten eingestellt werden. Aushärtbare, korrosionsbeständige Aluminiumlegierungen, wie z. B. AlMgSi1, weisen durch Warmauslagern hohe Festigkeiten auf, die die im kaltverfestigten Zustand erreichten Werte überschreiten. Fließkurven für Aluminiumwerkstoffe können ebenfalls den VDI-Richtlinien 3134 und 3 200 entnommen werden.

Tabelle 6.3.2: Auswahl von Aluminiumwerkstoffen zum Kalt- und Warmfließpressen

Werkstoffgruppe	Nr.	DIN 1712/25/45	ISO	AA	JIS
Rein-/ Reinstaluminium	3.0285	Al 99,8	Al 99,8	1080A	A1080
	3.0275	Al 99,7	Al 99,7	1070A	A1070
	3.0255	Al 99,5	Al 99,5	1050A	A1050
Nicht aushärtbare Legierungen	3.0515	Al Mn1	AlMn1	3103	A3003
	3.3315	Al Mg1	AlMg1	5005A	
	3.3535	Al Mg3	AlMg2,5	5754	
	3.3555	Al Mg5	AlMg5	5056A	
Aushärtbare Legierungen	3.3206	Al Mg Si 0,5		6060 (6063)	A6063
	3.2315	AlMgSi 1		6082 (6061)	A6082
	3.1325	AlCuMg 1		2017A	A2017
	3.4365	AlZnMgCu 1,5		7075	A7075

Kupferwerkstoffe

Kupfer und dessen Legierungen (Tabelle 6.3.3) sind wie Aluminium hervorragend fließpreßbar. Mit zunehmenden Legierungsanteilen nimmt die Fließspannung zu, wobei im weichgeglühten Zustand umgeformt werden sollte. Bei technisch reinem Kupfer werden hauptsächlich die E-Cu und die SE-Cu zB. für Klemmen verarbeitet. Bei den Bronzen dominieren Zinnbronzen mit 1 bis 2 % Sn und Siliziumbronzen. Viele Kupferwerkstoffe sind durch eine Wärmebehandlung bei Vorhandensein von Legierungselementen wie Chrom, Zirkonium, Berylium oder

Tabelle 6.3.3: Auswahl von Kupferwerkstoffen zum Fließpressen

Werkstoffgruppe	Kurzzeichen	Nr.	DIN	US designation / UNS	JIS
Reines Kupfer	E-Cu F20	2.0060	1787	ETP 99,95 C0-0,040 / C11000	OFCu
	SF-Cu	2.0090	1787	DHP Copper / C12200	DCu
Kupferlegierungen	CuZn10	2.0230.10	17660	Commercial copper / C22000	BS( ), RBS ( )
	CuZn28	2.0261.10	17660	Cartridge brass 70 % / C26000	RBS ( )
	CuZn40	2.0360	17660	Muntz Metal / C28000	RBS ( )
	CuNi2Si	2.0855	17666	Silicon bronze / C64700	CN ( ) 1
	CuNi12Zn24	2.0730.10	17663	65Ni-12Ag / C75700	
	CuNi20Fe	2.0878.10	17664	Cu-20Ni / C71000	
	CuAl11Ni	2.0978	17665	Aluminium bronze / C63200	
	CuSn2	2.1010	17662	Phosphor bronze / C50500	

Silizium (CuNi2Si) aushärtbar. Die wichtigsten Kupferlegierungen sind die Messinge. Die Umformbarkeit nimmt mit steigendem Cu-Gehalt und abnehmendem Zn-Gehalt zu. Ab ca. 36% Zn-Anteil verspröden die Werkstoffe, ihre Kaltumformbarkeit nimmt rapide ab, so daß vorzugsweise warm umgeformt werden sollte. Fließkurven für Kupferwerkstoffe können den VDI-Richtlinien 3134 und 3200 entnommen werden.

Weitere Werkstoffe wie Blei, Zink, Zinn, Titan oder Zirkonium und deren Legierungen sind umformbar, spielen jedoch mengenmäßig und wirtschaftlich eine untergeordnete Rolle.

6.3.2 Rohteilherstellung

Die Werkstückwerkstoffe werden vom Anwender vorgegeben; Änderungen des Werkstoffs in dem Sinne, daß die Vorteile des Kaltumformens (Verfestigung) besser genützt werden können, bzw. der Umformprozeß erleichtert wird, sind mit dem Werkzeughersteller und dem Produktionstechniker abzustimmen. Neben dem Werkstückwerkstoff muß die Art des Halbzeugs, dessen Trennung zu Einzelrohlingen sowie die Wärme- und Oberflächenbehandlung betrachtet werden.

Halbzeug

Als Halbzeuge für die Rohteile kommen Drähte, Stäbe und Rohre zum Einsatz. Draht wird im Ring angeliefert, üblicherweise werden Durchmesser von 5 bis 40 mm verarbeitet. Vereinzelt können auch Durchmesser bis 50 mm eingesetzt werden, wobei die Handhabbarkeit des Bundes mit zunehmendem Ringgewicht problematischer wird.

Preiswerter Walzdraht nach DIN 59 110 und 59 115 ist im Außendurchmesser grob toleriert und besitzt eine rauhe Oberfläche, so daß ein Vorziehen des Drahts im Drahtvorziehgerät erforderlich ist. Die Querschnittsabnahme sollte dabei 5 bis 8% betragen. Der Draht muß geglüht, entzundert und phosphatiert sein.

Gezogener Walzdraht nach DIN 668 K (K = kaltgezogen) wird für Teile mit kleineren Umformgraden eingesetzt, da dieser beim Ziehen bereits eine Vorverfestigung erfahren hat; er muß ebenfalls entzundert, phosphatiert und eventuell befettet (stearatgezogen) sein. Bei höheren Umformgraden (z. B. Napf-Rückwärts-Fließpressen) muß nach dem Vorziehen ein Glühen (G) oder ein Glühen auf kugelig eingeformten Zementit (GKZ) erfolgen, um das ursprüngliche Umformvermögen wieder zu erreichen. Die Lieferart wird mit K+G oder K+GKZ angegeben. Ein leichtes Beölen schützt den Draht vor Rostbildung. Bei höherlegierten Stählen erfolgt nach dem Glühen ein weiterer Fertigzug mit Querschnittsabnahmen von weniger als 6%. Die Lieferart wird mit K+G+K oder K+GKZ+K angegeben.

Stabstähle können in der Praxis auch in größeren Durchmesserbereichen wirtschaftlich eingesetzt werden. Bei Durchmessern bis zu 70 mm werden Stangen von 6 bis 12 m Länge hergestellt. Warmgewalzter Rundstahl nach DIN 1013 und DIN 59 130 ist hierbei am preiswertesten.

Da die zulässigen Durchmessertoleranzen nicht durch Ziehen reduziert werden können, führen sie zu Volumenschwankungen, die der Umformprozeß durch Stoffüberläufe vollständig kompensieren muß. Für ein Bauteil, das ca. 1,3 kg wiegt und einen Durchmesser von 46 mm hat, muß bei vollständiger Ausnutzung der zulässigen Toleranzen eine Gewichtstoleranz von 88 g (Regelabweichung) oder 45 g (Präzisionsabweichung) im Werkzeug aufgenommen werden. Das Umsetzspiel in die erste Stufe muß sowohl die Durchmessertoleranz als auch die durch das Abscheren entstandene Ovalität des Rohteils berücksichtigen. Das erste Umsetzspiel bei einem Durchmesser von 46 mm beträgt dann ca. 2,5 mm.

Für das Kaltumformen werden beim Rundstahl das Entzundern, Phosphatieren und Befetten vorgeschaltet; beim Halbwarmumformen kommen die Rohteile direkt in die Erwärmungsanlage.

Blanker Rundstahl nach DIN 970 und 971 wird nach dem Warmwalzen auf die Toleranzen h9/h11 gezogen oder geschält. Die Gewichtstoleranz für das oben genannte Beispiel reduziert sich auf 5 und 9 g, was einschließlich einer zulässigen Längentoleranz von 0,2 mm der üblichen Gewichtstoleranz von 0,5 bis 1 % entspricht. Durch Wiegen der Rohteile und eine Regelung der Abschnittslänge lassen sich Gewichtstoleranzen von < + 1 % erreichen. Das Schälen befreit den warmgewalzten Stab von Oberflächeneinschlüssen und -überwalzungen sowie von einer eventuell vorliegenden Randentkohlung. Tabelle 6.3.4 zeigt die Durchmessertoleranzen für verschiedene Rundmaterialien in einer vergleichenden Übersicht.

Alternativ zum Stab werden für rohr- oder ringförmige Preßteile auch Rohrabschnitte als Rohteile eingesetzt. Kriterien sind dabei die Wanddickentoleranz, der Rundlauf sowie die Wirtschaftlichkeit im Vergleich zur Fertigung vom Stababschnitt durch Setzen, Napf-Rückwärts-Fließpressen, Lochen, Abstrecken und verschiedene Zwischenbehandlungen.

Bei Höhe/Durchmesser-Verhältnissen $h/d \leq 0{,}2$ ist die Fertigung von Rohteilen durch Ausschneiden von Butzen oder Platinen aus warmgewalztem Band (DIN 1016), Flachstahl (DIN 1017) oder Mittel-/Grobblech (DIN 1542/1543) vorteilhaft, vor allem wenn unregelmäßige Ausgangsformen erforderlich sind.

Bei der Drahtverarbeitung ist es zweckmäßig, die Vorbehandlung vom Halbzeughersteller durchführen zu lassen, da die Investitionen für solche Anlagen sehr hoch sind und zudem die Behandlungsvielfalt sehr stark variiert.

Tabelle 6.3.4: Durchmessertoleranzen für Rundmaterialien ausgesuchter Durchmesser in mm

Durchmesser ca. in mm	Toleranzen DIN 668 DIN 970/971 h9/h11	DIN 59110/59115 DIN 59130 DIN 1013 Regelabweichung	DIN 1013 Präzisionsabweichung
15	– 0,04 / – 0,10	+/– 0,5	+/– 0,20
20	– 0,05 / – 0,13	+/– 0,5	+/– 0,20
25	– 0,05 / – 0,13	+/– 0,6	+/– 0,25
30	– 0,05 / – 0,13	+/– 0,6	+/– 0,25
35	– 0,06 / – 0,16	+/– 0,8	+/– 0,30
40	– 0,06 / – 0,16	+/– 0,8	+/– 0,35
45	– 0,06 / – 0,16	+/– 0,8	+/– 0,40
50	– 0,075 / – 0,19	+/– 1,0	(+/– 0,50)
80	– 0,09 / – 0,19	+/– 1,3	(+/– 0,60)

Bei Stab- und Flachmaterial wird das Rohteil meist betriebsintern geschert und dann einer Wärme- und Oberflächenbehandlung unterzogen. Die Verfestigungen, die durch das Scheren partiell an der Stirnfläche des Rohteils auftreten, werden somit vor der weiteren Umformung rückgängig gemacht.

Trennen
Das am häufigsten angewandte Trennverfahren ist das Scheren. Das Abstechdrehen wird nur selten – z. B. für Versuchszwecke – eingesetzt; das Ausschneiden und Feinschneiden wird in Abschn. 4.5 und 4.7 behandelt.

Das Scheren zeichnet sich durch nahezu verlustfreies Trennen und durch seine sehr hohe Mengenleistung aus. Dabei wird unter Einwirkung der Schermesser der Werkstoff so lange plastisch verformt, bis sein Formänderungsvermögen in der Scherzone erschöpft ist, Scherrisse entstehen und der Bruch einsetzt. Bei den vier Prinzipien zum Scheren – ohne Stab- und Abschnittshalter, mit Stabhalter, mit Stab- und Abschnittshalter und mit axialer Druckbeaufschlagung – wird das plastische Fließen quer zur Schneidrichtung zunehmend verhindert; die Druckspannungen während des Schervorgangs erhöhen sich. Beides beeinflußt die Geometrie (Ovalität, Toleranz) der Scherfläche positiv. Die genauesten Rohteile können durch das Scherprinzip mit Stab- und Abschnittshalter erzeugt werden.

Für die Kaltmassivumformung sind möglichst rechtwinklige, unverformte und volumengenaue Abschnitte erforderlich, deren Scherflächen keine Scherfehler und nur einen bestimmten Grad an Kaltverfestigung aufweisen dürfen. Das Aussehen der Scherfläche ist durch die Wechselwirkungen zwischen Werkstückeigenschaften, Werkzeug, Maschine und Reibung gekennzeichnet. Der Schneidspalt hat dabei den größten Einfluß. Je größer die Festigkeit des Stahls, desto kleiner kann der Schneidspalt gewählt werden *(vgl. Abb. 4.5.12)*. Aluminium und Blei haben jedoch stets kleine Schneidspalte. Bei Stahl gilt als Anhaltswert für den Scherspalt:

Weiche Stahlsorten	5 – 10 %	(vom Durchmesser des Ausgangsmaterials in mm)
Harte Stahlsorten	3 – 5 %	
Spröde Stahlsorten	1 – 3 %	

Rauhe Bruchflächen, Ausbrüche und Bärte sind Zeichen von zu großem Schneidspalt; Querbruchflächen, Werkstoffzungen Zeichen von zu engem Schneidspalt. Mit zunehmender Schergeschwindigkeit wird die Verformungszone kleiner, die Härteverteilung gleichmäßiger und die Härtezunahme in der Scherfläche geringer, d. h. das Stoffverhalten „spröder" (Ausnahme: austenitische Chrom-Nickel- und Chrom-Mangan-Stähle).

Als Werkzeuge werden offene Schermesser und geschlossene Scherbüchsen verwendet *(Abb. 6.3.2)*. Scherbüchsen erzeugen sehr gute Rohteile, haben jedoch ein erschwertes Auswerfen der Rohteilabschnitte, die Anwendung von Anschlägen und höhere Anforderungen an die Durchmessertoleranz des Ausgangsmaterials zur Folge. Für Rundprofile kann durch das Einschleifen eines elliptischen Hinterschliffs der relative Schneidspalt für die jeweils abzuscherende Rohteildicke konstant gehalten werden. Die Teile weisen dadurch auch eine bessere Winkligkeit und eine geringere Zipfelbildung am Rand der Bruchfläche auf. Zudem ist die Scherqualität unabhängiger von schwankenden Werkstoffeigenschaften, was wiederum die Volumenschwankungen reduziert.

Die Scherkraft F_S und die Scherarbeit W_S können beim Abtrennen von Rundmaterial mit dem Durchmesser d überschlägig berechnet werden aus:

$$F_S = A_S \cdot k_S \qquad\qquad W_S = x \cdot F_S \cdot s \ ,$$

wobei A_S die abzuscherende Querschnittsfläche, k_S der Scherwiderstand und s ca. 20 % (harte, spröde Werkstoffe) bis 40 % (weiche, zähe Werkstoffe) des Scherwegs bzw. des Durchmessers d ist. Der Korrekturfaktor x gibt an, inwieweit der Kraftverlauf vom rechteckigen Verlauf abweicht. Im allgemeinen wird mit x = 0,4 bis 0,7 gerechnet. Der Scherwiderstand k_S beträgt annähernd 0,7 bis $0{,}8 \cdot R_m$.

Wärmebehandlung von Stahl

Als Wärmebehandlung im Rahmen der Rohteilherstellung kommt dem Weichglühen (Glühen auf kugeligen Zementit) eine große Bedeutung zu. Das Rekristallisationsglühen, das Normalisieren und unter Umständen das Erholungsglühen sind typische Wärmebehandlungen für ein Zwischenglühen des bereits umgeformten Werkstücks, dessen Umformvermögen erschöpft ist.

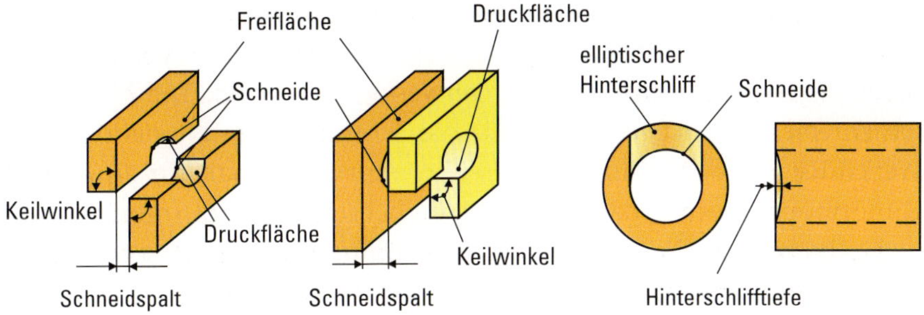

Abb. 6.3.2 Offene und geschlossene Schermesser sowie ein geschlossenes Schermesser mit elliptischem Hinterschliff

Durch *Weichglühen* werden lamellenförmig vorliegende härtere Gefügebestandteile kugelig eingeformt, die Härte bleibt erhalten, der Formänderungswiderstand (vgl. Abschn. 2.2.3) wird jedoch herabgesetzt. *Rekristallisationsglühen* ist für kohlenstoffarme und austenitische Stähle vorteilhaft, da dann die geringsten Fließwiderstände vorliegen. Tritt jedoch durch örtlich niedrige Umformgrade (vgl. Abschn. 2.2.2) beim Rekristallisationsglühen Grobkorn auf, dann sollte – sofern dieses nicht zulässig ist – normalisiert werden.

Durch ein zweifaches Umkristallisieren (Perlit + Ferrit <=> Austenit) wird beim *Normalisieren* ein gleichmäßiges, feinkörniges und feinlamellares Perlitgefüge erzielt, das sich bei Bedarf wieder auf körnigen Perlit glühen läßt (Weichglühen). Auch beim Halbwarmumformen kann durch örtlich unterschiedliche Abkühlbedingungen und Umformgrade ein ausgeprägter Gefügeunterschied (Grobkorn, Feinkorn) entstehen, der z.B. bei weiteren Kaltkalibrieroperationen (Verjüngen, Abstreckgleitziehen) eine Rißbildung verursacht. Dies ist durch Normalglühen vermeidbar.

Das *Erholungsglühen* stellt eine preiswerte Alternative zum Rekristallisations- oder Weichglühen dar, wenn die nachfolgende Umformung gering, d.h. der Umformgrad nicht zu hoch ist.

6.3.3 Oberflächenbehandlung

Unterschieden werden abtragende und auftragende Oberflächenbehandlungen. Zu den abtragenden Verfahren gehören die chemischen und mechanischen Methoden des Reinigens, Entfettens und des Entzunderns. Zu den auftragenden Verfahren gehören das Phosphatieren, Beseifen, Molykotieren und die Verwendung von Öl. Die Phosphatschicht dient als Trägerschicht für die Schmierstoffe, die dadurch am Werkstück besser haften. Das Beseifen verwendet man für einfachere Umformoperationen, das Molykotieren bei sehr hohen Umformgraden (vgl. Abschn. 2.2.2) und z. B. bei Verzahnungsteilen. Bei vom Draht arbeitenden horizontalen Mehrstufenpressen wird Öl zur Schmierung und Kühlung eingesetzt, bei vertikalen Mehrstufenpressen kommt Öl als Zusatzschmierung zur Seife/Molykote (gesprüht oder geflutet) zum Einsatz (vgl. Abschn. 6.8).

Reinigen, Entfetten und Entzundern

Die chemischen Reinigungs- und Entfettungsverfahren erfolgen durch Tauchen oder Spritzen mit Lösungsmitteln oder durch Kondensation von Lösungsmitteldampf an den zu reinigenden Werkstücken. Als Lösungsmittel werden organische Lösungsmittel (Kohlenwasserstoffe, Waschbenzin, Petroleum), Chlorkohlenwasserstoffe (Trichloräthylen und Perchloräthylen) und wasserlösliche Reinigungsmittel verwendet, wie z. B. Säuren, saure Salzlösungen und alkalische Lösungen. Die mechanischen Methoden sind Scheuern oder Trommeln mit Kalk, Sand, Stahlkies und anderen Materialien. Die Wahl der Verfahren und Mittel richtet sich nach Art und Menge der Verunreinigung, nach dem geforderten Reinheitsgrad sowie nach Art, Form und Menge des Reinigungsguts. Häufig angewendet werden umweltfreundliche wasserlösliche Reinigungsmittel.

Das chemische Entzundern (Beizen) erfolgt durch Beizbäder mit schwefelsauren oder salzsauren Lösungen. Die Beizmittel bewirken ein Freiwerden von Wasserstoff am Grundmetall, wodurch die Oxydschichten abgesprengt werden. Da am Grundmetall eine Versprödung durch Wasserstoffaufnahme eintritt, versucht man die Beizzeiten so kurz wie möglich zu halten. Rißbildung beim Pressen kann z. B. die Folge einer zu intensiven Beizbehandlung sein. Strahlen und Trommeln verwendet man zur mechanischen Entzunderung bei stärkeren Zunderschichten. Hierbei wird die spröde Zunderschicht durch partielle Krafteinwirkung vom zähen Grundmaterial getrennt.

Phosphatieren

Unter Phosphatieren versteht man das Erzeugen von zusammenhängenden, mit dem Grundmetall fest verwachsenen, kristallinen Phosphatschichten. Für die Kaltumformung werden hauptsächlich Zinkphosphatüberzüge, in manchen Fällen auch Eisenphosphatschichten verwendet. In wäßriger Lösung sind Phosphorsäure, Zinkphosphat und Oxydationsmittel eingebracht. Beim Eintauchen in die Lösung wird die Metalloberfläche durch die Phosphorsäure gebeizt, wobei sich gleichzeitig unlösliches Zinkphosphat abscheidet. Die chemische Reaktion kommt erst dann zum Stillstand, wenn die gesamte Oberfläche mit Zinkphosphatkristallen überzogen ist. Das Oxydationsmittel überführt das gelöste Metall in ein schwer lösbares Phosphat, das sich als Schlamm abscheidet und von Zeit zu Zeit entfernt werden muß.

In der Praxis werden Phosphatschichten von etwa 8 bis 15 μm mittlerer Dicke aufgebracht, die nach dem Umformen eine glänzende Schicht hinterlassen. Die Phosphatschicht ist bis zu Temperaturen von 200 °C beständig. Über 200 °C tritt eine teilweise Umwandlung, bei Temperaturen über 450 °C eine vollständige Zersetzung der Phosphatschicht ein. Abhängig vom zusätzlichen Schmierstoff können jedoch beim Umformen Arbeitstemperaturen von bis zu 300 °C realisiert werden.

Beseifen und Molykotieren

Das Beseifen findet durch Tauchen der Teile in alkalische Seifenlösungen statt. Hauptbestandteil dieser Lösungen ist Sodiumstearat. Ein Teil der Zinkphosphatschicht reagiert mit der Sodiumseife und bildet eine wasserunlösliche Zinkseifenschicht. Zusätzlich wird die Zinkseife mit der Sodiumseife überzogen. Diese Schichtkombination hat eine sehr geringe Scherfestigkeit und reduziert dadurch die wirkenden Reibzahlen (vgl. Abschn. 4.2.3). Das Beseifen soll nicht länger als 5 min dauern, da sonst die gesamte Phosphatschicht aufgebraucht wird und somit kein Haftgrund mehr vorhanden ist.

Entscheidend für eine gute Schmierwirkung des Seifenüberzugs ist das vollständige Trocknen der anhaftenden Seife und eine Wartezeit von einem Tag bis zur Verarbeitung der Rohteile. Die Seifen sind bis ca. 250 °C temperaturbeständig, darüber setzen chemische Umwandlungen ein. Zu starke Beseifung führt zu Ablagerungen der Seife an den Werkzeugen.

Molybdändisulfid wird bei schwierigen Umformbedingungen eingesetzt. Verglichen mit Seifenschmierstoffen, verursacht das Molybdändisulfid zwar größere Reibungsverluste, weshalb höhere Preß- und Auswerferkräfte berücksichtigt werden müssen, ist jedoch weit belastbarer, d. h. der Schmierfilm reißt erst bei sehr hoher Flächenpressung ab und läßt hohe Oberflächenvergrößerungen des Werkstücks zu. Somit erklärt sich die Eignung für hohe Umformgrade. Außerdem bereitet Molybdändisulfid weniger Probleme bei der Ansammlung überschüssigen Schmierstoffs in den Werkzeugen. Die obere Anwendungsgrenze liegt bei ca. 350 °C. Bei höheren Temperaturen bildet sich schmierunwirksames Molybdäntrisulfid.

Das Molybdändisulfid wird ebenfalls im Tauchbad aufgebracht, teilweise auch gesprüht oder getrommelt. Die beschichteten Rohteile sollen einen Tag bis zur Verarbeitung gelagert werden. Eine Lagerzeit von einer Woche darf nicht überschritten werden.

Zur groben Orientierung sieht die gesamte Abfolge einer Oberflächenbehandlung mit der Funktion der Bäder, der Badzusammensetzung, der Temperaturen und Zeiten wie folgt aus:

1. Entfetten: Chemische Entfettung in 5%iger Natronlauge bei 80 bis 95 °C, Dauer ca. 10 bis 5 min.

2. Kaltspülen: Entfernen von Laugenresten, Kaltspülen in fließendem Wasser, Dauer ca. 2 min (Wasseroberfläche muß stets sauber sein).

3. Beizen: Beizen in 12%iger Schwefelsäure oder in 18%iger Salzsäure bei ca. 50 bis 65 °C, Dauer ca. 10 bis 18 min (Säuregehalt ist richtig, sofern die Beize sprudelt).

4. Kaltspülen: Entfernen von Säureresten, Kaltspülen in fließendem Wasser, Dauer ca. 2 min.

5. Warmspülen: Warmspülen zur Vorwärmung der Teile – beeinflußt die Phosphatschichtstärke, 70 bis 90 °C, Dauer ca. 2 bis 3 min (bei niedrigeren Temperaturen erhält man eine geringere Schichtdicke).

6. Phosphatieren:	Hauptsächlich mit Zinkphosphat, bei nichtrostenden Stählen mit Eisenoxalat, 70 bis 80 °C, Dauer ca. 8 bis 10 min (Phosphatieren besteht aus einer ersten Beizreaktion und der folgenden Schichtbildungsreaktion, Schichtdicke ca. 8 bis 15 µm).
7. Kaltspülen:	Kaltspülen in fließendem Wasser, Dauer ca. 2 min.
8. Warmspülen:	Warmspülen zur Vorwärmung der Teile bei ca. 60 °C, Dauer ca. 3 min.
9. Beseifen:	Beseifen bei 60 bis 85 °C, Dauer ca. 5 min, (niedrige Temperatur ergibt dickere, höhere Temperatur dünnere Schichten).
10. Trocknen:	Trocknen mit Warmluft von ca. 120 °C, Dauer ca. 10 min.

Bei NE-Metallen kann auf die Schmierstoffträgerschichten verzichtet werden, es muß nur gereinigt und geschmiert werden. Bei Kupfer kann bei geringen Umformgraden sogar auf jegliche Schmierung verzichtet werden.

Öl als Schmierstoff
Während das Beseifen und Molykotieren hauptsächlich für Stangenabschnitte angewendet wird, verwendet man bei vom Draht arbeitenden Mehrstufenpressen mineralbasische Öle mit Zusätzen zur Verbesserung der Schmiereigenschaft (EP-Additive). Das Öl haftet auf der rauhen Phosphatschicht ebenfalls besser. Problematischer sind bei dieser Produktionsart die wegen des Scherens nicht phosphatbehafteten Stirnflächen. Das Öl wird in die Werkzeuge und auf die Werkstücke gesprüht oder geflutet.

6.4 Umformteil und Stadienplan

Für die Herstellung eines Umformteils werden Verfahren (kalt, halbwarm, warm), Verfahrenskombinationen, Verfahrensschritte, Vorbehandlung, Stadienplan und Zwischenbehandlung festgelegt. Zusätzlich werden Berechnungen zum Kraft- und Arbeitsbedarf sowie zur Werkzeugbelastung durchgeführt. Erst danach kann die Presse bezüglich Charakteristik, Preßkraft, Stufenanzahl, Stufenabstand, Hub und Automatisierungsfragen abgeleitet werden.

In der Massivumformung wird aus Wirtschaftlichkeitsgründen häufig an den Grenzen des physikalisch Machbaren gearbeitet. Dies gilt z. B. für die Grenzen der Umformbarkeit von Werkstoffen (Rißbildung, Verfestigung), die Belastbarkeit der Werkzeuge (Innendrücke bis 3 000 N/mm^2) und die Schmierung/Kühlung (Kaltverschweißung). Aus diesem Grund hängt der wirtschaftliche Einsatz der Massivumformung in starkem Maße vom Erfahrungsschatz des Konstrukteurs und Werkzeugmachers ab. Durch die sinnvolle Kombination von geeigneten Finite-Elemente-Programmen zur Simulation und den vorliegenden Betriebserfahrungen besteht heute ein ausgewogenes Verhältnis von Theorie und Praxis.

6.4.1 Umformteil

Stückzahlen und Werkstoffe

Die Massivumformung steht mit dem Fertigungsverfahren Spanen und zum Teil mit dem Fertigungsverfahren Urformen in direktem Substitutionswettbewerb (vgl. Abschn. 2.1.1 und 6.2.1). Die hohen Entwicklungskosten und der Investitionsaufwand für Pressen und Werkzeuge erfordern bestimmte Mindeststückzahlen. Andererseits kann durch die hohe Werkstoffausnutzung bei Rohstoff- und Energiepreiserhöhungen die Wirtschaftlichkeitsgrenze zunehmend zu kleineren Losgrößen verschoben werden. Auch bei schweren Teilen verschiebt sich die Wirtschaftlichkeitsgrenze zunehmend zu kleineren Losgrößen, die bei 10 000 Teilen/Jahr liegen können.

Obwohl bei einer exakten Wirtschaftlichkeitsberechnung stets das betreffende Teil betrachtet werden muß, können gegenüber der spanenden Bearbeitung die in Tabelle 6.4.1 aufgeführten Jahresstückzahlen als minimale wirtschaftliche Losgrößen in Abhängigkeit vom Gewicht genannt werden.

Gestaltungsregeln

Bei der Gestaltung von Umformteilen müssen geometrische Gesichtspunkte des Fertigteils und verfahrenstechnische Grenzwerte für die einzelnen Operationen der Stadienfolge berücksichtigt werden. Aus dem Fertigteil wird zunächst ein Kalt- bzw. Halbwarmumformteil entwickelt; dabei sind folgende geometrische Gesichtspunkte einzubeziehen:

- Bearbeitungszugaben,
- rotationssymmetrische Geometrien sind sehr gut, achsensymmetrische sind gut für das Kalt- und Halbwarmumformen geeignet,
- Wanddicken können bei Stahl nicht kleiner als 1 mm, bei Aluminium nicht kleiner als 0,1 mm gepreßt werden,
- Seitenschrägen, wie sie beim Schmieden bekannt sind, sind bei Kalt- und Halbwarmumformteilen (innen, außen) im allgemeinen nicht erforderlich,

Tabelle 6.4.1: Wirtschaftliche Mindestlosgrößen der Massivumformung gegenüber einer rein spanenden Bearbeitung

Gewicht	Stückzahlen/Jahr Kaltumformen	Stückzahlen/Jahr Halbwarmumformen
0,10 – 0,25 kg	200 000	300 000
0,25 – 0,75 kg	150 000	200 000
0,75 – 2,50 kg	25 000	100 000

- enge Bohrungen mit Längen-/Durchmesser-Verhältnissen l/d > 1,5 können nicht wirtschaftlich hergestellt werden,
- geringe Durchmesserabstufungen im Innen- und Außenbereich von Bauteilen sollen vermieden werden,
- Stoffüberläufe aufgrund von Rohteilgewichtsschwankungen müssen vorgesehen werden (z. B. beim Voll-Vorwärts-Fließpressen in der Schaftlänge, beim Napf-Rückwärts-Fließpressen in der Napfhöhe),
- Übergangsradien sollen möglichst groß gestaltet werden; scharfe Kanten können nur bei entsprechender Werkzeugteilung gepreßt werden,
- Hinterschnitte können mit werkzeugseitigem Mehraufwand erzeugt werden,
- Einstiche, Paßfedernuten, Querbohrungen, usw. lassen sich im allgemeinen nicht pressen,
- Steckverzahnungen sind preßbar – hochgenaue Evolventenverzahnungen (Laufverzahnung) nur mit entsprechendem Entwicklungsaufwand.

Die verfahrenstechnischen Gesichtspunkte sind abhängig vom Fließpreßverfahren, der gewählten Stadienfolge, dem vorliegenden Werkstückwerkstoff, der zulässigen Werkzeugbelastbarkeit und vom jeweils vorliegenden dreiachsigen Spannungszustand. Die verfahrenstechnischen Gesichtspunkte schränken möglicherweise eine beliebige Wahl der Geometrie eines Umformteils ein (vgl. Abschn. 6.5).

Volumenberechnung
Nach der Umwandlung des Endprodukts in ein Umformteil erfolgt die Volumenberechnung dieser Geometrie. In der Praxis geschieht dies durch Aufteilung des Gesamtkörpers in einfache Volumenelemente, wie z. B. Zylinder, Kegelstümpfe oder Ringe, deren errechnete Einzelvolumina zu einem Gesamtvolumen addiert werden. Die Berechnung muß Stanz- und Scherabfälle berücksichtigen, die bei der Umformung als Stoffüberläufe dienten. Aus Erfahrung kann hier die Volumenberechnung von Übergangsradien vernachlässigt werden; zum Teil heben sich diese Volumina auf. Wesentlich stärker wirken sich Volumenschwankungen aus, die durch Dehnung der Preßwerkzeuge oder durch schwierig kalkulierbare Stoffüberläufe entstehen. Komplexere rotationsymmetrische 2D-Geometrien werden per CAD und der Guldin-

schen Regel errechnet, sehr komplexe 3D-Geometrien über die Volumenberechnungsmodule von 3D-CAD-Systemen.

6.4.2 Stadienplan

Das Umformteil und dessen Volumenberechnung ist Ausgangspunkt für die Stadienplanentwicklung. Es beginnt ein kreativer Prozeß, bei dem gleichzeitig eine große Anzahl an Randbedingungen – z. B. Ausgangsdurchmesser, Werkstoff, vorgeschriebene Festigkeiten, Stückzahl, Wärmebehandlung, Stufenanzahl, Stufenabstand, Preßkraft, außermittige Belastbarkeit und innerbetriebliche Gegebenheiten – verarbeitet werden.

Anhand des berechneten Volumens werden die Dimensionen des Rohteils (Vorzugsdurchmesser und Länge) festgelegt. Bei vielen Teilen, insbesondere bei Schaftteilen, orientiert sich der Rohteildurchmesser an einem Durchmesser, der am Preßteil bereits vorliegt – die Umsetzspiele von Stufe zu Stufe und die vorzugsweise einzusetzenden Durchmesser werden dabei berücksichtigt. Bei flachen Teilen, die eher durch Stauchoperationen erzeugt werden, spielen Überlegungen zum Stauchverhältnis und zum Längen-/Durchmesser-Verhältnis des Rohteils wegen der Gefahr des Ausknickens bei Werten > 1 eine Rolle.

Ausgehend von der Geometrie des Preßteils, wird nun die jeweilige Vorstufe rückwärts bis hin zum Rohteil entwickelt. Hierfür genügen zunächst skizzenhafte Stadienplanalternativen, anhand derer die Umformungen festgehalten werden. Ein Volumenabgleich ist zu diesem Zeitpunkt noch nicht erforderlich, da nur die Umformgrade berechnet und mit den jeweiligen Verfahrensgrenzen verglichen werden. Liegen kritische Verhältnisse vor, so können diese eventuell durch Änderung der Rohteildimensionen und Stadienabfolge entschärft werden; sollte dies nicht möglich sein, ist eine Zwischenwärmebehandlung unumgänglich. Sind eine, zwei oder mehr Zwischenwärmebehandlungen erforderlich, dann stellt aus Wirtschaftlichkeitsgründen auch die Halbwarmumformung eine Alternative dar.

Wurde durch diese intuitive Vorgehensweise eine vielversprechende Verfahrensalternative gefunden, so wird für sie ein Volumenabgleich durchgeführt und über die Kraft- und Arbeitsberechnung sowie über die

Berechnung der Werkzeugbelastung die grundsätzliche Machbarkeit nachgewiesen.

Laufen bei einem Umformprozeß mehrere Vorgänge im Sinne einer Verfahrenskombination in einer Stufe ab, so ist eine sichere Prognose des Materialflusses auch für den erfahrenen Umformtechniker schwierig. In diesem Falle kann durch die Simulation mit Hilfe eines geeigneten Finite-Elemente-Programms der entsprechende Umformprozeß veranschaulicht werden. Damit lassen sich Probleme (Faltenbildung, Unterfüllung, zu hohe Werkzeugbelastung) bereits im Vorfeld der Erprobung erkennen *(Abb. 6.4.1)*.

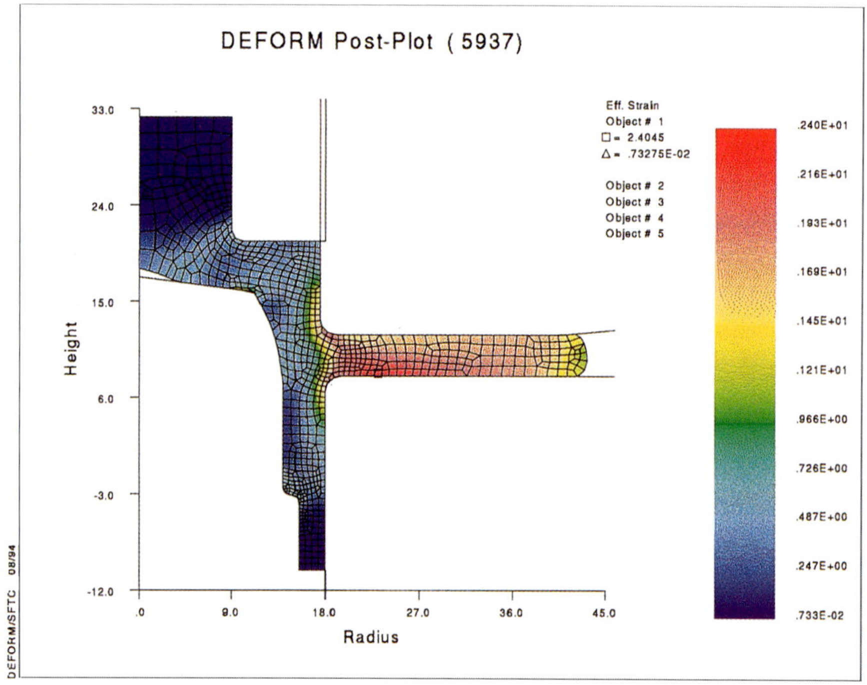

Abb. 6.4.1 FEM-Untersuchungen des Materialflusses beim Flanschstauchen mit Entlastungsbohrung

6.5 Kraft- und Arbeitsbedarf

Die Ermittlung des Kraft- und Arbeitsbedarfs dient zur Auswahl der Umformmaschine und zur konstruktiven Auslegung der Umformwerkzeuge. Mit der Berechnung dieser Kenngrößen werden in der Praxis gleichzeitig auch andere verfahrensrelevante Kennwerte, wie z.B. Gesamtumformgrad, Fließspannung, bezogene Umformkraft, Druckspannungen auf die Matrizeninnenwand, usw., ermittelt (vgl. Abschn. 2.2). Hierbei müssen ferner die Verfahrensgrenzen und der jeweilige Anwendungsfall des Umformverfahrens berücksichtigt werden.

Die nachfolgend vorgestellten Formeln konzentrieren sich auf einen Berechnungsweg und erheben keinen Anspruch auf Vollständigkeit. Die Fließspannungen sind gemittelte Werte aus den Fließkurven der VDI 3200 Bl. 2 und 3. Für die Berechnung der Verfahren unter dem Gesichtspunkt der Maschinenauswahl sollte die obere Grenze einer Fließkurve, für die Berechnung der Verfahren hinsichtlich der Werkzeugauslegung die untere Grenze einer Fließkurve gewählt werden. Eine Übersicht der Verfahrensgrenzen für die Hauptverfahren des Fließpressens zeigt Tabelle 6.5.1.

6.5.1 Voll-Vorwärts-Fließpressen (VVFP)

Beim Voll-Vorwärts-Fließpressen wird ein Vollkörper zu einem Vollkörper mit vermindertem Querschnitt umgeformt *(vgl. Abb. 6.1.1)*. Die formgebende Werkzeugöffnung wird dabei allein durch die Preßbüchse gebildet. Wegen der auftretenden Wandreibung – auch beim Ausstoßvorgang – sollte das Verhältnis von Höhe zu Durchmesser des Aus-

Tabelle 6.5.1: Verfahrensgrenzen der wichtigsten Fließpreßverfahren bei wirtschaftlichen Standmengen

	Verfahren	VVFP 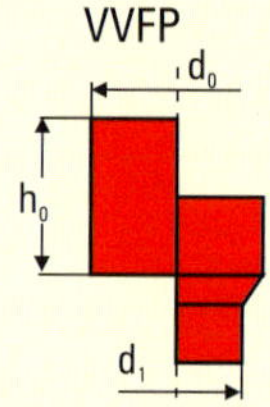			HVFP 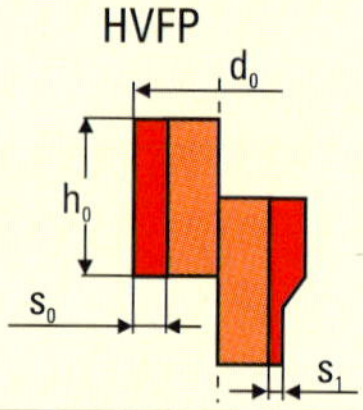			NRFP 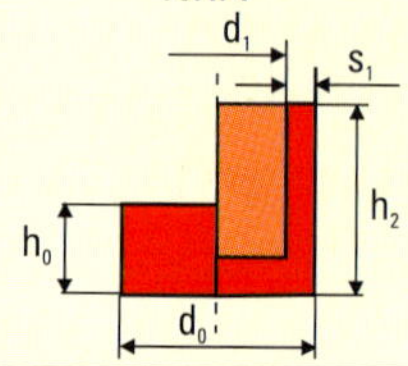		
	Grenzwert / Werkstoff	$\varepsilon_{A\,max}$	φ_{max}	$(h_0/d_0)_{max}$	$\varepsilon_{A\,max}$	φ_{max}	$(h_0/d_0)_{max}$	$\varepsilon_{A\,min}$	$\varepsilon_{A\,min}$	$(h_2/d_1)_{max}$
NE-Werkstoffe	Aluminium (z. B. Al99,5), Blei, Zink	0,98	4		0,98	4		0,10	0,98	6
	Kupfer (E-Cu)	0,85	1,9		0,85	1,9		0,12	0,80	4
	Messing (CuZn37 - CuZn28)	0,75	1,4		0,75	1,4		0,15	0,75	3
Stahl-Werkstoffe	gut umformbar (z. B. QSt32-3, Cq15)	0,75	1,4	10	0,75	1,4	15	0,15	0,75	3
	schwerer umformbar (z. B. Cq35, 15MnCr5)	0,67	1,1	6	0,67	1,1	12	0,25	0,65	2
	schwer umformbar (z. B. Cq45, 42CrMo4)	0,60	0,9	4	0,60	0,9	8	0,35	0,60	1,5

gangswerkstücks h_0/d_0 [–] nicht größer als 5 bis 10 sein *(Abb. 6.5.1)*. Liegen die erforderlichen Abmessungen über diesen Werten, ist das Verjüngen als ergänzendes Fließpreßverfahren einzusetzen. Außerdem sollte das verbleibende Abschnittsverhältnis h_0/d_0 wegen Trichterbildung nicht kleiner als 0,5 sein.

Der maximale Umformgrad beim VVFP von Stahl liegt werkstoffabhängig bei ca. $\varphi = 1{,}6$. Bei schwierig umzuformenden Werkstoffen bei 0,5 bis 0,9. Die Matrizenöffnungswinkel $2\,\alpha$ [°] dürfen im Bereich von ca. 45 bis 130° liegen, was am Preßteil Absätze mit Schultern zwischen 22,5 und 65° zur Folge hat.

Das Volumen errechnet sich aus den Einzelvolumina entsprechend *Abb. 6.5.1:*

$$V_0 = V_1 + V_2 + V_1',$$

wobei V_0, V_1, V_1' und V_2 berechnet werden über:

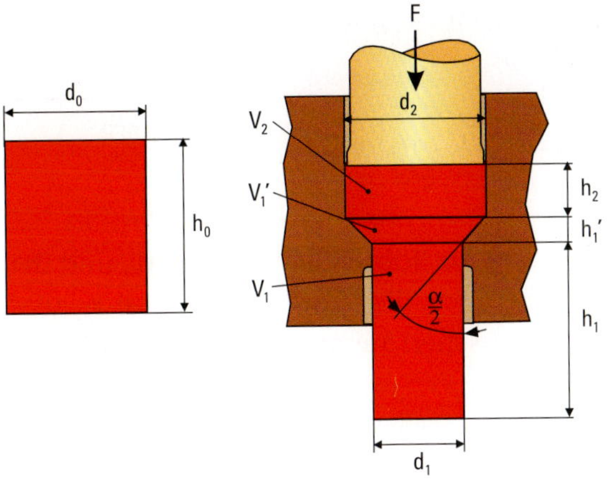

Abb. 6.5.1
Prinzipskizze Voll-Vorwärts-Fließpressen (VVFP)

$$V_0 = d_0^2 \cdot \frac{\pi}{4} \cdot h_0 \qquad [mm^3]$$

$$V_1 = d_1^2 \cdot \frac{\pi}{4} \cdot h_1 \qquad [mm^3]$$

$$V_1' = \frac{\pi \cdot h_1'}{12} \cdot \left(d_2^2 + d_1^2 + d_2 \cdot d_1\right) \qquad [mm^3]$$

$$V_2 = d_2^2 \cdot \frac{\pi}{4} \cdot h_2 \qquad [mm^3]$$

Bei dieser Berechnung kann annähernd $d_2 \approx d_0$ gesetzt werden; die Höhe des Kegelstumpfs h_1' und den Umformweg h bestimmt man über:

$$h_1' = \frac{d_2 - d_1}{2} \cot \alpha \qquad h = h_0 - h_2 \quad [mm]$$

Die Formänderungen können über den Umformgrad φ und die bezogene Querschnittsänderung ε_A bestimmt werden. Letztere läßt sich anstatt über die Flächen sehr viel schneller über die entsprechenden Quadrate der Durchmesser ermitteln:

$$\varphi = \left(\ln \frac{d_2^2}{d_1^2} \right)$$

$$\varepsilon_A = \frac{A_0 - A_1}{A_0} \cdot 100\,\%$$

$$\varepsilon_A = \frac{d_2^2 - d_1^2}{d_2^2} \cdot 100\,\%$$

Das Verhältnis von Rohteilhöhe h_0 zu Rohteildurchmesser d_0 und der Matrizenöffnungswinkel werden durch die Korrekturbeiwerte k_h und $k_{2\alpha}$ [–] bei der Ermittlung des spezifischen Stempeldrucks und somit bei der Kraftberechnung berücksichtigt.

$$k_h = 0{,}2 \cdot \frac{h_0}{d_0} + 0{,}8 \qquad k_{2\alpha} = \frac{1}{200} \cdot (2\alpha) + 0{,}7$$

Die Fließspannung zu Beginn des Umformvorgangs k_{f0} [N/mm²] und gegen Ende des Umformvorgangs k_{f1} kann aus den Blättern der VDI-Richtlinie 3200 für den jeweilig verwendeten Werkstoff abgelesen werden. Beide Werte werden zur Ermittlung der bezogenen Umformarbeit w_{id} eingesetzt:

$$w_{id} \to \approx \frac{k_{fo} + k_{f1}}{2} \cdot \varphi \qquad \left[\frac{\text{Nmm}}{\text{mm}^3}\right]$$

Da die tatsächliche Umformkraft von der theoretischen ideellen Umformkraft abweicht, wird sie über den Wirkungsgrad η_F [–] korrigiert.

$$\eta_F = \sqrt{0{,}703125 \cdot \frac{\varepsilon_A(\%)}{100}}$$

Die mittlere Druckspannung p_{St} [N/mm²] und die Umformkraft F_U [kN] ermitteln sich somit aus:

$$p_{St} = \frac{w_{id}}{\eta} \cdot k_h \cdot k_{2\alpha} \qquad \left[\frac{\text{N}}{\text{mm}^2}\right]$$

$$F_U = p_{St} \cdot d_2^2 \cdot \frac{\pi}{4} \cdot 10^{-3} \qquad [\text{kN}]$$

Die Umformarbeit W ist das Produkt aus Umformkraft und Arbeitsweg h

$$W = F_U \cdot h \qquad [\text{J bzw. Nm}]$$

Für die Werkzeugauslegung wird die Druckspannung an der Matrizenwand p_i [N/mm^2] ermittelt.

$$p_i = \frac{1}{2}\left(p_{St} + k_{f0} + k_{f1}\right) \qquad \left[\frac{N}{mm^2}\right]$$

Beispiel:

In der Beispielrechnung wird der Werkstückwerkstoff 1.0303 (QST 32-3) verarbeitet. Die Ausgangsgrößen sind links, die Kennwerte nach der Preßoperation rechts angegeben.

$d_0 = 75$ mm	$d_1 = 45$ mm	$\alpha = 45°$
$h_0 = 110$ mm	$h_2 = 65$ mm	
	$d_2 = 75{,}3$ mm	
	=> $h = 45$ mm	

Die Formänderungen betragen $\varphi = 1{,}03$, was einer relativen Querschnittsänderung von $\varepsilon_A \approx 64\%$ entspricht, und die Korrekturbeiwerte $k_h \approx 1{,}09$ und $k_{2\alpha} \approx 1{,}15$:

$$\varphi = \ln\left(\frac{75{,}3^2}{45^2}\right) = 1{,}03 \qquad \varepsilon = \frac{\left(75{,}3^2 - 45^2\right)}{75{,}3^2} \cdot 100\,\% = 64\,\%$$

$$k_h = 0{,}2 \cdot \left(\frac{110}{75}\right) + 0{,}8 \approx 1{,}09 \qquad k_{2\alpha} = \frac{1}{200} \cdot 2 \cdot 45 + 0{,}7 \approx 1{,}15$$

Für den Umformgrad $\varphi = 1{,}03$ ergeben sich für k_{f1} ca. 740 N/mm^2, (k_{f0} 250 N/mm^2), so daß die bezogene Umformarbeit w_{id} ca. 471 Nmm/mm^3 beträgt. Mit dem Wirkungsgrad

$$\eta_F = \sqrt{0{,}703125 \cdot 64/100} = 0{,}67$$

ergeben sich spezifische Werkzeugbelastungen, Kräfte und Arbeiten zu:

$$p_{St} = 510/0{,}67 \cdot 1{,}09 \cdot 1{,}15 \approx 957\ N/mm^2$$

$$F_U = 957 \cdot 75{,}3^2 \cdot \pi/4 \cdot 10^{-3} \approx 4\,261\ [kN]$$

$$W = 4\,261 \cdot 0{,}045 \approx 192\ [kJ\ bzw.\ kNm]$$

$$p_i = 1/2\,(957 + 250 + 740) \approx 974\ \left[N/mm^2\right]$$

6.5.2 Hohl-Vorwärts-Fließpressen (HVFP)

Aus einem Napf oder einer Hülse wird beim Hohl-Vorwärts-Fließpressen ein Hohlkörper mit verminderter Wanddicke hergestellt *(vgl. Abb. 6.1.1)*. Die formgebende Werkzeugöffnung wird durch Preßbüchse und Stempel gebildet. Ist der Dorn im Stempel fest eingespannt, so spricht man vom mitbewegten Dorn; es kommt infolge des Werkstoffflusses zu zusätzlichen Reibkräften, die im Dorn zu verfahrenskritischen Zugspannungen führen können. Dies ist durch den mitlaufenden Dorn vermeidbar, der in gewissen Grenzen durch den Werkstoff mitgeschleppt wird. Durch die reibungsbedingten Zugspannungen beim Pressen mit mitbewegtem Dorn und das Abstreifen des Werkstücks bei beiden HVFP-Verfahren müssen die Geometrieverhältnisse so eingestellt werden, daß eine Dornbelastung von weniger als 1800 N/mm^2 auftritt. Dies ist im allgemeinen der Fall, wenn das Verhältnis von Höhe zu Durchmesser des Ausgangsmaterials h_0/d_0 10 bis 15 nicht überschreitet. Die erreichbaren Umformgrade sind werkstoffabhängig und entsprechen denen beim VVFP, so daß auch vergleichbare (Schulter-) Geometrien gepreßt werden können (Tabelle 6.5.1).

6.5.3 Napf-Rückwärts-Fließpressen (NRFP) und Zentrieren

Aus einem Vollkörper wird ein (dünnwandiger) Hohlkörper hergestellt; die formgebende Werkzeugöffnung wird durch den Stempel und die Preßbüchse gebildet *(vgl. Abb. 6.1.1)*. Beim NRFP von Stahl kann ein bestimmtes Grenzverhältnis von Eintauchtiefe zu Durchmesser des Stempels h_2/d_1 = 3 bis 3,5 nicht überschritten werden. Die erreichbaren Umformgrade liegen für Stahl werkstoffabhängig bei maximal φ = 0,9 bis 1,6 (ε_A = 60 bis 80 %). Wirtschaftliche Standmengen der Werkzeuge können jedoch nur bei etwas geringeren Umformgraden erzielt werden (Tabelle 6.5.1).

Wegen einer maximal zulässigen Stempelbeanspruchung von $p_{St\,max} \leq 2300$ N/mm^2 muß bei Stahl auch ein minimaler Umformgrad von mindestens φ = 0,16 bis 0,43 (ε_A= 15 bis 35 %) vorliegen, d.h. daß im Verhältnis zum Außendurchmesser nicht beliebig kleine Innennäpfe (Bohrungen) preßbar sind. Kleine Bohrungen können eventuell mit zusätzlichen Nebengeometrien (z. B. einem Zapfen für das Fließlochen) gefertigt werden, sofern sie den Materialfluß in die Napfwand entlasten.

Die minimal erreichbaren Wanddicken für Stahl liegen bei 1 mm, für Aluminium bei 0,1 mm, sehr dünne Wände können häufig nur durch ein dem NRFP nachfolgendes Abstrecken erzeugt werden. Der Boden muß bei Stahl mindestens 1 bis 2 mm, bei NE-Metallen 0,1 bis 0,3 mm dick sein. Der Boden sollte in jedem Fall dicker als die Wandstärke sein (Unterfüllung). Bei dickwandigen Näpfen, die zusätzlich hohen Konzentrizitätsanforderungen genügen müssen, empfiehlt sich eine Zentrieroperation vor dem Napfen. Das Zentrieren ist ein dem NRFP sehr ähnlicher Vorgang, der jedoch nur kleine Arbeitswege aufweist. Die Zentrierung wird in der Regel mit geführten Stempeln eingebracht.

6.5.4 Verjüngen

Das Verjüngen ist dem VVFP prinzipiell vom Werkzeugaufbau her ähnlich *(vgl. Abb. 6.1.2)*. Da aber beim Verjüngen, im Gegensatz zum VVFP, der Werkstoff nicht an der Preßbüchsenwand anliegt, sind nur eingeschränkte Umformgrade erreichbar. Der Werkstoff darf während des Pressens im Aufnehmer weder zum Anliegen kommen (Stauchen) noch ausknicken. Bei Ausgangsabschnitten, die $h_0/d_0 > 10$ aufweisen, können Querschnittsreduktionen nur über dieses Verfahren erzeugt werden. Größere Umformgrade erfordern mehrere Reduzieroperationen. Die erreichbaren Umformgrade sind abhängig vom Werkstoff, von der Vorverfestigung und vom Matrizenöffnungswinkel. Ein Gesamtumformgrad (berechnet von der ersten bis zur n-ten Verjüngungsoperation) von 50 % soll wegen der Bildung von Zentralbrüchen (Chevrons) nicht überschritten werden. Das Verjüngen ist ein Verfahren, das in der Praxis der Halbwarmumformung nicht eingesetzt wird, da der erreichbare Umformgrad wegen der stark reduzierten Fließspannung zu gering ist.

Bei einem Matrizenöffnungswinkel von ca. 20° können maximale Umformgrade von 0,3 erzielt werden. Liegt der Werkstoff z. B. durch vorausgegangene Reduzieroperationen bereits vorverfestigt vor, so sind auch etwas höhere Umformgrade erzielbar. Mit zunehmendem Matrizenöffnungswinkel fallen die erreichbaren Umformgrade jedoch stark ab.

Die Matrizenöffnungswinkel liegen somit im Bereich zwischen 10 und 45° und erzeugen am Preßteil Absätze mit Schultern zwischen $\alpha = 5$

und 22,5° *(vgl. Abb. 6.1.2)*. Die Stempelbelastung ist untergeordnet und orientiert sich am Werkstoff, der nicht plastisch aufgestaucht werden soll, und an der noch zulässigen Knickspannung bei schlanken Rohteilen. Beide Spannungskennwerte dürfen nicht überschritten werden. Das Verfahren reagiert empfindlich auf Festigkeitsschwankungen der Ausgangswerkstoffe und auf schlechte Phosphatierung bzw. Beseifung.

6.5.5 Abstreckgleitziehen

Beim Abstreckgleitziehen wird ein Hohlkörper mit Boden zu einem Hohlkörper mit verminderter Wanddicke gezogen *(vgl. Abb. 6.1.2)*. Es ist ein Vorgang, bei dem die Prozeßkraft hauptsächlich über den Boden des Werkstücks und zum Teil über die Dornreibkraft eingeleitet wird. Dadurch treten neben den Druckspannungen am Schultereinlauf Zugspannungen nach dem Schultereinlauf in der Werkstückwand auf (Durchziehverfahren) – im Gegensatz zum Verjüngen, bei dem die Kraft und somit die Druckspannungen im Werkstückquerschnitt vor dem Schultereinlauf auftreten (Durchdrückverfahren). Die formgebende Kontur wird aus Ziehdorn und Abstreckring gebildet. Es können auch mehrere Abstreckringe hintereinander angeordnet werden.

Der maximale Umformgrad beim Abstrecken von Stahl liegt werkstoffabhängig bei $\varphi = 0{,}5$ ($\varepsilon_A = 40$ %), bei schwierig umzuformenden Werkstoffen bei $\varphi = 0{,}35$ ($\varepsilon_A = 30$ %). Die Matrizenöffnungswinkel dürfen im Bereich bis ca. 45° liegen, was am Preßteil Absätze mit Schultern bis 22,5° zur Folge hat *(vgl. Abb. 6.1.2)*. Übliche Matrizenöffnungswinkel fürs Abstrecken liegen im Bereich zwischen 5 und 36°. Ein Stempelkraftminimum wird bei ca. 12° Abstreckwinkel erreicht, die Gefahr von Bodenreißern ist dann am geringsten. Das Abstreckgleitziehen ist ein Verfahren, bei dem sehr gute Oberflächenqualitäten und Toleranzen erreicht werden, es wird deshalb sehr häufig als Kalibrieroperation eingesetzt.

6.5.6 Stauchen

Das Stauchen ist als „Freiformen" definiert, wobei eine Werkstückabmessung zwischen meist ebenen, parallelen Wirkflächen (Stauchbahnen) vermindert wird *(vgl. Abb. 6.1.2)*. Findet das Stauchen in einem geschlossenen Werkzeug ohne Grat statt, um z. B. zylindrische oder linsenförmige Vorformen zu pressen, so spricht man von Setzen.

Das (freie) Stauchen *(vgl. Abb. 2.2.1)* ist durch drei Verfahrensgrenzen gekennzeichnet: Es können werkstoffabhängig maximale Umformungen von $\varphi = 1{,}6$ erreicht werden. Das Stauchverhältnis h_0/d_0 (Höhe zu Durchmesser des Ausgangswerkstücks) darf beim Einfachdruckverfahren 2,3, beim Zweifachdruckverfahren 4,5 und beim Dreifachdruckverfahren 8,0 nicht überschreiten, da sonst Ausknickgefahr besteht und der Faserverlauf gestört wird *(vgl. Abb. 6.2.1)*. Die Werkzeugbelastung des Stempels beträgt maximal 2 300 N/mm^2.

Im Gegensatz zum Stauchen, bei dem sich Außenform und -maß frei ergeben, ist das Werkstück beim Setzen vom Werkzeug vollkommen eingeschlossen. Es liegen die gleichen Verfahrensgrenzwerte wie für das freie Stauchen vor. Die axiale Stempelbelastung wird jedoch schon bei niedrigeren Umformgraden erreicht, da das Material an die Matrizenwand läuft.

6.5.7 Querfließpressen

Das Querfließpressen erzeugt Formen mit Flanschen, Bunden oder Nebenformelementen (Verzahnungen, Zapfen), wobei die formgebende Werkzeugöffnung über den gesamten Preßvorgang unverändert bleibt *(vgl. Abb. 6.1.1)*. Die Werkzeuge werden hierfür vor dem unteren Totpunkt mit hohen Kräften geschlossen; danach wird das Material durch den eindringenden Stempel in die Gravur gedrückt. Es können z.B. Bunde mit einem Durchmesserverhältnis $D_1/d_0 \leq 2{,}5$ in einem Arbeitsgang erzeugt werden. Das Verhältnis Bunddicke/Ausgangsdurchmesser s/d_0 sollte wegen der Gefahr der Werkstofftrennung an der Fließscheide 1,4 nicht überschreiten.

Die benötigten Kräfte sind insbesondere beim Pressen von Nebenformelementen gegenüber dem Stauchen erheblich geringer. Über den Kraftbedarf gibt es bisher nur experimentelle Untersuchungen. Durch den allseitigen Druckspannungszustand sind bei diesem instationären Verfahren örtlich Umformgrade bis zu $\varphi = 5$ gemessen worden.

6 Massivumformung

6.6 Teiletransport

Die Kalt- und Halbwarmumformung sind Verfahren der Massenproduktion, die insbesondere durch die Möglichkeit der Automatisierung ihre hohe Ausbringung und Wirtschaftlichkeit erlangen. Unter Automatisierung sind sämtliche Einrichtungen zu verstehen, die – abgesehen vom Einbringen des Drahtbunds bzw. Befüllen der Behälter mit Stababschnitten – den Transport des Rohteils, des Zwischenprodukts und eventuell von Abfällen (Loch-, Beschneidoperationen) innerhalb der Presse ermöglichen.

Anlagen, die vom Draht arbeiten, haben den Vorteil, daß nach dem Einbringen des Drahtendes stets eine definierte Lage des Rohteils während des Richtens (vgl. Abschn. 4.8.3), Ziehens und Scherens (vgl. Abschn. 6.3) beibehalten wird. Der Transport in der Presse erfolgt dann durch einen mechanischen Transfer. Die Teile verlassen nach der letzten Umformstufe die Presse über Rutschen. Bei Anlagen zur Verarbeitung von Stückgut müssen die Rohteile zugeführt, orientiert, eventuell gewogen und in die Abholstation des Transfergeräts gebracht werden. Der Schwerpunkt der Transportuntersuchung liegt im Werkstücktransport von Stufe zu Stufe innerhalb der Presse. Ziel dieser Transportuntersuchung ist, Kinematik und Werkzeugkonstruktion so auszulegen bzw. zu nutzen, daß

- ein absolut sicherer Transport gewährleistet ist, d. h. daß zu keinem Zeitpunkt eine undefinierte, also freie Lage des Teils eintritt,
- bei Leerhüben (z. B. beim Anfahren oder Leerfahren der Presse) keine Kollision der Werkzeugelemente untereinander oder mit den Greifern erfolgt und
- insbesondere beim Halbwarmumformen die Berührzeiten minimiert werden.

Transporteinrichtungen im weiteren Sinne, wie Kippvorrichtungen für Rohteilbehälter, Steilförderer (Schieber-, Kettenförderer), Schwingförderer, Vereinzelungsvorrichtungen und Waagen, sollen hier wegen der großen Bandbreite an unterschiedlichen Lösungsmöglichkeiten nicht besprochen werden. Näher sollen die Ladestation und die Transportuntersuchung für eine mechanische Kaltumformpresse mit 2D-Transfer erläutert werden (vgl. Abschn. 4.4.6).

6.6.1 Ladestation

Wegen der Vielfalt der zuzuführenden Teile müssen verschiedene Ladestationskonzepte unterschieden werden. Bei einem Längen-/Durchmesser(L/D)-Verhältnis der Ausgangsabschnitte von größer als 0,8 werden die zylindrischen Rohteile von oben in einer Zuführrinne in die Ladestation eingebracht *(Abb. 6.6.1 oben)*. Die untersten Teile stehen in einer meist zylindrischen Aufnahme, die für die Schließbewegung der Greiferzangen an der Seite ausgespart ist. Nach dem Abtransport des ersten Teils fällt die Säule durch ihr Eigengewicht auf die Grundplatte in Höhe der Transportebene. Werden Rohteile mit anderen Dimensionen zugeführt, dann können je nach Bedarf die Zuführrinne und die Wechselteile oder die komplette Zuführeinheit über Schnellspanner gewechselt werden. Die Greifer sind für zylindrische Teile mit prismatischen Aktivgreifern ausgerüstet, deren Höhe für ein sicheres Greifen ca. 50% der Rohteilhöhe betragen soll.

Liegt das L/D-Verhältnis unter ca. 0,8 bis 1 bzw. weisen Formteile eher flache Geometrien auf *(Abb. 6.6.1 unten)*, dann werden die Teile nebeneinander in speziell ausgebildeten Zuführrinnen in die Ladestation gebracht. Die Teile befinden sich zunächst unterhalb der Transportebene und werden dort durch einen Schieber im Pressentakt auf Transportebene gehoben. Nach dem Zurücklaufen des Schiebers rutscht das nächste Teil in die Position zum Heben. Die Zuführrinnen sind in ihrer Ausgangshöhe und bezüglich des Zuführwinkels so ausgelegt, daß ein Weiterrutschen durch das Eigengewicht der Rohteile erfolgt. Die Greifer werden bei Formteilen formschlüssig ausgelegt, sofern ein prismatischer Greifer ein ungünstiges L/D-Verhältnis hat und dadurch die Gefahr des Drehens in der Zange besteht.

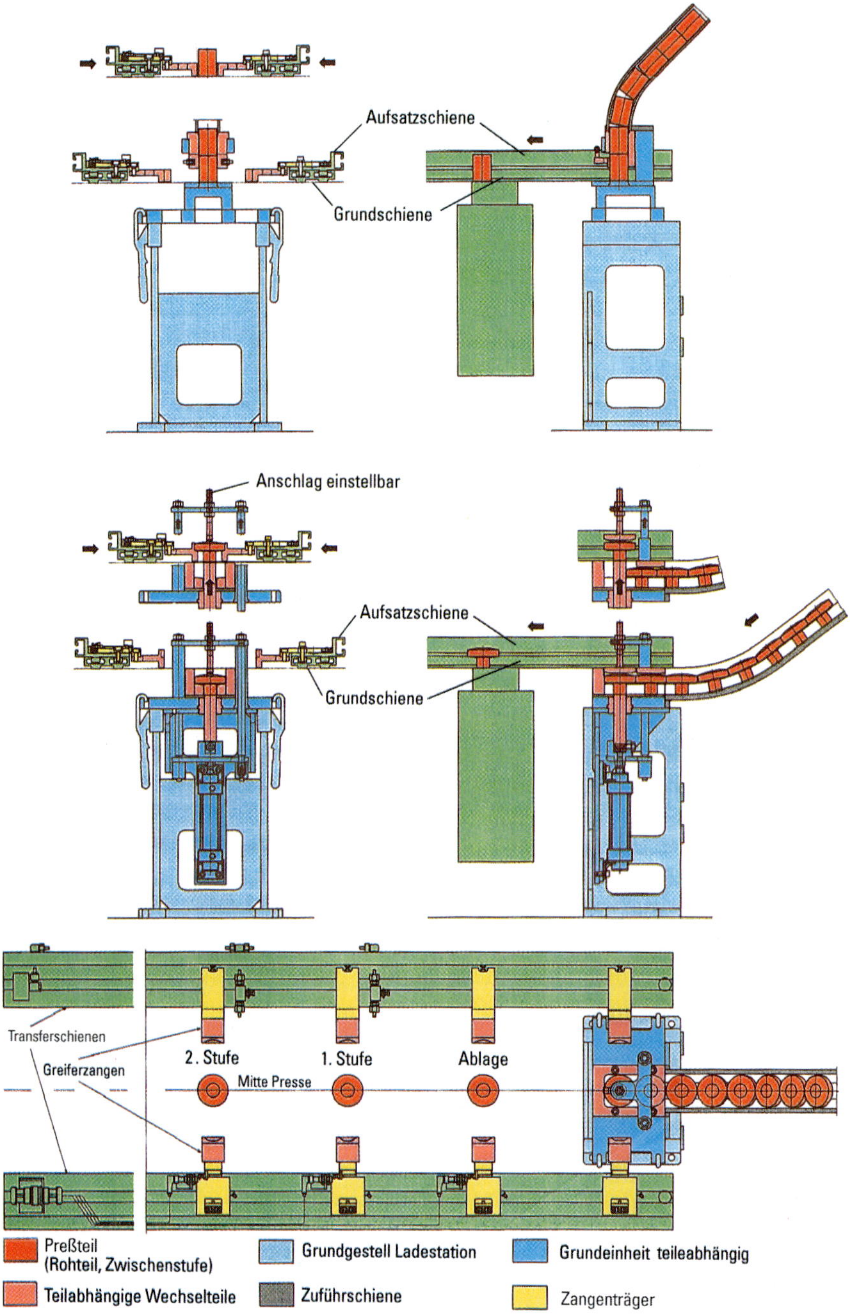

▲ **Abb. 6.6.1** Ladestationskonzepte für zylindrische *(oben)*, scheibenförmige bzw. flache Formteile *(unten)*

Die Greifereinheiten sind beim Kaltumformen auf sogenannten Aufsatzschienen befestigt, die auf einer Grundschiene fixiert werden *(Abb. 6.6.1)*. Beim Wechsel zu einer anderen Teileproduktion werden lediglich die Aufsatzschienen einschließlich voreingestellter Greifer gewechselt. Die vorderen Greiferzangen sind mit Näherungsschaltern für die Transportüberwachung ausgerüstet.

Teile, die ein größeres L/D-Verhältnis (ca. 3 bis 8) besitzen, müssen mit einem 3D-Transfer von Stufe zu Stufe transportiert werden. Dies wird bei den Ladestationen berücksichtigt, indem das Teil in seiner Aufnahme durch einen weiteren horizontalen Schieber in eine Position gebracht wird, von der es dann senkrecht nach oben gehoben werden kann. Das Niveau der Grundplatte, auf dem die Teile stehen, liegt auch in diesem Fall unterhalb der Transportebene. Schaftteile, die ein L/D-Verhältnis des Rohteils von > 6 aufweisen, können auch über spezielle Vorrichtungen, wie z. B. rotierenden Köcheraufnahmen, in Abholposition gebracht werden.

Bei der Halbwarmumformung übernimmt die Ladestation zusätzlich die Funktion für das Ausschleusen von nicht im Takt zugeführten oder eventuell falsch erwärmten Teilen. Hierzu wird in der Grundplatte der Ladestation eine Öffnung freigegeben, durch die die Teile hindurchfallen, um auf einer Rutsche entfernt zu werden.

6.6.2 Transportuntersuchung

Vor einer Transportuntersuchung muß die Kinematik der Stößelbewegung in Form eines Zeit-Weg-Diagramms vorliegen. Der Hub wird anhand des Teilespektrums, der erforderlichen Umformverfahren und des Werkzeugaufbaus festgelegt. Über die Hubhöhe und die Pressenkinematik (Exzenterantrieb, Kniehebelantrieb, modifizierter Kniehebelantrieb) ist die Stößelkurve festgelegt *(vgl. Abb. 3.2.3)*. Die Stößelkurve, deren unterer Totpunkt bei 180° liegt, ist für die Transportuntersuchung nur vertikal verschiebbar.

Der Auswerferweg wird durch das Teilespektrum und die jeweilige Lage der Stadien im Werkzeug bestimmt. Dabei ist der größte erforderliche Auswerferweg die Summe aus Einlegetiefe des Teils im Werkzeug und der Teilelänge. Der Auswerferweg kann über einen mechanischen und zusätzlich über einen pneumatischen Weg realisiert werden. Der über die Mechanik realisierte Weg soll das Teil ausstoßen, das aufgrund elastischer Dehnungen der Matrizen fest im Werkzeug sitzt. Über den pneumatisch erzeugten Weg kann das Teil dann zusätzlich angehoben werden. Im Beispiel liegt eine mechanische Auswerferkurve mit einem Hub von 200 mm vor, der in 80° Kurbelwinkel durchfahren wird – es wird kein pneumatischer Auswerfer benötigt. Der Startpunkt der Auswerferkurve ist beliebig wählbar, so daß die Kurve im Diagramm horizontal verschoben werden kann. Die Steigung der Auswerferkurve kann so ausgelegt werden, daß sie der Steigung der Stößelkurve in ihrem fast linearen Bereich entspricht.

Die stößelseitige Auswerferkurve wird ausgehend von der Querbewegung des Pleuels durch eine entsprechende Kinematik erzeugt *(Abb. 6.6.2, gestrichelte Linie)*. Auch diese Kurve ist für die Transportuntersuchung nur vertikal verschiebbar.

Parallel zur Stößelkurve verläuft die Kurve des Luftauswerfers, dessen konkreter Abstand zur Stößelkurve im Rahmen der Transportuntersuchung festzulegen ist *(Abb. 6.6.2, strichpunktiert)*. Der stößelseitige Auswerfer wirkt kurz nach dem unteren Totpunkt mechanisch und kann im verbleibenden Bereich durch Luftdruck betrieben werden.

Neben diesen Hauptbewegungen der Presse sind bei Universaltransfergeräten die Kurven für das Öffnen und Schließen der Greiferzangen von Wichtigkeit. Die Zeitpunkte des Öffnens und Schließens können normalerweise in gewissen Grenzen, z. B. im Bereich von 30° verstellt werden, so daß diese Kurven horizontal im Diagramm bei der Transportuntersuchung verschoben werden können. Der Öffnungsweg wird durch den erforderlichen Durchmesser des Oberwerkzeugs bestimmt *(Abb. 6.6.2,* Öffnungsweg 100 mm). Bei meist schlanken Stempeln ist dieser Weg kleiner als bei stößelseitig eingesetzten Matrizen, z. B. für die Fertigung von langen Schaftteilen bzw. von Teilen in Schließvorrichtungen. Je nach Öffnungsweg nehmen diese Bewegungen einen kleinen Kurbelwinkelbereich (ca. 30° bei ca. 40 mm) oder einen großen Kurbelwinkelbereich (ca. 60° bei ca. 100 mm) ein. Über die Vor- und Rücklaufbewegung findet der Quertransport statt. Der Vorlauf kann eingeleitet werden, sobald die Greifer am Teil anliegen, und muß abgeschlossen sein, bevor die Greifer öffnen bzw. Werkzeugelemente im Oberwerkzeug auf das ankommende Teil treffen. Vor- und Rücklaufbewegung beanspruchen ca. 80 bis 100° Kurbelwinkel. Die Rücklaufbewegung findet während des Einschiebe- und Preßvorgangs statt.

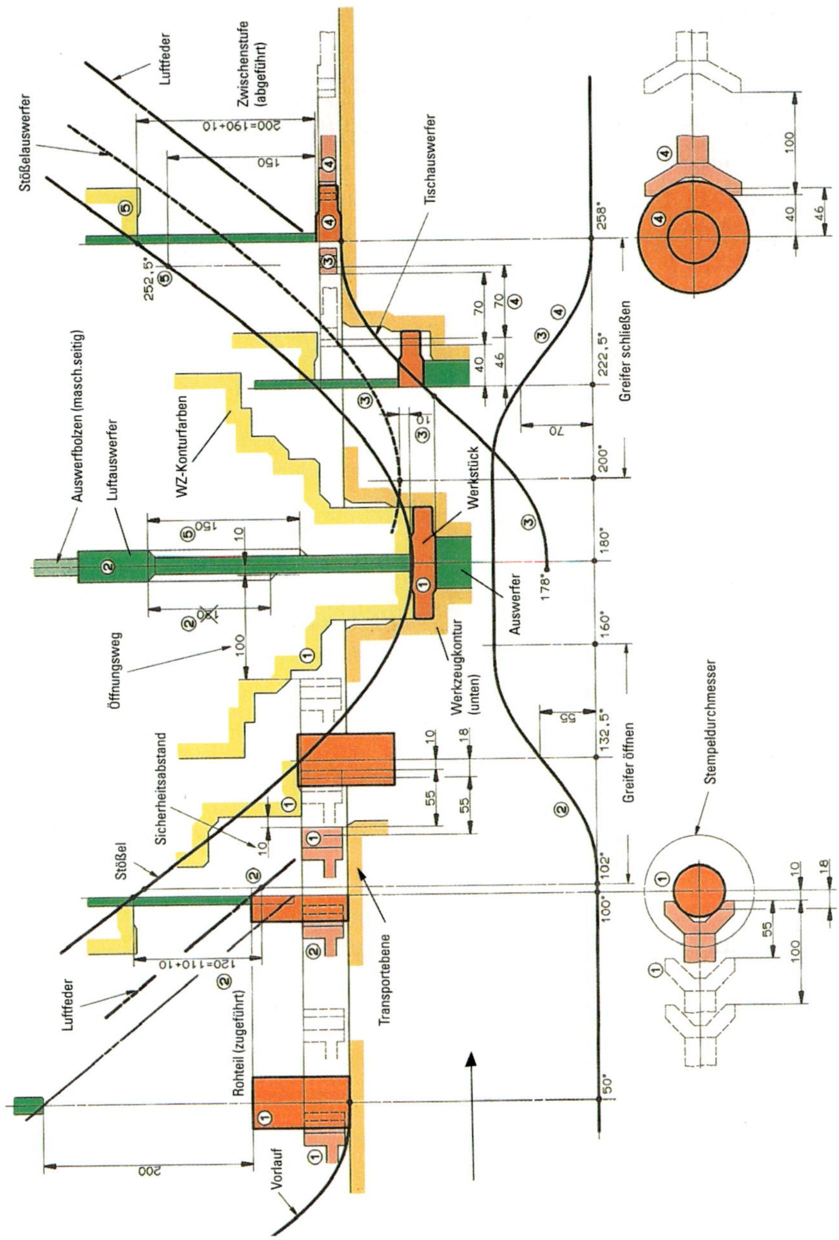

▲ **Abb. 6.6.2** Zweidimensionale Transportuntersuchung:
1 Startpunkt Öffnen festlegen; 2 Luftfederweg für zugeführtes Teil bestimmen; 3 Kürzung der maschinenseitigen Auswerferbolzen und Startpunkt des Tischauswerfers festlegen; 4 Endpunkt Schließen festlegen; 5 Luftfederweg für abgeführtes Teil bestimmen

Für Transportuntersuchungen bei 3D-Transfergeräten kommt zu den bereits vorgestellten Bewegungen eine Hubbewegung hinzu, die kurz nach der Auswerferbewegung und nach der Schließbewegung der Greifer beginnt. Sie endet mit der Senkbewegung, die kurz vor dem Öffnen der Zange abgeschlossen sein soll. Auch hier werden je nach Hubbewegung ein größerer oder kleinerer Kurbelwinkelbereich benötigt. Für ca. 100 mm Hubbewegung können etwa 60° veranschlagt werden. Alle Transportbewegungen von Presse und Transfer werden durch die maximal zulässigen Beschleunigungen limitiert, sie müssen für den jeweils vorliegenden Einzelfall ausgelegt werden.

6 Massivumformung

6.7 Werkzeugkonstruktion

Bei Fließpreßwerkzeugen werden in der betrieblichen Praxis sehr häufig Varianten- und Anpassungskonstruktionen durchgeführt, so daß hauptsächlich die Auslegung der Stempel und Matrizen im Mittelpunkt steht. Seltener, z. B. nur beim Einsatz einer neuen Presse, müssen die Fragen zum Werkzeuggestell und zum Wechsel- und Aktivwerkzeugsatz neu überdacht werden. Moderne Kalt- und Halbwarmwerkzeuge sind mehrstufig. Während die meisten Hauptumformoperationen an einem Bauteil in ein bis drei Stufen abgeschlossen sind, ist es durch vier- oder fünfstufige Werkzeugsätze möglich, weitere Kalibrier-, Loch- und Beschneideoperationen im gleichen Arbeitsgang durchzuführen, um dem Ziel der Netshape- und Nearnetshape-Fertigung näher zu kommen. Dies ist auch unter dem Aspekt der hohen Logistikkosten bei einem weiteren Pressendurchgang von Vorteil.

Abbildung 6.7.1 zeigt den grundsätzlichen Aufbau eines modernen Mehrstufenwerkzeugs für eine Universalpresse. Auf dem Pressentisch ist eine Zwischenplatte montiert, die die Preßkräfte im Sinne eines größer werdenden Druckkegels in den Pressentisch einleitet; sie enthält Aussparungen für die Verbindungswellen der Schließkästen des Transfergeräts und kann Elemente zur Preßkraftmessung oder Rollenkonsolen zum Werkzeuggestellwechsel aufnehmen. Zusätzlich können auf ihr hydraulische Werkzeugspanner für den Komplettwerkzeugwechsel untergebracht sein.

Die Werkzeuggrundplatte nimmt die Werkzeugaufnahmehülsen auf. In ihr können, wie im Beispiel gezeigt, auch hydraulische Schließvorrichtungen und Abfallkanäle untergebracht werden, wobei dann die Gesamthöhe dieser Platte größer gewählt werden muß. Die Werkzeuge

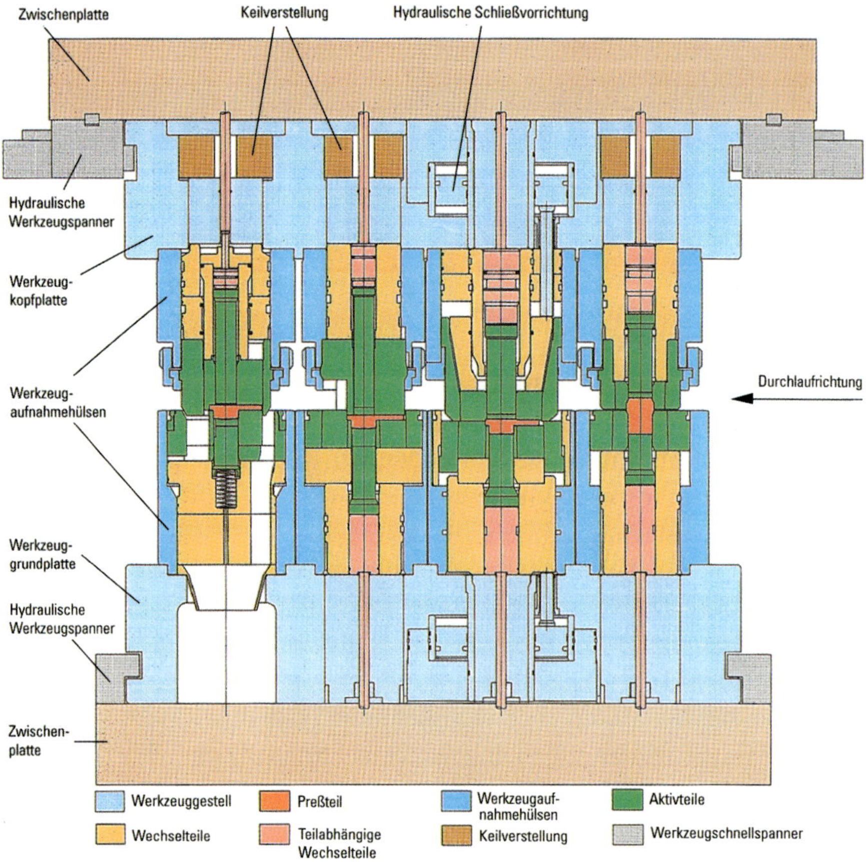

Abb. 6.7.1 Vierstufiges Werkzeuggestell mit hydraulischer Gestellspannung und Schließvorrichtung in der zweiten Stufe

selbst können in einen Aufnahmeblock eingebaut werden, der über die gesamte Breite des Werkzeugs reicht. Man verwendet jedoch vorzugsweise für die Halbwarmumformung und teilweise auch für die Kaltumformung einzelne Werkzeugaufnahmehülsen. Die thermischen Dehnungen werden im jeweiligen Block unabhängig voneinander aufgenommen. Durch entsprechende Kühlung kann dann ein Wandern des Werkzeugblocks aufgrund der Wärmedehnung gegenüber den stößelseitigen Werkzeugen vermieden werden.

Das Oberwerkzeug ist grundsätzlich ähnlich aufgebaut. In der Kopfplatte sind jedoch zusätzlich Keilverstellungen *(Abb. 6.7.2)* unterge-

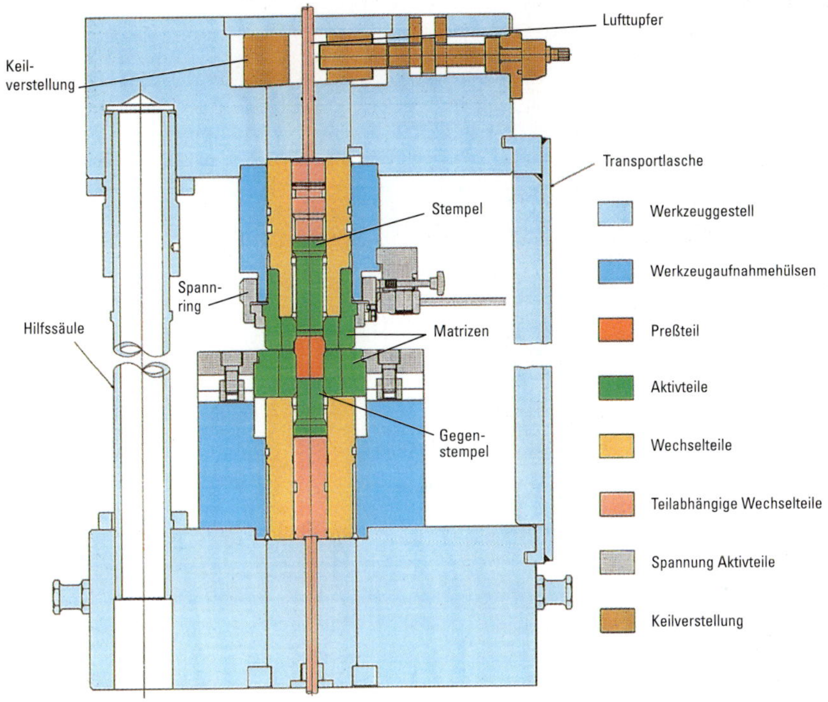

▲ **Abb. 6.7.2** Schnitt durch ein Werkzeuggestell mit Keilverstellung (Hilfssäulen und Transportlaschen sind zum Gestellwechsel eingebaut)

bracht, über die die Werkzeuge einzeln in der Höhe verstellt werden können. Die Keilverstellungen haben Wege von ca. 3 bis 5 mm. Ist in der Presse keine Stößelverstellung vorgesehen, müssen die Keile in den einzelnen Stufen größere Wege von ca. 8 bis 12 mm realisieren. Vor Betätigung der Keilverstellung wird der Spannring gelöst, so daß eine Zustellung der Werkzeuge erfolgen kann. Die Oberwerkzeuge bauen relativ hoch, da in ihnen luftunterstützte Tupfer zum Werkstücktransport untergebracht sind *(Abb. 6.7.3)*. Der dadurch gewährleistete, sehr sichere Transport hat effektiv höhere Hubzahlen und somit eine höhere Ausbringung zur Folge. Die Wege der Luftauswerfer werden durch eine Transportuntersuchung (vgl. Abschn. 6.6.2) ermittelt.

In den Werkzeugaufnahmen sind Aktiv- und Wechselelemente untergebracht. Die Aktivelemente berühren die Werkstückkontur und unterliegen einem natürlichen Verschleiß; sie müssen von Zeit zu Zeit nachgearbeitet oder erneuert werden. Zu den Aktivelementen gehören

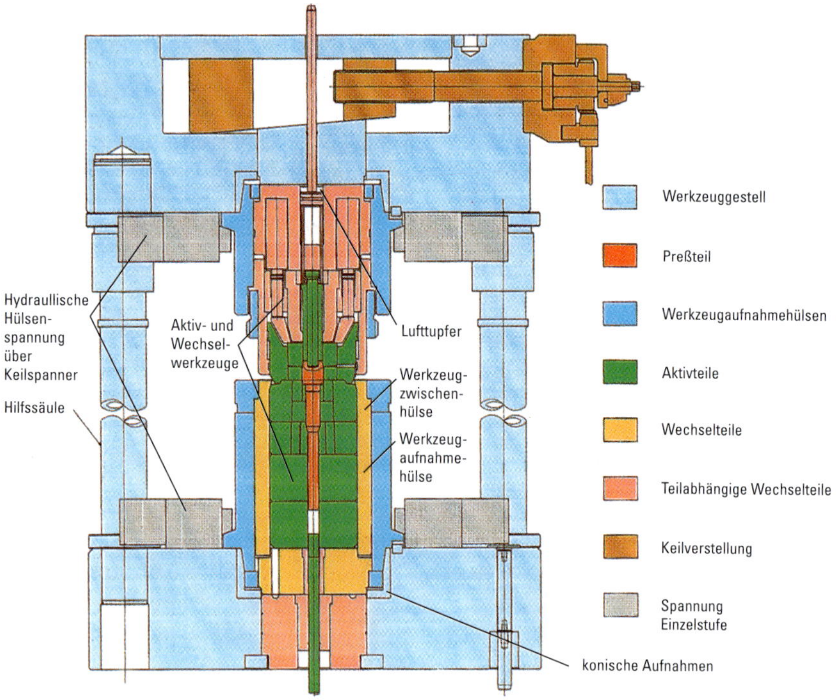

▲ **Abb. 6.7.3** Schnitt durch ein Werkzeuggestell mit Keilverstellung und hydraulischer Hülsenspannung

Matrizen, Stempel, Gegenstempel und z. B. Abstreiferhülsen. Die teilabhängigen Wechselelemente müssen beim Übergang auf ein neues Produkt zusammen mit den Aktivelementen getauscht werden. Andere universell wiederverwendbare Wechselteile verbleiben in den Aufnahmehülsen. Zu den Wechselteilen gehören hauptsächlich Druckplatten, Druckstücke, Federelemente und Führungshülsen. Für die konstruktive Gestaltung der Aktiv- und Wechselteile sei auf die VDI-Richtlinien 3176, 3186 Bl. 1 bis 3 verwiesen.

6.7.1 Werkzeuggestelle

Die Werkzeuggestelle nehmen die Aktiv- und Wechselteile auf und tragen dazu bei, daß Ober- und Unterwerkzeug möglichst zentrisch zueinander arbeiten. Stufenanzahl, Stufenabstände und Gestellgrößen sind

*Tabelle 6.7.1: Baukastensystem für mögliche Gestellbreiten (**fett** = häufig verwendete Größen) für Stufenanzahl und Stufenabstand*

Stufenanzahl	Gestellbreiten bei Stufenabständen in mm				
	200	*250*	*300*	*350*	*400*
2	400	500	**600/750**	700	800
3	600	750	**900/1000**	1050	1 200
4	800	**1 000**	**1 200/1250**	1400/1500	1 600
5	**1 000**	**1 250**	**1 500**	1850	**2 000**
6	**1 200/1 250**	**1 500**	–	–	–

meist in genormten Baureihen zusammengefaßt. Tabelle 6.7.1 stellt ein solches Baukastensystem für Universalpressen vor, das für Umformteile von ca. 0,1 bis 15 kg sehr häufig Verwendung findet. Selbstverständlich sind auch andere Werte realisierbar.

Mit der Frage des Aufbaus der Werkzeuggestelle ist das Werkzeugwechselsystem eng verbunden. Das Teilespektrum und die individuellen Losgrößen müssen dabei zur Entscheidungsfindung herangezogen werden.

Ein kompletter Gestellwechsel sieht vor, daß für ein neues Preßteil das gesamte Gestell aus der Presse gefahren wird und ein bereits vorbereitetes Gestell, das in Warteposition steht, eingefahren wird. Die Gestelle sind an ihrer Werkzeugkopf- und Grundplatte hydraulisch gespannt *(Abb. 6.7.1)*. Für das Ein- und Ausfahren sind Ober- und Unterteil über Hilfssäulen zueinander geführt und über Transportlaschen gesichert *(Abb. 6.7.2)*. Ein drittes Gestell kann während des Pressens und während des Gestellwechsels im Werkzeugbau neu aufgerüstet werden. Für diese Wechselmethode können Teile der Greiferschienen abgekoppelt, auf dem Gestell fixiert und mit ausgefahren werden. Der Wechselvorgang braucht je nach Größe des Gestells ca. 20 bis 40 min. In diese Zeit fallen auch die Umrüstarbeiten an der Ladestation und des Induktionsofens, sofern halbwarm gepreßt wird.

Der Hülsenwechsel sieht vor, daß Grund- und Kopfplatte in der Presse bleiben und die Hülsen tisch- und stößelseitig einzeln gewechselt werden. Die Grund- und Kopfplatte sind hierfür am Tisch und am Stößel verschraubt. Sie besitzen konische Aufnahmen zur Zentrierung *(Abb. 6.7.3 und 6.7.4)*. Jede Werkzeugaufnahmehülse wird über zwei bis

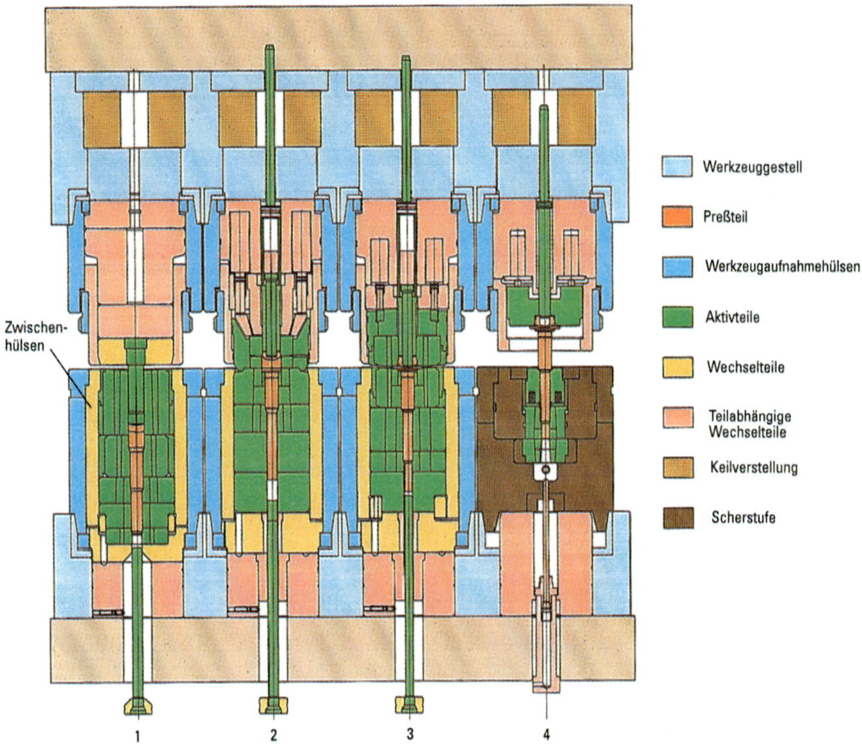

▲ **Abb. 6.7.4** Vierstufiges Werkzeuggestell mit hydraulischer Hülsenspannung und Scherstation in der vierten Stufe

vier hydraulische Keilspanner fixiert *(Abb. 6.7.3)*. Diese Bauart wird für große Losgrößen dann angewendet, wenn die Werkzeuge in den einzelnen Stufen sehr unterschiedlich verschleißen und individuell zu wechseln sind. Fertig vorbereitete Werkzeugaufnahmehülsen stehen auch hier in Warteposition und können über einen Werkzeugwechselarm in die Stufe gebracht werden *(vgl. Abb. 3.4.5)*. Der Wechsel einer dieser Hülsen dauert ca. 4 bis 8 min. *Abbildungen 6.7.3 und 6.7.4* zeigen auch die Verwendung von Zwischenhülsen, über die axiale Vorspannungen aufgebracht werden können. Die mehrstufige Umformung ermöglicht, weitere Operationen in einem Arbeitsgang durchzuführen. Wie in *Abb. 6.7.4 und 6.7.5* gezeigt, wird bei diesem Werkzeugsatz über ein Keilschieberwerkzeug in der vierten Stufe zusätzlich das Ende der gepreßten Welle auf Länge abgeschert.

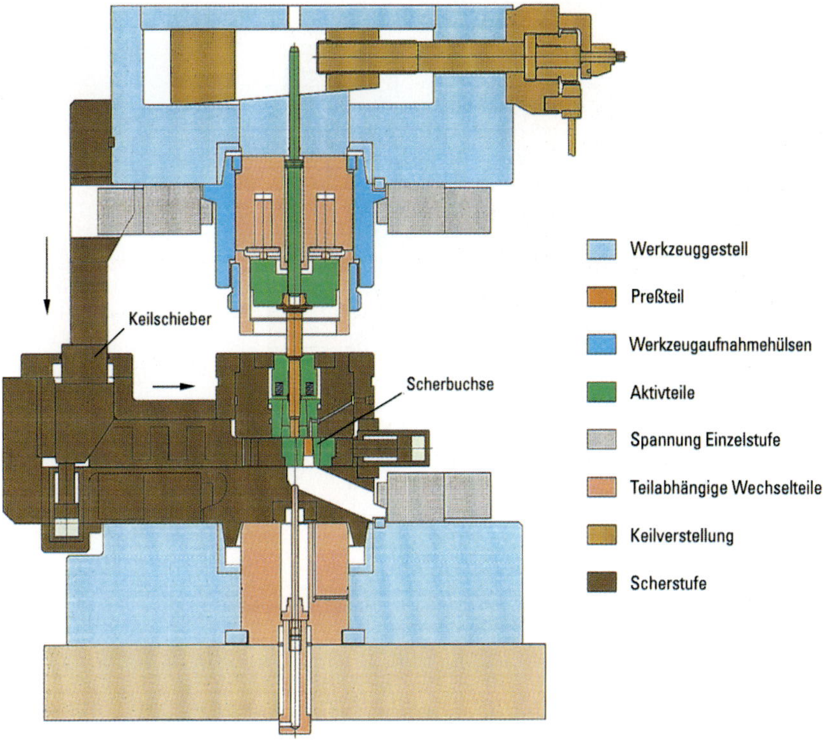

▲ **Abb. 6.7.5** Scherwerkzeug mit Keilschieberprinzip, Aufnahmehülse hydraulisch gespannt

6.7.2 Matrizen- und Stempelauslegung

Matrizen werden durch hohe Innendrücke beansprucht, die bei einteiligen Preßbüchsen und den heute verfügbaren Werkzeugwerkstoffen schnell zum Versagen führen. Die sehr hohen Spannungen an der Preßbüchseninnnenwand (vgl. Abschn. 6.5.1) können durch das Vorspannen mit einem oder mehreren Armierungsringen reduziert werden. Stempel werden zunächst auf Druck und zusätzlich verfahrensabhängig wegen exzentrischen Belastungen auch auf Biegung beansprucht. Seltener ist ein mögliches Ausknicken des Stempels zu berücksichtigen. Die hier angedeuteten Berechnungsmethoden für Matrizen und Stempel werden im Detail in den Richtlinien VDI 3176, VDI 3186 und ICFG Doc. No. 5/82 beschrieben.

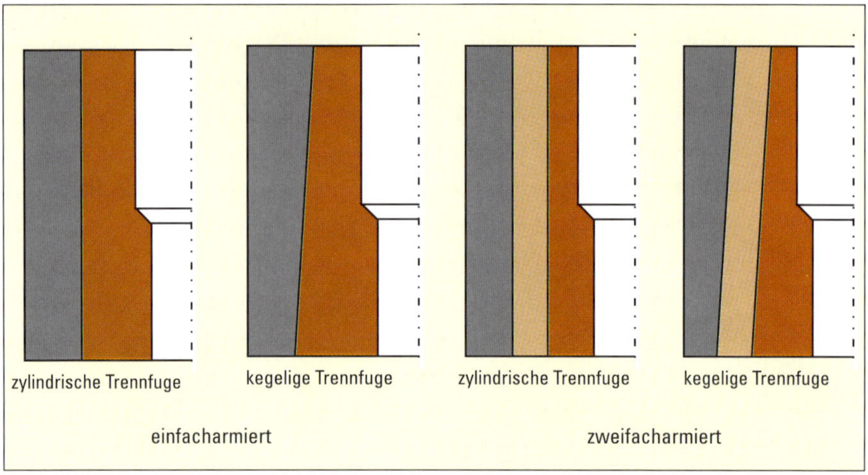

Abb. 6.7.6 Preßverbände einfach, zweifach armiert – jeweils zylindrische und kegelige Trennfuge

Matrizenauslegung

In *Abb. 6.7.6* sind verschiedene Ausführungen von Preßverbänden dargestellt. Zylindrische Fugen sind einfacher zu fertigen, jedoch nur bis zu solchen Übermaßen anzuwenden, die durch Warmfügen erreichbar sind, damit Kaltverschweißungen beim Zusammenbau vermieden werden.

Kegelige Fugen ermöglichen ein leichteres und riefenfreies Lösen aus dem Preßverband. Ein Nachteil sind die höheren Fertigungskosten. Die kegelige Trennfuge weist unterschiedliche Radialvorspannungen auf, was bei sehr langen Preßbüchsen zu Maßdifferenzen am Bauteil führen kann. Übliche Kegelwinkel sind 0,5 und 1°; liegt das Höhen-Durchmesser-Verhältnis der Preßbüchse unter 0,8, so werden Kegelwinkel von 2 bis 3° wegen der Gefahr des Auspressens während des Ausstoßvorgangs eingesetzt.

Analytische Näherungsgleichungen stützen sich auf Gleichungen von LAMÉ und wurden von Adler/Walter veröffentlicht. Sie gehen von der idealen Annahme aus, daß ein unendlich langer dickwandiger Zylinder über seine ganze Länge einem konstanten hydrostatischen Druck ausgesetzt ist. Mit den dann verwendbaren Trescaschen Fließbedingungen ergeben sich Spannungsverläufe, deren Maximalwerte an der Preßbüchseninnenwand für die radiale Spannung σ_r und die tangentiale Spannung σ_t ungefähr dem Wert des Innendrucks p_i entsprechen *(Abb. 6.7.7 links)*. Der Innendruck kann daher wegen

$$\sigma_v = \sigma_r + \sigma_t = 2\,p_i$$

für die Vergleichsspannung $\sigma_v = R_{p0,2}$ höchstens $\frac{R_{p0,2}}{2}$ betragen. Für Werkstoffkennwerte von $R_{p0,2}$ = 2000 N/mm^2 werden somit maximal Drücke von 1000 N/mm^2 zugelassen. Übersteigt bei dickwandigen Rohren unter Innendruck die Vergleichsspannung die Streckgrenze eines zähen Werkstoffs, so tritt an der Innenwand der Preßbüchse Fließen auf; wird bei spröden Werkstoffen die Bruchfestigkeit erreicht, so treten Risse auf.

Durch die Überlagerung von Druckspannungen wird nun die tangentiale Spannung und somit der Vergleichsspannungszustand an der Preßbüchseninnenwand zu niedrigeren Werten hin verlagert *(Abb. 6.7.7 Mitte, rechts)*.

Die radiale Vorspannung wird durch Armierungen erzeugt, deren Bohrungen um ein Haftmaß kleiner gehalten werden als der Außendurchmesser des jeweiligen Innenrings. Bei gleichbleibendem Außendurchmesser kann der zulässige Innendruck gegenüber einer nicht armierten Preßbüchse durch Armieren um bis zu 100 % erhöht werden. Bei gleichbleibendem zulässigen Innendruck kann der Außendurch-

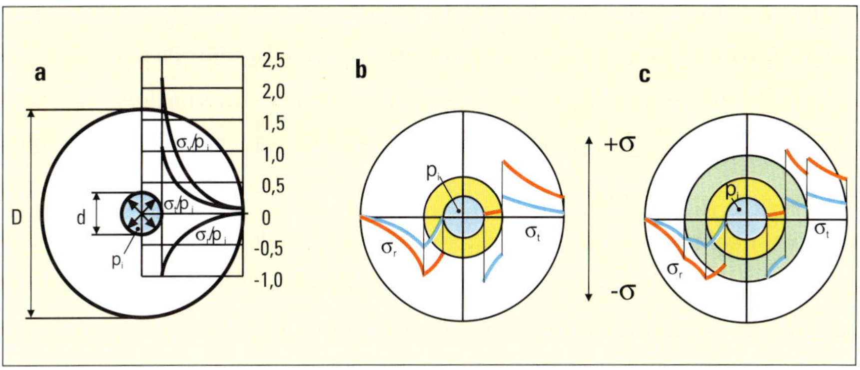

▲ **Abb. 6.7.7** Theoretische Spannungsverteilung in einem dickwandigen, einteiligen Hohlzylinder *(links)*, einem zweiteiligen *(Mitte)* und dreiteiligen *(rechts)* Preßverband (rot: ohne Innendruck, blau: unter Innendruck)

Tabelle 6.7.2: Erhöhung des zulässigen Innendrucks $p_{i\,zul.}$ oder Verkleinerung des Außendurchmessers d_a durch Ein- und Zweifacharmierung

Kenngröße	Preßbüchse nicht armiert	einfach armiert	zweifach armiert
$p_{i\,zul.}$ [N/mm²]	690	1 160	1 395
d_a [mm] bei d_i = 20 mm	100	40	36,4

messer um ca. 60 % reduziert werden (Tabelle 6.7.2). Dies hat bei mehrstufigen Umformmaschinen eine erhebliche Reduktion der Matrizendurchmesser, der Stufenabstände, der Dimensionen der Werkzeuggestelle und somit des Einbauraums der Maschine zur Folge.

Beim Einsatz von Hartmetallmatrizen muß wegen der Zugempfindlichkeit die Vorspannung der Preßbüchse so bemessen werden, daß unter Innendruck keine tangentialen Zugspannungen auftreten – die Haftmaße liegen folglich erheblich höher als bei Stahlwerkstoffen. Auch für das axiale Vorspannen sind Berechnungsgrundlagen geschaffen worden; als Richtwerte werden Flächenpressungen in der dünnen ringförmigen Querfuge von 700 bis 1 000 N/mm² angenommen.

Die tatsächlichen Beanspruchungsverhältnisse von Matrizen weichen jedoch von den hier getroffenen idealen Annahmen ab. Die Preßbüchsen haben eine endliche Länge, einen begrenzten und eventuell nicht mittig liegenden Druckraum, es liegt kein konstanter Innendruck vor, und sie haben sehr oft abgesetzte Werkzeugöffnungen. Realistische Verhältnisse bei der Auslegung von Armierungsverbänden können über diskrete Näherungsverfahren, z. B. der Finiten-Elemente-Methode (FEM) erfaßt werden. Für die praxisnahe Anwendung wurden aus Parameteranalysen mit der FEM Variantenrechnungen durchgeführt. Diese Ergebnisse wurden in Nomogrammen (VDI 3176, ICFG Doc. 5/82) und entsprechenden Rechnerprogrammen einer praxisnahen Anwendung zugänglich gemacht.

Stempelauslegung

Fließpreßstempel werden durch eine axiale Kraft mit einer mittleren Druckspannung p_{St} belastet. Sie errechnet sich zu:

$$p_{St} = \frac{F_{St}}{A_{St}}$$

Eine außermittige Kraftwirkung führt zu einer Überlagerung zusätzlicher Biegespannungen. Die Gesamtbeanspruchung im Stempel beträgt dann:

$$\sigma_{St\,ges} = p_{St}(1 + 8 \cdot e/d)$$

mit d als Stempeldurchmesser und e als Exzentrizität des Kraftangriffs. Werte für die kritische Knickspannung können aus *Abb. 6.7.8* entnommen werden. Beim Napf-Rückwärts-Fließpressen beträgt die Außermittigkeit in der Regel e/d 0,01 bis 0,02. Die errechneten Stempelspannungen werden mit der Druckfließgrenze des Stempelwerkstoffs im gehärteten Zustand verglichen.

Der Gegenstempel wird beim Napf-Rückwärts-Fließpressen mit einer mittleren Druckspannung von

$$p_G = \frac{F_{St}}{A_0}$$

belastet.

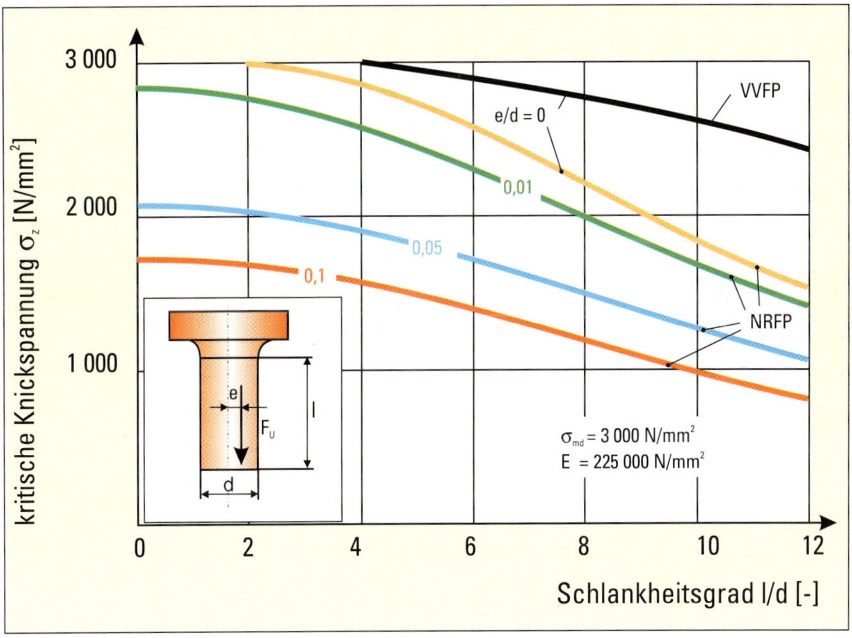

Abb. 6.7.8 Kritische Knickspannung in Abhängigkeit vom Schlankheitsgrad eines Stempels aus Schnellarbeitsstahl: 1 VVFP; 2 NRFP; d Stempeldurchmesser; e Exzentrizität des Kraftangriffs; l (freie) Stempellänge

6.7.3 Werkzeugwerkstoffe

Werkstoffe für die Kalt- und Halbwarmumformung müssen hohe Festigkeit, hohe Zähigkeit und hohe Härte aufweisen. Für wirtschaftliche Standmengen wird eine sehr gute Verschleiß- und Anlaßbeständigkeit gefordert. Die Herstellung der Werkzeuge soll durch eine leichte Bearbeitbarkeit kostengünstig sein (vgl. Abschn. 4.1.3).

Alle Anforderungen können nicht von jedem Werkzeugstahl in gleichem Maße erfüllt werden. Die Eigenschaften Verschleißbeständigkeit und Zähigkeit weisen z. B. gegenläufige Tendenzen auf. Die Werkstoffe 55NiCrMoV6 (1.2713), 57NiCrMoV7 (1.2714) und X3NiCoMoTi1895 (1.2709) sind sehr zäh und werden für Armierungen bzw. Preßbüchsen verwendet, die großen Dehnungen ausgesetzt sind. Ihre Verschleißei-

Tabelle 6.7.3: Übersicht der am häufigsten verwendeten Kalt- und (Halb-) Warmarbeitsstähle

Werkzeugwerkstoffe I / Kaltarbeitsstahl / Aktivteile

Werkstoffnr.		DIN	ANSI	JIS	Analyse in %											
nach DIN		BRD	USA	Japan	C	Si	Mn	P	S	Co	Cr	Mo	Ni	V	W	Ti
1.2363		X100CrMoV51	A2	SKD11	1,00	0,30	0,55	0,03	0,03	–	5,00	1,10	–	0,20	–	–
1.2369		81M0CrV4216			0,81	0,25	0,35	–	–	–	4,00	4,20	–	1,00	–	–
1.2379		X155CrVMo12 1	D2	SKD11	1,55	0,30	0,35	0,03	0,03	–	12	0,70	–	1,00	–	–
1.2709		X3NiCoMoTi1895			0,03	0,10	0,15	0,01	0,01	9,25	0,25	5,00	18	–	–	–
1.2713	1. NiCrMo	55NiCrMoV6	6F2	SKT4	0,55	0,30	0,60	0,03	0,03	–	0,70	0,30	1,70	0,10	–	–
1.2714		57NiCrMoV7		SKT4	0,58	0,30	0,70	0,03	0,03	–	1,00	0,50	1,70	0,10	–	-
1.2767		X45NiCrMo4	6F7		0,45	0,25	0,30	0,03	0,03	–	1,,35	0,25	4,00	–	–	–
1.3207	HSS	S10-4-3-10	T42	SKH57												
1.3343		S-6-5-2	M2	SKH51	0,90	0,45	0,40	0,03	0,03	–	4,15	5,00	–	1,85	6,35	–
1.3344		S-6-10-2	M3/2		1,20	0,45	0,40	0,03	0,03	–	4,15	5,00	–	3,00	6,35	–

Werkzeugwerkstoffe I / Warm-Halbwarmarbeitsstahl / Aktivteile

Werkstoffnr.		DIN	ANSI	JIS	Analyse in %											
nach DIN		BRD	USA	Japan	C	Si	Mn	P	S	Co	Cr	Mo	Ni	V	W	Ti
1.2713	1. NiCrMo	55NiCrMoV6	6F2	SKT4	0,55	0,30	0,60	0,03	0,03	–	0,70	0,30	1,70	0,10	–	–
1.2714		57NiCrMoV7		SKT4	0,58	0,30	0,70	0,03	0,03	–	1,00	0,50	1,70	0,10	–	–
1.2343	2. CrNiMoV	X32CrMoV51	H11	SKD6	0,38	1,00	0,40	0,03	0,03	–	5,30	1,10	–	0,40	–	–
1.2344		X40CrMoV51	H13	SKD61	0,40	1,00	0,40	0,03	0,03	–	5,30	1,40	–	1,00	–	–
1.2365		X32CrMoV33	H10		0,32	0,30	0,30	0,03	0,03	–	0,30	2,80	–	–	–	–
1.2367		X40CrMoV53		SKD7	0,30	0,20	0,30	0,03	0,03	–	2,40	–	–	–	4,30	–
1.2606	3. WCrV	X40CrMoW51		SKD62												
1.2622		X60WCrCoV93		SKH51												

Tabelle 6.7.4: Wärmebehandlung von Kalt- und (Halb-) Warmarbeitsstähle

Werkzeugwerkstoffe II / Kaltarbeitsstahl / Aktivteile

Nr.	Wärmebehandlung (°C)				Härte	Kühlung	Verwendung/Härte (HRC/N/mm²)
	Glühen	Härten	Härtemittel	Anlassen	(üblich)	Wasser	
1.2363	800-840	930-970	Ö,WB 400	180-400	60 +/–1		Schneid-/Stanzwerkzeuge
1.2369	800-840	1070-1100	Ö,WB 450-550	550	61 +/–1		Stempel,Schneid-/Stanzwerkzeug
1.2379	840-860	1040-1080	Ö,L,WB 400	180-250	60 +/–1		Stempel, Matrizen
1.2709	840	480	L	–	55		Armierungsring
1.2713	650-700	830-870	Ö	300-650	45 +/–1	P,Ö,(W)	Schrumpf/Zwischenring und
1.2714	650-700	860-900	L	300-650	45 +/–1	P,Ö,(W)	Druckstück (53+/-1 HRC, 1 150 N/mm²)
1.2767	610-630	840-870	W,Ö,L	160-250	54 +/–1		Stempel, Dorn, einteilige Preßbüchse
1.3343	1100-900	790-820	Ö,L,WB 550	540-560	62 +/–1		Stempel, Matrize-(-nkern), Preßbüchse und
1.3344	1100-900	770-820	Ö,L,WB 550	550-570	62 +/–1		Gegenstempel, Dorn

Werkzeugwerkstoffe II / Warm-Halbwarmarbeitsstahl / Aktivteile

Nr.	Wärmebehandlung (°C)				Härte	Kühlung	Verwendung/Härte
	Glühen	Härten	Härtemittel	Anlassen	(üblich)		
					HRC		
1.2713	650-700	830-870	Ö	300-650	42 +2	P,Ö,(W)	Schrumpf-/Zwischenring und
1.2714	650-700	860-900	L	300-650	42 +2	P,Ö,(W)	Druckstück (52+2 HRC, 1 150 N/mm²)
1.2343	750-800	1000-1040	L,Ö,WB 500-550	550-650	50 +2	W,P,Ö	Matrize(-nkern), Schrumpfring (45+/–1 HRC)
1.2344	750-800	1020-1060	L,Ö,WB 500-550	550-650	50 +2	P,Ö	Dorne und Gegenstempel
1.2365	750-800	1020-1060	Ö,WB 500-550	500-670	50 +2	(W),L,P,Ö	Matrize(-nkern), Stempel und
1.2367	750-800	1060-1100	L,Ö,WB 500-550	600-700	54 +2	(W),L,P,Ö	Gegenstempel
1.2606	750-790	1020-1050	Ö,L,WB 500-550	550-650		W,L,P,Ö	
1.2622	760-800	1150-1200	Ö,WB 500-550	500-650	56 +2	L,Ö	Schneidwerkzeug

W = Wasserbad L = Luft P = Preßluft Ö = Öl

genschaften sind dagegen als weniger gut zu bewerten. Der Schnellarbeitsstahl S10-4-3-10 (1.3207) weist hervorragende Verschleißeigenschaften auf, ist aber eher spröde. Einen Kompromiß bezüglich der Verschleiß- und Zähigkeitseigenschaften stellen die Werkstoffe X155CrVMo121 (1.2379) und S-6-5-2/S-6-10-2 (1.3343/44) dar; ihre Anlaßbeständigkeit ist mit 550 °C ebenfalls als sehr gut zu beurteilen. Das wichtigste Kriterium zur Werkstoffauswahl ist die Art und die Höhe der Belastung, danach folgen Aufbau und Geometrie des Werkzeugs.

Tabelle 6.7.3 gibt eine Übersicht der gebräuchlichsten Werkzeugwerkstoffe für die Kalt- und Halbwarmumformung. In ihr werden auch die Bezeichnungen vergleichbarer Stähle aus den USA oder Japan und deren Analyse angegeben. Tabelle 6.7.4 beschreibt die Wärmebehandlung, d. h. die Glühtemperatur, die Härtetemperatur, das Abschreckmittel und die Anlaßtemperaturen. Weiterhin sind die Härten angegeben, die bei den Werkzeugen zur Kaltumformung üblicherweise vorliegen müssen. Tabelle 6.7.5 beschreibt anhand einer 10-Punkte-Skala die Eigenschaften Verschleiß, Zähigkeit, Bearbeitbarkeit und Schleifbarkeit, wobei durch eine hohe Zahl die besonders gute Eignung dargestellt wird. Die Tabellen haben keinerlei Anspruch auf Vollständigkeit, stellen aber im Sinne einer optimierten Lagerhaltung eine deutlich reduzierte Zahl an tatsächlich erforderlichen Werkzeugstählen vor.

Tabelle 6.7.5: Eigenschaften von Kalt- und (Halb-) Warmarbeitsstähle

Werkzeugwerkstoffe III / Kaltarbeitsstahl / Aktivteile

Nr.	Eigenschaften V	Z	B	S	Anmerkung
1.2363	7	6	8	7	
1.2369	7/8	5			
1.2379	8	4	4	4	12 % Cr-Stahl
1.2709	5	9	5	7	Sonderstahl
1.2713	2	10	6	8	
1.2714					
1.2767	4	10	6	8	
	9	2	4	5	
1.3343	9	4	4	5	
1.3344	10	3	3	4	

Werkzeugwerkstoffe III / Warm-Halbwarmarbeitsstahl / Aktivteile

Nr.	Eigenschaften V	Z	B	S	Anmerkung
1.2713	2	10	6	8	44 HRC 1 400 -1 480 N/mm² 52 HRC 1 800 - 1 900 N/mm²
1.2714					
1.2343	5	8			50 HRC 1 700 - 1 800 N/mm²
1.2344	5	8	8	8	Panzerung Capilla 521 wenn erosive Bearbeitung Panzerung Capilla 5200 wenn spanende Bearbeitung
1.2365	4	8	8	8	50 HRC 1 700 - 1 800 N/mm²
1.2367	5	7	8	8	54 HRC 1 925 - 2 050 N/mm²
1.2606					
1.2622					56 HRC 2 050 - 2 200 N/mm²

V=Verschleißwiderstand Z=Zähigkeit B=Bearbeitbarkeit S=Schleifbarkeit

Am häufigsten werden bei der Kaltumformung Schnellarbeitsstähle und bei der Halbwarmumformung Warmarbeitsstähle eingesetzt. Pulvermetallurgisch hergestellte Schnellarbeitsstähle weisen eine sehr gleichmäßige Karbidverteilung auf und sind seigerungsfrei. Dadurch werden noch bessere Zähigkeitseigenschaften und sehr hohe Druckfestigkeiten erzielt. Wird ein hoher Verschleißwiderstand verlangt, wie z. B. bei VVFP- und Abstreckmatrizen, so werden für Großserien auch Hartmetalle eingesetzt. Die Hartmetallsorten bestehen aus Wolframkarbid (WC) als Phase in einer Kobaldmatrix (Co). Der Kobaldgehalt, der die Eigenschaften des Hartmetalls bestimmt, liegt für Massivumformwerkzeuge zwischen 15 und 30 %. Mit steigendem WC-Gehalt nehmen Härte, Druckfestigkeit und Verschleißbeständigkeit zu, andererseits werden Zähigkeit, Kerbzähigkeit, Biege- und Knickfestigkeit geringer. Ein Einfluß der Korngröße ist vorhanden – feinkörnige Hartmetalle sind wegen der schlechten Zähigkeit nicht geeignet. Tabelle 6.7.6 gibt eine Übersicht der mechanischen Eigenschaften von Hartmetallen. Die Festigkeitswerte gelten für statische Last und müssen für Lastspiele größer 10^6 in der Größenordnung von 50 % zurückgenommen werden.

Werkzeugstähle für die Halbwarmumformung
Momentan werden für die Halbwarmumformung und für den allgemeinen Fall der Wasserkühlung die Werkzeugwerkstoffe X40CrMoV53 (1.2367), X38CrMoV51 (1.2343), X40CrMoV51 (1.2344) und X60WCrCoV93 (1.2622) eingesetzt; für Armierungsringe können 55NiCrMoV6 (1.2713)/57NiCrMoV7 (1.2714) bzw. X38CrMoV51 (1.2343)/X40CrMo V51 (1.2344) verwendet werden. Hartmetalle, Schnellarbeitsstähle sowie der Kaltarbeitsstahl 81MoCrV4216 (1.2369) können wegen ihrer geringen Temperaturschockbeständigkeit nur bei der früher üblichen wasserfreien Kühlung eingesetzt werden. Es ist zu erkennen, daß die Werkstoffe für die Halbwarmumformung überwiegend aus dem Bereich der klassischen Warmumformung kommen. Spezielle Werkstoffe für den Bereich der Halbwarmumformung, die dem gleichzeitigen Auftreten von relativ hohem Druck und relativ hoher Temperatur standhalten, wurden noch nicht zur Serienreife gebracht. Die Werkzeugwerkstoffentwicklungen für die Halbwarmumformung gehen in folgende Richtungen:

Schnellarbeitsstähle weisen gegenüber Warmarbeitsstählen bereits gute Verschleiß- und Warmfestigkeiten sowie eine bessere Anlaßbestän-

Tabelle 6.7.6: Mechanische Eigenschaften von Hartmetallen

Co-Anteil	Hartmetallsorten Dichte	Härte	E-Modul	Bruchfestigkeit Druckfestigkeit	Biegefestigkeit
Gew. %	*g/cm³*	*HV*	*N/mm²*	*N/mm²*	*N/mm²*
15	14,0	1 150	530 000	4 000	2 400
20	13,5	1 050	480 000	3 800	2 600
25	13,1	900	450 000	3 300	2 600
30	12,7	800	420 000	3 100	2 700

digkeit auf. Die zusätzliche Verbesserung der Thermoschockbeständigkeit von Schnellarbeitsstählen wurde in einer schrittweisen Reduktion des Kohlenstoffgehalts gesucht. Bei gleichzeitiger Verschlechterung der Verschleiß- und Warmfestigkeit war die Thermoschockbeständigkeit jedoch derjenigen von Warmarbeitsstählen bei weitem unterlegen. Bei den erfolgreich verwendeten umweltfreundlichen wasserlöslichen Schmierstoffen mußte der Thermoschockbeständigkeit weiterhin besondere Aufmerksamkeit zukommen.

So konzentrieren sich die Untersuchungen auf Werkzeugstähle, die eher von Warmarbeitsstählen abgeleitet werden, also von vornherein relativ geringen Kohlenstoffgehalt besitzen. Diese Werkzeugstähle weisen verbesserte Verschleiß- und Warmfestigkeiten bei gleichzeitig sehr guter Thermoschockbeständigkeit auf. Parallel werden verschiedene Werkzeugwerkstoffentwicklungen durchgeführt, z. B. mit Nickelbasislegierungen (Inconell 718), die bereits beim Strangpressen (Temperaturen 1150 °C, Drücke von 900 bis 1100 N/mm²) und beim Isotherm-Schmieden gute Erfolge gezeigt haben.

Werkzeugbeschichtungen (VDI 3198)

Die Wirtschaftlichkeit von Verfahren der Kaltmassivumformung hängt entscheidend von den Werkzeugkosten und somit von den Standmengen ab. Der Werkzeugverschleiß beeinflußt die Maßhaltigkeit und die Oberflächenqualität der gefertigten Werkstücke. Für die Umformtechnik kommen zwei Gruppen von Verschleißschutzschichten in Betracht. Auflageschichten, wie z. B. das Aufschweißen, die CVD- und PVD-Verfahren sowie Reaktionsschichten, wie z. B. das Nitrieren und Ionenimplantieren. Bewährte Verfahren für Kaltumformwerkzeuge sind die

CVD- und PVD-Verfahren, mit denen die Standmengen mehr als verdoppelt werden können (vgl. Abschn. 4.1.3).

Voraussetzung für den Erfolg einer Beschichtung ist die gute Haftung zwischen Schicht und Trägerwerkstoff, der aufgrund seiner hohen Härte und Druckfestigkeit eine ausreichende Stützwirkung bieten muß. Schnellarbeitsstähle, ledeburitische 12% Chromstähle (1.2379) und Hartmetalle erfüllen diese Anforderungen in sehr hohem Maße.

Beschichtungen werden überwiegend von Spezialfirmen aufgebracht, so daß der Vorbereitung der Werkzeuge durch den Werkzeughersteller besondere Aufmerksamkeit zukommen muß. Vor dem Beschichten müssen die Arbeitsflächen riefenfrei und mit Rauhtiefen $R_Z < 1$ μm poliert sein. Die Grenze für optimal beschichtbare Bohrungen liegt beim PVD-Verfahren etwa bei l (Länge) = d (Durchmesser); für die CVD-Verfahren sind keine Einschränkungen bekannt. Die Grenze für das Verhältnis des Durchmessers D zur Dicke H von beschichteten Platten, wenn die „Durchbiegung“ nach der Behandlung < 0,02 mm sein soll, beträgt für das CVD-Verfahren:

$D < 7 \cdot H$ bei Stählen und

$D < 15 \cdot H$ bei Hartmetallen

und für das PVD-Verfahren

$D < 20 \cdot H$

Das Beschichten von vorgespannten Matrizen ist nur möglich, wenn der Kern nach der Fertigstellung ausgepreßt, beschichtet und wieder eingepreßt wird. Um Wulstbildung zu vermeiden, müssen scharfe Kanten vorher gebrochen werden. Soll die Mittenabweichung von Dornen der Länge L und des Durchmessers D nach der Beschichtung < 0,01 mm sein, so ist für die Abmessungen

$L < 10 \cdot D$ bei Stählen und

$L < 15 \cdot D$ bei Hartmetallen

das CVD-Verfahren und für Längen

$L < 20 \cdot D$

das PVD-Verfahren vorzuziehen.

Eine zuverlässige Steigerung der Lebensdauer durch Beschichten von Halbwarmwerkzeugen mit den CVD- und PVD-Verfahren ist bislang nicht bekannt, so daß das klassische Nitrieren sowie das Aufschweißen zur Leistungssteigerung herangezogen werden. Problematisch ist, daß die Grundwerkstoffe gegenüber der Kaltumformung geringere Härten besitzen und die notwendige Stützwirkung des Trägerwerkstoffs nicht erreicht wird. Erfolge werden erwartet, wenn es gelingt, eine kontinuierlichere Härtesteigerung vom Grundwerkstoff bis zur eigentlichen Beschichtung zu erzeugen. Dies kann eventuell durch ein Plasmanitrieren und ein nachträgliches Beschichten mit CrN oder TiAlN bzw. durch die Entwicklung spezieller Sandwichbeschichtungen erreicht werden.

6.7.4 Schließvorrichtungen

Die Weiterentwicklung der Schließvorrichtungen hat in jüngster Zeit das Teilespektrum von kalt- und halbwarmgepreßten Teilen erheblich erweitert. Das gratfreie Pressen von Gelenksternen, Kugelnaben, Spurstangenköpfen, T-Stücken für den Heizkörperbau, Polrädern und verschiedenen verzahnten Bauteilen ist durch Schließvorrichtungen erst möglich geworden.

Mit einer im Werkzeug zusätzlich eingeleiteten Schließkraft werden voreilende Matrizen bereits vor dem unteren Totpunkt des Stößels geschlossen. Über den dann eindringenden Stempel wird der Werkstoff etwas später gratfrei in das geschlossene Werkzeug gepreßt. Voraussetzung für gratfreies Pressen ist, daß im geschlossenen Zustand die Vorform vollständig im Werkzeug aufgenommen werden kann. Die Schließkraft selbst kann durch Elastomere, hydraulische Systeme oder auch mechanisch über die Pressenkinematik eingeleitet werden.

Elastomere haben den Vorteil, daß sie in ihrem Aufbau einfach und ihre Federkennlinie durch die Mischung der Kunststoffe in gewissen Grenzen einstellbar ist. Allerdings sind die Schließwege begrenzt. Die Elastomere müssen von Zeit zu Zeit gewechselt werden. Hydraulische Schließvorrichtungen erzeugen hohe Schließkräfte auf engstem Raum und können somit auch mehrstufig nebeneinander plaziert werden. Durch die Einstellung des Drucks kann ein großer Schließkraftbereich abgedeckt werden. Ihr Aufbau ist jedoch komplizierter und erfordert sehr viele Sicherheitsvorkehrungen zum Schutz der Bediener und der Werkzeuge.

Das mechanische Einleiten von Schließbewegungen kann heute über einen großen Kurbelwinkelbereich realisiert werden. Der Aufwand ist jedoch bedeutend größer als bei den Elastomer- oder Hydrauliksystemen.

Abbildung 6.7.9 zeigt den grundsätzlichen Aufbau einer hydraulischen Schließvorrichtung, die vollständig im Werkzeug integriert ist. Im Beispiel ist je eine Schließvorrichtung im Werkzeugober- und -unterteil integriert. Dieser Typ wird vorwiegend dann verwendet, wenn nur einstufig gepreßt wird bzw. wenn im Rahmen eines mehrstufigen Werkzeugsatzes eine Stufe mit dieser Vorrichtung arbeiten muß (vgl. Abschn. 6.7.1). Typische Werkstücke hierfür sind Verzahnungsteile, die von vorgeformten Rohteilen (Ringen, Linsen) weiter umgeformt werden. Schließvorrichtungen können auch in separaten neutralen Platten untergebracht werden *(Abb. 6.7.10)*, die unabhängig vom eigentlichen Werkzeug stets in der Presse verbleiben. Je nach eingebautem Werk-

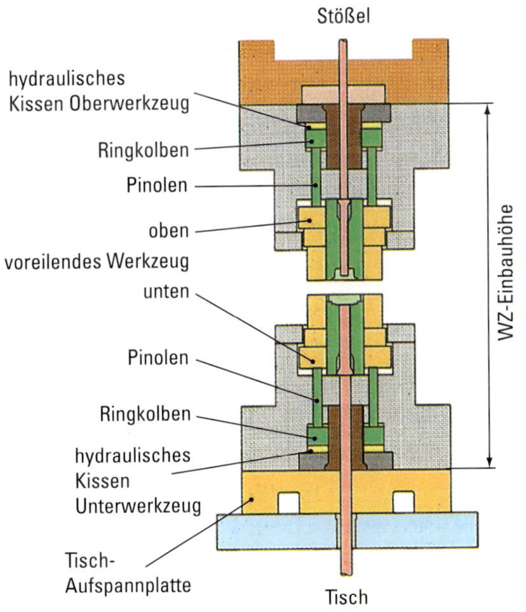

Abb. 6.7.9
Einstufiges Werkzeuggestell mit hydraulischer Schließvorrichtung oben und unten

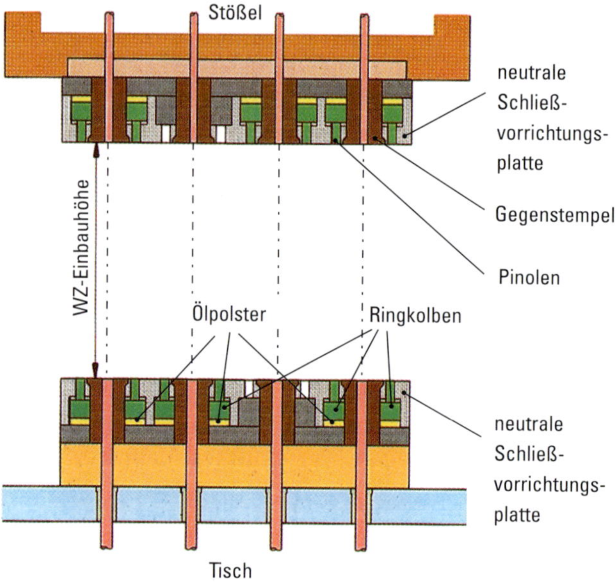

Abb. 6.7.10 Mehrstufiges Werkzeuggestell mit hydraulischen Schließvorrichtungen in jeder Stufe oben und unten

zeugsatz können die gerade benötigten Schließvorrichtungen aktiviert und über Pinolen mit der Matrize verbunden werden. Eine typische Anwendung hierfür ist die Fertigung von Spurstangenköpfen und T-Stücken, die bis zu fünf Schließwerkzeuge benötigen, oder auch die Kugelnabenfertigung, sofern zusätzlich gelocht wird und die vorher gepreßten Laufbahnen fest in Form gehalten werden müssen.

Die Schließkraft kann individuell anhand der (Ring-)Kolbenflächen ausgelegt werden. Zentrisch werden die Preßkräfte aufgenommen, die über einen Gegenstempel nach unten in den Tisch eingeleitet werden. Dadurch ist der minimale Innendurchmesser des Ringkolbens festgelegt. Als Anhaltswert für die Auslegung der Schließkraft kann das 0,6- bis 0,9fache der Stempelbelastung veranschlagt werden. Die benötigte Schließkraft ist davon abhängig, ob in einem völlig geschlossenen Gesenk gearbeitet oder durch Fließschultern in einen freien Aufnahmeraum gepreßt wird. Bei völlig geschlossenen Gesenken übernimmt die Schließvorrichtung auch die Funktion des Einbringens einer axialen Vorspannung der in der Trennfuge stark belasteten Matrizenwerkzeuge.

6 Massivumformung

6.8 Pressen für die Massivumformung

6.8.1 Pressenauswahl

Die Auswahl der geeigneten Pressen für die Massivumformung erfolgt unter Berücksichtigung von

- Teilegeometrie und Werkstoff,
- Produktionsstückzahl und
- vorhandenen Einrichtungen beim Betreiber (z.B. Anlagen zum Glühen und Phosphatieren).

Anhand dieser Daten ermitteln die Verfahrenstechniker die wirtschaftlichste Fertigungsmethode und empfehlen die hierfür geeignete Presse.

Als allgemeine Regel kann gelten, daß *mechanische Pressen* für große Produktionsstückzahlen und Losgrößen empfohlen werden. Die maximal mögliche Teilelänge ist abhängig vom Stößelhub und dem verfügbaren Auswerferweg. Ferner sind hierfür der Zeit-Weg-Verlauf der Presse und das automatische Zuführsystem maßgebend. An die Stelle der maximalen Teilelänge tritt bei Schaftteilen die maximale Transportlänge. Diese ist für die Vorstufen häufig größer als das Fertigteil. Für Teile mit Innenform ist die Eintauchtiefe des Stempels zu berücksichtigen. Als grobe Richtwerte für die maximal mögliche Teilelänge bzw. Transportlänge beim automatischen Dauerlauf von mechanischen Pressen gelten

für Teile mit Innenform:	0,35 bis 0,45 · Stößelhub
für schaftartige Teile:	0,45 bis 0,60 · Stößelhub

Durch Sondereinrichtungen, z.B. Zuführsysteme mit Eigenantrieb und Hebehub lassen sich Längen bis ca. 0,8 · Stößelhub herstellen. In diesem Fall arbeiten die Pressen im automatisierten Einzelhub mit einer Produktionsleistung von ca. 15 bis 18 Teilen/min. Generell ist bei automatisierten mechanischen Pressen eine Transportuntersuchung notwendig, um einen sicheren Bewegungsablauf zwischen Stößel und Zuführung zu gewährleisten (vgl. Abschn. 6.6.2).

Die Massivumformung erfordert im Vergleich zur Blechumformung meist wesentlich längere Arbeitswege im Teil- und Nennlastbereich und damit ein größeres Arbeitsvermögen der Pressen (vgl. Abschn. 3.2.1). Ferner werden generell kräftige Auswerfersysteme tisch- und stößelseitig *(vgl. Abb. 3.2.12)* eingesetzt. Bei der Verwendung von Mehrstufenwerkzeugen ist eine Zwei-Punkt-Stößelanlenkung zur Erhöhung der Kippsteifigkeit der Presse von Vorteil *(vgl. Abb. 3.1.3).*

Im Hinblick auf die Produktionsstückzahlen sind *hydraulische Pressen* zwar wesentlich langsamer als mechanische Pressen, große Stößelhübe und Auswerferwege sowie große Preßkräfte lassen sich jedoch erheblich einfacher und mit geringerem Investitionsvolumen realisieren *(vgl. Abb. 4.4.2).* Auch der Einsatz im Einzelhubbetrieb ist aus diesen Gründen wirtschaftlich. Die Einsatzmöglichkeiten der Hydraulikpressen sind also sehr vielseitig. Im Hinblick auf die Operationsfolge und die erforderliche Preßkraft ergeben sich für beide Systeme (mechanisch oder hydraulisch) keine großen Unterschiede. Für den wirtschaftlichen Einsatz der hydraulischen Pressen sind die Arbeitsgeschwindigkeiten des Stößels wichtig. Eine hohe Absenk- und Rückzugsgeschwindigkeit von ca. 400 bis 500 mm/s erhöht die Taktzahl erheblich *(vgl. Abb. 3.3.1).* Noch wichtiger ist eine möglichst hohe Arbeitsgeschwindigkeit unter Last (ca. 40 bis 60 mm/s). Diese Werte erfordern den Einsatz entsprechend dimensionierter Pumpen und Motoren *(vgl. Abb. 3.3.3).*

Ebenso wichtig sind zuverlässig arbeitende Steuersysteme unter Verwendung von Proportionalventilen zur exakten Steuerung der Stößelbewegung. Für Kalibriervorgänge werden motorisch einstellbare Festanschläge eingesetzt.

Aus *Abb. 6.8.1* können die groben Richtwerte für die erforderlichen Preßkräfte in Abhängigkeit von Preßteil, Werkstoff und Fertigungsverfahren entnommen werden. Die werkstoffabhängigen Unterschiede für die erforderliche Preßkraft sind beim Halbwarm- und Warmpressen erheblich geringer als beim Kaltfließpressen *(vgl. Abb. 6.1.5).*

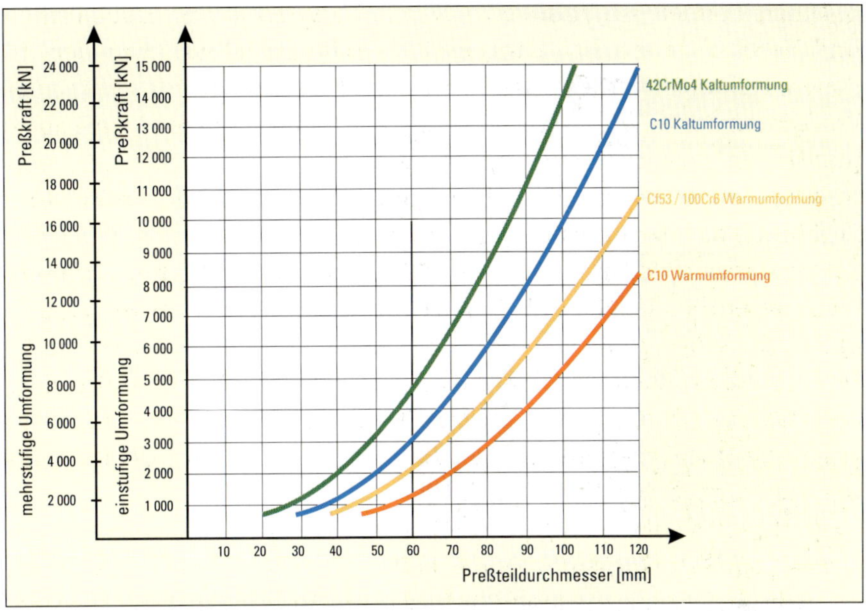

Abb. 6.8.1 Richtwerte für Preßkraftbedarf

In den folgenden Kapiteln werden einige Pressen vorgestellt, die in der Massivumformung eingesetzt werden. Die Grundlagen des Pressenbaus können Abschn. 3.1 bis 3.3 entnommen werden.

6.8.2 Mechanische Pressen

Mechanische Pressen werden vorwiegend in Verbindung mit automatischen Zuführsystemen für hohe Stückzahlen von über 1,5 Mio. Teilen/Jahr und Losgrößen von über 10000 Teilen eingesetzt. Es sind sowohl vertikale als auch horizontale Bauarten im Einsatz. Die Produktionsstückzahlen liegen bei vertikalen Systemen zwischen 1800 und 3600/h, für horizontale Pressen zwischen 3600 und 9000/h. Die gebräuchlichsten Systeme sind nachfolgend dargestellt:

Kniehebelpressen mit Unterantrieb

Der prinzipielle Aufbau dieser Pressen mit Nennpreßkräften ab 1600 kN ist in Abschn. 3.2.2 dargestellt *(vgl. Abb. 3.2.5). Abbildung 6.8.2* zeigt

Abb. 6.8.2
Kniehebelpresse mit Unterantrieb (Nennpreßkraft 6300 kN, vier Stationen mit Transferzuführung)

eine ausgeführte Presse. Hierbei bewegt der Pressenrahmen das Werkzeugoberteil auf und ab. Für einstufige Werkzeuge erfolgt der Teiletransport von hinten nach vorne (oder umgekehrt). Bei Mehrstufenwerkzeugen erhält der Pressenrahmen seitlich Öffnungen als Freiraum für die Schienen des Transfergeräts und die Teilezuführung.

Ein Vorteil dieses Konstruktionsprinzips ist der niedrige Schwerpunkt und das geringe Maschinengewicht und damit die geringeren Investitionskosten im Vergleich zum Oberantriebsprinzip mit vergleichbaren technischen Daten. Die Stößelhübe sind mit 150 bis 250 mm (Sonderausführung 450 mm) deutlich größer als für Präge- und Schneidpressen.

Mehrstufenpressen mit modifiziertem Kniehebeloberantrieb
Das Hauptmerkmal dieser Pressen mit Nennpreßkräften ab 4000 kN ist der modifizierte Kniehebelantrieb (vgl. Abschn. 3.2.2). Dieses Konstruktionsprinzip bewirkt neben den bereits genannten Vorteilen eine dem Prozeß angepaßte niedrige Geschwindigkeit des Stößels im Arbeitsbereich *(Abb. 6.8.3* und *vgl. Abb. 3.2.3)*. Dagegen wird er in der

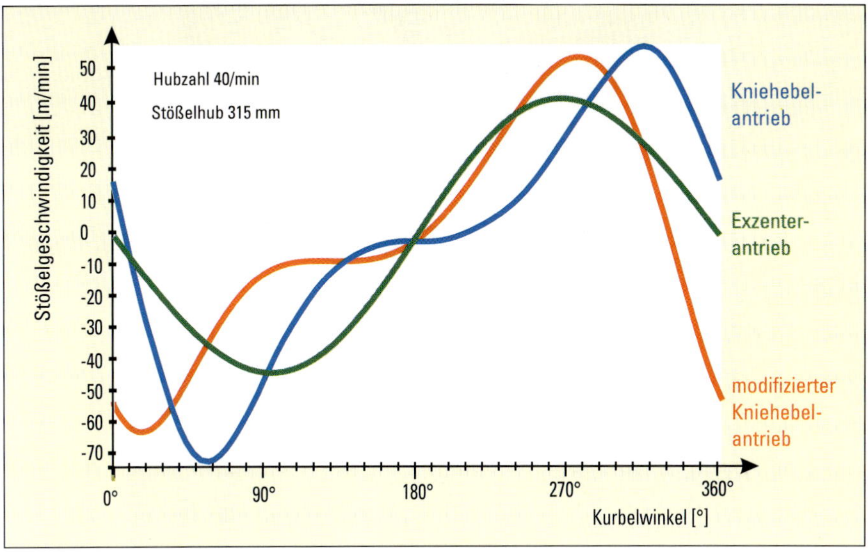

Abb. 6.8.3 Geschwindigkeitsverläufe mechanischer Fließpressen

Abwärts- und Aufwärtsbewegung beschleunigt, um insgesamt hohe Taktzahlen zu erzielen. Die sich ergebende geringe Auftreffgeschwindigkeit des Stößels in Verbindung mit einem nahezu konstanten Geschwindigkeitsverlauf bewirkt eine Reduzierung der dynamischen Zusatzbelastung von Presse und Werkzeug. Hieraus resultiert insbesondere beim Fließpressen eine höhere Werkzeugstandzeit und die Schonung des Pressentriebwerks. Ferner wird die Geräuschentwicklung um 6 bis 8 dB(A) reduziert.

Ein weiterer Vorteil ist der im Vergleich zu konventionellen Antriebssystemen drei- bis vierfach größere Arbeitsweg bei vergleichbarem Antriebsmoment. Diese Pressen werden deshalb besonders wirtschaftlich für die Herstellung von Preßteilen eingesetzt, die ein großes Arbeitsvermögen und einen großen Nennarbeitsweg (> 20 mm) erfordern (vgl. Abschn. 3.2.1). Die Acht-Bahnen-Stößelführung in Kreuzform arbeitet nach dem Prinzip der „Fest-Los-Lagerung“, kompensiert damit temperaturbedingte Dehnungen im Stößel und ist deshalb auch für die Halbwarm- und Warmumformung geeignet *(vgl. Abb. 3.1.7)*. Der Stößelhub beträgt 250 bis 400 mm (Sonderbauarten bis 520 mm) *(Abb. 6.8.4)*.

Abb. 6.8.4 Mehrstufenpresse mit modifiziertem Kniehebeloberantrieb (Nennpreßkraft 10000 kN, vier Stationen, Beladesystem und Transferzuführung)

Mehrstufenpressen mit Exzenterantrieb

Haupteinsatzgebiet dieser Pressen mit Nennpreßkräften ab 6300 kN ist die Halbwarmumformung (680 bis 820 °C) und das gratlose Schmieden im Automationsbetrieb *(Abb. 6.8.5)*. Ferner eignen sich diese Pressen infolge ihres großen Stößelhubs von 630 bis 800 mm auch sehr gut für die Kaltumformung von längeren, schaftartigen Preßteilen. Der Stößel wird im gleichen Führungssystem geführt, wie in *Abb. 3.1.7* dargestellt. Dieses Führungskonzept erlaubt auch enge Führungsspiele bei der Halbwarm- und Warmumformung. Ein Zusatzspiel zum Ausgleich der unvermeidlichen Längenausdehnung des Stößels ist nicht mehr erforderlich.

▲ **Abb. 6.8.5** Halbwarmumformanlage bestehend aus Mehrstufenpresse mit Exzenterantrieb (Nennpreßkraft 20000 kN, Induktionsofen, Transferzuführung und Werkzeugwechselhilfe)

Als Ergebnis können sehr genaue Preßteile hergestellt werden. Insbesondere der Mittenversatz ist erheblich geringer als bei konventionellen Führungssystemen, so daß auf zusätzliche Maßnahmen, wie seitliche Stempelverstelleinrichtungen oder Säulenführungen, verzichtet werden kann.

In der Halbwarm- und Warmumformung wird dieses Konzept von hochwirksamen Kühlsystemen ergänzt, durch die die Werkzeugerwärmung insgesamt stark reduziert wird.

Horizontale Mehrstufenpressen für die Herstellung von Preßteilen aus Draht
Der große Vorteil der horizontalen Mehrstufenpressen besteht darin, daß ein entsprechend für die Kaltumformung vorbehandelter Draht eingesetzt werden kann und so die Herstellung von (vorwiegend kalt-

gepreßten) Formteilen ohne weitere chemische und thermische Behandlung möglich wird. Der Draht wird über ein Drahtvorschubgerät abgezogen und gerichtet. Ein integriertes Schersystem mit geschlossenen Scherwerkzeugen schert die Abschnitte volumengenau ab. Das spezielle Zangen-Transfersystem transportiert die Teile von Station zu Station (vgl. Abschn. 6.6).

Konstruktives Hauptmerkmal der in *Abb. 6.8.6* gezeigten Pressenanlage ist der seitlich liegende und von der Bedienseite zugängliche Werkzeugraum. Dieses Konzept gestattet eine ergonomisch günstige Werkzeugeinstellung und einen bequemen Werkzeugwechsel. Weitere wichtige Konstruktionsmerkmale sind die sehr kippsteife Stößelführung, der gegossene Monoblockrahmen *(vgl. Abb. 3.1.1)* sowie individuell einstellbare Greifer- und Auswerfersysteme für jede Preßstufe.

Da die Produktionshubzahlen dieser Pressen deutlich höher liegen als bei vergleichbaren vertikalen Mehrstufenpressen, ist ihr Einsatz

Abb. 6.8.6 Horizontale Mehrstufenpresse für die Herstellung von Preßteilen aus Draht (Nennpreßkraft 3 500 kN, fünf Stationen, halbautomatischer Werkzeugwechsel, max. Drahtdurchmesser = 30 mm)

für die Großserienfertigung trotz höherer Investitionskosten besonders wirtschaftlich. Durch Verwendung von halb- und vollautomatischen Umrüst- und Werkzeugwechselsystemen lassen sich die Rüstzeiten erheblich reduzieren, so daß auch mittlere Losgrößen von 20 000 bis 40 000 Teilen wirtschaftlich gefertigt werden können *(vgl. Abb. 3.4.5)*. Die Pressen werden mit Nennpreßkräften ab 1 000 bis 6 300 kN für Drahtdurchmesser zwischen 10 und 36 mm eingesetzt.

Horizontale Pressen – einstufig mit Kniehebelantrieb
Diese Pressensysteme sind hauptsächlich für technische Fließpreßteile aus Aluminium und dessen Legierungen im Einsatz *(Abb. 6.8.7)*. Auch zum Vorformen von Abschnitten aus Stahl sind diese Maschinen gut geeignet. Die Pressen sind vollautomatisiert. Als Teilezuführung dienen einfache, kurvengesteuerte Zuführschieber. Die horizontale Bauweise, die einfache Teilezu- und -abfuhr sowie das bessere Umformverhalten von Aluminium erlauben hohe Hubzahlen bis zu 300/min. Auch für die Umformung von Stahl ergeben sich wesentlich höhere Hubzahlen als bei vertikalen Pressen. Sie werden mit Nennpreßkräften von 1 500 bis 12 000 kN gebaut.

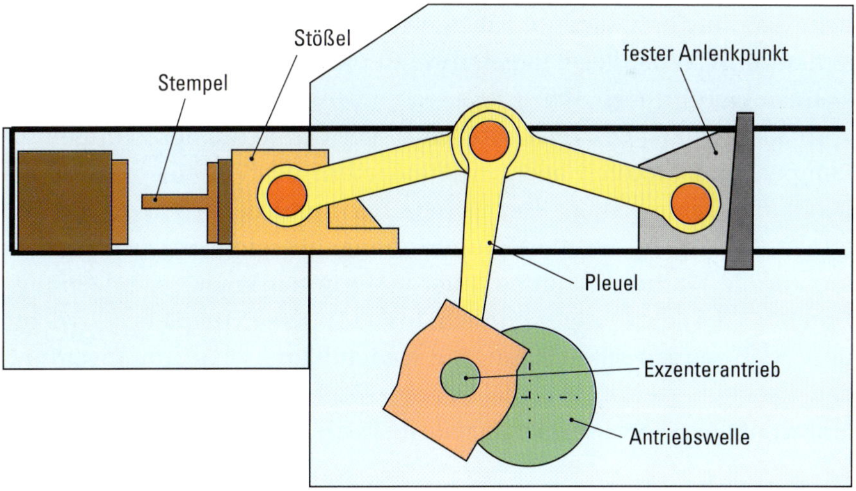

Abb. 6.8.7 Horizontale Presse, einstufig mit Kniehebelantrieb (Nennpreßkräfte 1 500 kN bis 12 000 kN)

Horizontale Presse mit modifiziertem Kniehebel
Werden größere Umformwege erforderlich, wird als Sonderbauart an Stelle des Standard-Kniehebeltriebwerks ein modifizierter Kniehebelantrieb eingesetzt. Der Kraft-Weg-Verlauf und die Stößelgeschwindigkeit entsprechen der in *Abb. 6.8.3* gezeigten vertikalen Presse.

6.8.3 Hydraulische Pressen

Hydraulische Pressen kommen ebenfalls in vertikaler und horizontaler Bauweise zum Einsatz. Sie sind in der Massivumformung sehr universell als ein- und mehrstufige Pressen einsetzbar, für manuelle Bedienung bei kleinen Losgrößen, vollautomatisch für Produktionsstückzahlen bis 1,8 Mio. Preßteilen/Jahr. Sie werden häufig als Pressen für lange Wellen- und Schaftteile oder für Extremteile bis ca. 15 kg Gewicht eingesetzt.

Die Festlegung der erforderlichen Pressengröße erfolgt wie bei der mechanischen Presse anhand der Teilegeometrie und dem Werkstückwerkstoff sowie dem daraus abgeleiteten Herstellungsprozeß. Die Grundlagen sind in Abschn. 3.3 und 6.5 beschrieben.

Vertikale Bauart
Die Hydraulikkomponenten und Ölbehälter sind normalerweise im Kopfstück untergebracht *(Abb. 6.8.8)*. Eine Wartungsplattform ermöglicht den Zutritt zu den gut zugänglichen Aggregaten. Die Ständerkonstruktion ist in der Regel in geschweißter Monoblock- oder Plattenbauweise ausgeführt *(vgl. Abb. 3.1.1)*.

In Sonderfällen (z. B. Platzprobleme oder Lärmreduktion) können die Pumpen und Motoren auch im Fundament oder in einem separaten Raum montiert werden. Der Einsatz der vertikalen Hydraulikpressen erfolgt vorwiegend für die Kaltumformung; allerdings ist auch der Einsatz für die Warmumformung unter bestimmten Voraussetzungen (vgl. Abschn. 6.8.5) nicht ungewöhnlich. Insbesondere Extremteile (Gewichte über 5 kg) werden relativ häufig auf Hydraulikpressen warmumgeformt. Die üblichen Nennpreßkräfte liegen zwischen 1600 und 36000 kN, Stößelhübe bis 1,5 m wurden bereits realisiert.

Horizontale Bauart
Lange Hohlkörper, wie beispielsweise Stoßdämpferhülsen, werden von der Platine ausgehend gezogen oder aus einer Ronde napf-rückwärts-

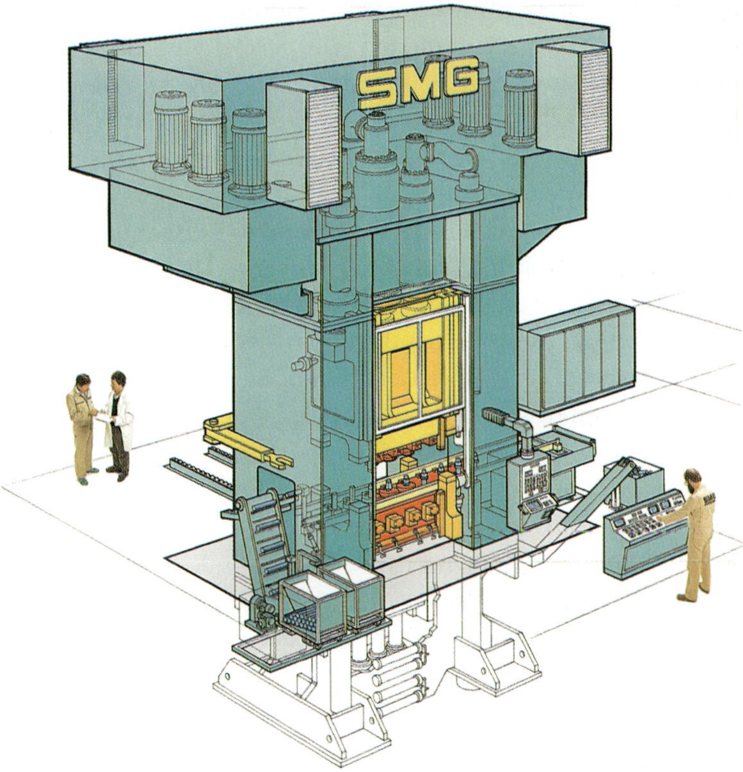

▲ **Abb. 6.8.8** Hydraulische Mehrstufenpresse (Nennpreßkraft 20 000 kN, vier Stationen, Beladesystem, Transferzuführung und Werkzeugwechselhilfe)

fließgepreßt *(vgl. Abb. 6.1.1)*. Es folgt ein Abstreckgleitziehen in mehreren Stufen, bei dem die Wanddicke reduziert wird *(vgl. Abb. 6.1.2)*. Ein Stempel nimmt das Werkstück auf und zieht es durch einen oder mehrere Abstreckringe. Der Boden behält die Ausgangsdicke. Da für dieses Verfahren extrem lange Arbeitswege erforderlich sind, kommen vorwiegend hydraulische Pressen zum Einsatz.

Die liegende Bauart hat hierbei eine Vielzahl von Vorteilen:

- flurebene Aufstellung,
- einfache Zuführung durch Schwerkraftmagazine,
- einfache Abführung durch Taktförderbänder,
- einfache Verkettung, z.B. mit Randbeschneideautomaten.

Abbildung 6.8.9 zeigt den Aufbau eines besonders wirtschaftlichen Pressensystems für Abstreckzieharbeiten. Der Stößel wird doppelseitig durch Plungerkolben angetrieben. Beidseitig sind die Werkzeugkammern mit vorgelagerten Einlegekammern angeordnet. Rechter und linker Stempel werden unmittelbar vor der Werkstückeinlegekammer zusätzlich in einer Stempelunterstützung geführt. Mit jedem Hub wird alternierend auf der einen Seite umgeformt und auf der anderen Seite das umgeformte Teil abgestreift. Das jeweils folgende Werkstück schiebt das zuvor abgestreifte Teil durch die Werkzeugträger aus der Presse. Bei gleicher Umformung in der linken und rechten Werkzeugkammer kann damit die Ausbringung gegenüber der stehenden Bauart nahezu verdoppelt werden. Alternativ kann das Werkstück, das in der einen Werkzeugkammer produziert wurde, nach einer Zwischenbehandlung in der anderen weiterverarbeitet werden. Bei dickwandigen Platinen kann auch ein Tiefziehvorgang als erste Operation vorgeschaltet werden. Eine präzise Stößelführung auf dem Pressenbett und die genau einstellbare Stempelführung erlauben außerordentlich enge Toleranzen bezüglich der Rundlaufeigenschaften der Werkstücke.

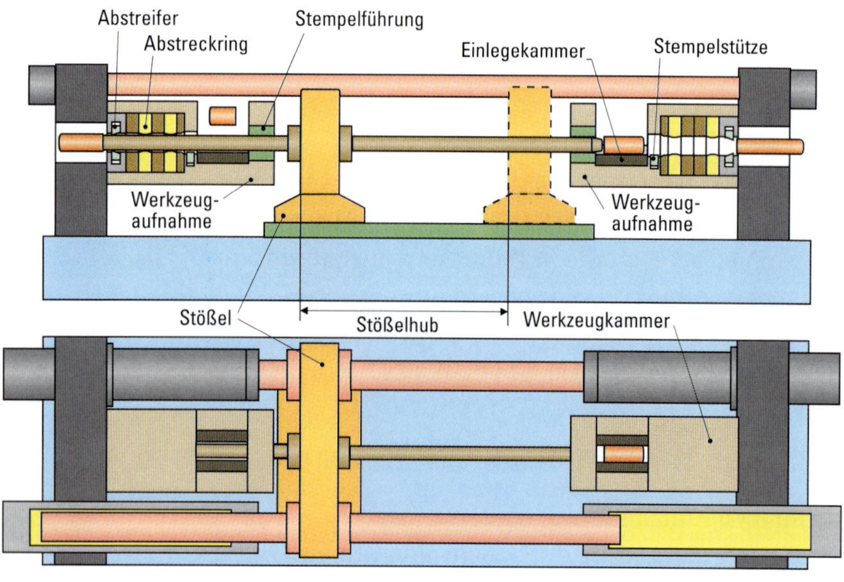

Abb. 6.8.9 Horizontale hydraulische Presse mit einem Stößel und zwei Werkzeugtischen

6.8.4 Zusatzausrüstungen

Den ständig steigenden Anforderungen nach möglichst hohen Produktionsstückzahlen, geringen Rüstzeiten und somit möglichst geringen Herstellungskosten kann durch eine Vielzahl von Maßnahmen und Einrichtungen entsprochen werden. Die wichtigsten Elemente hierfür sind Anlagen zum automatischen Beladen und automatischen Teiletransport durch die Werkzeugstationen.

Beladesysteme für Rohteile und vorgeformte Werkstücke
Das Beladen der Pressen erfolgt bei Teilen unter 150 g in der Regel durch Vibratoren, die über Schrägfördergeräte befüllt werden. Für die Zuführung schwerer Teile werden Schrägfördergeräte mit umlaufenden Stahltransportbändern oder – insbesondere bei der Zuführung vorgeformter Teile – Schiebeförderer eingesetzt. Im Auslauf der Geräte befinden sich Einrichtungen zum Orientieren der Teile, so daß diese lagerichtig in den Zuführkanal und in die Ladestation gelangen *(Abb. 6.8.10)*.

Abb. 6.8.10 Beladevorrichtung für Fließpreßanlagen

Zuführsystem

Für den Teiletransport durch die Presse und in die Werkzeuge ist eine Vielzahl von Zuführsystemen einsetzbar. Für vertikale Mehrstufenpressen dominiert die sogenannte Transferzuführung. Diese Zuführung wird sowohl in Zwei-Achsen-Ausführung als auch mit Hebehub (für lange Teile) als Drei-Achsen-Transfer verwendet. Der Antrieb der Steuerkurven erfolgt bei mechanischen Pressen über eine direkte Kupplung mit dem Pressenantrieb. Für hydraulische Pressen werden die Geräte durch Servoantriebe bewegt *(Abb. 6.8.11)*.

Für schwere Preßteile (Gewicht > 5 kg) werden hydraulisch angetriebene Schwenkgreifer verwendet *(Abb. 6.8.12)*. Die gesteuerten Greifer werden mit einer wesentlich größeren Klemmkraft ausgestattet, als dies bei Transferzuführungen möglich ist. Die Schwenkgreifer sind in der Regel mit einer Hubbewegung versehen. Eingesetzt wird ein Beladearm (schwenken oder linear) zur Übergabe der Teile von der Ladestation in die erste Preßstation und ein Greifarm pro Werkzeugstation.

Abb. 6.8.11
Transferzuführung in Zwei-Achsen-Ausführung

▲ **Abb. 6.8.12** Schwenkarmzuführung für Preßteile mit Stückgewichten bis 15 kg

Neben diesen Systemen ist eine Vielzahl weiterer Zuführgeräte bis hin zum frei programmierbaren Roboter im Einsatz. Für horizontale Mehrstufenpressen werden einzeln durch Kurven oder Servoantriebe bewegte Greiferarme verwendet.

Gewichtskontrolle
Bei der Herstellung der Rohteile sind Gewichtsunterschiede unvermeidlich. Diese ergeben sich nicht nur aus den beim Ablängen auftretenden Längentoleranzen, sondern auch (in teilweise viel größerem Maße) aus den Durchmessertoleranzen des Ausgangsmaterials. Insbesondere beim Einsatz von geschlossenen Werkzeugsystemen besteht die Gefahr des Werkzeugbruchs, wenn das zulässige Rohteilgewicht überschritten wird.

Beim Transport der Rohteilbehälter zu den Zwischenbehandlungen und zur Presse können irrtümlicherweise auch falsche Teile in die Behälter gelangen, die beim Verpressen zu Schäden am Werkzeug führen können. Um das Zuführen verwechselter Teile zu vermeiden, werden automatisierte Anlagen häufig mit einer Einrichtung zur Kontrolle des Teilegewichts versehen. Es handelt sich um automatisch arbeitende, elektronisch gesteuerte Waagen. Diese werden zwischen Beladesystem und Ladestation montiert. Zu schwere oder zu leichte Teile werden automatisch ausgeworfen. Die Wiegegenauigkeit liegt unter 0,2 % des Werkstückgewichts. Die Anlagen können bis zu 80 Teile/min automatisch wiegen.

Werkzeugwechsel
Ein schneller Werkzeugwechsel ist insbesondere bei kleinen Losgrößen oft entscheidend für den wirtschaftlichen Einsatz der Pressen. Zum Einsatz kommen sowohl Blockwechselsysteme als auch der individuelle Wechsel einzelner Stationen *(vgl. Abb. 3.4.5)*. Die prinzipielle Ausführung ist für Pressen der Blech- und Massivumformung sehr ähnlich und in Abschn. 3.4 näher beschrieben. Für eine kurze Rüstzeit bei automatisierten Anlagen ist jedoch der Werkzeugwechsel nur ein Teilaspekt. Genauso wichtig ist das rasche Umrüsten der Belade- und Zuführsysteme.

6.8.5 Besonderheiten der Warm- und Halbwarmumformanlagen

Die in Abschn. 6.8.4 beschriebenen Zusatzeinrichtungen werden auch für die Warmumformung eingesetzt. Darüber hinaus sind als wichtigste Vorrichtung wirksame Kühl- und Schmiersysteme erforderlich. Je nach Schwierigkeitsgrad der Umformung sind zwei Systeme im Einsatz:

Fluten
Kühlen und Schmieren der Werkzeuge erfolgt durch kontinuierliches Fluten mit speziellen Schmierstoffen, die zum Teil im Verhältnis 1:2 bis 1:4 mit Wasser gemischt werden. Das Schmierstoff-Wassergemisch wird über Bohrungen und Sprühringe dem Werkzeug zugeführt und läuft über groß dimensionierte Kanäle ab. Die Schmierstoffversorgung erfolgt über einen zentralen Versorgungsbehälter mit ca. 400 bis 1000 l Fassungsvermögen durch Mitteldruckpumpen (10 bis 20 bar) (vgl. Abschn. 3.2.11). Das ablaufende Gemisch wird gesammelt und gereinigt dem Behälter wieder zugeführt. Der Behälter ist mit einem Rückkühlsystem versehen. Filter im Rücklauf und Druckkreislauf sorgen für die erforderliche Reinigung des Kühl-/Schmierstoffs. Der Schmierstoff wird mit Bakteriziden

gemischt, um Bakterienbefall zu verhindern. Da der Bakterienbefall den Schmierstoff unbrauchbar macht, werden diese Bakterizide von den meisten Lieferanten beigemischt. Die Flüssigkeitsmengen werden durch einfache Handregelgeräte eingestellt. Automatische Mengenregler sind als Option lieferbar. Ein Rührwerk im Behälter ist bei graphithaltigen Schmierstoffen unbedingt erforderlich, um das Absetzen der Feststoffanteile (Graphit) im Behälter zu verhindern.

Sprühsystem mit Druckluft als Trägermedium

Durch Vernebelung wird eine sehr feine Verteilung des Kühl-/Schmierstoffs und damit eine sehr gute Kühl- und Schmierwirkung erzielt. Kühl- und Schmierstoffe werden über eine gemeinsame Leitung zugeführt. Als Kühlstoff wird Wasser verwendet. Zur Schmierung werden je nach Prozeß unterschiedliche Stoffe eingesetzt – für einfachere Umformvorgänge in der Regel eine graphitfreie Emulsion aus wassermischbaren Ölen. Bei schwierigen Umformprozessen (z. B. Gelenkteile für Pkw-Antrieb) werden Emulsionen aus Ölen und Graphit verwendet. Diese Emulsionen werden im Verhältnis von 1:1,3 bis 1:4 mit Wasser gemischt. Die wechselweise Steuerung von Wasser und Schmierstoff erfolgt durch Elektroventile. Als Trägermedium wird Druckluft verwendet. Druckluft und Wasser bzw. Schmierstoff werden in einem Mischventil vernebelt und durch eine gemeinsame Zuleitung dem Werkzeug zugeführt. Die Elektroventile werden individuell für jede Station angesteuert.

Kühlsysteme für Schmieden

Beim automatischen Schmieden werden Hochdruck-Sprühsysteme (80–120 bar) zum Kühlen eingesetzt. Ein zusätzliches Schmieren der Werkzeuge entfällt in der Regel. Um die erforderliche Wärme abzuführen, sind erhebliche Kühlwassermengen erforderlich (ca. 40 bis 60 m^3/h). Das Kühlwasser wird gereinigt, rückgekühlt und dann wiederverwendet. Der anfallende Zunder muß über Siebe und Filter entfernt werden.

Rohteilerwärmung

Die Erwärmung der Rohteile erfolgt durch Induktion. Für den Temperaturbereich 760 bis 800 °C sind Induktorleistungen von ca. 0,24 kW/kg Stahl erforderlich. Der Frequenzbereich liegt je nach Teiledurchmesser bei 2 bis 4 kHz. Für Schmiedetemperaturen von 950 bis 1 100 °C sind ca. 0,40 bis 0,45 kW/kg (Stahl) bei Frequenzen von 1 bis 2 kHz erforderlich. Auch die Erwärmung von Aluminium und dessen Legierungen erfolgt in der Regel induktiv mit Erwärmungstemperaturen je nach Legierung von 420 bis 480 °C. Die erforderliche Induktorleistung beträgt ca. 0,35 bis 0,4 kW/kg bei einer Frequenz von 0,5 bis 1 kHz.

Als Umrichter werden thyristorgesteuerte Systeme verwendet. Zur Kühlung der Induktoren sind erhebliche Kühlwassermengen erforderlich. Die Rückkühlung erfolgt in werkseigenen Rückkühlsystemen oder separat installierten Anlagen.

Vorbehandlung der Rohteile
Die Halbwarmumformung (680 bis 800 °C) von Schaftteilen aus Stahl erfordert häufig ein Beschichten (Vorgraphitieren) der Rohteile. Diese Maßnahme dient der Erhöhung der Werkzeugstandzeit und ist insbesondere bei den ersten Preßoperationen (in der Regel Vorwärts-Fließpressen oder Reduzieren) von Vorteil. Das Graphit kann entweder vor dem Erwärmen aufgetrommelt oder durch Aufsprühen während des Erwärmens aufgebracht werden. Hierbei werden die Rohteile induktiv vorgewärmt (ca. 180 °C), danach wird das Graphit-Wassergemisch aufgesprüht. Das Wasser verdampft auf einer relativ kurzen Zuführstrecke zum Hauptinduktor, so daß die Teile mit angetrocknetem Graphit erwärmt werden. Zwar verbrennt ein Teil des aufgebrachten Graphits, ein relativ großer Prozentsatz (ca. 60 %) ist jedoch noch schmierfähig und bewirkt zusammen mit einer (sehr dünnen) Zunderschicht die gewünschte Schmier- und Trennwirkung im Werkzeug.

6.8.6 Kalibrier- und Prägepressen

Kalibrieren von Schmiede- und Sinterteilen
Abmessungen, Toleranzen und Oberflächengüte von geschmiedeten oder warmgepreßten Teilen entsprechen häufig nicht den Anforderungen für das Endprodukt. Deshalb sind oft teure mechanische Nacharbeiten erforderlich. Durch eine Kaltkalibrieroperation können wesentlich engere Toleranzen erzielt und so mechanische Nacharbeiten reduziert werden.

Viele Schmiedeteile werden auf Bearbeitungszentren fertig bearbeitet. Hierzu sind genaue Spann- und Anlageflächen erforderlich, um ein eindeutiges Spannen der Teile zu gewährleisten. Die hierfür erforderliche Qualität der Spannflächen kann durch Schmieden oft nicht erreicht werden. Ein Kaltkalibrieren dieser Flächen ist Voraussetzung für die weitere Bearbeitung *(Abb. 6.8.13)*. Auch Sinterteile werden häufig nachverdichtet oder nachkalibriert, um die Verzüge durch die Wärmebehandlung zu kompensieren *(Abb. 6.8.14)*. Alle diese Arbeiten erfordern eine hohe Endpreßkraft bei geringster Maschinen- und Werkzeugdeformation. Aufgrund des günstigen Kraftflusses hat sich der Kniehebelunterantrieb als vorteilhaftes Pressensystem erwiesen. Das Grundprinzip ist in den Abschnitten 3.2.2 und 6.8.2 beschrieben *(vgl. Abb. 3.2.5)*.

Im Gegensatz zur Massivumformpresse können Stößelhub und Arbeitsweg erheblich kleiner ausgeführt werden. Die Kalibrierung erfolgt in der Regel einstufig, wodurch der Werkzeugeinbauraum kleiner ausgeführt werden kann. Tisch- und stößelseitige Auswerfersysteme sind nur bei Formprägearbeiten erforderlich.

Besteckprägepressen

Neben den bereits geschilderten Einsatzmöglichkeiten werden diese Kalibrierpressen auch mit sehr gutem Erfolg zum Formen und Prägen von Bestecken eingesetzt. Insbesondere feine Zieselierungen lassen sich exakt ausgeprägen.

Abb. 6.8.13
Kalibrierte Schmiedeteile

▲ **Abb. 6.8.14** Kalibrierte Sinterteile

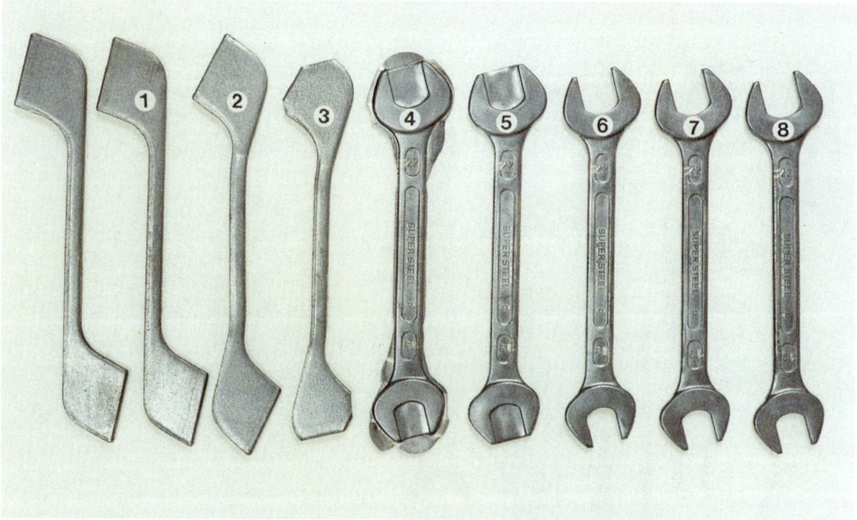

▲ **Abb. 6.8.15** Operationsfolge bei der Herstellung von Maulschlüsseln

Prägen von Handwerkzeugen

Ein weiteres Einsatzgebiet ist das Prägen von Handwerkzeugen. *Abbildung 6.8.15* zeigt die Operationsfolge zur Fertigung von Maulschlüsseln. Die Herstellung der Teile erfolgt hierbei ausgehend von den sogenannten Spaltstücken des Blechs in acht Operationen auf einer Kniehebelpresse mit Unterantrieb, Nennpreßkraft 16 000 kN *(vgl. Abb. 3.2.5)*. Die Produktionshubzahl beträgt 35 Teile/min. Die Anlage arbeitet vollautomatisch. Die Spaltstücke werden magaziniert. Als Zuführsystem wird ein Zwei-Achsen-Transfer verwendet *(Abb. 6.8.11)*. Um einen schnellen Werkzeugwechsel zu gewährleisten, werden Wechselgestelle eingesetzt, die von einem Wechselwagen aus druckknopfgesteuert ein- und ausgefahren werden können *(Abb. 6.8.16)*. Das Spannen der Werkzeuggestelle erfolgt durch hydraulische Systeme *(vgl. Abb. 6.7.1)*.

▲ **Abb. 6.8.16** Anlage zur Herstellung von Maulschlüsseln (Nennpreßkraft 16 000 kN, Transferzuführung und Werkzeugwechselwagen)

6.8.7 Münz- und Medaillenprägeanlagen

Stauch- und Randprägemaschinen
Münzplatinen werden auf schnellaufenden Schneidpressen aus einem schrittweise zugeführten Blechstreifen hergestellt *(vgl. Abb. 4.6.6 und 4.6.8)*. Beim Schneiden entsteht je nach Materialbeschaffenheit und Zustand des Werkzeugs an der Außenfläche der Münzplatine eine rauhe Bruchfläche und/oder ein Schnittgrat *(vgl. Abb. 4.7.8)*. Zur Erzielung einer guten Münzqualität muß die Außenfläche der Münzplatine geglättet werden. Dies wird durch einen radialen Stauchvorgang in Stauch- und Randprägemaschinen erreicht.

Beim Glätten der Außenfläche wird die Münzplatine in sehr engen Grenzen kalibriert (+/– 0,02 mm). Durch die Reduzierung des Durchmessers um 0,2 bis 0,5 mm wird Material am Umfang der Münzplatine aufgewölbt. Je nach Verwendungszweck werden unterschiedliche Stauchformen gewählt *(Abb. 6.8.17)*. Durch den Stauchvorgang reduziert sich die spätere Prägekraft, da das für die Umformung des Randbereichs einer Münze notwendige Material bereits vorhanden ist und nicht aus dem Zentrum der Münzplatine heraus geprägt werden muß. Verbunden mit der Reduzierung der Prägekraft ist die Erhöhung der Lebensdauer der Prägewerkzeuge.

Stauchmaschinen werden für einen Durchmesserbereich von 14 bis 50 mm sowohl mit vertikal als auch mit horizontal angeordneter Stauchwelle eingesetzt. Bei Stauchmaschinen mit vertikaler Stauchwelle werden

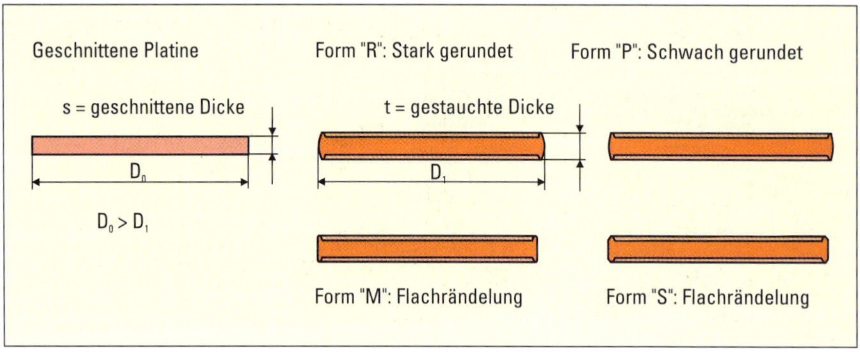

Abb. 6.8.17 Stauchformen an Münzplatinen

die ausgeschnittenen Platinen über zwei diametral angeordnete mechanische Zuführtrommeln und Kanäle dem Stauchwerkzeug, bestehend aus Stauchring und Stauchsegment, zugeführt. Während des Abwälzvorgangs zwischen Stauchring und Stauchsegment erfolgt die Durchmesserreduzierung. Stauchmaschinen mit horizontal angeordneter Stauchwelle können sowohl für das Stauchen als auch für das Prägen vertiefter Randbeschriftungen und Verzierungen von Münzplatinen eingesetzt werden *(Abb. 6.8.18)*. Beim Randbeschriften wird in einem separaten Arbeitsgang durch Abrollen des vorher gestauchten Münzplättchens zwischen Stauchring und Schriftbacken die vertiefte Randschrift in den Umfang des Münzplättchens eingedrückt.

Abhängig von Maschinentyp und Münzplatinendurchmesser, erreichen Stauchmaschinen eine Ausbringung von 130 000 bis 600 000 Stück/h.

Münzprägepressen

Für das Prägen von Münzen (Umlaufgeld mit Durchmesser 14 bis 40 mm) werden vorzugsweise Pressen mit Kniehebelantrieb oder mit

Abb. 6.8.18
Hochleistungsstauchmaschine

modifiziertem Kniehebelantrieb eingesetzt (vgl. Abschn. 3.2); mit Nennpreßkräften von 1000 bis 2000 kN und Hubzahlen zwischen 650 und 850/min *(Abb. 6.8.19)*.

Münzprägepressen werden in vertikaler wie auch in horizontaler Ausführung gebaut. Horizontal arbeitende Pressen dienen der Herstellung runder Münzen. Einfache Bedienung und wenige münzspezifische Wechselteile zeichnen diese Maschinenart aus *(Abb. 6.8.20)*. Vertikal arbeitende Pressen sind universeller einsetzbar und können runde, unrunde und Bimetallmünzen fertigen *(Abb. 6.8.21)*; allerdings ist eine größere Anzahl münzspezifischer Wechselteile erforderlich.

Der Monoblock-Pressenkörper aus Sphäroguß hat gute Dämpfungseigenschaften *(vgl. Abb. 3.1.1)*. Der Antrieb der Presse erfolgt über einen elektrisch regelbaren Motor, Schwungrad, Exzenterwelle und Kniegelenk. Die Lagerstellen im Kniegelenk (Gleitlager) sind für eine maximale spezifische Druckbelastung von 110 N/mm^2 ausgelegt. Der Stößel wird in vorgespannten Rollenführungen spielfrei geführt. Der Antrieb des schrittgeschalteten Revolvertellers für den Zu- und Abtransport der Münzplatinen bzw. der Münzen erfolgt über einen Zahnriemen synchron von der Exzenterwelle aus. Die Münzplatinen werden über

▲ **Abb. 6.8.19** Prägesaal einer modernen Münzprägeanstalt

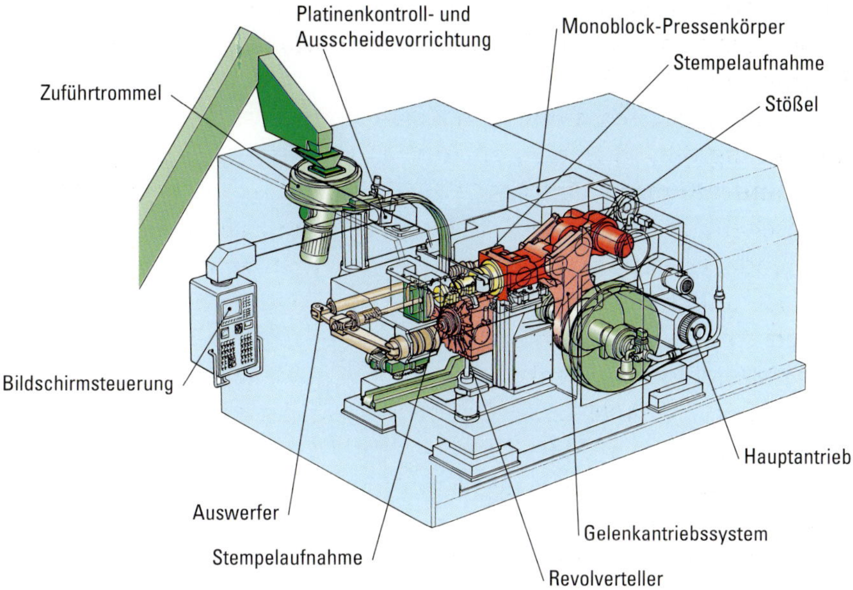

Abb. 6.8.20 Münzprägepresse in Horizontalbauart

mechanische Zuführtrommeln und -kanäle dem schrittgeschalteten Revolverteller zugeführt. Das Auswerfersystem ist direkt mit dem Stößel verbunden und gegen Überlast abgesichert. Der Austausch der Prägewerkzeuge (Prägestempel und Prägering) erfolgt innerhalb von 2 bis 3 min. Die Maschine ruht auf schwingungsdämpfenden Elementen, wodurch nur maximal 10 % der statischen Last als dynamischer Anteil in das Fundament eingeleitet werden, d. h. eine Aufstellung auf Stockwerksdecken ist zulässig. Zur Lärmminimierung werden die Pressen generell mit Schallschutzkabinen ausgerüstet.

Über einen Steilförderer mit Vorratsbunker oder andere Dosiereinrichtungen werden die Münzrohlinge einer mechanischen Zuführtrommel zugeführt *(Abb. 6.8.22)*, die nach dem Zentrifugalprinzip arbeitet. Fülltrommeln dieser Konstruktion arbeiten besonders schonend. Der Scheuereffekt ist minimal, auch die Geräuschentwicklung ist entsprechend gering.

Die Fülltrommeln sind leicht geneigt. Die Förderscheibe wird von einem regelbaren Getriebemotor direkt angetrieben. Der Auslaufkanal

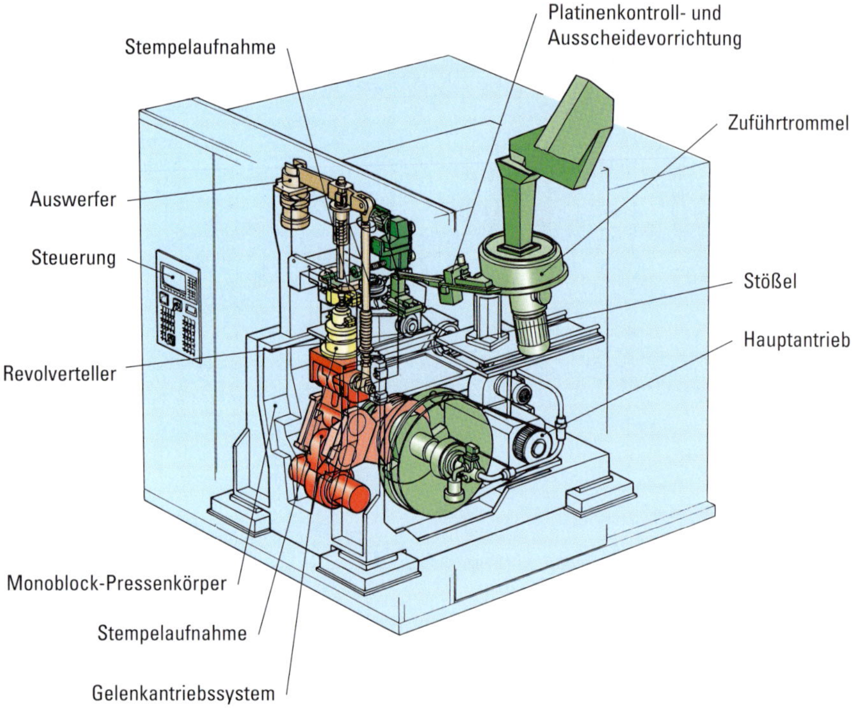

Abb. 6.8.21 Münzprägepresse in Vertikalbauart

ist tangential angeordnet. Dieses Prinzip ermöglicht, je nach Rondendurchmesser, Zuführleistungen von bis zu 3 000 Stück/min.

Beim Umrüsten auf eine andere Münzgröße werden lediglich Rondenauslaufkanal und Rondenstärke neu eingestellt. Wechselteile sind dazu nicht erforderlich. Zuführtrommel und Zuführkanal lassen sich zum Werkzeugwechsel je nach Pressenbauart ausschwenken oder komplett ausfahren.

Im nachfolgenden Kanal werden die Rohplatinen auf Durchmesser- und Dickenabweichungen kontrolliert und gegebenenfalls ausgeschieden *(Abb. 6.8.23)*. Da die durch nicht maßhaltige Münzronden hervorgerufenen Stillstandszeiten die Effizienz schnellaufender Maschinen stark beeinträchtigen würden, werden die fehlerhaften Münzronden in einer Kontrollstation auch bei laufender Maschine vollautomatisch aussortiert. Gelangt ein Fehlplättchen in die Kontrollstation, wird der Rondenstrom unterbrochen. Diese Unterbrechung aktiviert einen Sen-

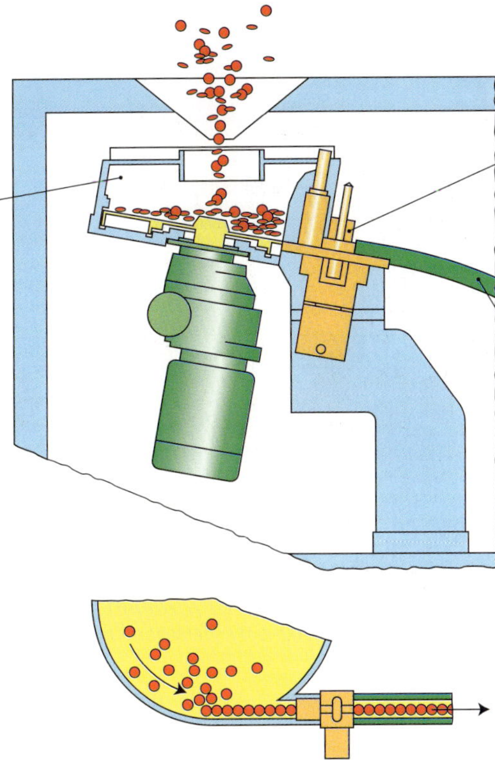

Abb. 6.8.22 Schema des Rotationszuführsystems

sor, der über einen Stoppzylinder die weitere Rondenzufuhr aus der Fülltrommel sperrt. Über einen Hubzylinder werden die Kontrollbacken geöffnet, und die nicht maßhaltige Ronde wird in einen Auffangbehälter geworfen. Die Kontrollbacken kehren in ihre Ausgangsstellung zurück, der Stoppzylinder öffnet und die Rondenzufuhr wird fortgesetzt. Ein solcher Vorgang beansprucht nur Bruchteile von Sekunden, so daß eine kontinuierliche Zufuhr von Ronden gewährleistet ist und die Produktion nicht unterbrochen wird.

Bei den *horizontal arbeitenden* Maschinen fallen die Rohlinge durch Schwerkraft in den schrittgeschalteten Drehteller und werden der Prägestelle zugeführt. Während des Prägevorgangs steht der Drehteller still. Nach dem Prägevorgang wird die Münze durch den mit dem Stößel der Presse verbundenen Auswerfer aus dem Prägering ausge-

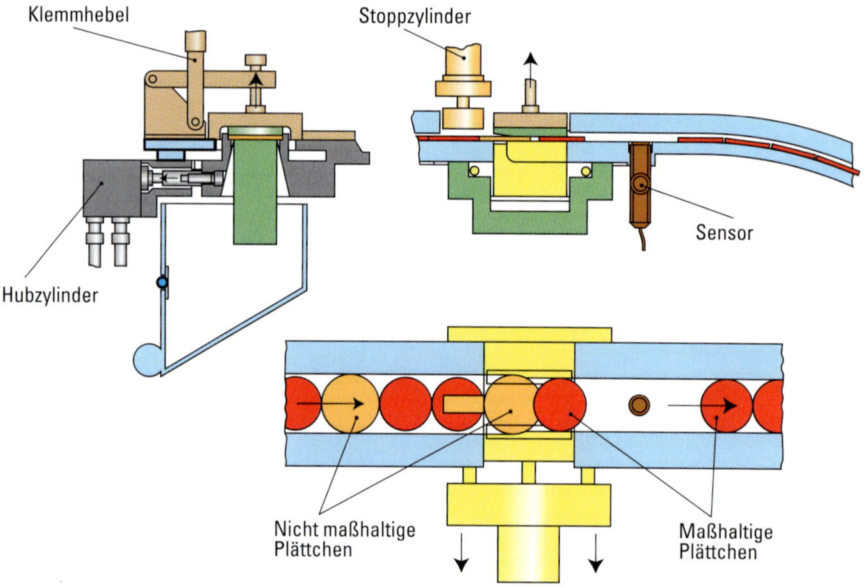

Abb. 6.8.23 Automatische Rondenkontroll- und -ausscheidevorrichtung

stoßen und abtransportiert. Der geringe Hub des Gelenkantriebsystems ermöglicht es, die Auswerferbewegung direkt vom Stößel abzuleiten. Der Auswerferweg wird dabei über ein Hebelsystem proportional zum Stößelweg noch einmal verringert. Zeitliche Verschiebungen zwischen beiden Bewegungen durch Toleranzen und Spiele in den Antriebselementen sind hier ausgeschlossen. Das System ist verschleißfrei, da weder Kurven noch Rollen verwendet werden.

Die während des Prägevorgangs auftretenden Längenänderungen des Pressenkörpers werden durch einen Quarz-Kristall-Aufnehmer erfaßt und über einen Ladungsverstärker mit Spitzenwertspeicher der speicherprogrammierbaren Steuerung zur Auswertung zugeführt. Die Auslösung eines Zählimpulses setzt hierbei eine bestimmte Mindestprägekraft voraus. Dadurch werden nur wirklich durchgeführte Prägevorgänge erfaßt und gezählt. Gleichzeitig wird die auftretende Prägekraft angezeigt und auf voreinstellbare Grenzwerte hin überwacht. Bei Über- oder Unterschreitung der vorgegebenen Toleranzgrenzen wird die Münzprägepresse automatisch abgeschaltet.

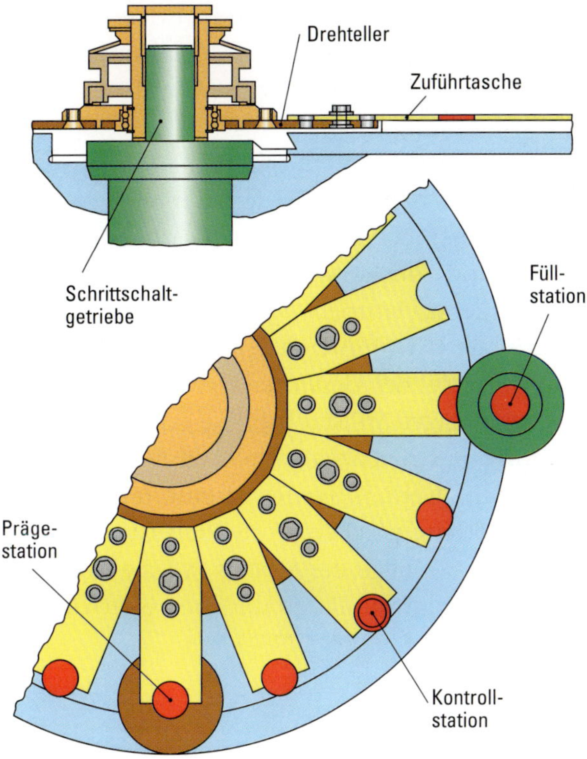

Abb. 6.8.24 Revolverteller mit Überlastsicherung

Bei *vertikal arbeitenden* Pressen gelangen die Rohplatinen über einen Kanal in ein Füllrohr und werden über einen kurvengesteuerten Zubringer in den Drehteller eingestoßen *(Abb. 6.8.24)*. Als Antrieb dient ein spielfreies mechanisches Schaltgetriebe mit sehr hoher Schaltgenauigkeit und optimalen Beschleunigungs- und Verzögerungswerten. Das Schaltgetriebe ist gekapselt und läuft im Ölbad.

Als Sicherung des Schrittschaltgetriebes gegen nicht verfahrensbedingte Überlastungen sind alle Münzprägepressen mit einer Synchron-Überlastkupplung ausgerüstet. Diese Überlastkupplung ist am Abtriebszapfen des Schaltgetriebes spielfrei befestigt. Die Verbindung zwischen Abtriebswelle und Drehteller erfolgt über mehrere federbelastete, in entsprechenden Vertiefungen sitzende Rollen. Tritt ein Überlastfall ein, dann rasten die Rollen aus und der mit der Antriebswelle verbundene

Kupplungsteil kann sich in Rillenkugellagern gegenüber dem blockierten Drehteller weiterbewegen. Das Wiedereinrasten der Kupplung ist nur in einer Position möglich, die den Synchronlauf mit der Presse garantiert.

Der für das Durchschalten des Drehtellers erforderliche Kurbelwinkel von ca. 120° wird bei Prägepressen mit normalem Kniehebelantrieb *(vgl. Abb. 3.2.5)* durch einen entsprechend großen Leerhub erreicht, d. h. es besteht keine Verbindung von Stößelwerkzeug und Stößel. Bei Pressen mit modifiziertem Kniehebelantrieb *(vgl. Abb. 3.2.6)* wird der Stillstand des Stößels im unteren bzw. hinteren Totpunkt erreicht. Die Stillstandsphase hält über ein Drittel der Gesamttaktzeit an *(Abb. 6.8.3)*. Während dieser vergleichsweise langen Stillstandsphase kann die geprägte Münze zuverlässig abgeführt und gleichzeitig die nächste Münzronde präzise in Prägestellung gebracht werden. Ferner ist eine feste Verbindung zwischen Stößel und Werkzeug gegeben. Vorteilhaft ist diese feste Verbindung deshalb, weil Auftreffschläge des Stößels auf die Rückseite des Stempels (Hammereffekt) und die damit verbundenen unerwünschten Schwingungen vermieden werden.

Prägewerkzeuge

Zur Erhöhung der Lebensdauer von Prägewerkzeugen werden die Prägestempel hartverchromt. Die erreichbare Lebensdauer liegt bei ca. 400 000 bis 800 000 Prägungen. Bei titannitridbeschichteten Stempeln erhöht sie sich um das Drei- bis Vierfache *(Abb. 6.8.25)*. Als Prägeringe werden hauptsächlich Ringe mit Hartmetalleinsatz verwendet. Die Lebensdauer liegt bei ca. 70 bis 100 Mio. Prägungen. Die zulässige spezifische Druckbelastung der Prägestempel liegt im Bereich von 1500 bis 1800 N/mm^2.

Universal-Prägepresse für Münzen und Medaillen

Sollen sowohl Umlauf- als auch Sammlermünzen mit verbesserter Oberflächenqualität hergestellt werden, kommt eine vertikale Universal-Prägepresse mit 3 000 kN Nennpreßkraft zum Einsatz. Der Aufbau ist gleich wie bei den Prägepressen für die Herstellung von Umlaufgeld, jedoch bietet diese Presse die Möglichkeit, durch Vorwahl mehrerer Prägeschläge die Oberflächenqualität der Münze zu erhöhen. Am Steuerpult können bis zu vier Prägeschläge vorgewählt werden. Im Gegensatz zur Standard-Münzprägepresse erfolgt der Antrieb des Revolvertellers

Abb. 6.8.25
Titannitridbeschichtete Prägestempel

bei dieser Presse über einen Servomotor in Verbindung mit einem Schrittschaltgetriebe. Während der Ausführung der Prägeschläge steht der Revolverteller still. Das gleiche gilt auch für den Auswerfer. Für die Herstellung von Münzen mit besonders hoher Oberflächenqualität ist die Presse mit einer Handbeschickung ausgerüstet. Außerdem sind geeignete Maßnahmen für die Stempelreinigung vorgesehen. Die Maschine produziert im Durchmesserbereich von 14 bis 50 mm und erreicht Hubzahlen von 400/min bei Einzelschlag sowie 75 bis 150/min bei Mehrfachschlag.

Universalpresse für das Fügen, Prägen und Stanzen
Aufbauend auf der Grundkonzeption der vertikalen 1500-kN-Münzprägepresse ergeben sich bei dieser Maschine außer dem Prägen von normalen Münzen, unrunden und Bimetallmünzen zwei weitere Einsatzmöglichkeiten:

- Die Presse kann zum Trennen von Ring und Kern gebrauchter Bimetallmünzen eingesetzt werden, die aus dem Münzumlauf herausgenommen werden. Ein Trennen der unterschiedlichen Materialien hat eindeutige Vorteile in bezug auf das Recycling.
- Als Lochpresse ermöglicht sie die Herstellung von Ringen aus gestauchten Münzplättchen.

Normalerweise werden *Ringe für Bimetallmünzen* mit hohen Hubzahlen im Mehrfachwerkzeug mit Schnelläuferpressen gefertigt *(vgl. Abb. 4.6.6 und 4.6.8)*. Das anschließende Anstauchen des Randes ist jedoch wegen der geringen Stabilität des Rings nur in begrenztem Umfang möglich.

Erfahrungsgemäß beträgt die Durchmesserreduzierung hierbei 0,1 bis maximal 0,2 mm. Aufgrund der geringen Stegbreite muß eventuell in mehreren Durchgängen gestaucht werden, um die genannten Werte zu erreichen. Aufgrund der geringen Stabilität des Rings sind die möglichen Stauchformen begrenzt. In der Praxis hat sich die zylindrische Stauchform mit beidseitiger 45°-Fase bewährt *(Abb. 6.8.17)*. Bei im Münzzentrum auf der Universalpresse hergestellten Ringen können aber beliebige Stauchformen und Randverzierungen zur Anwendung kommen, wenn die Münzplättchen vor dem Lochen gestaucht bzw. beschriftet werden.

Die folgende Abbildung zeigt die einzelnen Phasen des Lochvorgangs *(Abb. 6.8.26)*:

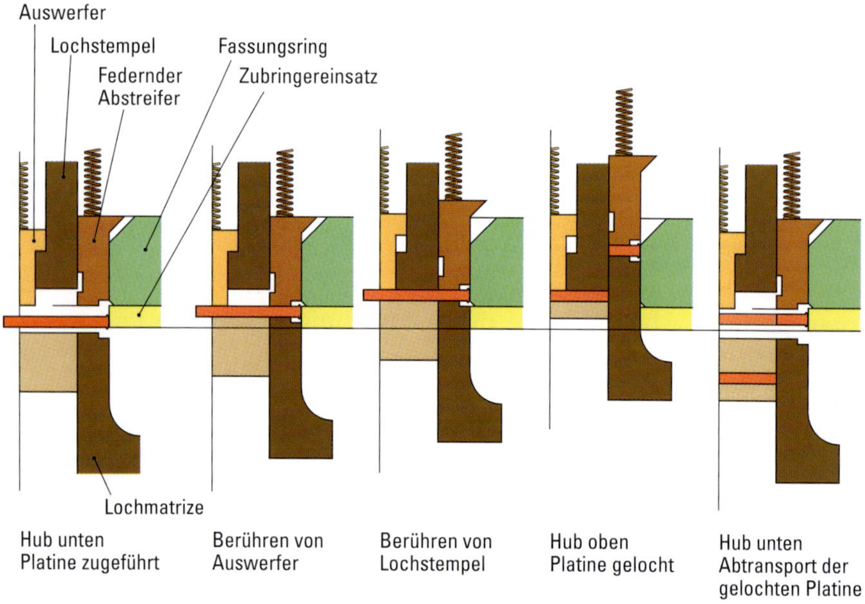

▲ **Abb. 6.8.26** Reihenfolge der Lochoperation

- Das gestauchte Münzplättchen ist in der Lochstation durch den Zubringereinsatz zentriert, der Stößel befindet sich im unteren Totpunkt.
- Der Stößel bewegt sich nach oben, das Münzplättchen wird zwischen Lochmatrize und federndem Abstreifer gehalten.
- Das Münzplättchen wird in den Fassungsring eingeführt und gegen den feststehenden Lochstempel gedrückt.
- Im oberen Totpunkt ist der Lochvorgang beendet, der Stanzabfall wird durch den Lochstempel in die Ausfallbohrung der Lochmatrize geschoben.
- Beim Rücklauf des Stößels schiebt der federnde Abstreifer das gelochte Münzplättchen aus dem Fassungsring in den Zubringereinsatz zurück, und über den schrittgeschalteten Revolverteller wird das gelochte Münzplättchen abtransportiert sowie ein neues ungelochtes, gestauchtes Münzplättchen zugeführt.

Medaillen-Prägepressen

Eingesetzt werden Pressen mit einer Nennpreßkraft von 2000, 3600 und 10000 kN. Der maximale Medaillendurchmesser liegt je nach Pressentyp zwischen 38 und 80 mm. Die Hubzahlen liegen bei 45 bis 120/min. Daraus resultiert eine Ausbringung, die von der Anzahl der Prägeschläge abhängig ist:

Einfachschlag:	25 – 40 Medaillen/min
Zweifachschlag:	16 – 30 Medaillen/min
Dreifachschlag:	12 – 24 Medaillen/min

Anspruchsvolles Design und selbst schwierige Konturen von Medaillen lassen sich so in einem Arbeitshub herstellen. Für hochwertige Medaillen werden Kniehebelpressen mit Mehrfachschlag ausgelegt; denn erst das mehrmalige Prägen bringt die geforderte Oberflächenqualität.

Der Pressenrahmen dient als Stößel, der durch den Kniehebel bewegt wird, wobei der Pressentisch starr mit dem Pressengehäuse verbunden ist *(vgl. Abb. 3.2.5)*. Die Werkzeuge setzen nahezu stoßfrei auf.

Medaillen-Prägeautomaten werden mit mechanischen, kurvengetriebenen Auswerfern ausgerüstet. Die Antriebskurvenscheibe sitzt direkt auf der Kurbelwelle und sichert den Synchronlauf mit dem Arbeitstakt der Presse. Für das Prägen von Medaillen wird der Auswerfer so gesteuert, daß er erst wieder zum Einsatz kommt, wenn die vorgewählte Hubzahl der Mehrfachschlageinrichtung abgearbeitet ist.

Um Medaillen mit hoher Qualität herzustellen, darf kein Staubkorn auf die Medaille gelangen – höchste Reinheit muß garantiert sein. Die Maschinen sind mit Belüftungs- und Filtereinrichtungen ausgestattet, nur gefilterte Reinluft darf in den Werkzeugraum gelangen. Der Werkzeugraum ist gekapselt und steht unter einem leichten Überdruck. Die höchste Qualitätsstufe erreicht man an Medaillenprägepressen mit Handbeschickung *(Abb. 6.8.27)*.

Um die hohe Qualität der Medaillen sicherzustellen, sind die Stempel in kurzen Abständen zu reinigen. Per Knopfdruck geht der Auswerfer in die Reinigungsposition, der Unterstempel wird ca. 2 mm aus dem Prägering gehoben und Schmutzpartikel oder übergelaufene Reinigungsstoffe können abgewischt werden.

Abb. 6.8.27
Medaillenprägepresse mit Handbeschickung

Medaillen in verbesserter Oberflächenqualität für Sammler werden oft in größeren Stückzahlen gefertigt. Dafür eignen sich Medaillenpressen mit Kassettenzuführung *(Abb. 6.8.28)*. Im Hinblick auf die hohe Qualitätsanforderung muß ein automatisches Kassettenzuführsystem einen besonders schonenden Transport der Platinen sicherstellen. Aus dem Kassettenmagazin wird jeweils nur eine einzige Platine entnommen und auf die Transportebene abgesenkt. Kunststoffgreifer heben die Platine in eine Zwischenablage und transportieren sie in die Prägestation.

Die nachfolgende Platine wird dabei jeweils so lange im Münzmagazin festgeklemmt, bis der Transportbereich wieder frei ist. Nach der Prägung heben Greifer die geprägte Medaille von dem in Auswurfposition stehenden Unterstempel und legen sie auf ein aus dem Prägebereich führendes Transportband. Eine daran angeschlossene Wendestation erlaubt dem Bediener, sowohl Vorder- als auch Rückseite der Medaille während der laufenden Produktion zu überprüfen.

Abb. 6.8.28 Kassettenzuführung für Medaillen

CNC-gesteuerte hydraulische Medaillenpressen
Diese Maschinen ermöglichen ein weg- oder druckabhängiges Steuern des Stößels von Hub zu Hub sowie ein synchrones Fahren von Stößel und Auswerfer durch zwei CNC-Achsen. Bei Mehrfachschlag bleibt das Werkzeug ohne zu öffnen im Relief, also in Kontakt mit der Medaille. Es erfolgt nur eine Entlastung zwischen Ober- und Unterstempel; ein Eindringen von Abrieb wird somit verhindert.

Der Nennpreßkraftbereich der Baureihe reicht von 4000 bis 12 000 kN. Neben dem Prägen von Medaillen, Münzen, Orden und Schmuck kann die Maschine zum Kalteinsenken von Werkzeugen eingesetzt werden, beispielsweise zur Herstellung von Prägestempeln, Gesenkgravuren, Schmuckformen, Schraubenmatrizen, Besteckgravuren, usw. Die für diese Technik erforderliche Einsenkgeschwindigkeit liegt bei 0,01 bis 4 mm/s *(Abb. 6.8.29)*.

Speziell für höchste Qualitätsansprüche und schwierig auszuprägende Reliefs kann mit verschiedenen Preßkräften oszillierend gearbeitet werden *(Abb. 6.8.30)*.

▲ **Abb. 6.8.29** Hydraulische Medaillenprägepresse

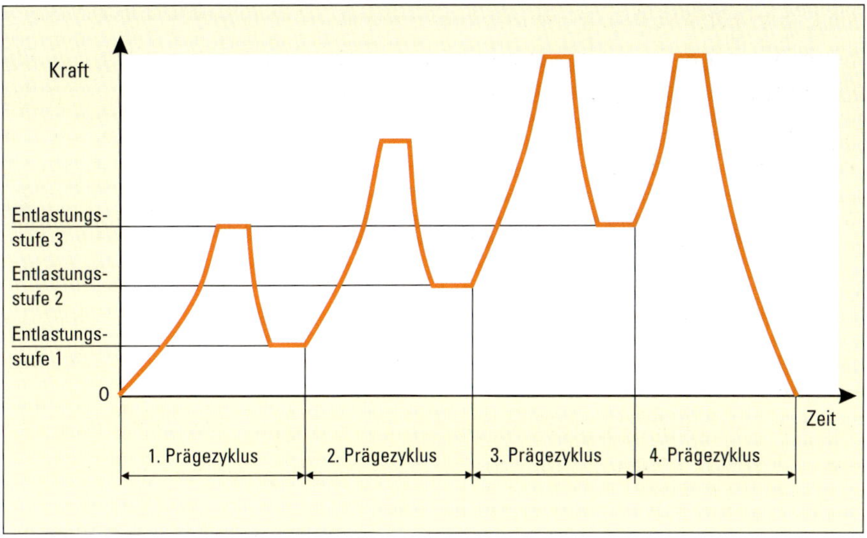

Abb. 6.8.30 Prägezyklen bei Mehrfachschlag mit programmierbaren Kräften und Zeiten

Die hydraulische, doppeltwirkende Presse besteht aus einem Pressengestell in geschlossener Rahmenbauweise mit integriertem Antriebszylinder und separatem Leistungsantrieb. Der Pressenstößel (Prägezylinder) ist CNC-gesteuert und mehrflächig aufgebaut.

Durch das Prinzip der Differenzdruckflächen werden optimale Leistungsstufen bei niedrigem Energieverbrauch erreicht. Der Auswerferzylinder, ebenfalls CNC-steuerbar, ist unten in das Pressengestell eingebaut. Die Wangen des Pressenjochs liegen direkt am Werkzeugsystem und sind geringfügig größer als die Kolbenstange. Optimale Steifigkeit wird dadurch garantiert. Die Fahrbewegungen werden über Nachlaufregelventile mit inkrementaler Sollwert-Vorgabe und mechanischer Istwert-Rückmeldung gesteuert.

Literatur

Beisel, W.: Aufwand reduzieren, feine Gravuren durch Prägen, Industrieanzeiger (1995) 10.

Beisel, W. , Stahl, K.: Kaltfließpressen als Alternative, Werkstatt u. Betrieb 128 (1995) 3.

DIN 1543 : Warmgewalztes Blech von 3 bis 150 mm Dicke, Zulässige Maß-Gewichts- und Formabweichung, Beuth Verlag, Berlin (10.81)

DIN 1544: Kaltgewalztes Band aus Stahl: Maße, zulässige Maß- und Formabweichung, Beuth Verlag, Berlin (8.75).
DIN 17 006 : Stahlguß, Grauguß, Hartguß, Temperguß, Beuth Verlag, Berlin (10.49).
DIN 17 100 : Allgemeine Baustähle: Gütevorschriften, Beuth Verlag, Berlin (9.66).
DIN 17 200 : Vergütungsstähle, Beuth Verlag, Berlin (12.69).
DIN 17 210 : Einsatzstähle, Beuth Verlag, Berlin (12.69).
DIN 17 240 : Warmfeste Stähle für Schrauben und Muttern, Beuth Verlag, Berlin (1.59).
DIN 17 440 : Nichtrostende Stähle: Gütevorschriften, Beuth Verlag, Berlin (12.72).
Geiger, R.: Stand der Kaltmassivumformung - Europa im internationalen Vergleich, Neuere Entwicklungen in der Massivumformung, DGM Verlag, Oberursel (1993).
Hoffmann, H., Rahn, O., Waller, E., Blaschko, A.: Prozeßüberwachung an Maschinen der Kaltmassivumformung, Industrie Anzeiger (1988) 33.
Körner, E., Knödler, R.: Möglichkeiten des Halbwarmfließpressens in Kombination mit dem Kaltfließpressen, Umformtechnik 26 (1992) 6.
Körner, E., Schöck, J. A.: Rationalisierungspotentiale im Rahmen der Werkzeug- und Presseninbetriebnahme, Umformtechnik 26 (1992) 6.
Körner, E., u. a.: Mechanische Fließpreßanlagen für die Kalt- und Halbwarmumformung, Neuere Entwicklungen in der Massivumformung, DGM Verlag, Oberursel (1995).
Kudo, H., Takahashi, A.: Extrusion technology in the Japanese automotive industry, VDI Berichte Nr. 810, VDI-Verlag, Düsseldorf (1990).
Lange, K.: Umformtechnik, Band 2: Massivumformung, Springer-Verlag, Heidelberg (1988).
Schwebel, R.: Prägen mit minimalen Toleranzen, Bleche Rohre Profile (1995) 4.
Sheljaskow, Sh., Dübler, A.: Entwicklungsstand und Einsatzbereich der Halbwarmumformung, Verein deutscher Werkzeugmaschinenfabriken e. V. (VDW) Studie (1991).
Stahlschlüssel-Taschenbuch, Verlag Stahlschlüssel, Wegst GmbH, Marbach/N.
VDI 3138 Bl. 1 : Kaltfließpressen von Stählen und NE-Metallen, Arbeitsbeispiele, Wirtschaftlichkeit, Beuth Verlag, Berlin (10.70).
VDI 3138 Bl. 2 : Kaltfließpressen von Stählen und NE-Metallen, Anwendung, Beuth Verlag, Berlin (10.70).
VDI 3138 Bl. 1 : Kaltfließpressen von Stählen und NE-Metallen, Grundlagen, Beuth Verlag, Berlin (10.70).
VDI 3176 : Vorgespannte Preßwerkzeuge für das Kaltumformen, Beuth Verlag, Berlin (10.86).
VDI 3186 Bl. 1 : Werkzeuge für das Kaltfließpressen von Stahl, Aufbau, Werkstoffe (ICFG Data Sheet 4/70), Beuth Verlag, Berlin (12.71).
VDI 3186 Bl. 2 : Werkzeuge für das Kaltfließpressen von Stahl, Gestaltung, Herstellung, Instandhaltung von Stempeln und Dornen (ICFG Data Sheet 5/70), Beuth Verlag, Berlin (12.71).
VDI 3186 Bl. 3 (6.74): Werkzeuge für das Kaltfließpressen von Stahl, Gestaltung, Herstellung, Instandhaltung, Berechnung von Preßbüchsen und Schrumpfverbänden (ICFG Data Sheet 6/72), Beuth Verlag, Berlin und Köln.
VDI 3187 Bl. 3 : Scherschneiden von Stäben, Schneidfehler (ICFG Data Sheet 5/71), Beuth Verlag, Berlin (8.73).
VDI 3198 : CVD-PVD-Verfahren, Beuth Verlag, Berlin (9.91).
VDI 3200 Bl. 1 : Fließkurven metallischer Werkstoffe, Grundlagen, Beuth Verlag, Berlin (10.78).
VDI 3200 Bl. 1 : Fließkurven metallischer Werkstoffe, NE-Metalle, Beuth Verlag, Berlin (10.78).
VDI 3200 Bl. 2 : Fließkurven metallischer Werkstoffe, Stähle, Beuth Verlag, Berlin (4.82).
Verson, M. D.: Impact machining, Verson Allsteel Press Company, Chicago (1969).
Zebel, H.: Die Trennflächen von abgescherten Stababschnitten, Werkstattstechnik (1964) 54.

Sachverzeichnis und Informationen aus der SCHULER Gruppe

Sachverzeichnis und Informationen aus der SCHULER Gruppe

SMG PRESSEN

SMG Süddeutsche Maschinenbau GmbH & Co
Louis-Schuler-Straße 1
D-68753 Waghäusel
Telefon (0 72 54) 988-0
Fax (0 72 54) 98 82 14

Führend in hydraulischer Pressentechnologie

SMG Pressen bietet für einen internationalen Kundenkreis, vor allem aus der Automobil-, Hausgeräte- und Zulieferindustrie, wirtschaftliche Fertigungslösungen mit hydraulischen Pressen – schwerpunktmäßig für jene Prozesse, die während der Umformung variable Werte für Preßkraft und Stößelgeschwindigkeit voraussetzen.

Für die Blechumformung sind dies Stanz- und Ziehpressen, Transferpressen, Falzpressen sowie Tryout-Zentren für den Werkzeugbau.

In der Massivumformung bieten hydraulische Pressen speziell bei Herstellung von Langschaftteilen, Achsen und Hohlzylindern Vorteile.

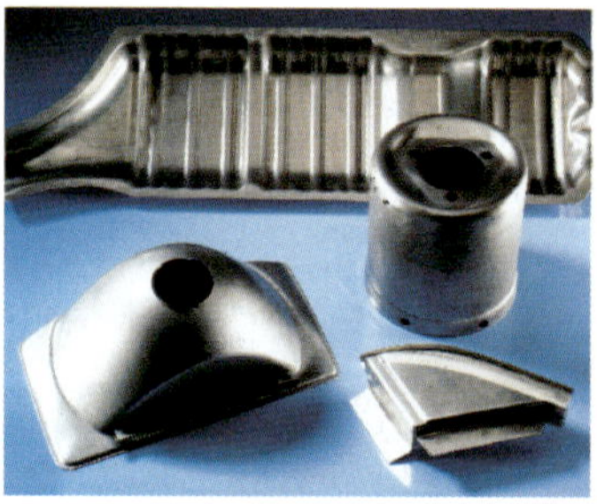

SMG-Pressen werden darüber hinaus für die Verarbeitung verstärkter Kunststoffe und für die Feinstanztechnik der Feintool AG, Lyss/Schweiz, eingesetzt.

SMG PRESSEN

DIE SCHULER GRUPPE

Vertriebs-, Engineering- und Service-Stützpunkte weltweit

Schuler Iberica S. A.
Avda. de Roma, 2–4
E-08014 Barcelona
Tel. 00 34-3-4 23 14 21
Fax 00 34-3-4 24 34 08

Schuler Liaison Office India
201, Madhava
Bandra-Kurla Complex
Bandra (East)
400 051 Mumbai (Bombay)
India
Tel. 00 91-22-6 45 05 52
Fax 00 91-22-6 45 05 49

Schuler Liaison Office Korea
Room 603, Phoenix Bldg.
702-23, Yoksam-Dong,
Kangnam-Ku
Seoul Korea
Tel. 00 82-2-5 61 45 00
Fax 00 82-2-5 61 45 02

Mit einem Netz fachkundiger Repräsentanten und eigenen Stützpunkten in Spanien, Indien und Korea bietet Schuler Beratung, Planung und Service weltweit in Kundennähe.

SCHULER INDIA

SCHULER IBERICA

SCHULER KOREA

Spiertz Presses S.A.
17, Rue Schertz, BP 26
67023 Strasbourg
Cédex, France
Tél. 0033-88-65 70 80
Fax 0033-88-40 34 90

Schuler Incorporated
2222, South Third Street
Columbus, Ohio 43207, USA
Phone 001-614-4 43 94 81
Fax 001-614-4 43 94 86

Produktionsstandorte in Frankreich, den USA, Brasilien und China

Spiertz Presses ist als Unternehmen der Schuler Gruppe der führende Anbieter von Preßwerkausrüstungen für die Automobilindustrie in Frankreich.

SPIERTZ PRESSES

Mit Schuler Incorporated verfügt die Schuler Gruppe in Columbus/Ohio und in Dearborn/Michigan über eine schlagkräftige Organisation im Zentrum der amerikanischen Automobilindustrie.

SCHULER INCORPORATED

Prensas Schuler S. A.
Caixa Postal 136
09950-300 Diadema-SP, Brasil
Tel. 00 55-11-7 45 84 44
Fax 00 55-11-7 45 27 66

Shanghai
Schuler Presses Co. Ltd.
No. 8, Lane 750
East Luo Chuan Road
Shanghai 200 072, PR China
Tel. 00 86-21-56 65 00 81
Fax 00 86-21-56 03 69 30

Tianjin SMG Presses Co. Ltd.
11, Bohai Road, Teda
Tianjin 300457, PR China
Tel. 00 86-22-532 69 33
Fax 00 86-22-532 29 60

SHANGHAI SCHULER

Prensas Schuler, Brasilien, ist der mit Abstand bedeutendste Hersteller von mechanischen und hydraulischen Pressen in Lateinamerika.

Als wichtiger Bestandteil des internationalen Schuler Fertigungsverbunds ist Prensas Schuler mit modernsten Fertigungseinrichtungen ausgerüstet und in der Lage, auch die größten Pressenstraßen und Transferpressen für die Automobilindustrie herzustellen.

PRENSAS SCHULER

Mit Shanghai Schuler Presses und Tianjin SMG Presses ist die Schuler Gruppe im Wachstumsmarkt der Volksrepublik China mit zwei Joint-ventures vertreten.

TIANJIN SMG